LEHRBUCH

DER

CHEMIE

VON

DR. A. F. HOLLEMAN,
O. PROFESSOR DER CHEMIE AN DER UNIVERSITÄT AMSTERDAM.

AUTORISIERTE DEUTSCHE AUSGABE.

ANORGANISCHER TEIL.

VIERZEHNTE, VERBESSERTE AUFLAGE.

LEIPZIG
VERLAG VON VEIT & COMP.
1918

LEHRBUCH

DER

ANORGANISCHEN CHEMIE

FÜR STUDIERENDE

AN UNIVERSITÄTEN UND TECHNISCHEN HOCHSCHULEN

VON

DR. A. F. HOLLEMAN,

O. PROFESSOR DER CHEMIE AN DER UNIVERSITÄT AMSTERDAM.

VIERZEHNTE, VERBESSERTE AUFLAGE.

MIT ZAHLREICHEN FIGUREN, EINER TABELLE UND ZWEI TAFELN.

LEIPZIG

VERLAG VON VEIT & COMP.

1918

Druck von Metzger & Wittig in Leipzig.

Aus dem Vorwort zur dritten Auflage.

... Die neue Spektraltafel, die in der zweiten Auflage gebracht worden ist, wurde nach den in dem niederländischen Lehrbuch der Physik von Bosscha-Sissingh enthaltenen Tafeln zusammengestellt, doch hat sich ergeben, daß diese aus H. Erdmann übernommen sind.

Groningen (Niederlande), November 1904.

A. F. Holleman.

Aus dem Vorwort zur achten Auflage.

... Bei dieser neuen Auflage empfing ich wieder von studentischer Seite die Mitteilung einiger Druckfehler, die leider sich trotz aller Sorgfalt in der siebenten Auflage vorfanden. Ich benutze diese Gelegenheit, den betreffenden Herren auch hier dafür meinen aufrichtigsten Dank auszudrücken und mir den Nachweis solcher Fehler auch für die Zukunft zu erbitten.

Amsterdam, Ende Mai 1910.

A. F. Holleman.

Vorwort zur vierzehnten Auflage.

In dieser Auflage wurden neu aufgenommen: 1. Morses Untersuchungen über die Messung des osmotischen Druckes. 2. Nernsts Methoden zur Bestimmung des Gleichgewichtszustandes in Gasen bei hohen Temperaturen. 3. Ein kurzer Abschnitt über die Wirkung ultravioletter Strahlen.

Auch sind noch manche kleinere Änderungen angebracht.

Der Abschnitt über radioaktive Elemente ist an vielen Stellen verbessert an der Hand von Bemerkungen, die Herr St. MEYER, Direktor des Instituts für Radiumforschung in Wien, sowie Herr PANETH vom selben Institut so freundlich waren, mir zu schicken; wofür ich beiden Herren auch hier meinen verbindlichsten Dank bringe. Herr Dr. E. H. BÜCHNER, Privatdozent der Radiologie an der hiesigen Universität, war schließlich so liebenswürdig, den ganzen Abschnitt nochmals zu lesen. So hege ich die Hoffnung, daß auch dieser Abschnitt zeitgemäß gestaltet sein wird.

Amsterdam, Februar 1918.

A. F. Holleman.

Chronologie.

1. Auflage: Mai 1900; 2. Auflage: April 1903; 3. Auflage: November 1904; 4. Auflage: April 1906; 5. Auflage: Juli 1907; 6. Auflage: September 1908; 7. Auflage: Oktober 1909; 8. Auflage: Juni 1910; 9. Auflage: Mai 1911; 10. erhöhte Auflage: April 1912; 11. Auflage: April 1913; 12. erhöhte Auflage: Mai 1914; 13. Auflage: Juli 1916; 14. Auflage: Februar 1918.

Inhalt.

Die fetten Ziffern bezeichnen Paragraphen.

Tafel I

Graphische Darstellung des periodischen Systems der Elemente.

Tafel II

Spektraltafel (nach Hugo Erdmann).

Einleitung.

1. Die Chemie ist ein Teil der Naturwissenschaft, d. h. der Wissenschaft, die sich mit der Beschreibung der Gegenstände in der Natur und mit der Erforschung der Gesetze, nach denen sich die Vorgänge in ihr vollziehen, beschäftigt. Wir gelangen zu dieser Kenntnis von den Zuständen in der das Einzelwesen umgebenden Außenwelt durch Wahrnehmung mittels unserer Sinnesorgane, die Gegenstände selbst lernen wir jedoch nicht kennen. Wenn wir einen entfernten Gegenstand mit unsrem Auge wahrnehmen, so beruht dies auf einer von den Lichtstrahlen bewirkten Reizung der beiden Netzhäute, deren Erregung zum Gehirn fortgeleitet wird und hier zum Bewußtsein kommt. Von Dingen, die uns unmittelbar erreichbar sind, verschaffen wir uns eine Vorstellung durch Berühren oder Betasten. Durch die Nervenausbreitungen in den Fingerspitzen werden die Tasterregungen zum Gehirn geleitet, wo sie in Empfindung umgesetzt werden. Die Frage ist deshalb gerechtfertigt, ob die von uns erkannten Dinge auch wirklich so beschaffen sind, wie sie auf unsre Sinne einwirken, ja sogar, ob sie überhaupt außerhalb unserer Person vorhanden sind. Die Naturwissenschaften geben keine Antwort auf diese Frage — ihre Beantwortung ist Aufgabe der spekulativen Philosophie — sie beschäftigen sich also, wenn man sich genau ausdrücken will, nicht mit den Dingen selbst, sondern mit dem Studium der Sinneseindrücke. Die Sinneseindrücke treten für uns an die Stelle der Dinge, die wir an sich nicht kennen. Wir betrachten sie als die Dinge selbst.

2. Bei der systematischen *Beschreibung* der Gegenstände hat sich ergeben, daß viele derselben eine mehr oder weniger große Übereinstimmung in ihren besonderen Eigenschaften zeigen, wodurch eine Klassifikation, d. h. eine Zusammenfassung von Gleichartigem in eine Gruppe und eine Trennung der einzelnen Gruppen in Unterabteilungen möglich ist. Auf diese Weise ist man dazu gelangt, Zoologie, Botanik, Mineralogie, Astronomie als beschreibende Naturwissenschaften zu bezeichnen.

3. Die naturwissenschaftliche Forschung befaßt sich weiter mit der Untersuchung des Verhältnisses, in welchem die Gegenstände zueinander stehen, mit andren Worten, mit dem Studium der *Naturerscheinungen.* Die Himmelskörper beschreiben im Weltraum ihre Bahnen; Wasser verwandelt sich beim Abkühlen zu Eis; erhitztes

Holz verbrennt. Es ist Aufgabe der Naturwissenschaft, solche Erscheinungen genau zu beobachten und zu beschreiben: also zu erforschen, nach welchen Gesetzen die Himmelskörper sich bewegen, welche Umstände auf das Gefrieren des Wassers von Einfluß sind, was aus dem brennenden Holze wird, unter welchen Bedingungen die Verbrennung erfolgen kann usw.

Die Naturwissenschaften, die sich mit der Beobachtung der Naturerscheinungen befassen: Physik, Chemie und Biologie (d. h. die Lehre von den Lebensvorgängen, im einzelnen: Physiologie, Pathologie, Therapie), werden als exakte Naturwissenschaften bezeichnet.

4. Die Erscheinungen der Natur, sowohl in der belebten wie in der unbelebten, vollziehen sich nach unveränderlichen Gesetzen. Die Bewegung der Planeten findet noch heute ganz in derselben Weise statt, wie sie zu den Zeiten der Ptolemäer beobachtet worden ist; wenn Wasser zu Eis wird, hat man stets dieselbe Raumausdehnung wahrgenommen; die Kristallform des Kochsalzes ist, wo und wann auch beobachtet, immer dieselbe; bei der Verbrennung des Holzes werden stets dieselben Produkte erhalten; die Struktur der Blätter einer und derselben Pflanzenart ist immer gleich befunden worden. Die durch Beobachtung gewonnene Erkenntnis von der Unveränderlichkeit der Erscheinungen in der Natur bildet die Grundlage jeder naturwissenschaftlichen Untersuchung. Hat man z. B. an einem bestimmten Sodakristall die Winkel gemessen, welche die Flächen miteinander bilden, so gilt es für sicher, daß an allen Sodakristallen, wo und wann auch immer sie untersucht werden mögen, dieselben Winkel vorhanden sein müssen. Nachdem einmal bestimmt worden ist, daß reiner Alkohol unter dem Druck einer Atmosphäre bei 78° siedet, wird allgemein angenommen, daß dies bei allem Alkohol, wie er auch gewonnen sein mag, und wo und wann er untersucht werde, der Fall sein müsse.

5. Indem sich der menschliche Geist der naturwissenschaftlichen Forschung zuwendet, gibt er sich nicht zufrieden mit der genauen Beschreibung der Gegenstände und der Erscheinungen; er wünscht für die letzteren auch eine *Erklärung* zu finden; dieses Bestreben, die Vorgänge zu erklären, bildet einen der wichtigsten Teile der Naturwissenschaft. Beobachtet man z. B., daß ein Lichtstrahl, der durch ein Stück isländischen Kalkspats hindurchgeht, in zwei andre mit verschiedenen Eigenschaften gespalten wird, so sucht man sich von diesem Vorgang Rechenschaft zu geben. Wird Kupfer an der Luft zum Glühen gebracht, so überzieht es sich mit einem schwarzen Pulver; wieder erhebt sich die Frage, warum dies der Fall sei. Beim Suchen nach einer Erklärung der Erscheinungen trachtet man also tiefer in das Wesen des Vorganges einzudringen, als dies durch die direkte Beobachtung geschehen kann. Während die Vorgänge selber, die wir zu erklären wünschen, wie wir durch Erfahrung wissen, unveränderlich sind, ist ihre Erklärung je nach den Fortschritten unseres Wissens veränderlich. Daß Kupfer sich beim Glühen an der Luft in ein schwarzes Pulver verwandelt, wurde früher durch die Annahme erklärt, daß von dem Metall etwas verschwinde; später, nachdem man die Erscheinung besser erforscht hatte, dadurch, daß das Kupfer einen Bestandteil der Luft aufnimmt.

Die naturwissenschaftliche Untersuchung nimmt im allgemeinen folgenden Verlauf: Eine Erscheinung wird beobachtet und so sorgfältig wie möglich erforscht. Danach versucht man, eine Erklärung für sie zu finden. Man stellt eine *Hypothese* auf. Aus dieser kann man Schlußfolgerungen ziehen, darunter solche, die durch das Experiment kontrolliert werden können. Führt der Versuch in der Tat zu dem erwarteten Resultat, so gewinnt die Hypothese an Wahrscheinlichkeit. Ergibt sich an der Hand der Erfahrung, daß sie eine Vielheit von Erscheinungen zu erklären und miteinander in Verbindung zu bringen vermag, so wird die Hypothese zur *Theorie*.

Die naturwissenschaftliche Forschung hat im abgelaufenen Jahrhundert einen gewaltigen Aufschwung genommen. Für zahlreiche Erscheinungen sind Erklärungen gegeben worden, die einen hohen Grad von Wahrscheinlichkeit besitzen, für viele andre ist es jedoch noch nicht gelungen, eine ausreichende theoretische Begründung aufzustellen; ja, man stößt immer wieder auf Fragen, bei denen zurzeit die Möglichkeit auch einer nur hypothetischen Beantwortung nicht vorhanden ist. Welcher chemische Vorgang stattfindet, wenn man Kupfer an der Luft zum Glühen erhitzt — um bei diesem Beispiel zu bleiben —, weiß man genau. Jedoch auf die weitere Frage, warum der Prozeß gerade so und nicht anders verläuft, oder warum das gebildete Pulver schwarz ist, muß man die Antwort so ziemlich schuldig bleiben.

6. Physikalische und chemische Vorgänge. Da sich eine strenge Scheidung zwischen den beschreibenden und exakten Naturwissenschaften nicht hat durchführen lassen, unterscheidet man neuerdings zwischen *allgemeinen* Naturwissenschaften und den *speziellen*, welche sich mit einem bestimmten Naturreiche beschäftigen. Physik und Chemie sind die allgemeinen Naturwissenschaften. Um ihre Abgrenzung kennen zu lernen, ist es zweckmäßig, beide Wissenschaften miteinander zu vergleichen. Im allgemeinen kann man sagen, daß die Physik sich mit den Zustandsänderungen der Körper, die Chemie dagegen mit den Änderungen der Stoffe befaßt. *Stoffe* nennt man die unserer Beobachtung zugänglichen Gegenstände, wenn man von ihrer Größe und

Gestalt absieht. Eisen, Marmor, Seide, Sand, Glas sind Stoffe, wenn man nur ihre spezifischen Eigenschaften unabhängig von ihrer äußeren Gestalt in Betracht zieht. Wenn man die räumlichen Eigenschaften, die Größe und äußere Gestalt, in Betracht zieht, so spricht man von *Körpern*.

Ein paar Beispiele mögen das Verhältnis der Chemie zur Physik näher erläutern.

Ein Platindraht wird in eine farblose Gasflamme gehalten; er wird glühend; zieht man ihn aus der Flamme, so kühlt er sich ab, und es ist keinerlei Änderung an ihm zu bemerken. Dies ist ein physikalischer Vorgang; das Glühen ist nur eine zeitliche Zustandsänderung gewesen. Sobald die Ursache derselben aufhört, kehrt der Draht in seinen ursprünglichen Zustand zurück.

Man halte nun einen Magnesiumdraht in die Flamme; er verbrennt unter Ausstrahlung eines glänzenden Lichtes und verwandelt sich in ein weißes Pulver, welches von dem Stoff Magnesium vollständig verschieden ist. Hier ist eine vollständige und dauernde Änderung des Stoffes eingetreten; man hat es also mit einem chemischen Vorgang zu tun.

Oder man nehme zwei weiße kristallisierte Stoffe, Naphtalin und Rohrzucker, und erhitze jeden für sich in einer Retorte mit Vorlage. Das Naphtalin schmilzt zunächst, bei weiterem Erhitzen beginnt es zu sieden, destilliert über und kondensiert sich in der Vorlage. Das destillierte Naphtalin gleicht vollkommen dem nichtdestillierten. Der Stoff hat also durch das Erhitzen, Schmelzen, Übergehen in Dampfform und Wiederfestwerden nur wiederholt den Zustand geändert, ist aber derselbe geblieben. Anders der Rohrzucker. Auch hier tritt anfänglich ein Schmelzen ein, doch wird zugleich Braunfärbung wahrgenommen. Bei weiterem Erhitzen wird die Masse noch dunkler; es destilliert eine braungefärbte Flüssigkeit über, ein eigenartiger Geruch ist wahrzunehmen und zum Schlusse bleibt in der Retorte eine verkohlte poröse Masse zurück. Bei dem Rohrzucker ist beim Erhitzen eine stoffliche Änderung eingetreten, wir haben es also mit einem chemischen Vorgang zu tun.

Als drittes Beispiel endlich diene das Verhalten einerseits eines Metalldrahtes, anderseits das von angesäuertem Wasser, wenn ein elektrischer Strom durch sie geleitet wird. Der Draht zeigt andre Eigenschaften, während der Strom andauert; hört letzterer auf, so verschwinden sie wieder, und es tritt der gleiche Zustand wie vorher ein; dies ist also ein physikalischer Vorgang. In dem angesäuerten Wasser verursacht der Strom dagegen eine Gasentwicklung, und das aus dem Wasser stammende Gas hat ganz andre Eigenschaften als das Wasser selbst; es ist eine Änderung des Stoffes eingetreten, ein chemischer Vorgang hat stattgefunden.

Chemische Operationen.

7. Zur Vermeidung von Wiederholungen erscheint es zweckmäßig, einige der gebräuchlichsten chemischen Operationen kurz vorweg zu beschreiben.

Lösen. Bringt man Zucker, Salz, Salpeter oder andre feste Stoffe mit Wasser zusammen, so beobachtet man, daß sie verschwinden, während das Wasser ihren Geschmack annimmt; sie sind in dem Wasser gelöst. Die Menge eines festen Stoffes, die von einer bestimmten Menge eines Lösungsmittels aufgenommen werden kann, hat jedoch eine Maximalgrenze. Gibt man z. B. bei konstanter Temperatur immer mehr Salpeter dem Wasser hinzu, so erreicht man einen Punkt, wo dieser Stoff von dem Lösungsmittel nicht mehr aufgenommen wird. Die Lösung heißt alsdann *gesättigt.* Die Löslichkeit fester Stoffe in Flüssigkeiten nimmt meistens mit steigender Temperatur zu; sie schwankt nach der Natur ihrer chemischen Bestandteile zwischen sehr weiten Grenzen, von Löslichkeit in jedem Verhältnis bis zu unmerklicher Löslichkeit. So wird Rohrzucker in großen Mengen in Wasser gelöst, während Sand darin nahezu unlöslich ist.

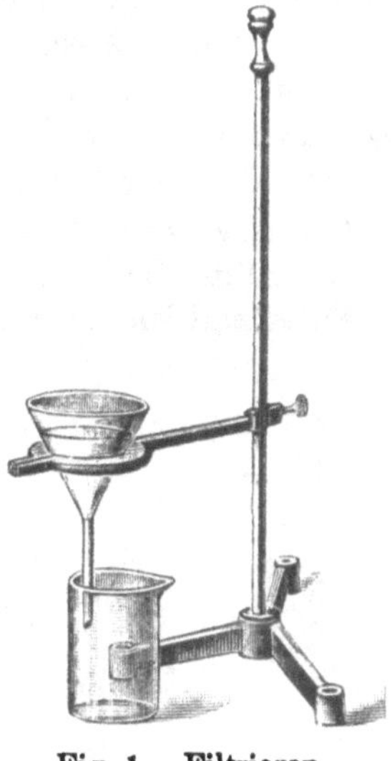

Fig. 1. Filtrieren.

Zwei Flüssigkeiten, die sich in jedem Verhältnis ineinander lösen (z. B. Wasser und Alkohol), nennt man *mischbar.* Andre Flüssigkeiten besitzen nur eine beschränkte gegenseitige Löslichkeit; wenn Wasser z. B. mit einer genügenden Menge Äther durchgeschüttelt wird, bilden sich beim Stehen zwei Flüssigkeitsschichten: die obere ist Äther, der etwas Wasser, die untere Wasser, das etwas Äther gelöst hat. Die gegenseitige Löslichkeit von Flüssigkeiten nimmt mit steigender Temperatur meistens zu; dagegen nimmt das Lösungsvermögen einer Flüssigkeit für Gase in der Regel dabei ab.

Trennung von Gemischen flüssiger und fester Stoffe. Die Trennung wird durch Filtrieren erreicht. Ein Trichter (Fig. 1) wird mit ungeleimtem Papier (Filtrierpapier) ausgekleidet, das den Rand des Trichters nicht erreichen darf. Das Filter läßt die Flüssigkeit durch, nicht aber den festen Stoff.

Weniger vollständig wird die Trennung durch *Dekantieren* oder

Abgießen der klaren Flüssigkeit von dem abgesetzten Niederschlag bewirkt, wobei trotz aller Vorsicht leicht Teilchen des Niederschlages mit fortgerissen werden. Es ist klar, daß man weder durch Filtrieren noch durch Dekantation eine vollständige Trennung erreichen kann. Dies gelingt erst durch

Auswaschen, das heißt, die Flüssigkeit, welche zwischen den Teilchen des Niederschlags zurückgeblieben ist, durch eine andere verdrängen. Ist die Flüssigkeit z. B. eine Salzlösung, so wird dies leicht mittels reinen Wassers geschehen können. Die Salzlösung wird gänzlich ausgewaschen sein, wenn das Übergießen mit reinem Wasser einige Male wiederholt worden ist. Gesetzt, es sei zwischen den Teilchen des Niederschlages 1 ccm Salzlösung zurückgeblieben. Rührt man den Niederschlag mit 9 ccm Wasser an, so wird die Lösung zehnfach verdünnter, als sie ursprünglich war. Bleibt nach der Filtration wieder 1 ccm Flüssigkeit bei dem festen Stoff zurück und fügt man wieder 9 ccm reines Wasser zu, so ist die Verdünnung schon auf das Hundertfache gekommen, und nach sechsmaliger Wiederholung auf das Millionenfache, so daß der feste Stoff als ganz von der Salzlösung befreit angesehen werden darf.

Kristallisation. Wird eine Lösung heiß gesättigt, so scheidet sich beim Erkalten der feste Stoff sehr oft in Form von Kristallen aus. Das Auskristallisieren wird angewendet, um Stoffe rein darzustellen.

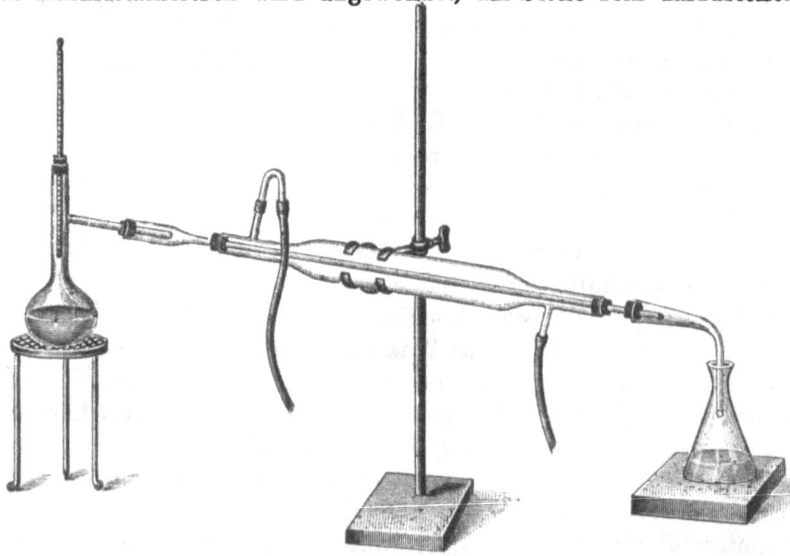

Fig. 2. Destillation.

Destillation. Zur Trennung flüchtiger Flüssigkeiten von nicht oder nur schwer verdampfbaren Stoffen bedient man sich der Destillation.

Das Gemisch wird in einer Retorte (einem kugligen, zumeist aus Glas, zuweilen aus andrem Material hergestellten Gefäß mit seitwärts, zumeist abwärts gebogenem Hals, Fig. 3, S. 10) oder in einem Kolben mit seitlich angebrachtem Rohr (Fig. 2) zum Sieden erhitzt. Die Flüssigkeit geht in Dampf über und entweicht durch das Rohr; der nicht flüchtige Stoff bleibt als Rückstand in der Retorte zurück. Die entweichenden Dämpfe werden durch Abkühlung wieder in den flüssigen Zustand übergeführt. Die Verdichtung erfolgt in dem *Kühler*. Dieser besteht aus zwei ineinander gesteckten Röhren, von denen die innere zur Aufnahme der Dämpfe dient; zwischen beiden läßt man kaltes Wasser fließen, das die Dampfwärme aufnimmt. Die im Kühler kondensierte Flüssigkeit, das Destillat, wird in der *Vorlage* aufgefangen. Auf diese Weise kann man z. B. Wasser und Kochsalz trennen; ersteres destilliert über und letzteres verbleibt als Rückstand in dem Destillierkolben.

Aber auch Flüssigkeiten von verschiedenem Siedepunkt können so getrennt werden, z. B. Alkohol und Wasser. Bei Beginn der Destillation geht zunächst der flüchtigere Bestandteil (Alkohol) über, gegen Ende der weniger flüchtige (Wasser). Wechselt man die Vorlage und fängt die Destillate gesondert auf, so erreicht man eine angenäherte Trennung. Werden die Destillate einzeln wieder auf gleiche Weise behandelt, so erhält man die Stoffe in einem ziemlich reinen Zustand. Dieses, auf dem Unterschied der Dampfdrucke beruhende Verfahren wird *fraktionierte* oder *gebrochene* Destillation genannt („Org. Ch." *19—21*).

Sublimation. Einige feste Stoffe, z. B. Kampfer, verdampfen beim Erhitzen unter normalem Luftdruck ohne zu schmelzen. Kühlt man die aufgefangenen Dämpfe ab, so verdichtet sich der Dampf wieder zu festem Stoff. Diese Wiederverdichtung heißt *Sublimation*. Es ist klar, daß man auch hierin ein Mittel zur Trennung flüchtiger von nichtflüchtigen Stoffen besitzt.

Die chemischen Elemente.

8. Wenn man einen Stoff (**6**) verschiedenartigen Einwirkungen aussetzt, z. B. der Wärme, der Elektrizität, dem Licht, oder ihn mit andren Stoffen in Berührung bringt, gelingt es in sehr vielen Fällen, ihn in zwei oder mehrere ungleichartige Bestandteile zu spalten. Nehmen wir z. B. Schießpulver, übergießen es mit Wasser, rühren gut um und erwärmen gelinde. Wird nach einiger Zeit filtriert, so zeigt sich, daß der ungelöste Rückstand, der auf dem Filter zurückbleibt, nicht mehr Schießpulver ist. Man dampft nun das Filtrat ein und erhält als Rückstand einen weißen kristallisierten Stoff, Salpeter. Das Ungelöste wird getrocknet und dann mit einem andren Lösungsmittel, mit Schwefelkohlenstoff, geschüttelt. Nach einiger Zeit wird aufs neue filtriert. Auf dem Filter bleibt eine schwarze Masse, die aus Holzkohlenpulver besteht, und der abfiltrierte Schwefelkohlenstoff hinterläßt beim Verdampfen gelbe Kristalle von Schwefel. Das Schießpulver ist also durch nacheinanderfolgende Behandlung mit Wasser und Schwefelkohlenstoff in drei Stoffe zerlegt worden, nämlich in Kohlenstoff, Schwefel und Salpeter. Die beiden ersteren sind, mögen wir sie auch mit allen uns zur Verfügung stehenden Mitteln behandeln, einer weiteren Zerlegung nicht mehr fähig, der Salpeter dagegen wohl. Wird Salpeter nämlich stark erhitzt, so entwickelt er ein Gas, in welchem sich ein glimmender Holzspan sofort entzündet; nach Beendigung der Gasentwicklung bleibt ein Stoff zurück, der mit Schwefelsäure übergossen rote Dämpfe ausstößt, was Salpeter selbst nicht tut. Salpeter ist also durch Erhitzen noch weiter zerlegbar.

Unterwirft man die verschiedenen Stoffe einer fortgesetzten Behandlung mit den verschiedenartigsten Einwirkungsmitteln, so gelangt man schließlich zu Stoffen, die auf keine Weise mehr in ungleichartige Bestandteile zerlegt werden können. Solche Grund- oder Urstoffe nennt man chemische *Elemente*. Trotzdem die Zahl der zusammengesetzten Stoffe (im Sinne von 6) außerordentlich groß ist, ist die Zahl der Elemente verhältnismäßig gering; sie beträgt etwa neunzig.

Bei Verbesserung unserer Hilfsmittel kann es sich sehr wohl herausstellen, daß Stoffe, welche die gegenwärtige Chemie noch als Elemente betrachtet, diese Bezeichnung zu Unrecht führen. Wenn wir also von „Elementen" reden, so bringen wir damit nur zum Ausdruck, daß es bis jetzt weder gelungen ist, jene Stoffe weiter zu zerlegen, noch sie aus verschiedenen Stoffen zusammenzusetzen.

Die Zahl der Elemente läßt sich nicht genau beziffern; denn einerseits sind uns nicht alle Stoffe, die auf der Erde vorhanden sind, zugänglich,[1] anderseits ist es von einigen Stoffen, die zurzeit als Elemente angesehen werden, zweifelhaft, ob sie nicht schon mit unseren gegenwärtigen Hilfsmitteln in andere zerlegbar sind. Die Geschichte der Chemie enthält verschiedene Beispiele dafür, daß Stoffe, die als unzerlegbar galten, später doch zerlegt werden konnten.

Am Schluß dieses Buches befindet sich die Tabelle der meisten zurzeit bekannten Elemente. Aus ihr ersieht man, daß alle *Metalle*

[1] Vom Erdinnern ist nur ein sehr kleiner Teil bekannt. Stellt man sich die Erdkugel auf die Größe einer Apfelsine verkleinert vor, so würden auch die tiefsten Schachte und Bohrlöcher noch nicht unter die äußere dünne gelbe Schale der Frucht hinunterreichen.

Elemente sind. Die *nichtmetallischen* Elemente werden unter dem Namen *Metalloide* zusammengefaßt. Darunter befinden sich die beiden wichtigsten Elemente: der Sauerstoff, der sich mit fast allen Elementen verbindet, und der Kohlenstoff, welcher in allen organisierten Stoffen anwesend und daher ein Bestandteil jedes Pflanzen- und Tierkörpers ist. Ferner der Schwefel, der mit blauer Flamme verbrennt und dabei einen stechenden Geruch verbreitet; das Chlor, ein gelblichgrünes giftiges Gas von höchst unangenehmem Geruch, das aus Kochsalz erhalten werden kann, usf.

Die Elemente kommen in dem uns erschlossenen Teile der Erde in sehr ungleichen Mengen vor. Sauerstoff, welcher sowohl in der Luft und im Wasser als auch in der festen Erdkruste vorkommt, ist das verbreitetste aller Elemente: er macht ungefähr die Hälfte des Gewichts des uns bekannten Teiles der Erdkugel aus. Die Elemente Silicium, Aluminium, Eisen, Calcium, Kohlenstoff, Magnesium, Natrium, Kalium und Wasserstoff bilden zusammen mit dem Sauerstoff 99 % der Erdrinde. Für alle übrigen Elemente zusammen bleibt also nur ein Prozent übrig; einige dieser letzteren sind zwar sehr verbreitet, z. B. Lithium und Cäsium, sie kommen aber nur in äußerst geringen Mengen vor. Andre, z. B. Tantal und Niob, finden sich nur in relativ kleiner Menge und an wenigen Stellen.

Durch die Spektroskopie (**263—267**) ist festgestellt, daß die Himmelskörper aus den gleichen Elementen bestehen wie unsere Erde, aber auch noch aus anderen.

Sauerstoff.

9. Sauerstoff ist bei gewöhnlicher Temperatur und unter normalem Luftdruck ein farb-, geruch- und geschmackloses Gas. Seine hervorstechendste Eigenschaft ist die, daß glühende oder glimmende Stoffe in ihm unter starker Licht- und Wärmeentwicklung entflammen. Ein glimmender Holzspan z. B. beginnt beim Verbringen in eine mit Sauerstoffgas gefüllte Flasche sogleich mit großem Glanz und ungewöhnlicher Lebhaftigkeit zu brennen. Die Entzündung eines glühenden Holzspans dient zur Wiedererkennung oder, wie man gewöhnlich sagt, als *Reaktion* auf Sauerstoff.

Sauerstoff läßt sich auf verschiedene Weise darstellen. Viele sauerstoffreiche Verbindungen zersetzen sich beim Erhitzen unter Freiwerden von Sauerstoff.

1) Man bringe das rote Pulver *Quecksilberoxyd* in eine gläserne Retorte (Fig. 3) und erhitze es; durch das Ableitungsrohr, welches unter dem mit Wasser gefüllten Zylinder mündet, entweicht in Form

von Gasblasen Sauerstoff, während an der Wand der Retorte sich Quecksilber in feinen Tröpfchen absetzt.

2) Derselbe Apparat kann auch dazu dienen, um Sauerstoff aus *chlorsaurem Kalium* (Kaliumchlorat) zu entwickeln, ferner aus *Salpeter, übermangansaurem Kali* (Kaliumpermanganat) und aus noch vielen anderen Verbindungen. Die Darstellung von Sauerstoff durch Erhitzen von chlorsaurem Kalium ist im Laboratorium eine sehr gebräuchliche Operation.

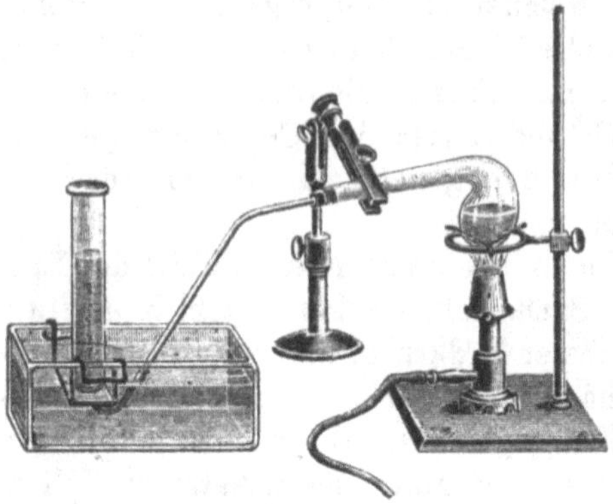

Fig. 3. Darstellung von Sauerstoff aus chlorsaurem Kalium.

Einige Stoffe geben Sauerstoff ab, wenn sie zusammen mit anderen erhitzt werden. Dies ist z. B. der Fall:

1) beim Erhitzen von Kaliumdichromat oder Braunstein mit Schwefelsäure oder

2) beim Erhitzen von Zinkoxyd (Zinkweiß) im Chlorstrom.

Die atmosphärische Luft besteht hauptsächlich aus Sauerstoff und Stickstoff. Zur Trennung dieser Gase wandte Lavoisier im Jahre 1774 folgende Methode an: Er brachte Quecksilber in eine Retorte *A* (Fig. 4) mit langem, zweimal gebogenem Hals, welcher unter einer mit Luft gefüllten Glocke *PQ* mündet. Diese war durch Quecksilber abgesperrt, welches sich in dem Gefäß *RS* befand. Die Retorte *A* wurde nun während mehrerer Tage so stark erhitzt, daß das Quecksilber fast siedete. Hierbei verschwand ein Teil der Luft in *PQ* und das zurückgebliebene Gas zeigte andre Eigenschaften als die Luft; es war Stickstoff. Zugleich hatte sich das Quecksilber teilweise in ein rotgelbes kristallinisches Pulver, Quecksilberoxyd, verwandelt. Dieses entwickelte bei stärkerem Erhitzen Sauerstoff.

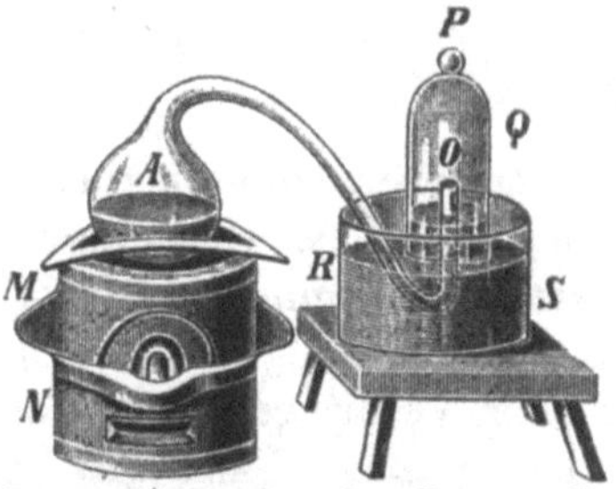

Fig. 4. Absorption des Sauerstoffes durch Quecksilber.

Sauerstoff wird technisch dargestellt durch Elektrolyse von Wasser, und durch fraktionierte Destillation von flüssiger Luft (siehe 109). Das Gas wird in stählernen Flaschen bis zu 200 Atmosphären zusammengepreßt und so in den Handel gebracht.

Die *physikalischen Eigenschaften* des Sauerstoffes sind außer den bereits genannten die folgenden: Sein spez. Gewicht beträgt auf Luft als Einheit bezogen 1·10535. Ein Liter Sauerstoff wiegt bei 0° und bei 760 mm Druck 1·4290 g. Sauerstoff kann in eine Flüssigkeit verwandelt werden; die Schwierigkeiten, die früher vorlagen, um dies in großem Maßstab auszuführen, sind überwunden. Seine kritische Temperatur ist −118°, sein kritischer Druck 50 Atmosphären. Flüssiger Sauerstoff hat das spez. Gewicht 1·124 (bezogen auf Wasser) und den Siedepunkt −182·95° bei 745·0 mm Druck; er hat eine bläuliche Färbung und erstarrt bei −218°·4. Er läßt sich sogar unter normalem Druck aufbewahren, wenn man hierzu ein sogenanntes Vakuumgefäß (Fig. 5) verwendet. Es ist dies ein Gefäß, welches umgeben ist von einem angeschmolzenen Mantel, der sehr weitgehend luftleer gepumpt ist. 100 l Wasser lösen bei 0° 4·89 l Sauerstoff; auch in Alkohol ist Sauerstoff wenig löslich. Geschmolzenes Silber absorbiert ungefähr das Zehnfache seines Volums an Sauerstoff; beim Erstarren gibt es den Sauerstoff plötzlich wieder ab; auf der Oberfläche des Metalles entstehen dabei eigenartige Auswüchse („Spratzen" des Silbers).

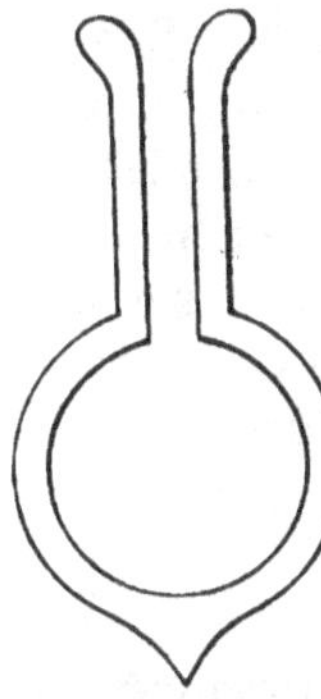

Fig. 5.
Vakuumgefäß.

Oben wurde bemerkt (7), daß die Löslichkeit eines Gases in einer Flüssigkeit mit steigender Temperatur abnimmt. Zwischen der Löslichkeit eines Gases und dem Druck, unter welchem das Gas beim Lösungsvorgange steht, besteht eine sehr wichtige Beziehung. Die Löslichkeit eines Gases ist proportional dem Druck. Dies ist das Henrysche Gesetz. Wenn also der Druck auf das a-fache gebracht wird, erhöht sich die Löslichkeit des Gases ebenfalls um das a-fache. Da die Gewichtsmenge eines Gases, welche in einem gegebenen Raum enthalten ist, dem Drucke gleichfalls proportional ist, so kann das Henrysche Gesetz auch so formuliert werden: Das Volumen eines Gases, das von einer bestimmten Flüssigkeitsmenge gelöst wird, ist unabhängig vom Druck. Dieses Gesetz hat strenge Gültigkeit, wenn die Löslichkeit des Gases klein ist; ist dieselbe dagegen groß und beträgt z. B. 100 Volumina auf 1 Volum Flüssigkeit, so zeigt es beträchtliche Abweichungen.

Eine dritte Formulierung ist folgende: Die Konzentration des Gases in einem gegebenen Raume und die Konzentration in der Lösung stehen in einem konstanten Verhältnis zueinander. Unter „Konzentration" versteht man die in der Raumeinheit vorhandene Gewichtsmenge eines Stoffes. Die Einheit der Raummasse ist der Kubikzentimeter (ccm).

10. Zu der hervorstechendsten *chemischen Eigenschaft* des Sauerstoffes, seinem Verhalten bei Verbrennungen, seien noch einige Beispiele gegeben:

Holzkohle glüht an der Luft nur mäßig ohne viel Lichtentwicklung; in Sauerstoff gebracht, verbrennt sie dagegen mit großem Glanz. Schwefel, der an der Luft mit schwacher blauer Flamme brennt, verbrennt in Sauerstoff mit intensiv blauem Licht, Phosphor mit blendend weißer Flamme. — Wenn man eine stählerne Uhrfeder an einem Ende glühend macht und in Sauerstoff bringt, so verbrennt sie unter lebhaftem Funkensprühen. Zink verbrennt darin ebenfalls mit blendender Lichterscheinung. In allen diesen und analogen Fällen ist nach der Verbrennung sowohl der Sauerstoff als das zur Verbrennung gelangte Material verschwunden, während andre Stoffe entstanden sind; wir haben es also hier mit einer bleibenden stofflichen Änderung, mit einem chemischen Vorgang zu tun. Beim Verbrennen von Holzkohle erhält man als Produkt ein Gas, das Kalkwasser trübt und weder brennbar ist, noch die Verbrennung zu unterhalten vermag; es heißt Kohlendioxyd. Schwefel liefert beim Verbrennen ein Gas von stechendem Geruch, das Schwefeldioxyd genannt wird. Phosphor gibt ein weißes, flockiges Pulver, Phosphorpentoxyd. Die Oberfläche von Eisen endlich verwandelt sich beim Glühen in ein schwarzes zusammengesintertes Pulver, das Hammerschlag genannt wird, weil es beim Schmieden des Eisens in Schuppenform als Funkenregen abspringt.

Es fragt sich nun, was dabei eigentlich vorgeht. Zunächst ergibt sich, daß das Gewicht des Verbrennungsproduktes größer ist, als das des verbrannten Stoffes.

Daß bei der Verbrennung eine Gewichtszunahme stattfindet, kann in vielen Fällen leicht dargetan werden. Man hänge z. B. einen Hufeisenmagnet, der in feines Eisenpulver getaucht worden ist, an die Unterseite der einen Wagschale und lege auf die andre soviel Gewichte, daß Gleichgewicht eintritt. Man verbrennt nun das Eisenpulver, indem man es einige Male mit einer farblosen Flamme bestreicht. Beim Abkühlen senkt sich die Wagschale, die den Magneten trägt. Auf ähnliche Weise kann die Gewichtszunahme beim Verbrennen von Kupfer demonstriert werden. — Um die Gewichtszunahme für einen Fall zu beweisen, wo nur gasförmige Produkte entstehen, läßt man eine Kerze verbrennen und fängt die Verbrennungsprodukte, Kohlendioxyd und Wasserdampf, auf. Zu diesem Zweck läßt man sie über ungelöschten Kalk streichen, welcher beide bindet.

Die nähere Untersuchung hat ergeben, daß die Gewichtszunahme dadurch verursacht ist, daß zu dem verbrennenden Stoff Sauerstoff hinzugetreten ist; das Verbrennungsprodukt ist eine *Verbindung* mit Sauerstoff. Daß z. B. bei der Verbrennung von Zink eine Vereinigung mit Sauerstoff zustande kommt, läßt sich dadurch zeigen, daß das Verbrennungsprodukt, das Zinkweiß, wenn man es in einem Rohre erhitzt und Chlorgas darüber leitet, Sauerstoff abgibt (9, 2). Die Vereinigung des Sauerstoffes mit andren Stoffen heißt *Oxydation* und die entstandenen Verbindungen heißen *Oxyde*.

Wenn Stoffe an der Luft verbrennen, so geschieht dies fast ausnahmslos durch die Vereinigung mit Sauerstoff. Auch der neben dem Sauerstoff in der Luft enthaltene Stickstoff wird alsdann durch die erzeugte Wärme erhitzt und verbraucht einen Teil derselben. Daher kann die Temperatur einer Verbrennung in Luft nicht die Höhe erreichen wie in reinem Sauerstoff. Auch die Lichtentwicklung hängt in hohem Grade von der Temperatur ab; die Verbrennungserscheinungen sind deshalb in reinem Sauerstoff viel lebhafter als in der Luft.

Um sich die Kenntnis der Art und der Gewichtsmenge der Bestandteile, aus denen eine Verbindung zusammengesetzt ist, zu verschaffen, wendet man *analytische Methoden* an, d. h. man zerlegt die Verbindung in ihre Elemente und bestimmt alsdann deren Art und die von jeder vorhandene Gewichtsmenge. Der Wiederaufbau von Verbindungen aus den bei der Zerlegung nachgewiesenen Bestandteilen heißt *Synthese*. Man kann ebenso wie durch die Zerlegung auch durch Synthese die Zusammensetzung einer Verbindung feststellen. Bei dem in **9** angegebenen Versuch von Lavoisier erfährt man die Zusammensetzung des entstandenen rotgelben Pulvers durch die Zerlegung desselben in seine Bestandteile bei starkem Erhitzen, wobei metallisches Quecksilber und Sauerstoff erhalten wurden. Umgekehrt kann man Quecksilberoxyd unmittelbar aus Sauerstoff und Quecksilber darstellen, wenn man beide bei etwa 300° aufeinander wirken läßt. Ersteres ist ein Beispiel der Analyse, letzteres der Synthese.

Wasserstoff.

11. Wasserstoff ist ein farb-, geruch- und geschmackloses Gas, das in freiem Zustande nur in kleinen Mengen vorkommt, z. B. in Vulkangasen. Er entsteht auch als Fäulnisprodukt. Mit andren Elementen verbunden findet er sich in großer Menge.

Man kann Wasserstoff auf verschiedene Weise darstellen.

Zunächst durch direkte Zerlegung einiger Wasserstoffverbindungen:

Leitet man durch die wäßrige Lösung einer Säure oder einer Base einen elektrischen Strom, so entwickelt sich an der negativen

Elektrode (der Kathode) Wasserstoff, an der positiven Elektrode (der Anode) Sauerstoff.

Die gewöhnlichen Methoden zur Gewinnung von Wasserstoff beruhen auf indirekter Zerlegung von Wasserstoffverbindungen, d. h. in deren Einwirkung auf andre Stoffe. Von solchen Methoden sind zu nennen:

1) Einwirkung von Zink auf verdünnte Schwefelsäure (**90**).

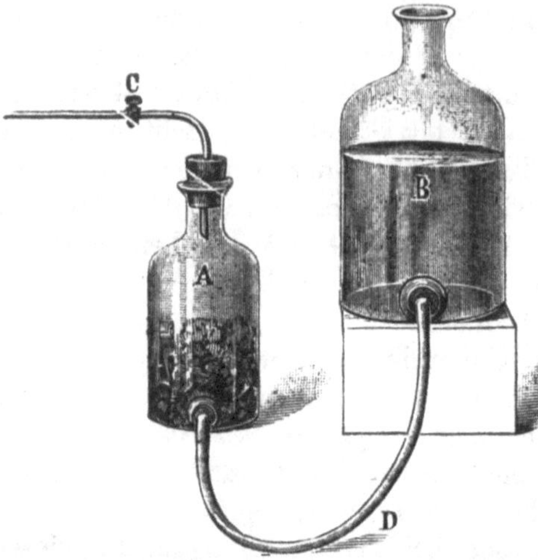

Fig. 6. Apparat zur Wasserstoffentwicklung.

Für die Darstellung von Wasserstoff benutzt man im Laboratorium oft einen Apparat, wie er in Fig. 6 abgebildet ist. In *A* befindet sich granuliertes Zink (oder eiserne Nägel), in *B* verdünnte Salz- oder Schwefelsäure. Öffnet man den Hahn *C*, so fließt die Säure durch den Kautschukschlauch *D* zum Metall und es beginnt sofort eine Entwicklung von Wasserstoffgas. Wird der Hahn geschlossen, so verdrängt das weiter sich entwickelnde Gas die Säure aus *A*, was dadurch gefördert werden kann, daß man den Platz der Flaschen *A* und *B* wechselt.

2) Einwirkung von Zink- oder Aluminiumfeile auf Kalilauge oder gelöschten Kalk.

3) Einwirkung von Natrium oder Kalium auf Wasser oder Alkohol.

4) Magnesiumpulver, mit Wasser erhitzt, entwickelt ebenfalls Wasserstoff, besonders wenn etwas Magnesiumchlorid in dem Wasser gelöst ist, weil eine solche Lösung das Magnesiumoxyd auflöst, das sich an der Oberfläche des Metalles bildet.

Wasserstoff wird jetzt in sehr großem Maßstab dargestellt, hauptsächlich für aeronautische Zwecke und zur Synthese von Ammoniak (**110**, 3) aus seinen Elementen. Zu dieser technischen Darstellung sind verschiedene Verfahren in Gebrauch: 1. Die Elektrolyse von Kochsalzlösung (**224**); 2. die Zersetzung von Calciumhydrid durch Wasser (**256**); 3. die Wirkung einer konzentrierten Lösung von Ätznatron auf Silicol (eine Legierung von Eisen und Silicium) oder auf Silicium selbst (**188**); 4. die Einwirkung von Wasser bei hoher Temperatur (300°) und Druck (100 Atmosphären) auf Eisen, wodurch rasch Wasserstoff entwickelt wird (Patent von Bergius).

Das Gas wird in stählernen Flaschen unter hohem Druck zusammengepreßt und so in den Handel gebracht.

12. *Physikalische Eigenschaften.* Wasserstoffgas ist der leichteste aller Stoffe. Sein spez. Gewicht bezogen auf Luft als Einheit beträgt nur 0·06949. Er ist also 14·4 mal leichter als Luft. 1 Liter Wasserstoff wiegt bei 0° und 760 mm Druck 0·0899 g. Wasserstoff ist sehr schwer zu verflüssigen; da seine kritische Temperatur nur etwa 31° oberhalb des absoluten Nullpunktes (—273°) liegt. Sein kritischer Druck dagegen beträgt nur ungefähr 15 Atmosphären. Flüssiger Wasserstoff ist farblos und siedet bei — 252·5°; seine Dichte beträgt beim Siedepunkt 0·07 und bei dem Gefrierpunkt 0·086 (Wasser = 1) und ist somit erheblich kleiner als die aller andren Flüssigkeiten. Es ist auch gelungen, festen Wasserstoff darzustellen, indem man flüssigen Wasserstoff bei 30—40 mm Druck rasch verdunsten ließ. Der Schmelzpunkt des festen Wasserstoffes (ein weißes Pulver) liegt bei etwa 16° (absolute Temperatur); die Verdampfungswärme des flüssigen Wasserstoffes beträgt 108·7 Kalorien, ist also sehr groß. Daher und durch seine sehr niedrige Temperatur kommt es, daß ein Kölbchen mit flüssigem Wasserstoff sich auf der Außenwand mit einer Schicht flüssiger Luft bedeckt, welche teilweise abträufelt, teilweise fest wird.

Wasserstoff ist in Wasser wenig löslich; in 100 l lösen sich 2·15 l Gas bei 0°, in Alkohol etwas mehr.

13. *Chemische Eigenschaften.* Wasserstoff verbindet sich nicht mit einer so großen Zahl von Elementen wie Sauerstoff. An der Luft oder in Sauerstoff erhitzt, verbrennt er mit matt leuchtender, aber sehr heißer Flamme zu Wasser. Wird Wasserstoffgas an der Luft über feinverteiltes Platin (Platinschwamm oder Platinschwarz **316**) geleitet, so entzündet es sich von selbst (**25**). Wasser ist also das Verbrennungsprodukt des Wasserstoffes.

Die beim Entzünden eines Gemenges von Wasserstoff und Sauerstoff durch ein Knallgasbläse entwickelte Hitze ist so bedeutend, daß Stoffe, die in andren Feuerungen nicht oder nur sehr schwer schmelzbar sind, wie Platin, Quarz usw., darin geschmolzen werden können.

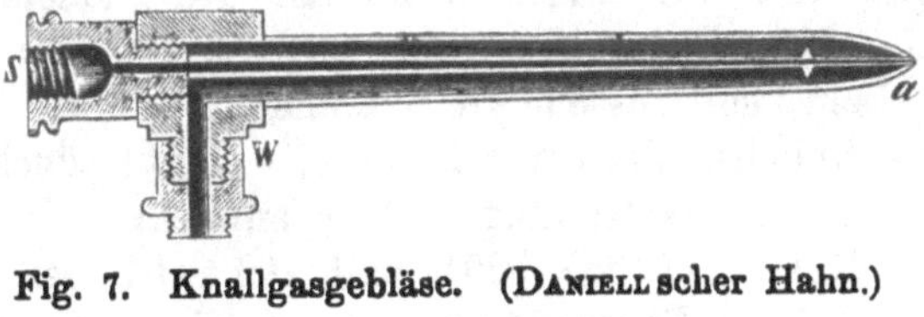

Fig. 7. Knallgasgebläse. (DANIELLscher Hahn.)

Die bei der Verbrennung von Wasserstoff mit Sauerstoff erzeugte Flamme heißt Knallgasflamme. Man bedient sich dazu der in Fig. 7 abgebildeten Vorrichtung (Knallgasgebläse).

Bei *W* strömt der Wasserstoff ein und wird beim Heraustreten bei *a* entzündet; darauf bläst man bei *S* in die Wasserstoffflamme Sauerstoff ein. Da die Gase sich erst unmittelbar vor der Verbrennung vermischen, ist die Gefahr einer Explosion ausgeschlossen.

Werden Wasserstoff und Sauerstoff im richtigen Verhältnis, d. h. in demselben Verhältnis, wie sie Wasser bilden: 2 Volum Wasserstoff, 1 Volum Sauerstoff, gemengt, so explodiert das entstandene, *Knallgas* genannte Gemenge heftig, wenn es entzündet wird. Gleichwohl kann man diesen Versuch gefahrlos ausführen, wenn man einen starkwandigen Glaszylinder von 5 cm Weite und 15 cm Höhe dabei verwendet. Der Knall entsteht dadurch, daß der gebildete Wasserdampf plötzlich durch die momentan entwickelte hohe Verbrennungswärme ein viel größeres Volum erlangt, als sie das Gemenge der beiden ursprünglichen Gase einnahm, und infolgedessen die Luft mit großer Gewalt fortstößt. Erfolgt die Explosion in einem geschlossenen Gefäß, so hört man keinen Knall.

Die Temperatur, auf welche man Knallgas erhitzen muß, um es zur Explosion zu bringen, ist zu ungefähr 700° gefunden worden. Auch bei niedrigerer Temperatur findet schon eine Vereinigung von Sauerstoff mit Wasserstoff statt; der Prozeß verläuft um so langsamer, je niedriger die Temperatur ist. Wenn Knallgas bei gewöhnlicher Temperatur selbst im Verlauf von mehreren Jahren keine Veränderung zeigt, so muß dies der außerordentlichen Langsamkeit zugeschrieben werden, mit welcher der Vereinigungsprozeß vonstatten geht. Eine einfache Rechnung macht dies klar. Bodenstein beobachtete, als er Knallgas während 50 Minuten auf 509° erhitzte, daß 0·15 des Volums in Wasser umgewandelt waren. Nun gibt es eine allgemeine Regel, welche besagt, daß sich der Verlauf einer chemischen Reaktion, wenn sich die Temperatur um 10° erniedrigt, ungefähr um das Doppelte verlangsamt. Bei 499° würde es also 100 Minuten dauern, bis 0·15 des Gases in Wasser umgewandelt sind. Bei gewöhnlicher Temperatur, sagen wir bei 9°, würde dies somit $50 \times 2^{\frac{509-9}{10}} = 50 \times 2^{50}$ Minuten erfordern, das ist ungefähr $1{\cdot}06 \times 10^{11}$ Jahre.

Dies gilt auch für andre chemische Reaktionen. Wenn wir wahrnehmen, daß Holz, Schwefel usw. bei hoher Temperatur rasch verbrennen, so müssen wir annehmen, daß die Verbrennung auch bei gewöhnlicher Temperatur vor sich geht, jedoch so langsam, daß sie sich unsrer Beobachtung völlig entzieht. Moissan hat bewiesen, daß Holzkohle bei 100° und Schwefel bei gewöhnlicher Temperatur in einem Sauerstoffstrom merklich oxydiert werden.

Wasserstoff ist nicht nur imstande, sich mit freiem Sauerstoff zu verbinden, er vermag auch vielen Sauerstoffverbindungen den Sauerstoff zu entziehen. Die Überführung sauerstoffreicher Verbindungen durch Wasserstoff in sauerstoffärmere oder sauerstofffreie heißt *Reduktion*. Sie bietet oft ein sehr brauchbares Mittel, um zu erkennen, ob eine Verbindung Sauerstoff enthält, denn dann vereinigen sich Wasserstoff und Sauerstoff in vielen Fällen zu Wasser. Man kann dies beispielsweise für Kupferoxyd folgendermaßen beweisen: Man bringt dasselbe in eine Röhre, leitet Wasserstoff hindurch und erhitzt. Bald sieht man, wie das schwarze Oxyd in rotes Kupfer übergeht, und wie sich in dem kälteren Teil der Röhre Wassertröpfchen absetzen. Auf gleiche Weise kann man sehr viele Oxyde reduzieren, Eisenoxyd, Bleioxyd u. a.

Die Erhaltung des Stoffes.

14. Oxydations- und Reduktionsprozesse, wie sie in **13** beschrieben sind, vermögen, wenn man sie quantitativ verfolgt, d. h. wenn man das Gewicht der dabei beteiligten Stoffe bestimmt, ein sehr wichtiges Gesetz zu erläutern. Man bringe z. B. in ein Glasrohr eine bestimmte Menge Kupferpulver und wäge Rohr samt Pulver. Sodann werde bei höherer Temperatur Sauerstoff darüber geleitet. Man denke sich die Versuchsanordnung derart, daß das Volum des Sauerstoffes, der sich mit dem Kupfer verbindet, bestimmt werden kann. Ist die Oxydation des Kupfers einige Zeit vor sich gegangen, so lasse man erkalten und wäge das Rohr nunmehr mit dem oxydierten Kupfer. Man findet eine Gewichtszunahme, und zwar beträgt dieselbe ebensoviel, als das verschwundene Volum Sauerstoff wog. Darauf leite man über das Kupferoxyd unter Erhitzen reinen trocknen Wasserstoff; wieder sei die Einrichtung derart getroffen, daß das Volum des zur Reduktion verbrauchten Wasserstoffes gemessen werden kann. Die Reduktion wird so lange fortgesetzt, bis alles Kupferoxyd wieder in Kupfer verwandelt ist. Wägt man nun das Rohr mit dem Kupferpulver, so wird man finden, daß sein ursprüngliches Gewicht wieder vorhanden ist. Das gebildete Wasser sei mit Hilfe eines Stoffes, der Wasser bindet, z. B. mittels Kalk oder konzentrierter Schwefelsäure, sorgfältig aufgefangen worden, so daß auch sein Gewicht bestimmt werden kann; das Gewicht wird dem Gewichtsverlust des Kupferoxydes beim Übergang in Kupfer + dem Gewicht des bei der Reduktion verbrauchten Wasserstoffes entsprechen.

In diesen Fällen ist also das Gesamtgewicht der beteiligten Stoffe nach dem chemischen Prozeß das gleiche wie vor dem Eintritt der Reaktion. Kupfer + verbrauchter Sauerstoff wiegen ebensoviel als Kupferoxyd; Kupferoxyd + verbrauchter Wasserstoff wiegen ebensoviel als Kupfer + gebildetes Wasser; endlich wiegt das zurückerhaltene Kupfer ebensoviel als das ursprünglich verwandte. Die Stoffe können also verschiedene Verwandlungen erleiden, aber das Gesamtgewicht bleibt unverändert. Man gibt dieser Tatsache Ausdruck, indem man sagt, daß der Stoff, die Materie, unzerstörbar sei, oder daß bei chemischen oder physikalischen Vorgängen Materie weder verloren gehe, noch gewonnen werde. Dieses *Gesetz von der Erhaltung des Stoffes* ist von LAVOISIER (1743—1794) in die Chemie eingeführt worden.

LANDOLT hat sehr genaue und mühevolle Versuche darüber angestellt, ob die Gewichtskonstanz bei chemischen Reaktionen wirklich erhalten bleibt. Zu dem Zwecke benutzte er ∩-förmige Gefäße; in jeden Schenkel derselben wurde eine Lösung gebracht, z. B. in den einen eine Lösung von Jodsäure, in den andern von Jodwasserstoff. Alsdann wurde das Gefäß zugeschmolzen. Nunmehr wurde mit der größtmöglichen Sorgfalt sein Gewicht bestimmt. Durch Umdrehen des Gefäßes wurden die Lösungen gemischt und die Reaktion trat ein. Es wurde dann wieder aufs sorgfältigste gewogen. Das Schlußresultat von LANDOLTS Arbeit war, daß bei den von ihm vorgenommenen 15 chemischen Umsetzungen eine Änderung des Gesamtgewichtes sich nicht hat feststellen lassen.

Die Überzeugung von der Unmöglichkeit des Entstehens und Vergehens der Materie (im Unterschied von der Form) war bereits bei den griechischen Philosophen fest eingewurzelt; sie ist durch alle Zeiten die Basis philosophischen Denkens gewesen. Das Verdienst LAVOISIERS war, daß er aus dem Prinzip der Unzerstörbarkeit des Stoffes die Unveränderlichkeit des Gewichtes folgerte und diese seinen Versuchen zugrunde legte; wenn das Gewicht sich erhält, muß auch vor und nach allen chemischen und physikalischen Vorgängen das Gesamtgewicht der beteiligten Stoffe konstant oder unverändert sein.

Die Erkenntnistheorie lehrt, daß die Unvergänglichkeit des Stoffes eine von unserm Denken gebildete Voraussetzung ist; es ist unrichtig, zu meinen, das Prinzip sei aus experimentellen Versuchen hergeleitet worden. Im Gegenteil: wir lernen die Richtigkeit unserer Versuchsresultate kennen, indem wir feststellen, wie weit sie mit dem Prinzip übereinstimmen.

Letzteres wird durch das oben gegebene Beispiel der Oxydation und Reduktion von Kupfer leicht verständlich. Bei der Durchführung dieses Versuches beobachtet man, daß das Gewicht von Kupfer + Sauerstoff *nicht* vollkommen gleich dem des gebildeten Kupferoxyds ist. So oft auch der Versuch wiederholt werden mag, man wird stets kleine Abweichungen wahrnehmen. Da nach unsrer wissenschaftlichen Überzeugung vollkommene Gleichheit sich ergeben müßte, erklären wir die gefundenen Abweichungen aus der Unvollkommenheit unsrer Versuche; wir betrachten dieselben als um so besser gelungen, je näher wir der Gleichheit der Gewichtsmenge vor und nach dem Versuch kommen. Eine absolute Gleichheit zu erzielen, gelingt jedoch nicht.

Wasser.

15. Wasser ist während vieler Jahrhunderte für ein Element gehalten worden; erst 1781 fand Cavendish, daß durch Verbrennung von Wasserstoff in atmosphärischer Luft Wasser gebildet wird. Als Anhänger einer falschen Theorie (**107**) erkannte er jedoch nicht die Tragweite seiner Entdeckung. Lavoisier hat im Jahre 1783 diesen Versuch wiederholt; er faßte die Vereinigung von Wasserstoff und Sauerstoff als Synthese des Wassers auf, wie wir dies noch heute tun.

Mit dem in Fig. 8 abgebildeten Apparat kann diese Synthese gezeigt werden.

In der zweihalsigen (Woulfeschen) Flasche wird aus Zink und Schwefelsäure Wasserstoff entwickelt. Das Gas wird, um es von

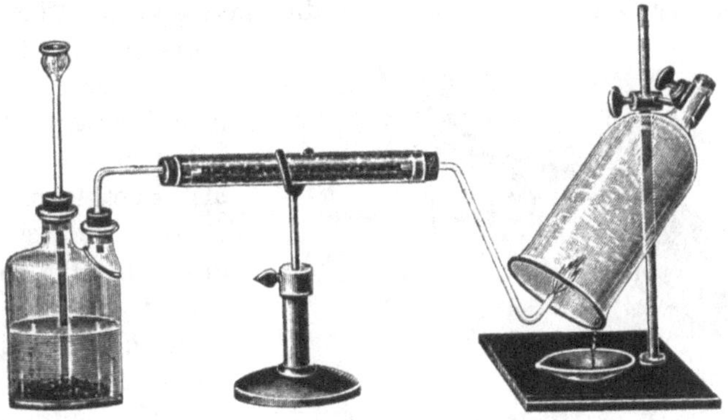

Fig. 8. Synthese des Wassers.

Wasserdampf zu befreien, durch die wagerechte Röhre geleitet, welche Chlorcalcium oder mit Schwefelsäure getränkte Bimssteinstücke enthält. Das trockene Gas wird entzündet; es liefert beim Verbrennen Wasser, das sich an der Innenwand der Glasglocke niederschlägt.

Außer durch diese direkte Synthese aus den Elementen kann Wasser noch auf andre Weise erhalten werden. Z. B. geben viele Stoffe beim Erhitzen Wasser ab, so die blauen Kristalle des Kupfervitriols.

Daß durch Einwirkung von Wasserstoff auf Sauerstoffverbindungen Wasser entstehen kann, sahen wir bereits (**13**) bei der Reduktion von Kupferoxyd. Umgekehrt kann auch durch Einwirkung von Sauerstoff auf Wasserstoffverbindungen Wasser entstehen. Dies sieht man z. B. bei der Verbrennung von Alkohol.

Endlich kann Wasser durch Einwirkung einer Wasserstoff- auf eine Sauerstoffverbindung entstehen. Dies ist der Fall, wenn über erhitztes Kupferoxyd Ammoniakgas (**110**) geleitet wird.

Die synthetischen Methoden zur Darstellung von Wasser, wie die vorstehend aufgeführten und viele andere, haben indes nur theoretische Bedeutung. Wenn man Wasser in vollkommen reinem Zustand (chemisch rein, wie man wohl sagt) erhalten will, geht man von dem in der Natur vorhandenen aus. Dieses enthält feste Stoffe und Gase gelöst. Von diesen Verunreinigungen wird es durch vorübergehende Umwandlung in Dampf und Abkühlung der Dämpfe oder „Destillation" befreit. Ein zur Destillation dienender Apparat ist in Fig. 9 abgebildet.

Das Wasser wird in der Blase *A* zum Sieden gebracht. Hierdurch entweichen zunächst die gelösten Gase; der heiße Wasserdampf gelangt aus dem verzinnten Helm *B* in die Kühlschlange *C* und fließt zu Wasser verdichtet in die untergestellte Flasche, die Vorlage, ab. Die festen Substanzen, welche in dem Wasser gelöst enthalten waren, verbleiben als Rückstand in der Blase. Dadurch, daß in das Kühlgefäß von unten bei *E* kaltes Wasser einströmt und sich aufwärts, der Richtung des Dampfes entgegen, bewegt (das erhitzte und dadurch spezifisch leichtere Wasser fließt oben durch das Ablaufrohr *f* ab), begegnet der heiße Wasserdampf auf seinem Wege Kühlwasser von um so niedrigerer Temperatur, je mehr er in der Kühlschlange nach unten gelangt und wird dadurch vollständig verdichtet (Prinzip des Gegenstromes).

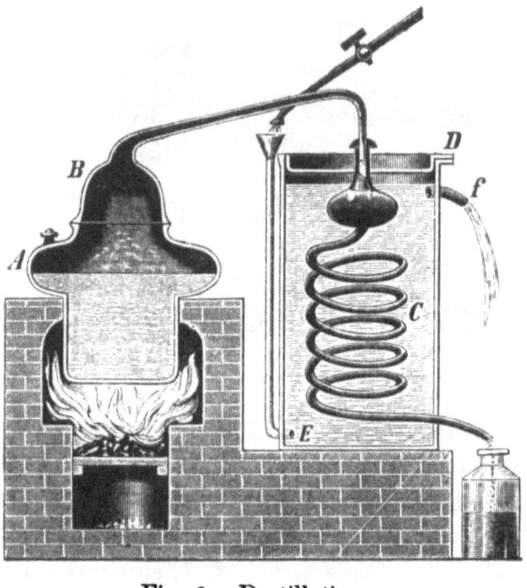

Fig. 9. Destillation.

Obwohl so gewonnenes Wasser für die allermeisten Verwendungen als rein betrachtet werden kann, so ist eine einmalige Destillation doch nicht immer genügend. Soll das Wasser absolut rein dargestellt werden, so macht sich eine Wiederholung der Operation in einem Apparat aus Platin mit einer Kühlschlange aus reinem Zinn nötig, weil dieses Metall vom Wasser so gut wie gar nicht angegriffen wird, wobei die mittlere, reinste, Fraktion gesondert aufgefangen wird.

Ein ausgezeichnetes Merkmal für die Reinheit des Wassers liefert die Messung seines elektrischen Widerstandes. Vollkommen reines Wasser leitet den elektrischen Strom kaum. KOHLRAUSCH fand, daß sein Leitvermögen $\varkappa = 0 \cdot 04 \times 10^{-6}$ reziproke Ohm bei 18° beträgt, das heißt, wenn als Einheit das Leitvermögen eines Körpers angenommen wird, von dem eine Säule von 1 cm Länge und 1 cm² Querschnitt den Widerstand 1 Ohm besitzt. Der Betrag vom Widerstand eines solchen Wassers geht deutlicher hervor, wenn man ihn mit demjenigen von Kupfer vergleicht. 1 mm³ dieses Wassers hat nämlich bei 0° den gleichen Widerstand wie ein Kupferdraht von gleichem Durchschnitt und 40 Millionen Kilometer Länge, welchen man also 1000mal um den Erdäquator würde legen können. Die geringsten Spuren von Salzen, oder sogar die Berührung mit der Atmosphäre, steigern sein Leitvermögen erheblich.

Physikalische Eigenschaften des Wassers.

16. Wasser ist bei gewöhnlicher Temperatur eine geruch- und geschmacklose, durchsichtige Flüssigkeit und in dünnen Schichten scheinbar farblos. In dickeren Schichten von 6—8 m hat es eine rein blaue Farbe. Die Thermometerskala von CELSIUS ist nach den physikalischen Konstanten des Wassers festgesetzt; der Gefrierpunkt des Wassers wird mit 0°, sein Siedepunkt mit 100° bezeichnet. Gefrier- und Siedepunkt sind abhängig vom Druck. Der Gefrierpunkt wird durch steigenden Druck erniedrigt (0·0075° pro Atmosphäre); daher kommt es, daß Eis schmilzt, wenn es bei 0° einem hohen Druck ausgesetzt wird. Das Wasser hat die sehr seltene Eigenschaft, bei einer bestimmten Temperatur ein Maximum der Dichte (Minimum des Volums) zu besitzen; während das Volum fast aller andren Körper beim Erwärmen zunimmt, erfolgt hier *Volumverminderung* beim Erwärmen bis 3·945°; erst von da ab dehnt sich das Wasser bei weiterem Erwärmen wieder aus.

Beim Übergang in Eis nimmt sein Volum beträchtlich (ca. 9%) zu. Auch dadurch unterscheidet sich das Wasser von den meisten andren Stoffen. 1 Vol. Wasser von 0° gibt 1·09082 Vol. Eis von 0°.

Die spezifische Wärme des Wassers ist weitaus größer als die der meisten andren Stoffe; seine latente Schmelzwärme beträgt 79 Kal., seine latente Verdampfungswärme 536 Kal. Wasser ist ein Lösungsmittel von sehr allgemeiner Anwendbarkeit; zahlreiche Stoffe sind darin mehr oder weniger löslich. Manche Flüssigkeiten mischen sich in allen Verhältnissen mit Wasser, es gibt aber auch viele, die dies nicht tun.

Die merkwürdigen physikalischen Eigenschaften des Wassers sind bei vielen Vorgängen in der Natur von großer Bedeutung, wovon in der Physik, Meteorologie und Geologie ausführlich gehandelt wird.

Sie finden ihre Erklärung durch die Erscheinung der Assoziation; siehe 53.

Natürliches Wasser.

17. Das in der Natur vorkommende Wasser ist niemals chemisch rein; es enthält sowohl schwebende feste als auch gelöste Stoffe und Gase. An hochgelegenen Orten aufgefangenes *Regenwasser* oder *Schnee* ist fast ganz rein, da sie einen natürlichen Destillationsprozeß durchgemacht haben. Das durch die Sonnenwärme an der Oberfläche der Erde verdampfte Wasser kondensiert sich in den kälteren Luftschichten und fällt als Regen oder Schnee nieder. Es enthält jedoch Staubteilchen (in großen Städten selbstverständlich mehr als auf dem Lande) und Gase aus der Luft, außerdem stets Spuren von Ammoniumsalzen.

Fluß- sowie *Quellwasser* enthält in 10000 Teilen etwa 1—20 Teile feste Stoffe, welche zum großen Teil aus Calciumsalzen bestehen. Enthält Wasser viel Calcium- und Magnesiumsalze in Lösung, so wird es hart genannt (**259**). Quellwasser enthält zumeist etwas Kohlensäure und Luft gelöst, was ihm erfrischenden Geschmack verleiht; destilliertes Wasser dagegen schmeckt fade.

Brunnen- sowie Grundwasser wird sehr viel als *Trinkwasser* gebraucht. Wenn es aus einem Boden kommt, welcher durch organische Zersetzungsprodukte verunreinigt ist (wie es der Untergrund großer Städte vielfach ist), so ist es gesundheitsschädlich, vornehmlich infolge der Gegenwart von Bakterien.

Für den Trinkwasserbedarf der Städte hat es sich als praktisch herausgestellt, Grundwasser und das Wasser aus Flüssen und Seen im großen zu reinigen und mittels eines Leitungsnetzes den einzelnen Häusern zuzuführen. Epidemische Krankheiten haben seit der Einrichtung solcher Wasserleitungen erheblich abgenommen.

Quellwässer, welche größere Mengen fester oder gasförmiger Stoffe enthalten oder eine höhere Temperatur als gewöhnliches Wasser besitzen, nennt man *Mineralwässer*. Häufig kommt ihnen eine besondere Heilwirkung zu. Man teilt sie in verschiedene Gruppen ein, je nach dem verschiedenen Gehalt an gelösten Stoffen: in Solwässer, welche Kochsalz enthalten, Bitterwässer mit Magnesiumsalzen, Schwefelwässer mit Schwefelwasserstoff, Säuerlinge mit Kohlensäure, Stahlwässer, Eisensalze enthaltend, und noch in viele andre. Ausführliche Analysen der Mineralwässer findet man in den balneologischen Werken.

Das *Meerwasser* enthält 2·7 % Kochsalz und insgesamt ungefähr 3·5 % Salze. Im Meerwasser hat man viele Elemente gefunden, wenn auch meist nur in äußerst geringer Menge. Ihre Zahl beträgt ca. 30.

Oben (**16**) wurde angegeben, daß reines Wasser blaue Farbe besitzt. Die Farbe der Flüsse, Seen und Meere wechselt jedoch vom reinen Blau bis zum Braun in zahlreichen Nuancen. Diese Verschiedenheit wird vornehmlich durch einen mehr oder weniger großen Gehalt des Wassers an gelbbraunen humusartigen (moorigen) Stoffen verursacht oder durch äußerst feinen, im Wasser schwebenden Schlamm. Beide Umstände können eine gelbbraune Farbe hervorrufen. Man sieht leicht ein, daß durch Kombination von Blau und Gelb oder Braun die verschiedenen blauen, grünen oder braunen Farbentöne der natürlichen Gewässer entstehen können.

Zerlegung und Zusammensetzung des Wassers.

18. Wie Wasser durch Vereinigung von Wasserstoff und Sauerstoff entsteht, so kann es umgekehrt auch in die genannten Elemente gespalten werden.

Man bringt es zu diesem Zwecke in dem Kolben *A* (Fig. 10) zu lebhaftem Sieden und leitet durch den Draht *a c b* einen kräftigen elektrischen Strom; hierdurch gerät der dünne Platindraht *c* ins Glühen und zerlegt durch seine Hitze den Wasserdampf in Wasserstoff und Sauerstoff, welche zusammen durch das Rohr *d* entweichen und in dem Zylinder *C* aufgefangen werden. Diese Mischung ist Knallgas (13), wie man sich leicht überzeugen kann, wenn man sie entzündet.

Viele Metalle zerlegen Wasser in der Weise, daß Wasserstoff frei wird, während das Metall sich mit Sauerstoff verbindet. Kalium und Natrium bewirken diese Zerlegung bereits bei gewöhnlicher (**11**), Eisen, Zink und andre Metalle erst bei höherer Temperatur, Eisen z. B. bei Glühhitze.

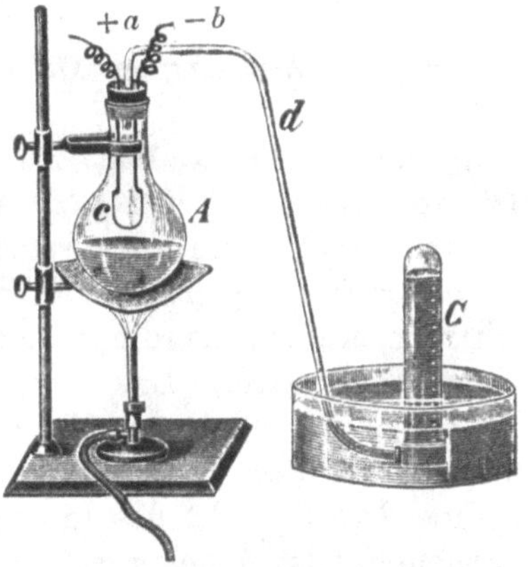

Fig. 10. Zerlegung des Wasser durch glühendes Platin.

19. Erforschen wir nun die quantitative Zusammensetzung des Wassers, d. h. bestimmen wir, in welchem Verhältnis Wasserstoff und Sauerstoff darin zugegen sind. Hierzu kann man sowohl den analytischen wie den synthetischen Weg einschlagen.

a) *Der analytische Weg.* Wird durch Wasser, welches durch Zusatz von wenig Schwefelsäure leitend gemacht ist (**287**), ein elektrischer Strom geschickt, so zersetzt es sich; fängt man die an den Elektroden sich entwickelnden Gase gesondert auf, so ergibt sich, daß auf 1 Vol. Sauerstoff 2 Vol. Wasserstoff frei werden. Ein für diesen Versuch geeigneter Apparat ist in Fig. 11 abgebildet.

Da nun ein Liter Wasserstoff 0·0899 g und ein Liter Sauerstoff 1·4296 g wiegt, so müssen sich die Gewichte von 2 Vol. Wasserstoff und 1 Vol. Sauerstoff zueinander verhalten wie $2 \times 0{\cdot}0899 : 1{\cdot}4296$ oder wie $1 : 7{\cdot}943$.

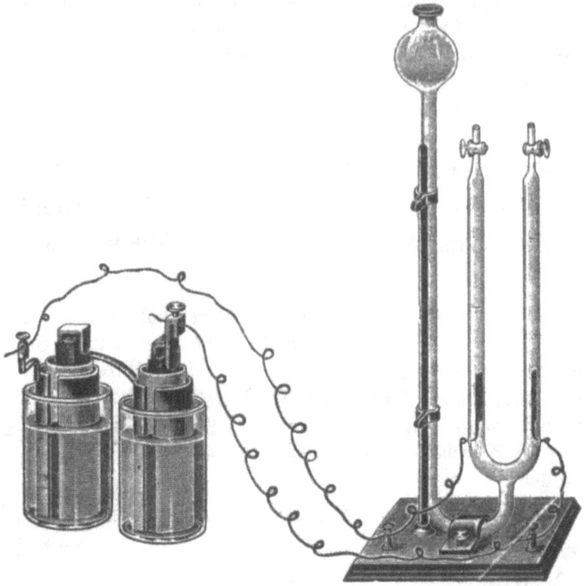

Fig. 11. Zerlegung des Wassers durch den elektrischen Strom.

b) *Der synthetische Weg.* Zu diesem Zwecke ist bereits im Jahre 1820 von BERZELIUS und 1834 von DUMAS und STAS die Reduktion von Kupferoxyd durch Wasserstoff benutzt worden. Eine abgewogene Menge sorgfältig getrockneten Kupferoxyds wird in einem Wasserstoffstrom erhitzt; hierdurch entsteht Wasser, welches aufgefangen und gewogen wird. Das Gewicht des Sauerstoffes, welchen das Kupferoxyd abgegeben hat, ist gegeben durch die Differenz zwischen dem Gewicht des verwandten Kupferoxyds und des entstandenen Kupfers. Das Gewicht des in dem aufgefangenen Wasser enthaltenen Wasserstoffes ist daher gleich dem Gewichtsunterschied von Wasser und Sauerstoff.

Den für diesen Versuch benutzten Apparat stellt Fig. 12 dar. In *A* wird aus Zink und verdünnter Schwefelsäure Wasserstoff entwickelt, welcher durch die Permanganatlösung in *B* gewaschen, d. h. von Verunreinigungen befreit, und durch Chlorcalcium, Schwefelsäure und Phosphorpentoxyd in den U-Röhren *C*, *D* und *E* getrocknet wird. Im Kugelrohr *F* befindet sich das Kupferoxyd, welches mitsamt der Röhre sorgfältig gewogen ist. Das gebildete Wasser wird in *G* kondensiert; der nicht kondensierte Wasserdampf wird in dem U-Rohre

H zurückgehalten. Nach Beendigung des Versuches wird *F* für sich mit seinem Inhalt wiederum gewogen, ebenso *G* und *H* zusammen;

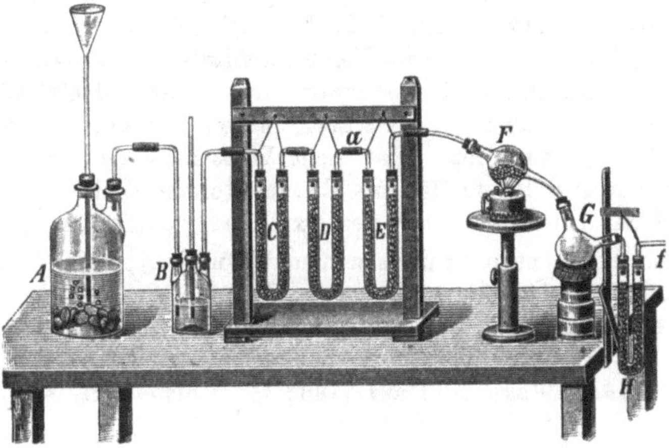

Fig. 12. Synthese des Wassers nach Dumas und Stas.

die gefundenen Gewichtsänderungen geben die erwünschten Daten. Dumas und Stas fanden auf diese Weise, daß 100 Gewichtsteile Wasser aus 11·136 Gewichtsteilen Wasserstoff und 88·864 Gewichtsteilen Sauerstoff bestehen, daß also das Gewichtsverhältnis dieser Elemente 1 : 7·980 ist, ein Verhältnis, das innerhalb der Grenzen der damals unvermeidlichen Versuchsfehler mit dem oben unter a) angegebenen übereinstimmt.

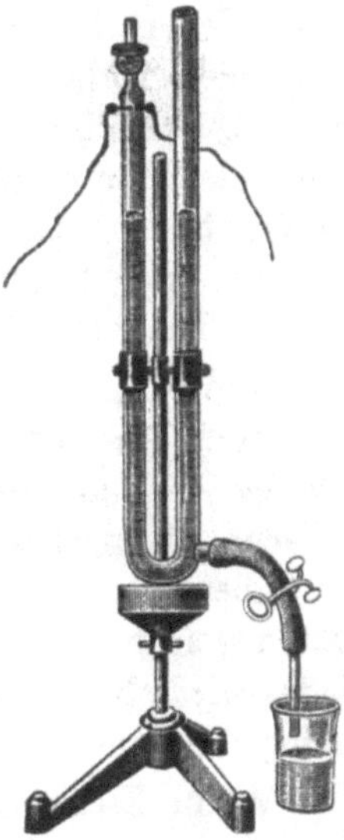

Fig. 13. Synthese des Wassers im Hofmannschen Apparat.

Ein anderes synthetisches Verfahren, welches sich besonders als Vorlesungsversuch eignet, besteht darin, daß man Wasserstoff und Sauerstoff mischt und bestimmt, in welchem Volumverhältnis diese Gase sich verbinden, wenn ihre Vereinigung durch einen Induktionsfunken eingeleitet wird. Man benutzt hierfür zweckmäßig einen Apparat, den Hofmann angegeben hat (Fig. 13).

In den durch einen Hahn verschließbaren Schenkel der U-Röhre werden Wasserstoff und Sauerstoff in verschiedenen Volumverhältnissen gebracht; der Hahn wird alsdann geschlossen. Nachdem auch der offene Schenkel mit einem Stopfen fest verschlossen ist, läßt man einen

Induktionsfunken durch das Gemisch schlagen. Durch die Explosion gerät das Quecksilber in der U-Röhre in heftige Bewegung, aber die Luft, welche in dem durch den Stopfen abgeschlossenen Schenkel eingesperrt ist, pariert den Stoß. Man erkennt nun, daß nur wenn Wasserstoff und Sauerstoff im Volumverhältnis 2:1 vorhanden waren, das ganze Gasgemisch verschwunden ist, während ein schwacher Beschlag von sehr feinen Wassertröpfchen auf der Glaswand an seine Stelle getreten ist. War mehr Wasserstoff oder mehr Sauerstoff in das U-Rohr gefüllt, als diesem Volumverhältnis entspricht, so wird der Überschuß nach der Explosion vorgefunden.

Aus diesen nach analytischen und synthetischen Methoden ausgeführten Experimenten geht hervor, daß das Wasser eine *konstante Zusammensetzung* hat, und zwar besteht es aus 2 Vol. Wasserstoff und 1 Vol. Sauerstoff, oder nach den genauesten Bestimmungen aus 1 Gewichtsteil Wasserstoff auf 7·936 Gewichtsteile Sauerstoff.

Verbindungen und Gemenge.

20. Im Wasser haben wir einen Stoff kennen gelernt, der in vielen und wichtigen Punkten verschieden ist von den Elementen, aus denen er besteht; wir haben ferner gesehen, daß die im Wasser vorhandenen beiden Elemente in einem festen Gewichtsverhältnis zueinander stehen. Solcher Stoffe sind sehr viele bekannt. Kupferoxyd, Quecksilberoxyd, Schwefelsäure, Kaliumchlorat, Kochsalz, Soda und viele andere gehören hierher. In allen diesen zusammengesetzten Stoffen findet man, wie sie auch erhalten sein mögen, durch die Analyse oder Synthese ein festes Verhältnis der in ihnen vorhandenen Elemente. Man nennt solche Stoffe *Verbindungen*.

Außer den angegebenen Merkmalen — Verschiedenheit der Eigenschaften von denen der Elemente und konstante Zusammensetzung — findet man bei den Verbindungen auch konstante physikalische Eigenschaften. Das Wasser zeigt bei gleichem Druck stets denselben Gefrier- und Siedepunkt, auf welche Weise es auch erhalten wurde; Kochsalz kristallisiert stets in derselben Kristallform, Soda wird bei einer bestimmten Temperatur von Wasser stets in gleicher Menge gelöst usw.

Wenn Elemente oder Verbindungen zusammengebracht werden, ohne daß eine chemische Einwirkung zwischen ihnen erfolgt, erhält man ein *Gemenge* dieser Elemente oder Verbindungen. Die Zahl der möglichen Gemenge ist natürlich unbegrenzt. Sie sind nach den folgenden Merkmalen von den Verbindungen zu unterscheiden.

In einem Gemenge findet man die Eigenschaften seiner Bestandteile in vielen und wichtigen Punkten wieder. Das Schwarzpulver z. B. ist ein Gemenge von Schwefel, Kohle und Salpeter; der letztere ist in Wasser, der Schwefel in Schwefelkohlenstoff löslich, Holzkohle ist in beiden unlöslich. Dieselben Eigenschaften zeigen auch die Bestandteile des Schwarzpulvers noch. In einem Gemenge von Schwefel und Eisenpulver sieht man unter der Lupe die gelben Schwefelkörner neben den schwarzen Eisenteilchen. Durch einen Magnet wird das Eisen angezogen; durch Schwefelkohlenstoff wird der Schwefel herausgelöst. Erhitzt man jedoch ein Gemenge von 7 Teilen Eisen und 4 Teilen Schwefel, so entsteht unter Feuererscheinung eine Verbindung beider, Schwefeleisen, dessen Eigenschaften völlig von denen seiner Elemente abweichen. Es ist nicht magnetisch und ist in Schwefelkohlenstoff unlöslich; unter der Lupe sieht man nur eine homogene, zusammengesinterte Masse. Man kann die Bestandteile eines Gemenges, da sie ihre Eigenschaften behalten, manchmal *mechanisch*, das heißt durch Aussuchen unter der Lupe, Absieben, Behandeln mit Lösungsmitteln, Schlemmen usw., voneinander trennen.

Ein Gemenge braucht keine unveränderliche Zusammensetzung zu haben. Es sind z. B. viele Sorten Schießpulver bekannt; sie unterscheiden sich durch das Mischungsverhältnis ihrer Bestandteile. Mischt man 1 Teil Schwefel mit 100 Teilen Eisen oder umgekehrt 1 Teil Eisen mit 100 Teilen Schwefel, so hat man in beiden Fällen ein Gemenge beider Elemente mit wenn auch nicht gleichen, so doch analogen Eigenschaften.

Ein Gemenge hat ferner oftmals keine konstanten physikalischen Eigenschaften. Wasser hat einen konstanten Siedepunkt; der Siedepunkt eines Gemenges von Benzol und Terpentinöl steigt jedoch fortwährend in dem Maße, wie der flüchtigste Bestandteil (Benzol) abdestilliert. Der Schmelzpunkt des Zinns ist konstant und läßt sich scharf bestimmen; der eines Gemenges von Zinn und Blei ist verschieden nach dem Gewichtsverhältnis beider Elemente.

In den hier angeführten Beispielen tritt der Gegensatz zwischen einer Verbindung und einem Gemenge scharf zutage. Es kommen jedoch auch Fälle vor, wo dies nicht so ist, und wo es daher schwierig ist, zu erkennen, ob man es mit einem Gemenge oder mit einer Verbindung zu tun hat. Wir werden Beispielen hierfür noch begegnen. Es gibt jedoch ein Kennzeichen, an dem man stets eine Verbindung von einem Gemenge unterscheiden kann: man untersucht, ob der Stoff, in verschiedener Weise dargestellt, konstante Zusammensetzung besitzt oder nicht.

Erscheinungen, die beim Zustandekommen oder bei der Zerlegung einer Verbindung auftreten.

Die gewöhnlichste Erscheinung dieser Art ist eine Erhöhung oder Erniedrigung der Temperatur, also Entwicklung oder Absorption von Wärme (kalorischer Effekt). Zuweilen wird die Temperaturerhöhung so groß, daß Feuererscheinung eintritt. Eine Zerlegung oder eine Vereinigung kann so heftig sein, daß sie zur Explosion führt. In andren Fällen kann durch einen chemischen Prozeß Elektrizität entstehen. Man kann dies zusammenfassen, indem man sagt: *Durch den chemischen Vorgang tritt eine Änderung im Energievorrat der aufeinander einwirkenden Stoffe ein.*

Die Neigung, die zwei oder mehrere Stoffe besitzen, um sich miteinander zu verbinden, nennt man ihre *Verwandtschaft* oder Affinität; siehe **101.**

Erklärung der konstanten Zusammensetzung der Verbindungen. Atomtheorie.

21. Wir sagten, daß die konstante Zusammensetzung, die Vereinigung der Elemente in ganz bestimmten, unveränderlichen Gewichtsverhältnissen, das eigentlichste Kennzeichen einer chemischen Verbindung sei. Für dieses *Gesetz der konstanten Proportionen* (oder *der bestimmten Gewichtsverhältnisse*), dessen Nachweis im Beginn des neunzehnten Jahrhunderts durch Proust geliefert wurde, hat ungefähr zur selben Zeit (1803) John Dalton eine Erklärung gegeben, welche heute noch allgemein angenommen ist und als die Grundlage der modernen theoretischen Chemie gelten darf.

Die Materie kann man sich bis ins Unendliche teilbar denken; das kleinste Teilchen, das wirklich erhalten werden kann, wird für unser Denkvermögen immer noch spaltbar in unendlich viel andre sein.

Aber schon die griechischen Philosophen vertraten die Anschauung, daß irgendwo eine Grenze der Teilbarkeit sein müsse, und nahmen als nicht weiter zerlegbare Teilchen der Materie die *Atome* an.

Im fünften Jahrhundert vor Chr. gab es eine philosophische Schule, die der *Eleaten* (nach der Stadt Elea genannt), deren hervorragendster Vertreter Parmenides war, welche lehrte, daß alles, was ist, nicht anders als streng Einfaches gedacht werden kann; alle Vielheit und Mannigfaltigkeit des Seienden, also das Werden, erachteten sie als vollkommen unmöglich. Diese Thesen betrachteten sie als Axiome, also als Wahrheiten, die gegeben sind, deren Beweis indessen nicht zu liefern ist. Die Erfahrung lehrte gleichwohl, daß man steten Wechsel in dem, was ist, wahrnimmt; dies führte sie dazu, alles, was Menschen mittels der Sinne durch Anschauung wahrnehmen, für bloßen Schein zu erklären.

Drei ebenfalls im fünften Jahrhundert vor Chr. aufgestellte Theorien suchen eine Brücke zu schlagen zwischen der Lehre von der Unveränderlichkeit des Seins und der Erfahrung, die auf fortwährende Veränderung hinweist. Diese Theorien stammen von Empedokles, Anaxagoras und den *Atomisten* Leukippos und Demokritos. Die Unveränderlichkeit des Seins wird auf äußerst kleine unveränderliche und unvergängliche Grundkörper zurückgeführt; jede Veränderung wird als auf Verschiebung derselben gegeneinander beruhend gedacht. Empedokles und Anaxagoras nehmen hierbei wohl eine Teilbarkeit bis ins Unendliche an; die Atomisten dagegen halten die Welt für aufgebaut aus nicht weiter zerlegbaren Teilchen, den *Atomen*, welche alle aus demselben Grundstoff bestehen, also nicht der Beschaffenheit nach, aber nach Größe und Gestalt verschieden sind.

Dalton (1766—1844) hat, von ähnlichen atomistischen Anschauungen ausgehend, die Tatsache, daß die Gewichtsverhältnisse, in welchen die Elemente sich verbinden, d. h. die Verbindungsgewichte, konstant sind, durch seine Atomtheorie erklärt. Die Atome der verschiedenen Elemente haben nach Daltons Annahme verschiedenes Gewicht, die Atome eines und desselben Elementes besitzen sämtlich die gleichen Eigenschaften, also auch gleiches Gewicht. Eine Verbindung zweier Elemente kommt dadurch zustande, daß Atome dieser Elemente zusammentreten. (Eine solche Vereinigung von zwei oder mehreren Atomen wird jetzt *Molekül* oder *Molekel* genannt.) Es ist einleuchtend, daß sich aus dieser Vorstellung sofort das Gesetz der festen Gewichtsverhältnisse ergibt: wenn Kupferoxyd dadurch entsteht, daß ein Atom Kupfer sich mit einem Atom Sauerstoff zu einem Molekül Kupferoxyd vereinigt, so muß bei vorstehender Annahme seine Zusammensetzung konstant sein. Dalton hat auch eine andere Konsequenz aus seiner Annahme gezogen und auf experimentellem Wege erhärtet. Er beobachtete nämlich, daß der Sauerstoff sich nicht nur mit einer ganz bestimmten Menge Stickstoff verbindet, sondern auch mit dem Doppelten derselben, aber nicht mit einer dazwischen liegenden Menge; ferner zeigte er durch die Untersuchung von Sumpfgas und ölbildendem Gas, welche beide nur aus Kohlenstoff und Wasserstoff bestehen, daß ersteres doppelt so viel Wasserstoff auf die gleiche Gewichtsmenge Kohlenstoff enthalte, wie letzteres. Es ist leicht einzusehen, wie man auf Grund der Atomtheorie solche Beobachtungen zu erklären vermag: im einen Fall werden mit 1 Atom Kohlenstoff n Atome Wasserstoff, im anderen $2n$ verbunden sein.

Die Annahme von Dalton ist späterhin, namentlich durch Berzelius, nachgeprüft und bestätigt worden. Es gilt jetzt ganz allgemein das folgende Gesetz: Wenn zwei Elemente zu verschiedenen Verbindungen in mehr als einem Gewichtsverhältnis miteinander sich vereinigen, so besteht zwischen den verschiedenen Gewichtsmengen des einen Elementes, welche mit einer und derselben Gewichtsmenge des andren Elementes verbunden sind, ein einfaches Verhältnis. Dies ist das *Gesetz der multiplen Proportionen.*

Chemische Symbole.

22. Das absolute Gewicht der Atome ist nur angenähert bekannt; wir kommen darauf noch näher zurück (35). Dagegen ist es gelungen, das *relative Gewicht* der Atome mit großer Genauigkeit zu bestimmen, d. h. das Gewicht der Atome der übrigen Elemente dadurch zu ermitteln, daß man als Ausgangspunkt das Gewicht eines bestimmten Elementes willkürlich annimmt. Diese relativen Gewichte führen den Namen *Atomgewichte.*

Die Zusammensetzungsverhältnisse der Verbindungen werden durch chemische Zeichen oder Symbole wiedergegeben, welche von Berzelius eingeführt sind.

Die Symbole sind oft den lateinischen Namen der Elemente entlehnt; Antimon (Stibium Sb), Wismut (Bismuthum Bi), Gold (Aurum Au) Kobalt (Cobaltum Co), Kohlenstoff (Carbonium C), Kupfer (Cuprum Cu), Quecksilber (Hydrargyrium Hg), Blei (Plumbum Pb), Stickstoff (Nitrogenium N), Zinn (Stannum Sn), Wasserstoff (Hydrogenium H), Eisen (Ferrum Fe), Silber (Argentum Ag), Sauerstoff (Oxygenium O), Schwefel (Sulphur S).

Ein solches Symbol gibt nicht nur die Art des Elements an, sondern bezeichnet zugleich auch dessen Atomgewicht. Ist das Atomgewicht von Kupfer 63·57, das von Sauerstoff 16·00, so drückt das Symbol Cu zugleich 63·57 Gewichtsteile Kupfer, das Symbol O zugleich 16 Gewichtsteile Sauerstoff aus. Man hat festgestellt, daß im Kupferoxyd ein Atom Kupfer mit einem Atom Sauerstoff verbunden ist; Kupferoxyd wird also durch die Formel CuO wiedergegeben, welche erstens zum Ausdruck bringt, daß es sich um eine Verbindung von Kupfer und Sauerstoff handelt, und zweitens, daß darin 1 Atom Kupfer = 63·57 Gewichtsteile an 1 Atom Sauerstoff = 16·00 Gewichtsteilen gebunden ist. In vielen Verbindungen kommen mehrere Atome des im Molekül vorhandenen Elementes vor; dies drückt man aus, indem man die Atomenzahl rechts unterhalb des Symboles beifügt. Die Schwefelsäure z. B. enthält 2 Atome Wasserstoff (H), 1 Atom Schwefel (S) und 4 Atome Sauerstoff (O) in 1 Molekül. Ihre Formel ist also H_2SO_4.

Chemische Vorgänge lassen sich mit Hilfe der Symbole und Formeln sehr einfach in Form chemischer Gleichungen veranschaulichen. Die Spaltung von Quecksilberoxyd in Sauerstoff und Quecksilber wird durch:

$$HgO = Hg + O,$$

die von chlorsaurem Kalium in Sauerstoff und Kaliumchlorid durch:

$$\underset{\text{Chlorsaures K}}{KClO_3} = \underset{\text{K-chlorid}}{KCl} + 3\,O;$$

die Entwicklung von Wasserstoff aus Zink und Schwefelsäure durch:

$$Zn + H_2SO_4 = 2H + ZnSO_4$$

ausgedrückt.

In diesen Gleichungen stehen links von dem Gleichheitszeichen die Symbole und Formeln der in die Reaktion eintretenden Substanzen, rechts die dabei entstandenen Substanzen. Die Summe der Atome jedes Elements muß — entsprechend dem Gesetz von der Erhaltung des Stoffes — auf beiden Seiten gleich sein.

Neben dem Atomgewicht benutzt man häufig auch das Äquivalentgewicht. Hierunter versteht man das Mengenverhältnis, in welchem sich die Elemente mit *derselben* Gewichtsmenge eines bestimmten Vergleichselementes verbinden. 1·008 Gewichtsteil Wasserstoff verbindet sich z. B. mit 35·46 Gewichtsteilen Chlor und mit 8·00 Gewichtsteilen Sauerstoff; demnach sind die Äquivalentgewichte von Chlor und Sauerstoff bezogen auf Wasserstoff 35·46 bzw. 8·00. Das Atomgewicht eines Elements ist entweder gleich dem Äquivalentgewicht oder gleich einem ganzzahligen Vielfachen desselben.

Stöchiometrische[1] Berechnungen.

23. Wenn man die Formel einer Verbindung kennt — wie man zu dieser Kenntnis kommt, wird uns späterhin noch eingehend beschäftigen — und das Atomgewicht der darin vorkommenden Elemente, so ist es sehr leicht, die Gewichtsmengen zu berechnen, welche bei chemischen Vorgängen oder Prozessen in Reaktion treten. Ein paar Beispiele werden hinreichen, um dies klar zu machen.

1) Es wird gefragt, wieviel Liter Sauerstoff von 0° und 760 mm Druck man durch Erhitzen von 1 Kilo Quecksilberoxyd erhalten kann. Das Atomgewicht des Quecksilbers ist 200·0, das des Sauerstoffes 16·00. HgO ist also 200 + 16; aus diesen 216 Gewichtsteilen HgO sind durch Erhitzen 16 Gewichtsteile Sauerstoff zu erhalten. Aus 1 Kilo = 1000 g also $\frac{1000 \times 16}{216} = 74{\cdot}07$ g. Da 1 l Sauerstoff bei 0° und 760 mm Druck 1·4296 g wiegt, haben diese 74·07 das Volum $\frac{74{\cdot}07}{1{\cdot}4296} = 51{\cdot}8$ l.

2) Wieviel Wasser kann aus dem Wasserstoff gebildet werden, den man durch Einwirkung von Schwefelsäure auf 1 Kilo Zink erhält?

Die Einwirkung von Zink auf Schwefelsäure wird wiedergegeben durch die Gleichung:

$$Zn + H_2SO_4 = ZnSO_4 + 2H;$$

die Verbrennung von Wasserstoff zu Wasser durch:

$$2H + O = H_2O.$$

---

[1] Von στοιχεῖα = Elementarbestandteile, μετρεῖν = messen; Stöchiometrie = chemische Meßkunst.

Aus diesen Gleichungen geht hervor, daß der Wasserstoff, welcher vermittelst 1 Atoms Zink entsteht, 1 Molekül Wasser gibt. Für jedes Atom Zink erhält man also 1 Molekül Wasser. Das Atomgewicht des Zinks ist 65·37, das Molekulargewicht des Wassers 18·016. Also entsprechen 65·37 Gewichtsteile Zink 18·016 Gewichtsteilen Wasser, 1 Kilo Zink demnach $\frac{1000 \times 18\cdot016}{65\cdot37} = 275\cdot6$ g.

3) Wieviel Gramm chlorsaures Kalium sind nötig, um die Menge Sauerstoff zu liefern, die 500 g Kupfer zu Kupferoxyd oxydieren können?

Hierbei spielen sich folgende Reaktionen ab:

$$KClO_3 = KCl + 3O \quad \text{und} \quad Cu + O = CuO.$$

Es können demnach 3 Atome Kupfer oxydiert werden durch den Sauerstoff, der von 1 Molekül chlorsaurem Kalium herstammt; auf 3 Atome Kupfer muß also 1 Molekül chlorsaures Kalium gebraucht werden. Das Molekulargewicht des letzteren ist

$$39\cdot10 + 35\cdot46 + 3 \times 16 = 122\cdot56;$$

das Atomgewicht des Kupfers ist 63·57; auf 63·57 Gewichtsteile Kupfer müssen also $\frac{122\cdot56}{3} = 40\cdot85$ g chlorsaures Kalium angewandt werden. Auf 500 g Kupfer also $\frac{500 \times 40\cdot85}{63\cdot57} = 321\cdot5$ g chlorsaures Kalium.

Die Gewichtseinheit ist das Gramm. Bei den meisten chemischen Berechnungen wird das Molekulargewicht in Grammen (Grammmolekül, Grammolekel) zugrunde gelegt. Ostwald hat für Grammolekül die Abkürzung *Mol* vorgeschlagen. „1 Mol Kupferoxyd" bedeutet 63·57 + 16·00 = 79·57 g Kupferoxyd.

Das Milligrammolekül heißt Millimol; man spricht auch von Kilomol usw.

Das Atomgewicht der Elemente.

24. Man pflegt das Atomgewicht des Sauerstoffes zu 16·00 anzunehmen. Die Atomgewichte der übrigen Elemente haben alsdann die Werte, welche in der am Schluß unsres Buches befindlichen Tabelle angegeben sind.

Daß das Atomgewicht des Sauerstoffes zu 16·00 angenommen wird, hat einen geschichtlichen Grund. Früher diente Wasserstoff mit dem Atomgewicht 1 als Einheit; man glaubte, daß das Verhältnis des Atomgewichts von Wasserstoff und Sauerstoff sich genau gleich 1:16 verhalte. Da nun das Atomgewicht der meisten Elemente aus der Zusammensetzung ihrer Sauerstoffverbindungen bestimmt wird, so war tatsächlich O = 16 und nicht H = 1 die Grundlage. Solange das Verhältnis H:O = 1:16 als genau galt, war dies nicht von Bedeutung. Als sich später ein andres Verhältnis ergab (nach neueren Untersuchungen ist das Verhältnis 1:15·88 als genau festgestellt anzusehen), war es gleichwohl das einfachste, O = 16 als Basis beizubehalten, da sonst alle Atomgewichte hätten umgerechnet werden müssen, und dies jedesmal notwendig werden würde, sobald eine weitere Verfeinerung der Untersuchungsmethoden in das Verhältnis H : O eine neue Änderung bringt.

Die in der am Ende des Buches befindlichen Tabelle angegebenen Atomgewichte sind von einer internationalen Kommission aufgestellt worden, welche dieselben alljährlich berichtigt. Die Atomgewichte sind nur mit so viel Dezimalstellen angegeben, daß die letzte Stelle noch als sicher gilt. So ist bei den mit zwei Dezimalstellen aufgeführten Atomgewichten nur eine Unsicherheit von 3—6 Einheiten der dritten (hier nicht mitgeteilten) Stelle anzunehmen. Bei weniger sicher bestimmten Atomgewichten ist nur eine Dezimale aufgeführt.

Die Zahlen der Tabelle werden bei der Berechnung der Analysen zugrunde gelegt. Für viele Zwecke genügt es jedoch schon, abgerundete Zahlen zu benutzen wie N = 14, Br = 80 usw.

Chlor.

25. Chlor findet sich nicht frei, sondern nur, und zwar außerordentlich häufig, in gebundenem Zustande in der Natur; bereits bei gewöhnlicher Temperatur wirkt es auf fast alle andren Stoffe ein und tritt mit ihnen in chemische Wechselwirkung. Kochsalz (Natriumchlorid) NaCl ist eine Verbindung von Natrium mit Chlor; auch Verbindungen von andren Metallen mit Chlor, Chloride, kommen zahlreich vor.

Chlorgas kann sowohl durch direkte wie durch indirekte Zerlegung von Chlorverbindungen erhalten werden, nämlich:

1. Elektrolytisch. Durch Zerlegung von Salzsäure (d. h. einer wäßrigen Lösung von Chlorwasserstoffsäure HCl) mittels des elektrischen Stromes; an der positiven Elektrode (Anode) scheidet sich Chlor, an der negativen (Kathode) Wasserstoff ab. Durch Elektrolyse von Kochsalzlösungen (**224**) wird jetzt Chlor auch technisch dargestellt.

Die indirekte Zersetzung von Chlorverbindungen liefert auch hier die gebräuchlichsten Verfahren, Chlor zu entwickeln. Sie beruhen darauf, daß man den Wasserstoff des Chlorwasserstoffes zu Wasser oxydiert, wodurch das Chlor in Freiheit gesetzt wird.

2. In der Technik und im Laboratorium wird zu diesem Zweck häufig Braunstein MnO_2 (Manganperoxyd) benutzt:

$$MnO_2 + 4HCl = MnCl_2 + 2H_2O + 2Cl.$$

Oft gelangt die Salzsäure nicht in freiem Zustande zur Verwendung, sondern wird erst bei der Reaktion selbst aus Schwefelsäure und Kochsalz entwickelt. Es gelten dann die Gleichungen:

$$\text{I.}\quad NaCl + H_2SO_4 = NaHSO_4 + HCl.$$

$$\text{II.}\quad 4HCl + MnO_2 = MnCl_2 + 2H_2O + 2Cl.$$

3. Andre häufig angewandte Oxydationsmittel sind Chlorkalk und Kaliumdichromat:

$$\underset{\text{Kaliumdichromat}}{K_2Cr_2O_7} + 14HCl = 2KCl + 2CrCl_3 + 7H_2O + 6Cl.$$

4. Auch der Sauerstoff der Luft kann als Oxydationsmittel dienen. Dazu wird ein Gemisch von 60 % Luft und 40 % Chlorwasserstoff bei etwa 430° über mit Kupfersulfatlösung getränkten und alsdann ausgeglühten Bimsstein geleitet:

$$2HCl + O = H_2O + Cl_2.$$

Es werden dann rund 70 % des eingeführten Chlorwasserstoffs in Chlor übergeführt.

Dieser Prozeß, welcher unter dem Namen *Deaconverfahren* bekannt ist, wird technisch im großen zur Chlorgewinnung angewandt; das Kupfersulfat wirkt hier katalytisch.

Unter Katalyse versteht man im allgemeinen die Wirkung, die ein in der Reaktionsgleichung nicht enthaltener Stoff auf die Beschleunigung oder Verlangsamung einer Reaktion ausübt. Die dabei wirksame Menge des Stoffes, Katalysator genannt, braucht oft nur sehr klein zu sein. Dies ist z. B. der Fall bei der Verbrennung von Wasserstoff mit Platin als Katalysator (**13**). Eine winzige Menge Platinschwamm, in Knallgas gebracht, beschleunigt die Wasserbildung so sehr, daß dieselbe in kurzer Zeit vollständig vor sich geht und sogar explosiv werden kann. Auch beim Deaconprozeß ist eine kleine Menge Kupfersulfat imstande, unbegrenzte Mengen Chlorwasserstoff in Reaktion zu bringen.

Bei der obengenannten Temperatur tritt ohne Katalysator scheinbar keine nennenswerte Reaktion zwischen Sauerstoff und Chlorwasserstoff ein. Daß diese dennoch stattfindet, wiewohl sehr langsam verlaufend, läßt sich aus denselben Gründen behaupten, die in **13** für die langsame Vereinigung von Wasserstoff und Sauerstoff angeführt sind, da auch hier erst bei steigender Temperatur die Reaktion meßbare Geschwindigkeit erlangt. Der Katalysator verursacht daher nicht eine Reaktion, sondern beschleunigt nur einen schon vor sich gehenden Prozeß. Ostwald hat seine Wirkungsweise sehr treffend mit der von Öl auf ein Räderwerk verglichen, dessen Achsen sich ungeölt mit großer Reibung bewegen, und das deshalb nur sehr langsam läuft. Ölt man die Achsen, so erfolgt der Ablauf alsbald schneller, obwohl die zur Verfügung stehende Kraft, in diesem Fall die chemische Energie, keine Änderung erlitten hat. Auch besteht Analogie darin, daß das Öl durch seine Wirkung ebensowenig verbraucht wird wie der Katalysator.

Über den eigentlichen Mechanismus der katalytischen Wirkungen herrscht noch viel Unsicherheit. Zwar hat sich in weitaus den meisten Fällen nachweisen lassen, daß der Katalysator an der Reaktion teilnimmt (so z. B. bei der oben mitgeteilten Platinkatalyse, wobei Platin sich mit Sauerstoff verbindet, der sich in diesem Zustande mit Wasserstoff zu vereinigen vermag), jedoch aus dem Prozeß wieder unverändert hervorgeht; aber hierdurch ist seine Reaktionsbeschleunigung noch keineswegs erklärt. Folgende Hypothese verdient jedenfalls Beachtung.

In der Physik wird gelehrt, daß die Moleküle von Flüssigkeiten und Gasen sich mit sehr verschiedener Geschwindigkeit fortbewegen, die für die einzelnen Moleküle um ungeheure Beträge von der mittleren Geschwindigkeit, sowohl nach oben als nach unten, abweichen kann. Wenn man nun annimmt, daß der Katalysator imstande ist, die Moleküle mit großer Geschwindigkeit, wie in einer Falle zu fangen, so wäre seine beschleunigende Wirkung begreiflich; denn in solchen Molekülen müssen auch die Atombewegungen sehr stark sein, wodurch sie besonders geneigt sein müssen sich zu zersetzen, wonach die Bruchstücke verschiedener Moleküle sich zu anderen vereinigen können.

Bis jetzt kennt man weit mehr Fälle der Beschleunigung als der Verlangsamung von Reaktionen durch Katalysatoren.

26. *Physikalische Eigenschaften.* Chlor ist ein Gas von gelblichgrüner Farbe[1] und erstickendem Geruch. Sein spez. Gewicht beträgt 2·45 (Luft = 1) oder 35·46 für Sauerstoff = 16. 1 l Chlor wiegt daher bei 0° und 760 mm Druck 3·208 g. Bei −34° wird es unter gewöhnlichem Druck flüssig und erstarrt bei −100·9° zu gelben Kristallen. Seine kritische Temperatur liegt bei 144·0°, sein kritischer Druck bei 76·1 Atmosphären. Chlorgas wird in Wasser absorbiert; diese Lösung heißt „Chlorwasser" (Aqua chlorata). Man kann daher das Gas nicht über Wasser auffangen, wohl aber über einer gesättigten Kochsalzlösung, in der es weniger löslich ist. Am bequemsten ist es, das Gas in einer trocknen Flasche zu sammeln, indem man es auf den Boden der Flasche leitet; infolge seiner Schwere bleibt es unten liegen und verdrängt allmählich die Luft.

27. *Chemische Eigenschaften.* Chlor vereinigt sich bei gewöhnlicher Temperatur mit den meisten andren Elementen; es wirkt auf viele Verbindungen ein. In vollkommen reinem Zustande mit dem

[1] Daher sein Name, welcher von χλωρός, grüngelb, abgeleitet ist.

gleichen Volum Wasserstoff im Dunkeln gemengt, verbindet es sich im zerstreuten Tageslicht allmählich, im Sonnenlicht oder bei Bestrahlung mit elektrischem Bogenlicht unter Explosion sofort zu Chlorwasserstoff (Chlorknallgas). Wird eine Wasserstoffflamme in Chlorgas gebracht, so brennt sie weiter unter Bildung von Chlorwasserstoff; umgekehrt brennt Chlorgas in Wasserstoff weiter. Chlor verbindet sich schon bei gewöhnlicher Temperatur mit vielen Metallen unter Feuererscheinung, so z. B. mit Kupfer (in der Form von unechtem Blattgold), fein gepulvertem Antimon, geschmolzenem Natrium u. a. Die edlen Metalle sind im allgemeinen schwer zur Reaktion zu bringen; durch Chlor werden sie gleichwohl angegriffen und in Chloride (Chlormetalle) verwandelt. Gold z. B. löst sich in Chlorwasser unter Bildung von Goldchlorid.

Auch mit vielen Nichtmetallen vereinigt sich Chlor leicht; so mit Phosphor, welcher darin mit fahler Flamme zu Chlorphosphor verbrennt.

Das trockne Element greift Eisen, Bronze oder Kupfer in kompaktem Zustand nicht an; dadurch ist der Versand von flüssigem Chlor in eisernen Flaschen (von 50 kg Inhalt unter 6—8 Atmosphären Druck) möglich geworden.

Die Neigung des Chlors, sich mit Wasserstoff zu verbinden — die *chemische Verwandtschaft* oder *Affinität*, d. h. die zwischen den Atomen der einzelnen Elemente wirksame Anziehung —, ist so groß, daß das Chlor vielen Wasserstoffverbindungen den Wasserstoff entzieht, um sich selbst mit ihm zu vereinigen. Ein mit Terpentinöl ($C_{10}H_{16}$) getränkter Papierstreifen entzündet sich, wenn er in eine Chloratmosphäre gebracht wird, unter Abscheidung von Kohlenstoff, weil der Wasserstoff des Terpentinöls sich mit dem Chlor verbindet. Eine entzündete Kerze verbrennt in Chlorgas unter Bildung von Ruß, indem der Wasserstoff sich mit Chlor verbindet und Kohlenstoff frei wird. Leitet man Schwefelwasserstoffgas (H_2S) in Chlorwasser, so entstehen HCl und Schwefel.

Auch Wasser wird durch Chlor zersetzt, wobei Sauerstoff frei wird:

$$2H_2O + 2Cl_2 = 4HCl + O_2.$$

Die Reaktion erfolgt unter dem Einfluß des Sonnenlichtes; sie verläuft jedoch langsam. Ein geeigneter Apparat, um diesen Versuch zu zeigen, ist in Fig. 14 abgebildet. Eine Retorte wird mit Chlorwasser gefüllt und dem Sonnenlichte ausgesetzt. Nach einigen Tagen hat sich oben in derselben eine Gasblase gebildet, die sich bei der Untersuchung durch das Entflammen eines glimmenden Holzspanes als Sauerstoff erweist.

Auf dieser Zersetzung des Wassers beruht sowohl die bleichende, als auch die desinfizierende Wirkung des Chlors und solcher Verbindungen, die Chlor entwickeln. Beim Bleichen werden nämlich Farbstoffe — meist vegetabilischer Natur — durch Sauerstoff zu farblosen Stoffen oxydiert. Bei der Oxydation werden auch die Bakterien getötet. Der gewöhnliche Luftsauerstoff übt diese Wirkung nicht aus. Lackmus z. B., das in feuchtem Chlorgas schnell entfärbt wird, bleibt an der Luft völlig unverändert. Die besonders energische Wirkung des Sauerstoffes, der durch Chlor aus Wasser entwickelt wird, schreibt man einem als Status nascens bezeichneten Zustande zu, worüber später (38) mehr berichtet wird. Vollkommen trocknes Chlorgas übt keine bleichende Wirkung aus.

Fig. 14. Langsame Zersetzung des Wassers durch Chlor.

Wird Wasser mit Chlor bei 0° gesättigt, so scheiden sich Kristalle von der Zusammensetzung $Cl_2 + 8H_2O$, Chlorhydrat, ab. Bei höherer Temperatur zersetzen sich dieselben völlig in Chlor und Wasser.

Chlorwasserstoff und Salzsäure.

28. Chlorwasserstoff (daß seine Formel HCl ist, wird in **31** bewiesen) ist ein in den Vulkangasen in freiem Zustande vorkommendes Gas; er bildet einen wichtigen, wenn auch nur geringen Bestandteil des Magensaftes.

In **27** wurde bereits die direkte Bildung dieser Verbindung aus ihren Elementen unter dem Einfluß des Lichtes mitgeteilt.

Wir sahen auch a. a. O., daß Chlorwasserstoff durch Einwirkung von Chlor auf einige Wasserstoffverbindungen entsteht. Umgekehrt kann er auch durch Einwirkung von Wasserstoff auf einige Chlorverbindungen entstehen; Chlorsilber AgCl, Chlorblei $PbCl_2$ u. a. liefern beim Erhitzen im Wasserstoffstrom Metall und Chlorwasserstoff:

$$AgCl + H = Ag + HCl.$$

Die gewöhnliche Darstellungsweise ist mäßiges Erwärmen von Kochsalz mit konzentrierter Schwefelsäure:

$$\underset{\text{Kochsalz}}{NaCl} + \underset{\text{Schwefelsäure}}{H_2SO_4} = NaHSO_4 + HCl.$$

Nach dieser Methode wird sowohl in der Technik wie im Laboratorium Chlorwasserstoff gewonnen.

Diese Reaktion erfolgt bei gewöhnlicher Temperatur. Soll die Schwefelsäure völlig ausgenutzt werden, also der gesamte Wasserstoff der Schwefelsäure mit dem Chlor des Kochsalzes als Chlorwasserstoff entweichen, so muß bei dem Prozeß die Temperatur erhöht werden. Er verläuft alsdann nach der Gleichung:

$$2 NaCl + H_2SO_4 = Na_2SO_4 + 2 HCl.$$

29. *Physikalische Eigenschaften.* Chlorwasserstoff ist ein farbloses Gas von stechendem Geruch; seine kritische Temperatur beträgt 52·3°, der kritische Druck 86 Atmosphären. Flüssiger Chlorwasserstoff siedet bei −83·7°, fester schmilzt bei −112°. Spez. Gewicht des Gases (Luft = 1) 1·2696. 1 l Chlorwasserstoff wiegt also bei 0° und 760 mm Druck 1·6533 g.

Um Chlorwasserstoffgas in reinem Zustande zu erhalten, hat man ein Verfahren ausgearbeitet, das ganz allgemein für die Darstellung von vollkommen reinen Gasen angewandt werden kann. Es beruht auf der Verwendung von verflüssigter Luft zur Erreichung von niederen Temperaturen.

Die meist in feuchtem Zustande aus dem Entwicklungsapparat strömenden Gase werden zunächst in der Weise getrocknet, daß man sie durch auf −50° abgekühlte Waschflaschen streichen läßt, da die Spannung des Wasserdampfes über Eis von −50° praktisch gleich null ist. Die so getrockneten Gase werden durch starke Abkühlung zu festem Zustande kondensiert, und, während sie darin beharren, wird das Gefäß luftleer gepumpt. Läßt man danach die Temperatur steigen, so schmilzt die feste Masse; die so erhaltene Flüssigkeit verdampft und liefert das vollkommen reine Gas.

Das Gas raucht stark an der Luft; es zieht aus ihr Wasser an und bildet weiße Nebel. Es wird von Wasser energisch absorbiert; 1 Vol. Wasser kann 503 Vol. Chlorwasserstoff bei 0° aufnehmen. Diese wäßrige Lösung des Gases führt den Namen *Salzsäure.* Sie wird technisch in sehr großem Maßstab dargestellt (**225**). Der Chlorwasserstoff wird fast ausschließlich in Form der wäßrigen Lösung verwendet. Die bei 15° gesättigte Lösung enthält auf 100 Teile 42·9 Teile HCl und hat das spez. Gewicht 1·212; sie raucht stark an der Luft. Die gewöhnliche reine „konzentrierte" oder „rauchende" Salzsäure des Handels hat meist das spez. Gewicht 1·19 und enthält auf 100 Teile rund 38 Teile HCl.

Der Chlorwasserstoff gehorcht in seinem Verhalten gegen Wasser nicht dem Henryschen Gesetz (**9**); denn seine Löslichkeit in Wasser ist durchaus nicht seinem Druck proportional. Bringt man kleine Mengen mit Wasser zusammen, so werden diese, unabhängig vom Druck, ganz aufgenommen; erst wenn eine große Menge des Gases in Berührung mit Wasser kommt, zeigt sich eine gewisse Abhängigkeit der Löslichkeit vom Druck, aber auch dann ist von Proportionalität keine Rede. Dieses Verhalten zeigt an, daß irgendeine Änderung in der Verbindung beim Lösen in Wasser stattgefunden hat: welcher Art dieselbe ist, werden wir bald Gelegenheit haben zu betrachten (**65**, **66**).

Die gesättigte Lösung von Chlorwasserstoff in Wasser gibt beim Erwärmen HCl ab; bei der Destillation erhält man eine Fraktion, die konstant bei 110° siedet und auf etwa 1 Mol. HCl 8 Mol. H_2O enthält, was einem Gehalt von rund 20% HCl entspricht. Zu einer Lösung von gleicher Konzentration und demselben Siedepunkt gelangt man auch, wenn man eine verdünntere Salzsäure der Destillation unterwirft, indem dann zuerst so viel Wasser abdestilliert, bis die vorstehende Konzentration erreicht ist.

30. Die *chemischen Eigenschaften* vollkommen trocknen Chlorwasserstoffes (auch des verflüssigten) sind ganz andre wie die seiner wäßrigen Lösung. Ersterer wirkt auf Metalle nicht ein und verändert die Farbe von blauem Lackmuspapier nicht. Die wäßrige Lösung dagegen löst Zink, Eisen und andre Metalle unter Abgabe ihres Wasserstoffgehaltes auf und rötet blaues Lackmuspapier. Eine große Anzahl von Stoffen erleidet beim Zusammentreffen mit Wasser eine ähnliche Änderung ihrer Eigenschaften; ihre wäßrigen Lösungen besitzen ungefähr die gleichen Eigenschaften wie die hier für die Salzsäure angegebenen. Die Natur dieser Veränderung soll später (**65**) besprochen werden. Man bezeichnet diese Verbindungen wegen des sauren Geschmackes, den ihre wäßrige Lösung oft hat, mit dem gemeinsamen Namen „Säuren". Säuren besitzen ein oder mehrere Wasserstoffatome, die durch Metalle ersetzbar sind; die beim Ersatz der Wasserstoffatome durch Metallatome entstehenden Verbindungen heißen „Salze". Salze können nicht nur entstehen durch direkte Einwirkung des Metalls auf die Säure, sondern auch beim Zusammenbringen von Säuren mit „Basen". Unter Basen versteht man Verbindungen vom allgemeinen Typus MOH, wo M ein Metall vorstellt. Ihre wäßrige Lösung hat meist laugenartigen Geschmack und bläut rotes Lackmuspapier. Wenn man Natrium in Wasser wirft, so entwickelt sich Wasserstoff und es entsteht eine Base, das Natriumhydroxyd:

$$Na + H_2O = NaOH + H.$$

Wird dieses Hydroxyd mit Salzsäure zusammengebracht, so bilden sich Kochsalz und Wasser:

$$NaOH + HCl = NaCl + H_2O.$$

Wird eine Säure allgemein mit SH und eine Base mit BOH bezeichnet, so kann man die Salzbildung aus diesen beiden folgendermaßen formulieren:

$$BOH + HS = BS + H_2O.$$

Eine dritte Bildungsweise der Salze ist die Einwirkung einer Säure auf ein Metalloxyd, z. B.:

$$\underset{\text{Zinkoxyd}}{ZnO} + \underset{\text{Schwefelsäure}}{H_2SO_4} = \underset{\text{Zinksulfat}}{ZnSO_4} + H_2O.$$

Im allgemeinen leiten sich die Basen von den Metallen, die Säuren von den Metalloiden ab.

Wenn Salzsäure zur Lösung eines Silbersalzes (z. B. Silbernitrat) zugegeben wird, so wird letzteres zerlegt entsprechend der Gleichung:

$$\underset{\text{Silbernitrat}}{AgNO_3} + HCl = \underset{\text{Salpetersäure}}{HNO_3} + \underset{\text{Silberchlorid}}{AgCl}.$$

Das unlösliche Chlorsilber scheidet sich dabei als weißer käsiger Niederschlag ab. Die Salzsäure hat die Salpetersäure aus ihrem Salz in Freiheit gesetzt. Ebenso kann man die Base eines Salzes durch eine andre Base frei machen:

$$AgNO_3 + NaOH = \underset{\text{Silberhydroxyd}}{AgOH} + \underset{\text{Natriumnitrat}}{NaNO_3}.$$

Solche Reaktionen nennt man e i n f a c h e Umsetzungen.

Es kommt auch vor, daß zwei Salze ihre Metalle gegenseitig austauschen, wenn man ihre Lösungen zusammenbringt:

$$\underset{\text{Natriumchlorid}}{NaCl} + AgNO_3 = AgCl + NaNO_3.$$

Dann erhält man zwei neue Salze. Eine derartige Reaktion zwischen zwei Salzen wird d o p p e l t e Umsetzung genannt.

Wir werden später (**65**, **66**) Gelegenheit haben, die Gesetze kennen zu lernen, welche diese beiden Arten von Umsetzung bestimmen.

Zusammensetzung des Chlorwasserstoffes. Gesetz von GAY-LUSSAC und von AVOGADRO.

31. Die Zusammensetzung des Chlorwasserstoffes geht aus folgenden Versuchen hervor:

a) Starke (d. h. mehr als 23 %ige) Salzsäure wird der Elektrolyse unterworfen; bei zweckmäßiger Anordnung des Versuches ergibt sich dann, daß *gleiche Volumina* Wasserstoff und Chlor entwickelt werden.

b) Gleiche Volumina Chlor und Wasserstoff vereinigen sich völlig zu Chlorwasserstoff, ohne daß Chlor und Wasserstoff unverbraucht zurückbleiben. Dabei entstehen 2 Vol. Chlorwasserstoff. In Anbetracht, daß das Gewicht von 1 Vol. Chlor 35·46 und dasjenige von 1 Vol. Wasserstoff 1·008 ist, wenn man das des Sauerstoffes = 16·00 setzt.

ergibt sich, daß im Chlorwasserstoff 1·008 Gewichtsteile Wasserstoff mit 35·46 Gewichtsteilen Chlor verbunden sind.

Zur Elektrolyse von Salzsäure werden gewöhnlich Kohlenstäbe als Elektroden benutzt, weil das sonst meist dafür angewandte Platin von Chlor angegriffen wird; auch kann nicht der Apparat Fig. 11 benutzt werden, weil die Löslichkeit des Chlors im Wasser bei zunehmendem Druck viel schneller steigt, als die des Wasserstoffes, und deshalb keine gleichen Volumina beider Gase erhalten werden. Man bedient sich deshalb eines Apparates, den Lothar Meyer angegeben hat (Fig. 15), bei welchem die Kompression des Chlors durch eine stets höher steigende Flüssigkeitssäule vermieden wird. In *A* wird Salzsäure elektrolysiert; Wasserstoff und Chlor werden in den Zylindern *B* aufgefangen, die mit gesättigter Kochsalzlösung gefüllt sind (26). Die Gase gelangen hier also unter verminderten Druck.

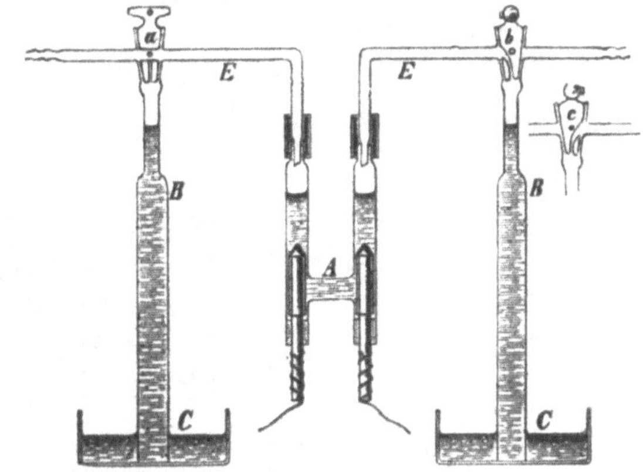

Fig. 15. Elektrolyse der Salzsäure.

Daß aus Chlorwasserstoffgas die Hälfte seines Volums an Wasserstoff erhalten werden kann, läßt sich noch auf andre Weise zeigen. Wenn dasselbe mit Natriumamalgam (einer Lösung von Natrium in Quecksilber) zusammengebracht wird, so verbindet sich das Natrium mit dem Chlor, während Wasserstoff frei wird. Das Volum desselben wird dann halb so groß gefunden, wie das des angewandten Chlorwasserstoffes.

Wasserstoff und Chlor vereinigen sich also in einfachem Volumverhältnis (1 : 1). Auch das Volum des gebildeten gasförmigen Produktes steht in einfachem Verhältnis zu dem seiner Komponenten (2 : 1 : 1). Bei der Besprechung der Zusammensetzung des Wassers (19) bemerkten wir bereits, daß auch Sauerstoff und Wasserstoff sich in einem einfachen Volumverhältnis, nämlich dem von 1 : 2 vereinigen. Daß ferner das Volum des entstehenden Wasserdampfes ebenfalls zu dem seiner Komponenten in einem einfachen Verhältnis steht, da aus 1 Vol. Sauerstoff + 2 Vol. Wasserstoff 2 Vol. Wasserdampf entstehen, ergibt sich, wenn man den Versuch mit dem Hofmannschen Apparat (19) bei einer Temperatur von über 100° ausführt, wobei der Wasserdampf nicht zu Wasser kondensiert wird.

Diesem Zwecke dient folgende Vorrichtung. In dem geschlossenen Schenkel *B* des U-Rohres (Fig. 16) ist Knallgas über Quecksilber abgesperrt. *B* ist umgeben von einem Glasmantel, durch welchen die Dämpfe von kochendem Amylalkohol strömen (in *A* entwickelt), deren Temperatur ca. 130° ist.

Die entweichenden Dämpfe werden in *C* kondensiert. Läßt man, nachdem das Knallgas die Temperatur von 130° angenommen hat, einen Induktionsfunken durchschlagen, so zeigt sich, daß das Volum des Wasserdampfes $^2/_3$ von dem Volum des Knallgases beträgt.

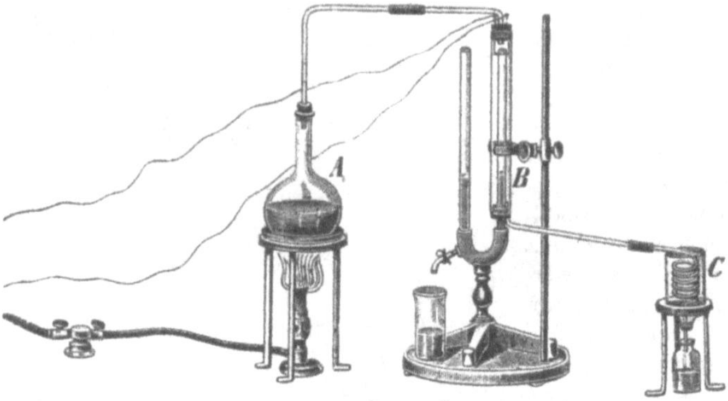

Fig. 16. Bestimmung des Volumverhältnisses von Wasserdampf zu dem seiner Komponenten (H und O).

Was im vorstehenden für Chlorwasserstoff und für Wasser dargetan ist, gilt allgemein. Elemente im Gaszustande vereinigen sich nach einfachen Volumverhältnissen; der Raum (das Volum) eines zusammengesetzten Gases steht in einem einfachen Verhältnis zu dem Raum seiner Bestandteile. Dies Volumgesetz ist von GAY-LUSSAC im Jahre 1808 entdeckt worden.

Es führt, in Verbindung mit der Atomtheorie von DALTON, zu sehr wichtigen Schlüssen. Um dies klar zu machen, gehen wir von der Annahme aus, daß die Formel des Chlorwasserstoffes HCl sei; durch dieselbe wird dann ausgedrückt, daß ein Atom Wasserstoff mit einem Atom Chlor vereinigt ist. Da sich auch ein Vol. Wasserstoff mit einem Vol. Chlor zu Chlorwasserstoff vereinigt, so ergibt sich aus der gemachten Annahme, daß gleiche Volumina Chlor und Wasserstoff gleich viele Atome enthalten.

Wäre die Formel eine andre, z. B. H_nCl_m, so würde die Anzahl Atome in den gleichen Volumina H und Cl zueinander im Verhältnis n : m stehen.

Bei der Synthese des Wassers liefern 2 Volumina Wasserstoff und 1 Vol. Sauerstoff 2 Vol. Wasserdampf. Ist die Formel des Wassers $H_{2n}O_p$, so würden in gleichen Volumina Wasserstoff und Sauerstoff die Anzahl Atome zueinander im Verhältnis n : p stehen.

Hieraus folgt, daß man bei Kenntnis des Verhältnisses der Anzahl Atome, die in gleichen Gasvolumina enthalten sind, die

Formel ihrer Verbindung kennen wird, sofern man nur weiß, in welchem Volumverhältnis sie sich vereinigt haben.

Hinsichtlich der relativen Anzahl der in gleichen Gasvolumina vorhandenen Atome befand man sich anfangs im unklaren. Durch das völlig gleiche Verhalten der Gase bei Änderung von Druck und Temperatur war die einfache Annahme, daß die Atomzahl bei allen Gasen gleich sei, wohl gerechtfertigt; diese Annahme erwies sich aber sehr bald als unhaltbar. Bei der Synthese des Wassers geben 3 Vol. (2 Vol. Wasserstoff + 1 Vol. Sauerstoff) 2 Vol. Wasserdampf; die Anzahl der Atome in der Volumeinheit mußte also für Wasserdampf notwendig anders sein, als für die unverbundenen Elemente. Dagegen verschwanden alle Schwierigkeiten durch die von Graf Amadeo Avogadro 1811 ausgesprochene Hypothese, daß gleiche Volumina aller Gase, bei gleicher Temperatur und gleichem Druck gemessen, gleich viele *Moleküle* enthalten. Sie wird Avogadros Gesetz genannt.

Avogadro nimmt nämlich weiter an, daß die Moleküle von Sauerstoff, Wasserstoff, Chlor usw. aus zwei Atomen bestehen. Mit der Vereinigung von Wasserstoff und Chlor verhält es sich dann so:

Aus einem Molekül von Wasserstoff und Chlor entstehen zwei Moleküle HCl:

$$\underset{1\,\text{Vol.}}{H_2} + \underset{1\,\text{Vol.}}{Cl_2} = \underset{2\,\text{Vol.}}{2\,HCl}\,.$$

Die Gesamtzahl der Moleküle ist also nach der Vereinigung dieselbe geblieben; da auch das Gesamtvolum keine Veränderung erlitten hat, sind wiederum in jedem der 2 Volumina HCl ebenso viele Moleküle anwesend, wie in jedem der beiden Volumina Wasserstoff und Chlor enthalten sind.

Bei der Verbindung von Wasserstoff und Sauerstoff hat man:

$$\underset{2\,\text{Vol.}}{2\,H_2} + \underset{1\,\text{Vol.}}{O_2} = \underset{2\,\text{Vol.}}{2\,H_2O}\,.$$

Jedes Molekül Sauerstoff hat sich in seine zwei Atome gespalten, die sich mit je zwei Wasserstoffatomen vereinigen. Die Anzahl der Moleküle Wasser wird daher doppelt so groß, als die Anzahl der Moleküle des Sauerstoffes und ebenso groß wie die des Wasserstoffes; da jedoch das Volum des Wasserdampfes auch doppelt so groß ist, als das des Sauerstoffes, müssen in gleichen Volumina wieder ebenso viele Wassermoleküle wie Sauerstoff- und Wasserstoffmoleküle enthalten sein.

32. Hieraus geht hervor, daß Avogadros Gesetz nach zwei Richtungen hin von großer Wichtigkeit ist: 1) gibt es uns das Mittel an die Hand, die relativen Gewichte der Moleküle von Stoffen im Gaszustande kennen zu lernen; 2) erfahren wir dadurch, wie viele Atome in den Molekülen vorhanden sind.

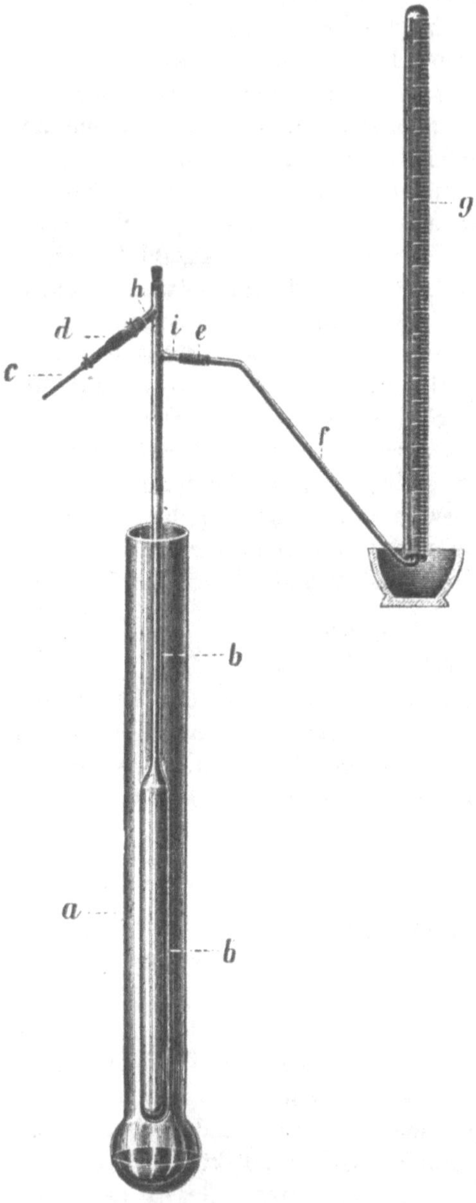

Fig. 17. Bestimmung der Dampfdichte nach Victor Meyer (Luftverdrängungsapparat).

Betrachten wir beide Punkte näher. Zu 1) Da gleiche Volumina aller Gase bei gleichem Druck und gleicher Temperatur gleich viele *Moleküle* enthalten, so läßt sich aus dem Gewichtsverhältnis gleicher Volumina das Molekulargewicht feststellen. Ist das spez. Gewicht von Wasserdampf, auf Sauerstoff = 16 bezogen, 9 und das von Chlorwasserstoff 18·25, so ist das Verhältnis der Molekulargewichte von Wasser und Chlorwasserstoff = 9 : 18·25. Die Bestimmung der *Dampfdichte*, des spezifischen Gewichtes der Gase und Dämpfe, ist daher für die Chemie von der größten Bedeutung.

Gewöhnlich wird die Dampfdichte nach der Methode von Victor Meyer, dem sogenannten Meyerschen Luftverdrängungsverfahren, bestimmt. Der hierfür erforderliche Apparat (Fig. 17) besteht aus einem Gefäß *b*, das nur Luft enthält, oben an der ca. 4 mm weiten Röhre mit einem Kork luftdicht verschlossen ist und im weiteren zylindrischen Teil einen Inhalt von ca. 200 ccm hat. Der erweiterte Abschnitt ist unten zugeschmolzen. Oben ist ein Abzugsrohr *f* angesetzt, das unter Wasser ausmündet. Das Gefäß ist teilweise von einem weiten Glas- (oder Metall-) Mantel *a* umgeben, in dem sich eine Flüssigkeit befindet, die einen höheren Siedepunkt besitzt als die Substanz, deren Dampfdichte bestimmt werden soll. Diese Flüssigkeit bringt man zum Sieden. Die Luft dehnt sich dadurch in dem Gefäß *b* aus. Bald ist ein Punkt erreicht, bei dem aus dem Abzugsrohr Luftblasen nicht mehr aufsteigen, da die Temperatur der Luft in dem weiteren Teile konstant geworden ist, ungefähr gleich der des Dampfes der siedenden Flüssigkeit. Die mit Wasser gefüllte Meßröhre *g* wird nun über die Öffnung des Abzugsrohres *f* gestülpt, und eine abgewogene Menge des zu untersuchenden Stoffes (in einem Glasröhrchen enthalten, welches sich bei *h* befindet) in das Gefäß *b* eingeworfen durch Einschieben des Glasstabes *c*. Die eingebrachte Substanz verdampft sofort in dem erhitzten weiteren Teile von *b* und verdrängt daraus ein ihrem Dampfvolum gleiches Luftvolum, welches durch *f* sich in der Meßröhre ansammelt. Während nun die Luft in dem erhitzten Teile des Gefäßes die Temperatur von *a* hat, nimmt sie in der Meßröhre die Temperatur der Umgebung an. Das an der Meßröhre abgelesene Luftvolum entspricht einem gleichen Volum der abgewogenen Substanzmenge in Gasform, gleichsam als ob es möglich wäre, sie bei gewöhnlicher Temperatur und unter Atmosphärendruck in Gasform zu erhalten.

Diese Methode läßt an Einfachheit der Ausführung nichts zu wünschen übrig. Dabei besitzt sie noch einen großen Vorteil vor andren, nämlich daß man die Temperatur, auf die das Gefäß erhitzt ist, zur Berechnung nicht zu kennen braucht. Nötig ist nur, daß die Temperatur während der kurzen Versuchsdauer konstant erhalten wird.

Die Berechnung geschieht folgendermaßen: Man habe g mg Stoff abgewogen, welche V ccm Luft geliefert haben (gemessen über Wasser bei gleichem Niveau inner- und außerhalb der Röhre); der Barometerstand sei H, die Temperatur t und die Spannung des Wasserdampfes bei dieser Temperatur b. Die g mg Stoff nehmen also bei einem Drucke von $H - b$ mm und t^0 ein Volum von V ccm ein, so daß unter diesen Umständen in der Volumeinheit (1 ccm) $\frac{g}{V}$ mg Stoff enthalten sind.

1 ccm Sauerstoff wiegt bei $H - b$ mm Druck und t^0

$$\frac{1 \cdot 4290}{1 + 0 \cdot 00367\, t} \cdot \frac{H - b}{760},$$

woraus für die Dampfdichte D (bei Sauerstoff = 16) folgt:

$$D = 16 \times \frac{g}{V} \cdot \frac{1 + 0 \cdot 00367\, t}{1 \cdot 4290} \cdot \frac{760}{H - b}$$

und für das Molekulargewicht M

$$M = 2\, D,$$

wie aus **34** näher hervorgeht.

Zu 2) Um klar zu machen, daß das Gesetz von AVOGADRO Aufschluß geben kann über die Anzahl der Atome, welche in den Molekülen der Elemente und der Verbindungen vorhanden sind, greifen wir auf das Beispiel der Bildung von Chlorwasserstoff aus den Elementen zurück. 1 Vol. Wasserstoff vereinigt sich mit 1 Vol. Chlor zu 2 Vol. Chlorwasserstoff. Nach dem genannten Gesetz müssen nun in jedem der 2 Vol. Chlorwasserstoff ebensoviel Moleküle enthalten sein, wie Moleküle Wasserstoff und Chlor vorhanden waren. Dies ist nur dann möglich, wenn sich die Moleküle Chlor und Wasserstoff in zwei gleiche Teile gespalten haben. Denn wenn das Chlor- und das Wasserstoffmolekül nur aus einem Atom beständen, so könnte zufolge des AVOGADROschen Gesetzes das Volum des Chlorwasserstoffes nicht das doppelte von dem der Elemente, sondern müßte ihm gleich sein. Hieraus geht hervor, daß in dem Chlor- und dem Wasserstoffmolekül eine gerade Anzahl von Atomen zugegen sein muß; da noch nicht entschieden werden kann, ob diese Anzahl zwei ist, wie AVOGADRO annahm, so geben wir die Wasserstoff- und Chlormoleküle durch H_{2x} und Cl_{2y} wieder. Zu dem gleichen Schluß kommt man hinsichtlich des Sauerstoffmoleküles auf Grund der Synthese des Wassers. Denn dabei vereinigen sich 2 Vol. Wasserstoff mit 1 Vol. Sauerstoff zu 2 Vol. Wasserdampf. In jedem dieser 2 Vol. Wasserdampf müssen nach dem Gesetz von AVOGADRO ebensoviel Moleküle zugegen sein, wie in dem einen Volum Sauerstoff. Dies ist wiederum nur dann möglich, wenn das Sauerstoffmolekül sich in zwei gleiche Teile gespalten hat, von denen jeder mit einem Molekül Wasserstoff vereinigt ist; wir erhalten alsdann für das Wasser die Formel $H_{2x}O_z$ und für das Molekül des Sauerstoffes O_{2z}.

33. Die Formeln für Chlorwasserstoff, Wasser und für die Moleküle des Wasserstoffes, Chlors und Sauerstoffes werden nun vollständig bekannt sein, sobald man die Größen x, y und z kennt. Zu diesen Werten gelangt man allgemein auf folgendem Wege: x muß mindestens $= 1$ sein; ist dies der Fall, so ist das Molekül des Wasserstoffes H_2. Weniger Atome kann es, wie die Synthese des Chlorwasserstoffes zeigt, nicht enthalten. Man bestimme nun die Dampfdichte einer Reihe von Wasserstoffverbindungen gegenüber der Dampfdichte des Sauerstoffes $= 16$; hieraus lernt man ihr relatives Molekulargewicht kennen. Darauf analysiere man diese Verbindungen und berechne, wieviel Wasserstoff in dem gefundenem Molekulargewicht zugegen ist; dann wird sich ergeben, daß darin niemals eine kleinere Menge auftritt, als die Hälfte derjenigen Menge Wasserstoff, welche ein

Molekül des letzteren enthält. Folgende Tabelle gibt dafür einige Beispiele:

Name	Spez. Gew.	Menge H
Salzsäuregas	18·25	0·5
Bromwasserstoffgas	40·5	0·5
Schwefelwasserstoffgas	17	1
Ammoniakgas	8·5	1·5
Methan	8	2
Äthylen	14	2
Wasserdampf.	9	0·5

Da also in keiner Verbindung weniger als $^1/_2$ Molekül Wasserstoff vorkommt, so muß das Atomgewicht des Wasserstoffes die Hälfte seines Molekulargewichtes sein, d. h. die Formel des Wasserstoffmoleküls ist H_2. Auf analoge Weise kommt man zu dem Resultat, daß das Molekül des Sauerstoffes O_2, das des Chlors Cl_2 ist, also x, y und z sämtlich = 1 sind. Für Sauerstoff kann man dies aus folgender Tabelle entnehmen:

Name	Spez. Gew.	Menge O
Sauerstoff	16	16
Wasser .	9	8
Schwefeldioxyd	32	16
Stickoxyd	15	8
Kohlenoxyd .	14	8
Kohlendioxyd	22	16

Nirgends findet man weniger wie 8 Gewichtsteile Sauerstoff, d. h. die Hälfte des Gewichtes von Sauerstoff, wenn hierfür 16 angenommen wird.

Regeln für die Bestimmung des Molekular- und Atomgewichtes.

34. Wird das Atomgewicht des Sauerstoffes = 16 angenommen, so ist dessen Molekulargewicht 2 × 16 = 32. Ist die Dampfdichte eines beliebigen andren vergasten Stoffes a bezogen auf Sauerstoff = 16, so beträgt das relative Gewicht seiner Moleküle, sein „Molekulargewicht", also = $2a$. Für die Bestimmung des Molekulargewichtes gilt also die folgende Regel: *Man bestimmt die Dampfdichte der Verbindung bezogen auf Sauerstoff = 16 und multipliziert die gefundene Zahl mit 2; das Produkt ist das Molekulargewicht.*

Für die Bestimmung des Atomgewichtes gilt nach **33**: *Man bestimmt die Zusammensetzung der molekularen Gewichtsmenge von einer möglichst großen Anzahl von Verbindungen eines Elementes; die kleinste Gewichtsmenge, die darin vorkommt, ist sein Atomgewicht.*

Die Hypothese Avogadros ist auch vom physikalischen Standpunkt aus bestätigt worden; sie ist gegenwärtig eines der Hauptgesetze der Chemie und Physik. Welche physikalischen Gründe u. a. für sie anzuführen sind, mag hier kurz angegeben werden.

Die Moleküle der Körper, sowohl der festen wie der flüssigen und gasförmigen, befinden sich in fortwährender Bewegung, deren Intensität mit der Temperatur zu- und abnimmt. Bei verschiedenen Körpern von gleicher Temperatur muß eine bestimmte Beziehung zwischen der Intensität ihrer molekularen Bewegungen bestehen. Bei gasförmigen Substanzen ist es gelungen, diese Beziehung aus der Theorie abzuleiten; man hat nachgewiesen, daß bei gleicher Temperatur in allen Gasen die mittlere kinetische Energie der fortschreitenden Bewegung eines Moleküls gleich groß ist.

Der Druck, den ein Gas auf die Wand seines Behälters ausübt, rührt von den Stößen der Moleküle her. Nennen wir die Anzahl Moleküle, die in einem Volum des Gases anwesend sind, n, ihre Masse m und ihre mittlere Geschwindigkeit u. Man sieht dann leicht ein, daß der Gasdruck mit n und m proportional sein muß; denn je mehr und je größere Moleküle gegen die Gefäßwand anprallen, desto größer ist der Druck. Der Gasdruck ist ferner mit u^2 proportional; dies wird begreiflich, wenn man bedenkt, daß durch Vergrößerung der Geschwindigkeit die einschließenden Wände von den hin und her sich bewegenden Molekülen mehr Stöße erfahren, und daß außerdem jeder Stoß heftiger wird. Der Gasdruck p ist also proportional dem Produkt nmu^2; die Theorie lehrt, daß $p = {}^1/_3\, n m u^2$, also $n = \frac{3p}{mu^2}$ ist.

In diesem Ausdruck ist mu^2 das Doppelte von der kinetischen Energie der fortschreitenden Bewegung der Moleküle, die bei der gleichen Temperatur für alle Gase gleich ist. Wird nun auch p für die verschiedenen Gase gleich gewählt, dann ist auch $\frac{3p}{mu^2}$, also n, die Anzahl der Moleküle in der Volumeinheit, für alle Gase gleich groß.

Das Gesetz Avogadros wird oft in einer andren Form ausgedrückt, welche es zu Berechnungen sehr geeignet macht. Bekanntlich wird die Abhängigkeit eines Gasvolums V von seiner absoluten Temperatur T und von seinem Druck P durch die Gleichung

$$PV = RT \quad \text{oder} \quad \frac{PV}{T} = R$$

dargestellt, in welcher R eine Konstante, die Gaskonstante, ist. Die Größe von R ist abhängig von der Menge und der Art des Gases, welches in Betracht kommt. R wird jedoch für alle Gase gleich, zu einer Universalkonstante, wie man sagt, wenn man die Gleichung auf 1 Mol der Gase anwendet. Denn nach Avogadros Gesetz ist das Volum von 1 Mol aller Gase bei gleichem Druck und gleicher Temperatur das gleiche. In obenstehender Formel bekommt daher V für alle Gase den gleichen Wert, woraus sich ohne weiteres die Gleichheit von R ergibt, da schon die Gleichheit von P und T vorausgesetzt wurde.

Man kann den Wert von R wie folgt berechnen. Betrachten wir 1 Mol eines willkürlichen Gases, z. B. 1 Mol Sauerstoff bei 0° und 760 mm Quecksilberdruck. Da 1 l dieses Gases unter diesen Umständen 1·4290 g wiegt und sein Molekulargewicht 32·00 ist, wird $V = \frac{32 \cdot 00}{1 \cdot 4290} = 22 \cdot 393$ l oder 22393 ccm. Bringt man noch eine Korrektion dafür an, daß Sauerstoff nicht ganz genau das Boyle-Gay-Lussacsche Gesetz[1] befolgt, so bekommt man 22412. Einem Quecksilberdruck von 760 mm entspricht ein Druck von 1033·4 g pro qcm, oder, da 1 g = 981 Dynen ist, $1013 \cdot 25 \times 10^3$ Dynen; dies ist also P. Bei 0° ist die absolute Temperatur 273° (oder ganz genau 273·09°). Setzen wir diese Zahlen in die Gleichung ein, so bekommen wir:

$$R = \frac{PV}{T} = \frac{1013 \cdot 25 \times 10^3 \times 22412}{273 \cdot 09} = 83155 \times 10^3$$

in cm-g-sec.-Einheiten (Ergs).

Das Produkt PV stellt auch die äußere Energie vor, welche geliefert wird, wenn ein Gas unter konstantem Druck P sein Volum mit V vergrößert (z. B. durch Erwärmung), oder wenn ein Gas, sich unter dem Druck P entwickelnd, ein Volum V einnimmt. Denn wenn es in einem Zylinder von a qcm Querschnitt durch einen Stempel abgeschlossen ist, so wird durch diese Volumvergrößerung ein Gewicht aP über einen Weg von $\frac{V}{a}$ cm gehoben. Nun ist 1 g-Kalorie = 41890×10^3 Erg. Substituiert man diesen Wert in die Gleichung $PV = 83155 \times 10^3 T$, so wird

$$PV = \frac{83155}{41890} T \text{Kal.} \quad \text{oder sehr nahe} \quad PV = 2T \text{Kal.}$$

In dieser Form gibt die Gleichung die äußere Energie in Kalorien an, welche gewonnen werden kann, wenn 1 Mol einer willkürlichen Substanz bei der Temperatur T vergast wird.

Da 1 Mol aller Gase bei 0° und 760 mm ein Volum von 22·412 l hat, so ergibt sich daraus, daß 1 ccm eines Gases unter den gleichen Umständen $\frac{1}{22 \cdot 412} = 0 \cdot 0446$ Millimol enthält.

Über die wirkliche Existenz der Moleküle und Atome und über ihr absolutes Gewicht.

35. Das Gesetz von Avogadro lehrt, daß in gleichen Volumina aller Gase die gleiche Anzahl Moleküle anwesend ist. Bezieht man das Gesetz auf 1 Mol aller Gase, dessen Volum — wie wir eben

[1] Das Gesetz von der gleichen Ausdehnung der Gase bei Temperaturerhöhung ist hier gemeint, welches, wie auch das Gesetz von 31, durch Gay-Lussac entdeckt wurde.

sahen — 22·41 l beträgt, so ergibt sich sofort, daß auch in 1 Mol aller Gase die gleiche Anzahl Moleküle anwesend sein muß. Die Anzahl Moleküle in 1 Mol eines willkürlichen Gases ist also ebenfalls eine Universalkonstante; man bezeichnet dieselbe mit N.

Die Bestimmung der Konstante N, bzw. der absoluten Anzahl Moleküle, welche in 1 Mol enthalten sind, ist in den letzten Jahren auf sehr verschiedene Weise ausgeführt worden. So auseinanderlaufend die angewandten Methoden auch waren, so haben sie doch alle nahezu zu demselben Wert von etwa 61×10^{22} geführt.

Van der Waals war schon 1875 in seiner berühmten Abhandlung über die Kontinuität des flüssigen und des gasförmigen Zustandes zu einer Schätzung von N gelangt, die zwischen 40 und 90×10^{22} lag, also von derselben Größenordnung ist, wie die jetzt genauer bestimmte Zahl. Sämtliche Methoden sind physikalischer Art, so daß ihre nähere Beschreibung nicht hierher gehört. Um jedoch von der Verschiedenheit der Methoden eine Vorstellung zu ermöglichen, mag angeführt werden, daß man den Wert von N u. a. aus folgenden Erscheinungen hat ableiten können: 1) aus dem Gesetz von van der Waals; 2) aus den Brownschen Bewegungen. Hierunter versteht man die völlig unregelmäßigen Bewegungen, welche feste Teilchen von der Größenordnung eines Mikrons (μ) oder noch kleiner zeigen, wenn sie in einer Flüssigkeit suspendiert sind; daß diese Bewegungen durch die Stöße der Moleküle verursacht werden, hat man jetzt bewiesen; 3) aus der Diffusionsgeschwindigkeit gelöster Stoffe; 4) aus der atmosphärischen Lichtbrechung, welche die blaue Farbe des Himmels bewirkt; 5) aus der elektrischen Ladung der Ionen (**267**); 6) aus der Lebensdauer des Radiums (**271**); 7) aus der Energie des infraroten Spektrums.

Diese Untersuchungen sind für die gesamten Naturwissenschaften von außerordentlicher Wichtigkeit. Nachdem man auf so viele, völlig voneinander unabhängige Weisen immer wieder zu derselben absoluten Anzahl Moleküle, ca. 61×10^{22}, in einem Grammolekül gelangt ist, läßt sich an der Realität der Existenz der Atome und Moleküle nicht länger zweifeln. Solange man für diese Zahl nur über weit auseinanderlaufende rohe Schätzungen verfügte, konnte die Annahme, daß die Materie aus Molekülen und Atomen aufgebaut ist, zwar als eine überaus nützliche Hypothese anerkannt, doch die wirkliche Existenz der Atome und Moleküle in Zweifel gezogen werden. Durch den Nachweis ihrer wirklichen Existenz hat man eine sichere Grundlage für die Erkenntnis aller Materie gewonnen.

Ozon O_3.

36. van Marum hat bereits 1785 darauf hingewiesen, daß Sauerstoff beim Durchschlagen von elektrischen Funken einen eigenartigen „knoblauchartigen" Geruch annimmt und eine spiegelnde Quecksilberfläche sofort blind macht. Als Ursache dieser Erscheinung wurde von Schönbein (1840) eine Modifikation des atmosphärischen Sauerstoffes entdeckt, die er ihres eigentümlichen Geruches halber Ozon nannte.[1] Daß Ozon in der Tat nur aus Sauerstoff besteht, ergibt sich daraus, daß es aus vollkommen reinem trocknen Sauerstoff durch elektrische Entladung, z. B. durch Induktionsfunken, erhalten werden kann. Die Menge Ozon, welche hierbei entsteht, ist gering; sie ist größer, wenn Sauerstoff der Einwirkung der dunklen elektrischen Entladung ausgesetzt wird. Die Ozonbildung wird hierbei durch ultraviolettes Licht von kurzer Wellenlänge verursacht. Durch ultraviolettes Licht von längerer Wellenlänge wird es dagegen energisch zerstört.

Wird Sauerstoff bei Abkühlung mit flüssiger Luft und unter 100 mm Quecksilberdruck dunkler Entladung ausgesetzt, so tritt völlige Umwandlung in Ozon ein.

Harries erhielt die beste Ausbeute an Ozon bei gewöhnlicher Temperatur (20°) und Druck durch 7400 Volt Wechselspannung, nämlich durchschnittlich 18—19% bei Anwendung von reinem Sauerstoff.

Fig. 18 stellt einen geeigneten Apparat zur Darstellung von Ozon bei gewöhnlicher Temperatur und gewöhnlichem Druck dar. Das weite Rohr *f* mit dem Zuleitungsrohr *d* und dem Ableitungsrohr *e* befindet sich in einem Gefäß mit Schwefelsäure, in welches der Poldraht *b* des Induktoriums einmündet. Der Draht *a* des Induktoriums taucht in ein Rohr *c*, welches konzentrisch in das Rohr *f* eingesetzt ist und es fast ganz ausfüllt. Das Rohr *c* enthält gleichfalls Schwefelsäure. Die dunkle Entladung zwischen den zwei Schwefelsäuremengen geht somit durch eine dünne Sauerstoffschicht und wirkt daher kräftig ozonisierend.

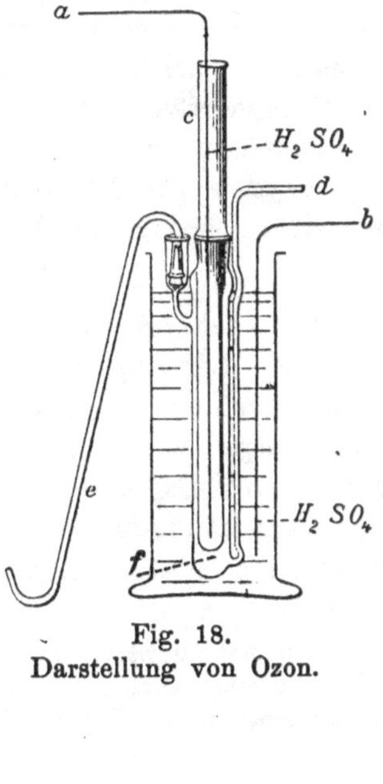

Fig. 18.
Darstellung von Ozon.

Ozon entsteht auch bei verschiedenen Reaktionen, z. B. wenn Sauerstoff langsam

[1] ὄζειν = riechen

über feuchten Phosphor geleitet wird. Der Sauerstoff, den man bei der Elektrolyse von verdünnter Schwefelsäure erhält, ist stets ozonhaltig. Beim Zusammenbringen von Kaliumpermanganat und konz. Schwefelsäure tritt durch die Zersetzung der in Freiheit gesetzten Übermangansäure Ozon auf (siehe auch **52**).

Wird Sauerstoff einer sehr hohen Temperatur ausgesetzt, so verwandelt er sich teilweise in Ozon (**103**). Notwendige Bedingung dafür ist aber, daß das ozonhaltige Gas plötzlich stark abgekühlt wird, da die Zerfallgeschwindigkeit des Ozons sehr groß ist. So sank die Konzentration des Ozons im Sauerstoff, bei 1000°, innerhalb 0·0007 Sekunden von 1% auf 0·001%. Diese plötzliche Abkühlung wurde dadurch erreicht, daß man die Flamme von Wasserstoff, Kohlenoxyd, Acetylen und andren Gasen auf flüssige Luft richtete, welche eine Temperatur von − 180° hat. Daß die Erzeugung von Ozon mit dem Verbrennungsvorgang selbst nichts zu tun hat, sondern lediglich auf die hohe Temperatur zurückzuführen ist, auf die der Sauerstoff durch die Flamme gebracht wird, geht daraus hervor, daß auch ein weißglühender Platindraht oder Nernststift, in flüssige Luft getaucht, Ozonbildung veranlaßt. Dies ließ sich auch so nachweisen, daß ein rascher Luft- oder Sauerstoffstrom gegen einen glühenden Nernststift geblasen wurde.

Physikalische Eigenschaften. Ozon ist bei gewöhnlicher Temperatur gasförmig; sein auffallender Geruch ist der empfindlichste Nachweis seiner Anwesenheit; 1 Teil Ozon ist noch in 500000 Teilen Luft bemerkbar. In flüssigem Zustande ist Ozon indigoblau. Es siedet unter normalem Druck bei −106°.

Chemische Eigenschaften. Ozon ist vor allem dadurch charakterisiert, daß es schon bei gewöhnlicher Temperatur stark oxydierend wirkt, vornehmlich bei feuchter Luft. Phosphor, Schwefel und Arsen werden zu Phosphorsäure, Schwefelsäure, Arsensäure, und Ammoniak zu Salpetersäure oxydiert; blankes Silber wird in schwarzes Silbersuperoxyd, weißes Bleihydroxyd in braunes Bleisuperoxyd verwandelt; aus einer Lösung von Jodkalium wird Jod abgeschieden:

$$2KJ + H_2O + O_3 = 2KOH + 2J + O_2.$$

Da auch organische Stoffe von Ozon kräftig oxydiert werden, so dürfen bei Apparaten, die Ozon enthalten, Kautschukschläuche nicht verwandt werden, weil sie bald zerstört werden. Farbstofflösungen wie Indigo und Lackmus werden von Ozon rasch entfärbt (durch Oxydation).

Ozon ist ein höchst wirksames Mittel zur Vernichtung von Mikroorganismen und wird deshalb zum Sterilisieren von Trinkwasser benutzt.

Der sichere Nachweis von Ozon, besonders in kleinen Mengen, ist deshalb schwierig, weil eine Anzahl andrer Oxydantien, z. B. Chlor und Brom bei Gegenwart von Wasser, ferner Stickstoffoxyde, Wasserstoffsuperoxyd, die gleichen Reaktionen geben und auch der Geruch der erstgenannten in großer Verdünnung dem des Ozons ähnelt; man muß sich daher zuvor von ihrer Abwesenheit überzeugen. Auf Ozon prüft man meistens so, daß man mit dem betreffenden Reagens getränktes Filtrierpapier in das zu untersuchende Gas hängt. Als solche Reagentien dienen z. B. Bleisulfid und Thalliumoxydulhydrat; man befeuchtet einen Streifen Filtrierpapier zuerst mit einer verdünnten Lösung von Bleiacetat bzw. Thallonitrat und behandelt sie alsdann mit Schwefelwasserstoff bzw. Ammoniakgas. Das schwarze Bleisulfid wird durch Ozon weiß, indem sich Bleisulfat, das weiße Thalliumhydroxydul wird braun, indem sich Thallihydroxyd bildet. Doch treten diese Farbenänderungen auch mit andren Oxydantien ein. Charakteristisch für das Ozon ist die Farbenänderung, welche eine organische Verbindung, das Tetramethyldiparadiamidodiphenylmethan, in essigsaurer Lösung durch Ozon erleidet. Mit dieser Flüssigkeit getränktes Papier wird „Tetramethylbasenpapier" genannt. Es wird durch Ozongas violett, durch Stickstoffdioxydgas hingegen strohgelb, durch Chlor und Bromgas tiefblau; durch Wasserstoffsuperoxyd wird es nicht gefärbt.

Ozon ist bei gewöhnlicher Temperatur beständig; konzentrierte Schwefelsäure zerstört es nicht; durch Erhitzen wird es leicht in gewöhnlichen Sauerstoff verwandelt; in Wasser ist es sehr wenig löslich. In der atmosphärischen Luft kommt es wahrscheinlich in sehr kleinen Mengen vor.

Bei der Oxydation durch Ozon bleibt das Volum des ozonhaltigen Gases unverändert; nur das dritte Atom in O_3 wirkt also oxydierend, nicht alle drei Sauerstoffatome des Moleküls.

Im Ozon lernten wir Sauerstoff kennen, der sich von dem gewöhnlichen Sauerstoff durch die Verschiedenheit des chemischen Verhaltens und der physikalischen Eigenschaften unterscheidet. Diese Eigentümlichkeit beobachtet man auch bei andren Elementen; sie heißt *Allotropie* (ἀλλότροπος = anders beschaffen).

37. Das Molekulargewicht des Ozons ist von LADENBURG wie folgt bestimmt worden: Ein gläsernes Gefäß mit zwei Hähnen wird mit reinem Sauerstoff gefüllt und gewogen; darauf geschieht gleiches mit Ozon enthaltendem Sauerstoff. Der letztere wiegt um, sagen wir a mg, mehr wenn die zweite Gasmenge auf dieselbe Temperatur und denselben Druck wie die erste bezogen wird. Diese Gewichtserhöhung wird dadurch veranlaßt, daß darin Moleküle Sauerstoff durch eine ebenso große Anzahl Moleküle Ozon ersetzt worden sind.

Das Volum, das Ozon in dem Sauerstoff einnimmt, kann mit Hilfe von Terpentin, welches Ozon absorbiert, ermittelt werden. Dieses Volum sei v ccm.

Das Gewicht des Ozons in v ccm muß nun gleich sein dem Gewicht von einem Volum v Sauerstoff $+ a$ und folglich betragen $(v \times 1 \cdot 43 + a)$ mg, weil 1 ccm Sauerstoff bei 0° und 760 mm 1·43 mg wiegt. Das Gewicht g von 1 ccm Ozon ist daher

$$g = \frac{v \times 1 \cdot 43 + a}{v} .$$

Bei einem seiner Versuche fand LADENBURG $a = 16.3$ mg und $v = 26.0$ ccm, woraus $g = 2.06$ mg folgt.

1 ccm Ozon wiegt folglich $\frac{2.06}{1.43} = 1.45$ mal soviel als ein gleiches Volum Sauerstoff, d. h. fast $1^1/_2$ mal soviel. Da O_2 die Formel für das Molekül des Sauerstoffes ist, muß das Molekül des Ozons durch O_3 ausgedrückt werden.

HARRIES hat in hochprozentig (12—14%) ozonisiertem Sauerstoff die Existenz von Oxozon O_4 wahrscheinlich gemacht.

Wasserstoffperoxyd H_2O_2.

38. Diese, auch Hydroperoxyd genannte Verbindung, wird in verdünnter Lösung gewöhnlich auf die Weise dargestellt, daß man Bariumperoxyd mit verdünnter Schwefelsäure behandelt:

$$\underset{\text{Bariumperoxyd}}{BaO_2} + H_2SO_4 = \underset{\text{unlöslich}}{BaSO_4} + H_2O_2 .$$

In sehr konzentriertem Zustande (MERCKS Perhydrol) wird es erhalten durch direkte Destillation im luftverdünnten Raum (Vakuum) vom Einwirkungsprodukt von Schwefelsäure auf Natriumperoxyd:

$$Na_2O_2 + H_2SO_4 = Na_2SO_4 + H_2O_2 .$$

Wasserstoffperoxyd entsteht noch bei vielen andren Reaktionen, z. B. neben Ozon (**36**) bei der langsamen Oxydation des Phosphors.

In vielen Fällen ist die Bildung der Verbindung nachgewiesen, wenn Wasserstoff im Status nascens (Entstehungszustand) mit Sauerstoffmolekülen zusammentrifft. Man nimmt an, daß in dem Augenblick, wo der Wasserstoff aus einer Verbindung frei wird, sich nicht sofort Moleküle H_2 bilden, sondern seine Atome zunächst vorübergehend frei auftreten und deshalb auf die Sauerstoffmoleküle mit größerer Energie wirken. (Dies gilt überhaupt als Erklärung des Status nascens.) So sind von TRAUBE folgende Fälle der Bildung von Wasserstoffperoxyd beobachtet worden: Zinkspäne geben beim Schütteln mit Wasser und Sauerstoff oder Luft H_2O_2, weil das Zink mit dem Wasser ein wenig Wasserstoff entwickelt, der sich mit dem Sauerstoff vereinigt. Palladiumwasserstoff, mit Wasser und Luft zusammengebracht, verhält sich ebenso. Viele Metalle, wie Kupfer, Blei, Eisen, geben beim Schütteln mit Luft und verdünnter Schwefelsäure H_2O_2 (die Erklärung hierfür ist dieselbe wie bei Zink und Wasser). Endlich entsteht H_2O_2, wenn bei der Elektrolyse des Wassers über die negative Elektrode (an welcher sich der Wasserstoff entwickelt) ein Luft- oder besser ein Sauerstoffstrom streicht.

Wasserstoffperoxyd bildet sich auch bei sehr hoher Temperatur aus einem Gemenge von Wasserdampf und Sauerstoff (**103**), wobei wie bei der Ozonbildung eine sehr rasche Abkühlung des Reaktionsgemisches erforderlich ist, da sonst das gebildete H_2O_2 wieder zerfällt. So konnte in folgender Weise die Bildung von Wasserstoffperoxyd bei der Verbrennung von Wasserstoff nachgewiesen werden: Eine Wasserstoffflamme brannte vor der Öffnung eines Kugelrohres, worin ein wenig Wasser enthalten war. Durch einen kräftigen Luftstrom wurde die Flamme in die Kugel geblasen und auf diese Weise das Gemenge von Wasserdampf und Luft, das in der Flamme sehr hohe Temperatur hatte, sehr rasch abgekühlt. Nach einiger Zeit hatte sich im Kugelrohr eine wäßrige Lösung von Wasserstoffperoxyd gebildet. Auch erhält man geringe Mengen H_2O_2, wenn man eine Wasserstoffflamme gegen ein Stück Eis richtet.

Daß auch hier der Verbrennungsvorgang mit der Bildung des Hydroperoxyds nichts zu tun hat, läßt sich dadurch beweisen, daß ein dünner Wasserstrahl, welcher auf einen weißglühenden Nernststift gespritzt wird, mit Peroxyd beladen abläuft. Die Bildung von Hydroperoxyd durch hohe Erhitzung und rasch darauffolgende Abkühlung läßt sich noch auf verschiedene andere Weisen dartun; z. B. wenn Wasserdampf-Sauerstoffgemische genügend schnell durch von außen erhitzte Magnesiakapillaren geleitet werden, oder wenn man eine Wasserstoffflamme mit Wasserdampf anbläst.

Wenn dunkle elektrische Entladung auf einem Gemisch von Wasserstoff und Sauerstoff einwirkt, welches nur $3 \cdot 5\,^0/_0$ des letzteren Gases enthält und dann nicht mehr explosiv ist, so wird der Sauerstoff bei -80^0 nahezu quantitativ in Wasserstoffperoxyd verwandelt. Dies beweist, das Wasser nicht ein Zwischenprodukt bei dieser Bildung der Substanz sein kann, weil es unter diesen Bedingungen mit Sauerstoff kein Peroxyd geben kann.

Physikalische Eigenschaften. In reinem wasserfreien Zustand ist Wasserstoffperoxyd eine farblose, etwas dickliche Flüssigkeit vom spez. Gewicht $1 \cdot 4584$ bei 0^0, bezogen auf Wasser von 4^0. (Eine so berechnete Dichte bezeichnet man mit d_4^0.) Bei starker Abkühlung erstarrt es zu Kristallen, welche bei -2^0 schmelzen.

Chemische Eigenschaften. Ist die wäßrige Lösung von Wasserstoffperoxyd von Verunreinigungen vollkommen frei, namentlich frei von schwebenden festen Stoffen, so ist sie beständig und kann im Vakuum destilliert werden. Zu Anfang geht dabei fast nur Wasser über; durch fraktionierte Destillation des Rückstandes wird Hydroperoxyd in reinem wasserfreien Zustand erhalten. Auch so ist es beständig; in unreinem Zustand zersetzt es sich jedoch ziemlich schnell in Wasser und Sauerstoff, auch in verdünnter Lösung, wobei es jedoch gegen Spuren von Säuren beständiger ist als gegen Basen. Bemerkenswert ist, daß es auch in Berührung mit Stoffen in gepulvertem Zustand sich schnell zersetzt, anscheinend ohne auf dieselben verändernd einzuwirken. In Berührung mit fein verteiltem Silber, Gold, Platin (Platinschwarz), Braunstein wird es unter Aufbrausen, infolge Entweichens von Sauerstoff, zersetzt. Selbst rauhe Oberflächen wirken zersetzend; BRÜHL beobachtete z. B., daß eine konzentrierte Lösung von Wasserstoffperoxyd, auf Mattglas gegossen, Sauerstoff entwickelte. Auch durch Erhitzen wird es in Wasser und Sauerstoff gespalten, bei konzentrierten Präparaten unter Explosion.

Weiter sind vom chemischen Verhalten des Wasserstoffperoxyds dessen oxydierende Wirkungen hervorzuheben. Dieselben verlaufen stets so, daß Wasser entsteht und das eine Sauerstoffatom, welches dadurch frei wird, oxydierend wirkt. Bleisulfid PbS wird durch eine verdünnte Lösung von Wasserstoffperoxyd zu Bleisulfat $PbSO_4$ oxydiert; aus Schwefelwasserstoff H_2S wird Schwefel abgeschieden und Wasser gebildet. Barium-, Strontium- und Calciumhydroxyd $Ba(OH)_2$, $Sr(OH)_2$, $Ca(OH)_2$ werden aus ihren Lösungen durch verdünntes H_2O_2 als Peroxyde von der allgemeinen Formel $MO_2n \cdot aq$[1] gefällt. Die farblose Lösung von Titandioxyd TiO_2 in konzentrierter Schwefelsäure, mit Wasser verdünnt, wird durch Spuren von Wasserstoffperoxyd zitronengelb gefärbt, infolge Bildung des gelben Trioxyds TiO_3. Dies ist eine empfindliche Reaktion auf Wasserstoffperoxyd. Als solche dienen auch noch andre Oxydationsvorgänge. Jodkaliumstärkekleister z. B. wird durch Wasserstoffperoxyd sofort gebläut, wenn man ein wenig Ferrosulfat $FeSO_4$ zusetzt.

Das Ferrosulfat überträgt den wirksamen Sauerstoff des Wasserstoffperoxyds auf das Jodkalium. Hierbei werden 2 Atome Jod freigemacht, während zugleich das Ferrosulfat in Ferriverbindung übergeht. Wahrscheinlich entsteht dabei primär ein höheres Oxyd des Eisens.

Eine charakteristische Reaktion ist folgende: Chromsäurelösung (H_2CrO_4) gibt beim Schütteln mit Wasserstoffperoxyd Überchromsäureanhydrid (**299**), das sich in Wasser mit blauer Farbe löst und beim Schütteln mit Äther von diesem aufgenommen wird. Diese Reaktion ist jedoch nicht so empfindlich wie die beiden zuerst erwähnten.

Eine dritte Art der chemischen Einwirkung von Wasserstoffperoxyd pflegt man als auf seinem Reduktionsvermögen beruhend zu bezeichnen. Bringt man Silberoxyd in eine Lösung von H_2O_2, so entsteht heftige Sauerstoffentwicklung, während zu-

[1] aq (von aqua), häufig gebrauchte Abkürzung für 1 Mol. H_2O.

gleich Wasser und metallisches Silber sich bilden. Läßt man eine Lösung von Kaliumpermanganat ($KMnO_4$) einer mit Schwefelsäure angesäuerten H_2O_2-Lösung zufließen, so verschwindet die violettrote Färbung derselben und der Sauerstoff entweicht unter Aufbrausen:

$$2KMnO_4 + 3H_2SO_4 + 5H_2O_2 = K_2SO_4 + 2MnSO_4 + 8H_2O + 5O_2.$$

Braunes Bleisuperoxyd PbO_2 wird zu rotgelbem Bleioxyd PbO reduziert.

Ozon und Wasserstoffperoxyd liefern Wasser und Sauerstoff; in verdünntem Zustand können sie jedoch nebeneinander bestehen.

Hierher gehört auch eine Reaktion des Wasserstoffperoxyds, welche an Empfindlichkeit die oben angeführten noch übertrifft. Ein Gemisch der Lösung von Eisenchlorid und rotem Blutlaugensalz hat braunrote Farbe. Wird hierzu Wasserstoffperoxyd hinzugefügt, so scheidet sich Berliner Blau ab; durch Spuren von Wasserstoffperoxyd wird die Flüssigkeit grün gefärbt. Die Reaktion versagt jedoch bei Gegenwart von freier Säure.

Daß ein so kräftig oxydierend wirkender Stoff wie Wasserstoffperoxyd auch reduzierend wirken kann, läßt sich folgendermaßen erklären. Das eine seiner beiden Sauerstoffatome ist lose gebunden, was daraus hervorgeht, daß es so leicht abgegeben wird. Nun besitzen alle Stoffe, welche durch Wasserstoffperoxyd reduziert werden, ebenfalls lose gebundene Sauerstoffatome: Silberoxyd, Kaliumpermanganat, Ozon usw. geben ihren Sauerstoff bereits bei ziemlich niedriger Temperatur ab. Es ist daher möglich, daß die gegenseitige Anziehung der Sauerstoffatome, welche sie zu Molekülen vereinigt, stärker ist als die Kraft, durch welche sie einerseits in H_2O_2, anderseits in den vorerwähnten Sauerstoffverbindungen festgehalten werden.

Anwendung des Wasserstoffperoxyds. Es wird unter andrem angewandt, den vom Alter dunkel gewordenen Farben von Ölgemälden ihre ursprüngliche Frische zurückzugeben; das Nachdunkeln der Farben beruht nämlich in vielen Fällen auf dem Übergang von Bleiweiß in schwarzes Bleisulfid; letzteres wird durch H_2O_2 zu weißem Bleisulfat oxydiert. Auch in der Analyse wird es vielfach benutzt. Für therapeutische Zwecke ist ein 30%iges Wasserstoffperoxyd im Handel, welches vollkommen rein und durch Vakuumdestillation aus einer verdünnten Lösung dargestellt ist.

Die Konzentration einer Lösung von H_2O_2 wird oft durch Angabe des Volums Sauerstoff, die dieselbe zu liefern vermag, bezeichnet; gewöhnlich beträgt dies 10 Volumina, ca. 3% H_2O_2 entsprechend.

39. Die Zusammensetzung des Wasserstoffperoxyds ist bereits 1818 von Thénard, seinem Entdecker, ermittelt worden. Letzterer brachte im Vakuum konzentriertes Wasserstoffperoxyd in abgewogener Menge (in einem Fläschchen) über Quecksilber in eine graduierte

Barometerröhre. Das Fläschchen wurde dann zerbrochen, und sein Inhalt durch Erhitzen der Röhre von außen oder durch Aufsteigenlassen von feinem Braunsteinpulver zersetzt. Hierbei ergab sich, daß 17 Gewichtsteile Wasserstoffperoxyd, unter Bildung von Wasser, ziemlich genau 8 Gewichtsteile Sauerstoff entwickeln. 1 Atom Sauerstoff (16 Gewichtsteile) wird also von 34 Gewichtsteilen des Wasserstoffperoxyds abgegeben, das hierbei selbst in 18 Gewichtsteile Wasser übergeht, oder anders ausgedrückt: Wasserstoffperoxyd ist 1 Mol. H_2O + 1 Atom O. Im Wasserstoffperoxyd ist also auf 1 Atom Wasserstoff 1 Atom Sauerstoff vorhanden. Seine einfachste Formel (die empirische, wie man sagt) ist deshalb HO. Ob diese auch das Molekül bezeichnet, oder ob letzteres ein Vielfaches hiervon ist, muß nun noch durch die Bestimmung des Molekulargewichtes ermittelt werden. Denn jede Verbindung $(OH)_n$ wird die gleiche Zusammensetzung besitzen, nämlich auf 1 Gewichtsteil Wasserstoff 16 Gewichtsteile Sauerstoff enthalten.

Nun würde zwar die Bestimmung der Dampfdichte bei dieser Verbindung nicht unmöglich sein; wegen ihrer Zersetzlichkeit hat man jedoch für die Bestimmung ihres Molekulargewichts einen andren Weg eingeschlagen, welcher auf Eigenschaften der verdünnten Lösungen basiert; auf diese Weise hat man für das Molekül des Wasserstoffperoxyds die Formel H_2O_2 gefunden. Wie man so zur Kenntnis des Molekulargewichtes gelangen kann, wird im folgenden Abschnitt auseinandergesetzt.

Bestimmung des Molekulargewichts aus der Gefrierpunktserniedrigung und Siedepunktserhöhung.

40. Gewisse Membranen besitzen die Eigentümlichkeit, zwar für ein Lösungsmittel, z. B. Wasser, durchlässig zu sein, nicht aber auch für die darin gelösten Stoffe. Sie werden deshalb *halbdurchlässige Membranen* genannt. Die Eigenschaft scheint weniger auf einer Art Siebwirkung zu beruhen, als vielmehr auf der Fähigkeit der Membran, einerseits das Lösungsmittel zu lösen, bzw. zu absorbieren oder lose zu binden, anderseits dasselbe wieder loszulassen. Man kann eine halbdurchlässige Scheidewand herstellen, indem man in eine poröse Tonzelle (wie solche zu galvanischen Elementen gebraucht werden) eine Lösung von gelbem Blutlaugensalz bringt und die Zelle dann in eine Kupfersulfatlösung eintaucht. Dabei setzt sich in der Wand der Zelle eine dünne Schicht Ferrocyankupfer ab, welches die Eigenschaft der Halbdurchlässigkeit besitzt. Füllt man in eine solche Zelle eine verdünnte Zuckerlösung, Salzlösung usw. und stellt sie in ein Gefäß mit dem Lösungsmittel, so diffundiert *nicht* die gelöste Substanz durch die in dieser Weise präparierte Zelle, sondern nur das Lösungsmittel. Der Stoffaustausch durch die poröse Zellwand hindurch heißt *Osmose*. Wird die Zelle mit einem Stopfen, durch welchen eine Steigröhre gesteckt ist, geschlossen und so tief in Wasser getaucht, daß sie vollkommen unter dem Flüssigkeitsniveau steht, so steigt das Wasser langsam in der Röhre, bis es eine bestimmte Höhe erreicht hat. Der Druck, den diese Flüssigkeitssäule ausübt, wird der *osmotische Druck* der Lösung genannt. Hätte man in der Zelle einen gut schließenden Stempel angebracht, so würde man, um das Eindringen des Wassers in die Zelle zu verhindern, auf diesen einen Druck ausüben müssen, welcher dem der Flüssigkeitssäule gleich wäre, da ja das Wasser in der Röhre so lange steigen wird, bis der Druck dieser Flüssigkeitssäule dessen weiteres Eindringen verhindert. Wie VAN'T HOFF (1852—1911) nachgewiesen hat, gehorcht der osmotische Druck ebenso den Gesetzen von BOYLE und GAY-LUSSAC, wie der Gasdruck.

Bringt man in ein Gefäß a kg eines Gases, welches bei einer bestimmten Temperatur einen Druck p ausübt, so wird der Druck np, wenn man bei derselben Temperatur na kg Gas in dasselbe Gefäß bringt. Die Konzentration (**9**) des Gases ist die n-fache geworden.

Bestimmt man den osmotischen Druck einer Lösung, welche a % einer Substanz enthält und ist dieser p, so wird der osmotische Druck np, wenn man bei gleichbleibender Temperatur die Lösung na-prozentig nimmt, d. h. die Konzentration auf das n-fache bringt.

Untersucht man die Drucke, welche ein Gas bei konstantem Volum bei den absoluten Temperaturen T_1 und T_2 ausübt, so ergibt sich, daß diese sich verhalten wie T_1 und T_2. Dasselbe Verhältnis ergibt sich, wenn man den osmotischen Druck einer Lösung von konstanter Konzentration bei denselben absoluten Temperaturen bestimmt.

41. Die Gesetze des osmotischen Druckes fanden bereits eine angenäherte experimentelle Bestätigung durch Messungen, welche PFEFFER, noch vor ihrer Aufstellung durch VAN'T HOFF, ausführte. Die Schwierigkeit solcher Versuche wird hauptsächlich bedingt durch die Herstellung der semipermeabalen Membranen. Nachdem es MORSE und seinen Mitarbeitern gelungen war, dieselbe in befriedigender Weise zu überwinden, konnten genannte Gesetze endgültig auf ihre Genauigkeit geprüft werden. Sie befanden sich vollauf bestätigt.

Die Gasgesetze werden durch die Gleichung ausgedrückt (**34**):

$$PV = RT. \tag{1}$$

Das Volum V ist umgekehrt proportional der Konzentration C gemäß der oben dafür gegebenen Definition; für V kann man also $\frac{1}{C}$ einsetzen. Die obenstehende Gleichung wird dadurch:

$$\frac{P}{C} = RT$$

oder bei konstanter Temperatur:

$$\frac{P}{C} = \text{Konst.}$$

Diese Gleichung ist nun auch für den osmotischen Druck anwendbar. Dies war bei MORSES Messungen an wäßrigen Zuckerlösungen verschiedener Konzentration in der Tat der Fall, wie aus der untenstehenden Tabelle ersichtlich ist. Die Temperatur betrug 15°. C bedeutet die Konzentration in gr-Molekülen, P ist in Atmosphären ausgedrückt.

C	P	$\frac{P}{C}$
0·1	2·48	24·8
0·2	4·91	24·5
0·3	7·33	24·4
0·4	9·78	24·4
0·5	12·29	24·6
0·6	14·86	24·8
0·7	17·39	24·6

Aus Gleichung (1) folgt weiter, wenn V (oder C) konstant ist,

$$\frac{P}{T} = \text{Konst.}$$

Auch diese Folgerung ist von MORSE experimentell bewiesen worden. Von seinen sehr zahlreichen Messungen seien diejenigen hier nur erwähnt, die er mit einer 0·3 normalen Zuckerlösung bei verschiedenen Temperaturen anstellte. P sind die gemessenen osmotischen Drucke in Atmosphären, T die absoluten Temperaturen.

P	T	$\frac{P}{T} \times 10^5$
7·085	273°	259
7·334	283	259
7·605	293	259
7·647	303	252

VAN'T HOFF hat weiter bewiesen, daß der numerische Wert des osmotischen Druckes dem des Gasdruckes gleich ist. Das will also sagen, daß, wenn in einem gegebenen Volum sich eine bestimmte Menge eines Stoffes in Gasform befindet, der Gasdruck welchen dieselbe ausübt, ebenso groß ist wie der osmotische Druck, der entstehen würde, wenn die gleiche Stoffmenge zu dem gleichen Volum in einer Flüssigkeit gelöst wäre.

Die Messungen von MORSE geben auch hierfür einen experimentellen Beweis. Er fand, daß eine 0·1 normale Zuckerlösung bei 30° einen Druck von 2·474 Atmosphären ausübt. Ein Mol irgendeines Gases, bei 0° in 1 Liter zusammengepreßt übt aber einen Druck von 22·412 Atmosphären aus (34). 0·1 Mol bei 30° (303° abs.) in 1 Liter wird daher einen Druck von

$$\frac{22 \cdot 412}{10} \times \frac{303}{273} = 2 \cdot 487 \text{ Atmosphären}$$

verursachen. Diese zwei Zahlen stimmen innerhalb der Versuchsfehler miteinander überein, woraus die Gleichheit von Gasdruck und osmotischem Druck hervorgeht.

42. Demnach muß auch für verdünnte Lösungen das Gesetz von Avogadro gelten; denn wenn eine gleiche Anzahl Moleküle verschiedener Stoffe in einem gleich großen Volum bei der gleichen Temperatur aufgelöst ist, so weiß man (aus der Gleichheit von Gasdruck und osmotischem Druck), daß die verschiedenen Stoffe einen gleich großen osmotischen Druck ausüben werden; umgekehrt wird also in einem gleich großen Volum Lösung, bei Gleichheit von Temperatur und osmotischem Druck, eine gleiche Anzahl Moleküle vorhanden sein.

Hiermit ist eine sehr wichtige Erweiterung des Avogadroschen Gesetzes gegeben. Man kann nun nicht nur die Gewichte gleicher Gasvolumina bei gleicher Temperatur und gleichem Druck miteinander vergleichen, um daraus das Molekulargewicht abzuleiten, sondern man weiß auch, daß in Lösungen von gleicher Temperatur und gleichem osmotischen Druck die Gewichtsmengen der aufgelösten Substanzen, welche in einem gleichen Volum Lösung enthalten sind, sich wie ihre Molekulargewichte verhalten.

Ebenso wie man bei gasförmigen Körpern durch Bestimmung von Temperatur, Druck, Gewicht und Rauminhalt zur Kenntnis des Molekulargewichtes gelangt, so wird man letzteres für die verdünnte Lösung eines Stoffes ermitteln durch Bestimmung des Volums der Flüssigkeit, der Temperatur, der gelösten Stoffmenge und des *osmotischen* Druckes. Von allen Stoffen, die in irgendeiner Flüssigkeit sich auflösen, kann man auf diesem Wege das Molekulargewicht bestimmen; und da die Anzahl der löslichen Stoffe sehr groß ist, so ist eine ansehnliche Zahl von Verbindungen der Molekulargewichtsbestimmung zugänglich geworden, die es früher nicht waren.

Wiewohl durch Morses Untersuchungen die Schwierigkeiten zur direkten Bestimmung des osmotischen Druckes überwunden sind, zieht man doch meistens indirekte Methoden vor. Es genügt ja, für die Bestimmung des Molekulargewichtes festzustellen, daß zwei Lösungen den *gleichen* osmotischen Druck haben, und man braucht also dessen absoluten Betrag nicht zu kennen; denn das Gesetz von

Avogadro fordert bloß die Gleichheit des Volums, der Temperatur und des osmotischen (oder Gas-) Druckes, ohne auch zu verlangen, daß man weiß, welchen absoluten Wert (zwischen bestimmten Grenzen) diese Größen haben. Man kann nun leicht Größen messen, welche dem osmotischen Druck proportional sind, aus denen sich also ableiten läßt, ob Gleichheit des osmotischen Druckes besteht oder nicht. Diese Größen sind die Gefrierpunktserniedrigung und die Siedepunktserhöhung. Sie bedürfen einer näheren Erklärung.

Wenn man in einer Flüssigkeit einen Stoff löst, so wird hierdurch die Maximaltension ihres Dampfes geringer. Die Teilchen des gelösten Stoffes ziehen nämlich die Moleküle des Lösungsmittels an, werden also einerseits der Dampfbildung entgegenwirken, anderseits die Rückkehr von Molekülen aus dem Dampf in die Flüssigkeit erleichtern.

Diese Verminderung des Dampfdruckes bewirkt notwendigerweise eine Erniedrigung des Gefrierpunktes und eine Erhöhung des Siedepunktes, wie die folgenden Diagramme zeigen. In Fig. 19 ist *abc* die Dampfdruckkurve eines Lösungsmittels in der Nachbarschaft des Gefrierpunktes; das Stück *ab* gibt die Drucke für das erstarrte, das Stück *bc* für das flüssige Lösungsmittel. Dieses letztere Stück nähert sich stets dem horizontalen Verlauf mehr wie ersteres, was sich sowohl experimentell wie theoretisch nachweisen läßt. Der Gefrierpunkt einer Flüssigkeit ist die Temperatur, bei welcher der feste und flüssige Zustand beliebig lange nebeneinander existieren können. Diese Bedingung erfordert, daß der feste und der flüssige Stoff den gleichen Dampfdruck haben. Denn wenn z. B. die Dampfspannung des festen Stoffes größer wäre wie die des flüssigen, so würde bei konstanter Temperatur der Dampf des festen Teiles sich zur Flüssigkeit kondensieren und der feste Anteil sich allmählich in den flüssigen verwandeln. Wenn umgekehrt die Dampfspannung des festen Teiles kleiner wäre wie die des flüssigen, so müßte alsbald die ganze Flüssigkeit erstarren.

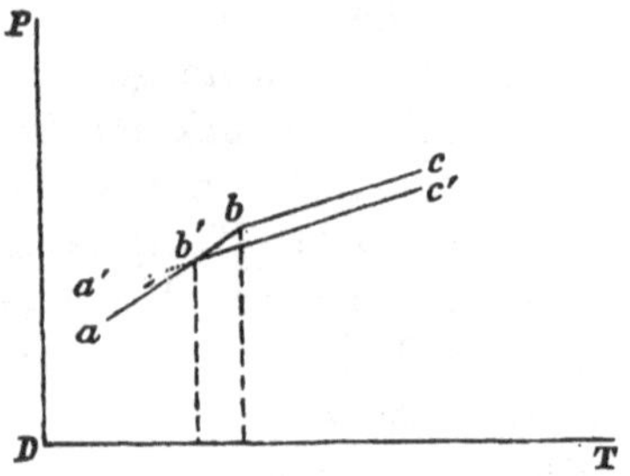

Fig. 19.

Der Gefrierpunkt *b* kann also angesehen werden als Schnittpunkt der Dampfdruckkurven *ab* des festen und *bc* des flüssigen Anteiles. Wir wollen jetzt die Kurve *a' b' c'* einer Lösung betrachten. Ihr Dampfdruck ist niedriger als der des reinen Lösungsmittels; daher muß ihr Schnittpunkt mit der Kurve *ab* mehr nach links liegen, d. h. der Gefrierpunkt wird erniedrigt.

Anderseits ist der Siedepunkt einer Lösung unter Atmosphärendruck diejenige Temperatur, bei welcher die Spannung der sich bildenden Dämpfe dem Druck einer Atmosphäre gleich ist. Wenn *Od* in Fig. 20 diese Dampfspannung darstellt, wird eine Parallele *dd'* zur Abszissenachse die Dampfdruckkurve des reinen Lösungsmittels bei einer niedrigeren Temperatur (*b*) schneiden, als die Kurve *a'.c'* der Lösung (*b'*). Die letztere muß daher einen höheren Siedepunkt haben.

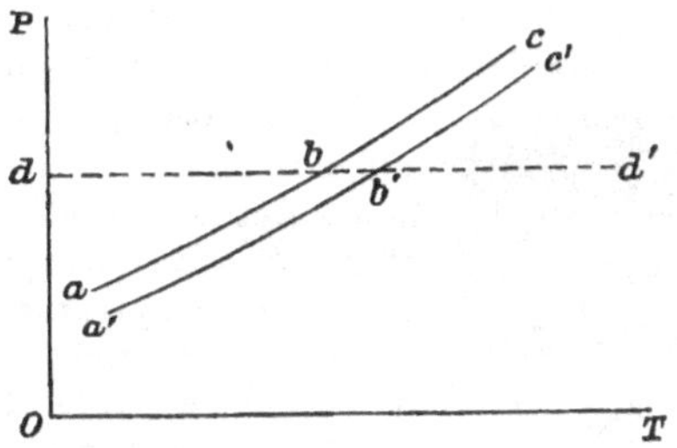

Fig. 20.

Die Differenz zwischen den Gefrier- bzw. Siedepunkten einer Flüssigkeit, vor und nach dem Lösen eines Stoffes, bezeichnet man als Gefrierpunktserniedrigung bzw. Siedepunktserhöhung

43. Der Zusammenhang zwischen diesen Größen und dem osmotischen Druck erhellt aus den folgenden Ausführungen:

1. Lösungen von gleichem Lösungsmittel, geschieden durch eine halbdurchlässige Wand, können sich nur dann im Gleichgewicht befinden, wenn sie isotonisch sind, d. h. gleichen osmotischen Druck besitzen.

Man denke sich die Lösungen in einem Apparate, welcher aus zwei Zylindern besteht, die durch eine mit einer halbdurchlässigen Wand versehene Röhre verbunden sind. In den beiden Zylindern halte man das Flüssigkeitsniveau durch Zu- und Ablassen der beiden Lösungen stets auf gleicher Höhe.

Die Lösung mit dem größeren osmotischen Druck wird der andren Lösungsmittel entziehen; denn durch den stärkeren Druck, den die in Lösung befindlichen Moleküle gegen die Flächeneinheit der freien Flüssigkeitsebene ausüben, wird das Volum der ersten Lösung sich auf Kosten der zweiten zu vergrößern bestrebt sein. Gleichgewicht wird erst dann eintreten, wenn gegen die Flächeneinheit der freien Flüssigkeitsebenen von beiden Seiten der halbdurchlässigen Wand gleicher Druck durch die in Lösung befindlichen Moleküle ausgeübt wird, mit andren Worten, wenn die Lösungen isotonisch sind.

2. Isotonische Lösungen von gleichem Lösungsmittel besitzen bei gleicher Temperatur gleiche Dampfspannung.

Der Beweis hierfür wird dadurch erbracht, daß die Annahme verschieden großer Dampfspannungen isotonischer Lösungen zu einem Widerspruch führt. Die Fig. 21 stelle ein geschlossenes Gefäß vor, das durch die halbdurchlässige Wand *HH* in zwei Teile geteilt ist, welche die isotonischen Lösungen *A* und *B* enthalten; oben stehen die zwei Teile des Gefäßes miteinander in Verbindung. Angenommen, die Dampfspannung von *A* wäre größer als die von *B*; dann würde Dampf aus *A* entweichen und sich bei *B* kondensieren. Die Folge davon würde sein, daß die Isotonie von *A* und *B* aufgehoben wäre, dadurch, daß *A* konzentrierter, *B* verdünnter geworden wäre. Umgekehrt müßte dann jedoch — gemäß dem ersten

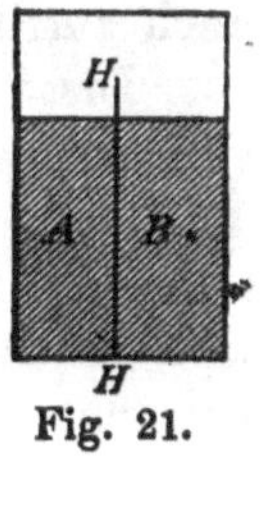

Fig. 21.

Satz — durch *HH* Lösungsmittel von *B* nach *A* übergehen. Einem Perpetuum mobile kann man hier nur durch die Annahme gleicher Dampfspannung ausweichen.

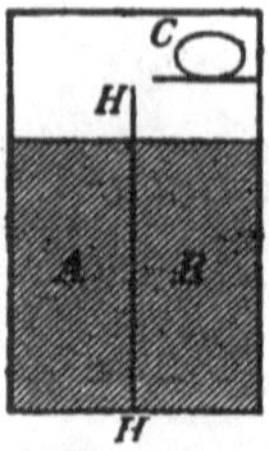

Fig. 22.

3. Isotonische Lösungen von gleichem Lösungsmittel haben einen gleichen Gefrierpunkt.

Man nehme wieder denselben Apparat, worin sich aber außer den isotonischen Lösungen *A* und *B* noch ein Stück *C* des festen Lösungsmittels befindet (Fig. 22). Angenommen, *A* und *C* hätten dieselbe Dampfspannung, so hätten wir der Definition nach die Temperatur des Gefrierpunktes von *A*. Sind aber *A* und *B* isotonisch, dann haben sie dieselbe Dampfspannung; *B* wird daher auch dieselbe Dampfspannung besitzen wie *C*. Alsdann müssen auch *B* und *C* die Temperatur ihres Gefrierpunktes haben. *A* und *B* haben also bei ihrem Gefrierpunkte dieselbe Temperatur wie *C*, d. h. sie besitzen denselben Gefrierpunkt.

4. Isotonische Lösungen von gleichem Lösungsmittel haben den gleichen Siedepunkt.

Wie wir in 42 sahen, ist der Siedepunkt einer Lösung diejenige Temperatur, bei der die Spannkraft der sich bildenden Dämpfe einem Atmosphärendruck gleich ist. Zwei Lösungen von gleichem Lösungsmittel haben daher bei ihrem Siedepunkt gleiche Dampfspannung. Nun ist aber oben gezeigt worden, daß Lösungen derselben Dampfspannung und Temperatur isotonisch sind. Haben hier die Lösungen dieselbe Dampfspannung (bei ihrem Siedepunkt) und sind sie isotonisch, dann müssen sie auch dieselbe Temperatur haben.

Wenn also, wie oben bewiesen worden ist, die Isotonie gleichen Gefrier- und Siedepunkt verursacht, so ist es deutlich, daß auch die Gefrierpunktserniedrigung und die Siedepunktserhöhung bei isotonischen Lösungen desselben Lösungsmittels gleich sein werden.

In der Gefrierpunktserniedrigung und in der Siedepunktserhöhung besitzt man daher ein Mittel, um zu beurteilen, ob Lösungen isotonisch sind. Man bedient sich dieser Tatsache zur Bestimmung des Molekulargewichtes in folgender Weise. Von einer Flüssigkeit, z. B. Wasser, Phenol usw., bestimmt man den Gefrierpunkt. Darauf ermittelt man die Gefrierpunktserniedrigung einer verdünnten Lösung von bekannter Konzentration und berechnet hieraus die Gefrierpunktserniedrigung einer Lösung, welche 1 Grammolekül im Liter enthält, indem man annimmt, daß die genannte Erniedrigung proportional der Konzentration ist, was, wenigstens innerhalb bestimmter Grenzen, auch zutrifft.

Diese Gefrierpunktserniedrigung wird stets dieselbe sein, gleichviel von welchem Körper auch man ein Mol bis zu dem gleichen Volum in der Flüssigkeit auflöst, denn solche Lösungen sind isotonisch. Die Gefrierpunktserniedrigung für das Mol pro Liter ist also für das bestimmte in Betracht kommende Lösungsmittel eine konstante Größe.

Wenn man nun von einer Substanz, deren Molekulargewicht M unbekannt ist, eine 1 %ige Lösung herstellt und von dieser die Gefrierpunktserniedrigung bestimmt (sie betrage $\varDelta$), so bekommt man:

$$\varDelta M = \text{Konst.}$$

Diese Formel ist, wie leicht ersichtlich, auch für die Siedepunktserhöhung anwendbar. M ist hierin die einzige Unbekannte und ist also daraus zu berechnen.

Beispiel: Wird als Lösungsmittel Wasser benutzt, so beträgt, wie aus zahlreichen Beobachtungen hervorgeht, das Produkt aus der Gefrierpunktserniedrigung einer 1 %igen Lösung und dem Molekulargewicht 19. Man hat also für Wasser:

$$\varDelta M = 19.$$

Für Wasserstoffsuperoxyd betrug die Gefrierpunktserniedrigung einer 3·3 %igen wäßrigen Lösung 2·03°. Für eine 1 %ige Lösung würde diese Erniedrigung also $\frac{2\cdot 03}{3\cdot 3} = 0\cdot 615°$ betragen haben; deshalb ist $\varDelta = 0\cdot 615$, woraus für das Molekulargewicht $\frac{19}{0\cdot 615} = 30\cdot 9$ folgt.

Da nun die Formel HO dem Molekulargewicht 17, H_2O_2 34 entspricht, so kommt die letztere dem gefundenen Molekulargewicht am nächsten; daher muß dem Wasserstoffsuperoxyd die doppelte empirische Formel — also H_2O_2 — zuerkannt werden.

Die Konstanten der Gefrierpunktserniedrigung (molekulare Gefrierpunktserniedrigung), sowie der Siedepunktserhöhung (molekulare Siedepunktserhöhung) einiger Substanzen, welche zu Bestimmungen dieser Art besonders geeignet sind, sind in der „Org. Ch.“ *13* erwähnt.

Die Bestimmung des Molekulargewichtes nach dem Gefrierpunktsverfahren wird kryoskopische Methode, nach dem Siedepunktsverfahren ebullioskopische Methode genannt.

44. Für die praktische Bestimmung der Gefrierpunktserniedrigung ist namentlich der Beckmannsche Apparat in Gebrauch (Fig. 23). Derselbe besteht in der Hauptsache aus einem weiten Reagensglas, welches zum Einführen der Substanz mit einem seitlichen Ansatzrohr versehen ist. In dem Reagensglas befindet sich ein in $^1/_{100}$ Grade geteiltes Thermometer und eine Rührvorrichtung, die am besten elektrisch in Bewegung gesetzt wird; hierzu dient ein kleiner Elektromagnet E, welcher bei Schließung des Stromes aus dem Akkumulator A einen eisernen, durch Platinfolie oder Emaille geschützten Ring anzieht, welcher am oberen Ende des Rührers angebracht ist. Bei Unterbrechung des Stromes fällt der Rührer wieder zurück. Die regelmäßige Schließung und Unterbrechung des Stromes wird durch das Metronom *M* besorgt. Das „Gefrierrohr“ *G* befindet sich in einem weiten gläsernen Gefäß, das eine Flüssigkeit enthält, welche das Lösungsmittel bis unter seinen Gefrierpunkt abkühlt. Damit diese Abkühlung gleichmäßiger vor sich geht, ist das Reagensrohr mit einem gläsernen Luftmantel umgeben. Man läßt die Lösung unter fortwährendem Rühren sich bis zur beginnenden Erstarrung abkühlen, die unter Umständen durch Einimpfen mit fester Substanz einzuleiten ist. Dann hört man mit der Abkühlung auf. Der Quecksilberfaden des Thermometers, welcher bis dahin gesunken war, steigt jetzt wieder ein wenig infolge des Freiwerdens der latenten Wärme und erreicht schnell einen Höhe-

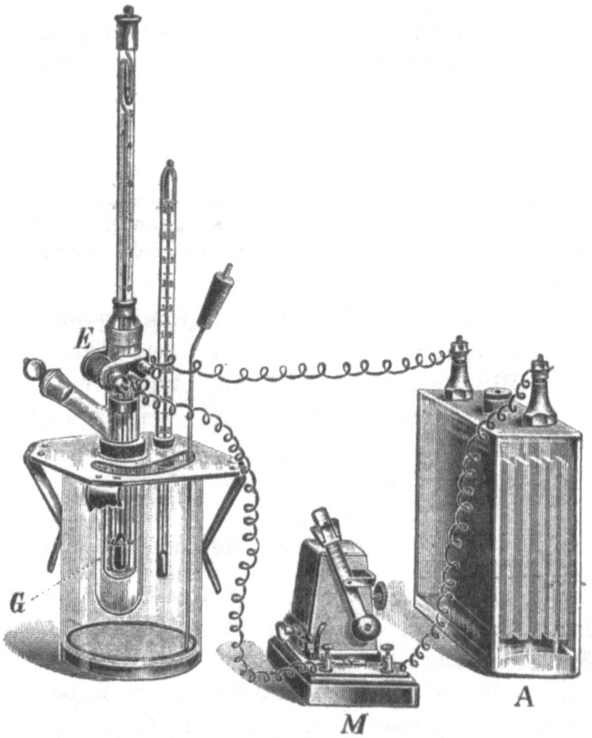

Fig. 23. Beckmanns Apparat zur Gefrierpunktsbestimmung.

punkt, auf dem er 2—3 Minuten stehen bleibt. Dieser Punkt wird als der Gefrierpunkt der Lösung betrachtet.

45. Für die praktische Bestimmung der Siedepunktserhöhung bedient man sich häufig eines ebenfalls von Beckmann konstruierten Apparates (Fig. 24).

Das „Siedegefäß“ des Apparates besteht aus einem Rohr *A* mit den seitlich angeschmolzenen Tuben t_1 zum Einfüllen des Stoffes und t_2 zur Aufnahme eines Kühlers. Das obere Ende *r* des Siederohres trägt das Thermometer. Das Siederohr *A* steht mit dem unteren Ende auf einem Ausschnitt einer Asbestpappe *L*, auf deren unterer Seite ein Drahtnetz *D* befestigt ist. Zum Schutz des Siederohres gegen direkte Berührung mit dem Drahtnetz, bzw. der Flamme, wird dessen Boden mit etwas Asbestpapier umgeben. Die äußere Luft wird von diesem Gefäß durch den Luftmantel *G*, der warme Luftstrom vom oberen Teil des Apparates durch die Glimmerscheibe *S* abgehalten. Zur Beförderung des regelmäßigen Siedens werden im Siedegefäß kleine Tetraeder aus Platinblech allmählich zugegeben, bis ein weiterer Zusatz keine wesentliche Änderung des Siedepunktes (weniger als 0·01°) bewirkt.

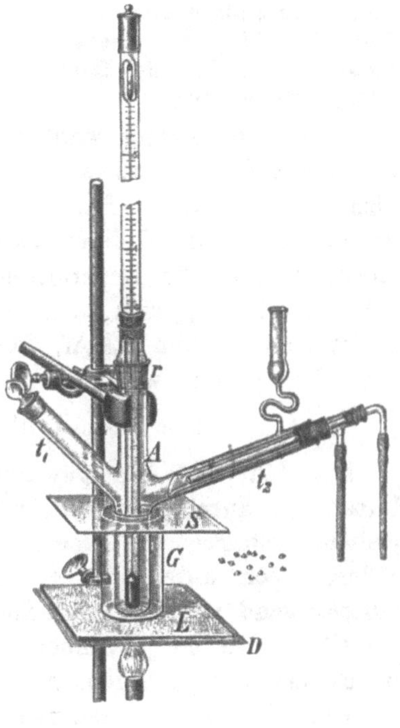

Fig. 24.
Beckmanns Apparat zur Siedepunktsbestimmung.

Nachdem so der Siedepunkt des reinen Lösungsmittels bestimmt ist, bringt man eine genau abgewogene Menge des Stoffes, dessen Molekulargewicht bestimmt werden soll, in das Siedegefäß und liest alsdann wieder den Siedepunkt ab.

Über eine graphische Methode zur Bestimmung der Größe *A* für unendliche Verdünnung aus der Gleichung AM = Konst., siehe „Org. Ch.“ *11*.

Brom.

46. Brom kommt infolge seiner starken Neigung, chemische Verbindungen einzugehen, im freien Zustand in der Natur nicht vor. Gebunden an Metalle findet es sich in geringer Menge im Meerwasser; im Jahre 1826 wurde es darin von Balard entdeckt.

Diese Verbindungen nennt man **Bromide** oder **Brommetalle**. Bromide kommen namentlich in den Mutterlaugen der **Staßfurter Abraumsalze** vor.

Bei Staßfurt finden sich bedeutende Lager von Steinsalz (Kochsalz). Über diese sind die „Abraumsalze“ geschichtet, so genannt, weil sie erst abgeräumt werden müssen, ehe man zu dem Steinsalz gelangt. Die Abraumsalze wurden früher als wertlos betrachtet; heute, wo man ihren Gehalt an Kaliumsalzen, Bromiden usw. kennt und zu verwerten versteht, bilden sie die vornehmste Quelle für die Darstellung vieler technisch und wissenschaftlich wichtiger Verbindungen.

Zwecks Reinigung werden die Staßfurter Salze in Wasser gelöst; durch Abdampfen wird alsdann ein großer Teil der gelösten Salze abgeschieden. Hierbei kristallisieren verschiedene Verbindungen aus. Die alsdann verbleibende Flüssigkeit, die **Mutterlauge**, enthält die leichtlöslichen Salze, unter diesen das Brommagnesium $MgBr_2$, und wird auf Brom verarbeitet. Die Gewinnung des letzteren beruht darauf, daß es durch Chlor aus den Bromiden in Freiheit gesetzt wird:

$$MBr + Cl = MCl + Br. \quad (M = \text{Metall.})$$

Bei dem auf Bromgewinnung gerichteten Verfahren wird die Mutterlauge durch einen mit runden Steinen gefüllten Turm herabgeleitet, wodurch die Oberfläche der Flüssigkeit sich sehr vergrößert. Von unten wird ein Chlorstrom entgegengeleitet, welcher emporsteigend mit der Mutterlauge sich innig mischt und das Brom austreibt. Das so gewonnene Brom enthält stets ein wenig Chlor. Um es davon zu befreien, wird es über Eisenbromid destilliert.

Eine andere Methode, Brom aus der Mutterlauge abzuscheiden, nämlich durch Destillation mit Braunstein und Schwefelsäure, ist der Chlorgewinnung analog (25). Das so erhaltene Brom ist noch feucht, d. h. es enthält ein wenig Wasser gelöst. Um es davon zu befreien, schüttelt man es mit konzentrierter Schwefelsäure durch und destilliert es aufs neue.

Physikalische Eigenschaften. Brom, neben Quecksilber das einzige bei gewöhnlicher Temperatur flüssige Element, erstarrt bei $-7 \cdot 3^0$ und siedet bei 59^0. Es ist eine nur in ganz dünnen Schichten das Licht durchlassende Flüssigkeit von dunkelrotbrauner Farbe. Bei $20 \cdot 5^0$ absoluter Temperatur ($-252 \cdot 5^0$) ist Brom farblos, wie Moissan auch für Chlor und Fluor nachwies. Bereits bei gewöhnlicher Temperatur liefert es braune Dämpfe von eigenartigem Geruch (βρῶμος = Gestank). Eingeatmet rufen seine Dämpfe starke Reizung der Schleimhäute hervor und erzeugen Entzündungserscheinungen. Das spez. Gewicht des Broms ist $3 \cdot 1883$ bei 0^0. In 100 Teilen

Wasser lösen sich 3·5 Gewichtsteile Brom; die Löslichkeit ist etwas größer, wenn das Wasser Bromkalium gelöst enthält. Die Dampfdichte beträgt 79·92 (O = 16).

Die chemischen Eigenschaften des Broms sind denen des Chlors analog, jedoch reagiert Brom weniger energisch. Während z. B. das Chlor sich im Lichte mit Wasserstoff bereits bei gewöhnlicher Temperatur verbindet, ist dies beim Brom nicht der Fall. Seine Affinität ist gleichwohl vielen Elementen gegenüber sehr stark; auf Phosphor wirkt es heftig ein; wirft man Arsen- und Antimonpulver auf Brom, so erfolgt Vereinigung unter Feuererscheinung. Bemerkenswert ist, daß von den zwei so nahe verwandten Alkalimetallen Kalium und Natrium ersteres heftig, letzteres bei gewöhnlicher Temperatur nicht mit Brom reagiert.

Das *Brommolekül* besteht aus 2 Atomen. Da seine Dampfdichte 79·92 ist (s. oben), so beträgt das Molekulargewicht 159·84. In Anbetracht nun, daß im Mol von sehr zahlreichen Bromverbindungen niemals weniger als 79·92 g Brom gefunden worden sind, wohl aber einfache Vielfache hiervon, ist sein Atomgewicht 79·92 für O = 16. Das Molekül enthält also $\frac{159 \cdot 84}{79 \cdot 92} = 2$ Atome.

Bromwasserstoff HBr.

47. Diese gasförmige Verbindung kann durch direkte Synthese aus den Elementen erhalten werden. Zu diesem Zwecke leitet man Wasserstoffgas und Bromdämpfe durch ein heißes Rohr, welches mit Platinschwamm beschickt ist. Dies ist die beste Darstellungsweise.

Bromwasserstoff kann ferner durch Einwirkung von Wasserstoff auf Bromverbindungen erhalten werden. Silberbromid AgBr z. B. gibt bei hoher Temperatur mit Wasserstoff HBr und metallisches Silber.

Umgekehrt kann Bromwasserstoff auch durch Einwirkung von Brom auf Kohlenwasserstoffverbindungen erhalten werden, z. B. auf Naphtalin $C_{10}H_8$. Auch Schwefelwasserstoff gibt, zu in Wasser befindlichem Brom geleitet, HBr durch Abscheidung von Schwefel:

$$H_2S + Br_2 = S + 2HBr.$$

Endlich kann Bromwasserstoff auch erhalten werden durch Zersetzung einer Brom- durch eine Wasserstoffverbindung; als erstere wählt man PBr_5, Phosphorpentabromid, als letztere Wasser:

$$PBr_5 + 4H_2O = 5HBr + \underset{\text{Phosphorsäure}}{H_3PO_4}.$$

Da Phosphorsäure nicht flüchtig ist, wohl aber HBr, so kann das Produkt der Reaktion durch Destillation leicht getrennt werden.

Physikalische Eigenschaften. Bei gewöhnlicher Temperatur ist Bromwasserstoff ein farbloses Gas, welches sich bei Abkühlung zu einer farblosen Flüssigkeit verdichtet, die bei $-64 \cdot 9^0$ (unter 738·2 mm Druck) siedet; bei noch stärkerer Abkühlung erstarrt die Flüssigkeit zu farblosen Kristallen, welche bei $-88 \cdot 5^0$ schmelzen. An feuchter Luft bildet Bromwasserstoff starke Nebel wie HCl (**29**). In Wasser ist er in hohem Grade löslich: bei 10^0 lösen sich ungefähr 600 Volumina in 1 Vol. Wasser; seine Löslichkeit ist also noch größer als die des Chlorwasserstoffes.

Chemische Eigenschaften. Hier treten wieder die sauren Eigenschaften in den Vordergrund. Mit verschiedenen Metallen, wie Zink, Magnesium u. a., liefert die wäßrige Lösung von HBr unter Wasserstoffentwicklung Salze (Bromide). Die meisten derselben sind in Wasser löslich; Silberbromid jedoch nicht und Bleibromid nur schwer.

Erst bei sehr hoher Temperatur wird Bromwasserstoff in seine Elemente gespalten.

Die *Zusammensetzung des Bromwasserstoffes* kann auf dieselbe Weise ermittelt werden, wie die des Chlorwasserstoffes. Zunächst geht aus der Dampfdichte 40·464 hervor, daß das Molekulargewicht 80·928 beträgt. Da nun das Atomgewicht des Broms 79·92 ist ($O = 16$), so folgt hieraus bereits, daß die Formel des Bromwasserstoffes nur HBr sein kann. Ferner kann man trocknes HBr-Gas durch Natriumamalgam zersetzen; dann wird die Hälfte seines Volums zu Wasserstoff, was mit der genannten Molekularformel übereinstimmt.

Jod.

48. Dieses Element ist schon 1812 von Courtois entdeckt, jedoch als solches erst 1815 von Gay-Lussac erkannt worden. Ebensowenig wie Chlor und Brom kommt es im freien Zustande, wohl aber an Metalle gebunden (Jodide) vor. Die Hauptquelle für die Gewinnung von Jod bilden die Mutterlaugen (**46**) des Chilesalpeters; ferner enthält die durch Verbrennen von im Meere vorkommenden Algen gewonnene Asche, welche in Schottland Kelp, in der Normandie Varec oder Varech genannt wird, Jodide. Die Abscheidung des Jods wird entweder durch Einleiten von Chlor oder durch Destillation mit Braunstein und Schwefelsäure bewirkt; es wird also auf dieselbe Weise wie Brom gewonnen. Das in den Handel gebrachte Jod erwärmt man zu seiner Reinigung gelinde unter Zusetzen von Jodkalium; dabei sublimiert es in reinem Zustand, frei von Spuren von Chlor und Brom, die etwa darin anwesend waren. Schließlich wird es in einem Exsikkator über Schwefelsäure getrocknet.

Physikalische Eigenschaften. Jod ist ein fester kristallisierter Körper von schwarzgrauer Farbe. Sein spez. Gewicht ist 4·948 bei 17°; es schmilzt bei 114·2° zu einer braunen Flüssigkeit und siedet unter 760 mm Druck bei 183·05°, indem es in einen schön violett gefärbten Dampf übergeht, nach dessen Farbe man dem Element seinen Namen gegeben hat (*ἰοειδής* = veilchenfarbig). Wasser, in dem es nur sehr schwer löslich ist, färbt es gelb. Leicht löst es sich dagegen in wäßriger Jodkaliumlösung und zwar mit dunkelbrauner Farbe. Auch in verschiedenen andren Flüssigkeiten, wie Alkohol, Äther, Schwefelkohlenstoff, Chloroform, ist es leicht löslich. Merkwürdigerweise ist die alkoholische und ätherische Lösung braun, die Lösung in Schwefelkohlenstoff und Chloroform violett gefärbt. Die verschiedene Farbe rührt daher, daß in den braunen Lösungen eine Verbindung des Jods mit dem Lösungsmittel vorliegt, wie sich auf mehrfache Weise zeigen läßt; unter andrem dadurch, daß die Zufügung einer geringen Menge einer Flüssigkeit, die Jod mit brauner Farbe löst, zur violetten Jodlösung keine Änderung des Gefrierpunktes der Lösung hervorbringt. Die Anzahl frei sich bewegender Moleküle hat daher durch diese Zufügung keine Änderung erfahren, m. a. W. das Jod hat sich mit der zugefügten Flüssigkeit verbunden. Bei den violetten Lösungen nimmt man dies nicht an, weil die Farbe des Joddampfes der Farbe der Lösungen ähnlich ist.

Die *chemischen Eigenschaften* des Jods sind in hohem Grade denen des Chlors und des Broms ähnlich; die Verwandtschaft mit andren Elementen ist jedoch etwas schwächer, als bei den genannten beiden Halogenen. Mit Metallen, z. B. Quecksilber, verbindet sich Jod zu Salzen (Quecksilberjodid usw.). Charakteristisch für Jod ist die intensive Blaufärbung, die eintritt, wenn verdünntem Stärkekleister freies Jod hinzugefügt wird (Jodstärkereaktion); die geringsten Jodmengen lassen sich dadurch nachweisen. Die Färbung verschwindet beim Erwärmen und tritt beim Abkühlen wieder auf. Ebenso wie Stärkelösung als Reaktion auf Jod dient, kann umgekehrt wäßrige Jodlösung als Erkennungsmittel für Stärke benutzt werden („Org. Ch.“ *225*).

Der blaue Stoff, welcher aus Jod und Stärke entsteht, ist keine Verbindung. Er muß als durch eine Absorption von Jod durch Stärke entstehend betrachtet werden. Denn die Quantität des Jods, welche durch Stärke aus seiner Lösung in Jodkalium aufgenommen wird, ist stark abhängig von der

Konzentration derselben; sie wird auch bei großem Überschuß nicht konstant, was beim Entstehen einer Verbindung zu erwarten wäre.

Das Molekül des Jods besteht, wie auch in vollkommen gleicher Weise beim Brom gefunden worden ist, aus 2 Atomen, ist also J_2.

Jodwasserstoff HJ.

49. Auch bei dieser Verbindung ist die direkte Synthese aus den Elementen die beste Methode, um sie in völlig reinem Zustand darzustellen. Man leitet zu diesem Zweck Wasserstoff und Joddampf über erhitzten Platinschwamm.

Jodwasserstoff kann ferner durch Einwirkung von Jod auf wasserstoffhaltige Verbindungen erhalten werden; namentlich einige organische Verbindungen wie Kolophonium und Kopaivaöl eignen sich dazu. Diese Methode wird manchmal auch zur Darstellung von Jodwasserstoff benutzt, obwohl derselbe dann mehr oder weniger durch organische Stoffe verunreinigt ist. Wenn Jod in Schwefelwasserstoffwasser gebracht wird, entsteht HJ, während S frei wird (47). Als Beispiel der Bildung von Jodwasserstoff durch Einwirkung von Wasserstoff auf eine Jodverbindung kann die Reduktion von Silberjodid AgJ durch Wasserstoff dienen.

Durch Einwirkung von Wasser auf Phosphortri- oder -pentajodid, PJ_3 oder PJ_5, entsteht ebenfalls HJ. Man kann dabei von rotem Phosphor, Wasser und Jod ausgehen. Diese Methode wird in mancherlei Variationen der Ausführung gebraucht, um HJ zu bereiten.

Nach Gattermann bringt man am besten zunächst gelben Phosphor (4 g) in sehr kleinen Stücken mit 44 g Jod zusammen und zersetzt dann die Phosphorverbindung mit wenig Wasser. Um den Jodwasserstoff von freiem Jod zu reinigen, läßt man ihn über roten Phosphor streichen.

Die Zersetzung eines Alkalihalogenids mit Schwefelsäure ist hier noch weniger angängig wie zur Darstellung von Bromwasserstoff, da Jodwasserstoff noch leichter durch Schwefelsäure oxydiert wird.

Physikalische Eigenschaften. Jodwasserstoff ist ein farbloses, an der Luft rauchendes Gas. Er besitzt stechenden Geruch. Bei 0° und 4 Atmosphären Druck wird er zu einer farblosen Flüssigkeit verdichtet, welche unter 730·4 mm Druck bei $-34 \cdot 14^0$ siedet und bei $-50 \cdot 8^0$ kristallisiert. Er ist im Wasser ungemein löslich; bei 10° löst 1 Vol. 425 Vol. HJ auf. Diese Lösung raucht stark und nimmt nach einiger Zeit infolge Freiwerdens von Jod eine dunkelbraune Färbung an. Der Wasserstoff des Jodwasserstoffes wird hierbei durch den Sauerstoff der Luft zu Wasser oxydiert. Die Braunfärbung erfolgt besonders unter dem Einfluß des Lichtes.

Chemische Eigenschaften. Die wäßrige Lösung des Jodwasserstoffes hat ganz den Charakter einer Säure; sie entwickelt mit Metallen Wasserstoff unter Bildung von Salzen (Jodiden). Diese sind fast alle löslich außer Jodsilber und Jodquecksilber; Bleijodid ist bei gewöhnlicher Temperatur wenig löslich. Außer seinem sauren Charakter besitzt der Jodwasserstoff jedoch noch eine Eigenschaft, welche HCl und HBr nicht aufweisen. Infolge seiner leichten Spaltbarkeit bei höherer Temperatur in H_2 und J_2 kann er nämlich kräftig reduzierend wirken. Besonders in der organischen Chemie wird von dem Reduktionsvermögen des Jodwasserstoffes Gebrauch gemacht.

Formel des Jodwasserstoffes. Seine Dampfdichte wurde zu 63·96 gefunden (O = 16). Sein Molekulargewicht ist daher 127·92. Da das Atomgewicht des Jods 126·92 ist, ergibt sich, daß das Molekulargewicht des Jodwasserstoffes der Formel HJ = 127·92 sehr nahe kommt, und daß eine andre nicht möglich ist.

Dissoziation.

50. Wird Jodwasserstoffgas einer langsamen Temperatursteigerung ausgesetzt, so beginnt es wenig über 180° sich in Wasserstoff und Joddampf zu zersetzen, wie an dem Auftreten der violetten Joddämpfe zu erkennen ist. Bei steigender Temperatur nimmt der Betrag der Zersetzung zu, und schließlich findet völlige Spaltung statt. Wird nun wieder sehr langsam abgekühlt, dann findet der Vorgang stufenweise in umgekehrter Folge statt, so daß jedem Temperaturgrad zwischen Anfangs- und Endtemperatur der Spaltung ein bestimmter prozentischer Betrag der Zersetzung entspricht. Das Ergebnis ist das gleiche, gleichviel ob die Zersetzung durch Aufsteigen von einer niedrigeren oder durch Heruntergehen von einer höheren Temperatur erreicht wurde, wofern nur in beiden Fällen die bestimmte Temperatur, um welche es sich handelt, lange genug konstant gehalten wird.

Ein Vorgang, wie der hier beschriebene, nennt man Dissoziation; er ist zuerst im Jahre 1857 von H. Sainte-Claire Deville eingehend untersucht worden.

Die Dissoziation, früher als ein Ausnahmefall betrachtet, ist eine Erscheinung, die sehr oft beobachtet wird und wovon wir noch manche Beispiele zu behandeln haben werden. Brom und Jod sind auch bei hoher Temperatur teilweise in Atome dissoziiert. Für ersteres Element beträgt der Dissoziationsgrad 18·3% bei 1284° und 721 mm Druck; für Jod ist die Dampfdichte bei 600° normal, fällt aber bei 1500° auf ungefähr die Hälfte, so daß bei dieser Temperatur die Dissoziation der Jodmoleküle J_2 nahezu vollständig ist.

Bei einem bestimmten Temperaturgrad wird also der Zersetzungsbetrag von Jodwasserstoff stets gleich gefunden. Eine notwendige Folge hiervon ist, daß, wenn man von den unverbundenen Elementen Wasserstoff und Jod ausgeht und diese auf dieselbe bestimmte Temperatur zusammen lange genug erhitzt, ein Gasgemisch von genau derselben Zusammensetzung entstehen muß, wie das bei der Zersetzung des Jodwasserstoffes resultierende. Dies ist auch in der Tat der Fall; man hat z. B. äquivalente Mengen Jod und Wasserstoff in einem zugeschmolzenen Gefäß auf 445° erhitzt (durch Hineinhängen in den Dampf von siedendem Schwefel). Die Menge Jodwasserstoff, die sich schließlich gebildet hatte, betrug 79 $^0/_0$; es waren also 21 $^0/_0$ des Gasgemisches unverbunden geblieben. Als nun ein gleiches mit Jodwasserstoff gefülltes Gefäß auf dieselbe Temperatur erhitzt wurde, ergab sich, daß 21·5 $^0/_0$ davon zersetzt waren, eine Zahl, welche der bei dem vorangehenden Versuch erhaltenen sehr nahe kommt.

Reaktionen, welche zu demselben Endzustand führen, gleichviel, ob man von dem einen System von Stoffen ($H_2 + J_2$) ausgeht oder von dem andren (2HJ), heißen umkehrbare Reaktionen; ist der Endzustand erreicht, so sagt man, daß die Systeme miteinander im Gleichgewicht sind.

Wir sahen (49), daß bei der Darstellung des Jodwasserstoffes Platinschwarz benutzt wird, um die Reaktion zu beschleunigen. Jedoch kann weder dieser noch ein andrer Katalysator das Mengenverhältnis, in welchem Verbindung erfolgt, ändern. Man hat z. B. empirisch gefunden, daß bei 350° 18·6 $^0/_0$ des Jodwasserstoffes zersetzt waren, wenn kein Platinschwarz zugegen war, und daß in Gegenwart des Katalysators die Zersetzung 19 $^0/_0$ betrug; die beiden Zahlenwerte sind also innerhalb der experimentellen Fehlergrenzen gleich. Es gibt einen theoretischen Grund, weshalb dies so sein muß. Wenn der Katalysator das Gleichgewicht verändern könnte, so würden wir Bildung und Zersetzung der Verbindung haben, wenn wir den Katalysator abwechselnd zusetzen und entfernen. Hält man die Temperatur konstant, so würde das System in dem einen Fall Wärme absorbieren, im andren Wärme abgeben. Diese letztere würde man zu Arbeitsleistung verwenden können. Man würde dann aber immer wieder Arbeit aus einem System erhalten können, welches auf konstanter Temperatur bleibt; und dies ist nach den Gesetzen der Thermodynamik unmöglich, da die Umwandlung von Wärme in Arbeit immer von einem Temperaturabfall begleitet wird.

Nun erhebt sich die Frage, wie ein solches Gleichgewicht zustande kommt, und warum die Zersetzung einer Verbindung, welche bei einer bestimmten Temperatur eintritt, nicht vollständig bis zu Ende verläuft. Die kinetische Gastheorie gibt hierauf eine befriedigende Antwort. Ihr zufolge befinden sich die Gasmoleküle in fortschreitender Bewegung; während bei jeder Temperatur eine konstante mittlere Geschwindigkeit der Moleküle anzunehmen ist, sind die Geschwindigkeiten der einzelnen Moleküle beträchtlich voneinander verschieden. Die Atome eines Moleküls muß man als gegeneinander sich bewegend sich vorstellen; durch das Anprallen eines Moleküls gegen ein andres werden sie aus dem Gleichgewicht gebracht. Diese Bewegungen der Atome werden in dem Maße heftiger werden, wie die Geschwindigkeit der Moleküle größer wird. Man kann sich nun vorstellen, daß sie zuletzt so heftig werden, daß die Atome aus ihrer gegenseitigen Anziehungssphäre herauskommen und das Molekül in seine Atome zerfällt. Dies wird jedoch in einer Gasmasse von bestimmter Temperatur nur bei denjenigen Molekülen erfolgen, deren Geschwindigkeit oberhalb bestimmter Grenzen liegt; hierdurch ist also die allmähliche Zersetzung erklärt. Die Erklärung für die allmähliche Vereinigung ist völlig analog. Die aus den Molekülen freiwerdenden Atome gelangen in ihre gegenseitige Anziehungssphäre; ist ihre Geschwindigkeit nicht so groß, daß sie die Anziehung überwinden können, so erfolgt Wiedervereinigung.

Bei der Bildung und Zersetzung des Jodwasserstoffes kann man sich den Vorgang folgendermaßen vorstellen: Zwei Moleküle HJ treffen in einem derartigen Zustande der Atombewegung zusammen, daß eines der Atome von H und von J in die Anziehungssphäre des andren gelangt, wobei H_2 und J_2 entstehen. Umgekehrt können die Moleküle H_2 und J_2 räumlich so zusammentreffen, daß die Atome H und J in die beiderseitige Anziehungssphäre gelangen, wodurch zwei Moleküle HJ entstehen.

Zur Bestimmung des Gleichgewichtszustandes in Gasen sind von Nernst und seinen Schülern eine Anzahl Methoden ausgearbeitet, deren ausführliche Beschreibung in den Handbüchern der physikalischen Chemie nachzuschlagen ist. Die wichtigsten dürfen hier jedoch kurz gestreift werden.

1. Die Durchströmungsmethode. Man läßt das Gas durch ein zylindrisches Gefäß strömen, daß beiderseitig ein Kapillarrohr hat. Dieses Gefäß wird durch elektrische Heizung auf konstanter Temperatur gehalten. Das Gas, welches durch das eine Kapillarrohr einströmt, erreicht im Zylinder sein Dissoziationsgleichgewicht. Durch die rasche Abkühlung beim Ausströmen aus dem zweiten Kapillarrohr wird dieses Gleichgewicht fixiert; die Analyse des ausströmenden Gases gibt daher den Gehalt an Dissoziationsprodukten.

2. Methode des erhitzten Katalysators. Man bringt in ein Gas, z. B. Wasserdampf, einen Platindraht, der elektrisch auf konstanter Temperatur gehalten wird. Hierdurch stellt sich in der unmittelbaren Nähe dieses Drahtes das Gleichgewicht ein; durch Diffusion ins kalte, umgebende Gas kann es nicht zurückgehen. Nach einiger Zeit muß daher im kalt gehaltenen Gas überall soviel Wasserstoff, Sauerstoff und Wasserdampf anwesend sein als der Temperatur des Drahtes entspricht.

3. Methode der semipermeabelen Wände. Bei Rotglühhitze läßt Platin Wasserstoff durch, andere Gase jedoch nicht. Bringt man also in einem Gas, daß bei seiner Dissoziation Wasserstoff abspaltet, bei hoher Temperatur ein luftleeres Platingefäß, so geht der Wasserstoff durch dessen Wand und die Zunahme des Druckes in genanntem Gefäß ist ein Maß für den Dissoziationsgrad.

4. Die Explosionsmethode. Mit Hilfe dieser Methode können Dissoziationen bei den sehr hohen Temperaturen, wobei Gasgemische explodieren, gemessen werden. Von der Menge dieser Gemische, die unverbunden bleiben, hängt der Maximumdruck bei der Explosion ab. Durch die Messung des Ausschlages einer Membran ist dieser Druck genau zu bestimmen und dadurch, bei Kenntnis der Temperatur, auch der Dissoziationsgrad.

Den Gleichgewichtszustand muß man sich also nach dem Vorstehenden so vorstellen, daß in der Zeiteinheit ebensoviel vom ersten ins zweite, wie umgekehrt vom zweiten ins erste System übergeht. Ist der Gleichgewichtszustand noch nicht erreicht, so sind die Mengen, welche in der Zeiteinheit vom einen System in das andre übergehen, ungleich. Wenn man nun unter Reaktionsgeschwindigkeit die Menge in Molen versteht, welche von jedem System in der Zeiteinheit pro Raumeinheit umgewandelt wird (Definition der *Reaktionsgeschwindigkeit*), so kann man den Gleichgewichtszustand als den Zustand definieren, in welchem die Reaktionsgeschwindigkeit bei beiden Systemen gleich geworden ist.

Zur Bestimmung der Reaktionsgeschwindigkeit hat man sowohl auf empirischem als auf theoretischem Wege ein Prinzip von sehr allgemeiner Gültigkeit gefunden, welches gestattet, diese Größe auch mathematisch auszudrücken. Es lautet: Die Reaktionsgeschwindigkeit in jedem Zeitmoment ist den in diesem Momente in der Raumeinheit vorhandenen Stoffmengen proportional. (*Gesetz der Massenwirkung.*)

51. Es werde angenommen, daß die Moleküle einer Verbindung durch Erhitzen in zwei andre gespalten werden, daß man also einen durch

$$A = B + C$$

ausdrückbaren Vorgang hat, und daß von dem Stoff A ursprünglich a Mole im Liter anwesend sind, während x Mole nach einer bestimmten Zeit t die genannte Zersetzung erlitten haben. Es handelt sich nun darum, die Reaktionsgeschwindigkeit in jedem Augenblicke auszudrücken. Wir betrachten dazu das sehr kleine Zeitteilchen Δt, welches dem Zeitabschnitt t unmittelbar folgt; in diesem Zeitteilchen Δt werde eine sehr kleine Menge Δx des Stoffes A zersetzt. Dann ist nach der Definition die Reaktionsgeschwindigkeit $S = \frac{\Delta x}{\Delta t}$. Nach dem obengenannten Prinzip muß dieselbe dem in diesem Momente noch unzersetzten Teil von A also $a - x$ proportional sein. Die mathematische Formulierung für die Reaktionsgeschwindigkeit S ist also:

$$S = \frac{\Delta x}{\Delta t} = C(a - x),$$

wo C eine konstante Größe, die Reaktionskonstante, vorstellt. Dieser Ausdruck gibt nun noch nicht genau die Reaktionsgeschwindigkeit nach der Zeit t (d. h. in dem Moment, wo der Zeitabschnitt t beendet ist); wir betrachteten ja die Geschwindigkeit in dem darauf folgenden sehr kleinen Zeitteilchen Δt; denn während dieses Zeitteilchens bleibt die unzersetzte Menge $a—x$ nicht ganz konstant, sondern erleidet eine kleine Verringerung. Aber es ist klar, daß man sich diesem Werte beliebig nähern kann, wenn man Δt nur klein genug nimmt, so daß, wenn Δt unendlich klein wird, der Ausdruck $\frac{\Delta x}{\Delta t}$, der dann $\frac{dx}{dt}$ geschrieben wird, mit der Reaktionsgeschwindigkeit in dem Moment t zusammenfallend gedacht werden kann.

Die obenstehende Reaktion wird eine unimolekulare genannt; wenn bei einer Reaktion zwei (gleiche oder verschiedene) Moleküle aufeinander einwirken, nennt man sie bimolekular; sie kann durch die Gleichung

$$A + B = C \quad \text{oder} \quad = C + D + \ldots$$

dargestellt werden.

Die Formel für die Reaktionsgeschwindigkeit wird in diesem Falle eine andre. Es werde angenommen, daß anfänglich von A eine Menge von a Molen, von B eine Menge von b Molen pro Liter an der Reaktion teilnehmen und daß x Mole von A und von B nach der Zeit t umgesetzt sind. Es sind dann von beiden in diesem Moment $a - x$ und $b - x$ anwesend. Die Reaktionsgeschwindigkeit wird dann dem Produkte dieser Größen proportional sein, also:

$$S_1 = \frac{dx}{dt} = C'(a - x)(b - x),$$

wo C' wieder eine Konstante ist; denn nehmen wir an, daß von A nur ein Molekül anwesend war, so ist die Möglichkeit für dasselbe mit B in Reaktion zu treten, offenbar proportional der Anzahl $(b - x)$ Moleküle B. Gibt es jedoch $(a - x)$ Moleküle A, so ist diese Möglichkeit $(a - x)$ mal so groß.

Angenommen ist bei dem Vorstehenden, daß die Temperatur konstant ist. Wir werden in **102** sehen, daß die Temperatur einen großen Einfluß auf die Reaktionsgeschwindigkeit hat.

Wie nun der Gleichgewichtszustand ausgedrückt werden muß, ist klar. Es werde angenommen, daß die Reaktionsgeschwindigkeit des einen Systems S ist, die des andren S', dann ist Gleichgewicht vorhanden, wenn

$$S = S'$$

wird.

Wenden wir diese Betrachtungen auf die Dissoziation des Jodwasserstoffes an. Dieselbe wird ausgedrückt durch die Gleichung:

$$2\,HJ = H_2 + J_2.$$

Will man andeuten, daß man mit einer umkehrbaren Reaktion zu tun hat, so schreibt man:

$$2\,HJ \rightleftarrows H_2 + J_2.$$

Sind anfänglich a Mole HJ pro Volumeinheit zugegen, und davon x nach einer bestimmten Zeit zersetzt, so ist die Zersetzungsgeschwindigkeit in diesem Moment (da die Reaktion offenbar bimolekular und jetzt $a = b$ ist):

$$S = C(a - x)^2,$$

wo C eine Konstante ist.

Aus den x Molen HJ sind $\frac{x}{2}$ Mole H_2 und ebenso viele Mole J_2 entstanden. Die Bildungsgeschwindigkeit für HJ aus H_2 und J_2 wird daher dargestellt durch:

$$S' = C'\left(\frac{x}{2}\right)^2,$$

worin C' eine Konstante ist; Gleichgewicht wird demnach bestehen, wenn

$$C(a - x)^2 = C'\left(\frac{x}{2}\right)^2 \quad \text{oder} \quad \left(\frac{x}{a - x}\right)^2 = K,$$

wo $K = \frac{4\,C}{C'}$ gesetzt ist.

Man kann diese Gleichung noch etwas anders schreiben, weil bei Gasen die Anzahl Moleküle pro Raumeinheit dem Druck proportional ist (**31**). Es werde angenommen, daß in einem gegebenen Augenblick der Druck des noch anwesenden HJ p, der des Wasserstoffes p_1 und der des Joddampfes p_2 ist, so kann die Gleichgewichtskonstante K auch durch den Ausdruck:

$$\frac{p_1\,p_2}{p^2} = K$$

wiedergegeben werden.

Man hat konstatiert, daß, wenn dem Jodwasserstoffgas von vornherein Wasserstoff oder Joddampf beigemischt wird, die Dissoziation geringer ist. Daß dies der Fall sein muß, ergibt sich unmittelbar aus der obenstehenden Gleichung. Denn dieses Beimengen kommt auf eine Vergrößerung von p_1 oder p_2 hinaus; soll K konstant bleiben, so muß dann auch p, oder mit andren Worten die Menge des unzersetzten Jodwasserstoffes zunehmen. Eine weitere Schlußfolgerung aus dieser Gleichung ist, daß, wenn p, p_1 und p_2 auf das n-fache gebracht werden, mit andren Worten, wenn das im Zustand der Dissoziation befindliche Jodwasserstoffgas bei konstanter

Temperatur komprimiert oder dilatiert wird, der Dissoziationsgrad unverändert bleiben muß, da ja:

$$\frac{np_1 \cdot np_2}{(np)^2} = \frac{p_1\, p_2}{p^2}$$

ist. Auch dies wird durch das Experiment bestätigt.

Durch die Dissoziation von HJ verändert sich das Gasvolum nicht; denn 2 Moleküle HJ geben wieder 2 Moleküle $(H_2 + J_2)$. In allen solchen Fällen muß der Dissoziationsgrad unabhängig vom Volum sein, weil durch seine Zu- oder Abnahme die Konzentration der aufeinander einwirkenden Gase sich im gleichen Verhältnis ändert, und daher der Faktor, der sie angibt, aus der Gleichung wegfällt.

Jodwasserstoff wird auch durch das Licht zersetzt (49); sehr merkwürdig ist, daß diese Zersetzung unimolekular ist (HJ = H + J), während die durch Temperaturerhöhung erfolgende bimolekular ist. Dies läßt sich nach der folgenden, sehr allgemeinen Methode dartun. Wenn die Reaktion monomolekular ist, wird die Gleichung der Zersetzungsgeschwindigkeit $\frac{dx}{dt} = K(a-x)$. Wenn sie jedoch bimolekular ist $(2\,HJ = H_2 + J_2)$, wird die Gleichung der Zersetzungsgeschwindigkeit $\frac{dx}{dt} = K(a-x)^2$. Die Integralrechnung lehrt diese Gleichungen nach K auflösen; aus der ersten ergibt sich (l = natürlichem Logarithmus):

(1) $$K = \frac{1}{t}\, l\, \frac{a}{a-x}\,,$$

aus der zweiten:

(2) $$K = \frac{1}{t}\, \frac{x}{a(a-x)}\,.$$

Wenn man nun x für verschiedene Werte von t bestimmt, lassen sich die Werte von K berechnen; sie müssen konstant bleiben. Je nachdem diese Konstanz bei (1) oder (2) auftritt, ist diese Reaktion uni- oder bimolekular.

Fluor.

52. Dieses Element ist zuerst von Moissan im Jahre 1886 aus seinen Verbindungen in Freiheit gesetzt worden. Es kommt in der Natur hauptsächlich im **Flußspat** CaF_2 und in einigen selteneren Mineralien vor. Die Schwierigkeit der Darstellung beruht auf seiner großen Affinität, welche es fast mit allen anderen Elementen schon bei gewöhnlicher Temperatur Verbindungen eingehen läßt. Sie ist bis jetzt ausschließlich durch Elektrolyse des wasserfreien Fluorwasserstoffes gelungen, welcher mit etwas Fluorkalium versetzt wird, um ihn leitend zu machen.

Moissan hat dies in folgender Weise ausgeführt: In eine U-Röhre (Fig. 25) aus Kupfer mit zwei seitlichen Ansatzrohren, welche etwa 300 ccm faßt, wird ein Gemenge von ungefähr 200 g wasserfreier Fluorwasserstoffsäure und 60 g

Fluorwasserstoffkaliumfluorid gebracht. Die offenen Enden der U-Röhre werden mit den Stöpseln *FF* aus Flußspat geschlossen; sie sind mit sehr dünnem Platinblech umwickelt.

Die Elektroden *tt* von Platin-Iridium gehen durch die Stöpsel hindurch und werden durch die kupfernen Schrauben *E*, welche dicht anschließend auf die U-Röhre aufgesetzt sind, mit Hilfe einer zwischengelegten bleiernen Scheibe *P* festgehalten.

Während der Elektrolyse wird der Apparat auf −23° gehalten (durch siedendes Methylchlorid).

Das freie Fluor, welches an der positiven Elektrode gasförmig entweicht, wird zuerst durch ein schlangenförmig gewundenes Platinrohr geleitet, welches durch ein Gemisch von fester Kohlensäure und Aceton abgekühlt ist, hauptsächlich, um es von mitgeführtem Fluorwasserstoff zu befreien, der sich hier kondensiert. Von den letzten Resten des Fluorwasserstoffs wird es dadurch befreit, daß man es noch durch ein an mehreren Stellen erweitertes Platinrohr leitet, das mit Fluornatrium beschickt ist, welches den Fluorwasserstoff bindet. Das freie Fluorgas wurde von Moissan in einer Platinröhre aufgefangen, deren beide Enden durch Platten aus Flußspat geschlossen waren, so daß man hindurchsehen konnte. Später fand er, daß man es auch in Glasgefäßen auffangen kann.

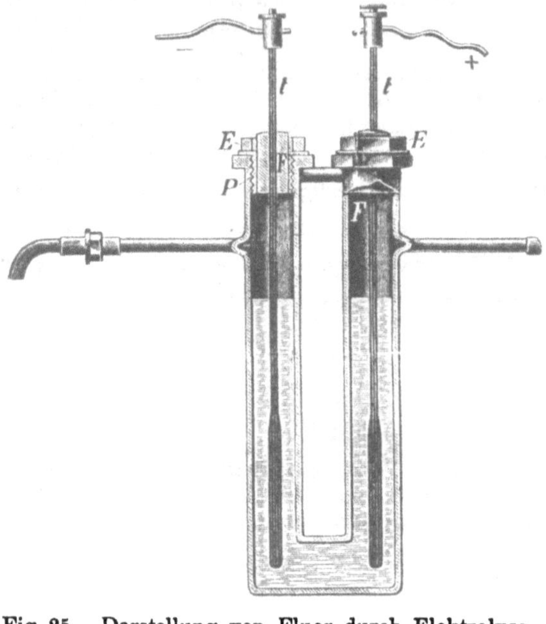

Fig. 25. Darstellung von Fluor durch Elektrolyse (nach Moissan).

Physikalische Eigenschaften. Fluor ist ein Gas von grünlichgelber Farbe, heller als Chlor, und von stechendem Geruch. Bei −187° verdichtet es sich zu einer Flüssigkeit von hellgelber Farbe, die in einem gläsernen Gefäß aufgefangen werden kann, da die Flüssigkeit, wenn sie von jeder Spur HF befreit ist, Glas selbst bei wochenlanger Berührung nicht angreift. Das spez. Gewicht des Fluors in flüssigem Zustand ist 1·14 (Wasser = 1).

Chemische Eigenschaften. Fluor hat von allen bekannten Elementen die stärkste Neigung chemische Verbindungen einzugehen. Mit Wasserstoff verbindet es sich im Dunkeln schon bei gewöhnlicher Temperatur unter Explosion. Moissan zeigte dies mit Hilfe des oben beschriebenen Apparates, indem er den elektrischen Strom umkehrte, als die Fluorentwicklung im Gange war; dadurch entstand ein Gemisch von Wasserstoff und Fluor, welches augenblicklich explodierte. Auch bei -210° verbindet sich Fluor noch augenblicklich mit Wasserstoff unter Flammenerscheinung. Mit Schwefel, rotem Phosphor, Kalk und anderen Stoffen reagiert es heftig bei -187°. Bei gewöhnlicher Temperatur entzündet sich fein verteilter Kohlenstoff in Fluorgas momentan unter Bildung von CF_4, während Chlor sich erst bei der hohen Temperatur des elektrischen Lichtbogens direkt mit Kohlenstoff verbindet. Obwohl sich Fluor mit den meisten Metalloiden augenblicklich und heftig vereinigt, so bildet es doch mit Sauerstoff keine Verbindung, selbst wenn es mit demselben auf 500° erhitzt oder in flüssigem Zustande bei -190° mit flüssigem Sauerstoff gemischt wird. Die Alkalimetalle (Kalium und Natrium) und die alkalischen Erdmetalle (Calcium, Strontium, Barium) entzünden sich in Fluorgas bei gewöhnlicher Temperatur unter Bildung von Fluoriden; fein verteiltes Eisen beginnt darin zu glühen. Kupfer bedeckt sich nur mit einer Schicht CuF_2, welche es gegen weitere Einwirkung schützt; daher die Möglichkeit, das Gas in einem Apparat aus diesem Metall zu entwickeln. Gold und Platin werden von Fluor nicht angegriffen, was auffallend ist, weil diese Metalle von Chlor angegriffen werden, das sonst im allgemeinen schwächere chemische Verwandtschaft zeigt.

Fluor wirkt leicht auf Wasserstoffverbindungen ein; Wasser z. B. zersetzt es bei gewöhnlicher Temperatur in Fluorwasserstoff und Sauerstoff, welcher stark ozonisiert ist (bis 14 Volumprozent). Aus Chlorkalium macht es Chlor frei unter Bildung von Fluorkalium usw.

Das Molekül des gasförmigen Fluors wird durch die Formel F_2 dargestellt. Seine Dampfdichte beträgt 19·0, das Molekulargewicht ist daher 38·0. In Anbetracht, daß bei keiner Fluorverbindung in einem Mol weniger als 19 g Fluor gefunden werden, wohl jedoch ein Vielfaches hiervon, ist das Atomgewicht des Fluors 19·0 und die Formel seines Moleküls F_2.

Fluorwasserstoff HF.

53. Diese Verbindung hat Scheele im Jahre 1771 entdeckt, als er Flußspat und Schwefelsäure zusammen erwärmte:

$$CaF_2 + H_2SO_4 = CaSO_4 + 2HF.$$

Dies ist noch immer die gebräuchliche Methode der Darstellung. Man destilliert ein Gemenge von gepulvertem Flußspat und verdünnter Schwefelsäure in einem Gefäß aus Platin oder Blei; als Destillat erhält man eine wäßrige Lösung von Fluorwasserstoff, welche man in Gefäßen aus Guttapercha aufbewahrt, da Glasgefäße rasch aufgelöst werden.

Auch durch direkte Synthese aus den Elementen (52) kann man zu Fluorwasserstoff gelangen; ferner durch Einwirkung von Wasserstoff auf Fluorverbindungen; z. B. gibt Fluorsilber AgF im Wasserstoffstrom erhitzt HF.

Weiter gehört die Einwirkung von Fluor auf Wasserstoffverbindungen hierher (52); endlich kann Fluorwasserstoff auch durch direkte Zersetzung von Verbindungen erhalten werden. Hierzu eignet sich das Fluorwasserstoffkaliumfluorid KF·HF, welches beim Erhitzen Fluorwasserstoff abgibt unter Zurücklassung von KF. Von diesem Vorgang macht man Gebrauch, wenn man wasserfreien Fluorwasserstoff darstellen will.

Physikalische Eigenschaften. Wasserfreier Fluorwasserstoff ist bei gewöhnlicher Temperatur eine farblose Flüssigkeit, welche bei 19·5° siedet und bei — 102·5° erstarrt. Spez. Gewicht 0·9879 bei 15° (Wasser = 1). Er hat einen äußerst stechenden Geruch; sein Dampf wirkt eingeatmet als Gift. In Wasser ist HF sehr löslich.

Chemische Eigenschaften. Die wäßrige Lösung des Fluorwasserstoffes — die Fluorwasserstoffsäure oder Flußsäure — besitzt völlig den Charakter einer Säure; mit Metallen entwickelt sie Wasserstoff, Gold, Platin und Blei werden jedoch von ihr nicht angegriffen. Die Fluoride der meisten Metalle (auch des Silbers) lösen sich in Wasser, einige jedoch, wie CuF_2 und PbF_2, schwierig; die Fluoride der Erdalkalimetalle (Ca, Sr, Ba) sind unlöslich. Eigenartig ist, daß die Fluoride der Alkalimetalle sich mit einem Molekül Fluorwasserstoff verbinden können, wofür das oben erwähnte KF·HF ein Beispiel ist.

Diese Eigenschaft hängt wahrscheinlich damit zusammen, daß in wäßriger Lösung für das Molekulargewicht des Fluorwasserstoffes H_2F_2 gefunden ist. Die Bildung derartiger Molekülkomplexe wird ziemlich oft bei Säuren (zumal bei organischen) beobachtet und Assoziation genannt.

In der „Org. Ch." *41* sind einige Methoden angegeben, um Assoziation bei Flüssigkeiten nachzuweisen. Die Assoziation bedingt bisweilen besondere Eigenschaften derselben. Die merkwürdigen physikalischen Eigenschaften des Wassers z. B. lassen sich dadurch sehr gut erklären. Wenn Wasser nur aus Molekülen H_2O bestände, die aus zwei sehr schwer kondensierbaren Elementen aufgebaut sind, so müßte es sehr viel niedriger gefrieren und sieden als es in Wirklichkeit tut. So schmilzt der nicht assoziierte Schwefelwasserstoff H_2S bei —83° und siedet bei —61°, N_2O bei —102° bzw. —88°.

Bestehen aber die Wassermoleküle nicht aus H_2O, sondern aus $(H_2O)_n$, so verschwindet diese Anomalie. Daß die Dampfspannung des Wassers bei sinkender Temperatur viel rascher abnimmt als die anderer Flüssigkeiten, ist durch Zunahme der Assoziation bei niedrigeren Temperaturen zu erklären.

Die hervorstechendste Eigenschaft des Wassers ist, daß sein Volum beim Erwärmen von 0° bis 4° abnimmt. Dies ist durch eine zweite Hypothese, nämlich dadurch zu erklären, daß ein assoziierter Molekülkomplex $(H_2O)_n$ ein größeres Volum hat als die gesonderten einfachen Moleküle, aus welchen er aufgebaut ist. Zerfallen die Komplexe durch Erhöhung der Temperatur, so muß das Volum abnehmen, wenn die dadurch verursachte Volumverminderung größer als die Wärmeausdehnung ist. Hiermit steht auch im Einklang, daß Wasser beim Gefrieren stark (ca. 9%) an Volum zunimmt. Eis ist dann als höher assoziiertes Wasser anzusehen.

Auch die anderen merkwürdigen Eigenschaften des Wassers lassen sich aus diesen zwei Annahmen erklären. Über den Grad der Assoziation des Wassers ist man aber noch im ungewissen.

Die praktisch wichtigste Eigenschaft der Fluorwasserstoffsäure ist, daß sie Glas angreift und auflöst (siehe **189**). Infolgedessen findet sie ausgedehnte Anwendung beim Ätzen auf Glas.

Das Ätzen auf Glas kann auf zweierlei Art geschehen, vermittelst der Säure in wäßrigem oder in gasförmigem Zustand. Im ersten Fall bleiben die geätzten Glasgegenstände klar und durchsichtig, während die gasförmige Säure matte Ätzung bewirkt. Der gläserne Gegenstand wird mit dem Ätzgrund, d. h. mit einer dünnen Schicht aus Wachs oder Kupferstecherfirnis, überzogen; in diesen Überzug werden mit einem Stichel die Zeichnungen eingeritzt; dann wird das Glas entweder einige Zeit in verdünnte Flußsäure getaucht oder in einen bleiernen Apparat gesetzt, worin sich ein Gemenge von Schwefelsäure und Fluorkalium befindet, das durch eine sehr kleine Flamme gelinde erwärmt wird. Wird nach stattgefundener Einwirkung der Überzug entfernt (mittels Terpentinöl oder Alkohol), so ist die Zeichnung in dem Glas eingeätzt, während die geschützten Partien unverändert sind.

Verbindungen der Halogene untereinander.

54. Die Halogene, d. h. die Elemente Fluor, Chlor, Brom und Jod, oder Salzbildner (so genannt, weil sie sich mit Metallen direkt zu Salzen verbinden) können sich untereinander zu wenig beständigen Verbindungen vereinigen.

Im allgemeinen sind diese Verbindungen desto beständiger, je weiter die sie zusammensetzenden Halogene in ihren Eigenschaften voneinander entfernt sind. So bildet Jod mit Fluor eine Verbindung JF_5, die sogar in Dampfform beständig ist; weiter existiert BrF_3, während Chlor sich nicht mit Fluor vereinigt.

Chlor und Brom geben bei niedriger Temperatur zwar Mischkristalle in ununterbrochener Reihe, aber keine Verbindung.

Mit Jod bildet Chlor zwei Verbindungen JCl und JCl_3. Ob die erste oder die zweite entsteht, hängt von der Menge des angewandten Chlors ab.

JCl, Jodmonochlorid oder Chlorjod, ist eine rotbraune Flüssigkeit, die in der Kälte zu Kristallen erstarrt, die bei 24·7° schmelzen; es siedet bei 101·3°; durch Wasser wird es leicht in Jodsäure, Jod und Chlorwasserstoff zersetzt. Es existiert in zwei Formen.

JCl_3, Jodtrichlorid, kristallisiert in langen gelben Nadeln und dissoziiert beim Schmelzen fast völlig in JCl und Cl_2. In wenig Wasser ist es unzersetzt löslich; durch mehr Wasser wird es teilweise zersetzt unter Bildung von Chlorwasserstoffsäure und Jodsäure.

Brom und Jod endlich bilden nur eine Verbindung BrJ, welche sowohl in flüssigem, wie im Dampfzustand beträchtlich dissoziiert ist.

Verbindungen der Halogene mit Sauerstoff.

Von den Halogenen, mit Ausnahme des Fluors, kennt man verschiedene Sauerstoffverbindungen, welche die gemeinsame Eigenschaft zeigen, leicht zersetzlich zu sein. Die meisten können sich mit Wasser zu Säuren vereinigen. Oxyde, welche sich mit Wasser zu einer Säure verbinden können, heißen Säureanhydride. Die Säuren, welche hierher gehören, besitzen alle nur ein Wasserstoffatom, das durch ein Metall ersetzt werden kann. Säuren, in denen nur ein durch Metalle ersetzbares Wasserstoffatom enthalten ist, werden einbasisch genannt.

Unterchlorigsäureanhydrid Cl_2O, Chlormonoxyd.

55. Wenn man einen Strom von trocknem Chlorgas über Quecksilberoxyd leitet, so entsteht Unterchlorigsäureanhydrid:

$$2\,HgO + 2\,Cl_2 = Cl_2O + HgO \cdot HgCl_2\,.$$

Es ist bei gewöhnlicher Temperatur ein gelbbraunes Gas, das sich durch starke Abkühlung zu einer dunkelbraunen Flüssigkeit verdichtet, die bei $+5^0$ siedet. Es ist ein äußerst unbeständiger Körper, besonders im flüssigen Zustande; schon bei geringen Erschütterungen explodiert es heftig und zersetzt sich zu Sauerstoff und Chlor. Nur wenn alles, womit es in Berührung kommt, völlig frei von organischen Stoffen ist, kann es ohne Zersetzung destilliert werden. Es wirkt auf Schwefel, Phosphor und Kohlenstoffverbindungen mit explosionsartiger Heftigkeit ein.

Die Zusammensetzung dieser Verbindung ist von Balard in der Weise bestimmt worden, daß er 50 Vol. des Gases in ein Rohr über Quecksilber brachte und durch gelindes Erwärmen zersetzte. Hierdurch entstand ein Gemenge von Chlor und Sauerstoff, welches etwas weniger als 75 Vol. einnahm. Nachdem das Chlor durch Kali weggenommen war, blieben 25 Vol. Sauerstoff übrig; es waren also 50 Vol. Chlor vorhanden gewesen, da eine beobachtete geringe Differenz dem Umstand zugeschrieben werden muß, daß ein wenig Chlor sich mit dem Quecksilber des Zersetzungsrohres verbunden hatte. 1 Vol. der Verbindung lieferte also 1 Vol. Chlor und $^1/_2$ Vol. Sauerstoff. Dies entspricht der Formel Cl_2O:

$$2\,Cl_2O = 2\,Cl_2 + O_2 .$$
$$\text{2 Vol.}\quad \text{2 Vol.}\quad \text{1 Vol.}$$

Die Dampfdichte der Verbindung wurde zu 3·03, Luft = 1 oder 43·63 (O = 16), gefunden. Ihr Molekulargewicht ist daher 87·26, wodurch die Formel Cl_2O (2Cl = 70·92, O = 16; zus. 86·92) bestätigt wird.

Unterchlorige Säure HClO.

56. Wird Cl_2O in Wasser eingeleitet, so wird es aufgenommen und löst sich zu unterchloriger Säure: $Cl_2O + H_2O = 2\,HClO$. Diese Säure ist nicht wasserfrei, sondern nur in wäßriger Lösung bekannt; auf ihre Zusammensetzung wird aus der Analyse ihrer Salze geschlossen.

Eine wäßrige Lösung kann auch dargestellt werden, indem man fein gepulvertes Quecksilberoxyd in Chlorwasser einträgt:

$$HgO + 2\,Cl_2 + H_2O = HgCl_2 + 2\,ClOH .$$

Man destilliert alsdann und erhält so eine reine wäßrige Lösung der unterchlorigen Säure.

Eine andre Methode, um eine wäßrige Lösung von HClO zu bereiten, ist die, daß man Chlor zuerst bei niederer Temperatur auf eine Base, z. B. Kali, einwirken läßt, wodurch ein unterchlorigsaures Salz (Hypochlorit) entsteht:

$$2\,KOH + Cl_2 = KCl + KClO + H_2O .$$

Fügt man nun hierzu vorsichtig die dem Hypochlorit äquivalente Menge Salpetersäure, so wird HClO frei, die dann durch Destillation von den Salzen getrennt wird.

In konzentriertem Zustande hat die wäßrige Lösung der unterchlorigen Säure eine goldgelbe Farbe; sie ist unbeständig; nur verdünnte Lösungen lassen sich ohne Zersetzung destillieren. Sie wirkt stark oxydierend, wobei sie sich in Sauerstoff und Salzsäure zersetzt:

$$2\,ClOH = 2\,HCl + O_2 .$$

Beim Zusammenbringen mit Salzsäure wird das gesamte Chlor der beiden Verbindungen in Freiheit gesetzt:

$$HClO + HCl = Cl_2 + H_2O .$$

Die Hypochlorite wirken ebenso wie die freie Säure, da schon bei Zusatz einer sehr schwachen Säure (der Kohlensäure der Luft z. B.) HClO frei wird. Sie dienen deshalb vielfach als Bleichflüssigkeiten (**27**); eine Lösung von NaClO (Eau de Javelle) wird zu diesem Zweck verwendet, namentlich aber Chlorkalk (**258**). Die bleichende Wirkung der unterchlorigen Säure ist doppelt so groß, als die der Menge Chlor, welche sie enthält, sein würde, wenn diese im freien Zustand zur Wirkung käme:

$$2\,Cl + H_2O = 2\,HCl + O \quad \text{und} \quad 2\,ClOH = 2\,HCl + 2\,O\,.$$

Dabei ist jedoch nicht zu vergessen, daß zur Bildung eines Moleküls HClO zwei Atome Chlor nötig gewesen sind:

$$2\,KOH + Cl_2 = KCl + KClO + H_2O\,.$$

Beim Schütteln einer wäßrigen Lösung von unterchloriger Säure mit Quecksilber entsteht ein gelbbrauner Niederschlag von Quecksilberoxychlorid $n\,HgO \cdot HgCl_2$, der in Salzsäure löslich ist. Chlorwasser gibt dagegen mit Quecksilber geschüttelt weißes Hg_2Cl_2 (Kalomel). Diese Reaktionen können zur Unterscheidung der beiden Stoffe dienen.

Chlordioxyd ClO_2

57. entsteht, wenn zu konzentrierter Schwefelsäure Kaliumchlorat $KClO_3$ gebracht wird. Die dabei zuerst entstehende Chlorsäure zersetzt sich sofort:

$$\underset{\text{Chlorsäure}}{3\,HClO_3} = \underset{\text{Überchlorsäure}}{HClO_4} + 2\,ClO_2 + H_2O\,.$$

Chlordioxyd ist ein dunkelgelbes Gas, das sich zu einer rotbraunen bei + 9·9° (Druck 730·9 mm) siedenden Flüssigkeit verdichten läßt, welche bei —79° zu gelben Kristallen erstarrt; es hat einen scharfen, durchdringenden Geruch.

Chlordioxyd ist äußerst explosiv; beim Erhitzen, durch Schlag, bei Berührung mit organischen Stoffen explodiert es mit großer Heftigkeit; durch Licht wird es langsam zersetzt.

Von der Heftigkeit seiner Wirkung können die folgenden Versuche eine Vorstellung geben: 1) Man mische fein gepulverten Zucker vorsichtig mit Kaliumchlorat und lasse darauf einige Tropfen konzentrierter Schwefelsäure fallen: die ganze Masse entzündet sich. Durch das frei werdende ClO_2 wird der Zucker bereits bei gewöhnlicher Temperatur verbrannt. 2) Man bringe einige Stückchen gelben Phosphor sowie einige Kristalle von Kaliumchlorat unter Wasser und lasse vorsichtig konzentrierte Schwefelsäure zufließen. Der Phosphor verbrennt dann unter Wasser mit stark glänzendem Licht.

Chlordioxyd ist in Wasser löslich. Eine solche Lösung kann man bequem herstellen, indem man eine kleine Porzellanschale in eine geräumige Kristallisierschale mit flachgeschliffenem Rand setzt; in erstere gibt man 12 g Kaliumchlorat und ein abgekühltes Gemisch von 44 ccm konzentrierter Schwefelsäure mit 11 ccm Wasser; in letztere gibt man 220 ccm Wasser. Die Kristallisierschale wird dann mit einer Glasplatte bedeckt. Das sich entwickelnde Chlordioxyd (welches jedoch mit etwas Chlor gemischt ist) löst sich in dem Wasser auf und gibt ihm gelbe Färbung. Fügt man zu einer solchen Lösung eine Base, so wird ein Chlorit (58) und ein Chlorat gebildet:

$$2\,KOH + 2\,ClO_2 = \underset{\text{Kaliumchlorit}}{KClO_2} + \underset{\text{Kaliumchlorat}}{KClO_3} + H_2O.$$

In verdünnter Lösung verläuft diese Reaktion sehr langsam.

Die Zusammensetzung des Chlordioxyds hat GAY-LUSSAC auf folgende Weise bestimmt: Er ließ das Gas durch eine Kapillarröhre strömen, welche an drei Stellen zu einer Kugel aufgeblasen war. Durch Erhitzen der Röhre vor den Kugeln zersetzte er das Gas, was in dem Kapillarraum der Röhre ohne Explosion erfolgt. In den Kugeln wird demnach ein Gemisch von Sauerstoff und Chlor in dem gleichen Verhältnis, wie diese Stoffe in dem Gas vorhanden waren, erhalten. Durch Kali wurde das Chlor weggenommen und der zurückbleibende Sauerstoff in eine Gasmeßröhre übergeführt. Da auch der Inhalt der Kugeln bekannt war, waren nunmehr die nötigen Daten gegeben, um das Volumverhältnis von Sauerstoff und Chlor zu ermitteln. Es ergab sich, daß in 100 Vol. 32·9 Vol. Chlor und 67·1 Vol. Sauerstoff vorhanden waren. Dieses Verhältnis ist sehr nahe gleich dem von 1 : 2, was mit der Formel ClO_2 übereinstimmt:

$$\underset{\text{2 Vol.}}{2\,ClO_2} = \underset{\text{1 Vol.}}{Cl_2} + \underset{\text{2 Vol.}}{2\,O_2}.$$

Dieser Formel entspricht auch die Dampfdichte, welche bei 10·5° zu 34·5 bestimmt wurde, während die Formel $ClO_2\ \frac{35\cdot46 + 2\times16\cdot00}{2} = 33\cdot7$ verlangt.

Chlorige Säure $HClO_2$.

58. Diese Säure ist in reinem Zustand nicht bekannt. Ihr Natriumsalz wird leicht erhalten durch Einwirkung von Natriumperoxyd auf die wäßrige Lösung von Chlordioxyd:

$$2\,ClO_2 + Na_2O_2 = 2\,NaClO_2 + O_2.$$

Fügt man zu dieser Lösung eine Bleiacetatlösung, so schlägt sich Bleichlorit $Pb(ClO_2)_2$ in Gestalt gelber Kristallblättchen nieder, die schon bei 100° explodieren. Das Anhydrid der chlorigen Säure, welchem die Formel Cl_2O_3 zukäme, ist unbekannt.

Chlorsäure ClO_3H.

59. Das Material für die Darstellung der Chlorsäure ist Kalium- oder Bariumchlorat. Zersetzt man Bariumchlorat mit verdünnter Schwefelsäure, so fällt Bariumsulfat als weißes Pulver nieder. Die wäßrige Lösung wird abfiltriert und im Vakuum über konzen-

trierter Schwefelsäure eingedunstet. Man kann so eine 40 %ige Lösung von Chlorsäure erhalten; wird dieselbe darüber hinaus konzentriert, so tritt Zersetzung unter Entwicklung von Sauerstoff und Bildung von Überchlorsäure ein. Die konzentrierte Säure ist ein sehr kräftiges Oxydationsmittel. Tränkt man Papier damit und läßt es an der Luft trocknen, so entzündet es sich von selbst. Sie oxydiert Salzsäure — dabei entwickelt sich Chlor — ferner Schwefelwasserstoff, schweflige Säure usw. Dies alles auch in verdünntem Zustande. Gibt man zu einer verdünnten Lösung von Chlorsäure eine Indigolösung, so wird dieselbe nicht entfärbt; wohl aber, wenn ein wenig schweflige Säure hinzugebracht wird, durch welche Chlorsäure zu einem niedrigeren Oxyd reduziert wird. Diese Reaktion ist für die Säure charakteristisch. Die Salze sind alle in Wasser löslich, das Kaliumsalz jedoch nur schwer.

Die Zusammensetzung dieser Säure hat Stas durch Analyse von Silberchlorat festgestellt. Eine genau gewogene Menge Silberchlorat wurde durch eine Lösung von schwefliger Säure zu Chlorsilber reduziert, das abfiltriert und gewogen würde. Da er die Zusammensetzung des Chlorsilbers durch seine früheren Untersuchungen genau kannte, war damit die Analyse des Silberchlorats vollendet. So fand Stas, daß Silberchlorat

	56·3948 %	Silber,
	18·5227 %	Chlor,
	25·0795 %	Sauerstoff,
Sa.	100·0000	

enthält. Das Atomgewicht des Silbers ist 107·88, das des Chlors 35·46, das des Sauerstoffes 16·00. Daraus ergibt sich für das Verhältnis der Atome in diesem Salze:

$$\frac{56·3948}{107·88} = 0·52; \quad \frac{18·5227}{35·46} = 0·52; \quad \frac{25·0795}{16·00} = 1·58;$$

ein Verhältnis, welches sehr nahe gleich 1 : 1 : 3 ist, woraus demnach für chlorsaures Silber die empirische Formel $AgClO_3$ und $HClO_3$ für die Säure selbst folgt.

Überchlorsäure ClO_4H.

60. Diese Verbindung wird durch Destillation von Kaliumperchlorat mit einem Überschuß von 96—97·5 %iger Schwefelsäure hergestellt:

$$ClO_4K + H_2SO_4 = KHSO_4 + ClO_4H.$$

Reine Überchlorsäure siedet bei 39° unter 56 mm Druck. Ihr spez. Gewicht ist 1·764. Sie ist eine farblose Flüssigkeit, welche in einer Mischung von festem Kohlendioxyd und Alkohol (ca. — 80°) nicht fest wird. Sie zersetzt sich langsam, wobei sie sich dunkel färbt. Mit Wasser bildet Überchlorsäure verschiedene Hydrate, wovon das bekannteste das kristallisierte Monohydrat $ClO_4H + H_2O$ ist, welches bei 50° schmilzt; mit mehr Wasser bildet sich eine dickliche, ölige Flüssigkeit, ähnlich wie konzentrierte Schwefelsäure. Eine solche Säure enthält 71·6 % ClO_4H; sie siedet unzersetzt bei 203° und besitzt das spez. Gewicht 1·82. Die verdünnte Lösung der Überchlorsäure ist beständig.

Im konzentrierten Zustand wirkt Überchlorsäure stark oxydierend; Papier, Holz, Kohle und andre organische Stoffe werden von ihr unter Explosion entzündet; auf der Haut erzeugt sie schmerzhafte Wunden. In verdünntem Zustande dagegen gibt sie ihren Sauerstoff bei weitem nicht so leicht ab wie Chlorsäure. Sie kann z. B. mit Salzsäure schwach erwärmt werden, ohne daß Chlor entwickelt wird, und auch durch schweflige Säure wird sie nicht angegriffen. Hierdurch sowie daran, daß sie mit Schwefelsäure kein Chlordioxyd entwickelt, kann man sie von der Chlorsäure unterscheiden.

Die überchlorsauren Salze, die *Perchlorate*, sind alle in Wasser löslich; Kalium- und noch mehr Rubidiumperchlorat sind jedoch in kaltem Wasser sehr schwer löslich.

Die Zusammensetzung der Überchlorsäure ist auf analoge Weise wie die der Chlorsäure durch die Analyse eines Salzes, hier des Kaliumsalzes, bestimmt worden. Eine gewogene Menge des letzteren wird erhitzt, wobei aller Sauerstoff abgegeben wird; aus der Gewichtsverminderung ergibt sich dessen Menge. Die Analyse des zurückbleibenden Chlorkaliums KCl ergibt den Kalium- und Chlorgehalt des Salzes. Aus diesen Daten läßt sich auf dieselbe Weise wie bei der Chlorsäure die empirische Formel ClO_4K für das Salz und ClO_4H für die Säure selbst ableiten.

Chlorheptoxyd, Cl_2O_7, ist das Oxyd, welches der Überchlorsäure entspricht:

$$2 ClO_4H - H_2O = Cl_2O_7;$$

man erhält es, wenn man Überchlorsäure unterhalb — 10° langsam mit Phosphorpentoxyd zusammenbringt. Durch Destillation auf dem Wasserbad wird es als farblose Flüssigkeit erhalten, die bei 82° siedet. Es ist beständiger wie die übrigen Oxyde des Chlors; es greift in der Kälte weder Papier noch Schwefel oder Phosphor an.

Verbindungen des Broms mit Sauerstoff.

61. Brom bildet keine Verbindungen mit Sauerstoff allein, dagegen zwei Verbindungen mit Sauerstoff und Wasserstoff, die unterbromige Säure und die Bromsäure.

Unterbromige Säure, BrOH, kann auf dieselbe Weise erhalten werden wie unterchlorige Säure, nämlich durch Schütteln von Bromwasser mit Quecksilberoxyd; die verdünnte Lösung kann im Vakuum destilliert werden und hat völlig analoge Eigenschaften wie die unterchlorige Säure. Bringt man in die Lösung eines Alkalis bei niedriger Temperatur Brom, so entstehen **Bromid** und **Hypobromit** (56).

Bromsäure, BrO_3H, bildet sich, wenn in Bromwasser Chlor eingeleitet wird:

$$Br_2 + 5Cl_2 + 6H_2O = 2HBrO_3 + 10HCl.$$

Sie stimmt in ihren Eigenschaften mit der Chlorsäure sehr überein; durch viele Reduktionsmittel, wie Schwefelwasserstoff, schweflige Säure usw., wird ihr der gesamte Sauerstoff entzogen. Die meisten Salze sind in Wasser schwer löslich; beim Erhitzen geben sie ihren ganzen Sauerstoff ab.

Verbindungen des Jods mit Sauerstoff.

62. Gibt man Jod zu kalter verdünnter Kali- oder Natronlauge, so entsteht eine farblose Flüssigkeit, welche, frisch bereitet, andre Eigenschaften besitzt wie später. Frisch bereitet bleicht sie Indigolösung; sehr schwache Säuren machen Jod frei. Später verschwinden diese beiden Eigenschaften. Man muß deshalb annehmen, daß zuerst das Hypojodit KOJ gebildet wird, welches sich langsam in KJ und KJO_3 umwandelt. Beim Kochen erfolgt diese Umwandlung fast augenblicklich.

Jodpentoxyd, J_2O_5, ist das Anhydrid der Jodsäure, da es durch Erhitzen der Jodsäure auf 170° erhalten wird:

$$2JO_3H = H_2O + J_2O_5,$$

welches sich in Wasser wieder zu Jodsäure verwandelt. Es ist ein weißes kristallinisches Pulver, das bei 300° in die Elemente Jod und Sauerstoff zerfällt.

Jodsäure, JO_3H, wird durch Erhitzen von Jod mit Salpetersäure dargestellt:

$$3J_2 + \underset{\text{Salpetersäure}}{10NO_3H} = 6JO_3H + \underset{\text{Stickoxyd}}{10NO} + 2H_2O.$$

Jodsäure ist kristallinisch und in Wasser leicht löslich; sie ist ein sehr kräftiges Oxydationsmittel; Salzsäure z. B. liefert damit Chlor:

$$2JO_3H + 10HCl = J_2 + 5Cl_2 + 6H_2O.$$

Mit Jodwasserstoff setzt sie sich in wäßriger Lösung augenblicklich um, unter Abscheidung des gesamten Jods beider Verbindungen:

$$5HJ + JO_3H = 3H_2O + 6J.$$

Jodsaure Salze, **Jodate**, sind in Wasser meist schwer löslich; ziemlich leicht löslich sind die Salze der Alkalimetalle.

Beim Erhitzen von Jodsäure mit konzentrierter Schwefelsäure entwickelt sich Sauerstoff und es bildet sich die Verbindung J_2O_4, **Joddioxyd**. Dasselbe stellt ein zitronengelbes Kristallpulver dar, welches sich oberhalb 130° in seine Elemente spaltet. Mit heißem Wasser gibt es rasch Jod und Jodsäure:

$$5J_2O_4 + 4H_2O = 8HJO_3 + J_2.$$

Überjodsäure, $JO_4H + 2H_2O$, entsteht bei der Einwirkung von Jod auf Überchlorsäure:

$$HClO_4 + J + 2H_2O = JO_4H \cdot 2H_2O + Cl.$$

Sie bildet farblose Kristalle, die bei 140° völlig in Jodpentoxyd, Sauerstoff und Wasser zerfallen. Über weitere Jodsäuren s. **143**.

Nomenklatur.

63. In der gleichen Weise wie die sauerstoffhaltigen Säuren der Halogene, werden auch die Säuren der andren Elemente benannt. Die Namen werden durch Anhängen von „-säure" an den Namen des säurebildenden Elements gebildet: Chlorsäure, Phosphorsäure, Schwefelsäure usw. Sind mehrere Säuren desselben Elements bekannt, so werden die sauerstoffärmeren Säuren durch die Endsilben . . . ige und weiter durch Vorsetzung von „Unter-" oder „Hypo-" z. B.: Chlorige Säure, Schweflige Säure, Unterchlorige Säure, Unterschweflige Säure, Unterphosphorige Säure, die sauerstoffreicheren Säuren durch ein vorgesetztes: „Über-", „Hyper-" (oder „Per-"): Überchlorsäure (Hyper-, Perchlorsäure), Überschwefelsäure usw. bezeichnet.

Bei den sauerstoffhaltigen Salzen benennt man die sauerstoffreicheren Verbindungen, indem man der letzten Silbe des lateinischen Namens des säurebildenden Elements -at anhängt: Kaliumchlorat, -sulfat, -phosphat; sauerstoffärmeren wird statt -at die Endung -it angehängt: Kaliumchlorit, -sulfit, -phosphit. Die unter...igsauren Salze werden alsdann durch Vorsetzen von „Hypo-"... vor letztere Bildung: Natriumhypochlorit, Natriumhyposulfit, Natriumhypophosphit, bezeichnet.

Die Verbindung eines Elements mit Sauerstoff bezeichnet man als -o x y d: Kupferoxyd, Bleioxyd, Quecksilberoxyd. Beim Vorhandensein von zwei verschiedenen Verbindungen desselben Elements bezeichnet man die Verbindung, welche das höherwertige Element enthält, durch Anhängen des Vokales *i*, die das niedrigwertigere Element enthält, durch Anhängen des Vokales *o* an den lateinischen Wortstamm des Elements: Ferr*i*oxyd, Ferr*o*oxyd. Beim Vorhandensein von mehr als zwei Oxyden unterscheidet man die verschiedenen Oxydationsstufen als S u b o x y d e, O x y d u l e, O x y d e, S u p e r-, H y p e r- oder P e r o x y d e: Bleisuboxyd, Bleioxydul, Bleioxyd, Bleiperoxyd. Die Zahl der im Molekül einer Verbindung enthaltenen Sauerstoffatome wird durch Vorsetzen von griechischen Zahlwörtern bezeichnet: Chlor*di*oxyd, Jod*pent*oxyd usw.

Übersicht der Halogengruppe.

64. Wir haben zu beobachten Gelegenheit gehabt, daß die Halogene (Salzbildner) und ihre Verbindungen große Ähnlichkeit in ihren Eigenschaften aufweisen. Bei näherer Betrachtung ergibt sich, daß mit steigendem Atomgewicht eine graduelle Veränderung der physikalischen und chemischen Eigenschaften Hand in Hand geht. Betrachten wir zunächst die physikalischen Eigenschaften:

	F	Cl	Br	J
Atomgewicht	19·0	35·46	79·92	126·92
Schmelzpunkt .	−228°	−100·9	− 7·3	+114·2
Siedepunkt .	−187°	− 34·0	+59·0	+183·05
Spez. Gew. .	(flüssig) 1·14	(flüssig) 1·33	(flüssig) 3·18	(fest) 4·95
Farbe .	schwach gelbgrün	gelbgrün	braun	schwarz-violett

Man sieht, daß mit der Zunahme des Atomgewichtes auch die Zahlenwerte der physikalischen Konstanten ansteigen. Die rein metalloide Natur von F, Cl, Br findet man auch beim Jod wieder, wenn auch bei diesem ein äußerliches Kennzeichen der Metalle, der Metallglanz, ins Auge fällt.

Die Verwandtschaft zum Wasserstoff nimmt bei steigendem Atomgewicht ab; wir haben erfahren, daß Fluor sich schon im Dunkeln bei niedriger Temperatur mit diesem Element verbindet; Jod vereinigt sich ausschließlich bei höherer Temperatur direkt mit Wasserstoff zu einer Verbindung, die durch Wärme leicht zu zerlegen ist. Dagegen sind die Sauerstoffverbindungen der Halogene um so beständiger, je höher das Atomgewicht des Halogens ist. Während ein Halogen mit niedrigerem Atomgewicht ein Halogen von höherem Atomgewicht aus dessen Wasserstoffverbindung verdrängt, z. B.:

$$HJ + Cl = HCl + J,$$

kann umgekehrt ein Halogen von höherem Atomgewicht ein solches von niedrigerem Atomgewicht aus dessen Sauerstoffverbindungen in Freiheit setzen:

$$KClO_3 + J = KJO_3 + Cl.$$

Die Lehre von der elektrolytischen Dissoziation (Ionentheorie).

65. In **30** wurde mitgeteilt, daß die Eigenschaften trocknen Chlorwasserstoffes von denjenigen seiner wäßrigen Lösung sehr verschieden sind. Auch wurde schon erwähnt, daß viele Stoffe eine analoge Änderung erleiden, wenn sie in Wasser gelöst werden. Wir wollen jetzt die Natur dieser Änderung näher betrachten. Untersucht man die wäßrige Lösung einer Säure, einer Base oder eines Salzes von bekanntem Gehalt auf ihre Gefrierpunktserniedrigung und Siedepunktserhöhung, so ergibt sich keine Übereinstimmung mit der Berechnung. Beide sind höher als die dafür berechneten Werte (**43**). Eine $1\,^0/_0$ige Kochsalzlösung würde z. B., da die molekulare Gefrierpunktserniedrigung für Wasser 19 beträgt, also $AM = 19$ ist, eine Gefrierpunktserniedrigung von $\frac{19}{58\cdot46} = 0\cdot325^0$ zeigen müssen. (58·46 = Molekulargewicht von NaCl.) In Wirklichkeit ist diese aber 1·9mal größer und beträgt 0·617°. Da der osmotische Druck der Gefrierpunktserniedrigung proportional ist (**42**), so folgt daraus, daß auch dieser größer ist, als die Rechnung verlangt.

Eine gleiche Erscheinung ist bei Gasen bekannt. In ziemlich zahlreichen Fällen ist in einem bestimmten Volum der Druck, den eine bestimmte Gewichtsmenge Gas bei einer bestimmten Temperatur ausübt, größer als die Berechnung angibt. Man erklärt dies durch die Annahme einer Spaltung der Gasmoleküle; die Anzahl frei sich bewegender Teilchen ist dann größer und demzufolge auch der Druck. Diese Erscheinung, Dissoziation genannt, wurde (**49**) schon näher beleuchtet.

Es liegt nahe, bei dem anomal großen osmotischen Druck an eine ähnliche Erklärung zu denken, also an eine Spaltung der Moleküle in kleinere sich frei bewegende Teilchen. Die Frage, wie man sich eine solche Spaltung vorstellen soll, war nicht so leicht zu beantworten. Bei Lösungen von Salzen in Wasser würde man an eine hydrolytische Spaltung (in freie Base und freie Säure) denken können; diese sollte bei verdünnten Lösungen der Salze starker Säuren und Basen vollkommen sein, da der osmotische Druck solcher Lösungen bei Konzentrationen von beispielsweise $^1/_{10}$ normal (**93**) ungefähr das Doppelte des berechneten Wertes beträgt. Gegen eine derartige Annahme bestehen jedoch gewichtige Bedenken, namentlich, daß es nicht geglückt ist, eine solche Lösung durch Diffusion in die vermeintlich darin anwesende freie Base und die freie Säure zu scheiden, und zweitens — was noch wichtiger ist —, daß auch Säuren und Basen für sich allein in wäßriger Lösung einen größeren osmotischen Druck, als der berechnete ist, ausüben; bei diesen ist jedoch hydrolytische Spaltung ausgeschlossen.

Die Antwort auf die Frage, welcher Art die Spaltung dann sein müsse, hat man auf Grund der Beziehung gefunden, die zwischen dem anomalen osmotischen Druck und der elektrolytischen Stromleitung besteht. Arrhenius beobachtete, daß nur Elektrolyte, d. h. diejenigen Stoffe, welche in wäßriger Lösung den elektrischen Strom leiten, nämlich Säuren, Basen und Salze, die in Betracht kommenden Abweichungen des osmotischen Druckes zeigen. Sind diese Stoffe statt in Wasser in einer andren Flüssigkeit gelöst, so leitet eine solche Lösung die Elektrizität nicht; aber ihr osmotischer Druck ist dann auch normal. Hierdurch wird die Beziehung, die zwischen diesen scheinbar so heterogenen Erscheinungen besteht, erkennbar.

Um diese Beziehung zu verstehen, ist es notwendig zu wissen, welche

Vorstellung man sich von der elektrolytischen Stromleitung macht. Betrachten wir z. B. Salzsäure. Vollkommen trocknes Chlorwasserstoffgas leitet den elektrischen Strom nicht; ebensowenig vollkommen reines Wasser. Wird jedoch Chlorwasserstoffgas in Wasser aufgelöst, so erhält man eine Flüssigkeit, die Salzsäure, welche die Elektrizität gut leitet. Es muß also zwischen dem Wasser und dem Chlorwasserstoff eine gewisse Einwirkung stattgefunden haben. Wir sind früher (29) zum gleichen Schluß gekommen, als sich ergab, daß die Lösung von Chlorwasserstoffgas nicht dem Henryschen Gesetze gehorcht. Da Chlorwasserstoff beim Durchgehen des Stromes in Wasserstoff und Chlor zerlegt wird, das Wasser dagegen unverändert bleibt, so muß man annehmen, daß es die Chlorwasserstoffmoleküle sind, die eine Veränderung erlitten haben.

Die Erscheinungen der elektrolytischen Stromleitung werden voll und ganz durch die Annahme erklärt, daß die Veränderung, welche die Salzsäure erlitten hat, in einer Spaltung ihrer Moleküle in elektrisch geladene Atome (Ionen) besteht. Diese Spaltung kann vollkommen oder teilweise erfolgen, was unter andrem von der Konzentration der Lösung abhängt. Wird ein elektrischer Strom von den Elektroden aus durch die Lösung geleitet, so wandern die negativ geladenen Chlorionen (die Anionen) dem positiven Pole (Anode) zu; sie werden elektrisch neutral und als freie Moleküle aus der Flüssigkeit abgeschieden. Die positiv geladenen Wasserstoffionen (die Kationen) werden von dem negativen Pole (Kathode) angezogen und wandern ihm zu. Hierin besteht die Leitung, an der die ungespaltenen Moleküle keinen Anteil haben. Der Vorgang der Spaltung der Elektrolyte in Ionen bei der Auflösung führt den Namen elektrolytische Dissoziation oder Ionisation.

Fig. 26.

Daß freie Ionen in der Lösung eines Elektrolyten anwesend sind, ist von Ostwald in folgender Weise gezeigt worden:

Das Rohr *abcd* (Fig. 26) enthält verdünnte Schwefelsäure; *b c* ist ungefähr 40 cm lang. In *a* befindet sich ein amalgamiertes Zinkstäbchen, bei *p* ist ein Platindraht eingeschmolzen. Wenn man nun P_1 mit dem positiven Pol einer Akkumulatorenbatterie verbindet und P_2 mit dem negativen Draht in Berührung bringt, sieht man sofort Wasserstoff sich daran entwickeln.

Beim Durchgang des Stromes bildet sich Zinksulfat am Stäbchen in a: $Zn + H_2SO_4 = ZnSO_4 + H_2$. Wenn der Wasserstoff, welcher sich gemäß dieser Gleichung bildet, durch bc nach p sich bewegen sollte, so würde er einen Weg von mehr als 40 cm in sehr kurzer Zeit durchlaufen müssen. Nun ergibt sich aber sowohl durch Rechnung als durch darauf gerichtete Versuche, daß das Zurücklegen dieser Strecke viele Stunden dauern würde. Sieht man daher sofort nach Stromschluß eine Wasserstoffentwicklung an p, so muß diese bedingt werden durch H-Ionen, welche sich schon in der Nähe befinden; sie geben ihre Ladung an p ab und entweichen dann als freier Wasserstoff aus der Flüssigkeit.

Damit die Ionisation auch Rechenschaft von dem zu hohen osmotischen Druck gibt, muß man annehmen, daß die Ionen ganz frei sich bewegende Teilchen sind, ebenso wie wir uns dies von den Molekülen selber denken; die Anzahl der sich frei bewegenden Teilchen ist dann ja vergrößert. Wenn man nun einerseits aus der elektrischen Leitfähigkeit und anderseits aus dem osmotischen Druck den Betrag der Ionenspaltung berechnet, dann müssen die beiden Verfahren zu demselben Werte führen, sofern die oben gemachte Annahme richtig ist. Dies ist tatsächlich der Fall.

Angenommen nämlich, daß jedes Molekül bei der Spaltung n Ionen liefert, und daß der Teil a von allen anwesenden Molekülen dissoziiert ist, so geben x Moleküle $xa \cdot n$ Ionen, und die Anzahl der sich frei bewegenden Teilchen ist:

$$(x - a \cdot x) + x \cdot n a = x[1 + a(n - 1)].$$

Der osmotische Druck muß also $[1 + a(n - 1)]$ mal größer sein, als bei ungespaltenen Molekülen. Wenn dieser Druck p bei ungespaltenen Molekülen p_0 beträgt, dann ist:

$$p = p_0[1 + a(n - 1)],$$

woraus:

$$a = \frac{p - p_0}{(n - 1)p_0} \quad \ldots\ldots \quad (1)$$

Aus der elektrischen Leitfähigkeit gelangt man folgendermaßen zu dem Wert für a. Mit steigender Verdünnung nimmt die molekulare Leitfähigkeit zu. Hierunter versteht man die Größe der Leitfähigkeit einer Lösung, multipliziert mit der Zahl, die angibt, in wieviel Litern ein Grammolekül des Stoffes aufgelöst ist. Wird die Verdünnung immer weiter fortgesetzt, dann nähert sich die molekulare Leitfähigkeit einer bestimmten Grenze. Da die Leitfähigkeit nur durch die gespaltenen Moleküle bewirkt wird, darf man annehmen, daß bei Erreichung dieses Grenzwertes alle Moleküle in Ionen gespalten sind. Wird die molekulare Leitfähigkeit bei unendlicher Verdünnung mit λ_∞ bezeichnet und mit λ_v die Größe bei der Verdünnung v (1 Mol in v Litern), so sieht man leicht ein, daß

$$a = \frac{\lambda_v}{\lambda_\infty} \cdot \quad (2)$$

sein muß.

Nachstehend werden einige Werte von a angeführt, berechnet aus der beobachteten Gefrierpunktserniedrigung (a_v) und aus der Leitfähigkeit (a_e) der Lösung der angegebenen Salze, um eine Übersicht von der Übereinstimmung der auf beiden Wegen erhaltenen Werte zu geben. Die Zahlen gelten für Lösungen, die in einem Liter 1 g des Körpers gelöst enthalten.

	KCl	NH_4Cl	KJ	$NaNO_3$
a_v	0·82	0·88	0·90	0·82
a_e	0·86	0·84	0·92	0·82

66. Bei der elektrolytischen Dissoziation hat man es mit einem Gleichgewichtszustande zu tun, nämlich mit einem solchen zwischen den ungespaltenen Molekülen einerseits und den Ionen anderseits. Deutet man durch einen Punkt ein Kation, durch einen Strich ein Anion an, so kann man dieses Gleichgewicht für eine einbasische Säure durch:

$$SH \rightleftarrows S' + H^{\cdot},$$

wo S' der Säurerest (Anion) ist und $H^{\cdot}$ das Wasserstoffion (Kation), und für eine Base durch:

$$BOH \rightleftarrows B^{\cdot} + OH'$$

ausdrücken.

Man kann hierauf die Gleichung für den Gleichgewichtszustand anwenden, welche in **51** entwickelt ist. Es seien pro Volumeinheit a Mole SH vorhanden, und davon seien im Gleichgewichtszustand x in Ionen gespalten, dann wird das Gleichgewicht dargestellt durch

$$a - x = Kx^2.$$

Aus dieser Gleichung geht hervor, daß die Dissoziation zurückgedrängt werden muß (ebenso wie beim Jodwasserstoffgas), wenn ein Stoff mit gleichen Ionen in die Lösung gebracht wird, was man bei einem Salz dadurch bewirken kann, daß man ein andres Salz mit derselben Base oder derselben Säure zusetzt. In der Tat lautet die Gleichung dann:

$$a - x = K \cdot x(x + p),$$

wo p die Konzentration des zugefügten Ions ist. K kann nur, wenn x abnimmt, konstant bleiben.

Ferner folgt daraus, daß der Dissoziationsgrad von der Konzentration abhängig ist. Wird diese auf das n-fache gebracht, so wird aus der Gleichung:

$$n(a - x) = Kn^2x^2 \quad \text{oder} \quad (a - x) = K \cdot n \cdot x^2.$$

Ist $n > 1$, so muß x abnehmen, d. h. mit zunehmender Konzentration nimmt die Ionisation ab. Ist $n < 1$, so muß x zunehmen, d. h. beim Verdünnen nimmt die Ionisation zu. Wird n unendlich klein, so wird:

$$a = x,$$

mit andren Worten, bei unendlicher Verdünnung der Lösung wird die Ionisation vollkommen.

Wir sind jetzt imstande, eine andre Definition für Säuren und Basen zu geben wie in **30.** Säuren sind solche Stoffe, welche in wäßriger Lösung H-Ionen liefern, Basen solche, welche OH-Ionen liefern.

Die Eigenschaften der Säuren, Basen und Salze hängen eng mit dem Betrag ihrer Ionenspaltung zusammen, unter andrem auch damit, was man die Stärke einer Säure oder einer Base nennt, ein Begriff, welcher früher recht unbestimmt war.

Schon im achtzehnten Jahrhundert hatte man gefunden, daß eine Säure eine andre aus ihren Salzen vertreiben kann. Fügt man z. B. zu Soda Salzsäure, so wird Kohlensäure frei und es bildet sich Kochsalz. Dasselbe gilt auch für Basen: aus Eisenchlorid wird durch Hinzufügen von Kali Eisenhydroxyd und Kaliumchlorid erhalten. Die Säure oder Base, welche imstande ist, eine andre aus ihren Salzen zu treiben, wurde die stärkere genannt.

Die Erfahrung hat gelehrt, daß diejenigen Säuren und Basen die stärksten sind, welche bei gleicher Verdünnung am meisten ionisiert sind. Salzsäure ist z. B. stärker als Flußsäure. Bei einer Verdünnung von 1 Mol pro 1 Liter ist die erstere zu 80% in Ionen gespalten, die letztere nur zu 3%.

Wir haben früher bemerkt (**30**), daß Säuren blaues Lackmus röten, Basen rotes Lackmus bläuen. Es liegt nahe, die Ursache dieser gemeinsamen Eigenschaft der Säuren einerseits, der Basen anderseits in dem zu suchen, was allen Säurelösungen gemeinsam ist, nämlich in den Wasserstoffionen, und in dem, was allen Lösungen von Basen gemeinsam ist, nämlich in den Hydroxylionen. Man kann daher sagen, daß das H-Ion saure, das OH-Ion alkalische Reaktion verursacht.

Die Reaktionen zwischen Säuren, Basen und Salzen in wäßriger Lösung sind fast stets Reaktionen zwischen ihren Ionen. Wir werden dies später an vielen Beispielen dartun; hier sei nur folgendes erwähnt: Wenn man die verdünnte Lösung einer Base und einer Säure mischt, erhält man eine Salzlösung. Um zu verstehen, welche Reaktion dabei stattfindet, ist es notwendig zu wissen, daß in verdünnter Lösung die meisten Salze fast ganz in Ionen gespalten sind. Das Wasser selbst jedoch ist nur zu einem äußerst geringen Betrag ionisiert. Im Gleichgewicht

$$H_2O \rightleftarrows HO' + H^{\cdot}$$

ist also nur sehr wenig vom rechts stehenden System anwesend.

Man hat diesen Betrag in verschiedener Weise bestimmt, worauf hier nicht näher eingegangen werden kann; die Lehrbücher der Elektrochemie geben darüber Auskunft. Die gefundenen Werte stimmen untereinander ziemlich gut überein und führen zu einer Konzentration der Wasserstoff- und der Hydroxylionen von etwa 0.75×10^{-7}; d. h. 1 g H-Ionen und 17 g HO-Ionen sind in ca. 13 Millionen Liter Wasser vorhanden.

Wenn man nun verdünnte Lösungen einer Säure und einer Base miteinander mischt, so haben wir in einer Lösung zusammen $M^{\cdot} + OH'$ und $Z' + H^{\cdot}$. Von diesen vier Ionen können $M^{\cdot}$ und Z' frei nebeneinander existieren; nicht aber $H^{\cdot} + OH'$, denn diese müssen sich, nach dem eben Gesagten, fast völlig zu Wasser vereinigen.

Es ist nun auch leicht verständlich, wie es kommt, daß eine starke (d. h. fast ganz ionisierte) Säure eine schwache (d. h. wenig ionisierte) aus ihren Salzen austreiben kann. Versetzen wir z. B. eine Lösung von Fluornatrium mit Salzsäure, von beiden 1 Liter enthaltend 1 Mol., so haben wir zusammen:

$$H^{\cdot} + Cl' + Na^{\cdot} + F'.$$

Da jedoch das Gleichgewicht

$$H^{\cdot} + F' \rightleftarrows HF$$

weit nach rechts verschoben liegt, so enthält die Lösung viel mehr dieser Ionen, als dies im Gleichgewichtszustand möglich ist; während die Ionen Cl' und $Na^{\cdot}$ nebeneinander existenzfähig sind, müssen jene sich also fast ganz vereinigen. Das heißt in andren Worten: es hat sich Kochsalz und Flußsäure gebildet.

Wir können jetzt noch einen Schritt weiter gehen. Es wurde bereits erwähnt, daß Wasser selbst, wenn auch nur zu einem äußerst geringen Betrag, ionisiert ist. Gesetzt, man löse in Wasser das Salz einer starken Base, aber sehr schwachen Säure. Ein solches Salz ist Cyankalium; es ist in wäßriger Lösung weitgehend ionisiert, wie z. B. auf kryoskopischem Weg (**43**) bewiesen werden kann. Man hat also in der wäßrigen Lösung die Ionen des Cyankaliums neben denjenigen des Wassers:

$$K^{\cdot} + Cy' + H^{\cdot} + OH'.$$

Weil Cyanwasserstoffsäure eine äußerst schwache Säure ist, werden sich mehr Cyanionen in der Lösung vorfinden, als mit dem Gleichgewicht

$$H^{\cdot} + Cy' \rightleftarrows HCy$$

verträglich ist; es müssen sich daher Wasserstoff- und Cyanionen zu ungespaltenen Molekülen HCy vereinigen. Die Folge davon ist, daß ein Überschuß von OH'-Ionen in der Flüssigkeit anwesend ist; denn da KOH eine starke Base ist, vereinigen sich die Ionen K und OH nicht. Das Wasser, welches selbst neutral reagiert, weil es ebensoviel $H^{\cdot}$- als OH'-Ionen enthält, welche ihre Wirkung auf Lackmus gegenseitig kompensieren, muß daher, wenn es Cyankalium aufgelöst enthält, alkalische Reaktion zeigen, wie auch wirklich wahrzunehmen ist. Hieraus folgt, daß Wasser derartige Salze teilweise in freie Base $K^{\cdot} + OH'$ und freie Säure (ungespaltenes HCy) spaltet.

Man nennt diese Erscheinung Hydrolyse; wir werden derselben noch manchmal begegnen.

Als Arrhenius im Jahre 1887 die Lehre von der elektrolytischen Dissoziation aufstellte, stieß dieselbe anfangs auf vielfachen Widerspruch; denn sie rief geradezu eine Umwälzung mancher bis dahin geltenden Anschauungen hervor. Verbindungen, wie Salzsäure, Natronsalpeter und andre, die man als die stabilsten betrachtet hatte, sollten nach Arrhenius' Theorie schon beim Lösen in Wasser zerfallen; widersinnig erschien es geradezu, in einer Lösung von Jodkalium freies Kalium und freies Jod anzunehmen, da doch Kalium in Berührung mit Wasser augenblicklich Wasserstoff entwickelt und KOH gibt, und eine KJ-Lösung farblos ist, während Jodlösungen braun sind.

Was den ersten Einwand betrifft, so ist zu bemerken, daß gerade die Lösungen derartiger, stark ionisierter Verbindungen am reaktionsfähigsten sind, was also eher auf eine Lockerung der Bindung ihrer Atome, als auf einen sehr festen Zusammenhang derselben hindeutet. Was ferner das Beispiel der Jodkaliumlösung und ähnliche Fälle anlangt, so muß zwischen Atomen und Ionen ein strenger Unterschied gemacht werden (siehe auch **267**). Die Lösung von Jodkalium (um bei diesem Beispiel zu bleiben) enthält ebensowenig freies Kalium wie freies Jod, sondern Ionen Kalium und Ionen Jod. Die elektrisch geladenen Ionen besitzen einen ganz andren Energieinhalt als die unelektrischen Atome. Dieser Energieinhalt ist es, welcher die verschiedenen Eigenschaften der Stoffe bedingt; da dieser bei den Ionen ein ganz andrer ist wie bei den Atomen, so ist es durchaus natürlich, daß sie verschiedene Eigenschaften aufweisen.

Auch andere Flüssigkeiten als Wasser wirken auf in ihnen gelöste Substanzen ionisierend. Als allgemeines Resultat der zahlreichen diesbezüglichen Untersuchungen hat sich ergeben: 1. daß zwischen dem Wasser und den nichtwäßrigen Lösungsmitteln in dieser Hinsicht kein prinzipieller Unterschied besteht; 2. daß die in wäßrigen Lösungen gefundenen Regelmäßigkeiten im wesentlichen auch für die nichtwäßrigen Lösungen gelten; 3. daß man Solvenzien kennt, welche, ihrem Ionisationsvermögen nach, das Wasser sowohl erreichen, als auch übertreffen; 4. daß die meisten Flüssigkeiten aber erheblich weniger ionisierend als Wasser wirken.

Schwefel.

67. Der Schwefel war schon den Alten bekannt. Er kommt in nahezu reinem Zustande in der Natur vor, hauptsächlich in der Nachbarschaft tätiger oder erloschener Vulkane. Sizilien ist in Europa die Hauptfundstätte; aber auch in Spanien, auf Island, in Japan und in Mexiko werden große Mengen freien Schwefels gefunden. Die Schwefelgewinnung im amerikanischen Staate Louisiana macht jetzt dem sizilianischen Schwefel eine sehr ernstliche Konkurrenz.

Der in Sizilien gediegen vorkommende Schwefel wird an Ort und Stelle durch Ausschmelzen von seinen erdigen Beimengungen befreit (raffiniert) und als Rohschwefel in Verkehr gebracht.

Der Rohschwefel wird durch Destillation (Fig. 27) gereinigt. Dazu wird er in *B* abermals geschmolzen; er fließt in die Retorte *A*, verflüchtigt sich

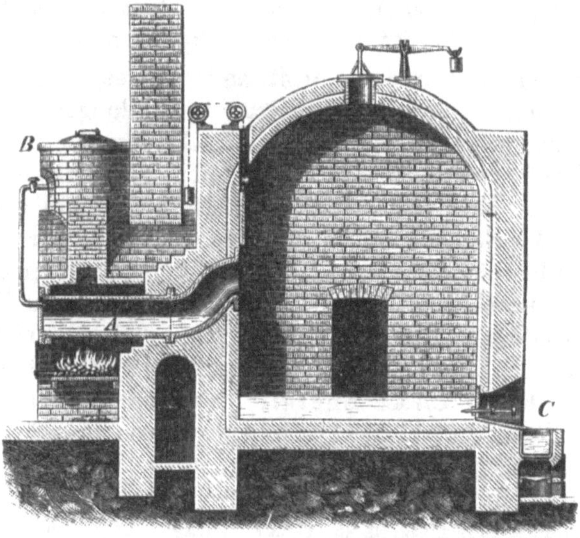

Fig. 27. Destillation des Schwefels (Längsschnitt).

hier und gelangt in eine geräumige gemauerte Kammer, welche mit Sicherheitsventilen versehen ist, um die bei der Hitze sich ausdehnende Luft entweichen zu lassen. Wird die Destillation langsam geleitet, so daß die Temperatur in der Kammer nicht bis zum Schmelzpunkt des Schwefels steigt, so sublimiert er, d. h. die sich verdichtenden Dämpfe fallen als feines kristallinisches Pulver, die Schwefelblume des Handels (ebenso wie Wasserdampf, wenn man ihn plötzlich unter 0°·abkühlt, Schnee gibt) aus. Werden die Kammern nicht gekühlt, so kondensieren sich die Dämpfe zu flüssigem Schwefel, der, bei *C* abgelassen, sich in schwach kegelförmige hölzerne Hohlformen ergießt, darin zu Stangenschwefel erstarrt und in dieser Form in den Handel kommt.

Von den zahlreichen Verbindungen des Schwefels, aus welchen er zum Teil auch gewonnen wird, sei der Pyrit oder Schwefelkies FeS_2 erwähnt, welcher Schwefel beim Erhitzen unter Luftabschluß abgibt:

$$3FeS_2 = Fe_3S_4 + 2S.$$

Verbindungen des Schwefels mit Metallen werden nach ihren physikalischen Eigenschaften als Kiese, Blenden und Glanze unterschieden. Schwefel kommt ferner in Form schwefelsaurer Salze, deren Hauptvertreter das auch als Gestein auftretende Mineral Gips ($CaSO_4 + 2H_2O$) ist, vor. Als einer der fünf Elemente der Eiweißstoffe kommt Schwefel auch im Pflanzen- und Tierkörper vor.

Physikalische Eigenschaften. Der Schwefel kommt in verschiedenen Modifikationen vor; bei gewöhnlicher Temperatur ist er fest, kristallinisch und von gelber Farbe. Bei einer Temperatur etwas über seinen Schmelzpunkt hinaus wird er eine dünne hellgelbe Flüssigkeit, die bei stärkerem Erhitzen braun und zähflüssig wird. Bei 160° ist das Maximum der Viskosität erreicht; bei höher steigender Temperatur, vornehmlich oberhalb 300°, wird er wieder dünnflüssig, behält aber die dunkle Farbe. Bei 448° beginnt die Flüssigkeit zu sieden und bildet einen orangegelben Dampf; bei 500° ist der Dampf rot, oberhalb dieser Temperatur wird er wieder heller. Beim Abkühlen wiederholen sich diese Zustände in umgekehrter Reihenfolge. Bei −80° wird der Schwefel fast farblos.

Schwefel ist unlöslich in Wasser, schwer löslich in Alkohol und Äther, löst sich jedoch leicht in Schwefelkohlenstoff und in Chlorschwefel (S_2Cl_2). 100 Gewichtsteile Schwefelkohlenstoff, CS_2, lösen 46 Gewichtsteile Schwefel bei 22° auf.

Das Molekulargewicht des Schwefels ist stark von der Temperatur abhängig. Unterhalb des Schmelzpunktes besteht das Molekül aus 8 Atomen, wie sich durch die Bestimmung der Siedepunktserhöhung in Schwefelkohlenstoff (Siedepunkt 46°) bzw. der Gefrierpunktserniedrigung in geschmolzenem Naphtalin (Schmelzpunkt 80°) ergeben hat. Im gasförmigen Zustande ändert sich die Dichte von 7·937 bei 467·9° bis 2·23 bei 860° (Luft = 1) und bleibt dann konstant bis 1800°. Bei der niedrigsten Temperatur besteht Schwefeldampf also auch noch aus S_8 Molekülen; über 860° aus nur S_2 Molekülen. Über 1800° fängt das Molekül S_2 an, sich in seine Atome zu dissoziieren; bei 2000° und $^1/_2$ Atmosphäre Druck ist die Dissoziation nach einer Untersuchung von Nernst auf ca. 45% gekommen.

68. Allotrope Modifikationen des Schwefels kommen in ziemlich großer Zahl vor; man kennt im festen Zustande fünf, im flüssigen Zustande zwei.

Die allotropen Modifikationen festen Schwefels kann man in kristallisierte und amorphe einteilen; betrachten wir zunächst die ersteren.

Schwefel kristallisiert sowohl rhombisch wie monoklin. Bei steigender Temperatur verwandelt sich erstere Kristallform in die zweite (**70**).

Schwefel wird in schönen rhombischen Kristallen erhalten, wenn man seine Lösung in Schwefelkohlenstoff langsam verdunsten läßt. Monokliner Schwefel kann auf folgende Weise schön erhalten werden: Man schmilzt Schwefel in einem großen Tiegel und läßt langsam so weit erkalten, bis sich beim Erstarren eine Kruste über der Schmelze gebildet hat. Diese stößt man durch und gießt den noch flüssigen Schwefel aus. Die Wände des Tiegels findet man dann bedeckt mit langen, gelben, glashellen Nadeln. Diese werden nach Ablauf einiger Stunden matt und zerbrechlich und zerfallen dann leicht zu einem Pulver, das aus rhombischen Schwefelkristallen besteht.

Außerdem sind noch zwei andere monokline Kristallformen des Schwefels bekannt, die beide metastabil sind (**70**). Rhombischer Schwefel wird wohl mit S_I, die gewöhnliche monokline Form mit S_{II} angedeutet, die metastabilen Formen mit S_{III} (perlmutterartiger Schwefel) und mit S_{IV}.

Amorpher Schwefel kann durch Erhitzen von Schwefel bis nahe zu seinem Siedepunkt und darauf folgende plötzliche Abkühlung erhalten werden. Anfänglich bekommt man so eine braune, weiche, durchsichtige Masse, der plastische oder elastische Schwefel, welcher im Laufe eines Tages spröde wird und, beim Ausziehen mit Schwefelkohlenstoff, die amorphe Modifikation als gelbliches Pulver zurückläßt. Die Menge dieser amorphen, in Schwefelkohlenstoff unlöslichen Modifikation, die sich gebildet hat, ist von der Temperatur bedingt, auf die der Schwefel erhitzt wird. Je höher dieselbe steigt, um so mehr wird davon gebildet, beim Erhitzen auf 440° z. B. 30·3 %. Es stellt sich bei jeder Temperatur ein Gleichgewicht zwischen dem dünnflüssigen (S_λ) und dem amorphen Schwefel (S_μ) ein, welcher letztere die Viskosität des geschmolzenen Schwefels bedingt. Schwefeldioxyd wirkt dabei als hemmender, Ammoniakgas als beschleunigender Katalysator. Besonders bei etwa 160° wird der Schwefel sehr viskös. Wird rasch abgekühlt, so bleibt durch die plötzliche Herabsetzung der Umwandlungsgeschwindigkeit die visköse Form bestehen, die dann weiter die amorphe Form liefert. Wird dagegen langsam abgekühlt, so verwandelt sich S_μ allmählich in S_λ und das erstarrte Produkt enthält keinen amorphen Schwefel.

Hierdurch läßt sich auch die Tatsache erklären, daß der Schmelzpunkt des Schwefels von seiner Vorgeschichte abhängig ist. Schwefel, der erhitzt gewesen ist, schmilzt nämlich niedriger als nicht erhitzter. Dies rührt daher, daß der Schmelzpunkt erhitzten Schwefels durch darin anwesenden amorphen Schwefel in gleicher Weise wie durch einen Fremdstoff erniedrigt wird.

Beckmann benutzte dies zur Bestimmung des Molekulargewichtes dieser Modifikation durch die Schmelzpunktserniedrigung seiner Lösung in kristallisiertem Schwefel und fand dasselbe zu S_5 bis S_6.

Auch durch violettes Licht, auf eine Lösung von Schwefel in Schwefelkohlenstoff einwirkend, bildet sich amorpher Schwefel.

Da Schwefel nicht geschmolzen werden kann, ohne daß etwas S_μ entsteht, so kann eigentlich der Schmelzpunkt des Schwefels (d. h. das Gleichgewicht zwischen dem festen und dem dünnflüssigen Schwefel S_λ) nicht beobachtet werden. Wenn man aber Schwefel bei einer möglichst niedrigen Temperatur schmilzt, und für die Anwesenheit eines verzögernden Katalysators (SO_2) sorgt, damit die Bildung von S_μ langsamer eintritt, kann man dem idealen Erstarrungspunkt sehr nahe kommen und diesen selbst durch eine kleine Extrapolation finden.

Als natürlichen Erstarrungspunkt kann man dann den Punkt bezeichnen, bei welchem S_μ anwesend ist, und zwar in der zum Gleichgewicht mit S_λ beim Erstarrungspunkt nötigen Menge. Die Einstellung dieses Gleichgewichtes wird durch Ammoniakgas als Katalysator erleichtert.

Für rhombischen Schwefel liegt der ideale Erstarrungspunkt bei 119·25°, der natürliche Erstarrungspunkt bei 114·5°, wobei die Schmelze 3·6% S_μ enthält; für den gewöhnlichen monoklinen Schwefel (S_{II}) bei 112·8° bzw. 110·2° mit 3·4% S_μ.

69. *Chemische Eigenschaften.* Schwefel kann sich direkt mit vielen Elementen verbinden, und zwar sowohl mit Metalloiden wie mit Metallen. In **10** wurde bereits angegeben, daß er an der Luft oder in Sauerstoff erhitzt sich entzündet und mit blauer Flamme verbrennt. Mit den Halogenen, mit Wasserstoff u. a. vereinigt er sich direkt. Beim Erhitzen mit Eisenfeile erfolgt Reaktion unter heftiger Wärmeentwicklung (**20**). Kupfer verbrennt unter Lichtentwicklung in Schwefeldampf. Verreibt man Quecksilber in einem Mörser mit Schwefelblumen und Wasser, so entsteht schwarzes HgS (Quecksilbersulfid).

Sulfide heißen die Schwefelverbindungen der Elemente; je nachdem sie den Oxydulen oder den Oxyden entsprechen, wird dem lateinischen Wortstamm des Elements *o* bzw. *i* angehängt: Cu_2S Kuprosulfid, CuS Kuprisulfid.

Der Umwandlungspunkt.

70. Wie in **68** bemerkt, kann Schwefel in rhombischer und in monokliner Kristallform auftreten. Diese Formen können sich ineinander umwandeln; die eigentümlichen Erscheinungen, welche dabei auftreten, verdienen eine nähere Betrachtung. Bei gewöhnlicher

Temperatur ist Schwefel rhombisch und bleibt dies so lange, bis durch Erwärmen die Temperatur 95·4° erreicht ist; bei einer Temperatur über 95·4° erfolgt langsam völlige Umwandlung in die monokline Form. Umgekehrt geht die monokline Form, wenn man unter 95·4° abkühlt, völlig in die rhombische über. Nur bei dieser Temperatur können beide Formen dauernd nebeneinander bestehen; oberhalb derselben ist nur die monokline, unterhalb nur die rhombische beständig. Derartige Erscheinungen kommen ziemlich häufig vor; die Temperatur, bei welcher die eine Modifikation in die andre sich verwandelt, heißt der Umwandlungspunkt. Dieser Umwandlungspunkt hat große Ähnlichkeit mit dem Schmelz- und Erstarrungspunkt. Wie sich z. B. Wasser bei einer Temperatur unter 0° in Eis verwandelt und Eis über 0° wieder in Wasser, so ist bei einem in verschiedenen Modifikationen auftretenden Stoffe unterhalb des Umwandlungspunktes nur die eine, oberhalb desselben nur die andre Modifikation beständig.

Die theoretische Erklärung ist für beide Vorgänge die gleiche. Betrachten wir einen Stoff, z. B. Eis, bei einer Temperatur, die nur sehr wenig niedriger als sein Schmelzpunkt ist, und tragen wir die Dampfspannung (P) bei Veränderung der Temperatur (T) in ein Koordinatensystem OTP ein. Man erhält dadurch eine Linie, die in Fig. 28 durch *Eis* bezeichnet ist. Setzt man diese Dampfspannungskurve über den Schmelzpunkt hinaus fort, so beobachtet man, daß sie bei diesem einen Knick bekommt, d. h. eine plötzliche Änderung ihrer Richtung erleidet, welche zwar für Eis und Wasser sehr gering, aber doch experimentell nachweisbar ist, und bei andren Stoffen, z. B. Benzol, deutlicher zutage tritt. Man kann Wasser bei Vermeidung jeder Erschütterung unter 0° abkühlen, ohne daß es gefriert. Die Dampfspannung des unterkühlten Wassers ist bei derselben Temperatur größer als die des Eises und geht ohne plötzliche Richtungsänderung der betreffenden Kurve bei 0° in die des Wassers über. Wenn also unter 0° die Dampfspannung des unterkühlten Wassers größer ist als die des Eises, so muß nach dem in 42 Gesagten bei diesen Temperaturen das Wasser in Eis übergehen, wenn beide nebeneinander zugegen sind. Umgekehrt ist bei einer Temperatur von wenig über 0° die Dampfspannung des Wassers kleiner als die des Eises; das Eis verschwindet und verwandelt sich in Wasser. Es geht daraus hervor, daß einer der beiden Zustände über oder unter dem Schmelzpunkt notwendigerweise verschwinden muß.

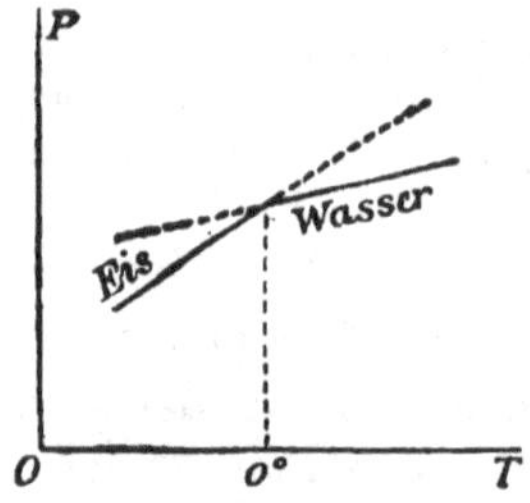

Fig. 28.

Vollkommen die gleiche Erklärung läßt sich auf den Umwandlungspunkt anwenden.

Die Dampfspannung des rhombischen Schwefels ist unter 95·4° kleiner als die des monoklinen, wenn die monokline Modifikation unterhalb dieser Temperatur durch langsame vorsichtige Abkühlung erhalten wird; umgekehrt ist über 95·4° die Dampfspannung des rhombischen Schwefels größer, als die des monoklinen, wenn die rhombische Form noch einige Zeit durch vorsichtiges Erwärmen über dieser Temperatur erhalten wird. Es muß daher auch hier in der gleichen Weise wie bei der Überschreitung des Schmelzpunktes die Verwandlung der einen Modifikation in die andre eintreten, sobald die Temperatur eine andre als 95·4° ist. Ebenso wie Eis und Wasser bei gewöhnlichem Druck nur bei einer konstanten Temperatur von 0° nebeneinander bestehen, können nur gerade bei einer Temperatur von 95·4° beide Modifikationen dauernd nebeneinander bestehen, weil dann die Dampfspannung bei beiden gleich groß ist.

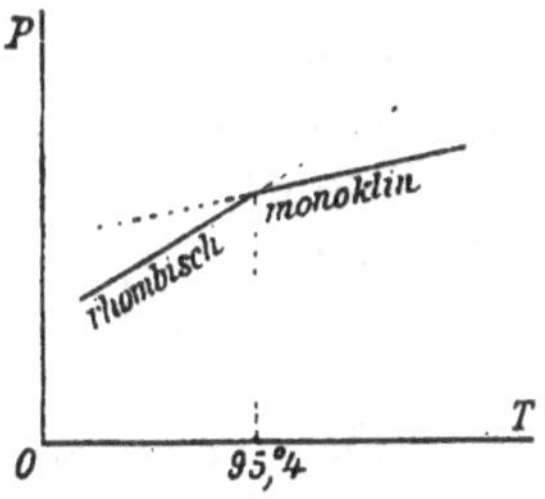

Fig. 29.

Zur Bestimmung des Umwandlungspunktes kann man die Tatsache benutzen, daß das spezifische Gewicht der beiden Modifikationen eines Stoffes meist ziemlich verschieden ist. Bei dem Umwandlungspunkt wird also eine wesentliche Volumveränderung wahrzunehmen sein, die durch das thermometerartig gestaltete Dilatometer gemessen werden kann. Nachdem man z. B. rhombischen Schwefel in den Apparat gebracht und diesen mit einer Flüssigkeit, die auf Schwefel nicht einwirkt (Petroleum, Leinöl), gefüllt hat, wird der Apparat in warmes Wasser eingetaucht, dessen Temperatur man langsam steigert. Unterhalb des Umwandlungspunktes zeigt beim Ansteigen der Temperatur das Dilatometer eine langsame und regelmäßige Ausdehnung seines Inhalts an; ist die Temperatur ein wenig über 95·4° gestiegen, so nimmt das Volum an diesem Punkte sehr erheblich zu; bei weiterem Erwärmen tritt wiederum der frühere Zustand langsamer Ausdehnung ein. An der erheblichen Änderung des Volums erkennt man, daß die Umwandlung des rhombischen Schwefels in die monokline Form vor sich gegangen ist.

Stabil, metastabil, labil.

Diese Begriffe werden in der Chemie immer mehr angewandt und erheischen deshalb eine scharfe Umgrenzung. Sie sind der Mechanik entlehnt; es ist daher wünschenswert, daß sie in der Chemie in demselben Sinne wie in jener gebraucht werden. In der Mechanik wird das Gleichgewicht labil (unsicher) genannt, wenn die geringste Verschiebung genügt, um den Körper in eine neue Gleichgewichtslage überzuführen. Ein Beispiel dafür ist ein auf die Spitze gestellter Kegel; die geringste Erschütterung bewirkt, daß er nicht mehr zu dem vertikalen Stand zurückkehrt, sondern sich davon immer mehr entfernt und ganz umkippt. Ein labiler Zustand ist also eigentlich ein Grenzfall, der in Wirklichkeit nicht darstellbar ist; auch für den Kegel nicht, wenn seine Spitze ein mathematischer Punkt wäre und er damit auf eine absolut harte Fläche gestellt würde.

Alle wirklich vorkommenden Gleichgewichte sind stabil; aber diese Stabilität kann größer oder kleiner sein. Wenn ein wirklich existierender Kegel auf seine Spitze gestellt wird, ist sein Gleichgewicht sehr wenig stabil; ein Balken dagegen, der auf dem Boden auf einer seiner Längsflächen liegt, stellt ein Gleichgewicht von sehr großer Stabilität dar. Stellt man den Balken gerade auf, so ist sein Gleichgewicht weniger stabil geworden. Er wird, wie der auf seiner Spitze ruhende Kegel, die Neigung haben, in einen mehr stabilen Zustand überzugehen. In der Mechanik liegt kein Bedürfnis vor, derartigen Zuständen einen besonderen Namen zu geben. Das ist jedoch in der Thermodynamik und in der Chemie der Fall; man nennt sie hier metastabil. Ein Beispiel ist überkaltetes Wasser; dies ist existenzfähig, doch hat es Neigung, in einen mehr stabilen Zustand überzugehen, nämlich zu gefrieren. Deshalb nennt man überkaltetes Wasser metastabil.

Aus dem Gesagten geht hervor, daß Ausdrucksweisen wie: „labile Verbindungen" (z. B. für ClO_2), oder: der Stoff befindet sich in einem „labilen Zustand", zu verwerfen sind; das Wort „labil" sollte durch „metastabil" ersetzt werden. Streng labile Zustände sind nicht möglich; doch können sie trotzdem von theoretischem Standpunkt aus von großem Interesse sein; ein Beispiel aus der Physik ist die kontinuierliche Umwandlung von Flüssigkeit in Gas unterhalb der kritischen Temperatur, welche zwar nicht durchführbar ist, van der Waals und andren jedoch zu sehr wichtigen theoretischen Untersuchungen Anlaß gegeben hat, worüber man Handbücher der Physik nachschlagen möge.

Die Phasenregel von Gibbs.

71. Die Phasenregel behandelt das Gleichgewicht in heterogenen Systemen, d. h. von Systemen, welche mechanisch in verschiedene Teile zerlegt werden können. Eine gesättigte Salzlösung, mit festem Salz in Berührung gebracht, ist ein heterogenes System, denn es besteht aus dem festen Salz, der Lösung und deren Dampf, also aus drei mechanisch scheidbaren Teilen. Jeder dieser Teile für sich ist homogen, d. h. jede gleiche Menge davon ist von gleicher Zusammensetzung. Ein Gasgemenge ist stets homogen, eine Lösung ebenfalls. Solche homogene Teile, durch Trennungsflächen voneinander geschieden, aus denen sich ein heterogenes System zusammensetzt, nennt Gibbs die Phasen eines Systems. Wasser und Wasserdampf bilden also zwei, Eis, Wasser und Wasserdampf drei Phasen.

Ein heterogenes System kann niemals mehr als eine Gasphase haben, da Gase in allen Verhältnissen miteinander mischbar sind; es kann jedoch aus verschiedenen flüssigen Phasen aufgebaut sein, wenn man es mit nicht mischbaren Flüssigkeiten zu tun hat. Die Zahl der Phasen fester Stoffe ist unbeschränkt.

Ein weiterer, von Gibbs eingeführter Begriff ist der der Komponente (Bestandteil) eines Systems. Besteht dasselbe nur aus einem einzigen Element, so ist dies auch seine einzige Komponente. Bei Systemen, die nur aus einer Verbindung aufgebaut sind, ist diese gewöhnlich auch die einzige Komponente. Ein aus geschmolzenem und gasförmigem Schwefel oder aus Wasser und seinem Dampf bestehendes System hat also nur eine Komponente. In diesem Falle haben alle Phasen die gleiche Zusammensetzung. Liegt jedoch ein System vor, in welchem dies nicht mehr der Fall ist, so besteht es aus mehr als einer Komponente, und man wählt nun als Komponenten die kleinste Zahl von Stoffen, aus denen die verschiedenen Phasen entstanden gedacht werden können. Die Wahl solcher Stoffe kann dabei einigermaßen willkürlich sein, ihre Zahl ist jedoch immer völlig bestimmt.

Betrachten wir z. B. das System Glaubersalz-Wasser. Glaubersalz hat die Zusammensetzung $Na_2SO_4 \cdot 10H_2O$. Um die Zusammensetzung der Phasen, welche hier möglich sind (festes Salz, Lösung und Dampf), zu bestimmen, ist es am einfachsten Na_2SO_4 und H_2O als Komponenten zu wählen; man könnte auch Glaubersalz selbst nehmen, würde dann aber, wenn die feste Phase aus wasserfreiem Salz besteht, Wasser als negativen Bestandteil davon annehmen müssen, was besser zu vermeiden ist. Schwefelsäure oder Natron sind keine Komponenten, weil sie in keiner einzigen Phase gesondert oder in einem andren Verhältnis als in Glaubersalz selbst vorhanden sind. Eine Eigenschaft der Komponenten ist noch, daß sie in einigen Phasen in wechselndem Verhältnis vorkommen können (z. B. gesättigte oder ungesättigte Salzlösungen).

Betrachten wir jetzt eine gesättigte Lösung von Salz in Wasser, welche sich in einem mit einem beweglichen Stempel verschlossenen Gefäß befindet; auf dessen Boden sei ein wenig festes Salz, über der Lösung ihr Dampf. Das System besteht also aus drei Phasen und zwei Komponenten. Nehmen wir eine willkürliche Temperatur für dieses System an; dann ist dadurch die Dampfspannung (Konzentration der Gasphase) und die Zusammensetzung der flüssigen Phase vollkommen bestimmt. Denn bei konstant bleibender Temperatur wird der Dampf der gesättigten Salzlösung eine bestimmte Spannung annehmen. Wird das Volum durch Heben des Stempels vergrößert, so wird eine bestimmte Menge Wasser verdampfen; da die Lösung gesättigt war, wird dies zur Folge haben, daß ein wenig Salz auskristallisiert; zum Schlusse werden daher die Mengen Dampf, Lösung und festes Salz verändert sein, aber die Zusammensetzung jeder Phase ist unverändert geblieben. Denn der Dampf hat, da die Temperatur konstant blieb, dieselbe Spannung, also dieselbe Konzentration; ebenso ist die Konzentration der Salzlösung unverändert geblieben. Das gleiche ist offenbar der Fall, wenn man das Volum vermindert. Hieraus geht hervor, daß der Gleichgewichtszustand eines solchen Systems unabhängig ist von der Stoffmenge, die in den verschiedenen Phasen zugegen ist. Derselbe ist nur abhängig von der gewählten Temperatur; wird diese konstant gehalten, so ist das ganze System vollkommen bestimmt. Umgekehrt würden durch die Wahl eines bestimmten Druckes auch die Temperatur und die Zusammensetzung der Phasen festgelegt sein oder, wählten wir diese, die Temperatur und der Druck. Sobald also eine dieser Größen willkürlich gewählt ist, sind die andren bestimmt. Das System besitzt also nur einen Freiheitsgrad. Ein solches Gleichgewicht nennt man ein vollständig heterogenes; es zeigt die folgende Eigentümlichkeit: Bei einer bestimmten konstanten Temperatur hat die Dampfspannung einen bestimmten Wert. Wird die letztere fortwährend (bei gleichbleibender Temperatur) etwas größer oder kleiner gehalten, sei es auch nur um sehr wenig, dann ist die Folge, daß eine der Phasen vollkommen verschwindet. Bei Vergrößerung des Druckes wird die gasförmige Phase sich völlig kondensieren und es werden daher nur Lösung und Salz übrig bleiben. Bei Verminderung des Druckes wird die Lösung völlig verdampfen, so daß zum Schluß nur Dampf und festes Salz übrig sind. Das gleiche ist der Fall, wenn man den Druck konstant erhält und die Temperatur variiert.

Betrachten wir nun ein System, welches aus einer ungesättigten Salzlösung und ihrem Dampf, also nur aus zwei Phasen, besteht. Bei einer konstanten Temperatur und bei einer bestimmten Lage des Stempels hat auch hier die Dampfspannung einen bestimmten Wert. Wird jedoch das Dampfvolum verändert, so ändert sich zugleich die Spannung. Denn wenn z. B. das Volum vergrößert wird, so verdampft mehr Wasser; die Salzlösung wird daher konzentrierter und ihre Dampfspannung wird dadurch geringer. In dieses System gehören daher für eine bestimmte Temperatur nicht eine, sondern unendlich viele Dampfspannungen, bei denen Gleichgewicht vorhanden ist. Daraus folgt ferner, daß eine fortwährende kleine Veränderung von Druck oder Temperatur hier nicht das Verschwinden einer der Phasen bewirkt. Man kann jetzt zwei Größen willkürlich wählen und erst dann ist das System völlig bestimmt; es hat also zwei Freiheitsgrade. Diese Art Gleichgewicht heißt ein unvollständig heterogenes. Man ersieht hieraus, daß die Zahl der Freiheitsgrade um eine wächst, wenn die Zahl der Phasen sich um eine verringert.

Die Phasenregel stellt eine Beziehung zwischen der Zahl der Komponenten, Phasen und Freiheitsgrade dar. Nennen wir die Zahl der Komponenten K, die Zahl der Phasen P und die Zahl der Freiheitsgrade F, so ist

$$F + P = K + 2,$$

oder in Worten: Die Summe der Zahlen der Freiheitsgrade und Phasen eines Systems übertrifft die Zahl der Komponenten um zwei.

Dies ergab sich schon bei den oben betrachteten gesättigten und ungesättigten Lösungen. Wir werden nun die Regel durch einzelne Beispiele näher beleuchten.

Zum ersten Beispiele wählen wir ein aus einer einzigen Komponente, nämlich aus Wasser bestehendes System; die Summe der Freiheitsgrade und Phasen muß hier also drei sein.

In der nachstehenden graphischen Darstellung (Fig. 30) sind die Temperaturen T auf der Abszisse, die Drucke P auf der Ordinate angegeben. Betrachten wir zuerst das flüssige Wasser oberhalb 0°. Die Zahl der Phasen ist hier zwei (Flüssigkeit und Dampf); das System hat also nur einen Freiheitsgrad, oder wie man es wohl auch ausdrückt, das System ist univariant. In der Tat gehört zu jeder Temperatur eine bestimmte Dampfspannung; die Ordinaten von jedem Punkt der Linie OB geben dieselbe an. War der Druck für eine bestimmte Temperatur größer, als die Ordinate angibt, so verschwindet die gasförmige Phase völlig. Die Linie OB gibt daher für die verschiedenen Temperaturen und Drucke die Grenze der flüssigen und gasförmigen Phase an. Jeder Punkt der Fläche COB vergegenwärtigt die flüssige, jeder Punkt der Fläche AOB die gasförmige Phase. Nur die Punkte der Linie OB stellen die Temperaturen und die zugehörigen Drucke vor, bei welchen beide Phasen nebeneinander bestehen können. Die Linie OB endigt also einerseits bei 0°; ihr andres Ende liegt bei der kritischen Temperatur, da bei dieser Dampf und Flüssigkeit identisch werden. — Lassen wir nun die Temperatur unter 0° sinken. Die flüssige Phase verschwindet und Eis tritt an ihre Stelle. Das System bleibt aber univariant, denn die Zahl der Phasen (jetzt Eis und Dampf) ist unverändert geblieben. Die Ordinaten der Punkte der Linie AO geben wieder die Dampfspannungen des Eises für verschiedene Temperaturen an. Aus dem oben bemerkten Grunde ist OA die Grenze der festen und der gasförmigen Phase. Nur entlang

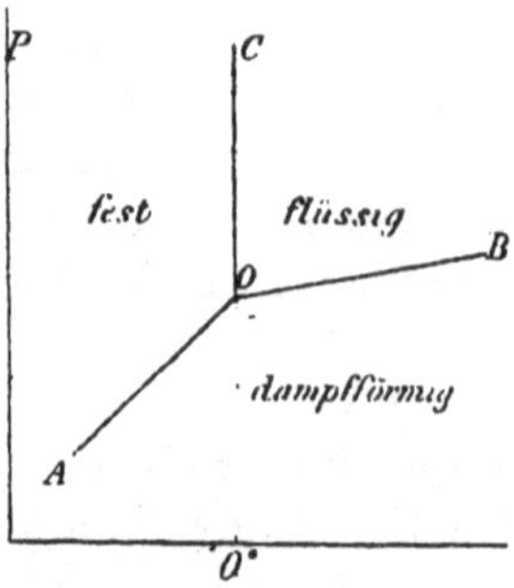

Fig. 30. Phasen des Wassers.

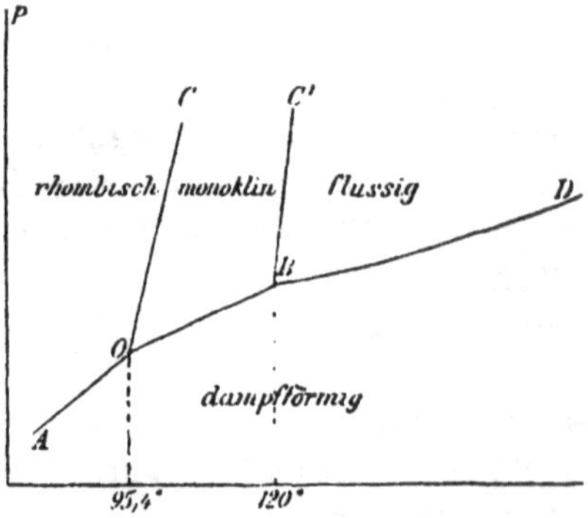

Fig. 31. Phasen des Schwefels.

dieser können beide nebeneinander bestehen. Die Linie OA geht bis zum absoluten Nullpunkt, weil dabei die Dampfphase verschwindet.

Der Schmelzpunkt des Eises ist vom Druck einigermaßen abhängig und wird durch zunehmenden Druck erniedrigt, pro Atmosphäre um 0·0075°. Die beiden Phasen Eis und Wasser können daher nebeneinander bestehen entlang einer Linie OC, die für eine sehr geringe Temperaturerniedrigung eine ansehnliche Erhöhung des Druckes anzeigt. Auch hier wird eine Veränderung des Druckes bei gleichbleibender Temperatur oder umgekehrt das völlige Verschwinden von einer der Phasen nach sich ziehen. Die Linie OC wird in einem Punkt endigen, wo die flüssige und feste Phase identisch werden, d. h. wo das ganze System zu einer homogenen amorphen Masse wird. Wo dieser Punkt liegt, ist noch nicht ermittelt.

Der Punkt O (ca. + 0·01°), der Schmelzpunkt des Eises beim entsprechenden Dampfdruck, ist bei dieser Betrachtungsweise der Schnittpunkt der drei Linien, welche die Phasen scheiden, und entlang deren zwei Phasen nebeneinander bestehen; er wird Tripelpunkt genannt. Nur in diesem Punkt bestehen die drei Phasen nebeneinander; er ist der gemeinschaftliche Punkt der Flächen, welche die Gebiete der drei Phasen angeben. Sind drei Phasen vorhanden, so hat das System keinen einzigen Freiheitsgrad: das Gleichgewichtssystem ist invariant geworden.

Als zweites Beispiel sei der Schwefel gewählt; wir wollen die vier Phasen: rhombisch, monoklin, flüssig, gasförmig betrachten. Figur 31 läßt den Zusammenhang dieser Phasen erkennen. Unterhalb 95·4° ist der Schwefel rhombisch; die zwei Phasen sind rhombischer Schwefel und Dampf. Die Linie *OA* ist die Grenze jedes einzelnen Gebietes. Bei 95·4° geht die rhombische Phase in die monokline über. Die Ordinaten der Linie *OB* geben den Dampfdruck des monoklinen Schwefels bei den Temperaturen 95·4—119·25° an. Die zwei kristallisierten Phasen können nebeneinander in dem Punkt *O* (dem Umwandlungspunkt) bestehen. Aus den Untersuchungen von Reicher geht hervor, daß dieser Umwandlungspunkt vom Druck abhängig ist; er wird bei Erhöhung des Druckes um eine Atmosphäre ca. 0·05° hinaufgerückt. Die Grenze der kristallisierten Phasen wird daher gegeben durch eine Linie *OC*, welche zeigt, daß bei nur sehr wenig steigender Temperatur eine sehr erhebliche Zunahme des Druckes erfolgt. Bei *O* haben wir demnach einen Tripelpunkt, d. h. einen gemeinschaftlichen Punkt der beiden kristallisierten Phasen und der gasförmigen Phase. Bei *B*, dem Schmelzpunkt des monoklinen Schwefels, liegt ein zweiter Tripelpunkt, welcher dem Schmelzpunkt des Eises vollkommen analog ist. Schließlich sei noch bemerkt, daß die Linie *BC'*, welche die flüssige und feste Phase trennt, hier bei einer Zunahme des Druckes eine Erhöhung des Schmelzpunktes andeuten muß, weil Schwefel bei höherem Druck auch höher schmilzt. Die Linien *OC* und *BC'* sind nicht parallel, sondern schneiden sich, wie der Versuch lehrt, bei ca. 151° und 1281 Atmosphären.

Da die Summe der Phasen und Freiheitsgrade auch beim Schwefel drei beträgt, so ergibt sich sofort aus der Phasenregel, daß alle vier Phasen nicht nebeneinander bestehen können, auch dann nicht, wenn das Gleichgewichtssystem invariant ist.

Im Tripelpunkt kann man weder die Temperatur noch den Druck ändern, ohne die Art des Gleichgewichtes zu ändern. Das System ist invariant. Längs der Linien *OA*, *OB*, *OC* ist es univariant. Ist die Zahl der Phasen gleich der der Komponenten, so ist das System divariant.

Später werden wir Gelegenheit haben, Systeme mit mehr als einer Komponente zu betrachten.

Schwefelwasserstoff H_2S.

72. Diese gasförmige Verbindung des Schwefels mit Wasserstoff entströmt in vulkanischen Gegenden dem Erdboden; sie kommt auch in einigen, Schwefelwässer genannten Mineralwässern, so in denen von Aachen, vor; sie bildet sich bei der Fäulnis schwefelhaltiger organischer Stoffe (Eiweiß).

Man kann Schwefelwasserstoff durch Synthese aus den Elementen erhalten. Wenn Schwefel mit Wasserstoff längere Zeit (etwa 168 Stunden) auf 310° erhitzt wird, findet fast vollständige Vereinigung statt.

Schwefelwasserstoff kann ferner durch Einwirkung von Wasserstoff auf Schwefelverbindungen oder umgekehrt von Schwefel auf Wasserstoffverbindungen erhalten werden; ein Beispiel für ersteren Fall ist die Reduktion von Schwefelsilber Ag_2S durch Wasserstoff bei höherer Temperatur; für den andren, daß beim Kochen von Terpentinöl $C_{10}H_{16}$ mit Schwefel Schwefelwasserstoff entsteht. Diese Methoden sind für die Darstellung der Verbindung jedoch nicht geeignet.

Zu diesem Zweck bedient man sich der Einwirkung einer Wasserstoff- auf eine Schwefelverbindung, und zwar meistens der Einwirkung verdünnter Schwefel- oder Salzsäure auf Schwefeleisen:

$$FeS + 2HCl = FeCl_2 + H_2S.$$

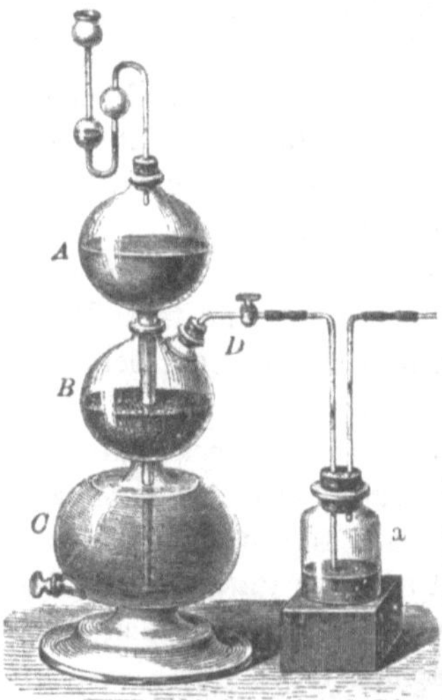

Fig. 32. Kippscher Apparat.

Um Schwefelwasserstoffgas stets zur Verfügung zu haben (zu analytischen Arbeiten wird es viel gebraucht, siehe 73), ist von Kipp in Delft (Niederlande) ein Apparat erfunden worden, welcher zu diesem Zweck besonders geeignet ist und auch für die Entwicklung vieler andrer Gase bei gewöhnlicher Temperatur verwendet werden kann. Er ist folgendermaßen konstruiert.

Über dem Doppelgefäß *B* und *C* (Fig. 32), von dem jedes einen seitlichen Hals hat, befindet sich ein Kugeltrichter *A*, dessen lange Röhre bis in den unteren Teil von *C* hinabreicht, ohne die Verbindung zwischen *B* und *C* zu versperren. Schwefeleisen wird in *B* gebracht und die verdünnte Säure in *A*. Wenn der Hahn *D* geöffnet ist, fließt die Säure aus *A* nach *C*. Sobald *C* gefüllt ist, wird der Hahn geschlossen und *A* noch etwa halb mit Säure nachgefüllt. Öffnet man jetzt den Hahn *D*, so sinkt die Flüssigkeit aus *A* nach *C*, wird nach *B* gedrückt und entwickelt mit dem Schwefeleisen Schwefelwasserstoff, welcher durch *D* entweicht. Schließt man den Hahn, so dauert die Entwicklung noch fort, verdrängt aber die Flüssigkeit aus *B*; sobald dies geschehen ist, hört die Entwicklung von selbst auf; der Apparat ist jederzeit imstande, beim Öffnen des Hahnes neue Mengen Gas zu liefern, bis die Säure oder das Schwefeleisen verbraucht ist. Die verbrauchte Säure wird durch den Hals unten in *C* leicht abgelassen.

Da dem Schwefeleisen immer etwas metallisches Eisen beigemengt ist, so enthält das so bereitete Gas ein wenig Wasserstoff. Völlig reinen Schwefelwasserstoff gewinnt man durch Zersetzen von Schwefelantimon, Sb_2S_3, mit konzentrierter Salzsäure.

Physikalische Eigenschaften. Schwefelwasserstoff ist ein farbloses Gas, das sich in verdünntem Zustande durch seinen Geruch nach faulen Eiern bemerklich macht. Unter einem Druck von etwa 17 Atmosphären wird H_2S bei gewöhnlicher Temperatur zu einer farblosen Flüssigkeit verdichtet, die bei $-61 \cdot 8$ siedet und bei -83^0 erstarrt. 1 l des Gases wiegt 1·5392 g bei 0^0 und 760 mm Druck. 1 Vol. Wasser löst 4·37 Vol. bei 0^0 („Schwefelwasserstoffwasser").

Chemische Eigenschaften. Schwefelwasserstoff ist entzündlich und geht beim Verbrennen je nach der Luftzufuhr in Schwefeldioxyd und Wasser, oder in Wasser und Schwefel über:

$$H_2S + 3\,O = H_2O + SO_2\,; \quad H_2S + O = H_2O + S\,.$$

In wäßriger Lösung zersetzt er sich an der Luft in Schwefel und Wasser; die Zersetzung wird durch Licht befördert. Will man Schwefelwasserstoffwasser unzersetzt erhalten, so muß man es in dunklen, völlig gefüllten und gut verschlossenen Flaschen aufbewahren. Am leichtesten wird guter Verschluß erzielt, wenn man die Flasche mit dem Stopfen nach unten in ein Becherglas mit Wasser setzt. Den Gasgehalt kann man durch Kochen aus dem Schwefelwasserstoffwasser austreiben.

H_2S wirkt giftig; als Gegengift wird Einatmen von sehr verdünntem Chlor empfohlen.

Schwefelwasserstoff ist ein kräftiges Reduktionsmittel. Bromwasser und Jodlösung werden dadurch unter Schwefelabscheidung entfärbt.

Dies erfolgt nach der Gleichung

$$H_2S + 2\,Br = 2\,HBr + S\,.$$

Da Schwefelwasserstoff, sei es auch nur wenig, in seiner wäßrigen Lösung ionisiert ist, so kann man diese Gleichung auch wie folgt schreiben:

$$2\,H^{\cdot} + S'' + 2\,Br = 2\,H^{\cdot} + S + 2\,Br',$$

woraus hervorgeht, daß bei dieser Reaktion das Brom die Ladungen des Schwefels übernimmt, oder mit andren Worten, daß Brom sich auf Kosten des Schwefels ionisiert.

Verschiedene Sauerstoffverbindungen werden durch Schwefelwasserstoff in niedrigere Oxydationsstufen übergeführt, Chromsäure z. B. wird in saurer Lösung zu Chromoxydsalz (**295**) reduziert. Rauchende Salpetersäure wirkt auf das Gas so kräftig ein, daß eine schwache Explosion erfolgt. Leitet man H_2S über Bleiperoxyd PbO_2, so entzündet er sich, während letzteres reduziert wird. Konzentrierte Schwefelsäure H_2SO_4 wird durch das Gas reduziert, weshalb sie zum Trocknen von H_2S nicht verwendet werden kann.

Schwefelwasserstoff hat den Charakter einer schwachen Säure; wenn man ihn über Zink, Kupfer, Zinn oder Blei leitet, so entstehen die entsprechenden Sulfide und Wasserstoff wird frei.

Zusammensetzung des Schwefelwasserstoffes. Wenn man in trocknem Schwefelwasserstoff — in einer Röhre über Quecksilber — ein Stückchen Zinn erhitzt (Fig. 33), so entstehen Schwefelzinn und Wasserstoff. Nach dem Erkalten zeigt sich, daß dessen Volum ebenso groß ist, wie das des Schwefelwasserstoffes. Zu demselben Resultat gelangt man, wenn in dem trocknen Gas ein Platindraht zum Glühen gebracht wird, wodurch es in die Elemente gespalten wird. Da das Molekül des Wasserstoffes H_2 ist, müssen im Molekül des Schwefelwasserstoffes zwei Atome Wasserstoff vorhanden sein. Nun ist für das spez. Gewicht des Schwefelwasserstoffes 1·1912 (Luft = 1) oder 17·15 (O = 16) gefunden worden. Das Mol wiegt daher 34·30 g, und da darin 2 g H vorhanden sind, bleiben für den Schwefel noch 32·3 g übrig. Diese Zahl kommt dem Atomgewicht des Schwefels (32·07) sehr nahe. Daher kann im Molekül des Schwefelwasserstoffes nur ein Atom Schwefel zugegen sein. Wir gelangen so zu der Formel H_2S.

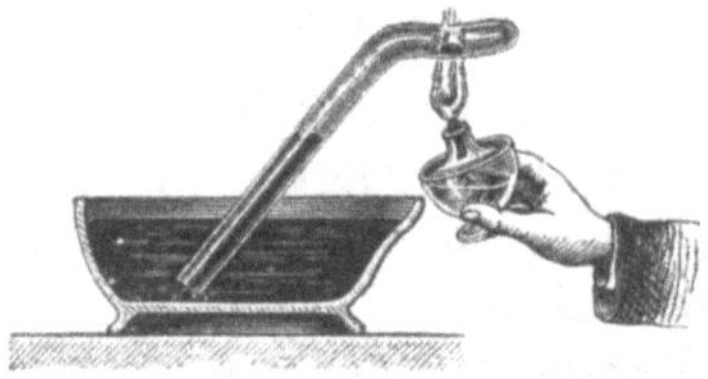

Fig. 33. Zersetzung von H_2S.

73. Gebrauch des Schwefelwasserstoffes in der Analyse. H_2S findet in der qualitativen Analyse ausgedehnte Anwendung. Eine große Anzahl Metalle werden aus saurer Lösung durch Schwefelwasserstoff als Sulfide niedergeschlagen. Dies sind (außer einigen seltenen Elementen) Gold, Platin; Arsen, Antimon, Zinn, Silber, Quecksilber, Blei, Wismut, Kupfer und Kadmium. Einige dieser Sulfide zeigen charakteristische Färbung, so das orangerote Schwefelantimon Sb_2S_3, das gelbe Schwefelkadmium CdS, das braune Stannosulfid SnS, das gelbe Stannisulfid SnS_2, das gelbe Schwefelarsen As_2S_3. Die übrigen der genannten Sulfide sind schwarz gefärbt. Andere Metalle wie Nickel, Kobalt, Eisen, Mangan, Zink, Chrom, Aluminium usw. werden aus saurer Lösung durch H_2S nicht gefällt, wohl jedoch durch Schwefelammonium; noch andre Metalle wie Barium, Strontium, Calcium, Magnesium und die Alkalien werden auch durch Schwefelammonium aus ihren Lösungen nicht gefällt, so daß man in dem Schwefelwasserstoff und seiner Ammoniumverbindung ein Mittel zur Trennung dieser Elemente besitzt.

Auf die Frage, warum einige Elemente aus saurer Lösung durch Schwefelwasserstoff gefällt werden, andre nicht, gibt die Ionentheorie Antwort. Man habe eine verdünnte Lösung von Kupfersulfat und leite in dieselbe Schwefelwasserstoff ein; Kupfersulfat ist nahezu völlig ionisiert, Schwefelwasserstoff nur zu einem sehr geringen Teil (δ). Wir haben daher in der Lösung:

$$Cu^{\cdot\cdot} + SO_4'' + 2\delta H^{\cdot} + \delta S'' + (1-\delta) H_2S,$$

wo die Kationen durch einen Punkt, die Anionen durch einen Strich oben rechts dargestellt werden und die Anzahl dieser Punkte oder Striche ihre Valenz (**76**) andeutet.

Die Kupfer- und Schwefelionen können hier zu ungespaltenen Molekülen CuS zusammentreten, welche in Wasser sehr wenig löslich sind und daher niederfallen. Hierdurch wird jedoch das Gleichgewicht zwischen H_2S und seinen Ionen gestört; es wird aufs neue H_2S in Ionen gespalten werden; hierdurch werden wieder S-Ionen frei, welche sich mit Cu vereinigen können und so fort, so daß der Prozeß nach der Gleichung verläuft:

$$CuSO_4 + H_2S = \underset{\text{unlöslich}}{CuS} + H_2SO_4$$

oder wenn man nur die daran beteiligten Ionen schreibt:

$$Cu^{\cdot\cdot} + S'' = CuS$$

und zwar quantitativ, wenn die Kupferlösung verdünnt und ihr keine beträchtliche Menge einer starken freien Säure zugesetzt war. Sind diese Voraussetzungen jedoch nicht erfüllt, und ist deshalb die Konzentration der Wasserstoffionen eine beträchtliche, so drängen diese die Ionisation von H_2S so sehr zurück (**66**), daß kein Niederschlag entstehen kann.

Ob dieser sich bilden wird, hängt nämlich von der folgenden Bedingung ab. Kupfersulfid löst sich in Berührung mit Wasser zu einem äußerst geringen Betrag auf; in dieser Lösung hat man den Gleichgewichtszustand:

$$Cu^{\cdot\cdot} + S'' \rightleftarrows CuS.$$

Wenn a und b die Konzentration der beiden Ionen, c die des ungespaltenen CuS ist, gilt hierfür die Gleichung:

$$a\,b = k \cdot c,$$

wo k bei gleichbleibender Temperatur eine Konstante ist (**51**).

Das Produkt $a\,b$ führt den Namen *Löslichkeitsprodukt*. Es hat für jede gesättigte Lösung einen bestimmten Wert. Ist es in einem gegebenen Fall kleiner als dieser Wert, so kann sich aus der Lösung nichts abscheiden, weil die Lösung dann nicht gesättigt ist; wird es jedoch durch irgend welche Umstände größer, so scheidet sich der gelöste Stoff ab.

Sobald nun die Konzentration der S-Ionen so gering wird (infolge des Zurückgehens der Ionisation von H_2S durch die H-Ionen), daß dadurch der Wert von *ab* kleiner wird, als der des Löslichkeitsproduktes von CuS, wird kein Niederschlag entstehen. Verdünnt man jedoch die Flüssigkeit, so nimmt die Konzentration der H-Ionen ab; leitet man jetzt Schwefelwasserstoff ein, so nimmt diejenige der S-Ionen zu; der Wert des Löslichkeitsproduktes kann dann überschritten werden, wodurch CuS abgeschieden wird.

Wenn man einem in Wasser verteilten Niederschlag von CuS eine starke Säure zusetzt, wird nur eine sehr geringe Menge desselben sich lösen; die H-Ionen der starken Säure nehmen zwar einen Teil der S-Ionen weg, um etwas ungespaltenen H_2S zu liefern, so daß, um das Gleichgewicht herzustellen, eine Spur CuS mehr in Lösung gehen muß; aber bald wird der Punkt erreicht, bei dem so viele Cu- und S-Ionen in der Lösung sind, daß der Wert des Löslichkeitsproduktes von CuS erreicht wird. Von diesem Augenblick an geht kein CuS mehr in Lösung. Da der Wert des Löslichkeitsproduktes sehr klein ist, ist die Löslichkeit des Sulfids in verdünnten starken Säuren sehr gering, während anderseits infolgedessen die Fällung des CuS möglich wird.

Ist jedoch das Löslichkeitsprodukt eines Sulfids größer, wie bei Schwefeleisen, so bewirkt der Zusatz von Schwefelwasserstoff zu der Lösung eines Eisensalzes, z. B. Ferrosulfat $FeSO_4$, keinen Niederschlag von FeS; umgekehrt wird FeS durch verdünnte starke Säuren aufgelöst. Denn wenn man in eine Lösung von $FeSO_4$ selbst bis zur Sättigung H_2S einleitet, ist wegen der geringen Ionisation des H_2S die Konzentration der S-Ionen doch noch nicht groß genug, um mit der der Fe-Ionen den Wert des Löslichkeitsproduktes von FeS zu erreichen; es entsteht daher kein Niederschlag. Wird verdünnte Salzsäure zu FeS zugegeben, so bilden die H- und S-Ionen ungespaltene H_2S-Moleküle, wodurch die Konzentration der S-Ionen kleiner bleibt, als sie zufolge des Wertes des Löslichkeitsproduktes werden müßte, um ein Auflösen zu verhindern; deshalb geht bei genügendem Säurezusatz alles Schwefeleisen in Lösung.

Es ist nun auch klar, weshalb Eisenlösungen durch Schwefelammonium niedergeschlagen werden; dies erfolgt nach der Gleichung:

$$FeSO_4 + (NH_4)_2S = FeS + (NH_4)_2SO_4 .$$

Es sind hier also keine H-Ionen in der Lösung, die auf das Schwefeleisen einwirken können.

Daß endlich Metalle wie Barium usw. weder durch H_2S noch durch Schwefelammonium gefällt werden, hat in der Leichtlöslichkeit ihrer Sulfide seinen Grund.

Wasserstoffpersulfid.

74. Wird eine Lösung von Schwefelnatrium, Na_2S, mit Schwefel digeriert, so löst sich dieser, und die Flüssigkeit enthält, je nach der zugesetzten Schwefelmenge, Verbindungen Na_2S_2 bis Na_2S_5, Polysulfide genannt. Beim Eingießen einer solchen Lösung in verdünnte kalte Salzsäure scheidet sich ein Öl aus, aus dem sich durch Destillation unter niedrigem Druck zwei Verbindungen gewinnen lassen. Sie haben die Formeln H_2S_2 und H_2S_3. Hydrodisulfid ist bei gewöhnlicher Temperatur eine wasserhelle, gelbliche Flüssigkeit, etwa von der Konsistenz des Wassers. Mit Alkalien zersetzt es sich stürmisch. Bei gewöhnlichem Druck siedet die Flüssigkeit teilweise unzersetzt bei 74—75°. Ihr spez. Gew. ist 1·376. Ihre Dämpfe reizen Auge und Schleimhäute sehr stark.

Hydrotrisulfid ist eine bei gewöhnlicher Temperatur hellgelbe Flüssigkeit, welche etwas leichter flüssig als Olivenöl ist. Ihr spez. Gew. bei 15° beträgt 1·496. Der Geruch erinnert an den des Chlorschwefels und des Kampfers. Sie erstarrt bei −52°. Beim Erwärmen färbt sie sich dunkler, wird zäher und beginnt bei ca. 90° lebhaft Schwefelwasserstoff zu entwickeln. Durch Alkalien erfolgt heftige Zersetzung.

Die Empfindlichkeit dieser Verbindungen gegen Alkalien ist so groß, daß sie nur in Glasgefäßen zu gewinnen und zu erhalten sind, deren Innenwände zuvor durch Säure von Spuren Alkali befreit sind.

Verbindungen des Schwefels mit Halogenen.

75. Wird Chlor über erwärmten Schwefel geleitet, so entsteht Einfach-Chlorschwefel oder Schwefelmonochlorid S_2Cl_2, eine gelbe Flüssigkeit von sehr unangenehmem, stechendem und zu Tränen reizendem Geruch, die bei 139° siedet und bei −76° deutlich kristallinisch erstarrt. Sie vermag Schwefel in großer Menge zu lösen, bei gewöhnlicher Temperatur gegen 66%, und findet dadurch beim Vulkanisieren des Kautschuks („Org. Ch." *370*) Anwendung.

Durch Wasser wird Schwefelchlorür langsam zersetzt:

$$2S_2Cl_2 + 2H_2O = SO_2 + 3S + 4HCl.$$

Es gibt noch zwei andre Verbindungen von Schwefel und Chlor, nämlich SCl_2 und SCl_4.

Schwefeldichlorid SCl_2 bildet sich langsam, wenn S_2Cl_2 und flüssiges Chlor in molekularem Verhältnis gemischt werden. Anfangs zeigt diese Mischung gelbe Farbe, die jedoch nach wenigen Tagen in eine rote umschlägt. Aus der Dampfdichte und aus der Gefrierpunktserniedrigung, die durch die rote Substanz in Eisessig oder Benzol verursacht wird, ergibt sich die Formel SCl_2. Es muß aber darauf hingewiesen werden, daß ein Gemisch von $S_2Cl_2 + Cl_2$ dasselbe (scheinbare) Molekulargewicht zeigen würde, weil daraus auch wieder 2 Moleküle SCl_2 entstehen. Die Existenz von SCl_2 ist aber nicht nur durch den erwähnten Farbenwechsel wahrscheinlich, sondern auch durch folgende Beobachtungen:

1. Die Zusammensetzung des Dampfes, welcher sich aus einer frischen Mischung von S_2Cl_2 und Chlor entwickelt, ist eine ganz andere als die aus einer alten, rot gewordenen. 2. Mischungen von S_2Cl_2 und Cl_2 verringern ihr Volum beim Stehen und die Abnahme des Volums erreicht für die Mischung in molekularem Verhältnis ihr Maximum. 3. Durch Destillation unter 4 mm Druck konnten 80—90 % der Flüssigkeit fast konstant bei -24^0 überdestilliert werden. Bei gewöhnlichem Druck siedet die Verbindung bei etwa 59—60° unter Zersetzung.

Schwefeltetrachlorid SCl_4 kann in weißer, feinpulveriger, anscheinend nicht kristallinischer Form erhalten werden, wenn eine Chlor-Schwefelmischung von der Zusammensetzung $S + Cl_4$ oder $S + Cl_6$ auf -75^0 abgekühlt (wodurch dieselbe erstarrt) und dann zentrifugiert wird. Sein Schmelzpunkt liegt bei etwa -33^0, wobei sich aber reichlich Chlor entwickelt; dieser Punkt konnte nicht scharf bestimmt werden. Auch die Form der Gefrierpunktskurve läßt keinen Zweifel über die Existenz einer Verbindung SCl_4 (siehe 237).

Fluor vereinigt sich mit Schwefel zu gasförmigem Schwefelfluorid SF_6, dessen Eigenschaften für eine Verbindung von dieser Zusammensetzung ganz unerwartet sind. Es ist nämlich farb- und geruchlos und nicht entzündbar. Bei -55^0 wird es fest. In Wasser ist es wenig löslich. Trotz des hohen Fluorgehaltes ist es chemisch fast so indifferent wie Stickstoff, wird von schmelzenden Alkalien nicht zersetzt und ebensowenig von Kupferoxyd bei Dunkelrotglut. Mit Wasserstoff kann es erhitzt werden, ohne daß Fluorwasserstoff entsteht. Sogar Natrium kann darin geschmolzen werden, ohne daß seine Oberfläche blind wird; erst bei seinem Siedepunkt wird es von dem Fluorid angegriffen.

Die Valenztheorie
oder die Theorie von der Wertigkeit der Elemente.

76. Einige Elemente besitzen die Fähigkeit, mit einem ihrer Atome ein Atom eines andren Elementes zu binden. Die Halogene können mit Wasserstoff nur Verbindungen vom Typus HX (X = Halogen) bilden. Dementsprechend bezeichnet man die Halogene als einwertig oder univalent.

Andre Elemente, wie Sauerstoff und Schwefel, vermögen mit einem ihrer Atome zwei Atome eines andren Elementes zu binden (Beispiele H_2S, H_2O). Man nennt sie deshalb zweiwertig oder bivalent.

Die Wertigkeit eines Elementes wird also durch die Anzahl andersartiger Atome, welche ein Atom des betreffenden Elementes binden kann, bestimmt. Stickstoff z. B. bindet drei Atome Wasserstoff und ist daher dreiwertig oder trivalent, Kohlenstoff ist vierwertig oder quadrivalent usf.

Man deutet gewöhnlich die Valenz durch Striche an, wie in $O{<}^{H}_{H}$, $N{\lessgtr}\begin{smallmatrix}H\\H\\H\end{smallmatrix}$, wobei jeder Strich eine Bindungseinheit vorstellt.

Die Wertigkeit eines und desselben Elementes kann verschieden sein je nach der Natur der andren Elemente, mit denen es in

Bindung tritt. Schwefel z. B. kann nur zwei Atome Wasserstoff binden; von dem einwertigen Chlor nimmt er jedoch bis zu 4 Atomen auf (SCl_4), von Fluor sogar bis zu 6 (SF_6). Schwefel verhält sich daher diesen Elementen gegenüber als vier- und sechswertig. Bindungen des Schwefelatoms mit mehr als sechs andren einwertigen Atomen darzustellen ist nicht gelungen; seine Maximalwertigkeit ist daher 6.

Auch die Halogene, die sich dem Wasserstoff gegenüber einwertig verhalten, sind in ihren Verbindungen untereinander mehrwertig: man denke z. B. an die Verbindungen JCl_3 und JF_5; man ist berechtigt anzunehmen, daß ihre Maximalwertigkeit sieben beträgt (**213**).

Man hat ziemlich allgemein beobachtet, daß, je nachdem die maximale Valenz eines Elementes gerade oder ungerade ist, die niedrigeren Valenzen es auch sind; die Halogene und der Schwefel sind hierfür Beispiele.

Die Valenz ist auch abhängig von der Temperatur; wir werden bald sehen, daß SO_3 sich bei höherer Temperatur dissoziiert in SO_2 und Sauerstoff; während also Schwefel dem Sauerstoff gegenüber bei niedriger Temperatur sechswertig ist $\left(S\begin{matrix} \diagup O \\ = O \\ \diagdown O \end{matrix}\right)$, ist erstgenanntes Element oberhalb 700° nur noch vierwertig bezogen auf Sauerstoff $\left(S<^{O}_{O}\right)$.

Die Valenz muß daher auch vom Druck abhängig sein, da dieser ja auf die Dissoziation einen großen Einfluß ausübt. Vom Kupfer sind z. B. zwei Oxyde bekannt, CuO und Cu_2O. Im ersten ist das Metall bivalent, im zweiten univalent. Nun dissoziiert sich CuO bei hoher Temperatur in Cu_2O und O, und die Dissoziationstemperatur hängt vom Druck ab, gerade so wie dies in **259** für die Zersetzung von $CaCO_3$ angegeben ist. Die Dissoziationskurve ist also auch die Grenze zwischen der Uni- und Bivalenz des Kupfers.

Die Grundlage für die Art von Formeln wie $S<^{O}_{O}$, $N\begin{matrix} \diagup H \\ - H \\ \diagdown H \end{matrix}$ usw. bildet die aus der organischen Chemie entlehnte Vorstellung, daß die Atome eines Moleküls nicht jede willkürliche Gruppierung annehmen können, sondern in jedem Molekül in bestimmter Weise angeordnet sind.

Über gewisse Erweiterungen des Valenzbegriffes siehe **318**.

Valenz der Ionen.

In der wäßrigen Lösung eines Elektrolyten muß die Summe aller positiven Elektrizitätsmengen der Summe aller negativen gleich sein; denn die Lösung verhält sich elektrisch neutral. In einer Lösung von Salzsäure muß daher die positive Ladung der H-Ionen gleich der negativen Ladung der Chlor-Ionen sein, und da von beiden gleichviel Ionen vorhanden sind, muß jedes derselben gleiche, aber entgegengesetzte Ladung besitzen. In einer Lösung von Schwefelsäure dagegen müssen die 2 H-Ionen zusammen ebensoviel positive Elektrizität besitzen wie SO_4 negative. Das Ion SO_4'' nennt man deshalb auf das Wasserstoffion bezogen zweiwertig. Man erkennt leicht, wie sich auf analoge Weise die Wertigkeit andrer Ionen bestimmen läßt; die Wertigkeit wird ausgedrückt durch den numerischen Wert der Elektrizitätsmenge, mit der die Ionen beladen sind, die Elektrizitätsmenge des Wasserstoffions als Einheit angenommen.

Von **Verbindungen des Schwefels mit Sauerstoff,**

77. welche nur diese zwei Elemente enthalten, sind drei bekannt: S_2O_3, SO_2 und SO_3; wichtig sind jedoch nur SO_2 und SO_3.

Schwefelsesquioxyd S_2O_3.

Diese Verbindung wird durch Eintragen von gepulvertem Schwefel in SO_3, Schwefeltrioxyd, erhalten; es entsteht eine blaue Flüssigkeit, welche zu einer malachitgrünen Masse erstarrt und sich in rauchender Schwefelsäure mit blauer Farbe löst. Durch Erwärmen wird S_2O_3 in Schwefel und SO_2 zerlegt:

$$2 S_2O_3 = 3 SO_2 + S .$$

Von Wasser wird es zersetzt unter Bildung von Schwefel, schwefliger Säure, Schwefelsäure und Polythionsäuren.

Schwefligsäureanhydrid oder Schwefeldioxyd SO_2.

78. Dieses Gas kommt in den Vulkangasen vor. Es entsteht bei Verbrennung des Schwefels an der Luft oder im Sauerstoff; es verursacht den bekannten stechenden Geruch beim Verbrennen des Schwefels. Die Darstellung im Laboratorium geschieht in der Weise, daß man Schwefelsäure durch Kupfer zersetzt:

$$2 H_2SO_4 + Cu = CuSO_4 + SO_2 + 2 H_2O .$$

Zu diesem Zwecke erhitzt man konzentrierte Schwefelsäure mit Kupfer; bei gewöhnlicher Temperatur findet keine Einwirkung statt. Man kann sich den Vorgang so vorstellen, daß bei hoher Temperatur das Kupfer durch Schwefelsäure zu Kuprioxyd oxydiert wird, wobei Schwefeldioxyd sich entwickelt:

$$Cu + H_2SO_4 = CuO + H_2O + SO_2 .$$

Das Kuprioxyd wird natürlich sofort durch ein zweites Molekül Schwefelsäure in Kupfersulfat übergeführt:

$$CuO + H_2SO_4 = CuSO_4 + H_2O .$$

Auch durch Reduktion von konzentrierter Schwefelsäure mit Kohle läßt sich Schwefeldioxyd sehr bequem darstellen:

$$2\,H_2SO_4 + C = 2\,H_2O + 2SO_2 + CO_2 .$$

Dabei erhält man, wie die Gleichung zeigt, das Gas zu einem Drittel seines Volums mit Kohlendioxyd gemischt, von dem es direkt nicht getrennt werden kann.

Ferner wird SO_2 durch Einwirkung von Sauerstoff auf Schwefelverbindungen gewonnen, so z. B. durch Rösten, d. h. beim Erhitzen unter Luftzutritt, von Pyrit:

$$\underset{\text{Pyrit}}{FeS_2} + 3\,O_2 = SO_2 + FeSO_4 .$$

Diese Reaktion wird technisch in sehr großem Maßstabe bei der Schwefelsäurefabrikation benutzt.

Hierbei zersetzt sich auch $FeSO_4$ in FeO und SO_3 und wird FeO zu Fe_2O_3 und Fe_3O_4 oxydiert.

Auch durch Einwirkung von Schwefel auf Sauerstoffverbindungen wird SO_2 erhalten, z. B. durch Erhitzen von Kupferoxyd oder Braunstein mit Schwefel:

$$2\,CuO + 2\,S = Cu_2S + SO_2 ; \quad 2\,MnO_2 + 3\,S = 2\,MnOS + SO_2 .$$

Endlich wird SO_2 durch Einwirkung von Sauerstoff- auf Schwefelverbindungen erhalten, z. B.:

$$CuS + 2\,CuO = 3\,Cu + SO_2 .$$

Letztere Reaktion wird durch Erhitzen bewerkstelligt.

Physikalische Eigenschaften. Schwefeldioxyd ist ein Gas von eigenartigem Geruch, das leicht zu einer farblosen Flüssigkeit verdichtbar ist, die bei -8^0 siedet, an der Luft unter Erniedrigung der Temperatur bis auf -50^0 verdunstet und bei $-75 \cdot 1^0$ zu weißen Kristallen erstarrt. Flüssiges SO_2 löst viele Salze, bisweilen mit charakteristischer Farbe. In Wasser ist das Gas leicht löslich; bei 0^0 löst Wasser 79·79 Vol. des Gases auf; bei 20^0 39·37 Vol. Durch Kochen wird alles Gas ausgetrieben (**84**).

Chemische Eigenschaften. Schwefeldioxyd ist ein Säureanhydrid; seine wäßrige Lösung reagiert sauer und verhält sich auch im übrigen wie eine Säurelösung (**84**). Durch Oxydationsmittel, und durch Luft bei erhöhter Temperatur **79**, wird SO_2 leicht weiter oxydiert zu SO_3. In wäßriger Lösung erfolgt diese letztere Oxydation bereits bei gewöhnlicher Temperatur. Ferner kann die Oxydation von SO_2 durch Chlorwasser, Brom und Jod bewirkt werden:

$$Cl_2 + 2\,H_2O + SO_2 = H_2SO_4 + 2\,HCl ;$$

auch durch Chromsäure, die zu Chromsulfat, durch Kaliumpermanganat, das zu einem Gemenge von Mangan- und Kaliumsulfat reduziert und daher entfärbt wird:

$$2 KMnO_4 + 5 SO_2 + 2 H_2O = K_2SO_4 + 2 MnSO_4 + 2 H_2SO_4 .$$

Bleiperoxyd gerät im SO_2-Strom ins Glühen, wobei es — selbst braun — zu weißem Bleisulfat wird:

$$PbO_2 + SO_2 = PbSO_4 .$$

Schwefeldioxyd kann sich auch mit Wasser, nach der Gleichung

$$SO_2 + 2 H_2O = H_2SO_4 + H_2$$

umsetzen, wenn ein Stoff zugegen ist, der sich mit dem Wasserstoff verbinden kann. Hierauf beruht die bleichende Wirkung von SO_2 auf organische Farbstoffe. Eine rote Rose z. B. wird dadurch vollkommen weiß. Da diese Bleichung also auf einem Reduktionsprozeß (Aufnahme von Wasserstoff) beruht, erscheint die Farbe bisweilen wieder, wenn man den gebleichten Stoff der oxydierenden Einwirkung der Luft aussetzt. Seide, Wolle, Stroh, d. h. Stoffe, welche die Chlorbleiche nicht vertragen, werden in der Technik durch SO_2 gebleicht. Schwefeldioxyd verhindert Fäulnis und Gärung und wird daher auch als Desinfektionsmittel verwendet.

Die Reduktion von Jodsäure durch SO_2 wird zuweilen zum Nachweis des letzteren benutzt: mit einer Lösung von Kaliumjodat und Stärkekleister getränktes Papier wird bei Gegenwart von SO_2 gebläut (infolge von Jodabscheidung **47**).

Stellt man die Reaktion in verdünnter Lösung an, so beobachtet man eine eigenartige Erscheinung: die blaue Farbe der Jodstärke erscheint nicht direkt, wenn man Lösungen von SO_2 und HJO_3 zusammengibt, sondern erst nach einer für jede Verdünnung (bei konstanter Temperatur) bestimmten Anzahl von Sekunden, wo sie dann plötzlich auftritt. Folgende Reaktionen spielen sich dabei ab:

$$\text{I.}\quad 3 SO_2aq + HJO_3 = 3 H_2SO_4aq + HJ .$$

Die so entstehende Jodwasserstoffsäure wird durch noch anwesende Jodsäure sofort oxydiert:

$$\text{II.}\quad 5 HJ + HJO_3 = 3 H_2O + 6 J .$$

Solange noch SO_2 anwesend ist, führt diese jedoch in dieser verdünnten Lösung Jod in HJ über:

$$\text{III.}\quad 2 J + SO_2aq + 2 H_2O = H_2SO_4aq + 2 HJ .$$

Erst wenn durch die Reaktionen I und III alles SO_2 verbraucht ist, tritt nach II plötzlich freies Jod auf.

Durch manche Stoffe wird dem Schwefeldioxyd auch Sauerstoff *entzogen*; es kann also auch oxydierend wirken. Entzündetes Magnesiumband brennt in SO_2 weiter, wobei Schwefel und MgO entstehen. Schwefelwasserstoff wird durch SO_2 oxydiert (oder SO_2 durch H_2S reduziert), eine Reaktion, welche in der Hauptsache nach der Gleichung:

$$2 H_2S + SO_2 = 2 H_2O + 3 S$$

verläuft. Siehe auch **148, 149**.

Durch elektrische Funken wird SO_2 in Schwefel und SO_3 zerlegt.

Die Wirkung der elektrischen Funken ist sehr kompliziert; man hat thermische, elektronische und photochemische Einflüsse zu beachten. Was die ersten angeht, hat man ihre Wirkung der plötzlichen ungeheuren Temperaturerhöhung, welche sie bewirken, und der unmittelbar darauf folgenden schnellen Abkühlung zuzuschreiben; denn die Gasteilchen, welche durch die Funken erhitzt sind, werden durch die Umgebung sofort wieder abgekühlt. Infolgedessen entfällt für die gebildeten Produkte die Gelegenheit, wieder umgekehrt zu reagieren. Daß diese Auffassung richtig ist, hat St. Claire Deville mit Hilfe eines Apparates bewiesen, welcher es ebenfalls ermöglicht, einer sehr hohen Temperatur eine sehr schnelle Abkühlung unmittelbar folgen zu lassen. Dieser Apparat, die kaltwarme Röhre, besteht aus einer ziemlich weiten Porzellanröhre, die in einem Ofen zu starker Glühhitze gebracht wird, und in der sich konzentrisch ein dünneres Metallrohr befindet, durch welches kaltes Wasser so schnell hindurchfließt, daß es eine niedrige Temperatur behält. Als Deville in den Raum zwischen den beiden Röhren SO_2 brachte, zeigte sich nach einiger Zeit, daß die innere Röhre, die aus versilbertem Kupfer bestand, sich geschwärzt hatte infolge der Bildung von Schwefelsilber, während zugleich die Bildung von SO_3 nachgewiesen werden konnte (dadurch, daß letzteres mit Wasser Schwefelsäure liefert, die durch Chlorbarium angezeigt wird).

Die Zusammensetzung des Schwefeldioxyds kann auf folgende Weise festgestellt werden. Wenn Schwefel in Sauerstoff verbrennt, so ist nach dem Erkalten keine Volumveränderung zu bemerken; es sind also ebenso viele Moleküle schweflige Säure entstanden, als zuvor Sauerstoffmoleküle verbraucht wurden. Das Molekül des Schwefeldioxyds muß daher 2 Atome Sauerstoff enthalten. Das spezifische Gewicht dieses Gases ist zu 2·2639 (Luft = 1) oder 32·6 (O = 16) gefunden worden, so daß sein Molekulargewicht 65·2 ist. Zieht man hiervon für 2 Atome Sauerstoff 2 × 16 ab, so bleiben für Schwefel 33·2 übrig, während dessen Atomgewicht 32 ist. Daraus geht hervor, daß nur 1 Atom Schwefel im Molekül des Schwefligsäureanhydrids vorhanden ist; letzteres hat also die Formel SO_2.

Schwefelsäureanhydrid SO_3 (Schwefeltrioxyd).

79. Diese Verbindung entsteht in kleiner Menge neben SO_2 bei der Verbrennung des Schwefels; im großen wird sie mittels des Kontaktverfahrens (**86**) dargestellt, indem man SO_2 und Sauerstoff über glühenden Platinasbest leitet.

Da bei hoher Temperatur SO_3 in Schwefeldioxyd und Sauerstoff dissoziiert ist, so liegt bei der Bildung von SO_3 aus diesen beiden Gasen ein umkehrbarer Prozeß vor; man muß also schreiben:

$$2\,SO_2 + O_2 \rightleftarrows 2\,SO_3\,.$$

Nennt man den Druck von SO_2 im Gleichgewichtszustand p_1, den von O_2 p_2, von SO_3 p_3, so gilt nach **51** die Gleichgewichtsbeziehung:

$$p_1^2 p_2 = k \cdot p_3^2\,,$$

in der k die Gleichgewichtskonstante ist.

Die Vereinigung von SO_2 und O_2 erfolgt (bei Anwesenheit von Platin) leicht bei ca. 500°; bei dieser Temperatur ist also obiges Gleichgewicht fast ganz nach rechts verschoben. Wird die Temperatur höher hinaufgetrieben, so dissoziiert SO_3 wieder, ein Prozeß der bei ca. 1000° vollständig wird.

Schwefeltrioxyd kann ferner durch Erhitzen einiger Sulfate gewonnen werden:

$$Fe_2(SO_4)_3 = Fe_2O_3 + 3SO_3.$$

Aus „rauchender (Nordhäuser) Schwefelsäure" (88), einer Lösung von SO_3 in Schwefelsäure, kann Schwefeltrioxyd durch Erhitzen gewonnen werden.

80. *Physikalische Eigenschaften.* Das völlig wasserfreie Schwefeltrioxyd schmilzt bei 17·7° und siedet bei 46°; in der Kälte erstarrt es zu einer eisähnlichen Masse. Meistens kommt es jedoch in der Form von langen seideglänzenden Nadeln als asbestähnliche Masse vor. Diese Kristalle schmelzen bei 40° und sublimieren beim Erhitzen. Da die eisähnliche Form spontan in die asbestähnliche übergeht, ist erstere die metastabile, die zweite die stabile Form. Der Übergang der einen in die andre Form wird durch Spuren von Wasser sehr beschleunigt. Die Bestimmung der Gefrierpunktserniedrigung, welche beide Formen, in Phosphoroxychlorid gelöst, verursachen, hat ergeben, daß die eisartige Form aus Molekülen SO_3, die asbestartige aus Molekülen $(SO_3)_2$ besteht. Letztere ist also ein Polymeres der ersteren. Merkwürdig ist noch, daß SO_3 sehr leicht, $(SO_3)_2$ dagegen nur langsam von verdünnter Schwefelsäure gelöst wird.

Chemische Eigenschaften. Schwefeltrioxyd vereinigt sich sehr leicht mit Wasser zu Schwefelsäure:

$$H_2O + SO_3 = H_2SO_4.$$

Es raucht stark an der Luft. In Wasser erfolgt die Vereinigung unter starkem Zischen und Wärmeentwicklung. Es reagiert auch mit Metalloxyden energisch unter Bildung von Sulfaten; Baryt, BaO, z. B. gerät in Berührung mit SO_3 ins Glühen, wobei $BaSO_4$, Bariumsulfat, entsteht.

Zusammensetzung. Die Zersetzung von SO_3 in SO_2 und O_2 läßt die Zusammensetzung des Schwefelsäureanhydrids erkennen. Die Spaltungsprodukte SO_2 und O_2 entstehen nämlich im Volumverhältnis 2:1. Nun ist die Dampfdichte des Schwefelsäureanhydrids zu 2·75 (Luft = 1) gefunden, woraus für das Molekulargewicht 79·1 folgt.

Dieses entspricht nahezu der Formel SO_3 (32·07 + 3 × 16·00 = 80·07); und mit dieser Formel steht auch die vorstehende Spaltung im Einklang; denn man sieht, daß dann 2 Vol. SO_3, 2 Vol. SO_2 und 1 Vol. O_2 liefern müssen:

$$\underset{2\text{ Vol.}}{2SO_3} = \underset{2\text{ Vol.}}{2SO_2} + \underset{1\text{ Vol.}}{O_2}.$$

Wirkung von ultravioletten Strahlen.

Diese Strahlen werden am besten mittels einer Quarzquecksilberbogenlampe erzeugt; die Gase, welche den Strahlen unterworfen werden sollen, müssen sich in Quarzgefäßen befinden, weil Glas für ultraviolette Strahlen nahezu undurchlässig ist.

Im Allgemeinen ist ihre Wirkung (bei gewöhnlicher Temperatur) analog an der der Wärme; die sehr kurzwelligen Strahlen im äußersten Ultraviolett üben dabei dieselbe Wirkung aus wie hohe Temperaturen; wogegen die Strahlen mittlerer Wellenlänge Reaktionen verursachen, die bei niedrigerer Temperatur verlaufen.

So wird Jodwasserstoff bereits durch ultraviolettes Licht dessen Wellenlänge nahe der des violetten Lichtes ist, zerstört, Chlorwasserstoff dagegen erst durch kurzwelliges ultraviolettes Licht. Ersteres Gas fängt schon an bei 180°, letzteres erst bei 1500° sich zu dissozieren. Wasser ist erst bei etwa 1300° dissoziiert, Schwefelwasserstoff bei schwacher Rotglut (ca. 500°). Für die Zerstörung des Wassers braucht man sehr kurzwellige ultraviolette Strahlen; beim Schwefelwasserstoff genügen Strahlen mittlerer Wellenlänge.

Unter der Einwirkung ultravioletter Strahlen stellen sich auch Gleichgewichte her, z. B. $2SO_2 + O_2 \rightleftarrows 2SO_3$.

Während SO_3, bei Anwesenheit von Platin, erst oberhalb 300° merklich anfängt, sich zu zersetzen, ist die Lichtwirkung schon bei Zimmertemperatur deutlich.

Wie die Wirkung der Katalysatoren, so wird auch diejenige des Lichtes durch zu weitgehende Trocknung der Gase gehemmt. Während aber bei dem Kontaktverfahren (86) ein Optimum für den Feuchtigkeitsgehalt besteht, ist das bei der Lichtwirkung nicht der Fall; das Licht wirkt, auch wenn die Gase sehr feucht durch das Bestrahlungsgefäß geleitet werden.

Das Lichtgleichgewicht ändert sich nicht merklich bei erheblicher Änderung der Temperatur; dagegen stark bei verschiedener Intensität der Belichtung. Gerade wie im Dunkeln durch erhöhte Temperatur die Dissoziation zunimmt, so wird die Zersetzung durch stärkere Beleuchtung vermehrt.

Um eine Idee vom Umfang der Zersetzung zu geben, sei erwähnt, daß Coehn und Becker mit einer Quecksilberlampe, die mit 9 Ampère belastet war, das Gleichgewicht zwischen SO_3, SO_2 und O_2 bei einer Zersetzung von etwa 35% vom SO_3 fanden.

Sauerstoffsäuren des Schwefels.

81. Schwefel bildet mit Sauerstoff und Wasserstoff eine große Anzahl von Säuren, nämlich neun. Es sind die folgenden:

1. Thioschwefelsäure $H_2S_2O_3$.
2. Unterschweflige Säure $H_2S_2O_4$.
3. Schweflige Säure H_2SO_3.
4. Schwefelsäure H_2SO_4.
5. Überschwefelsäure $H_2S_2O_8$.
6. Dithionsäure $H_2S_2O_6$
7. Trithionsäure $H_2S_3O_6$
8. Tetrathionsäure $H_2S_4O_6$
9. Pentathionsäure $H_2S_5O_6$

(6.–9.: Polythionsäuren.)

Zu beachten ist hierbei, daß von diesen neun Säuren nur die Schwefelsäure isolierbar ist; die übrigen sind nur in wäßriger Lösung oder in ihren Salzen bekannt. Die zwei Wasserstoffatome, die jede dieser Säuren besitzt, sind beide durch Metallatome ersetzbar; wir haben es demnach hier mit zweibasischen Säuren zu tun. Ist nur ein Wasserstoffatom durch ein Metallatom vertreten, so heißen die entstandenen Salze saure Salze.

Durch verschiedene Methoden, u. a. durch die kryoskopische, hat man gefunden, daß die wäßrige Lösung der zweibasischen Säuren H_2A meistens der Hauptsache nach die Ionen $H^{\cdot}$ und $(HA)'$ enthält und erst bei größerer Verdünnung eine weitere Spaltung des Ions $(HA)'$ in $H^{\cdot}$ und A'' eintritt. Die Salze M_2A dagegen sind fast ausschließlich in $2M^{\cdot}$ und A'' ionisiert, und die sauren Salze MHA in $M^{\cdot}$ und $(HA)'$. Die weitere Ionisierung von $(HA)'$ ist nicht nur von der Konzentration, sondern auch in hohem Grade von der Stärke der Säure abhängig, so daß, bei gleicher Konzentration, $(HA)'$ bei starken Säuren mehr als bei schwachen gespalten ist.

Thioschwefelsäure $H_2S_2O_3$

82. kann nicht in reinem Zustande, sondern nur in verdünnter wäßriger Lösung existieren, ist aber auch dann sehr unbeständig und zersetzt sich in kurzer Zeit völlig. Ihre Salze sind jedoch beständig und können auf folgende Weise bereitet werden:

1. Durch Kochen einer Lösung von Natriumsulfit mit Schwefel:

$$\underset{\text{Natriumsulfit}}{Na_2SO_3} + S = Na_2S_2O_3 \quad \text{oder in Ionen:} \quad SO_3'' + S = S_2O_3''.$$

2. Durch Oxydation von Bisulfiden an der Luft:

$$\underset{\text{Calciumbisulfid}}{2CaS_2} + 3O_2 = 2CaS_2O_3.$$

3. Durch Einleiten von Schwefeldioxyd in die Lösung eines Sulfids:

$$2Na_2S + 3SO_2 = 2Na_2S_2O_3 + S.$$

Das wichtigste Salz ist das Natriumthiosulfat, noch öfter, jedoch unrichtig unterschwefligsaures Natrium oder Natriumhyposulfit genannt. Es ist in Wasser sehr leicht löslich; die Lösung besitzt die Fähigkeit, die Halogenverbindungen des Silbers leicht zu lösen; daher rührt die ausgedehnte Anwendung, welche es in der Photographie (**247**) als Fixiersalz findet. Durch Oxydationsmittel wird es sehr leicht oxydiert, meistens zu Sulfat; dies geschieht z. B. durch Kaliumpermanganat, Salpetersäure und Chlor. Auch von dieser Eigenschaft macht man praktischen Gebrauch, indem man das Natriumthiosulfat bei der Papierfabrikation als Antichlor benutzt, um die letzten Spuren von Chlor, welche bei einem Chlorbleichprozeß in dem gebleichten Stoff zurückgeblieben sind, unschädlich zu machen.

Silbernitrat fällt aus einer Lösung von Natriumthiosulfat ein weißes Silbersalz der Säure aus; wird der Niederschlag in der Flüssigkeit erwärmt, so wird er schwarz, indem sich Ag_2S bildet.

Gibt man zu einer verdünnten Lösung von Natriumthiosulfat eine verdünnte Säure hinzu, so erfolgt Zersetzung nach folgender Gleichung:

$$Na_2S_2O_3 + 2HCl = 2NaCl + H_2O + SO_2 + S.$$

Merkwürdig ist, daß bei dieser Zersetzung in verdünnter Lösung die Schwefelabscheidung nicht sofort sichtbar wird, sondern erst nach einigen Sekunden oder bei großer Verdünnung sogar Minuten. Man hat früher gemeint, daß bis zu dem Sichtbarwerden des Schwefels die Thioschwefelsäure völlig unzersetzt bleibe und erst von diesem Moment an die Zersetzung erfolge. Dies ist jedoch unrichtig; denn wenn man zu einer verdünnten Lösung von Thiosulfat eine äquivalente Menge verdünnter Säure hinzufügt, und ehe die Schwefelabscheidung noch sichtbar wird, die Flüssigkeit wieder neutralisiert, so tritt doch einige Zeit später Schwefelabscheidung ein; es hatte sich daher zwar ein gewisser Teil der freien Thioschwefelsäure bereits zersetzt, aber der Schwefel befand sich in so außerordentlich fein verteiltem Zustand in der Flüssigkeit, daß er nicht gleich wahrgenommen werden konnte, sondern erst, nachdem er sich zu größeren Teilchen zusammengeballt hatte.

Unterschweflige (oder hydroschweflige) Säure $H_2S_2O_4$.

83. Im achtzehnten Jahrhundert wurde bereits beobachtet, daß Zink von einer wäßrigen Lösung von Schwefeldioxyd ohne Wasserstoffentwicklung gelöst wird; jedoch erst Schützenberger hat gezeigt, daß hierbei eine besondere Säure entsteht. Ein Salz derselben entsteht durch Einwirkung von Zink auf eine Lösung von saurem Natriumsulfit $NaHSO_3$ oder durch Elektrolyse einer solchen Lösung, wobei der freiwerdende Wasserstoff reduzierend wirkt.

Die unterschweflige Säure sowohl wie ihre Salze sind durch ihr energisches Reduktionsvermögen charakterisiert. Aus Sublimat- ($HgCl_2$), Silbernitrat- und Kupfersulfatlösungen fällt sie die Metalle aus. Jodlösung wird entfärbt (unter Bildung von HJ). Eine Lösung des rohen Natrium- oder Kalksalzes findet in der Blaufärberei zur Herstellung der Indigoküpe (Reduktion von Indigo zu

Indigoweiß, vgl. „Org. Ch." *404*) Verwendung. Auch durch freien Sauerstoff wird die Lösung sehr leicht oxydiert; sie wird daher benutzt, um den im Wasser gelösten Sauerstoff zu bestimmen.

Es gelang BERNTHSEN, das Natriumsalz der Säure in festem kristallisierten Zustand abzusondern, indem er dessen konzentrierte wäßrige Lösung mit festem Kochsalz versetzte. Es ist an der Luft beständig, wenn es gut trocken ist; es hat die Formel $Na_2S_2O_4 + 2H_2O$, so daß die Säure selbst die Formel $H_2S_2O_4$ hat. Diese Formel wird noch bestätigt durch eine direkte Synthese des Natriumsalzes, welches durch Einwirkung von trocknem Schwefeldioxyd auf Natrium entsteht:

$$2Na + 2SO_2 = Na_2S_2O_4.$$

Schweflige Säure H_2SO_3.

84. Man nimmt an, daß in der wäßrigen Lösung von SO_2 schweflige Säure H_2SO_3 enthalten ist; denn diese Lösung reagiert sauer, leitet den elektrischen Strom, gibt mit Basen Salze und entwickelt mit einigen Metallen, z. B. Magnesium, Wasserstoff. Die wäßrige Lösung von Schwefeldioxyd gehorcht nicht dem HENRYschen Gesetz (**9**), wenigstens nicht bei gewöhnlicher Temperatur; auch dies beweist das Bestehen einer Verbindung zwischen dem Lösungsmittel und SO_2. Bei höherer Temperatur besteht jedoch diese Abweichung vom genannten Gesetz nicht mehr. Dadurch erklärt sich, daß man beim Kochen alles SO_2 aus der Lösung austreiben kann, denn die Verbindung zwischen Wasser und SO_2 ist dann völlig zerlegt. Die Verbindung H_2SO_3 selbst abzuscheiden, ist nicht gelungen. Die Salze (Sulfite) besitzen die Zusammensetzung M_2SO_3 und $MHSO_3$ (M = einwertiges Metallatom). Die sauren Salze (Bisulfite) sind fast alle in Wasser löslich, von den neutralen nur die der Alkalien. Natriumbisulfit $NaHSO_3$, saures schwefligsaures Natrium, wird in der organischen Chemie öfter verwendet. In Lösung gehen die Sulfite beim Stehen an der Luft langsam in Sulfate über. Es ist sehr merkwürdig, daß durch die Zufügung einer sehr geringen Quantität gewisser Stoffe, z. B. von 0·1‰ Alkohol, noch mehr von Spuren von Stannochlorid (z. B. 10^{-5} Mol), die Oxydation sehr bedeutend verzögert wird. Wir haben hier eins der wenigen Beispiele eines hemmend wirkenden Katalysators. Dagegen beschleunigt die Zufügung von Spuren von Kupfersulfat die Oxydation ganz wesentlich.

Schwefelsäure H_2SO_4.

85. Die Schwefelsäure ist die wichtigste von den Säuren des Schwefels. Sie kann auf verschiedene Weise erhalten werden. Zunächst durch direkte Synthese aus ihren Elementen. Nach **79** kann SO_3 direkt aus Schwefel und Sauerstoff entstehen; wird Schwefeltrioxyd mit Wasser zusammengebracht, so bildet sich H_2SO_4.

Die Säure kann aus ihren Salzen gewonnen werden, indem man dieselben mit Phosphorsäure destilliert. Ein Beispiel ihrer Bildung durch Einwirkung von Sauerstoff auf Schwefelverbindungen ist die Oxydation einer wäßrigen Lösung von SO_2 durch die Luft. Umgekehrt kann auch die Einwirkung von Schwefel auf Sauerstoffverbindungen Schwefelsäure liefern; so z. B. wenn konzentrierte Salpetersäure HNO_3 mit Schwefel gekocht wird; Kaliumsulfat entsteht durch Erhitzen von Schwefel mit Salpeter (KNO_3).

Von der Bildung durch Einwirkung einer Sauerstoff- auf eine Schwefelverbindung gibt die Oxydation von SO_2 durch Sauerstoffverbindungen des Stickstoffes weiter unten ein Beispiel.

86. Zur Darstellung der Schwefelsäure in großem Maßstabe werden zwei Verfahren angewandt: 1) das Bleikammerverfahren; 2) das Kontaktverfahren.

Das *Bleikammerverfahren* beruht auf folgenden Reaktionen: 1) der Oxydation von SO_2 mittels Salpetersäure bei Gegenwart von Wasserdämpfen; 2) der Oxydation der dabei aus der Salpetersäure entstehenden niedrigeren Sauerstoffverbindungen des Stickstoffes durch den Sauerstoff der Luft. Bei dem letzteren Vorgang wird teils Salpetersäure zurückgewonnen, teils werden solche Oxydationsstufen des Stickstoffes gebildet, die SO_2 aufs neue zu Schwefelsäure oxydieren. Hierbei entstehen abermals die niedrigen Stickoxyde, die wiederum durch den Sauerstoff der Luft oxydiert werden und so fort; dieser Theorie zufolge könnte man demnach durch eine bestimmte Menge Salpetersäure unbegrenzte Mengen SO_2 mit Hilfe des Luftsauerstoffes in Schwefelsäure überführen. In Wirklichkeit ist dies jedoch nicht der Fall; denn zu einem kleinen Teil werden die Stickstoffoxyde durch SO_2 noch weiter reduziert, so daß Stickoxydul oder Stickstoff entstehen, welche unter den Bedingungen des technischen Prozesses nicht mehr imstande sind, sich mit Sauerstoff zu verbinden.

Der der Schwefelsäurefabrikation zugrunde liegende chemische Prozeß soll in **128** näher besprochen werden.

Das Bleikammerverfahren setzt sich aus drei verschiedenen Vornahmen zusammen:

1) aus der Darstellung von SO_2;
2) aus der Oxydation von SO_2;
3) aus der Konzentration der gewonnenen Schwefelsäure.

Zu 1. Das Ausgangsmaterial für die Gewinnung von SO_2 ist Schwefel oder Pyrit (Schwefelkies) FeS_2. Schwefel liefert eine reinere Säure als Pyrit; die mit Hilfe des letzteren bereitete Säure ist fast immer arsenhaltig. Da die Verwendung von Schwefel sich jedoch teurer stellt als die von Pyrit, benutzt man fast ausschließlich den letzteren zur Schwefelsäurefabrikation; nur in einigen Fabriken wird zur Darstellung von Schwefelsäure für pharmazeutische Zwecke Schwefel verwandt.

Pyrit wird in Öfen besonderer Konstruktion unter Luftzutritt erhitzt, „geröstet". Die Öfen sind so eingerichtet, daß mit dem gebildeten Schwefeldioxyd eine reichliche Menge Luft austritt. Die Röstgase werden zunächst durch eine leere Kammer geführt, worin sich die von dem Gasstrom mitgerissenen festen Teilchen („Flugstaub") absetzen, und dann in die Fabrikanlage geleitet.

Zu 2. Zur Oxydation der schwefligen Säure dient eine in der Hauptsache aus 3 Teilen, dem Glover-Turm, den Bleikammern und dem Gay-Lussac-Turm, bestehende Anlage.

Die Gase treten von unten in den Glover-Turm, der mit säurefesten Steinen ausgesetzt ist, über denen eine Schicht von zerkleinerten Koks liegt. Von oben fließt ihnen aus einem Reservoir nitrose Schwefelsäure (siehe unten) entgegen, die konzentriert werden soll.

Aus dem Glover-Turm treten die Gase durch Bleiröhren in die Kammern. Die Kammern sind drei oder vier an der Zahl mit einem Gesamtinhalt von 4—5000 Kubikmetern. Ihre Wandungen sind mit Bleiplatten ausgekleidet, weil Blei das einzige von den verbreiteten Metallen ist, welches durch Schwefelsäure verhältnismäßig wenig angegriffen wird. In die ersten beiden Kammern führen Rohre Wasserdampf aus Dampfkesseln zu.

Nachdem in den Bleikammern die Oxydation von Schwefeldioxyd zu Schwefelsäure stattgefunden hat, treten die Abgase, zum größten Teil aus Stickstoff (aus der Luft) bestehend, aus und streichen durch den Gay-Lussac-Turm. Derselbe ist mit Koks beschickt, über welche Schwefelsäure von 60—62° Baumé (88) herabrieselt. Er hat den Zweck, die noch in den Abgasen anwesenden nitrösen Gase nicht verloren gehen zu lassen. Dieselben lösen sich in der Schwefelsäure, wodurch die nitrose Schwefelsäure erhalten wird, welche im Glover-Turm verwendet wird. Sie wird dadurch wieder zur Oxydation von Schwefeldioxyd nutzbar gemacht.

Zu 3. Die in den Kammern erzeugte Säure (Kammersäure genannt) enthält ungefähr 67 % H_2SO_4 (53° Baumé); in diesem Zustande wird sie bei der Herstellung von Kunstdünger (Superphosphat) verwendet. Für die meisten sonstigen Verwendungen muß sie konzentriert werden. Die gewöhnliche Schwefelsäure des Handels hat 66° B. (= Baumé) oder 96—98 % H_2SO_4 und wird aus der Kammersäure bereitet, indem man diese zuerst in bleiernen Pfannen bis auf 78 % (60° B.), sodann in einem Platingefäß weiter eindampft.

Diese rohe Schwefelsäure des Handels (öfter auch „Englische Schwefelsäure" genannt) enthält noch verschiedene Verunreinigungen; durch Berührung mit organischen Stoffen, z. B. dadurch, daß Strohteilchen (von der Verpackung der Korbflaschen) hineinfallen und verkohlen, ist sie gewöhnlich mehr oder weniger braun gefärbt. Die rohe Schwefelsäure wird gereinigt, indem man sie verdünnt, wodurch das gelöste Bleisulfat ausgefällt wird, und danach ein wenig Schwefelbarium BaS hineinrührt; dadurch entstehen unlösliches $BaSO_4$ und H_2S, welch letzterer etwa noch vorhandenes Blei sowie Arsen (**163**) niederschlägt. Man gießt von dem Niederschlag ab, konzentriert die Säure und destilliert zum Schluß.

Fabrikation nach dem *Kontaktverfahren*. Wie wir bereits gesehen haben, vereinigt sich SO_2 mit Sauerstoff direkt zu SO_3, eine Reaktion, welche durch die katalytische Wirkung von Platinasbest sehr befördert wird. Dieser Vorgang bildet die Grundlage eines technischen Verfahrens, bei welchem statt Sauerstoff Luft verwendet wird. Bei diesem Prozeß kann man vier Stufen unterscheiden: 1) Bereitung des Gemisches von Schwefeldioxyd und Luft; 2) Reinigung des Gasgemisches; 3) Bildung von SO_3; 4) Vereinigung von SO_3 mit Wasser zu H_2SO_4. Wir wollen dieselben kurz besprechen.

Zu 1. Das Gasgemisch („Röstgas") wird ebenso bereitet wie für den Bleikammerprozeß. Aus Gründen, die wir gleich kennen lernen werden, ist es notwendig, reichlich für überschüssigen Sauerstoff zu sorgen. Während der Gleichung $2SO_2 + O_2 = 2SO_3$ zufolge auf 2 Mol SO_2 nur 1 Mol Sauerstoff für die Bildung von SO_3 erforderlich ist, wendet man tatsächlich auf 2 Vol. SO_2 ca. 3 Vol. O_2 (= 15 Vol. Luft) an.

Zu 2. Die Kontaktmasse, wozu hauptsächlich Platinasbest verwendet wird, ist nur dann dauernd wirksam, wenn die Röstgase völlig rein sind, d. h. nur aus einem Gemisch von SO_2 und Luft bestehen. Die vollständige Reinigung dieser Gase hat große Schwierigkeiten bereitet; sie sind durch die ausdauernde Arbeit von Knietsch in der „Badischen Anilin- und Sodafabrik" überwunden worden. Das Röstgas muß völlig staubfrei sein, weil andrenfalls die Kontaktmasse sich mit Staub bedecken und unwirksam werden würde. Zur Kontrolle wird es der „optischen Prüfung" unterworfen, d. h. man läßt es eine Röhre passieren, welche an beiden Enden mit Glasplatten verschlossen ist, so daß man erkennen kann, ob noch Staubteilchen („Nebel") in dem Gase schweben. Aber auch wenn die optische Prüfung die vollkommene Abwesenheit von Staubteilchen anzeigt, verliert die Kontaktmasse doch ihre Wirksamkeit, wenn das Röstgas nicht vollkommen frei von Arsenverbindungen ist. Selbst sehr geringe Spuren der letzteren lähmen mit der Zeit die Kontaktwirkung. Diese Arsenverbindungen gelangen dadurch in das Röstgas, daß die Pyrite, die man geröstet hat, meist arsenhaltig sind (**86**, 1). Knietsch ist es schließlich gelungen, das Arsen völlig zu entfernen, indem er zum Niederschlagen der arsenhaltigen Nebel Wasserdampf einblasen ließ.

Zu 3. Wie in **79** gezeigt wurde, gilt für das Gleichgewicht

$$2SO_2 + O_2 \rightleftarrows 2SO_3$$

die Beziehung

$$p_1^2 p_2 = k \cdot p_3^2.$$

Aus dieser Gleichung folgt sofort, daß bei einem Überschuß von SO_2 oder von O_2 die Bildung von SO_3 zu einem größeren Betrage erfolgen muß; denn wenn p_1 oder p_2 wächst, so nimmt auch p_3 zu. Da es nun darauf ankommt, eine gegebene Menge SO_2 so vollständig wie möglich in SO_3 überzuführen, wendet man in der Praxis einen großen Überschuß an Sauerstoff an (siehe oben unter 1).

Auch vom Druck muß der Gleichgewichtszustand abhängig sein, denn wenn man diesen auf das n-fache bringt, so wird aus der Gleichung

$$(n p_1)^2 \cdot n p_2 = k \cdot n^2 p_3^2 \quad \text{oder} \quad n p_1^2 p_2 = k p_3^2,$$

woraus folgt, daß p_3 durch vermehrten Druck ($n > 1$) größer wird, d. h. die Bildung von SO_3 vollständiger ist (s. **102**, 5). Diesen Umstand nutzt man technisch jedoch nicht aus, weil die Apparate für höheren Druck viel komplizierter werden müßten.

Will man eine möglichst vollständige Umwandlung von SO_2 in SO_3 erzielen, so muß man die Temperatur in den Apparaten auf ca. 500° halten; diese müssen gekühlt werden, weil die Bildungswärme von SO_3 sehr groß ist:

$$SO_2 + O = SO_3 + 22 \cdot 600 \text{ kg-Kalorien}$$

(SO_3 = 1 Grammmolekül, O = 1 Grammatom **97**). Jene Temperatur würde sonst leicht überschritten. Zweckmäßig läßt man diese Kühlung durch das Gemisch von SO_2 und Luft selbst besorgen, welches kalt in den Apparat eintritt, darin auf etwa 400° vorgewärmt wird und darauf mit der Kontaktmasse in Berührung kommt, wodurch die Bildung von SO_3 erfolgt.

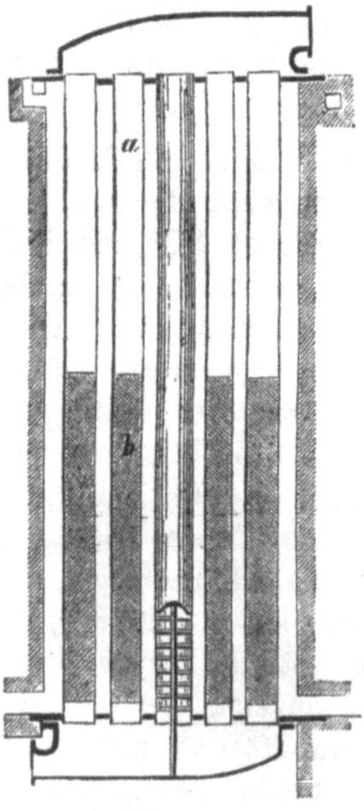

Fig. 34.
Darstellung der Schwefelsäure nach dem Kontaktverfahren.

Der Apparat (Fig. 34) ist so eingerichtet: In den Röhren *ab* befindet sich der platinierte Asbest (bei *b*), welcher auf siebartigen Platten ausgebreitet ist, wie man sie in der mittleren Röhre erkennt. Das gereinigte Röstgas streicht zunächst an diesen Röhren außen entlang, wobei es durch die Wärme, welche innen frei wird, vorgewärmt wird, und tritt dann selbst in diese Röhre ein, wo die Vereinigung zu SO_3 zustande kommt. Die Temperatur kann man durch Verlangsamung oder Beschleunigung des Gasstroms nach Bedarf regulieren.

Vor dem ersten Zulassen der Gase muß man den Apparat auf 400° vorwärmen.

Zu 4. Die Vereinigung von SO_3 und H_2O erfolgt sehr energisch (80). Die Erwartung, daß die Bereitung von H_2SO_4 aus SO_3 und H_2O keine besonderen Schwierigkeiten bieten würde, bestätigte sich gleichwohl nicht. Denn wenn SO_3 in verdünnte Schwefelsäure eingetragen wird, entweichen stets Nebel von SO_3, die natürlich einen Verlust bedeuten. Nur dann, wenn die absorbierende Flüssigkeit eine 97—98%ige Schwefelsäure ist und durch Zufließen von Wasser oder verdünnter Säure diese Konzentration stets erhalten bleibt, findet eine vollständige und momentane Absorption von SO_3 statt.

Theoretisch läßt sich dies durch zwei Gründe erklären; erstens dadurch, daß Wasser SO_3 in sein Polymeres $(SO_3)_2$ überführt (80), welches nur langsam von Schwefelsäure absorbiert wird; zweitens dadurch, daß bei der erwähnten Konzentration die Dampfspannung des Systems $x\,SO_3 + y\,H_2O$ ein Minimum besitzt, welches sehr niedrig liegt.

Wiewohl nach dem Kontaktprozeß in großem Maßstabe Schwefelsäure dargestellt wird, hat dasselbe doch das Kammerverfahren nicht verdrängen können.

87. Die reine Verbindung H_2SO_4 wird erhalten durch Zufügen von SO_3 in entsprechender Menge zu einer konzentrierten, aber noch wasserhaltigen Säure. Sie ist bei gewöhnlicher Temperatur eine ölige Flüssigkeit, welche bei niederer Temperatur fest wird und bei + 10·0° wieder schmilzt. Ihr spez. Gewicht im flüssigen Zustand ist 1·8500 bei 15°. Wird reine Schwefelsäure erhitzt, so beginnt sie bereits bei 30° Dämpfe von SO_3 abzugeben; dies setzt sich so lange fort, bis der Siedepunkt, bei 317° (750 mm Druck), erreicht ist, wo dann eine Säure mit 1·5% Wasser destilliert.

Wird der Dampf von Schwefelsäure über den Siedepunkt erhitzt, so tritt Dissoziation in H_2O und SO_3 ein; letztere wird bei 450° vollständig, denn die Dampfdichte ist bei dieser Temperatur zu 25·1 gefunden, während die für $SO_3 + H_2O$ berechnete Dampfdichte 24·5 ist.

Mischt man Schwefelsäure mit Wasser, so tritt eine sehr beträchtliche Wärmeentwicklung auf. Dies muß deshalb, zumal in Glasgefäßen, mit Vorsicht in der Weise ausgeführt werden, daß die Säure in das Wasser in dünnem Strahl und unter Umrühren eingegossen wird; bei umgekehrtem Verfahren, wenn man das Wasser in die Schwefelsäure gießt, kann die intensive Wärmeentwicklung Springen des Glases bewirken. Mischt man die Säure dagegen mit Eis in bestimmtem Verhältnis, so erfolgt starke Abkühlung.

Bei Vermischung der Schwefelsäure mit Wasser tritt Kontraktion ein; d. h. das Volum der verdünnten Säure ist nicht gleich der Summe der Volumina der Mischbestandteile, sondern etwas kleiner.

Schwefelsäure kann mit Wasser Hydrate bilden (**237**).

Schwefelsäure ist eine starke zweibasische Säure; in einer Verdünnung von 0·025 Mol pro Liter hat ein Molekül H_2SO_4 etwa 1·3 Wasserstoffionen abgegeben, bei 0·005 Mol pro Liter etwa 1·6, wie aus der Gefrierpunktserniedrigung, dem Leitvermögen und aus anderen Methoden hervorgeht. Dies beweist, daß nicht nur Spaltung in $H^{\cdot}$ und HSO_4' bei diesen Verdünnungen eingetreten ist, sondern daß auch bereits HSO_4' teilweise in $H^{\cdot}$ und SO_4'' gespalten ist. In Berührung mit vielen Metallen entwickelt sie Wasserstoff; wie schon erwähnt, macht man hiervon zur Darstellung von Wasserstoff Gebrauch. Die Säure muß jedoch verdünnt sein; denn wenn sie zu stark ist (oder beim Erwärmen), reduziert der gebildete Wasserstoff die Schwefelsäure zum Teil, so daß das entwickelte Gas Schwefelwasserstoff enthält. Beim Erhitzen von Kupfer mit Schwefelsäure entwickelt sich Schwefeldioxyd (**78**). Ebenso verhalten sich Quecksilber, Silber und einige andre Metalle. Platin und Gold werden nicht angegriffen.

In Papier, Leinwand, Kleiderstoffe und dergl. frißt die Schwefelsäure Löcher; überhaupt wirkt sie auf die meisten organischen Substanzen zerstörend und verkohlend. Dies beruht einerseits auf ihrer großen Begierde, Wasser anzuziehen: sie entzieht andren Stoffen nicht nur ihren Wassergehalt, sondern spaltet auch die Elemente des Wassers aus organischen Verbindungen unter Wasserbildung ab; anderseits gibt die Schwefelsäure an organische Stoffe Sauerstoff ab, wird also selbst reduziert.

Um z. B. freie Schwefelsäure in Essig nachzuweisen, wird die Flüssigkeit auf dem Wasserbad mit ein wenig Zucker eingedampft. Die freie Schwefelsäure verkohlt den Zucker beim Konzentrieren.

Die meisten Salze der Schwefelsäure (Sulfate) sind in Wasser löslich. Unlöslich sind Barium-, Strontium- und Bleisulfat, während Calciumsulfat oder Gips in Wasser wenig löslich ist. Die Bildung von Bariumsulfat, $BaSO_4$, wird als Reagens auf Schwefelsäure oder, wie man besser sagt, auf das Sulfat-ion SO_4'' benutzt.

Die Sulfate sind im allgemeinen sehr beständig; sie können ohne Zersetzung auf recht hohe Temperaturen erhitzt werden. Die sauren Salze verlieren beim Erhitzen zuerst Wasser und gehen dadurch in Pyrosulfate über:

$$2NaHSO_4 = H_2O + \underset{\text{Natriumpyrosulfat}}{Na_2S_2O_7}.$$

Diese Pyrosulfate liefern bei weiterem Erhitzen Schwefeltrioxyd, wodurch neutrale Salze entstehen:

$$Na_2S_2O_7 = Na_2SO_4 + SO_3 .$$

88. Die Schwefelsäure findet mannigfaltigste Verwendung. In der chemischen Industrie kommt ihr fast die gleiche Bedeutung zu wie dem Eisen in der Maschinenfabrikation. Sie dient zur Darstellung der meisten andren Mineralsäuren aus deren Salzen. Für die Sodafabrikation nach LEBLANC wird sie in beträchtlichen Mengen verbraucht; in fast allen andren Zweigen der chemischen Industrie findet sie Anwendung. Im Laboratorium dient zum Trocknen von gasförmigen, festen und flüssigen Stoffen ohne Anwendung von Wärme der Exsikkator. Die zu trocknende Substanz wird in das luftdicht verschließbare Glasgefäß, worin eine Schale mit konzentrierter Schwefelsäure enthalten ist, gebracht. Am schnellsten erfolgt alsdann die Trocknung, wenn man den Exsikkator auspumpt.

Die Bestimmung des Gehaltes der Schwefelsäure macht sich sehr häufig erforderlich. Gewöhnlich wird dazu das spez. Gewicht benutzt, welches man mit Hilfe eines Aräometers leicht ermittelt. Aus dafür berechneten Tabellen ist zu ersehen, welchen Gehalt an H_2SO_4 oder an (gebundenen) SO_3 eine verdünnte Säure besitzt, deren spez. Gewicht und Temperatur bekannt sind. ANTOINE BAUMÉ, ein Chemiker in der zweiten Hälfte des achtzehnten Jahrhunderts, hat ein Aräometer mit einer willkürlichen Skala, deren Teilstriche Grade genannt werden, konstruiert; der Nullpunkt gibt reines Wasser an. Es ist so graduiert, daß Grad 10 der Skala in einer 10%igen Kochsalzlösung erreicht wird. 100%ige Schwefelsäure wird dann durch den Grad 66·6 angezeigt. In der Industrie ist für Schwefelsäure die Bezeichnung Vitriolöl gebräuchlich und noch heutzutage wird ihr Gehalt nach „Graden BAUMÉ“ angegeben.

Rauchende Schwefelsäure, das „Oleum“ des Handels, ist eine Mischung von SO_3 mit Schwefelsäure.

Sie ist eine ölige, an der Luft stark rauchende Flüssigkeit; ihr spez. Gewicht beträgt 1·85—1·90.

Chloride der Schwefelsäure.

89. Durch Einwirkung von Phosphorpentachlorid auf Schwefelsäure entsteht eine Verbindung SO_3HCl, Chlorsulfonsäure:

$$H_2SO_4 + PCl_5 = SO_3HCl + POCl_3 + HCl .$$

Chlorsulfonsäure entsteht auch durch direkte Vereinigung von SO_3 und HCl. In dieser Weise wird sie technisch dargestellt. Sie ist eine farblose, an der Luft stark rauchende Flüssigkeit vom spez. Gewicht 1·766 bei 18°

und vom Siedepunkt 158°. Bringt man sie mit Wasser zusammen, so entstehen unter heftiger Reaktion Salzsäure und Schwefelsäure:

$$SO_3HCl + H_2O = H_2SO_4 + HCl.$$

90. Eine Verbindung SO_2Cl_2, Sulfurylchlorid, wird durch direkte Vereinigung von SO_2 und Cl_2 erhalten, am leichtesten so, daß man zuerst Kampfer mit SO_2 sättigt (welches sich darin leicht löst) und dann Chlor darüber leitet, wobei der Kampfer unverändert bleibt. Es ist eine farblose Flüssigkeit, die bei 69·1° siedet, bei —54·1° erstarrt, einen stechenden Geruch besitzt, an der Luft stark raucht und ein spez. Gewicht von 1·6674 bei 20° hat. Mit wenig Wasser liefert sie Chlorsulfonsäure und Salzsäure, mit viel Wasser Schwefelsäure und Salzsäure.

$$SO_2Cl_2 + H_2O = SO_3HCl + HCl;$$
$$SO_2Cl_2 + 2H_2O = H_2SO_4 + 2HCl.$$

Diese Zersetzungen des Sulfurylchlorids kann man sich in folgender Weise veranschaulichen:

$$SO_2\begin{array}{|l|}\hline Cl + H|OH \\ \hline Cl + H|OH \\ \hline\end{array} = SO_2\begin{matrix}OH\\OH\end{matrix} + 2HCl.$$

An die Stelle der beiden Chloratome sind demnach zwei OH-Gruppen (Hydroxyle) getreten. Auf Grund hiervon nimmt man in naher Analogie mit organischen Verbindungen an, daß die Schwefelsäure zwei Hydroxylgruppen enthält, wie obige Formel angibt.

Das Sulfurylfluorid SO_2F_2, welches durch direkte Vereinigung von SO_2 und F_2 erhalten werden kann, hat dieselbe merkwürdige Beständigkeit wie SF_6 (75). Es ist ein farb- und geruchloses Gas, flüssig bei −52°, fest unter −120°. Es kann mit Wasser in einem zugeschmolzenen Rohr auf 150° erhitzt werden, ohne sich zu zersetzen. Durch Laugen wird es nur sehr langsam angegriffen; Natrium kann in ihm geschmolzen werden, ohne seinen Metallglanz zu verlieren.

Überschwefelsäure $H_2S_2O_8$.

91. Das Kaliumsalz $K_2S_2O_8$, oder noch besser das Ammoniumsalz $(NH_4)_2S_2O_8$, erhält man durch Elektrolyse einer kaltgesättigten Lösung des betreffenden Sulfats in Schwefelsäure vom spez. Gewicht 1·3. In einer solchen Lösung haben wir unter andren auch die Ionen $K^{\cdot}$ und HSO_4'; die letzteren entladen sich an der Anode und vereinigen sich zu $H_2S_2O_8$, welches mit den anwesenden Kaliumionen $K_2S_2O_8$ bildet, das schwer löslich ist und als weiße Kristallmasse sich abscheidet. Diese Vereinigung zweier HSO_4'-Gruppen findet jedoch nur dann statt, wenn ihre Konzentration an der Anode ziemlich groß ist; denn wenn dies nicht der Fall ist, so ist mehr Gelegenheit für Nebenreaktionen vorhanden, z. B. derart, daß mit Wasser 2 $KHSO_4$ und 2 OH entsteht, welches letztere H_2O und O gibt. Eine solche hohe Konzentration an der Anode erreicht man mit Hilfe einer sehr kleinen Elektrode. Man hat dann nämlich an der Anode eine hohe Stromdichte, d. h. eine große Menge Elektrizität muß durch eine kleine Elektrodenoberfläche strömen. Der Effekt ist daher der, daß eine große Menge HSO_4-Ionen innerhalb eines kleinen Radius entladen wird, also die Konzentration der HSO_4-Gruppen sehr hoch wird.

Schon bei 100° zersetzt sich Kaliumpersulfat in folgender Weise:

$$2K_2S_2O_8 = \underset{\text{K-Pyrosulfat}}{2K_2S_2O_7} + O_2.$$

Das Bariumsalz der Überschwefelsäure ist in Wasser löslich, ebenso die meisten andren der bis jetzt bekannten Salze.

Durch Einwirkung von 100-prozentigem Wasserstoffperoxyd auf Schwefeltrioxyd oder auf Chlorsulfonsäure bildet sich die Caro sche Säure:

$$SO_3 + H_2O_2 = H_2SO_5 \qquad SO_2\left\langle\begin{matrix}OH\\Cl\end{matrix}\right. + H_2O_2 = SO_2\left\langle\begin{matrix}OH\\O-OH\end{matrix}\right. + HCl$$

Sie kristallisiert sehr schön und schmilzt bei etwa 45° unter schwacher Zersetzung.

Caro sche Säure reagiert mit einem weiteren Molekül Chlorsulfonsäure nach der Gleichung

$$SO_2\left\langle\begin{matrix}OH\\O\cdot OH + Cl\cdot SO_2\cdot OH\end{matrix}\right. = SO_2\left\langle\begin{matrix}OH\;\;HO\\O-O\end{matrix}\right\rangle SO_2 + HCl;$$

es bildet sich Überschwefelsäure, welche in dieser Weise in reiner krystallisierter Form, vom Schmelzpunkt 60° (unter schwacher Zersetzung) erhalten werden kann. Eine Lösung von Caro scher Säure in Schwefelsäure kann einfach durch Mischen von H_2O_2 mit überschüssiger starker Schwefelsäure dargestellt werden. Auf Grund dieser Bildungsweise gibt Baeyer der Verbindung den Namen Sulfo-mono-persäure. Sie besitzt ein sehr kräftiges Oxydationsvermögen. Aus Jodkalium macht sie Jod frei; sie oxydiert SO_2 zu SO_3, Ferro- zu Ferrisalz, und fällt aus Lösungen von Silber-, Kupfer-, Mangan-, Kobalt- und Nickelsalzen höhere Oxyde dieser Metalle. Dagegen entfärbt sie weder Permanganatlösung, noch vermag sie Chromsäure- und Titansäurelösung zu oxydieren; hierdurch unterscheidet sie sich von Wasserstoffsuperoxydlösung, mit der sie im übrigen viel Ähnlichkeit zeigt.

Polythionsäuren.

92. Unter diesem Namen faßt man vier Sauerstoffsäuren des Schwefels von der allgemeinen Formel $H_2S_nO_6$ zusammen, die im Molekül 2—5 Atome Schwefel enthalten, wo n also = 2, 3, 4 und 5 sein kann und den Namen der einzelnen Säuren bestimmt. Keine dieser Säuren ist in freiem Zustande bekannt; durch Konzentrieren ihrer wäßrigen Lösung zersetzen sie sich nach der Gleichung:

$$H_2S_nO_6 = H_2SO_4 + SO_2 + (n-2)S.$$

Dithionsäure $H_2S_2O_6$. Das Mangansalz dieser Säure wird erhalten, wenn man feingepulverten Braunstein in Wasser aufschlemmt und SO_2 einleitet:

$$2SO_2 + MnO_2 = MnS_2O_6.$$

Trithionsäure $H_2S_3O_6$. Kaliumtrithionat entsteht, wenn man in eine Lösung von Kaliumthiosulfat Schwefeldioxyd bis zur Sättigung leitet:

$$3SO_2 + 2K_2S_2O_3 = 2K_2S_3O_6 + S.$$

Das Natriumsalz kann auch durch die Einwirkung von Wasserstoffsuperoxyd auf eine Thiosulfatlösung erhalten werden:

$$2Na_2S_2O_3 + 4H_2O_2 = Na_2S_3O_6 + Na_2SO_4 + 4H_2O.$$

Tetrathionsäure. Ihre Salze bilden sich durch Einwirkung von Jod auf die Lösung eines Thiosulfats:

$$2K_2S_2O_3 + 2J = 2KJ + K_2S_4O_6.$$

Pentathionsäure. Mischt man Lösungen von schwefliger Säure und

Schwefelwasserstoff, so erfolgt in der Hauptsache eine gegenseitige Oxydation und Reduktion dieser Verbindungen unter Abscheidung von Schwefel (78). Der Vorgang ist jedoch viel komplizierter, indem sich daneben Polythionsäuren, unter diesen auch Pentathionsäure, bilden. Das Gemisch von H_2Saq und SO_2aq heißt WACKENRÖDERS Flüssigkeit. Von der Pentathionsäure sind gut kristallisierte Salze bekannt.

Anwendung des Natriumthiosulfats in der „Maßanalyse"; Jodometrie.

93. Gibt man Natriumthiosulfat zu einer Jodlösung, so wird die intensiv braune Flüssigkeit entfärbt, da Jodnatrium und Natriumtetrathionat entstehen, die beide farblos sind:

$$2\,Na_2S_2O_3 + 2\,J = Na_2S_4O_6 + 2\,NaJ\,;$$

oder wenn man nur die beteiligten Ionen berücksichtigt:

$$2\,S_2O_3'' + 2\,J = S_4O_6'' + 2\,J'.$$

Das Verschwinden der Jodfarbe rührt also daher, daß die Jodmoleküle in Ionen übergeführt werden, indem sie zwei negative Ladungen von $2\,S_2O_3''$ übernehmen.

Hierauf beruht ein maßanalytisches Verfahren zur Bestimmung von freiem Jod. Man läßt zu diesem Zwecke eine Lösung von Natriumthiosulfat von bekanntem Gehalt (Titer) einem genau bestimmten Volum der jodhaltigen Lösung, das aus einer Pipette (Fig. 35) abgelassen ist, tropfenweise zufließen. Die Farbe wird allmählich heller, schließlich erreicht man einen Punkt, wo die Flüssigkeit nur noch sehr wenig gefärbt ist und der Zusatz eines weiteren Tropfens genügt, um völlige Entfärbung zu bewirken. Das freie Jod ist jetzt vollkommen verschwunden. Da nun nach der obigen Gleichung auf ein Atom Jod ein Molekül Thiosulfat verbraucht wird, kann man aus dem verbrauchten Thiosulfat den Jodgehalt der Lösung berechnen („Jodometrie").

Fig. 35. Pipette.

Um die Berechnung einer solchen Bestimmung („Titrierung") möglichst einfach zu gestalten, „stellt" man die Thiosulfatlösung so „ein", daß 1 l Lösung einem Äquivalent von 126·92 g Jod entspricht, d. h. genau diese Menge entfärbt. Die Lösung eines Äquivalents in einem Liter Wasser gelöst heißt normal.

Um die Menge der Thiosulfatlösung, die bis zur Entfärbung verbraucht wird, bequem zu messen, bedient man sich einer Bürette (Fig. 36), d. h. eines Glasrohres mit Teilung in $^1/_{10}$ ccm, das unten durch einen Hahn oder durch einen Quetschhahn an einem aufgeschobenen Gummi-

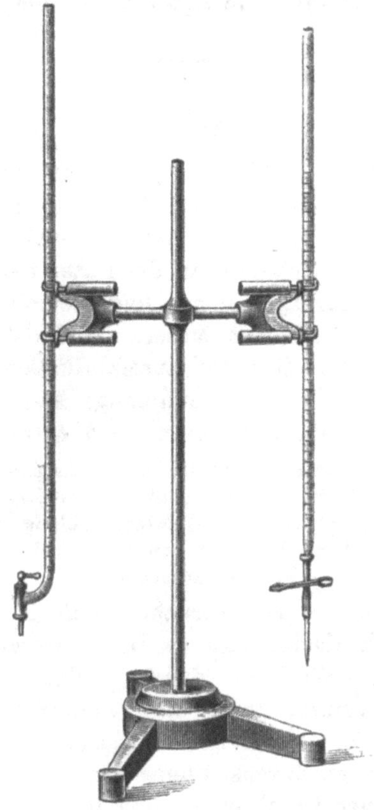

Fig. 36. Bürette mit Hahn und mit Quetschhahn.

schlauch, in den ein zu einer feinen Spitze ausgezogenes Glasröhrchen eingesteckt ist, verschlossen ist. Um die Jodlösung zu titrieren, läßt man durch Öffnen des Hahnes die Thiosulfatlösung langsam, zuletzt tropfenweise und unter Umrühren zufließen.

Beispiel: Auf 50 ccm einer Jodlösung, deren Konzentration bestimmt werden soll, habe man 27·30 ccm einer $^1/_{10}$ normalen Thiosulfatlösung verbraucht, um gerade Entfärbung zu bewirken. Gefragt wird, wieviel Gramm Jod 1 Liter dieser Lösung enthält.

1000 ccm $^1/_{10}$ normale Thiosulfatlösung (siehe oben) entfärben $^1/_{10}$ Äquivalent Jod (= 12·692 g); 27·3 ccm demnach $27 \cdot 3 \times \frac{12 \cdot 692}{1000}$ g Jod. Diese Menge ist in 50 ccm der zu untersuchenden Jodlösung enthalten; 1 Liter derselben enthält demnach $20 \times 27 \cdot 3 \times 12 \cdot 692 \times 10^{-3} = 6 \cdot 9298$ g Jod.

Verschiedene andre Stoffe, die aus KJ Jod frei machen, lassen sich dadurch bestimmen, daß man die Menge des abgeschiedenen Jods titriert. So kann man z. B. Chlor und Brom bestimmen, da diese aus Jodkaliumlösung die äquivalente Menge Jod frei machen.

Selen.

94. Als Berzelius 1817 dieses Element entdeckte, gab er ihm den Namen Selen (von σελήνη, der Mond), um seine Verwandtschaft mit dem kurz vorher entdeckten Element *Tellur* (benannt nach *tellus*, die Erde) anzudeuten. Selen ist in der Natur weit verbreitet, kommt jedoch stets nur in geringer Menge und niemals in freiem Zustande vor; außer in einigen seltenen Mineralien findet es sich häufig im Pyrit. Wird bei der Schwefelsäurefabrikation Pyrit verwendet, so setzt sich Selen als rote schlammige Masse, Selenschlamm, in den Bleikammern ab; aus diesem wird es meistens gewonnen.

Zu diesem Zweck wird Selenschlamm mit Salpetersäure erhitzt, welche Selen zu Selensäure H_2SeO_4 oxydiert; die so erhaltene Lösung wird zuerst mit Salzsäure gekocht, wobei unter Chlorentwicklung selenige Säure H_2SeO_3 entsteht; letztere wird durch Einleiten von Schwefeldioxyd zu Selen reduziert, das sich in roten amorphen Flocken abscheidet.

Selen zeigt in vieler Hinsicht Analogie mit Schwefel, so unter andrem auch darin, daß es in mehreren allotropen Modifikationen auftritt. Wird es durch Reduktion aus Selendioxyd dargestellt, so bekommt man eine amorphe rote Modifikation, die in Schwefelkohlenstoff löslich ist; aus dieser Lösung scheidet es sich in dunkelroten durchsichtigen Kristallen vom Schmelzpunkt 170—180° ab; ferner kennt man Selen in einer metallischen Modifikation, Schmelzpunkt 217°, welche entsteht, wenn man amorphes Selen auf etwa 80—130° erhitzt, wobei sich plötzlich die Temperatur steigert, oder wenn geschmolzenes Selen auf 200° abgekühlt und einige Zeit auf dieser Temperatur erhalten wird. In diesem metallischen Zustand ist Selen unlöslich in Schwefelkohlenstoff und leitet die Elektrizität. Die Leitfähigkeit wird merkwürdigerweise sehr stark von der Intensität der Belichtung beeinflußt. Wahrscheinlich beruht dies auch auf dem Übergang in eine allotrope Modifikation.

Der Siedepunkt des Selens liegt bei 680°. Wie beim Schwefel nimmt auch beim Selen die Dampfdichte mit steigender Temperatur ab, bis sie bei ca. 1400° konstant wird. Bei dieser Temperatur wird sie zu 81·5 ($O = 16$) gefunden, was einem Molekulargewicht von

163·0 entspricht. Da nun aus der Dampfdichte von Verbindungen des Selens für dieses das Atomgewicht 79·2 abgeleitet wird, kommt dieses Molekulargewicht der Formel Se_2 sehr nahe.

Selenwasserstoff H_2Se kann man direkt aus den Elementen erhalten, da sich diese bei 400° vereinigen; auch kann er analog wie Schwefelwasserstoff gewonnen werden, indem man Seleneisen FeSe durch Salzsäure zersetzt. Bei hoher Temperatur dissoziiert der Selenwasserstoff in seine Elemente. Er hat nur sehr schwach saure Eigenschaften und ist giftiger als Schwefelwasserstoff. Die Schwermetalle werden durch H_2Se aus ihren Lösungen als Selenide gefällt. Eine wäßrige Lösung von Selenwasserstoff trübt sich beim Stehen durch Abscheidung von Se.

Von Chlorverbindungen des Selens sind zwei, Se_2Cl_2 und $SeCl_4$, bekannt; letzteres ist viel beständiger als die entsprechende Schwefelverbindung SCl_4 (75). Selentetrachlorid $SeCl_4$ ist nämlich fest und sublimiert unzersetzt; erst bei 200° beginnt es zu dissoziieren.

Selendioxyd SeO_2 ist das einzige bekannte Oxyd des Selens; es entsteht durch Verbrennen von Selen an der Luft, wobei sich ein höchst unangenehmer Geruch verbreitet; dieser ist jedoch nicht dem SeO_2 eigen, sondern rührt vermutlich von der Bildung von Selenkohlenstoff CSe_2 her, da dieser Geruch nur wahrgenommen wird, wenn Selen in Gegenwart einer organischen Substanz (Filtrierpapier) zur Verbrennung gelangt. SeO_2 bildet lange weiße Nadeln, die bei 310° sublimieren.

Selendioxyd ist ein Säureanhydrid; löst man es in Wasser, so entsteht eine Säure, die selenige Säure H_2SeO_3, die (im Gegensatz zu H_2SO_3) isoliert werden kann; sie kristallisiert in großen, farblosen Prismen; durch Erhitzen wird sie in H_2O und SeO_2 gespalten. Durch SO_2 oder durch Zinnchlorür wird sie zu freiem Se reduziert, das sich in roten Flocken abscheidet:

$$H_2SeO_3 + 2SO_2 + H_2O = 2H_2SO_4 + Se.$$

Schwefelwasserstoff fällt aus der Lösung SeS, Selensulfid, löslich in Schwefelammonium.

Leitet man Chlor in die Lösung der selenigen Säure oder setzt man Brom hinzu, so entsteht H_2SeO_4, Selensäure; im reinen Zustand ist dieselbe ein fester kristallisierter Körper, der bei 58° schmilzt; die 95 %ige Lösung ist eine ölige Flüssigkeit, welche äußerlich der konzentrierten Schwefelsäure gleicht. Das Bariumsalz der Selensäure ist, wie das der Schwefelsäure, äußerst schwer löslich.

Durch Kochen mit Salzsäure wird die Selensäure unter Chlorentwicklung zu seleniger Säure reduziert.

Tellur.

95. Tellur kommt in der Natur gediegen vor, besonders aber in Verbindung mit Gold und Silber (Schrifterz), sowie mit Wismut. Es wird hauptsächlich in Siebenbürgen und am Altai gefunden. In amorphem Zustande ist Tellur ein schwarzes Pulver; nach dem Schmelzen ist es jedoch silberweiß, metallglänzend und bildet einen guten Leiter für Wärme und Elektrizität. Die Dampfdichte nimmt auch bei diesem Element mit steigender Temperatur ab und wird erst bei ca. 1400° konstant; sie entspricht dann einem Molekül Te_2.

Tellurwasserstoff TeH_2 entsteht durch Einwirkung von Salzsäure auf Tellurzink ZnTe. Er ist sehr giftig und leicht dissoziierbar; aus den Lösungen der Schwermetalle schlägt er die Tellurverbindungen derselben (Telluride) nieder.

Tellurdioxyd TeO_2 entsteht durch Verbrennen von Tellur an der Luft; es ist in Wasser sehr schwer löslich.

Tellurige Säure H_2TeO_3 wird durch Auflösen von Tellur in Salpetersäure erhalten; sie ist in Wasser schwer löslich und zersetzt sich beim Erwärmen in TeO_2 und H_2O.

Tellursäure wird durch Oxydation von TeO_2 mit Salpetersäure und Chromsäure und Reinigung durch wiederholte Fällung mit konzentrierter Salpetersäure dargestellt. Aus der wäßrigen Lösung kristallisiert die Verbindung $H_2TeO_4 + 2H_2O$, die bei 100° ihr Kristallwasser verliert; die freie Tellursäure H_2TeO_4 bildet, so bereitet, ein weißes, in kaltem Wasser schwer lösliches Pulver. Die Tellursäure besitzt nur schwach saure Eigenschaften.

Selen verbindet sich mit Cyankalium, wenn es zusammen mit diesem geschmolzen wird; es entsteht dabei KCNSe, das der Verbindung KCNS entspricht. Tellur gibt unter gleichen Umständen K_2Te, welches durch den Sauerstoff der Luft direkt unter Abscheidung von Tellur zersetzt wird. Kaliumselencyanid wird durch Kochen mit Salzsäure unter Abscheidung von Se zersetzt. Man hat hierin ein Mittel, Selen neben Tellur nachzuweisen und beide voneinander zu trennen.

Übersicht der Sauerstoffgruppe.

96. Die Elemente Sauerstoff, Schwefel, Selen und Tellur bilden wie die Halogene eine natürliche Gruppe, da ihre Verbindungstypen einander entsprechen, während ihre physikalischen und chemischen Eigenschaften mit steigendem Atomgewicht sich stufenweise verändern. Ihre Wasserstoffverbindungen besitzen die Formel RH_2, ihre Sauerstoffverbindungen und ihre Säuren RO_2, RO_3, H_2RO_3 und H_2RO_4; das Ozon kann hierbei — soweit es sich um Typen von dieser Formel handelt — mit SO_2 in Parallele gesetzt werden: $O \cdot O_2$ Ozon, $S \cdot O_2$ Schwefeldioxyd.

Nachstehende Tabelle zeigt die stufenweise Änderung der physikalischen Eigenschaften:

	O	S	Se	Te
Atomgewicht	16·00	32·07	79·2	127·5
Spez. Gewicht	1·124 (bei −181°)	1·95—2·07	4·2—4·8	6·2
Schmelzpunkt	−218°·4	119°·25	217°	452°
Siedepunkt	−182°·9	448°	680°	Weißglühhitze
Farbe	hellblau	gelb	rot	schwarz

Mit steigendem Atomgewicht steigen, wie man sieht, die Werte der physikalischen Konstanten; zugleich nähert sich das äußere Aussehen dem der Metalle; beim Tellur ist das bereits in sehr hohem Grade der Fall.

Die Zersetzlichkeit der Wasserstoffverbindungen nimmt vom Sauerstoff zum Tellur hin zu, die Stärke der Sauerstoffsäuren dagegen schnell ab; die Schwefelsäure gehört zu den stärksten, die Tellursäure zu den schwachen Säuren.

Endlich sei noch hervorgehoben, daß von allen diesen Elementen allotrope Modifikationen bekannt sind.

Thermochemie.

97. Das Zustandekommen einer chemischen Verbindung oder deren Zersetzung ist mit einer Wärmeentwicklung oder -absorption, mit einem kalorischen Effekt (Wärmetönung), verknüpft. In sehr vielen Fällen ist dieser kalorische Effekt sorgfältig gemessen worden. Vor allem haben sich Berthelot und Thomsen große Verdienste um die Messung der Wärmetönung erworben. Der Teil der Chemie, welcher sich speziell mit den Beziehungen chemischer Vorgänge und Verhältnisse zu den Wärmevorgängen und Wärmezuständen beschäftigt, heißt Thermochemie.

Der kalorische Effekt wird stets für molekulare Mengen der aufeinander einwirkenden Stoffe angegeben, da nur diese vom chemischen Gesichtspunkt aus miteinander vergleichbar sind. Wenn man daher sagt, daß die bei der Entstehung von Wasser gebildete Wärmemenge 69·0 Kalorien (Kilogramm-Kalorien) beträgt, so ist gemeint, daß diese Anzahl Kalorien bei der Verbindung von 2 g Wasserstoff mit 16 g Sauerstoff entwickelt wird:

$$2H + O = H_2O + 69{\cdot}0 \text{ Kal.}$$

H und O bedeuten hier Grammatome. Bei einem kalorischen Effekt ist stets die Angabe erforderlich, in welchem Aggregatzustand die aufeinander einwirkenden und die entstehenden Stoffe sich befinden, sofern dies nicht von selbst ersichtlich ist, weil auf die latente Schmelz- und Verdampfungswärme Rücksicht zu nehmen ist.

Der obenstehende Betrag von

$$2H + O - H_2O_{\text{flüssig}} = 69\cdot0 \text{ Kal.}$$

bezieht sich auf die Bildung von Wasser und seine Überführung in den flüssigen Zustand; er schließt also die Kondensationswärme mit ein. Da diese für 1 g 0·536 Kal. beträgt, für die in der Gleichung stehenden 18 g daher 9·6 Kal., so ist der kalorische Effekt der Verbrennung von Wasserstoff zu gasförmigem Wasser von 100°:

$$2H + O = H_2O_{\text{gasförmig}} + 59\cdot4 \text{ Kal.}$$

Auf den kalorischen Effekt ist es auch von Einfluß, ob die Stoffe im gelösten oder festen Zustand zur Wirkung gelangen, da das Lösen fast stets von einer Wärmeentwicklung oder -absorption begleitet ist. Wird z. B. Kochsalz NaCl durch Mischen verdünnter Lösungen von Natriumhydroxyd und Salzsäure (wie aq hinter der Formel der reagierenden Stoffe anzeigt) gebildet, so ist der kalorische Effekt:

$$NaOH_{aq} + HCl_{aq} = NaCl_{aq} + H_2O + 13\cdot7 \text{ Kal.}$$

Stellt man jedoch Kochsalz so dar, daß man in eine verdünnte Lösung von Natriumhydroxyd Salzsäuregas einleitet, so gilt die folgende Gleichung:

$$NaOH_{aq} + HCl_{gas} = NaCl_{aq} + H_2O + 31\cdot1 \text{ Kal.};$$

d. h. man erhält wieder 13·7 Kal., jedoch vermehrt um die Lösungswärme des Salzsäuregases in viel Wasser = 17·4 Kal.

Die bei einem chemischen Vorgang entwickelte Wärmemenge muß gleich der Zersetzungswärme sein, aber entgegengesetztes Vorzeichen haben. Wäre dies nicht der Fall, so müßte, wenn man eine Verbindung erst entstehen und dann wieder sich zersetzen läßt und so zum Anfangszustand zurückgelangt, Wärme verloren oder gewonnen worden sein, was dem Gesetz von der Erhaltung der Energie widerspricht.

Die Erfahrung hat gelehrt, daß weitaus die meisten chemischen Vorgänge unter Wärmeentwickelung verlaufen, in einer viel geringeren Anzahl von Fällen wird aber auch Wärme absorbiert. Chemische Vorgänge der ersteren Art heißen **exothermische**, die der zweiten **endothermische** Reaktionen. Ein Beispiel der zweiten Art ist die Bildung des Chlormonoxyds:

$$2Cl + O = Cl_2O_{\text{gasf.}} - 15\cdot1 \text{ Kal.}$$

98. Für die Bestimmung des kalorischen Effekts sind verschiedene Methoden in Gebrauch. Im allgemeinen sind nur solche Vorgänge für thermochemische Messungen geeignet, welche schnell und vollständig verlaufen. Für die Messung des kalorischen Effektes bei Flüssigkeiten oder Lösungen, so für die Bestimmung der Neutralisationswärme von Säuren und Basen, der Lösungs- oder Verdünnungswärme usw., bedient man sich meistens des gewöhnlichen Kalorimeters, wie es in der Physik bei dem Mischungsverfahren benutzt wird, wobei zur Erzielung genauer Resultate die gleichen Vorsichtsmaßregeln wie dort zu beobachten sind.

Die Verbrennungswärme eines Stoffes wird meistens mittels der kalorimetrischen Bombe von Berthelot bestimmt. Letztere wird hauptsächlich für organische Verbindungen benutzt.

99. Das Hesssche Gesetz. *Die gesamte, bei einem chemischen Vorgange entwickelte Wärmemenge (kalorischer Effekt) ist nur abhängig vom Anfang und Ende dieses Vorganges, nicht aber von den Zwischenstufen, welche der Vorgang durchläuft.*

Dieses 1840 von Hess aufgestellte Gesetz ist durch das Gesetz von der Erhaltung der Energie, welches erst später gefunden wurde, bestätigt. Würde das Hesssche Gesetz nicht richtig sein, so müßte bei dem Übergang eines Systems in ein andres und darauf folgender Rückverwandlung in den Anfangszustand Arbeit gewonnen oder verloren werden, was dem Gesetz von der Erhaltung der Energie widerspricht. Ein Beispiel möge das Hesssche Gesetz näher beleuchten:

Eine verdünnte Lösung von Natriumsulfat läßt sich aus Natriumhydroxyd, Schwefelsäure und Wasser auf verschiedene Weise bereiten. Man kann 2NaOH in verdünnter Lösung direkt mit 1 Mol verdünnter Schwefelsäure zusammenbringen, oder erst 1 Mol NaOH mit der Säure zusammengeben und danach das zweite hinzufügen. Dementsprechend erhält man die folgenden kalorischen Effekte:

1) $$2\,NaOH_{aq} + H_2SO_{4\,aq} - Na_2SO_{4\,aq} - 2\,H_2O = 31{\cdot}4.$$

2) $$\begin{cases} NaOH_{aq} + H_2SO_{4\,aq} - NaHSO_{4\,aq} - H_2O = 14{\cdot}75 \\ NaOH_{aq} + NaHSO_{4\,aq} - Na_2SO_{4\,aq} - H_2O = 16{\cdot}65 \end{cases}$$

Summa 31·4.

Der Endeffekt ist also in beiden Fällen gleich.

Auf Grund des Gesetzes von Hess ist die Bestimmung des kalorischen Effektes bei manchen Reaktionen möglich, die sich direkt nicht durchführen lassen oder sich für kalorimetrische Messungen nicht eignen. Im allgemeinen geschieht dies so, daß man eine Reihe von Prozessen, bei welchen die Reaktion eine Rolle spielt, thermochemisch mißt, und zum Schluß den kalorischen Effekt der Reaktion als einzige Unbekannte berechnet, wie durch nachstehendes Beispiel erläutert wird.

Gesetzt, man wollte die Bildungswärme von Schwefelwasserstoff bestimmen. Diese Verbindung läßt sich zwar direkt aus ihren Elementen darstellen (72), aber nur auf eine Weise, welche zur thermochemischen Untersuchung unbrauchbar ist. Wir gehen nun aus von dem System H, S, O und denken uns alsdann folgende Vorgänge durchgeführt: 1) Wasserstoff und Schwefel werden zu Wasser und Schwefeldioxyd verbrannt; 2) Wasserstoff und Schwefel werden verbunden und 3) der gebildete H_2S wird zu H_2O und SO_2 verbrannt. Da wir in beiden Fällen von demselben System ausgegangen und damit zu demselben Endzustand gelangt sind, so muß auch gemäß dem Hessschen Gesetz der kalorische Effekt gleich sein.

Wir haben daher:

$$\text{Verbrennungswärme von H} + \text{Verbrw. von S} =$$
$$\text{Bildungswärme von } H_2S + \text{Verbrw. von } H_2S:$$
$$(2H + O - H_2O) + (S + 2O - SO_2)$$
$$= (2H + S - H_2S) + (H_2S + 3O - SO_2 - H_2O).$$
$$69{\cdot}0 + 69{\cdot}26 = x + 133{\cdot}46.$$

Folglich:

$$x = (S + 2H - H_2S) = 4{\cdot}8.$$

100. Man muß bei solchen Angaben über Bildungs- und Zersetzungswärme im Auge behalten, daß die erhaltenen Zahlen nicht die bei der Verbindung der Atome zum Molekül auftretenden Wärmemengen angeben, sondern stets die Zersetzungswärmen der Moleküle der Elemente (d. h. die zur Zerlegung dieser Moleküle in Atome erforderlichen Wärmemengen) darin mit einbegriffen sind. Wenn z. B. Chlorwasserstoffgas aus Wasserstoff und Chlor entsteht, werden 22·0 Kal. entwickelt. Der kalorische Effekt setzt sich jedoch zusammen aus der Zersetzungswärme von je einem Mol Wasserstoff und Chlor und der Bildungswärme von 2 Mol HCl. Was man mißt, ist die Differenz der zwischen dem anfänglichen System $H_2 + Cl_2$ und dem daraus entstehenden 2HCl entwickelten Wärmemenge. Auch bei der indirekten Bestimmung einer Bildungswärme mit Hilfe des Hessschen Gesetzes schließt die berechnete Wärmeentwicklung die Zersetzungswärme der Moleküle der Elemente ein. Bei der Bestimmung der Bildungswärme von Schwefelwasserstoff z. B. auf die oben angegebene Weise setzt sich der kalorische Effekt der Verbrennung dieses Gases aus den folgenden Teilen zusammen: der Verbrennung des Schwefelwasserstoffes:

$$2(2H + S - H_2S) + 3(2O - O_2) = 2SO_2 + 2H_2O + p \text{ Kal.},$$

der Verbrennung des Wasserstoffes:

$$2(2H - H_2) + (2O - O_2) = 2H_2O + q \text{ Kal.},$$

der Verbrennung des Schwefels:

$$(2S - S_2) + 2(2O - O_2) = 2SO_2 + r \text{ Kal.},$$

worin $(2O - O_2)$ usw. die Zersetzungswärme der Moleküle der Elemente bedeutet.

Die Bildungswärme des Schwefelwasserstoffes ist $r + q - p$. Leitet man diesen Wert aus den obigen Gleichungen ab, so ergibt sich:

$$r + q - p = (2S - S_2) + 2(2H - H_2) - 2(2H + S - H_2S),$$

woraus hervorgeht, daß die Zersetzungswärmen der Schwefel- und der Wasserstoffmoleküle in der gefundenen Bildungswärme mit enthalten sind.

Über die chemische Verwandtschaft oder die Affinität.

101. Bildet sich eine chemische Verbindung, so betrachtet man als Ursache davon die Verwandtschaft oder Affinität, welche zwischen ihren sich verbindenden Bestandteilen besteht. Der Name Affinität stammt aus einer Zeit, zu der man meinte, daß nur Substanzen, welche eine gewisse Übereinstimmung miteinander zeigen (Liebe zueinander haben, sagt z. B. EMPEDOKLES und auch noch GLAUBER), sich miteinander verbinden können.

THOMSEN definierte sie als die Kraft, welche die Bestandteile einer Verbindung zusammenhält. Über die Größe dieser Kraft besaß man früher nur qualitative Kenntnisse. Bildeten sich aus $AB + C$ die Substanzen $AC + B$, so sagte man, daß die Affinität von A zu C größer sei als die von A zu B. Auf Grund derartiger Reaktionen ließ sich eine Skala abnehmender Affinitäten der Elemente einem gegebenen Element gegenüber aufstellen. Über die relative oder gar absolute Größe der Affinitäten mangelte es aber an jeder Einsicht.

Es bedeutete daher einen großen Fortschritt, als BERTHELOT eine Methode zur Messung der Affinität angab. Er sah nämlich als Maß der Affinität die Wärmemenge an, welche beim Zustandekommen einer chemischen Verbindung entwickelt wird. Demgemäß wurde die Affinität nicht länger als eine Kraft, sondern als eine Arbeitsmenge definiert; d. h. die Arbeitsmenge, welche erfordert wird, um die Atome in einem Molekül zu trennen, bzw. die Arbeitsmenge, welche gewonnnen wird, wenn die Atome zu einem Molekül zusammentreten. In der Tat wird, wenn man z. B. Wasser durch den Strom einer Dynamomaschine zersetzt, Arbeit geleistet, um die Maschine zu treiben und so die Wassermoleküle zu spalten; umgekehrt wird, wenn Wasserstoff und Sauerstoff sich vereinigen, Wärme, d. h. Energie entwickelt. Man kann ein Gemisch von Wasserstoff und Sauerstoff vergleichen mit einem in die Höhe gehobenen Stein. Beide besitzen potentielle Energie. Fällt der Stein, so geht seine potentielle Energie in kinetische über; verbindet sich Wasserstoff mit Sauerstoff, so wird die potentielle Energie des Systems in Wärme umgewandelt. Indem BERTHELOT den kalorischen Effekt (die Wärmetönung) als Maß für die treibende Kraft jeder chemischen Reaktion ansah, kam er zur Aufstellung seines „Principe du travail maximum", auf Grund dessen er glaubte, den Verlauf von chemischen Reaktionen vorhersagen zu können. Das Prinzip besagt, daß von allen chemischen Vorgängen, die ohne Dazwischentreten einer fremden Energie verlaufen, stets derjenige eintritt, der unter Entwicklung der größten Wärmemenge sich vollzieht.

Dieses Prinzip erwies sich in seiner Allgemeinheit als unhaltbar. Bereits die Existenz von den endothermischen Verbindungen befindet sich damit nicht im Einklang; denn bildeten sich diese in manchen Reaktionen nicht, so würde deren Wärmetönung größer gewesen sein. Dann aber widersprachen die in stets zunehmender Anzahl entdeckt werdenden Gleichgewichtsreaktionen dem Prinzip. Ist im Gleichgewicht $A + B \rightleftarrows AB$ die Reaktion $\longrightarrow$ exothermisch, so muß notwendigerweise die Reaktion $\longleftarrow$ endothermisch sein.

Mußte also das Prinzip auch im allgemeinen als unrichtig erkannt werden, so war doch nicht zu leugnen, daß es in sehr zahlreichen Fällen den Tatsachen entsprach, also ohne Zweifel einen richtigen Kern enthielt.

Es war VAN'T HOFF, welcher hier das richtige fand. Die Wärmemenge, welche bei dem Verlauf einer chemischen Reaktion frei wird, stellt die totale Änderung der Energie des Systems dar, und diese Energie betrachtete BERTHELOT als Maß der Affinität. VAN'T HOFF stellte dies in Abrede und zeigte, daß es die „freie Energie" ist, welche bei der Reaktion gewonnen wird, die als Maß der Affinität anzusehen ist. Unter freier Energie wird die maximale Arbeit verstanden, welche die Reaktion zu leisten imstande ist. Um die Kraft, mit welcher sich ein Vorgang abzuspielen bestrebt ist, zu messen, bedient man sich häufig einer Gegenkraft von bekannter Größe, welche seinen Ablauf gerade noch verhindern kann. Ist diese Gegenkraft zu klein, so wird die Triebkraft des Systems sie überwinden und hierbei eine gewisse Arbeit leisten; und zwar eine um so größere Arbeit, je größer die überwundene Gegenkraft, je kleiner also die Differenz zwischen dieser und der inneren Triebkraft des Systems ist. Diese Arbeit erreicht den für den betreffenden Vorgang maximalen Grenzwert, wenn Gegenkraft und Triebkraft in jedem Moment einander gleich bzw. nur unendlich wenig verschieden sind.

Die freie Energie ist im allgemeinen ungleich der totalen Energie, welche bei einer Reaktion auftritt; häufig aber, namentlich bei Reaktionen zwischen festen Verbindungen oder in Lösungen, ist die Differenz dieser Größen nicht ansehnlich. Daraus erklären sich einerseits die Abweichungen von BERTHELOTS Prinzip, anderseits dessen Übereinstimmung in zahlreichen Fällen mit der Erfahrung.

Der totale Energiegehalt eines Körpers muß nach HELMHOLTZ in freie und gebundene Energie zerlegt werden. Nur die freie Energie kann in andere Arbeitsformen umgewandelt werden. Die gebundene Energie betätigt sich z. B. bei einer Änderung des Agregatzustandes. Wenn Eis schmilzt, wird eine erhebliche Menge Wärme aufgenommen, die nicht in Arbeit verwandelt werden kann, sondern nur dazu dient, die Molekularbewegungen des Wassers zu steigern; die gebundene Energie des Wassers ist daher größer als die des Eises von derselben Temperatur. So gibt es noch verschiedene andere Vorgänge, wobei die gebundene Energie eine Änderung erfährt.

Es läßt sich theoretisch beweisen, daß bei jedem aus sich selbst verlaufenden Vorgang die freie Energie abnehmen muß. Hat man es mit einer exothermischen Reaktion zu tun, so wird die Wärmeentwicklung einerseits bedingt durch die Abnahme der freien Energie des Systems. Die gebundene Energie anderseits kann dabei entweder auch teilweise in Wärme übergehen, unverändert bleiben, oder weniger zunehmen als der Abnahme der freien Energie entspricht. Ist aber bei einer Reaktion die Abnahme der freien Energie kleiner als die Zunahme der gebundenen Energie, so muß der gesamte kalorische Effekt negativ sein, und man hat eine endothermische Reaktion.

Zur Messung der Affinität ist es also notwendig, die maximale Arbeit oder freie Energie zu bestimmen, welche bei chemischen Reaktionen gewonnen werden kann. Hierzu gibt es zwei Mittel, nämlich die Bestimmung der elektromotorischen Kraft und die Bestimmung der Gleichgewichtskonstante der in Frage kommenden Reaktion.

Wir werden im Abschnitt über Elektrochemie sehen, daß es in manchen Fällen gelingt, eine Reaktion so zu leiten, daß dabei ein elektrischer Strom entsteht. Ist die Reaktion reversibel, so kann man dieselbe gerade dadurch verhindern, daß man einen Strom von derselben Energie im entgegengesetzten Sinne durch das System schickt. Die Energie eines elektrischen Stromes wird durch das Produkt von zwei Größen dargestellt, nämlich von der Elektrizitätsmenge (ausgedrückt in Coulomb) und der elektromotorischen Kraft (ausgedrückt in Volt). Nun verlangt aber die Zersetzung der äquivalenten Menge jeder Verbindung, gemäß dem FARADAYschen Gesetz, die gleiche Elektrizätsmenge und zwar pro Äquivalent 96540 Coulomb. Hieraus folgt sofort, daß die elektromotorische Kraft proportional der Affinität sein muß, letztere also durch erstere gemessen werden kann. Man hat also der Affinität, die eine chemische Umwandlung hervorzubringen sucht, eine elektromotorische Kraft entgegenzusetzen, welche gerade groß genug ist, um das Eintreten dieser Umwandlung zu verhindern. Diese elektromotorische Kraft ist dann das genaue Maß der Affinität, deren Wirkung sie verhindert.

Demnach ist die freie Energie oder maximale Arbeit, welche die Reaktion erzeugt, gleich der Energie des erzeugten elektrischen Stromes.

Die zweite allgemeine Methode zur Messung der Affinität ist anwendbar in den Fällen, bei denen es sich um ein chemisches

Gleichgewicht handelt. Die Thermodynamik lehrt nämlich, daß zwischen der Gleichgewichtskonstante K und der maximalen Arbeitsmenge A der Reaktion folgende Beziehung besteht:

$$A = RT \ln K$$

sofern die zur Einwirkung kommenden Substanzen in der Einheit der Konzentration anwesend sind. In dieser Gleichung ist R die Gaskonstante (**34**) und T die absolute Temperatur. Auch K ist eine Funktion der Temperatur.

Wie diese beiden Methoden zur Berechnung der Affinität in speziellen Fällen angewandt werden, möge in den Lehrbüchern der physikalischen Chemie nachgeschlagen werden.

Über die Verschiebung des Gleichgewichts.

102. Befinden sich zwei Systeme im Gleichgewicht (z. B. $2\,H_2 + O_2 \rightleftarrows 2\,H_2O$), so ist die Lage dieses Gleichgewichts von verschiedenen Umständen abhängig. Dies findet seinen Ausdruck in der Regel von LE CHATELIER:

Jedes in physikalischem oder chemischem Gleichgewicht sich befindende System erleidet durch die Veränderung eines seiner Gleichgewichtsfaktoren eine Verschiebung in dem Sinne, daß sie, wenn diese Verschiebung primär erfolgte, die Veränderung des betreffenden Gleichgewichtsfaktors im entgegengesetzten Sinne bewirken würde.

Diese Regel, welche LE CHATELIER das Prinzip von dem Widerstand der Rückwirkung gegen die Wirkung genannt hat, ist ein bequemes Mittel, um im voraus zu bestimmen, in welchem Sinne eine Reaktion verlaufen wird.

An einigen Beispielen soll die Bedeutung der Regel klar gemacht werden:

1) Übt man auf ein im Gleichgewicht befindliches Gemisch von Wasser und Eis einen Druck aus, so tritt Schmelzen des Eises ein, also ein mit Kontraktion verbundener Vorgang. Durch die Zusammenziehung wird der Druck teilweise wieder aufgehoben.

2) Monokliner Schwefel, beim Umwandlungspunkt (Gleichgewichtstemperatur) einem Druck ausgesetzt, geht infolge der eintretenden Volumverminderung in rhombischen Schwefel über; auch hier findet Verringerung des Druckes durch die eintretende Reaktion statt.

3) Beim Verdünnen einer Lösung nimmt nach dem BOYLEschen Gesetze der osmotische Druck ab; bei der Lösung eines Elektrolyten wird Verdünnung weitere Ionisation zur Folge haben, da hierdurch der osmotische Druck an sich erhöht wird.

4) Je stärker eine Flüssigkeit erhitzt wird, um so mehr Dampf bildet sich. Die Verdampfung verbraucht Wärme und wirkt somit der Wärmezufuhr entgegen.

5) Bei teilweise dissoziiertem N_2O_4 drängt Druckerhöhung die Dissoziation zurück, während Druckverminderung dieselbe vermehrt. Der erstgenannte Vorgang schafft von sich aus Druckerniedrigung, der andre Druckerhöhung.

103. Ein Spezialfall der Regel ist VAN'T HOFFS in unabhängiger Weise aus der Thermodynamik abgeleitetes Prinzip des beweglichen Gleichgewichts:

Das Gleichgewicht zwischen zwei verschiedenen Zuständen der Materie (Systeme) verschiebt sich bei konstant bleibendem Druck durch Temperatur $\frac{\text{erniedrigung}}{\text{erhöhung}}$ nach demjenigen der zwei Systeme, durch dessen Bildung Wärme $\frac{\text{entwickelt}}{\text{absorbiert}}$ wird.

Ein paar Beispiele sollen dies näher erläutern:

1) Über den Umwandlungspunkt erhitzt, wird rhombischer Schwefel monoklin, da bei der Umwandlung Wärme absorbiert wird; unterhalb dieser Temperatur erfolgt die umgekehrte Umwandlung (immer gewöhnlicher Druck vorausgesetzt). Die Reaktion wirkt der von außen bewirkten Temperaturänderung entgegen.

2) Von einem Salz, dessen Lösungswärme negativ ist, geht durch Temperaturerhöhung mehr in Lösung; ist seine Lösungswärme dagegen positiv, so fällt das Salz bei Temperaturerhöhung aus seiner gesättigten Lösung aus.

Aus diesem Prinzip läßt sich noch eine andre sehr wichtige Schlußfolgerung ziehen. Wenn bei einer Temperaturerhöhung das Gleichgewicht sich nach der Seite desjenigen Systems verschiebt, welches unter Wärmeabsorption entsteht, also endotherm ist, so müssen bei hoher Temperatur die endothermen Reaktionen vorherrschen. Ebenso ergibt sich, daß die exothermen Reaktionen zumeist bei niedrigen Temperaturen stattfinden werden. Aus der mathematischen Formulierung des Prinzips läßt sich sofort schließen, daß beim absoluten Nullpunkt alle Reaktionen exotherm sein müssen. Bei unsrer gewöhnlichen Temperatur, die ungefähr 300° über dem absoluten Nullpunkt liegt, also nicht sehr weit davon entfernt ist, sieht man demgemäß die meisten Reaktionen noch exotherm verlaufen, doch kommen bereits endotherme Reaktionen (Bildung von Cl_2O usw.) vor. Bei der Temperatur des elektrischen Lichtbogens dagegen (2000—2500°) werden die exothermen Verbindungen größtenteils zerstört, dafür werden jedoch endotherme erhalten. So sahen wir bereits, daß bei sehr hoher Temperatur Ozon und Wasserstoffperoxyd, die endotherm sind, sich bilden (**36**, **38**); auch die endothermen Verbindungen Stickoxyd (**116**) und Acetylen (**178**) lassen sich bei der Temperatur des elektrischen Lichtbogens synthetisieren.

Über die passiven Widerstände.

104. Eine Reaktion kann nur dann von selbst verlaufen, wenn dabei freie Energie gewonnen wird; das Gegenteil ist ebenso undenkbar wie daß ein Stein von sich aus in die Höhe fliegen könnte. Trotzdem sieht man, daß Reaktionen, welche ohne Zweifel unter Gewinn von freier Energie verlaufen würden, nicht eintreten. Es muß sich dann ein Umstand vortun, welcher verhindert, daß die Reaktion, welche möglich ist, dennoch nicht wirklich stattfindet. Solche Umstände kann man zusammenfassend passive Widerstände nennen. Sie können zuweilen die Reaktionsgeschwindigkeit erheblich hemmen, besonders bei niedriger Temperatur. Wir lernten bereits ein Beispiel dieser Art kennen bei der Vereinigung von Wasserstoff und Sauerstoff (**13**). Ferner hat Pictet gezeigt, daß Natrium, welches bei gewöhnlicher Temperatur auf Alkohol ziemlich heftig einwirkt, bei -80^{0} ruhig darauf schwimmt, ohne daß irgend welche Reaktion bemerkbar ist. Selbst konzentrierte Salzsäure und Natrium reagieren bei sehr starker Abkühlung nicht aufeinander, oder wenigstens nur sehr langsam. Im allgemeinen zeigt sich, daß die Reaktionsgeschwindigkeit um so kleiner ist, je niedriger die Temperatur ist. Dem ist es zuzuschreiben, daß häufig, obwohl nach der Thermodynamik in einem System die eine oder die andre Reaktion möglich ist, diese Reaktion nicht (d. h. nicht mit meßbarer Geschwindigkeit) erfolgt.

Die Änderung der Reaktionsgeschwindigkeit mit der Temperatur läßt sich allgemein so formulieren, daß, wenn diese in arithmetischer Reihe steigt, jene in geometrischer Reihe zunimmt. Die Erfahrung hat weiter gezeigt, daß eine Beschleunigung der Reaktionsgeschwindigkeit von in der Nähe der gewöhnlichen Temperatur verlaufenden Prozessen um das Zwei- bis Dreifache meistens eintritt, wenn eine Erhöhung der Temperatur um 10^{0} stattfindet.

Welche außerordentlich wichtige Rolle die passiven Widerstände in der Natur spielen, ist unschwer einzusehen. Wären sie nicht vorhanden, so würden die Verbrennungsprozesse, die Oxydation der Metalle u. a. auch bei gewöhnlicher Temperatur in unsrer Umgebung erfolgen, d. h. es würde alles Brennbare auch wirklich verbrennen, und alles tierische und pflanzliche Leben auf dem Erdball wäre unmöglich.

Stickstoff.

105. Dieses Gas kommt in freiem Zustand in der Luft vor, welche aus ca. 80 Raumteilen Stickstoff und 20 Raumteilen Sauerstoff besteht; gebunden findet es sich in den salpetersauren Salzen, so z. B. im Chilesalpeter ($NaNO_3$) und in den, einen Hauptbestandteil des tierischen und pflanzlichen Organismus ausmachenden, Eiweißstoffen.

Der Stickstoff läßt sich leicht aus der atmosphärischen Luft isolieren, indem man letzterer ihren Sauerstoff entzieht. Dies kann auf verschiedene Weise geschehen. Leitet man Luft über glühendes Kupfer, so bildet sich Kupferoxyd und Stickstoff entweicht.

Da der Sauerstoff der Luft hierbei alles Kupfer sehr bald in CuO umwandelt, so läßt sich natürlich nur eine beschränkte Menge Stickstoff mittels einer bestimmten Menge Kupferdrehspäne erhalten. Man kann jedoch, wenn man die Luft zuerst durch Ammoniakwasser leitet, den Prozeß mit derselben Kupfermenge immer weiter fortsetzen, weil der Wasserstoff des Ammoniaks NH_3 das gebildete Kupferoxyd wieder reduziert.

Wenn man Kupfer mit einer Lösung von Ammoniak und kohlensaurem Ammoniak in Berührung bringt, so verbindet es sich auch bei gewöhnlicher Temperatur mit dem Sauerstoff der Luft. Ebenso verbindet sich feuchter Phosphor bereits bei gewöhnlicher Temperatur mit Sauerstoff, so daß aus Luft, welche einige Minuten mit Phosphorstücken in Berührung gewesen ist, der Sauerstoff verschwunden ist. Auch durch eine alkalische Pyrogallollösung wird der Sauerstoff bei gewöhnlicher Temperatur gebunden. Man macht von diesen Reaktionen in der Gasanalyse Gebrauch.

106. Durch direkte Zersetzung einiger Stickstoffverbindungen wird der Stickstoff rein gewonnen; so besonders durch Erhitzen einer konzentrierten Lösung von salpetrigsaurem Ammonium (Ammoniumnitrit):

$$NH_4NO_2 = N_2 + 2H_2O.$$

Wird der Lösung von Ammoniumnitrit ein wenig Ammoniak zugesetzt, so erfolgt die Stickstoffentwicklung träger; dagegen wird sie durch ein wenig verdünnte Schwefelsäure sehr beschleunigt. Dies läßt sich so erklären: Da die salpetrige Säure eine schwache Säure ist, wird die Lösung ihres Ammoniumsalzes für einen geringen Teil hydrolysiert sein (**66**), d. h. geringe Mengen freien Ammoniaks und freier, salpetriger Säure enthalten. Da nun ein Zusatz von Schwefelsäure beschleunigend wirkt, wobei also salpetrige Säure in Freiheit gesetzt wird, so ist es wahrscheinlich, daß auch in einer Lösung, die nur das Salz enthält, die geringe Menge freier Säure die Zersetzung bewirkt. Dieser Schluß findet eine Stütze darin, daß durch einen Zusatz von NH_3 die Stickstoffentwicklung verlangsamt wird, da Ammoniak die freie salpetrige Säure wegnimmt.

Auch durch Erhitzen von Ammoniumchromat $(NH_4)_2CrO_4$ (oder bequemer eines Gemenges von Chlorammonium NH_4Cl und Kaliumbichromat) entsteht freier Stickstoff:

$$K_2Cr_2O_7 + 2NH_4Cl = N_2 + Cr_2O_3 + 2KCl + 4H_2O.$$

Ein Beispiel der Gewinnung von Stickstoff durch indirekte Zersetzung seiner Verbindungen ist die Reduktion von Stickstoff-Sauerstoffverbindungen durch erhitztes Kupfer:

$$2NO + 2Cu = N_2 + 2CuO.$$

Physikalische Eigenschaften. Stickstoff ist ein farb-, geruch- und geschmackloses Gas; sein spez. Gewicht bezogen auf Luft als Einheit ist 0·9682, seine Dichte bezogen auf Sauerstoff = 16 demnach 14·01. 1 Liter Stickstoff wiegt bei 0° und 760 mm 1·2521 g. Er gehört zu den am schwierigsten zu kondensierenden Gasen; seine kritische Temperatur liegt bei −146°, sein Siedepunkt bei −194°; er erstarrt bei −214°. In Wasser ist er nur wenig löslich, noch weniger als Sauerstoff.

Chemische Eigenschaften. Der Stickstoff ist seinem chemischen Charakter nach sehr indifferent, d. h. er verbindet sich bei gewöhnlicher Temperatur mit keinem Element; bei hoher Temperatur dagegen mit vielen. Bor, Silicium, Titan, Lithium, Barium, Strontium, Calcium, Magnesium, Chrom und auch einige seltene Erdmetalle verbinden sich bei Glühhitze direkt mit dem Stickstoff zu Nitriden.

Durch eine besondere Versuchsanordnung ist es ferner gelungen, eine große Anzahl Elemente, namentlich Metalle, direkt mit Stickstoff zu verbinden. Dafür wurde in einem flüssigen Gemisch von 90% Argon (**206**) und 10% Stickstoff ein elektrischer Lichtbogen zwischen einer Silberanode und das betreffende Element hergestellt. Durch die niedrige Temperatur der Umgebung werden die in dem Lichtbogen gebildeten Nitride vor Zersetzung geschützt.

Mit Sauerstoff kann sich Stickstoff bei der elektrischen Entladung direkt vereinigen (**123**); ebenso mit Wasserstoff. Bringt man in ein Rohr über Quecksilber ein Gemisch von Wasserstoff und Stickstoff, sowie einen Tropfen konzentrierter Salzsäure, so sieht man beim Durchschlagen der Induktionsfunken Nebel von Chlorammonium NH_4Cl entstehen, da Stickstoff und Wasserstoff NH_3 bilden. Die beiden letztgenannten Reaktionen und die Tatsache, daß Stickstoff weder brennbar ist, noch die Verbrennung zu unterhalten vermag, dienen zur Erkennung des gasförmigen Stickstoffes.

Strutt hat gezeigt, daß Stickstoff in eine aktive Modifikation übergeht, wenn das Element in verdünntem Zustand an hochgespannten elektrischen Entladungen exponiert wird. Es entsteht dann ein gelbes Nachleuchten, welches durch den aktiven Stickstoff verursacht wird. In diesem Zustand gibt er mit

Natrium und Quecksilber explosive Verbindungen; mit Acetylen entsteht Cyangas; aus Tetrachlorkohlenstoff wird Chlor frei gemacht, usw. Auch hat der aktive Stickstoff ein charakteristisches Spektrum (263).

Das Molekül des Stickstoffes besteht aus 2 Atomen, was in ganz analoger Weise wie beim Sauerstoff und andren gasförmigen Elementen nachgewiesen worden ist.

Die atmosphärische Luft.

107. Die atmosphärische Luft wurde bis zum Ausgang des achtzehnten Jahrhunderts für ein Element gehalten; erst durch die Untersuchungen von PRIESTLEY und von LAVOISIER hat sich herausgestellt, daß sie ein Gemenge ist. Die richtige Erklärung der Verbrennungserscheinungen hat zu dieser Entdeckung geführt.

Vor LAVOISIER nahm man als Ursache der Verbrennung etwas allen brennbaren Körpern Gemeinsames, das Phlogiston, an. Die Verbrennung eines Körpers beruht nach dieser von STAHL (1660—1734) aufgestellten Theorie auf dem Entweichen von Phlogiston; erfolgt dieselbe sehr heftig, so entsteht eine Feuererscheinung. Je leichter ein Stoff verbrennt, um so größer sollte die Menge Phlogiston sein, die er enthält. Schwefel, Phosphor, Kohlenstoff, Wasserstoff galten demnach als sehr phlogistonreiche Stoffe.

In betreff der eigentlichen Natur dieses Phlogiston gingen die Meinungen weit auseinander. Verschiedene Male wurden Versuche angestellt, dasselbe zu isolieren. Einige Zeit glaubte man, nach dem Vorgange von CAVENDISH, daß Wasserstoff reines Phlogiston sei.

Phlogistonreiche Körper können das Phlogiston auf andre, die es nicht besitzen oder arm daran sind, übertragen. Die Metalle z. B. sind Stoffe, welche einen gewissen Gehalt an Phlogiston besitzen, den sie beim Erhitzen an die Luft abgeben; sie werden dadurch in Metallkalke (= Oxyde) verwandelt, die kein Phlogiston mehr enthalten. Wird ein solcher Metallkalk jedoch mit Kohlenstoff oder Wasserstoff erhitzt, so nimmt er aus diesen Stoffen Phlogiston auf und geht dadurch wieder in Metall über. Die Tatsache, daß Schwefel, Phosphor oder überhaupt brennbare Substanzen bei Luftabschluß bald zu brennen aufhören, wurde so erklärt, daß die Luft dann mit Phlogiston gesättigt sei, so daß dies nicht mehr aus dem brennenden Körper entweichen könne.

Dadurch, daß diese Theorie viele Erscheinungen von einem einheitlichen Gesichtspunkt aus zu betrachten gelehrt hat, hat sie der chemischen Wissenschaft zweifellos wichtige Dienste geleistet.

Solange man die Verbrennungserscheinungen so auffaßte, lag keine Veranlassung vor, an der elementaren Natur der Luft zu zweifeln; denn man glaubte ja, daß die Körper bei der Verbrennung etwas abgäben, während wir jetzt wissen, daß umgekehrt dabei aus der Luft etwas aufgenommen wird. Nachdem experimentell festgestellt war, daß bei der Verbrennung eine Gewichtszunahme stattfindet, mußte die Phlogistontheorie, welche davon keine Rechenschaft zu geben vermochte, fallen; LAVOISIERS Verdienst ist es, die Bedeutung dieser Tatsache erkannt und zur allgemeinen Anerkennung gebracht zu haben. Am 1. August 1774 hatte PRIESTLEY den Sauerstoff entdeckt, welchen er selbst als völlig von Phlogiston befreite („dephlogistisierte") Luft ansah;

LAVOISIER erkannte in diesem Stoff das für jede Verbrennung und Oxydation nötige Prinzip. Es war jetzt nur noch ein Schritt nötig, um einzusehen, daß die Luft kein Element ist, sondern neben dem Sauerstoff noch ein andres Gas enthält, welches die Verbrennung nicht unterhalten kann. Dies hatten bereits PRIESTLEY und SCHEELE experimentell festgestellt. Der Versuch, durch den LAVOISIER dies bewies, ist in 9 beschrieben. Er maß die Menge Stickstoff, welche nach der Wegnahme des Sauerstoffes durch Erhitzen mit Quecksilber übrigblieb und bestimmte in dieser Weise die Zusammensetzung der Luft ziemlich genau.

108. *Bestandteile der atmosphärischen Luft.* Außer Sauerstoff und Stickstoff besteht die Luft noch aus Argon und den andren in **206** aufgeführten Elementen, sowie aus mehr oder weniger beträchtlichen Mengen Wasserdampf und Kohlendioxyd (im Mittel 0·04 $^0/_0$); ferner aus Spuren von Wasserstoff, Ammoniak, Ozon und vielleicht auch Wasserstoffsuperoxyd. Als zufällige Bestandteile (z. B. in der Nachbarschaft von Vulkanen) finden sich Schwefeldioxyd und andre Gase. In den niederen Luftschichten sind stets auch feste Stoffteilchen, Bakterien oder Mikroben, die Erreger der Gärung, Fäulnis usw., schwebend enthalten.

Analyse der Luft. Das Mengenverhältnis von Sauerstoff und Stickstoff in sorgfältig getrockneter und von Kohlendioxyd usw. befreiter Luft ist wiederholt mit großer Sorgfalt bestimmt worden. Nach dem Verfahren von DUMAS und BOUSSINGAULT geschieht dies in folgender Weise:

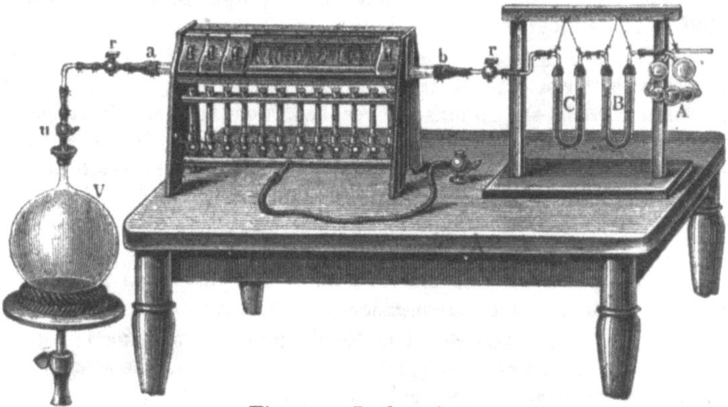

Fig. 37. Luftanalyse.

Der gläserne Ballon *V* (Fig. 37) ist luftleer gepumpt und mit dem Rohr *ab* verbunden, welches mit Kupferspänen beschickt ist und im Ofen erhitzt wird. Auch dieses Rohr wird ausgepumpt. Das Ende *b* desselben ist mit den Apparaten *C, B, A* verbunden, welche die eintretende Luft von Kohlendioxyd und Wasserdampf befreien sollen. Der luftleere Ballon *V* ist zuvor sorgfältig gewogen. Durch vorsichtiges Öffnen der Hähne *u* und *r* wird ein langsamer Luftstrom durch das

Rohr *ab* in den Ballon eingeführt, wobei das Kupfer den Sauerstoff absorbiert. Durch Wägen des Rohres vor und nach dem Versuch wird die Menge des aufgenommenen Sauerstoffes bestimmt, durch Zurückwägen des Ballons die Menge Stickstoff, welche dieser enthält; so ergibt sich das Verhältnis des Stickstoffes zum Sauerstoff in der Luft.

Ein andres Verfahren ist das eudiometrische. Hierbei wird ein bekannter Raumteil Luft mit reinem Wasserstoff gemischt (erhalten durch Elektrolyse von Wasser). Durch dies Gemisch läßt man einen elektrischen Funken schlagen, wodurch Wasserstoff und Sauerstoff sich zu Wasser vereinigen, welches sich an den Wänden des Apparates kondensiert. Da 2 Vol. Wasserstoff mit 1 Vol. Sauerstoff zu Wasser sich verbinden, so ist $^1/_3$ des verschwundenen Volums Sauerstoff gewesen.

109. Durch diese und andre Verfahren hat man gefunden, daß die Zusammensetzung der Luft überall nahezu dieselbe ist; an allen Orten der Erde und auch noch auf einer Höhe von einigen Kilometern oberhalb der Erdoberfläche besteht sie

dem Raume nach:	aus 20·81	Raumteilen	Sauerstoff
	und 79·19	„	Stickstoff (+ Argon),
dem Gewicht nach:	aus 23·01	Gewichtsteilen	Sauerstoff
	und 76·99	„	Stickstoff (+ Argon).

Die beobachteten Abweichungen von diesem Verhältnis betragen kaum ± 0·1 %. Das Gewicht von 1 l trockner, CO_2-freier Luft zeigt auch nur sehr geringe Schwankungen. Im Mittel beträgt es 1·2930 g, mit Abweichungen von einigen Zehntelmilligrammen. Auch zu verschiedenen Zeiten hat man dieselbe Zusammensetzung gefunden; unsre gegenwärtigen Analysen stimmen mit denen von Dumas und Boussingault aus dem Jahre 1841 überein.

Dieses Resultat scheint auf den ersten Blick überraschend, weil fortgesetzt Sauerstoff und Stickstoff aus der Atmosphäre verschwinden und wieder dahin zurückkehren, es aber keineswegs sicher, ja sogar eher unwahrscheinlich ist, daß die verschwundenen und die zurückkehrenden Raumteile sich gleich sind.

Der Sauerstoff macht nämlich folgenden Kreislauf: Der freie Sauerstoff dient zu allen möglichen Oxydationen, wovon die Mineralisierung der organischen Stoffe die wichtigste ist. Hierunter versteht man die Oxydation von Pflanzen- und Tierresten durch den Sauerstoff der Luft unter Mitwirkung von Mikroben, wobei der Kohlenstoff dieser Reste in Kohlendioxyd übergeht und Stickstoff, Phosphor, Schwefel, sowie ihre andren Elemente in den „mineralen" Zustand (Nitrate, Sulfate usw.) zurückkehren. Neben diesem, im großartigsten Maßstabe verlaufenden Naturprozeß erheischen auch die Atmung der Tiere und Pflanzen sowie die Verbrennungsprozesse Sauerstoff, auch dabei entsteht Kohlendioxyd. Dieses Kohlendioxyd wird von den Pflanzen für ihren Assimilationsprozeß verbraucht, wobei der Sauerstoff wieder in die Atmosphäre ausgeschieden wird; es wird also von der Intensität dieses Prozesses abhängen, ob ebensoviel Sauerstoff in die Luft zurückgelangt, als zuvor zur Bildung von Kohlendioxyd verbraucht ist. Der Sauerstoff, der zu anderweitigen Oxydationen gedient hat, kehrt nicht wieder in die Atmosphäre zurück.

Verschiedene Forscher, so z. B. Dubois, haben eine Schätzung der Kohlenstoffmenge vorgenommen, welche alljährlich in den Kreislauf des organischen Lebens eintritt. Dubois kam zu dem Resultat, daß jährlich 118·5 Billionen kg Kohlendioxyd durch die Pflanzen assimiliert werden, eine Zahl, welche nahezu $^1/_{20}$ der ganzen Menge Kohlendioxyd ist, die sich in der Atmosphäre vorfindet. Die Menge Kohlendioxyd, welche durch die gesamte lebendige Tierwelt abgegeben wird, schätzt man auf 2·5 Billionen kg jährlich, wodurch man zu dem überraschenden Resultat gelangt, daß etwa nur 2 % des existierenden Pflanzenmateriales an dem Kreislauf durch das tierische Leben beteiligt sind. Alles andere Kohlendioxyd rührt von der Mineralisierung her. Die Menge Kohlendioxyd, welche durch die Verbrennung von Steinkohlen usf. produziert wird, wird von Credner auf 1·3 Billion kg geschätzt.

Auch der Stickstoff macht einen Kreislauf durch. Stickstoff ist ein sehr wesentlicher Bestandteil der organischen Verbindungen im Tier- und Pflanzenkörper; nach deren Absterben bleibt er in gebundenem Zustand als Ammoniak, Salpetersäure usw. zurück. Bei Verwesungsprozessen wird der gebundene Stickstoff teilweise, beim Verbrennen von Pflanzen- und Tierresten völlig, in Freiheit gesetzt. Dem steht gegenüber, daß einige Pflanzen aus der Ordnung der Leguminosen durch Symbiose mit gewissen Bakterien freien Stickstoff der Luft sich anzueignen vermögen; daß gewisse Bakterienarten für sich Stickstoff assimilieren können; daß bei Gewittern etwas Stickstoff sich mit Sauerstoff verbindet; daß ferner durch stille elektrische Entladung, wie sie häufig zwischen den Wolken und der Erde vorkommen muß, der Stickstoff Verbindungen eingehen kann usw. Auch hier erhebt sich die Frage, ob Gewinn und Verlust der Atmosphäre an Stickstoff einander die Wage halten.

Man darf daher schließen, daß es ein Zufall sein müßte, wenn der Luft genau ebensoviel Sauerstoff und Stickstoff entzogen würde, wie dahin zurückwandert. Ungefähr mag wohl Kompensation stattfinden; aber selbst wenn dies nicht der Fall sein sollte, würde sich die Zusammensetzung der atmosphärischen Luft auch in Jahrhunderten wegen ihrer ungeheuren Menge nur wenig ändern.

Durch folgende Rechnung kann man sich hiervon überzeugen. Der normale Luftdruck beträgt 760 mm Quecksilber; derselbe wird ausgeübt von dem Gewicht der Luft und dem in dieser enthaltenen Wasserdampf. Gesetzt, der

Druck des letzteren betrage im Mittel 10 mm, so bleiben für den Druck der Luft selbst 750 mm übrig; d. h. das Gewicht der Luft beträgt soviel, wie das einer Quecksilberschicht von 750 mm Dicke, welche die ganze Erdoberfläche bedecken würde. Dieses Gewicht berechnet sich folgendermaßen: Der Inhalt einer Kugelschale beträgt, wenn der Radius der inneren Kugel R, die Dicke der Kugelschale r ist, $4\pi R^2 r$. Der Erdradius (R) ist im Mittel 6370348 m, r ist 0·75 m; daraus folgt mit Berücksichtigung des spez. Gewichtes des Quecksilbers 13·59 für das gesuchte Gewicht $5 \cdot 2 \times 10^{18}$ kg, oder 5·2 Trillionen Kilogramm; da 1 cbm Luft bei 0° und 760 mm Druck 1·2932 kg wiegt, repräsentiert dies Gewicht ein Gasvolum (bei 0° und 760 mm) von $4 \cdot 10^{18}$ cbm oder an Sauerstoff von $^4/_5 \times 10^{18} = 8 \times 10^{17}$ cbm. Gegenüber diesen Massen ist die Sauerstoffmenge, welche der Luft durch oben erwähnte Prozesse entzogen wird, sehr gering, wie sich aus den auf vorigen angegebenen Zahlen für die Mengen, welche von den Pflanzen und Tieren verbraucht werden, ergibt. Da nun überdies eine beträchtliche Sauerstoffzufuhr durch den Assimilationsprozeß der Pflanzen stattfindet, so können Änderungen im Sauerstoffgehalt der Luft mittels unsrer analytischen Hilfsmittel offenbar nicht wahrgenommen werden.

Die Luft ist ein Gemenge; sie kann keine Verbindung von Stickstoff und Sauerstoff sein, und zwar aus folgenden Gründen: 1) Das Verhältnis zwischen Stickstoff und Sauerstoff ist ein andres, als es bei einer Verbindung dieser beiden Elemente sein würde: in diesem Falle müßte das Verhältnis gleich dem der Atomgewichte oder dem von einfachen Multiplen der letzteren sein. 2) Durch Mischen von Stickstoff und Sauerstoff in dem Verhältnis, wie sie Luft bilden, erhält man eine synthetische Luft, welche der uns umgebenden völlig gleicht; dies schließt die Möglichkeit aus, daß sie neben freiem Sauer- und Stickstoff eine Verbindung dieser beiden Elemente in merklicher Menge enthält. 3) Das Verhältnis, in dem der Sauerstoff und der Stickstoff der Luft von Flüssigkeiten gelöst werden, ist demjenigen gleich, welches sich aus der Löslichkeit der beiden Gase, unter Berücksichtigung ihrer Einzeldrucke (Partialdrucke) in der Luft, berechnen läßt, was nicht der Fall sein könnte, falls die Luft noch eine Verbindung von Stickstoff und Sauerstoff enthielte. 4) Wenn verflüssigte Luft siedet, so destilliert zuerst hauptsächlich Stickstoff über.

Flüssige Luft wird jetzt in großem Maßstab für technische Zwecke hergestellt. Sie ist eine leicht bewegliche Flüssigkeit von bläulichem Schimmer und durch suspendierte Eisteilchen (von ihrem Feuchtigkeitsgehalt herrührend) meist etwas getrübt. Man befreit sie von dieser Trübung, indem man sie durch ein Papierfilter filtriert. Sie siedet bei etwa − 190°. Zur Kälteerzeugung sowie zur Demonstration sehr tiefer Temperaturen wird sie viel verwendet. Leitet man z. B. Kohlendioxyd in ein Gefäß ein, in dem sich flüssige Luft befindet, so fällt es in fester Form wie Schneeflocken nieder. Trotz ihrer niedrigen Temperatur kann man sie gefahrlos über die Hände gießen und hat dabei nicht einmal das Gefühl von Kälte (infolge des Leidenfrostschen Phänomens). Flüssige Luft enthält weit mehr Sauerstoff als die atmosphärische. Taucht man einen glimmenden Holzspan in sie ein, so verbrennt der Span unter heftiger Reaktion mit lebhafter Flamme. In Vakuumgefäßen (9) läßt sie sich ziemlich lange aufbewahren und sogar auf weite Entfernungen versenden. Durch fraktionierte Destillation läßt sich flüssige Luft größtenteils in ihre Bestandteile trennen. Völlig reinen Stickstoff erhielt Erdmann aus ihr durch Abkühlung, wobei Stickstoff auskrystallisierte.

Verbindungen von Stickstoff und Wasserstoff.

110. Man kennt jetzt fünf Verbindungen von Wasserstoff und Stickstoff: Ammoniak NH_3, Hydrazin N_2H_4 und Stickstoffwasserstoffsäure N_3H, sowie die Verbindungen der letzteren mit Ammoniak und Hydrazin: $NH_3 \cdot N_3H$ und $N_2H_4 \cdot N_3H$. Von diesen fünf Verbindungen ist die am längsten bekannte, das Ammoniak, weitaus die wichtigste.

Ammoniak NH_3.

Ammoniak kann durch direkte Synthese aus den Elementen dargestellt werden; siehe unten. Auch für die Bildung durch direkte Zersetzung seiner Verbindungen lassen sich Beispiele anführen; so entsteht es beim Erhitzen der Ammoniakverbindungen einiger Salze wie $x CaCl_2 \cdot y NH_3$, $x AgCl \cdot y NH_3$. Eine Anzahl stickstoffhaltiger organischer Verbindungen gibt beim Erhitzen Stickstoff in der Form von Ammoniak ab. Ferner entsteht NH_3 durch Einwirkung von Wasserstoff auf einige Stickstoffverbindungen; so z. B. wenn Salpetersäure HNO_3 mit naszierendem Wasserstoff (aus Zink- oder Eisenpulver und verdünnter Schwefelsäure entwickelt) zusammentrifft; oder wenn ein Gemisch von Stickoxyd NO und Wasserstoff über erhitztes Platinschwarz geleitet wird:

$$2NO + 5H_2 = 2NH_3 + 2H_2O.$$

Bildung von Ammoniak durch Einwirkung von freiem Stickstoff auf Wasserstoffverbindungen ist noch nicht gelungen, dagegen Bildung durch Einwirkung einer Wasserstoff- auf eine Stickstoffverbindung. Ein Beispiel hierfür ist die Zersetzung von Magnesiumnitrid (**106**) durch Wasser:

$$Mg_3N_2 + 3H_2O = 2NH_3 + 3MgO.$$

Auch bei der Fäulnis organischer stickstoffhaltiger Stoffe (Fäces, Urin usw.) bildet sich Ammoniak. Durch die Einwirkung des elektrischen Funkens auf feuchte Luft entsteht Ammoniumnitrat. Diese letzten beiden Bildungsweisen sind die Ursache der Gegenwart geringer Spuren von Ammoniak in der Luft.

Über die Bildung von Ammoniak aus Kalkstickstoff siehe „Org. Ch.“ *260*.

Ammoniak wird technisch in großem Maßstabe dargestellt. Dafür sind verschiedene Verfahren in Gebrauch.

1. Bei der Koks- und Leuchtgasfabrikation werden die sich bildenden Gase durch Wasser geleitet und so das Ammoniakwasser gewonnen.

Um hieraus die Verbindung im reinen Zustand zu erhalten, wird das Ammoniakwasser mit Kalkmilch erhitzt und das dadurch ausgetriebene Ammoniak in konzentrierte Schwefelsäure geleitet. Auf diese Weise wird Ammoniumsulfat $(NH_4)_2SO_4$ in Kristallen gewonnen. Es wird durch Umkristallisieren gereinigt und zur Gewinnung des freien Ammoniaks wiederum mit Kalk destilliert.

2. Eine andre technische Darstellungsweise von Ammoniak ist die Behandlung von Steinkohlen bei hoher Temperatur mit Luft und Wasserdampf. Hierbei entsteht ein Gas, welches 10 % CO und 23 % H_2 enthält und für Heizzwecke sehr geeignet ist, während der Stickstoff der Steinkohlen als Ammoniak erhalten wird.

3. Die Badische Anilin- und Sodafabrik hat in der letzten Zeit die direkte Synthese von Ammoniak aus Wasserstoff und Stickstoff zu einem technischen Prozeß ausgearbeitet. Schon lange war es bekannt, daß Ammoniak durch Induktionsfunken in Wasserstoff und Stickstoff zerlegt wird unter nahezu Verdoppelung des Volumens

$$\underset{2\,\text{Vol.}}{2NH_3} = \underset{1\,\text{Vol.}}{N_2} + \underset{3\,\text{Vol.}}{3H_2};$$

daß dabei jedoch eine kleine Menge Ammoniak unzersetzt bleibt, und auch aus einem Gemisch der beiden Gase durch Induktionsfunken oder durch dunkle elektrische Entladung geringe Mengen Ammoniak entstehen. Das Gleichgewicht

$$2NH_3 \rightleftarrows N_2 + 3H_2$$

ist aber bereits erreicht, wenn sich auch erst sehr wenige Prozent Ammoniak gebildet haben. Nennt man den Partialdruck des Ammoniaks p_1, des Stickstoffs p_2 und des Wasserstoffs p_3, k die Reaktionskonstante, so ist die Gleichgewichtsgleichung

$$p_1^2 = k \cdot p_2 \cdot p_3^3 .$$

Bringt man den Gesamtdruck auf das n-fache, so wird die Gleichung:

$$n^2 p_1^2 = k n p_2 \cdot n^3 p_3^3 \quad \text{oder} \quad p_1^2 = k \cdot n^2 p_2 p_3^3 ,$$

woraus sich ergibt, daß p_1, also die Ammoniakmenge im Gleichgewicht, mit steigendem Druck größer wird. Dieses Gleichgewicht stellt sich aber nur in Gegenwart eines Katalysators und bei höherer Temperatur mit der technisch erforderlichen Geschwindigkeit ein. Haber fand, daß Uranmetall ein sehr geeigneter Katalysator ist und ermittelte das Temperatur- und Druckoptimum auf etwa 500° bzw. 100 Atmosphären, wobei 10.8 % Ammoniak im Gleichgewicht bestehen. Wenn man dieses entfernt, muß sich wieder Wasserstoff mit Stickstoff vereinigen. Auch andere Katalysatoren, wie Eisen, Eisennitrid, Molybdän usw. sind empfohlen worden.

Die technische Ausführung gestaltet sich in der Weise, daß ein Gemisch von der Zusammensetzung $N_2 + 3H_2$ unter dem angegebenen Druck durch ein Rohr zirkuliert, in dem durch eine elektrische Heizspirale die Temperatur auf 500° gehalten wird und mit Uran beschickt ist; es bildet sich Ammoniak, welches in einem anderen Teil des Apparats kondensiert und als flüssiges Ammoniak abgezapft wird, während eine entsprechende Menge des Gemisches $N_2 + 3H_2$ zugeführt wird, wodurch der Druck auf derselben Höhe bleibt.

4. Nach einer von SERPEK ausgearbeiteten Methode wird Aluminiumoxyd Al_2O_3 mit Kohlenstoff elektrisch auf hoher Temperatur im Stickstoffstrom erhitzt, wodurch Aluminiumnitrid AlN entsteht, das durch Zersetzung mit Wasser Aluminiumhydroxyd $Al(OH)_3$ und Ammoniak liefert.

Physikalische Eigenschaften. Das Ammoniak ist bei gewöhnlicher Temperatur ein Gas von eigentümlichem, zu Tränen reizendem Geruch. Sein spez. Gewicht ist 8·5 (O = 16) oder 0·589 (Luft = 1); 1 Liter NH_3 wiegt bei 0° und 760 mm Druck 0·76193 g. Es verdichtet sich leicht zu einer farblosen Flüssigkeit, die bei −33·7° siedet und bei −75° zu weißen durchscheinenden Kristallen erstarrt. In Wasser ist Ammoniakgas äußerst leicht löslich; bei 0° und normalem Druck löst 1 Vol. Wasser 1148 Vol. oder 0·875 Gewichtsteile Ammoniak auf. Das spez. Gewicht der Lösung von NH_3 in Wasser ist um so kleiner, je mehr NH_3 dieselbe enthält.

Flüssiges Ammoniak verbraucht beim Übergang in den Gaszustand sehr viel Wärme. Hierauf beruht seine Anwendung bei der Erzeugung von Kunsteis.

Chemische Eigenschaften. Die charakteristische Eigenschaft des Ammoniaks ist, daß es sich mit Säuren direkt zu Salzen vereinigt:

$$NH_3 + HCl = \underset{\text{Chlorammonium}}{NH_4Cl}; \qquad NH_3 + HNO_3 = \underset{\text{Ammoniumnitrat}}{NH_4NO_3};$$

$$2NH_3 + H_2SO_4 = \underset{\text{Ammoniumsulfat}}{(NH_4)_2SO_4}.$$

In diesen Salzen (welche fast sämtlich in Wasser leicht löslich sind) verhält sich die Gruppe NH_4 wie ein einwertiges Metall; sie entsprechen also den Verbindungen KCl, KNO_3, K_2SO_4 usw. Man nennt die Gruppe NH_4 deshalb Ammonium. Es hat nicht an Versuchen gefehlt, dieses Ammonium zu isolieren; sie sind aber mißlungen. Der metallische Charakter der Gruppe wird dadurch bestätigt, daß, wenn Natriumamalgam in eine konzentrierte Salmiaklösung gebracht wird, Ammoniumamalgam entsteht, das schon bei gewöhnlicher Temperatur rasch in Quecksilber, Ammoniak und Wasserstoff zerfällt. Wenn Natriumamalgam auf Jodammonium, gelöst in flüssigem Ammoniak, bei −39° reagiert, erhält man eine harte metallische Masse, die sich bei Temperaturerhöhung in Quecksilber, 1 Vol. Wasserstoff und 2 Vol. Ammoniak zersetzt:

$$2\,NH_4 = 2\,NH_3 + H_2\,.$$

Amalgame von Ammonium, in welchem H-Atome durch Alkylgruppen ersetzt sind, zeigen noch größere Stabilität. Wenn man die Lösung eines Salzes von Tetramethylammonium in flüssiges Ammoniak elektrolysiert, färbt sich die Flüssigkeit an der Anode blau, gerade als wenn man ein Alkalimetall in flüssigem Ammoniak auflöst (**222**).

Ammoniak in wäßriger Lösung (Salmiakgeist) reagiert stark basisch; desgleichen das feuchte Gas. Man muß daher annehmen, daß in dieser Lösung eine Verbindung NH_4OH, Ammoniumhydroxyd, vorhanden ist und folglich auch Ionen NH_4 und OH, analog wie bei andren löslichen Basen, z. B. beim Kaliumhydroxyd KOH. Für diese Annahme spricht ferner, daß diese Lösung den elektrischen Strom leitet, wenn auch nicht in dem Maße wie eine Kali- oder Natronlösung vom gleichen Titer (**234**). Ammoniumhydroxyd zu isolieren ist jedoch noch nicht gelungen; beim Eindampfen seiner Lösung zerfällt es in NH_3 und H_2O. Damit hängt zusammen, daß Ammoniak sich durch Kochen völlig aus seiner wäßrigen Lösung entfernen läßt.

Ammoniak läßt sich an der Luft zwar entzünden, brennt jedoch nicht weiter, wohl aber brennt das Gas in reinem Sauerstoff fort. Die Verbrennungsprodukte sind, neben Wasser und Stickstoff als Hauptprodukten, Ammoniumnitrit NH_4NO_2 und Stickstoffdioxyd NO_2. Ein Gemenge von NH_3 und Sauerstoff explodiert heftig, wenn es angezündet wird. Auch bei der „Nitrifikation" des Ackerbodens durch Bakterien vollzieht sich eine Oxydation des Ammoniaks; dabei entsteht Salpetersäure HNO_3. Chlorgas in Ammoniakgas geleitet, entzündet sich; es entstehen N_2 und HCl, welches letztere sich mit dem noch übrigen Ammoniak zu Salmiak (NH_4Cl) vereinigt. Der Wasserstoff des NH_3 kann auch durch Metalle ersetzt werden; Magnesium z. B. verbrennt in Ammoniakgas unter Bildung von Mg_3N_2. Wenn man NH_3 über erhitztes Kalium oder Natrium leitet, entsteht NH_2K bzw. NH_2Na Kalium (Natrium)-amid. Diese und analoge Metallverbindungen werden durch Wasser zersetzt unter Rückbildung von NH_3 und Bildung von Metalloxyd oder Hydroxyd. Durch ultraviolettes Licht wird Ammoniak völlig in seinen Elementen gespalten.

Zusammensetzung des Ammoniaks. Wird eine wäßrige Ammoniaklösung (welcher ein wenig Kochsalz zugesetzt ist, damit sie den Strom besser leitet) der Elektrolyse unterworfen, so entwickeln sich Stickstoff und Wasserstoff im Raumverhältnis 1 : 3; hieraus folgt, daß in dem Molekül auf 1 Atom N 3 Atome H vorhanden sein müssen; die empirische Formel ist daher NH_3. Da das spez. Gewicht des Ammoniakgases 8·5 (O = 16), das Molekulargewicht daher 17 ist, entspricht diese Formel auch dem Molekül.

Hydrazin oder Diamid N_2H_4.

111. Diese Verbindung wird jetzt nach der Methode von RASCHIG technisch dargestellt. Er zeigte, daß bei der Einwirkung von Natriumhypochlorit auf Ammoniak Chloramin NH_2Cl entsteht:

$$NH_3 + NaOCl = NH_2Cl + NaOH.$$

Bei niederer Temperatur im Vakuum destilliert dieses Chloramin in Form von schwachgelben, öligen Tröpfchen von Chlorstickstoffgeruch. Es zersetzt sich in verdünnten Lösungen langsam, in konzentrierten schneller, in Stickstoff, Ammoniak und Salzsäure:

$$3NH_2Cl = N_2 + NH_3 + 3HCl.$$

Ist ein großer Überschuß von Ammoniak zugegen, so wirkt dieses auf das Chloramin unter Bildung von salzsaurem Hydrazin ein:

$$NH_2Cl + NH_3 = NH_2 \cdot NH_2 \cdot HCl.$$

Gewisse Zusätze, z. B. von Eiweiß in geringer Menge, erhöhen die Ausbeute, so daß dieselbe bis zu 80 % der Theorie steigen kann.

Durch fraktionierte Destillation der wäßrigen Lösung erhält man das Hydrat $N_2H_4 \cdot H_2O$, das bei 118·5° siedet, bei gewöhnlicher Temperatur flüssig ist und bei −40° fest wird.

Das freie Hydrazin kann man in reinem Zustand gewinnen, wenn man durch Zufügen von Bariumoxyd dem Hydrat das Molekül Wasser entzieht und danach unter vermindertem Druck destilliert. Es ist eine farblose Flüssigkeit, die bei 113·5° unter gewöhnlichem Druck siedet und bei 1·4° fest wird. Sein spez. Gewicht beträgt 1·014 bei 15°. Es vereinigt sich unter Wärmeentwicklung mit Wasser zu dem genannten Hydrat. Sowohl das freie Hydrazin wie seine wäßrige Lösung wirken sehr stark reduzierend. Ersteres oxydiert sich allmählich an der Luft, reagiert heftig mit den Halogenen usw.; die wäßrige Lösung fällt aus Lösungen von Kupfersalzen Kupferoxydul, aus Quecksilber-, Silbersalzen usw. bei gewöhnlicher Temperatur die Metalle.

Hydrazin vereinigt sich wie Ammoniak direkt mit Säuren zu Salzen: $N_2H_4 \cdot HCl$ und $N_2H_4 \cdot 2HCl$, also sowohl mit 1 wie mit 2 Molekülen einer einbasischen Säure; die wäßrige Lösung reagiert stark alkalisch. Die Salze des Hydrazins sind in Wasser leicht löslich, das Sulfat jedoch ziemlich schwer (charakteristisch).

Stickstoffwasserstoffsäure N_3H.

112. Diese interessante Verbindung wurde wie Hydrazin zuerst von CURTIUS durch Zersetzung einer organischen stickstoffhaltigen Verbindung gewonnen; sie wird jetzt in guter Ausbeute durch Behandlung von Hydrazinhydrat (111) mit salpetriger Säure dargestellt. Einfacher noch ist die langsame Destillation von Hydrazinsulfat mit Salpetersäure vom spez. Gewicht 1·3. Fängt man das Destillat in einer Lösung von Silbernitrat oder Bleiacetat auf, so fällt sofort Silber- resp. Bleiazid aus.

Die freie Säure wird in wäßriger Lösung am besten durch Destillation von Stickstoffblei $Pb(N_3)_2$ mit verdünnter Schwefelsäure erhalten. Durch fraktionierte Destillation dieser Lösung wird die reine Stickstoffwasserstoffsäure dargestellt. Sie ist eine farblose, leichtbewegliche, bei 37° siedende Flüssigkeit von durchdringendem, unerträglichem Geruch; sie erstarrt bei −80° und ist schwerer als Wasser; sie ist äußerst explosiv, selbst in wäßriger Lösung.

Merkwürdigerweise zeigt die Stickstoffwasserstoffsäure eine große Ähnlichkeit mit der Chlorwasserstoffsäure; sie gibt wie diese schwer lösliche Silber-, Merkuro- und Bleisalze (Azide), die sich jedoch in starken Mineralsäuren auflösen. Durch Oxydation mit Ceri-Salzen, z. B. $Ce(SO_4)_2$, wird der Stickstoff quantitativ aus der Säure frei gemacht, was zur Analyse derselben benutzt wird. Mit salpetriger Säure findet folgende Reaktion statt: $N_3H + HNO_2 = N_2 + N_2O + H_2O$. Die Salze sind ebenfalls sehr explosiv, daher äußerst gefährlich, das Natriumsalz noch am wenigsten. Bleiazid findet Verwendung in der Sprengtechnik zur Einleitung der Detonation der Sprengpatronen (Initialzündung), wozu früher fast ausschließlich Knallquecksilber verwendet wurde. Eine 1%ige wäßrige Lösung der Säure ist nur zu 0·008 ionisiert; Stickstoffwasserstoffsäure ist also eine schwache Säure. Mit einigen Metallen entwickelt sie Wasserstoff, so z. B. mit Fe, Zn, Cd und Mg Charakteristisch für die Azide ist, daß dieselben wasserfrei kristallisieren und beim Erhitzen reines Metall zurücklassen.

Verbindungen des Stickstoffes mit Halogenen.

113. Durch Einwirkung von Chlorgas auf eine konzentrierte Salmiaklösung, am einfachsten, wenn man einen mit Chlor gefüllten Kolben umgekehrt in die auf 30—40° erwärmte Lösung setzt, entstehen ölige Tröpfchen, die man am besten in einer bleiernen Schale auffängt, welche unter die Mündung des Kolbens gestellt wird. Dieselben enthalten, wie Gattermann zeigte, außer Stickstoff und Chlor auch noch Wasserstoff; durch nochmaliges Behandeln mit Chlor erhält man reinen Chlorstickstoff NCl_3 als ein gelbliches Öl von unangenehmem, stechendem Geruch und dem spez. Gewicht 1·65. NCl_3 ist einer der gefährlichsten Körper, weil er bei Erschütterungen usw., häufig auch von selbst, oder bei Berührung mit vielen organischen Stoffen (z. B. Terpentin) äußerst heftig explodiert. In Schwefelkohlenstoff, Benzol u. a. löst er sich mit gelber Farbe auf; diese Lösungen sind ungefährlich; sie zersetzen sich am Sonnenlicht.

Durch konzentrierte Salzsäure und durch wäßriges Ammoniak wird der Chlorstickstoff zersetzt nach den Gleichungen:

$$NCl_3 + 4\,HCl = NH_4Cl + 3\,Cl_2; \quad NCl_3 + 4\,NH_3 = 3\,NH_4Cl + N_2.$$

Der Chlorstickstoff ist stark endotherm: $N + 3\,Cl - NCl_3 = -41{\cdot}9$ Kal.

Wenn man eine Lösung von Natriumazid NaN_3 mit einer Lösung von Natriumhypochlorit im Verhältnis gleicher Moleküle mischt und dann ansäuert, so färbt sich die Flüssigkeit gelb und ein farbloses, ähnlich wie unterchlorige Säure riechendes Gas entweicht, welches die Zusammensetzung N_3Cl hat, also Chlorazid ist. Beim Einleiten in Natronlauge liefert es nämlich 1 Mol Natriumazid auf 1 Mol Natriumhypochlorit:

$$N_3Cl + 2\,NaOH = NaN_3 + NaOCl + H_2O.$$

Das Chlorid ist ebenfalls äußerst explosiv.

Jodstickstoff. Vermischt man eine Lösung von Jod in Jodkaliumlösung mit Ammoniaklösung, so erhält man meistens einen Niederschlag von der empirischen Zusammensetzung NJ_2H; unter wenig veränderten Bedingungen scheidet sich jedoch $N_2J_3H_3$ (d. h. $NH_3 + NJ_3$) ab. In trocknem Zustand sind diese Körper sehr explosiv.

Eine andre Methode der Darstellung besteht darin, daß man fein gepulvertes Jod mit konzentrierter Ammoniakflüssigkeit übergießt; das Produkt explodiert häufig schon in feuchtem Zustand, beim Auswaschen mit Wasser oder bei Einwirkung von Salzsäure; in Berührung mit Ammoniaklösung ist es beständig.

Jodstickstoff wird durch verdünnte Salzsäure unter Bildung von Ammoniak und Chlorjod zersetzt:

$$NHJ_2 + 2HCl = NH_3 + 2JCl.$$

Auch der Jodstickstoff ist stark endotherm.

Hydroxylamin NH_2OH.

114. Hydroxylamin entsteht durch Reduktion vieler Sauerstoffverbindungen des Stickstoffes als Zwischenprodukt der völligen Reduktion zu Ammoniak, z. B. wenn Zinn auf verdünnte Salpetersäure einwirkt. Der frei werdende Wasserstoff bewirkt hier die Reduktion:

$$HNO_3 + 3\dot{H}_2 = NH_3O + 2H_2O.$$

Durch elektrolytische Reduktion von in Schwefelsäure gelöster Salpetersäure kann es billig dargestellt werden.

Freies Hydroxylamin wird am besten durch Erhitzen des Phosphates dargestellt. Es ist fest, kristallisiert, schmilzt bei 30° und siedet unter 60 mm Druck bei 70°. An der Luft erhitzt, explodiert es mit gelber Feuererscheinung.

Hydroxylamin löst sich in Wasser zu einer alkalisch reagierenden Flüssigkeit auf; es bildet Salze in der gleichen Weise wie Ammoniak, d. h. indem es sich an die Säuren addiert: $NH_2OH \cdot HCl$, $NH_2OH \cdot HNO_3$ usw. Diese Salze sind ziemlich beständig. Das Chlorhydrat muß über Kalk aufbewahrt werden, weil es sich sonst langsam zersetzt; dieses Salz ist nämlich zu einem sehr geringen Betrage in Chlorwasserstoff und Hydroxylamin gespalten, und freie Salzsäure beschleunigt katalytisch seine Zersetzung. Wenn daher der Kalk die Salzsäure absorbiert, so wird die Zersetzung verlangsamt, und zwar so sehr, daß sie unmerklich wird. Freies Hydroxylamin und seine wäßrige Lösung ist ziemlich unbeständig, besonders bei Gegenwart von Alkalien; es zersetzt sich leicht in Ammoniak, Wasser und Stickstoff.

Charakteristisch für Hydroxylamin ist ferner sein starkes Reduktionsvermögen; aus alkalischer Kupferlösung scheidet es bei gewöhnlicher Temperatur und auch noch bei starker Verdünnung gelbrotes Kupferoxydul Cu_2O ab; Quecksilberchlorid $HgCl_2$ wird zu HgCl, Kalomel, reduziert; aus Silbernitratlösung scheidet es Silber ab.

Für Hydroxylamin ist ferner sehr charakteristisch, daß es mit Aldehyden und Ketonen unter Bildung von sogenannten Oximen reagiert (siehe „Org. Ch.“ *103*).

Eigentümlich ist noch die folgende Reaktion: eine Lösung von Eisenvitriol wird mit überschüssiger Natronlauge gefällt und erwärmt; fügt man dem grünen Eisenoxydulhydrat Hydroxylamin (oder ein Salz desselben) zu, so wird sehr schnell rotes Eisenoxydhydrat gebildet, da Hydroxylamin in dieser alkalischen Lösung zu Ammoniak reduziert wird. Nun säure man an, wodurch eine saure Ferrisalzlösung erhalten wird; setzt man dieser ein Hydroxylaminsalz zu, so wird sie infolge von Reduktion zu Ferrosalz sehr schnell entfärbt, weil jetzt das Hydroxylamin oxydiert wird.

Verbindungen des Stickstoffes mit Sauerstoff.

115. Die hierher gehörenden Verbindungen sind: Stickoxydul N_2O; Stickoxyd NO; Stickstofftrioxyd oder Salpetrigsäureanhydrid N_2O_3, Stickstoffdioxyd NO_2, Stickstofftetroxyd und N_2O_4 Stickstoffpentoxyd oder Salpetersäureanhydrid N_2O_5.

Stickoxydul N_2O

kann nicht durch direkte Synthese aus den Elementen gewonnen werden; man erhält es durch Erhitzen von Ammoniumnitrat auf ca. 250°:

$$NH_4NO_3 = N_2O + 2H_2O.$$

Seine Bildungsweise ist daher analog der des Stickstoffes aus Ammoniumnitrit (**106**). Erhitzt man höher als 250°, so zersetzt sich das gebildete Gas zum Teil.

Physikalische Eigenschaften. Stickoxydul ist ein farbloses Gas von süßlichem Geruch, welches sich unter Druck zu einer Flüssigkeit verdichten läßt, die bei $-87°$ siedet und bei $-102°$ weiße Kristalle bildet. Beim Verdampfen des flüssigen Gases tritt starke Abkühlung ein, die unter vermindertem Druck $-140°$ erreichen kann. Sein spez. Gewicht ist 1·52 (Luft = 1), also 21·89 für O = 16. 1 Liter Stickoxydul wiegt bei 0° und 760 mm 1·9657 g. In Wasser ist es ziemlich löslich, nämlich in 1 Vol. bei 0° 1·305 Vol.; man muß es deshalb über heißem Wasser auffangen. In Alkohol ist es noch löslicher.

Chemische Eigenschaften. Stickoxydul unterhält die Verbrennung leicht entzündlicher Körper. Phosphor, Kohle, ein glimmender Holzspan verbrennen darin wie in Sauerstoff; mit Wasserstoff gemischt, explodiert es beim Entzünden wie Knallgas, nur ein wenig schwächer. Diese Eigenschaften könnten bei oberflächlicher Prüfung zu einer Verwechslung von Stickoxydul und Sauerstoff führen. Es ist von letzterem jedoch leicht dadurch zu unterscheiden, daß es beim Mischen mit NO keine rotgelben Dämpfe gibt (**116**) und bei der Verbrennung einen Gasrest hinterläßt, welcher Stickstoff ist. Schwach brennender Schwefel erlischt darin. Stickoxydul ist endotherm:

$$2N + O - N_2O = -17 \cdot 7 \text{ Kal.}$$

Berthelot hat beobachtet, daß endothermische Stoffe allgemein eine Zersetzung durch Explosion erleiden können; hier gelingt dies, wenn man das Gas mit explodierendem Knallquecksilber in Berührung bringt.

Diese Beobachtung ist leicht zu deuten. Wenn eine endothermische Verbindung sich zersetzt, so wird Wärme frei. Wir wissen aber (**13, 104**), daß chemische Reaktionen durch Temperatursteigerung in hohem Grade beschleunigt werden. Nehmen wir an, daß eine plötzliche Zersetzung an irgendeinem Punkt innerhalb der Masse einer endothermischen Verbindung bewirkt wird. Die umgebenden Moleküle werden dadurch erhitzt und spalten sich plötzlich, wobei sie noch mehr Hitze entwickeln, und dieser Vorgang wird weiter um sich greifen. Die ganze Masse wird also unter die Bedingungen einer plötzlichen Zersetzung gelangen, d. h. explodieren. Um dies herbeizuführen ist es nur notwendig, daß der erste Anstoß kräftig genug ist, um so viele Moleküle zur plötzlichen Zersetzung zu bringen, daß die entwickelte Hitze ausreicht, die Moleküle in ihrer Umgebung auf die Zersetzungstemperatur zu bringen.

Zusammensetzung des Stickoxyduls. Unter anhaltender Wirkung von Induktionsfunken spaltet sich das Gas in ein Gemisch von Stickstoff und Sauerstoff, dessen Volum $1^1/_2$mal so groß ist wie das des Stickoxyduls. Wenn Kalium oder Natrium in dem Gas verbrannt werden, bilden sich K_2O bzw. Na_2O und Stickstoff; das Gasvolum ist dann nach dem Erkalten unverändert. Diese beiden Beobachtungen lassen auf die Formel N_2O schließen, womit auch das spezifische Gewicht des Gases übereinstimmt, welches dann $\frac{2 \times 14 \cdot 01 + 16 \cdot 00}{2} = 22 \cdot 01$ ($O = 16$) sein muß, während $21 \cdot 89$ gefunden wurde.

Stickoxyd NO

116. wird durch Reduktion von Salpetersäure oder salpetriger Säure erhalten. Es wird gewöhnlich dargestellt, indem man auf Kupfer Salpetersäure einwirken läßt, oder auch wohl dünne Kupferblechstreifen mit einer gesättigten Salpeterlösung übergießt und konzentrierte Schwefelsäure hinzu tröpfelt (123):

$$3\,Cu + 8\,HNO_3 = 3\,Cu(NO_3)_2 + 4\,H_2O + 2\,NO\,.$$

Hierbei verbindet sich der Wasserstoff der Salpetersäure mit dem Sauerstoff eines andren Anteils zu Wasser.

Man kann zur Darstellung von NO auch sehr gut Salpetersäure oder ein Nitrat durch eine kochende Lösung von Ferrochlorid $FeCl_2$ in Salzsäure reduzieren; Ferrochlorid geht dabei in Ferrichlorid $FeCl_3$ über:

$$HNO_3 + 3\,FeCl_2 + 3\,HCl = 3\,FeCl_3 + 2\,H_2O + NO\,.$$

Vollkommen reines NO wird erhalten, wenn man zu einem Gemisch von gelbem Blutlaugensalz und Kaliumnitrit Essigsäure hinzufügt:

$$\underset{\text{gelbes Blutlg.salz}}{2\,K_4FeCy_6} + \underset{\text{K-nitrit}}{2\,KNO_2} + \underset{\text{Essigsäure}}{4\,C_2H_4O_2} = \underset{\text{rot. Blutlaugensalz}}{2\,K_3FeCy_6} + \underset{\text{K-acetat}}{4\,KC_2H_3O_2} + 2\,H_2O + 2\,NO\,.$$

Physikalische Eigenschaften. Stickoxyd ist ein farbloses Gas, dessen spez. Gewicht zu 1·039 (Luft = 1) gefunden wurde. Es ist zu einer farblosen Flüssigkeit verdichtbar, welche unter gewöhnlichem Druck bei —153·6° siedet; die kritische Temperatur ist 93·5°, der kritische Druck 71·2 Atm. In Wasser ist es wenig löslich, dagegen löst es sich leicht in einer Lösung von Ferrosulfat $FeSO_4$; diese Lösung ist eigentümlicherweise dunkelbraun gefärbt, obgleich Ferrosalzlösung nur schwach grün und Stickoxyd farblos ist. Es ist hierbei eine Verbindung, die auf 1 NO 1 Fe enthält, entstanden, die aber nicht isoliert werden konnte, weil sie sich sehr leicht wieder in ihre Komponenten dissoziiert. Die Existenz dieser Verbindung konnte durch Messung der Absorption von Stickoxyd in verdünnten Ferrosalzlösungen bewiesen werden. Auch Kobalt- und Nickelsalze absorbieren Stickoxyd im Verhältnis von 1 Metallatom : 1 NO, aber ohne Farbveränderung zu zeigen. Mit Kupferchlorid, $CuCl_2$, in wäßriger Lösung wird jedoch eine intensiv blaue Verbindung gebildet.

Chemische Eigenschaften. Besonders charakteristisch für dieses Gas ist, daß es sich mit Sauerstoff sofort zu NO_2, Stickstoffdioxyd, verbindet, das von rotbrauner Farbe ist.

Beim Erhitzen mit Wasserstoff tritt keine Explosion ein; das Gemisch verbrennt mit weißer Flamme unter Bildung von Stickstoff und Wasser. Entzündeter Phosphor verbrennt in dem Gas. Eine brennende Kerze erlischt darin; auch Schwefel und Kohlenstoff verbrennen nicht in ihm. Ein Gemisch von NO und Schwefelkohlenstoff brennt mit stark leuchtender blauer Flamme, die sehr reich an violetten und ultravioletten Strahlen ist. Wird Stickoxyd bei gewöhnlicher Temperatur mehrere Tage unter einem Druck von über

250 Atmosphären gehalten, so zersetzt es sich teilweise nach der Gleichung: $6\,NO = 2\,N_2O_3 + N_2$.

Stickoxyd ist eine stark endothermische Verbindung; durch explodierendes Knallquecksilber kann es zur Explosion gebracht werden (**115**).

Gemäß dem in **103** Bemerkten bildet es sich daher bei sehr hoher Temperatur. Nernst hat gefunden, daß die Reaktion $N_2 + O_2 \rightleftarrows 2\,NO$ sich durchaus dem Massenwirkungsgesetz (**50**) unterworfen zeigt; insbesondere erwies sich sowohl die Bildung des Stickoxyds aus seinen Komponenten, wie sein Zerfall als eine bimolekulare Reaktion. Siehe weiter **123**.

Die Bildung und Zersetzung von NO erfolgt sehr viel langsamer als die des Ozons; daher liefert kurze Erhitzungs- und kurze Abkühlungsdauer von Luft Ozon; sind dagegen beide lang, so entsteht nur Stickoxyd, das langsam entsteht und zerfällt, während Ozon bei der langsamen Abkühlung wieder zerstört worden ist. Folgender Versuch illustriert dies: Bläst man langsam (Geschwindigkeit unter 7 m pro Sekunde für feuchte Luft) Luft gegen einen glühenden Nernststift, so bildet sich NO; bläst man rasch, so erhält man Ozon.

Zusammensetzung des Stickoxydes. Wenn man Natrium in einer abgemessenen Menge Stickoxyd erhitzt, entstehen Na_2O und Stickstoff; letzterer nimmt genau die Hälfte des Raumes des ursprünglichen Gases ein. Das spez. Gewicht des Stickoxydes ist 15 (O = 16), sein Molekulargewicht daher 30. Zufolge der obenstehenden Zersetzung enthält das Gas 1 Atom Stickstoff = 14·01 Gewichtsteile. Es bleiben demnach für den Sauerstoff noch ca. 16 Gewichtsteile, d. h. 1 Atom übrig. Die Formel ist daher NO.

Da der Stickstoff drei- oder fünfwertig ist (letzteres in den Ammoniumsalzen, z. B. NH_4Cl) und der Sauerstoff zweiwertig, muß man annehmen, daß in NO eine Bindungseinheit frei ist: —N=O. Letzteres muß auch für NO_2 angenommen werden. Solche freie Bindungseinheiten trifft man sehr selten.

Salpetrigsäureanhydrid N_2O_3.

117. Durch Einwirkung von Salpetersäure (spez. Gew. 1·3) auf Arsentrioxyd As_2O_3 und sehr sorgfältiges Trocknen des sich bildenden Gases erhält man bei Abkühlung desselben eine Flüssigkeit von der Zusammensetzung N_2O_3. Bei gewöhnlicher Temperatur ist sie grün, doch bei Abkühlung unterhalb -2° wird sie tief indigblau. Durch Abkühlen mit flüssiger Luft erstarrt sie zu dunkelblauen Kristallen. In vollkommen trocknem Zustand siedet sie bei 43°.

Man erhält die Verbindung auch, wenn man eine kleine elektrische Hochspannungsflamme innerhalb flüssiger Luft unterhält. Es bilden sich dann in der Flüssigkeit herumschwimmende leichte Flocken eines bläulichen Körpers, welcher sich als festes N_2O_3 erwies. Der Schmelzpunkt liegt bei -111°. Auffallend ist, daß die Platinspitzen, zwischen denen die Flamme entsteht, glühend werden. Es muß also das Leidenfrostsche Phänomen eingetreten sein, und die Bildung von N_2O_3 im Dampf stattfinden. Die primär bei der elektrischen Luftverbrennung (**123**), entstehende Verbindung dürfte daher Stickstofftrioxyd sein.

Von einer Verbindung N_2O_3 soll die Dampfdichte $\frac{2 \times 14{\cdot}01 + 3 \times 16{\cdot}00}{2} = 38{\cdot}01$ betragen. In vollkommen trocknem Zustande wurde ihre Dampfdichte in einer Reihe von Versuchen variierend zwischen 38·1 und 62·2 gefunden, so daß die Verbindung dann teilweise polymerisiert zu sein scheint. Die geringste Spur von Feuchtigkeit bewirkt aber, daß sie sich in NO_2 und NO dissoziiert. Dazu genügte z. B., ein mit N_2O_3 gefülltes Kügelchen mit Kapillarrohr einige Sekunden unverschlossen an der Luft zu lassen und danach wieder dicht zu schmelzen. Die Dampfdichte war dann auf 28·2 gesunken. Der Siedepunkt ist dann nur -2^0.

Von dieser sehr merkwürdigen Eigenschaft des Wassers, wenn es in minimalster Menge zugegen ist, Dissoziationen hervorzubringen, die in vollkommen trocknem Zustand ausbleiben, werden wir später (234) noch mehr Beispiele finden. Die Erscheinung ist hier und in anderen Fällen von Baker entdeckt worden.

Stickstoffdioxyd und -tetroxyd NO_2 und N_2O_4.

118. NO_2 entsteht aus NO + Sauerstoff, oder bequemer beim Erhitzen von Bleinitrat:

$$Pb(NO_3)_2 = PbO + O + 2NO_2 .$$

Beim Verbrennen von Leuchtgas oder einem anderen Gas unter Druck mit Luft, die mit Sauerstoff gemischt ist, wird ein Teil des Stickstoffes zu NO_2 oxydiert. Da aus NO_2 leicht Salpetersäure darzustellen ist (123), ist versucht worden diese Reaktion technisch auszuwerten (Hausser-Prozeß).

Stickstoffdioxyd ist ein intensiv dunkelbraun gefärbtes Gas; leitet man dasselbe in ein abgekühltes Gefäß, so verdichtet es sich zu einer hellgelben Flüssigkeit, welche bei weiterer Temperaturerniedrigung zu farblosen Kristallen erstarrt, die bei -12^0 schmelzen. Die Flüssigkeit nimmt beim Erwärmen dunklere Farbe an und beginnt bei $+26^0$ zu sieden, wobei sie wieder in das braune Gas übergeht. Bestimmt man die Dampfdichte dieses Gases bei 26^0, so ergibt sich der Wert 38·0, während die für N_2O_4 berechnete Dampfdichte 45·9, für NO_2 22·9 ist (O = 16). Da der gefundene Wert zwischen beiden liegt, darf man annehmen, daß der Dampf bei dieser Temperatur zum Teil aus N_2O_4- und zum Teil aus NO_2-Molekülen besteht, und zwar — wie eine einfache Rechnung zeigt — zu 34·4 % aus Molekülen N_2O_4. Bei höherer Temperatur nimmt die Dampfdichte fortgesetzt ab, bis sie bei ca. 150^0 konstant wird und dann 22·9 beträgt. Man hat hier offenbar mit einer Dissoziation der N_2O_4-Moleküle zu tun:

$$\underset{1\ \text{Vol.}}{N_2O_4} \rightleftarrows \underset{2\ \text{Vol.}}{2NO_2}$$

und muß, da die Farbe des Gases um so dunkler wird, je weiter die Dissoziation fortschreitet, annehmen, daß NO_2 dunkelbraun, N_2O_4 farblos ist, wie letztere Verbindung im festen Zustand in der Tat ist. Hierfür spricht, daß sich nach der Intensität der Farbe nicht nur der Dissoziationsgrad beurteilen, sondern sogar quantitativ bestimmen läßt.

Nach **51** wird das Gleichgewicht zwischen den beiden Gasen ausgedrückt durch:

$$P - x = kx^2,$$

wo P den Gesamtdruck des Gasgemisches und x den von NO_2 bezeichnet. Aus dieser Gleichung geht hervor, daß die Dissoziation (bei konstanter Temperatur) vom Druck abhängig sein muß, was auch wirklich konstatiert worden ist. Es folgt dies auch aus dem Prinzip von Le Chatelier (**102**).

Beim Zusammenbringen von N_2O_4 mit Wasser oder besser mit Alkalien entstehen salpetrige Säure und Salpetersäure, bzw. deren Salze; man darf N_2O_4 deshalb als ein gemischtes Anhydrid dieser beiden Säuren ansehen:

$$\begin{matrix} NO_2 \\ NO \end{matrix}\!\!>O + H_2O = \underset{\text{Salpetersäure}}{NO_2{\cdot}OH} + \underset{\text{Salpetrige Säure}}{NO{\cdot}OH}.$$

NO_2 und N_2O_4 besitzen starkes Oxydationsvermögen; viele Stoffe verbrennen in ihren Dämpfen; aus den löslichen Jodiden scheiden sie Jod ab.

Die Zusammensetzung des Stickstoffdioxydes ergibt sich aus seiner Bildungsgleichung $2NO + O_2$ und aus der Dampfdichte.

Stickstoffpentoxyd N_2O_5 (Salpetersäureanhydrid)

119. kann durch Einwirkung von Chlor auf Silbernitrat oder durch Destillation von rauchender Salpetersäure mit Phosphorpentoxyd gewonnen werden. Es scheidet sich in farblosen Kristallen ab, die bei 30° schmelzen und sich bei 45—50° unter Entwicklung brauner Dämpfe zersetzen. Geschieht das Erhitzen ziemlich rasch, so nimmt diese Zersetzung explosionsartigen Charakter an; mitunter explodiert der Körper sogar von selbst; man kann ihn daher nicht aufbewahren.

Mit Wasser verbindet es sich unter starker Erwärmung zu Salpetersäure. Es besitzt, wie nicht anders zu erwarten, stark oxydierende Eigenschaften; Phosphor und Kalium z. B. verbrennen mit großem Glanz in schwach erwärmtem Anhydrid.

Die Zusammensetzung des Stickstoffpentoxyds wird durch Erhitzen mit Kupferpulver ermittelt; hierbei entwickelt sich so viel Stickstoff, wie der Formel N_2O_5 entspricht.

Sauerstoffsäuren des Stickstoffes.

120. Man kennt fünf Säuren des Stickstoffes: Untersalpetrige Säure $H_2N_2O_2$, Nitrohydroxylaminsäure $H_2N_2O_3$, Salpetrige Säure HNO_2, Salpetersäure HNO_3 und Übersalpetersäure HNO_4. Salpetrige Säure und Übersalpetersäure sind nur in verdünnter wäßriger Lösung, Nitrohydroxylaminsäure ist nur in ihren Salzen bekannt; die zwei andren Säuren sind auch in reinem Zustand dargestellt.

Von den oben besprochenen Sauerstoffverbindungen des Stickstoffes können nur einige als Säureanhydride aufgefaßt werden;

sicher trifft dies für N_2O_5 zu; N_2O_4 kann als ein gemischtes Anhydrid der Salpetersäure und salpetrigen Säure gelten (**118**). N_2O_3 gibt bei niedriger Temperatur mit Wasser gemischt eine Lösung von salpetriger Säure, welche sich jedoch schon bei gewöhnlicher und noch rascher bei höherer Temperatur zersetzt, indem Salpetersäure und Stickoxyd entstehen:

$$3HNO_2 = HNO_3 + 2NO + H_2O.$$

Dem Stickoxyd entspricht die Nitrohydroxylaminsäure, obwohl diese aus Wasser und genanntem Oxyd nicht erhalten werden konnte. Dasselbe gilt für Stickoxydul, mit dem die untersalpetrige Säure in Beziehung steht.

Untersalpetrige Säure $H_2N_2O_2$

121. entsteht, wenn man in eine methylalkoholische Lösung von Hydroxylamin Stickstofftrioxyd bringt. Die freie Säure bildet weiße Kristallblättchen, die sehr explosiv sind und sich in Wasser sehr leicht lösen. Die Gefrierpunktserniedrigung der wäßrigen Lösung hat gezeigt, daß die Molekularformel $H_2N_2O_2$ ist. Beim Erwärmen der wäßrigen Lösung erfolgt fast vollständige Zersetzung in Stickstoffoxydul und Wasser. Die frisch dargestellte Säure macht aus Jodkalium direkt kein Jod frei, sondern erst nach einiger Zeit, vermutlich infolge einer Zersetzung, bei welcher salpetrige Säure entsteht.

Die untersalpetrige Säure gehört zu den schwachen Säuren; ihre wäßrige Lösung leitet den elektrischen Strom nur wenig. Es sind saure und neutrale Salze dieser Säure bekannt.

Nitrohydroxylaminsäure $H_2N_2O_3$.

Wie oben bereits mitgeteilt wurde, existiert diese Säure nicht in freiem Zustande, sondern nur in der Form ihrer Salze. Ihr Natriumsalz wird erhalten beim Zusammenbringen einer alkoholischen Lösung von Natriumalkoholat und Hydroxylamin mit Äthylnitrat:

$$\underset{\text{Äthylnitrat}}{C_2H_5ONO_2} + NH_2OH = C_2H_5OH + H_2N_2O_3.$$

Das Alkoholat wird zugefügt, damit die Säure sofort in ihr Natriumsalz übergeht. Versucht man, dieselbe daraus freizumachen durch Hinzufügen einer stärkeren Säure, so zersetzt sie sich augenblicklich nach der Gleichung:

$$Na_2N_2O_3 + 2HCl = 2NaCl + 2NO + H_2O.$$

Das Natriumsalz, in wäßriger Lösung erhitzt, gibt Natriumnitrit und Stickoxydul. Wird es für sich erhitzt, bis es zu schmelzen beginnt, so zersetzt es sich in Nitrit und Hyponitrit:

$$2Na_2N_2O_3 = 2NaNO_2 + Na_2N_2O_2.$$

Salpetrige Säure HNO_2.

122. Oben wurde bereits bemerkt, daß diese Säure nur bei gewöhnlicher oder niederer Temperatur in verdünnter wäßriger Lösung bekannt ist; ihre Salze, Nitrite, sind jedoch beständig. Für die Darstellung der Salze geht man meistens von Kalium- oder

Natriumnitrat aus, die beim Erhitzen Sauerstoff abgeben und in Nitrit übergehen; leichter erfolgt die Zersetzung, wenn man Blei als sauerstoffentziehendes Mittel zusetzt:

$$KNO_3 + Pb = KNO_2 + PbO.$$

Die Salze sind sämtlich leicht in Wasser löslich, mit Ausnahme des Silbernitrits $AgNO_2$, das bei gewöhnlicher Temperatur schwerer löslich ist; es wird als gelber kristallinischer Niederschlag erhalten, wenn man nicht zu verdünnte Lösungen von Silbernitrat und von Alkalinitrit vermischt.

Setzt man einem Nitrit starke Schwefelsäure zu, so entweichen augenblicklich rote Dämpfe; hieran kann man ein Nitrit von einem Nitrat unterscheiden, denn dieses liefert solche Dämpfe nicht. Man darf annehmen, daß bei dieser Reaktion primär freie salpetrige Säure entsteht, die jedoch direkt in Wasser und N_2O_3 gespalten wird; N_2O_3 wiederum zerfällt sofort in $NO_2 + NO$, welches letztere sich mit dem umgebenden Sauerstoff augenblicklich zu NO_2 verbindet; die roten Dämpfe bestehen danach lediglich aus NO_2.

Wird zu einer sehr verdünnten, kalten Nitritlösung die äquivalente Menge Schwefelsäure hinzugefügt, so erhält man eine verdünnte Lösung von freier salpetriger Säure. Diese Lösung kann sowohl oxydierend wie reduzierend wirken. Beispiele für ersteres sind die Abscheidung von Jod aus einer Lösung von Jodkalium; die Oxydation von schwefliger Säure zu Schwefelsäure in verdünnter Lösung, die Oxydation von Ferrosulfat $FeSO_4$ zu Ferrisulfat $Fe_2(SO_4)_3$; der Übergang von gelbem Blutlaugensalz in rotes. In allen diesen Fällen entstehen niedrigere Oxyde des Stickstoffes, meist NO. Ein Beispiel einer reduzierenden Wirkung (bei welcher die salpetrige Säure zu Salpetersäure oxydiert wird) ist die Entfärbung von Kaliumpermanganat $KMnO_4$ in schwefelsaurer Lösung:

$$2KMnO_4 + 5HNO_2 + 3H_2SO_4 = K_2SO_4 + 2MnSO_4 + 5HNO_3 + 3H_2O.$$

Diese Reaktion bietet ein Mittel, den Gehalt einer verdünnten Lösung von salpetriger Säure quantitativ (maßanalytisch) zu bestimmen.

Salpetersäure HNO_3,

123. früher auch Scheidewasser wegen ihrer Verwendung zum Trennen von Gold und Silber genannt, ist die bekannteste Säure des Stickstoffes. Sie wird in großem Maßstabe dargestellt, da sie mannigfaltige Verwendung in der Technik findet, z. B. bei der Herstellung organischer Farbstoffe und Sprengstoffe.

Zur Darstellung destilliert man Natriumnitrat $NaNO_3$, „Chilesalpeter", mit starker Schwefelsäure:

$$NaNO_3 + H_2SO_4 = NaHSO_4 + HNO_3.$$

Salpeter und Schwefelsäure werden im Mengenverhältnis dieser Gleichung in einem eisernen Kessel gemischt; die im Kondensationsapparate (Tonschlangen) verdichtete Salpetersäure läßt man in die Sammelgefäße fließen. Die so erhaltene Säure ist die rohe Salpetersäure des Handels, spez. Gewicht 1·35, die ca. 60%ig ist.

Bei Anwendung von trocknem Salpeter und konzentrierter Schwefelsäure erhält man eine wasserfreie Salpetersäure von 1·52 spez. Gewicht, die nahezu 100%ig ist.

Destilliert man 1 Molekül Schwefelsäure mit 2 Mol. Salpeter, so verläuft bei mäßigem Erhitzen der Prozeß zunächst nach obenstehender Gleichung. Wird stärker erhitzt, so wirkt das gebildete $NaHSO_4$ auf das zweite Molekül $NaNO_3$ unter Bildung von Salpetersäure ein:

$$NaNO_3 + NaHSO_4 = Na_2SO_4 + HNO_3 .$$

Die Salpetersäure zersetzt sich dabei zu einem großen Teil in folgender Weise:

$$2HNO_3 = 2NO_2 + H_2O + O ;$$

die NO_2-Dämpfe lösen sich in dem Destillat auf. Man erhält so eine gefärbte Flüssigkeit vom spez. Gewicht 1·52—1·54, die an der Luft rotbraune Dämpfe ausstößt: die rote oder rauchende Salpetersäure.

Bei der Destillation von Salpeter mit Schwefelsäure im Vakuum gewinnt man nahezu die theoretische Ausbeute an Salpetersäure, welche völlig frei von Stickoxyden ist.

Ein ganz andres Verfahren zur technischen Darstellung von Salpetersäure ist fast gleichzeitig von Guye, von Birkeland und Eyde, und von Schönherr erfunden worden.

Dem Verfahren von Guye und von Birkeland und Eyde liegt die längst bekannte Tatsache zugrunde, daß durch den elektrischen Flammenbogen in der Luft Stickoxyd gebildet wird. Der Grund, weshalb aber alle früheren Versuche, diese Tatsache zu verwerten, nicht zu praktischen Ergebnissen geführt haben, ist der, daß ein gewöhnlicher Flammenbogen nicht imstande ist, in sehr kurzer Zeit große Mengen von Luft auf die höchste Glut zu erhitzen, die in ebenso kurzer Zeit auf Temperaturen unter 1000° wieder abzukühlen sind. Dem wurde nun dadurch abgeholfen, daß ein einziger gewaltiger Flammenbogen, dessen Hitze etwa 3000° erreicht, zwischen die Pole *PP* (Fig. 38) eines sehr kräftigen Magneten *EE*, die außerhalb des „Ofens“ angebracht sind, gestellt wird. Wird zur Erzeugung des Lichtbogens ein Wechselstrom benutzt, so wird der Flammenbogen zu einer Scheibe auseinander gezerrt, die einen Durchmesser von mehr als 2 m hat;

die Spannung beträgt dabei 5000 Volt. Durch die so gebildete elektrische Flamme saust in gewaltigem Strom die in den Ofen geblasene Luft und wird dabei „elektrisiert“, d. h. es wird ca. 2% in Stickoxyd verwandelt.

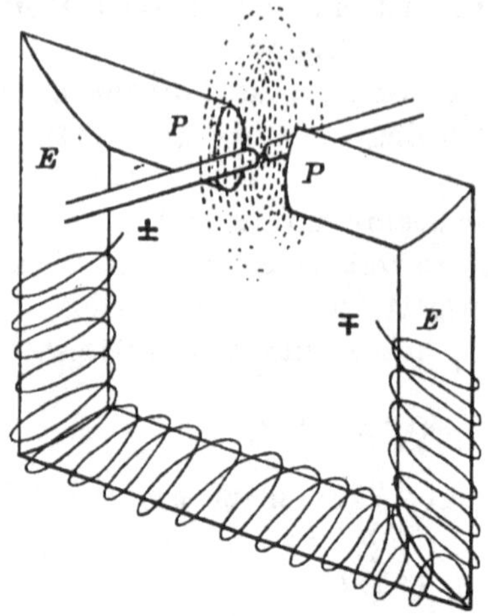

Fig. 38. Schematische Darstellung des Verfahrens BIRKELAND-EYDE.

Statt den elektrischen Lichtbogen durch Einwirkung starker Magnete zu einer sonnenförmigen Scheibe in die Breite zu zerren, erzeugt ihn SCHÖNHERR im Innern einer eisernen Röhre, durch die gleichzeitig Luft geleitet wird.

Als primäres Produkt muß Stickoxyd (vielleicht aber N_2O_3, siehe **117**) angesehen werden, das sich mit dem vorhandenen Sauerstoff zu Stickstoffdioxyd verbindet, welches in Türmen, ähnlich dem Gay-Lussac-Turm in der Schwefelsäurefabrikation, mit Wasser in Berührung gebracht wird. Daß nicht NO_2 das primäre Produkt ist, geht daraus hervor, daß dieses Gas sich bei etwa 600° in NO und O dissoziiert.

Bei der Berührung von N_2O_4 mit Wasser entstehen Salpetersäure und salpetrige Säure:

$$N_2O_4 + H_2O = HNO_3 + HNO_2 .$$

Letztere zerfällt aber, wenn die Flüssigkeit konzentrierter wird, nach der Gleichung:

$$2 HNO_2 = H_2O + NO_2 + NO ,$$

wobei $NO_2(N_2O_4)$ wieder Salpetersäure, NO wieder NO_2 gibt, so daß schließlich alles in Salpetersäure übergeführt ist.

Salpetrigsaure Salze oder Nitrite werden dargestellt, indem N_2O_4 in Lauge geleitet wird:

$$N_2O_4 + 2 KOH = KNO_3 + KNO_2 + H_2O .$$

Das Nitrat wird vom Nitrit durch Kristallisation getrennt.

Ein zweites Verfahren zur technischen Synthese von Salpetersäure ist die katalytische Oxydation von Ammoniak durch den Sauerstoff der Luft. Nach OSTWALD wird ein Gemisch von NH_3 und Luft rasch über erhitztes Platin (den Katalysator) geleitet, wodurch die entstandenen nitrosen Gase sofort abgekühlt werden. Sie werden dadurch stabilisiert, wogegen dieselben sich bei langsamer Abkühlung zum größten Teile wieder in ihren Elementen spalten würden (**50**, **132**).

Das Problem, den freien Stickstoff der Luft in Verbindungen überzuführen, ist von der allergrößten technischen und volkswirtschaftlichen Bedeutung. Zwar findet Stickstoffbindung durch Bakterienwirkung statt (**109**); jedoch ist für eine intensive Kultur der Getreide und anderer landwirtschaftlicher Gewächse eine Stickstoffdüngung in Form von Nitraten oder Ammoniumsalzen unerläßlich. Ohne diese Verbindungen dürften sich bei der ständig wachsenden Zahl der Bewohner der Erde die zu deren Ernährung erforderlichen Pflanzennährstoffe nicht mehr beschaffen lassen.

Für die Nitrate sind bis jetzt die Natronsalpeterlager Chiles die Bezugsquelle; da diese bei dem vorhandenen riesigen Bedarf voraussichtlich in etwa 35 Jahren erschöpft sein werden, so könnte diese Erschöpfung geradezu zu einer Katastrophe führen, wenn nicht rechtzeitig Vorsorge für Ersatz getroffen würde. Dieser ist nun gefunden durch die synthetische Bildung von Ammoniak nach Habers Verfahren (**110**, 3), durch die technisch lohnende Darstellung von Metallnitriden (z. B. Kalkstickstoff, „Org. Ch." *260*) und durch die synthetische Darstellung von Salpetersäure nach dem oben beschriebenen Verfahren.

124. *Physikalische Eigenschaften.* Wasserfreie oder absolute Salpetersäure wird durch Vakuumdestillation der reinen Salpetersäure des Handels (spez. Gewicht 1·4) mit konzentrierter Schwefelsäure bereitet. Das flüssige Destillat hat bei 0° ein spez. Gewicht von 1·559 und kristallisiert bei — 40°; es siedet unter gewöhnlichem Druck bei 86°; dabei findet jedoch teilweise Zersetzung statt.

Chemische Eigenschaften. Salpetersäure, zumal absolute, ist eine wenig beständige Verbindung, die schon bei gewöhnlicher Temperatur durch das Sonnenlicht zu einem kleinen Teil zersetzt wird und gewöhnlich durch Stickstoffdioxyd NO_2 gelb gefärbt ist. Auch bei erhöhter Temperatur zersetzt sich die Säure; bei 260° ist die Zersetzung vollständig (in NO_2, H_2O und O).

Wird starke Salpetersäure unter Atmosphärendruck wiederholt der Destillation unterworfen, so steigt ihr Siedepunkt allmählich bis auf 120·5°, während die übergehende Säure stets schwächer wird, bis zum Schluß eine wäßrige Lösung von HNO_3 überdestilliert, welche 68% Säure enthält. Dasselbe Gemenge erhält man auch, wenn man von verdünnter Säure ausgeht und diese destilliert; man hat hier analoge Erscheinungen wie bei der Destillation der Salzsäure (**29**). Es sind dies also Beispiele von Flüssigkeitsgemischen, die in ihrer Siedepunktskurve ein Maximum haben, was in der „Org. Ch." *21* behandelt wird.

Die Salpetersäure ist in wäßriger Lösung zu einem sehr großen Betrag in Ionen gespalten; sie ist eine der stärksten Säuren, die man kennt.

Wird Salpetersäure mit Metallen in Berührung gebracht, so entstehen die salpetersauren Salze oder Nitrate, aber ohne Wasserstoffentwicklung, weil ein Teil der vorhandenen Säure durch den naszenten Wasserstoff reduziert wird. Die Nitrate sind alle in Wasser leicht löslich. Die Einwirkung von Salpetersäure auf Metalle ist verschiedenartig. Gold und Platin werden nicht davon angegriffen. Silber, Quecksilber und Kupfer werden bei gewöhnlicher Temperatur nicht, beim Erwärmen unter Entwicklung von Stickoxyd gelöst. Dieses und die andren Stickoxyde beschleunigen katalytisch die Auflösung solcher Metalle in hohem Grade, denn Salpetersäure, die vollkommen frei von Stickoxyden ist, löst diese Metalle nicht auf; die Reaktion beginnt jedoch augenblicklich, wenn ein wenig von diesen Stoffen hinzugefügt wird. Man kann annehmen, daß beim Erwärmen von Salpetersäure eine Spur von Stickoxyden entsteht, die zusammen mit der Temperaturerhöhung die Auflösung beschleunigt. Eisen, Zink, Magnesium reduzieren Salpetersäure zu Stickoxydul und selbst zu Ammoniak. Durch Einwirkung von Eisenpulver und verdünnter Schwefelsäure erfolgt die Reduktion der Salpetersäure zu NH_3 in verdünnter Lösung sogar quantitativ. Es sind auch verschiedene denitrifizierende Bakterien bekannt; von denen ist der Bacillus pyocyaneus am besten studiert.

Salpetersäure wirkt häufig als kräftiges Oxydationsmittel, besonders bei höherer Temperatur. Wird Schwefel mit ihr gekocht, so geht er über in Schwefelsäure, Phosphor in Phosphorsäure; wird ein Stückchen glühende Holzkohle auf die konzentrierte Säure geworfen, so brennt es weiter unter starkem Glühen und Bildung von Kohlendioxyd.

Die Zusammensetzung der Salpetersäure kann aus der ihres Anhydrides abgeleitet werden. Eine abgewogene Menge Anhydrid wird in Wasser gebracht; es bildet sich Salpetersäure, die mit Barytwasser neutralisiert wird. Durch Eindampfen kann man bestimmen, wieviel Gewichtsteile Bariumoxyd BaO sich mit N_2O_5 vereinigt haben. Es ergibt sich, daß 153·37 Gewichtsteile = 1 BaO sich mit 108·02 Gewichtsteilen = 1 N_2O_5 verbinden; die Formel des Bariumnitrats ist demnach $Ba(NO_3)_2$, folglich muß die der Salpetersäure selbst HNO_3 sein.

Übersalpetersäure HNO_4.

125. Übersalpetersäure entsteht in sehr verdünnter wäßriger Lösung durch Oxydation von salpetriger Säure mit Wasserstoffperoxyd:

$$2H_2O_2 + HNO_2 = HNO_4 + 2H_2O\,.$$

Aus Salpetersäure ist sie auf diese Weise nicht zu erhalten; im Gegenteil zerfällt die Übersalpetersäure in kalter, verdünnter, wäßriger Lösung in ungefähr einer Stunde vollständig in Salpetersäure und Wasserstoffperoxyd:

$$HNO_4 + H_2O = HNO_3 + H_2O_2\,.$$

Sie zeigt die ganz charakteristische Eigenschaft, aus Bromkaliumlösungen Brom in Freiheit zu setzen, was weder Wasserstoffperoxyd noch salpetrige und Salpetersäure tun.

Derivate der Stickstoffsäuren.

126. Bei der Schwefelsäurefabrikation bilden sich, wenn in die Bleikammern nicht genug Wasserdampf zugeführt wird, die Bleikammerkristalle von der Zusammensetzung HSO_5N. Man kann ihre Entstehung nach der folgenden Gleichung formulieren:

$$2\,SO_2 + N_2O_4 + O + H_2O = 2\,SO_5NH.$$

Die gewöhnliche Darstellungsweise ist, daß man sorgfältig getrocknete schweflige Säure in abgekühlte rauchende Salpetersäure leitet:

$$SO_2 + HNO_3 = SO_5NH.$$

Die Bleikammerkristalle bilden eine farblose Masse, die bei 73° unter Zersetzung schmilzt.

Durch Wasser werden sie augenblicklich in Schwefelsäure und salpetrige Säure zerlegt:

$$SO_5NH + H_2O = H_2SO_4 + HNO_2.$$

Aus diesem Grunde faßt man die Verbindung als das gemischte Anhydrid der Schwefelsäure und der salpetrigen Säure auf. Nach **90** kann der Schwefelsäure die Struktur $SO_2\!\left<\begin{matrix}OH\\OH\end{matrix}\right.$ zugeschrieben werden. Der salpetrigen Säure kommt die Struktur HO·NO zu, weil man in derselben eine Hydroxylgruppe annimmt (**127**). Für die Bleikammerkristalle folgt daraus:

$$SO_2\!\left<\begin{matrix}OH\\O\boxed{H + HO}NO\end{matrix}\right. \longrightarrow SO_2\!\left<\begin{matrix}OH\\ONO\end{matrix}\right.;$$

da die Atomgruppe NO den Namen Nitrosyl erhalten hat, ist der rationelle Name für die Verbindung Nitrosylschwefelsäure.

Die Nitrosylschwefelsäure spielt im Bleikammerprozeß eine sehr wichtige Rolle. Bei ihrer Zersetzung durch Wasser bilden sich nach obenstehender Gleichung Schwefelsäure und salpetrige Säure. Letztere wirkt nun auf Schwefeldioxyd unter Bildung von Nitrososulfosäure ein:

$$HNO_2 + SO_2 = ON\cdot SO_3H,$$

welche aber sehr unbeständig ist und sofort mit einem zweiten Molekül salpetriger Säure Nitrosisulfosäure und Stickoxyd bildet:

$$ON\cdot SO_3H + HNO_2 = ON\!\left<\begin{matrix}OH\\SO_3H\end{matrix}\right. + NO.$$

Die Nitrosisulfosäure spaltet sich aber unter den in den Bleikammern obwaltenden Bedingungen, weil sie ebenfalls sehr unbeständig ist, bald in Stickoxyd und Schwefelsäure:

$$ON\!\left<\begin{matrix}OH\\SO_3H\end{matrix}\right. = NO + H_2SO_4.$$

Stickoxyd endlich oxydiert sich in der stets Sauerstoff enthaltenden Bleikammer schnell wieder zu salpetriger Säure:

$$2NO + O + H_2O = 2HNO_2.$$

Diese vier Gleichungen erklären nach Raschig den ganzen Bleikammerprozeß. Es gelang ihm, die Nitroso- und die Nitrosisulfosäure darzustellen; siehe **128**.

Von konzentrierter Schwefelsäure wird Nitrosylschwefelsäure unverändert gelöst; diese Lösung ist sehr beständig; sie kann z. B. ohne Zersetzung destilliert werden. Sie entsteht bei der Schwefelsäurefabrikation im Gay-Lussac-Turm und heißt nitrose Säure. Durch Mischen mit Wasser wird diese Lösung anfänglich nicht verändert, bis ihr spez. Gewicht 1·55—1·50 (51—48° B.) beträgt; dann entweichen, vornehmlich beim Erwärmen, die Stickoxyde. Durch Einwirkung von Wasser und schwefliger Säure auf die nitrose Säure findet die folgende Umsetzung statt:

$$2SO_2\left\langle{ONO \atop OH}\right. + 2H_2O + SO_2 = 3SO_2\left\langle{OH \atop OH}\right. + 2NO.$$

Diese Reaktion findet im Glover-Turm statt.

Es ist in der Technik von großer Wichtigkeit, die Menge Stickstoff, welche die nitrose Säure enthält, rasch und genau bestimmen zu können; man schüttelt dazu die Säure mit Quecksilber, wobei alle gelösten Stickstoffverbindungen in Form von NO abgegeben werden, und mißt das entwickelte Gas.

Eine andre Methode besteht in der Zersetzung von nitroser Säure mit sehr viel Wasser und Titration der gebildeten salpetrigen Säure mit Permanganat (**122**).

127. Nitrosylchlorid NOCl ist bei gewöhnlicher Temperatur ein gelbes Gas; durch Abkühlen verdichtet es sich zu einer blutroten Flüssigkeit, die bei — 5·6° siedet. Die kritische Temperatur liegt bei 167°. In festen Zustand gebracht, schmilzt die Substanz bei — 60°. Zur Darstellung dieser Verbindung sättigt man am besten flüssiges Chlor mit Stickoxyd; läßt man dann das Produkt erstarren, so entweicht überschüssiges Stickoxyd und bleibt reines Nitrosylchlorid zurück. Weniger rein erhält man die Verbindung durch vorsichtiges Erwärmen von Bleikammerkristallen mit sorgfältig getrocknetem Kochsalz:

$$SO_2\left\langle{ONO \atop OH}\right. + NaCl = SO_2\left\langle{ONa \atop OH}\right. + NOCl.$$

Erst oberhalb 700° fängt das Gas an sich merklich in NO und Cl_2 zu dissoziieren.

Durch Wasser wird NOCl zu salpetriger Säure und Salzsäure zersetzt:

$$NOCl + H_2O = NO{\cdot}OH + HCl;$$

man darf es deshalb als das Chlorid der salpetrigen Säure (**128**) auffassen.

Während Aluminium bis 500° durch reines Nitrosylchlorid nicht angegriffen wird, zersetzt es sich beim Erhitzen mit Silberpulver bei 400—500° quantitativ in NO und Chlor, das zu AgCl gebunden wird.

Beim Vermischen von Salzsäure mit Salpetersäure entsteht eine dunkelgelbe Flüssigkeit, die neben diesen beiden Säuren Chlor und Nitrosylchlorid enthält:

$$HNO_3 + 3HCl = 2H_2O + NOCl + Cl_2.$$

Diese Flüssigkeit löst (vermöge ihres Chlorgehaltes) fast alle Metalle, sogar den König der Metalle, das Gold, auf; sie hat daher den Namen Königswasser (Aqua regia) erhalten. Schon die Alchimisten bereiteten Königswasser durch Mischen von Salmiak NH_4Cl mit Salpetersäure.

Einige andre Stickstoffverbindungen.

128. In der organischen Chemie kennt man Derivate der Säuren, die dadurch entstehen, daß deren Hydroxylgruppen durch Halogen oder durch die Amidogruppe ersetzt sind. Erstgenannte Verbindungen heißen Säurechloride, die letzteren Säureamide. Von anorganischen Säurechloriden lernten wir bereits die der Schwefelsäure kennen (90). Ferner ist Nitrosylchlorid ein Säurechlorid.

Durch Mischen von konzentrierten Lösungen von Natriumnitrit und Natriumbisulfit ($NaHSO_3$) erfolgt, indem die Flüssigkeit sich stark erwärmt, eine Umsetzung nach folgender Gleichung:

$$NaNO_2 + 3NaHSO_3 = N(SO_3Na)_3 + NaOH + H_2O;$$

diese Verbindung wird, da man ihr nach Raschig die Strukturformel $N(SO_3Na)_3 + 2H_2O$ gibt, aufgefaßt als Ammoniak, in dem drei Wasserstoffatome durch Sulfogruppen (SO_3H) ersetzt sind. Sie führt den Namen nitrilosulfonsaures Natrium. In Wasser ist sie sehr löslich. Gießt man aber die Reaktionsflüssigkeit in eine kalt gesättigte Chlorkaliumlösung, so fällt das schwer lösliche $N(SO_3K)_3$ aus. Wird diese Verbindung kurze Zeit mit Wasser gekocht oder besser, läßt man sie mit verdünnter Schwefelsäure befeuchtet einen Tag stehen, so bildet sich imidosulfonsaures Kalium:

$$N(SO_3K)_3 + H_2O = NH(SO_3K)_2 + KHSO_4.$$

Setzt man das Kochen mit Wasser längere Zeit fort, so erhält man Amidosulfonsäure:

$$N(SO_3K)_3 + 2H_2O = NH_2SO_3H + K_2SO_4 + KHSO_4.$$

Derartige Derivate sind auch vom Hydroxylamin bekannt; das Kaliumsalz der Hydroxylamindisulfonsäure $HO \cdot N(SO_3K)_2 + 2H_2O$ entsteht, wenn saures Kaliumbisulfit und Kaliumnitrit in eiskalter Lösung vermischt werden:

$$KNO_2 + 2KHSO_3 = HON(SO_3K)_2 + KOH.$$

Durch Kochen mit Wasser bildet sich aus dieser Verbindung Hydroxylamin:

$$HON(SO_3K)_2 + 2H_2O = HONH_2 + 2SO_4KH.$$

Durch Oxydation von hydroxylamindisulfosaurem Natrium mit Permanganatlösung bildet sich eine intensiv violett gefärbte Flüssigkeit. Diese Färbung wird durch das Na-Salz der in 126 erwähnten Nitrosisulfosäure verursacht. Gibt man kalt gesättigte Chlorkaliumlösung hinzu, so scheiden sich orangegelbe Kristalle des entsprechenden Kaliumsalzes ab, das wieder mit violetter Farbe in Wasser löslich ist.

Schüttelt man eine Lösung von Kammerkristallen in konzentrierter Schwefelsäure mit Quecksilber, so färbt sie sich himmelblau, durch Reduktion der Nitrosylschwefelsäure zu Nitrosisulfosäure $ON{<}^{OH}_{SO_3H}$. Das Kupfersalz derselben ist beständiger und kann erhalten werden durch Schütteln von obiger Lösung mit Kupferblechschnitzeln. Durch Zufügen von Wasser oder von Oxydationsmitteln (Salpetersäure) wird die Blaufärbung zerstört.

Das Amid der Salpetersäure, das Nitramid $NH_2—NO_2$, ist bisher nur aus einer organischen Verbindung, dem Nitrourethan $C_2H_5O \cdot CO \cdot NH \cdot NO_2$, von THIELE erhalten worden. Es ist kristallisiert, farblos und schmilzt unter Zersetzung bei 72°. Die wäßrige Lösung reagiert stark sauer; es ist äußerst unbeständig, schon beim Mischen mit Kupferoxyd, Glaspulver u. dergl. zersetzt es sich. Durch Alkalien, sogar durch Natriumacetat, wird es bei gewöhnlicher Temperatur augenblicklich in Stickstoffoxydul und Wasser zerlegt.

Phosphor.

129. Phosphor kommt nicht in freiem Zustande, sondern nur in Form von Salzen der Orthophosphorsäure, Phosphaten, namentlich als Tricalciumphosphat $Ca_3(PO_4)_2$, Phosphorit, in beträchtlichen Lagern vor. Viel vorkommende Mineralphosphate sind ferner: Apatit $3Ca_3(PO_4)_2 + CaCl_2$ (oder CaF_2), Wavellit $4AlPO_4 + 2Al(OH)_3 + 9H_2O$, und Vivianit $Fe_3(PO_4)_2 + 8H_2O$. In kleiner Menge kommen Phosphate in allen Gesteinsarten vor und infolgedessen auch durch Verwitterung derselben in der Ackererde. In einem Boden von mittlerer Fruchtbarkeit sind Phosphate in einer Menge von ca. 0·1 %, berechnet als P_2O_5, enthalten. Die Knochen der Wirbeltiere bestehen zu einem beträchtlichen Teil aus Tricalciumphosphat.

Phosphor wurde 1669 von dem Alchimisten BRAND in Hamburg entdeckt, als er abgedampften Harn mit Sand in einer irdenen Retorte erhitzte. SCHEELE hat zuerst Phosphor aus Knochen bereitet.

Zur technischen Gewinnung des Phosphors wird ein Gemenge von Calciumphosphat, Quarzsand (SiO_2) und Kohle im elektrischen Ofen auf 1300—1450° erhitzt; es vollzieht sich folgende Reaktion:

$$2Ca_3(PO_4)_2 + 6SiO_2 + 10C = 6CaSiO_3 + 10CO + 4P.$$

Der überdestillierende Phosphor ist meist durch mechanisch übergerissene Kohleteilchen geschwärzt; er enthält auch noch andre Verunreinigungen. Er wird gereinigt, indem man ihn mit Wasserdampf in einer Kohlendioxydatmosphäre destilliert. Zum Schluß wird der Phosphor unter Wasser geschmolzen und in Stangenform gegossen in den Handel gebracht. Völlig rein wird Phosphor erhalten durch fraktionierte Destillation im Vakuum, mit darauf folgender fraktionierter Kristallisation, ebenfalls im Vakuum.

130. *Physikalische Eigenschaften.* Phosphor ist bei gewöhnlicher Temperatur fest, in ganz reinem Zustand grob kristallinisch und frisch bereitet vollständig farblos; er hat das spez. Gewicht 1·83 bei 10°. In der Kälte ist er infolge seines kristallinischen Zustandes spröde, oberhalb 15° wird er wachsweich; bei 44·0° schmilzt er zu einer farblosen, stark lichtbrechenden Flüssigkeit. Bei 290° siedet er und verwandelt sich in einen farblosen Dampf. Am Sonnenlicht wird er gelb und überzieht sich mit einer undurchsichtigen, rötlich-weißen Schicht. Phosphor ist in Wasser unlöslich, wenig löslich in Alkohol und Äther, leicht löslich in Schwefelkohlenstoff, aus dem er in regulären Kristallen kristallisiert.

Die Dampfdichte des Phosphors beträgt zwischen 515° und 1040° 4·58—4·50 (Luft = 1). Sein Molekulargewicht ist daher bei diesen Temperaturen ca. 124. Da die kleinste Menge Phosphor, die in 1 Mol. der zahlreichen untersuchten Phosphorverbindungen vorkommt, 31·04 g ist, diese Zahl daher das Atomgewicht dieses Elementes vorstellt, so muß sein Molekül im Gaszustande aus $\frac{124}{31 \cdot 04}$, d. h. aus 4 Atomen bestehen. Erst bei Temperaturen zwischen 1500—1700° nimmt die Dampfdichte beträchtlich ab, ohne jedoch den Wert für Moleküle P_2 völlig zu erreichen. Durch die kryoskopische Methode (**43**) hat man gefunden, daß auch bei gewöhnlicher Temperatur das Molekül des Phosphors aus 4 Atomen besteht. Die Schmelzwärme des weißen Phosphors beträgt nur 5 Kal.

131. *Allotrope Modifikationen.* Wird gewöhnlicher oder weißer Phosphor auf 250—300° (bei Luftabschluß, da er sich sonst entzündet) erhitzt, so wird er in ein rotbraunes Pulver umgewandelt, den roten oder amorphen Phosphor. Setzt man weißem Phosphor ein wenig Jod zu, so erfolgt diese Umsetzung bereits unter 200°. Roter Phosphor wird in großem Maßstabe dargestellt, indem man weißen Phosphor in geschlossenen eisernen Zylindern einige Minuten auf 250—300° erhitzt. Nach dem Erkalten wird das Produkt mit Schwefelkohlenstoff oder mit Alkalilauge behandelt, um etwa unverändert gebliebenen weißen Phosphor zu entfernen.

Roter Phosphor weicht in seinen Eigenschaften beträchtlich von dem weißen ab; ersterer ist nicht, letzterer sehr giftig; roter Phosphor oxydiert sich nur sehr langsam an der Luft; er ist in Schwefelkohlenstoff unlöslich. Ferner ist er geruchlos, während der weiße Phosphor infolge der Bildung von Ozon (**36**) einen eigentümlichen Geruch verbreitet. Beim Erhitzen an der Luft entzündet er sich erst bei 260°; überhaupt ist er viel weniger reaktionsfähig als weißer Phosphor.

Weißer Phosphor kann bei gewöhnlicher Temperatur unbegrenzt lange aufbewahrt werden; trotzdem muß er als metastabile Modifikation aufgefaßt werden; denn bei erhöhter Temperatur, und um so rascher, je höher die Temperatur wird, geht er unter Wärmeentwicklung in einen mehr stabilen Zustand über. Die relative Beständigkeit des metastabilen Zustandes ist nur eine Folge der außerordentlich geringen Geschwindigkeit, mit welcher die Umwandlung bei gewöhnlicher Temperatur erfolgt.

Weißer Phosphor kann aus rotem zurückgewonnen werden, wenn man roten Phosphor destilliert und die Dämpfe rasch abkühlt. Die Dämpfe gelangen nämlich bei dieser plötzlichen Abkühlung in ein Temperaturgebiet, wo die Umwandlungsgeschwindigkeit von weiß in rot nahezu Null ist; sie kondensieren sich dann in erstgenannter Form. Denn eine allgemeine Regel sagt, daß, wenn eine Substanz in verschiedenen Modifikationen existiert, die wenigst stabile Form zuerst auftritt.

Der rote Phosphor ist keine einheitliche Substanz; wird er mit Wasser aufgeschlemmt, so bleiben violettgefärbte, metallglänzende Teilchen vom spez. Gewicht 2·34 zurück. Hittorf hat diesen metallischen Phosphor bereits vor vielen Jahren dargestellt durch Erhitzen von Phosphor mit Blei in einer zugeschmolzenen Röhre; der Phosphor löst sich im geschmolzenen Blei auf und scheidet sich beim Erkalten in metallglänzenden Kristallen aus. Demnach sind nur der weiße und der metallische Phosphor als wohl charakterisierte allotrope Modifikation anzusehen.

Das spez. Gewicht des roten Phosphors wechselt je nach der Erhitzungsdauer und der Temperatur zwischen 2·1 und 2·28; es ist wahrscheinlich, daß er eine feste Lösung von weißem Phosphor in metallischem Phosphor darstellt. Das Verhältnis, in welchem diese zwei Modifikationen im roten Phosphor vorkommen, wechselt mit der Temperatur; es stellt sich bei jeder Temperatur ein Gleichgewicht zwischen ihnen ein. Bei etwa 500° erreicht der Gehalt an weißem Phosphor ein Minimum.

Der Dampfdruck von weißem Phosphor konnte bis 355° bestimmt werden und war dann 3·88 Atmosphären. Oberhalb dieser Temperatur ging sie rasch in die violette Form über. Der Röhreninhalt war also fest geworden. Beim weiteren Erhitzen schmolz der violette Phosphor bei 589·5° zu einer farblosen Flüssigkeit. Der Dampfdruck betrug nun 43·1 Atmosphären. Diese Flüssigkeit konnte erheblich unterkühlt werden, so daß ihr Dampfdruck noch bei 504° gemessen werden konnte; er war alsdann 23·2 Atmosphären. Stellt man die Dampfdrucke graphisch dar, dieselben als Ordinaten nehmend und die entsprechenden Temperaturen als Abszissen, so sieht man, daß die Kurve des violetten Phosphors eine Fortsetzung der Kurve des weißen Phosphors ist; das Stück der Kurve zwischen 355° und 504° fehlt, weil es unrealisierbar ist. Aus dieser Kontinuität der Kurve folgt, daß geschmolzener weißer Phosphor als unterkühlter geschmolzener violetter Phosphor betrachtet werden muß.

132. *Chemische Eigenschaften.* Phosphor besitzt eine große Affinität zu vielen Elementen; er verbindet sich direkt mit allen Elementen außer mit Stickstoff und Kohlenstoff, und zwar geschieht dies in manchen Fällen mit großer Heftigkeit, so wenn weißer Phosphor mit Schwefel oder mit Brom zusammengebracht wird. Einige Metallegierungen (Metallphosphide) heißen Phosphorbronzen (**197**). Besonders charakteristisch ist die sehr starke Affinität des Phosphors zu Sauerstoff; weißer Phosphor entzündet sich bereits bei 40° an der Luft, so daß Berührung mit einem heißen Glasstab genügt, um ihn zu entzünden. Er verbrennt hierbei unter intensiver Licht- und Wärmeentwicklung zu Phosphorpentoxyd P_2O_5. Infolge dieser starken Affinität zu Sauerstoff ist Phosphor ein sehr kräftiges Reduktionsmittel. Schwefelsäure wird durch Erwärmen mit Phosphor zu SO_2 reduziert; konzentrierte Salpetersäure wirkt mit explosiver Heftigkeit oxydierend ein; verdünnte Säure entwickelt nitrose Dämpfe, indem sie den Phosphor zu Phosphorsäure oxydiert. Aus den Salzlösungen vieler Metalle scheidet Phosphor die Metalle aus, zum Teil unter Bildung von Phosphiden. Silbernitrat z. B. gibt mit Phosphor Ag und Ag_3P; beim Erwärmen mit einer Lösung von Kupfersulfat scheidet sich Cu_3P_2, Kupferphosphid, ab.

133. Bei langsamer Oxydation von Phosphor an der Luft tritt eine bläuliche Lichterscheinung auf. Dieses Leuchten des Phosphors (φωσφόρος = Lichtträger) ist namentlich im Dunkeln sehr deutlich zu erkennen.

Dieses eigentümliche Leuchten ist von verschiedenen Umständen abhängig, von denen einige noch sehr rätselhaft sind. Die Oxydation und damit das Leuchten wird z. B. gehemmt durch die Anwesenheit von Spuren einiger Stoffe, wie Kohlenwasserstoffe, Ammoniak usw. Ferner ist das Leuchten abhängig von der Temperatur; unter 10° ist es äußerst schwach. Sehr merkwürdig ist der Einfluß des Gasdruckes; bei gewöhnlicher Temperatur leuchtet der Phosphor in reinem Sauerstoff von einer Atmosphäre Druck nicht; wird der Druck jedoch verringert, so erreicht man eine Grenze, bei der das Leuchten beginnt; diese beträgt bei 15° 666 mm, bei 19·2° 760 mm Quecksilber; die Oxydation erfolgt daher in verdünntem Sauerstoff (wie man ihn auch durch Mischen mit einem andren Gas, z. B. Stickstoff, erhält) kräftiger, als in konzentriertem. van Marum hat schon 1798 beobachtet, daß ein Stückchen Phosphor in einem geschlossenen Gefäß auf Watte gelegt (welche als schlechter Wärmeleiter dient) um so stärker leuchtet, je weiter man den Sauerstoff auspumpt, und daß es in sehr verdünntem Gas sich sogar entzünden kann.

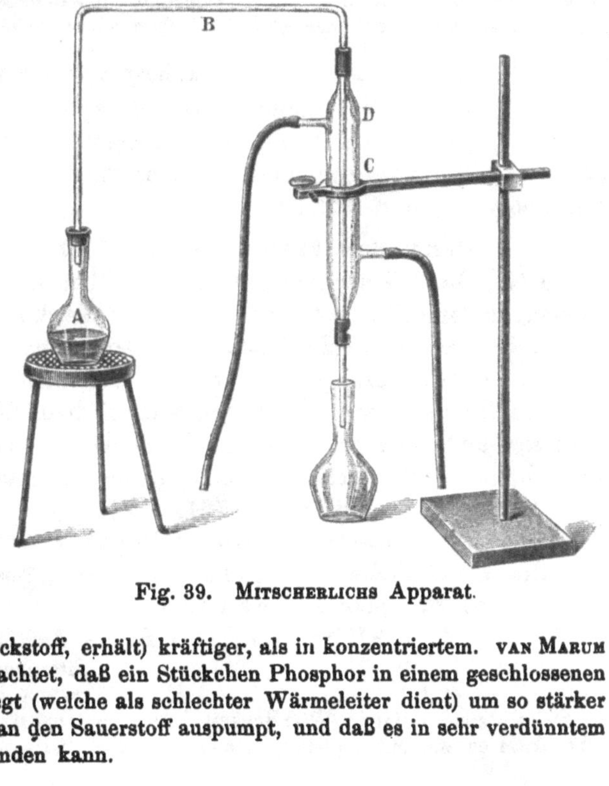

Fig. 39. Mitscherlichs Apparat.

Die Erscheinung, daß Oxydationen bei Verminderung des Sauerstoffdrückes energischer verlaufen, ist noch in manchen andren Fällen (135) wahrgenommen worden.

Sehr merkwürdig ist die stark entladende Wirkung, welche leuchtender Phosphor auf einen Elektroskop ausübt; sie wird durch Ionisation der umgebenden Luft verursacht

Nachweis des Phosphors. Vergiftungen durch weißen Phosphor kommen zuweilen vor; zu ihrem Nachweis benutzt man die Eigenschaft des Phosphors, im Dunkeln zu leuchten. Der Mageninhalt, der auf Phosphor untersucht werden soll, wird mit Wasser in einen Destillierkolben *A* (Fig. 39) gebracht, der durch ein zweimal rechtwinklig gebogenes Rohr *B* mit einem Kühler *C* verbunden ist. Beim Erhitzen des Kolbeninhalts zum Sieden verflüchtigt sich, falls Phosphor vorhanden, der Phosphor mit dem Wasserdampf, und man nimmt im Dunklen an der Stelle, wo der Wasserdampf kondensiert wird, d. h. wo der Phosphordampf mit Luft zusammentrifft, einen leuchtenden Ring wahr (Verfahren von MITSCHERLICH).

Verwendung. Roter Phosphor wird in der Industrie der Zündhölzchen verwendet. Die Zündmasse der schwedischen Zündhölzchen besteht hauptsächlich aus einem Gemisch von Kaliumchlorat und Schwefelantimon. Durch Reiben an einer der mit rotem Phosphor bestrichenen Seitenflächen der Schachtel entzündet sich das Streichhölzchen leicht. Siehe auch **150.**

Verbindungen des Phosphors mit Wasserstoff.

Es sind drei Verbindungen von Phosphor und Wasserstoff bekannt: 1) gasförmiger Phosphorwasserstoff PH_3 (auch Phosphin genannt), 2) flüssiger Phosphorwasserstoff P_2H_4 und 3) fester Phosphorwasserstoff $(P_2H)_6$.

Gasförmiger Phosphorwasserstoff PH_3 (Phosphin).

134. Diese Verbindung kann aus den Elementen dargestellt werden, indem Phosphor mit Zink und verdünnter Schwefelsäure, d. h. mit naszentem Wasserstoff, in Berührung gebracht wird; sie ist alsdann mit einer großen Menge Wasserstoff vermischt.

Die Bildung von Phosphorwasserstoff beim Erhitzen von phosphoriger und unterphosphoriger Säure ist ein Beispiel für dessen Entstehung durch direkte Zersetzung von Phosphorverbindungen:

$$\underset{\text{Phosphorige Säure}}{4H_3PO_3} = PH_3 + \underset{\text{Phosphorsäure}}{3H_3PO_4}.$$

Die gewöhnliche Darstellungsweise von Phosphin ist die Einwirkung von Phosphor auf Kalilösung:

$$P_4 + 3KOH + 3H_2O = PH_3 + \underset{\text{Unterphosphorigsaures Kalium}}{3H_2KPO_2}.$$

Die Reaktion ist in Wirklichkeit komplizierter, als diese Gleichung angibt; denn es entsteht zugleich auch Wasserstoff, P_2H_4 u. a.

Infolge der Anwesenheit von selbstentzündlichem P_2H_4 entzündet sich das durch ein Gasentbindungsrohr unter Wasser geleitete Gasgemenge, sobald eine Gasblase an die Oberfläche und in Berührung mit der Luft gelangt, und verbrennt zu P_2O_5, Phosphorpentoxyd welches, allmählich sich erweiternde Ringe bildend, in die Höhe steigt (Fig. 40). Der Kolben, in welchem das Gas durch Erhitzen von Kalilauge und Phosphor entwickelt wird, muß wegen dieser Selbstentzündlichkeit ganz mit Flüssigkeit gefüllt sein. Wird das Gas durch Salzsäure oder Alkohol geleitet, so wird es von P_2H_4 befreit und entzündet sich an der Luft nicht mehr von selbst.

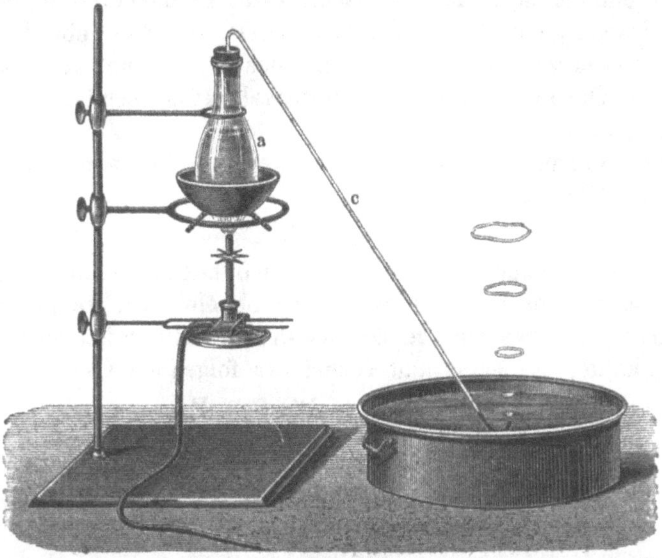

Fig. 40. Darstellung von selbstentzündlichem Phosphorwasserstoffgas.

Nach SENDERENS kann Phosphin sehr vorteilhaft dargestellt werden durch Erhitzen von rotem Phosphor auf 240—250° in einem Strom von Wasserdampf. Vielleicht beruht dies auf der primären Bildung von phosphoriger oder metaphosphoriger Säure.

Über die Bildung von Phosphorwasserstoff durch Einwirkung von Wasserstoff auf Phosphorverbindungen, siehe **148**. Ein Beispiel seiner Bildung durch Einwirkung von Phosphor- auf Wasserstoffverbindungen ist die Zersetzung von Calciumphosphid durch Wasser oder verdünnte Salzsäure:

$$Ca_3P_2 + 6\,HCl = 3\,CaCl_2 + 2\,PH_3 .$$

Auch die Phosphide des Zinks, Eisens, Zinns oder Magnesiums werden durch verdünnte Säuren unter Bildung von Phosphorwasserstoff zersetzt.

Vollkommen rein erhält man jetzt am besten das Gas durch Kondensation und darauf folgende Fraktionierung bei sehr niedriger Temperatur, wie in **29** beschrieben wurde.

Physikalische Eigenschaften. PH_3 ist bei gewöhnlicher Temperatur gasförmig; er ist flüssig bei -85^0 und erstarrt bei -133.5^0. Er hat einen eigenartigen unangenehmen, an faule Fische erinnernden Geruch. In Wasser ist er wenig löslich, mehr in Alkohol. 1 l Phosphin wiegt bei 0^0 und 760 mm Druck 1·5293 g.

135. *Chemische Eigenschaften.* Phosphorwasserstoff ist sehr giftig. Er verbrennt sehr leicht, dabei entsteht Phosphorsäure. Mit Sauerstoff von gewöhnlichem Druck gemischt bleibt er unverändert; wird der Druck des Gasgemisches jedoch vermindert, so erfolgt eine Explosion. Dieses Verhalten erinnert an das des Phosphors, bei dem das Leuchten (Oxydation) auch erst unterhalb einer bestimmten Druckgrenze erfolgt (**133**).

Die Verbrennung des Phosphorwasserstoffes wird summarisch durch die Gleichung:

$$2PH_3 + 4O_2 = P_2O_5 + 3H_2O$$

ausgedrückt. Danach würde der Prozeß hexamolekular sein. Das erste Stadium der Reaktion ist jedoch bimolekular, wie mittels eines Verfahrens, welches dem in **51** erwähnten ähnlich ist, nachgewiesen werden kann. Es entspricht scharf der folgenden Gleichung:

$$PH_3 + O_2 = \underset{\text{meta-phosphorige Säure}}{PO_2H} + H_2,$$

wenn die Gase im verdünnten Zustande langsam ineinander diffundieren (**147**).

Allgemein hat sich, soweit die bisherigen Erfahrungen reichen, ergeben, daß die Reaktionsvorgänge überaus einfach sind und die chemischen Prozesse fast immer mono- oder bimolekular verlaufen. Ist demnach der quantitative Verlauf einer Reaktion durch eine Gleichung wiedergegeben, welche ein Zusammenwirken mehrerer Moleküle ausdrückt, so sind darin wahrscheinlich mehrere nacheinander sich abspielende Vorgänge zusammengefaßt.

Phosphorwasserstoff kann sich direkt mit Halogenwasserstoffsäuren zu Verbindungen PH_4X (X = Halogen) vereinigen; er zeigt darin Analogie mit Ammoniak NH_3. Die bekannteste dieser Phosphonium-Verbindungen ist PH_4J Phosphoniumjodid, welches entsteht, wenn HJ und PH_3 trocken gemischt werden. Man kann es sehr schön in großen wasserhellen Kristallen erhalten. In Berührung mit Wasser spaltet es sich in PH_3 und HJ; ersteres entweicht gasförmig, letzteres bleibt in Wasser gelöst. Phosphoniumjodid ist also sehr zersetzlich; dies gilt noch mehr von Phosphoniumbromid, welches ebenfalls fest ist, sich aber bereits bei 30^0 völlig in PH_3 und HBr

dissoziiert; Phosphoniumchlorid ist sogar bei gewöhnlicher Temperatur und Druck dissoziiert und kann nur unterhalb 14° oder bei über 20 Atmosphären Druck existieren. Bei diesen Eigenschaften ist es nicht zu verwundern, daß Phosphonium PH_4 — analog mit Ammonium NH_4 — nicht isoliert werden kann. Mit andren als Halogenwasserstoffsäuren vereinigt sich Phosphin nicht. Aus allem geht hervor, daß PH_3 sehr viel schwächer basenbildend ist als NH_3. Daraus erklärt sich auch die Zersetzung von PH_4J durch Wasser. Letzteres spaltet diese Verbindung in PH_4OH und HJ, weil Phosphoniumhydroxyd eine schwache Base ist (**66**); aber diese zerfällt sofort in PH_3 und H_2O.

Phosphorwasserstoff besitzt reduzierende Eigenschaften. Aus Lösungen von Silbernitrat oder Kupfersulfat schlägt er ein Gemenge von Metall und Phosphid nieder; man kann hiervon Gebrauch machen, um aus einem Gasgemisch PH_3 wegzunehmen. — Beim Mischen mit Chlor explodiert er heftig unter Bildung von HCl und PCl_3.

Die Zusammensetzung des Phosphorwasserstoffes ist in der Weise bestimmt worden, daß ein bekanntes Volum dieses Gases durch ein erhitztes Rohr geleitet wurde, in dem sich Kupferdrehspäne befanden. Das Kupfer vereinigt sich dabei mit dem Phosphor zu Phosphid, so daß die Gewichtszunahme des Rohres den Phosphorgehalt angibt; der entstehende freie Wasserstoff wird aufgefangen und gemessen. Bei diesem Versuch ergab sich, daß das Gas aus 91·2% Phosphor und 8·8% Wasserstoff besteht. Sein spez. Gewicht für $O = 16$ wurde auf 17 bestimmt, so daß sein Molekulargewicht 34 ist. In 34 Gewichtsteilen sind also, obiger prozentischer Zusammensetzung gemäß, 31 Teile Phosphor und 3 Teile Wasserstoff vorhanden, so daß bei bekanntem Atomgewicht dieser Elemente die Zusammensetzung des Phosphorwasserstoffes durch die Formel PH_3 ausgedrückt wird. Dem entspricht der Befund bei der Zersetzung des Phosphorwasserstoffes durch Induktionsfunken oder durch den elektrischen Lichtbogen; es entsteht aus 1 Vol. Phosphin roter Phosphor, welcher sich an den Wänden des Rohres und auf den Platindrähten bzw. Kohlenspitzen absetzt, und 1½ Vol. Wasserstoff:

$$\underset{\text{2 Vol.}}{2PH_3} = \underset{\text{3 Vol.}}{3H_2} + \underset{\text{fest}}{2P}.$$

Flüssiger Phosphorwasserstoff P_2H_4.

136. Diese Verbindung entsteht in einigen Fällen als Nebenprodukt bei der Darstellung von PH_3. Vornehmlich entsteht sie bei der Zersetzung von Calciumphosphid mit Wasser. Sie entsteht auch aus PH_3 durch Einwirkung von verschiedenen Oxydationsmitteln, u. a. von NO_2, durch welches der gewöhnliche Phosphorwasserstoff selbstentzündlich gemacht werden kann. Aus dem Gemisch von PH_3 und P_2H_4 kann man letzteres isolieren, wenn man das Gasgemisch durch ein stark abgekühltes Rohr leitet; P_2H_4 verdichtet sich dann zu einer farblosen Flüssigkeit, die bei 57—58° siedet (unter 735 mm) und das spez. Gewicht 1·01 hat. Sie ist sehr zersetzlich und läßt sich nicht aufbewahren, da sie sich rasch in PH_3 und festen Phosphorwasserstoff umwandelt. Die gleiche Zersetzung wird auch durch Salzsäure bewirkt. Die Verdichtung muß im Dunkeln erfolgen, da im Tageslicht Zersetzung erfolgt. Die empirische Zusammensetzung der Verbindung entspricht der Formel PH_2; da der Phosphor jedoch dreiwertig ist, nimmt man P_2H_4, d. h. PH_2—PH_2 als Formel des Moleküls an; der flüssige Phosphorwasserstoff wird dadurch in Parallele mit Hydrazin gesetzt.

Fester Phosphorwasserstoff $P_{12}H_6$.

137. Diese Verbindung entsteht bei der Zersetzung von P_2H_4, am leichtesten, wenn man PH_3, beladen mit P_2H_4-Dampf, wie bei der Zersetzung von Ca_3P_2 mit Wasser entsteht, über gekörntes Chlorcalcium leitet. Es scheidet sich dann ein kanariengelbes Pulver von der empirischen Zusammensetzung P_2H ab, dessen Molekulargewicht $(P_2H)_6$ durch die Gefrierpunktserniedrigung, welche seine Lösung in weißem Phosphor zeigt, bestimmt wurde. Durch Erhitzen auf etwa 200° wird er in PH_3 und ein neuer fester Phosphorwasserstoff von der empirischen Formel P_9H_2 zerlegt. Diese Verbindung entsteht auch beim Behandeln von $P_{12}H_6$ mit flüssigem Ammoniak. An der Luft erhitzt, entzündet $P_{12}H_6$ sich bei 160°. Er ist in Wasser nicht löslich.

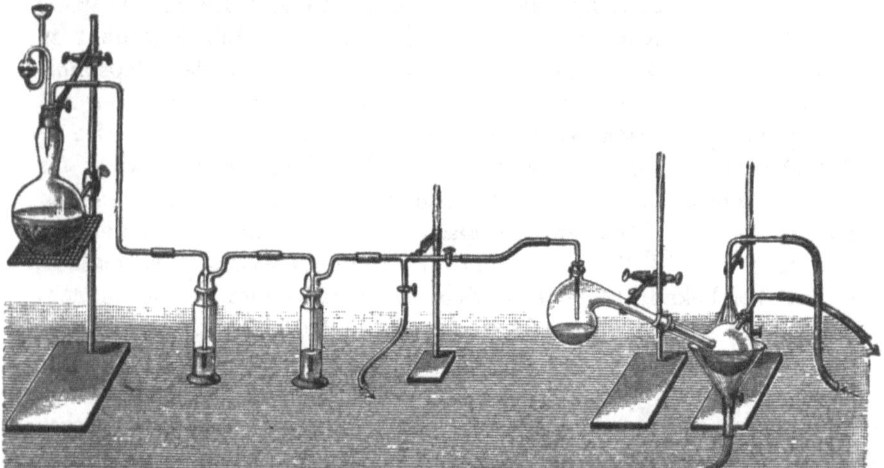

Fig. 41. Darstellung von Phosphortrichlorid.

Verbindungen des Phosphors mit Halogenen.

Mit allen vier Halogenen vereinigt sich der Phosphor zu Verbindungen von der Form PX_3 und PX_5; am wichtigsten sind die Chloride.

Phosphortrichlorid PCl_3.

138. Diese Verbindung wird durch direkte Vereinigung der Elemente dargestellt. Zu diesem Zweck wird zu schwach erwärmtem weißen Phosphor, der in einer Retorte enthalten ist, trocknes Chlorgas in schnellem Strom geleitet (Fig. 41). Der Phosphor schmilzt und verbrennt mit fahler Flamme; in die gekühlte Vorlage destilliert ein Gemisch von PCl_3 und PCl_5 über. In dieses bringt man ein wenig weißen Phosphor, um PCl_5 in PCl_3 überzuführen, und destilliert aufs neue.

Physikalische Eigenschaften. PCl_3 ist eine farblose Flüssigkeit von sehr stechendem Geruch, die bei 76° siedet, bei −115° noch nicht fest ist und bei 0° das spez. Gewicht 1·6129 hat.

Chemische Eigenschaften. Durch Wasser wird PCl_3 sehr schnell zersetzt unter Bildung von Salzsäure und phosphoriger Säure:

$$PCl_3 + 3H_2O = H_3PO_3 + 3HCl;$$

infolge dieser Zersetzung raucht PCl_3 an feuchter Luft.

Wenn man die Dämpfe von PCl_3 gemischt mit Wasserstoff der dunklen elektrischen Entladung aussetzt, so bildet sich Phosphortetrachlorid P_2Cl_4, eine farblose, ölige Flüssigkeit, die bei −28° erstarrt und an der Luft spontan verbrennt. Bei gewöhnlicher Temperatur zersetzt sie sich langsam.

Phosphorpentachlorid PCl_5.

139. Zur Darstellung dieses Stoffes wird Chlor über PCl_3 geleitet. Alsbald beginnt die Bildung feiner gelbweißer Kristalle, schließlich wird die ganze Masse fest; alles ist dann in PCl_5 übergeführt. PCl_5 raucht an feuchter Luft stark, weil es durch Wasser augenblicklich zersetzt wird, wobei Salzsäure und Phosphorsäure entstehen; beim Erhitzen sublimiert es, ohne zu schmelzen; beim Übergang in den gasförmigen Zustand spaltet es sich schon bei niedriger Temperatur in PCl_3 und Cl_2; diese Dissoziation wird bei 300° vollständig, denn dann beträgt die Dampfdichte die Hälfte der für PCl_5 berechneten. Der Dampf von PCl_5, welcher bei niederer Temperatur nahezu farblos ist, nimmt dadurch bei höherer Temperatur die Farbe des Chlors an. Die Dissoziationsprodukte PCl_3 und Cl_2 lassen sich durch Diffusion von einander trennen. In einer Atmosphäre von PCl_3 verdampft PCl_5 fast ohne jede Zersetzung (**51**).

Durch Zusammenbringen mit wenig Wasser zersetzt sich PCl_5 in Salzsäure und $POCl_3$, Phosphoroxychlorid:

$$PCl_5 + H_2O = POCl_3 + 2HCl.$$

Mit viel Wasser zersetzt es sich sofort zu Phosphorsäure.

PCl_5 findet in der organischen Chemie Verwendung, um Hydroxylgruppen durch Chlor zu ersetzen. Zu demselben Zwecke kann es auch für anorganische Verbindungen gebraucht werden. Schwefelsäure z. B. reagiert mit PCl_5 in folgender Weise (**89**):

$$SO_2\langle{}^{OH}_{OH} + PCl_5 = SO_2\langle{}^{Cl}_{OH} + POCl_3 + HCl.$$

Phosphoroxychlorid $POCl_3$.

140. Zur Darstellung dieser Verbindung oxydiert man Phosphortrichlorid mit Natriumchlorat:

$$3PCl_3 + NaClO_3 = 3POCl_3 + NaCl.$$

Die Reaktion ist sehr heftig. Um sie zu mäßigen, überschichtet man Natriumchlorat mit schon vorhandenem Phosphoroxychlorid und läßt das Trichlorid langsam zutropfen. Neben diesem Verfahren dient Erhitzen von PCl_5 und P_2O_5 als Darstellungsmethode:

$$3PCl_5 + P_2O_5 = 5POCl_3.$$

Phosphoroxychlorid ist eine farblose, an der Luft rauchende Flüssigkeit, die bei 107·2° siedet und, wenn erstarrt, bei +1·25° schmilzt. Sie hat das spez. Gewicht 1·7118 bei 0°.

In Berührung mit Wasser, mit dem es sich nicht mischt, verwandelt es sich langsam in Phosphorsäure und Salzsäure:

$$POCl_3 + 3H_2O = H_3PO_4 + 3HCl.$$

Die Verbindungen des Phosphors mit den übrigen Halogenen

141. sind den Chlorderivaten sehr ähnlich. Sie werden ebenfalls durch direkte Synthese aus den Elementen dargestellt; da die Vereinigung jedoch sehr lebhaft vor sich geht, muß man sie mäßigen, indem man den Phosphor und das Halogen getrennt in Schwefelkohlenstoff löst, diese Lösungen langsam zusammengießt und sodann das Lösungsmittel abdestilliert. Für die Fluoride hat man besondere Darstellungsmethoden. Durch Wasser werden diese Verbindungen ebenso wie die entsprechenden Chloride zersetzt, die Fluoride nur langsam.

Die Zusammensetzung dieser Verbindungen kann in folgender Weise ermittelt werden. Bei der Zersetzung durch Wasser liefern sie Phosphorsäure oder phosphorige Säure und Halogenwasserstoffsäure, so daß durch die Bestimmung der Mengen dieser Säuren die Mengen Phosphor und Halogen, welche vorhanden sind, gefunden werden. Ferner gelangt man durch Messung der Dampfdichte zum Molekulargewicht, wobei jedoch im Auge zu behalten ist, daß die Verbindungen vom Typus PX_5 in Dampfform meistens dissoziiert sind.

Verbindungen des Phosphors mit Sauerstoff.

142. Vier Verbindungen dieser Art sind bekannt: P_2O, P_2O_3 Phosphorigsäureanhydrid, P_2O_4 Phosphortetroxyd und P_2O_5 Phosphorpentoxyd oder Phosphorsäureanhydrid. Von diesen vier Verbindungen ist die letzte die wichtigste.

Phosphorsuboxyd P_2O.

Bei der Reduktion von $POCl_3$ durch Wasserstoff unter dem Einfluß von dunklen elektrischen Entladungen bildet sich diese Verbindung. Sie kann auch durch Einwirkung von PH_3 auf $POCl_3$ dargestellt werden:

$$POCl_3 + PH_3 = 3HCl + P_2O.$$

Diese Verbindung ist sehr beständig.

Phosphortrioxyd P_2O_3.

Diese Verbindung entsteht, wenn über in einem Rohr erhitzten Phosphor ein langsamer Strom trockner Luft geleitet wird; Hauptprodukt der Verbrennung ist hierbei P_2O_5, welches durch einen Pfropfen von Glaswolle zurückgehalten werden kann; P_2O_3 geht in Dampfform fort und wird in einem abgekühlten Rohre kondensiert. Es bildet eine weiße wachsartige Substanz; auch in Kristallen wird es erhalten; dieselben schmelzen bei 22·5° und sieden bei 173·1° (in Stickstoffatmosphäre). Seine Dampfdichte ist zu 109·7 gefunden worden, während für P_4O_6 110·08 berechnet wird. Durch Erhitzen auf 440° zerfällt es in roten Phosphor und Phosphortetroxyd. Am Licht wird es gelb, wodurch es sich erklärt, daß P_2O_5 zuweilen gelbe Farbe annimmt. In kaltem Wasser löst es sich langsam auf unter Bildung von phosphoriger Säure; mit heißem Wasser entstehen unter heftiger Reaktion roter Phosphor, selbstentzündlicher Phosphorwasserstoff und Phosphorsäure. An der Luft auf 50—60° erhitzt, entzündet es sich unter Bildung von P_2O_5.

Phosphortetroxyd P_2O_4

entsteht, wie oben angegeben, aus P_2O_3; es bildet farblose glänzende Kristalle, die beim Eintragen in Wasser phosphorige Säure und Phosphorsäure geben. In dieser Beziehung ist sein Verhalten analog dem von N_2O_4, welches mit Wasser Salpeter-Säure und salpetrige Säure liefert.

Phosphorpentoxyd P_2O_5.

Diese Verbindung entsteht beim Verbrennen von Phosphor in einem starken trocknen Luft- oder Sauerstoffstrom als eine weiße, schneeartige Masse, die leicht Wasserdampf anzieht, wobei Phosphorsäure gebildet wird. P_2O_5 ist das kräftigste Wasserentziehungsmittel, das man kennt. Nach Versuchen von Morley läßt es auf 40000 Liter Luft nur etwa 1 mg Wasserdampf unabsorbiert. Es sind zwei Modifikationen desselben bekannt; sie entstehen gleichzeitig bei der obigen Darstellungsweise: eine kristallinische, welche bei 250° sublimiert, und eine amorphe, die erst bei Rotglühhitze flüchtig ist; der Dampf kondensiert sich kristallinisch. Über 250° erhitzt, geht die kristallinische Modifikation in die amorphe über. Durch Erhitzen mit Kohle läßt sich P_2O_5 zu Phosphor reduzieren. Das Molekulargewicht des Phosphorpentoxyds ist bei heller Rotglut zu $(P_2O_5)_2$ gefunden.

Säuren des Phosphors.

143. Von den oben besprochenen Oxyden des Phosphors bilden nur zwei entsprechende Säuren, nämlich P_2O_3 und P_2O_5, und zwar können sie sich mit verschiedenen Mengen Wasser zu Säuren vereinigen. Von P_2O_5 leiten sich her:

$P_2O_5 + H_2O = 2HPO_3$ Metaphosphorsäure,
$P_2O_5 + 2H_2O = H_4P_2O_7$ Pyrophosphorsäure und
$P_2O_5 + 3H_2O = 2H_3PO_4$ Orthophosphorsäure.

Von P_2O_3 sind abzuleiten die metaphosphorige Säure HPO_2 und die phosphorige Säure H_3PO_3. Außerdem gibt es noch zwei andre Säuren des Phosphors, deren Anhydride man nicht kennt, nämlich unterphosphorige Säure H_3PO_2 und Unterphosphorsäure H_2PO_3.

Der Zusammenhang zwischen Ortho-, Pyro- und Metaphosphorsäure kann noch auf eine andre Weise angegeben werden, welche zu einer allgemeinen Betrachtung Veranlassung gibt. In **139** ist mitgeteilt, daß Phosphorpentachlorid durch Wasser in Phosphorsäure und Salzsäure umgewandelt wird. Man kann sich die Einwirkung von Wasser auf PCl_5 so verlaufend denken, daß zunächst alle 5 Chloratome durch Hydroxyl ersetzt werden:

$$P\boxed{Cl_5 + 5H}OH = 5HCl + P(OH)_5 .$$

Diese Verbindung, welcher eigentlich die Bezeichnung als Orthophosphorsäure zukommen sollte, kennt man nicht; vielmehr entsteht durch Abspaltung eines Moleküls Wasser sogleich die gewöhnliche Phosphorsäure H_3PO_4, welche man tatsächlich als Orthophosphorsäure zu bezeichnen pflegt; ebenso kann man die Metaphosphorsäure durch Abspaltung von 2 Mol Wasser aus der Säure $P(OH)_5$ ableiten:

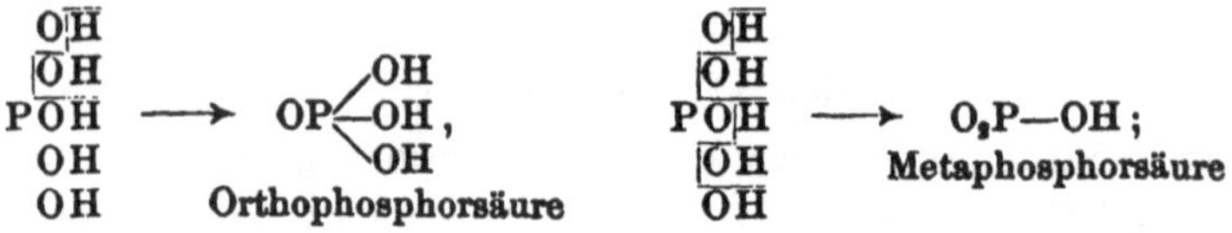

während Pyrophosphorsäure als aus zwei Molekülen $P(OH)_5$—3 Mol. Wasser entstanden gedacht werden kann:

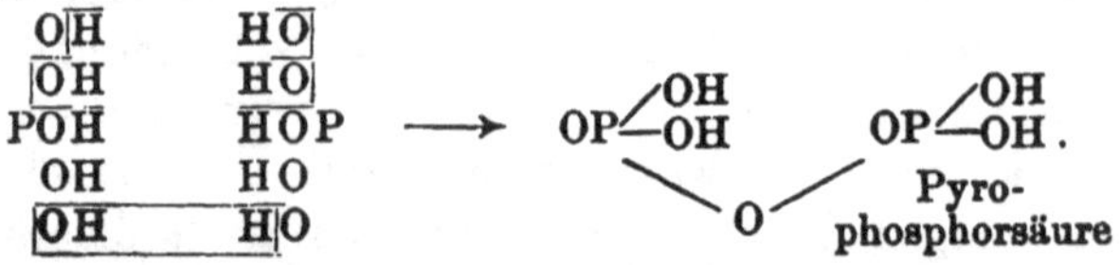

Orthophosphorsäure kann auch aus Phosphoroxychlorid entstehen:

$$OP\boxed{Cl_3 + 3H}OH \longrightarrow OP(OH)_3 .$$

Diese Betrachtungsweise erklärt aber nicht allein den Zusammenhang zwischen den verschiedenen Säuren, sondern liefert auch ihre Strukturformeln. Das gleiche leistet sie auch in vielen andren Fällen. Als Beispiel mögen noch die Überjodsäuren (**62**) herangezogen werden. Es gibt nämlich Salze von verschiedenen Überjodsäuren: MJO_4; M_3JO_5; M_5JO_6 usw. Dieselben lassen sich von einer hypothetischen Säure $J(OH)_7$ ableiten, in welcher demnach das Jod soviel Hydroxyle bindet, als seiner maximalen Valenz entspricht. Denn M_5JO_6 entspricht $J(OH)_7—H_2O$; M_3JO_5 ferner $J(OH)_7—2H_2O$; MJO_4 endlich $J(OH)_7—3H_2O$.

Orthophosphorsäure H_3PO_4.

144. Orthophosphorsäure kann durch Synthese direkt aus den Elementen gewonnen werden: durch Verbrennen von Phosphor entsteht P_2O_5, das beim Auflösen in Wasser H_3PO_4 gibt. Auch durch Oxydation von Verbindungen, welche bereits Phosphor und Wasserstoff enthalten, kann sie gewonnen werden; PH_3 und die niederen Säuren des Phosphors gehen durch Oxydation in Phosphorsäure über.

Gewöhnlich stellt man Phosphorsäure durch Oxydation von Phosphor mit Salpetersäure dar (**132**), oder indem man sie aus ihren Salzen (Phosphaten) in Freiheit setzt; namentlich dient hierzu Calciumphosphat $Ca_3(PO_4)_2$. Dasselbe wird mit der berechneten Menge verdünnter Schwefelsäure behandelt, wobei in Wasser schwer lösliches Calciumsulfat $CaSO_4$ und Phosphorsäure, die in Lösung geht, entsteht; beim Eindampfen dieser Lösung bleibt die Säure zurück.

Phosphorsäure ist bei gewöhnlicher Temperatur fest und kristallisiert; sie schmilzt bei 38·6°; sie ist völlig geruchlos und äußerst leicht in Wasser löslich. Die Lösung reagiert stark sauer.

Sie hat völlig den Charakter einer starken Säure; mit verschiedenen Metallen entwickelt sie Wasserstoff. Sie ist jedoch beträchtlich weniger ionisiert wie Salzsäure; eine Lösung von 1 Grammmolekül Phosphorsäure in 10 Liter Wasser enthält etwa $^1/_4$ soviel H-Ionen, wie die Lösung von einem Grammolekül Chlorwasserstoff in ebensoviel Wasser. Die Dissoziation liefert hauptsächlich H$^{\cdot}$- und H_2PO_4'-Ionen. Die drei Wasserstoffatome sind durch Metallatome ersetzbar. Sie ist daher d r e i b a s i s c h; es sind drei Reihen von Salzen möglich und auch wirklich bekannt, die nach der Anzahl der durch Metalle ersetzten Wasserstoffatome als p r i m ä r e, s e k u n d ä r e und t e r t i ä r e Salze bezeichnet werden. Von den Alkalimetallsalzen sind alle drei Arten löslich; von den alkalischen Erdmetallen sind die tertiären und sekundären unlöslich in Wasser, die primären löslich. Die übrigen Phosphate sind unlöslich in Wasser, lösen sich jedoch in Mineralsäuren.

Letzteres wird dadurch verursacht, daß Phosphorsäure eine schwächere Säure ist, als die starken Mineralsäuren, Salzsäure, Salpetersäure, Schwefelsäure. Bringt man eine dieser Säuren (z. B. Salzsäure) mit einem in Wasser unlöslichen Phosphat zusammen, so werden in der Flüssigkeit ungespaltene Moleküle Phosphorsäure entstehen, und zwar um so mehr, je mehr Salzsäure zugefügt wird, da diese die Ionisation der Phosphorsäure zurückdrängt. Es sind also Ionen H_2PO_4' und H$^{\cdot}$ verschwunden, und wenn nur genug Salzsäure zugegen ist, werden die übrigbleibenden H_2PO_4'-Ionen nicht mehr genügen, um mit den anwesenden Metall-Ionen die Grenze des Löslichkeitsproduktes zu erreichen; es muß daher alles Phosphat in Lösung gehen.

Aus demselben Grunde werden sich allgemein in Wasser unlösliche Salze nur in solchen Säuren auflösen können, welche stärker sind als die Säure des Salzes. Dies wird nur dann nicht geschehen, wenn der Wert des Löslichkeitsproduktes des unlöslichen Salzes sehr gering ist, wofür wir bei einigen Sulfiden bereits Beispiele kennen lernten (**73**).

Auf 213° erhitzt gibt Orthophosphorsäure Wasser ab; dabei entsteht in der Hauptsache Pyrophosphorsäure, jedoch bildet sich auch von Anfang an etwas Metaphosphorsäure. Pyrosäure ihrerseits wird durch weiteres Erhitzen in die Metasäure übergeführt.

Orthophosphate geben mit Silbernitrat einen gelben Niederschlag von Silberphosphat Ag_3PO_4, löslich in Salpetersäure und in Ammoniak. Hat man es mit einem primären oder sekundären Phosphat zu tun, so ist der Niederschlag nicht vollständig, weil bei der Reaktion Salpetersäure frei wird:

$$Na_2HPO_4 + 3\,AgNO_3 = Ag_3PO_4 + 2\,NaNO_3 + HNO_3\,,$$

oder in Ionen formuliert:

$$HPO_4'' + 3\,Ag^{\cdot} \rightleftarrows Ag_3PO_4 + H^{\cdot}\,.$$

Setzt man der Lösung jedoch einen genügenden Überschuß von Natriumacetat zu, so ist die Fällung, praktisch genommen, vollständig.

Der Grund ist leicht ersichtlich. Durch das Natriumacetat wird das Acetat-Ion $C_2H_3O_2'$ mit dem Wasserstoff-Ion zusammenzutreten genötigt, denn die Essigsäure ist nur sehr wenig ionisiert und ihre Ionisation ist zudem durch den Überschuß von Natriumacetat beträchtlich vermindert. Dadurch wird das Wasserstoff-Ion aus dem oben formulierten Gleichgewicht entfernt. Die umgekehrte Reaktion $\leftarrow$ ist somit nicht mehr möglich, und die Reaktion $\rightarrow$ muß daher vollständig werden, oder mit andren Worten, die gesamte Phosphorsäure muß in Form von Silberphosphat ausfallen.

Es wurde bereits erwähnt, daß die Alkalisalze der Phosphorsäure in Wasser löslich sind. Die Reaktion ihrer wäßrigen Lösung ist sehr verschieden: diejenige des primären Phosphats ist sauer, die des sekundären Phosphats schwach basisch, die des tertiären Phosphats stark basisch. Die Ursache hiervon verdient näher beleuchtet zu werden. Die saure Reaktion eines Salzes KH_2PO_4 ist darin zu suchen, daß sein Anion H_2PO_4' (analog dem Ion HSO_4') noch imstande ist, sich zu ionisieren in $H^{\cdot}$ und HPO_4'', wodurch freie $H^{\cdot}$-Ionen in die Lösung kommen. Die schwach alkalische Reaktion eines Salzes K_2HPO_4 muß seiner Hydrolyse (**66**) zugeschrieben werden. Dieses Salz ist nämlich in verdünnter Lösung größtenteils in $2K^{\cdot}$ und HPO_4'' ionisiert. Während H_3PO_4 in erheblichem Maße ionisiert ist (in $H^{\cdot}$ und H_2PO_4'), ist dagegen die Tendenz zur elektrolytischen Dissoziation von H_2PO_4' in $H^{\cdot}$ und HPO_4'' sehr gering. Dieses letztere verhält sich daher wie das Anion einer sehr schwachen Säure. Gibt es also viele HPO_4''-Ionen in der Lösung des Salzes K_2HPO_4, so müssen sich dieselben mit Wasserstoffionen zu vereinigen streben, denn im Gleichgewicht $H^{\cdot} + HPO_4'' \rightleftarrows H_2PO_4'$ herrscht H_2PO_4' sehr stark vor. Das Wasser ist die Quelle dieser Wasserstoffionen, da es ja für einen sehr geringen Teil in $H^{\cdot}$ und OH' gespalten ist. Vereinigen sich aber $H^{\cdot}$ und HPO_4'', so kommen OH'-Ionen in die Lösung, welche ihre alkalische Reaktion zeigen können, da dieselbe nicht länger durch eine gleichwertige Menge $H^{\cdot}$-Ionen verdeckt wird. Ganz analog ist die Erklärung für die stark alkalische Reaktion der tertiären Phosphate, wie K_3PO_4. In ihrer wäßrigen Lösung befinden sich die Ionen PO_4''', welche eine noch stärkere Vereinigungstendenz mit Wasserstoffionen haben, also die Anwesenheit von einer noch größeren Anzahl nicht durch $H^{\cdot}$ kompensierter OH'-Ionen verursachen, d. h. eine stark alkalische Reaktion bedingen.

Aus einer mit Ammoniak und Ammoniumchlorid versetzten Magnesiumsalzlösung wird Phosphorsäure als weißer kristallinischer Niederschlag von Ammoniummagnesiumphosphat $NH_4MgPO_4 + 6aq$ gefällt.

Eine weitere sehr charakteristische Reaktion auf Phosphorsäure ist, daß in salpetersaurer Lösung durch molybdänsaures Ammoniak besonders beim Erwärmen ein gelber, fein kristallinischer Niederschlag gefällt wird, welcher annähernd die Zusammensetzung $14MoO_3 + (NH_4)_3PO_4 + 4H_2O$, Ammoniumphosphomolybdat, besitzt. Ein großer Vorteil dieser Art der Fällung ist, daß sie in saurer Lösung erfolgt, da eben die meisten Phosphate nur in Säuren löslich sind.

Durch Einwirkung von H_2O_2 in wäßriger Lösung auf P_2O_5 bildet sich die Phosphormonopersäure: $P_2O_5 + 2H_2O_2 + H_2O = 2H_3PO_5$.

Dieselbe hat viel Analogie mit der Caroschen Säure (91). Sie hat die ganz charakteristische Eigenschaft, bereits in der Kälte Mangansalze in Übermangansäure überzuführen.

Pyrophosphorsäure $H_4P_2O_7$.

145. Eine Bildungsweise dieser Säure wurde im vorigen Paragraphen bereits mitgeteilt. Es ist jedoch zweckmäßiger, zu ihrer Darstellung das sekundäre Natriumphosphat (d. h. das gewöhnliche phosphorsaure Natron des Handels) zu erhitzen, weil hier nicht mehr als 1 Mol H_2O aus 2 Mol Salz ausgetrieben werden kann:

$$2Na_2HPO_4 = H_2O + Na_4P_2O_7.$$

Nach dem Erhitzen wird das Natriumpyrophosphat in Wasser gelöst und mittels Bleiacetat pyrophosphorsaures Blei ausgefällt, welches durch Schwefelwasserstoff zerlegt wird.

Pyrophosphorsäure kann aus ihrer Lösung durch Eindampfen bei niedriger Temperatur im luftleeren Raum als farblose, glasartige Masse erhalten werden. In Wasser von gewöhnlicher Temperatur gelöst, ist die Säure längere Zeit beständig; beim Erwärmen dieser Lösung geht sie, besonders nach Zusatz von ein wenig Mineralsäure, innerhalb weniger Stunden, in die Orthosäure über.

Alle vier Wasserstoffatome sind durch Metalle ersetzbar; man sollte daher die Existenz von vier Reihen von Salzen erwarten; tatsächlich sind jedoch nur zwei bekannt von der Formel $M_4P_2O_7$ und $M_2H_2P_2O_7$. Die neutralen wie die sauren Alkalisalze sind in Wasser löslich; die neutralen Salze der andren Basen sind unlöslich, die sauren meistens löslich.

Pyrophosphorsäure unterscheidet sich von der Orthophosphorsäure darin, daß die Lösungen ihrer Salze mit Silbernitrat eine rein weiße Fällung von $Ag_4P_2O_7$ geben, von der Metaphosphorsäure darin, daß sie Eiweiß nicht gerinnen macht und mit Chlorbarium keinen Niederschlag gibt.

Metaphosphorsäure HPO_3

146. entsteht, wenn Ortho- oder Pyrophosphorsäure so lange erhitzt wird, bis kein Wasser mehr entweicht, oder durch Glühen von Ammoniumphosphat $(NH_4)_2HPO_4$. Auch durch Auflösen von P_2O_5 in kaltem Wasser entsteht anfangs vorwiegend Metaphosphorsäure.

Bei gewöhnlicher Temperatur ist Metaphosphorsäure eine glasartige Masse (daher der Name glasige Phosphorsäure), welche beim Erhitzen schmilzt. Bei starkem Erhitzen verflüchtigt sie sich unzersetzt, ohne sich in P_2O_5 und H_2O zu spalten. Durch Kochen der wäßrigen Lösung geht sie in Orthophosphorsäure über. Sie zieht sehr stark Wasser an; von dieser Eigenschaft macht man zuweilen Gebrauch.

Metaphosphorsäure ist einbasisch, entsprechend der Formel HPO_3; nur ihre Alkalisalze sind in Wasser löslich. Sie unterscheidet sich von der Ortho- und Pyroverbindung durch ihre Eigenschaft, Eiweiß zum Gerinnen zu bringen (die wäßrige Lösung dient daher dazu, die Anwesenheit von Eiweiß, z. B. im Harn, festzustellen) und mit Barium- und Calciumchlorid weiße Niederschläge zu liefern.

Bei heller Rotglut enthält der Dampf von Metaphosphorsäure hauptsächlich Moleküle $H_2P_2O_6$ (Dimetaphosphorsäure), die teilweise dissoziiert sind.

Es sind noch Salze von Säuren bekannt, die man als Polymere der Metaphosphorsäure ansehen muß, z. B. $K_2P_2O_6$, Kaliumdi-metaphosphat; ferner existieren Tri-, Tetra- und Hexa-metaphosphate, d. h. Salze der Säuren $H_3P_3O_9$, $H_4P_4O_{12}$ und $H_6P_6O_{18}$.

Unterphosphorsäure H_2PO_3.

147. Diese Säure entsteht bei der langsamen Oxydation von Phosphor, bei der Oxydation von Phosphor mit einer Salpetersäure enthaltenden Lösung von Kupfernitrat und bei der anodischen Oxydation von Kupferphosphid. Letztere Methode ist die beste für ihre Darstellung. Man benutzt hierzu 14prozentiges Kupferphosphid als Anode, eine Kupferplatte als Kathode und als Bad Schwefelsäure von 1—2%. Die Polspannung wird auf 3—10 Volt gehalten.

Aus der erhaltenen Lösung wird die Unterphosphorsäure gewonnen durch halbe Neutralisierung, wobei das schwer lösliche saure Salz $NaHPO_3 + 3H_2O$ auskristallisiert.

Durch Umkristallisieren aus schwach essigsaurer Lösung wird es gereinigt. Löst man dieses Salz in Wasser und setzt Chlorbarium zu, so entsteht ein Niederschlag von Bariumhypophosphat, aus dem mittels verdünnter Schwefelsäure eine wäßrige Lösung der freien Säure zu erhalten ist. Diese kann bei 30° ohne Zersetzung bis zu Sirupdicke eingedampft werden und liefert im Vakuum Kristalle der Säure. Bei erhöhter Temperatur und bei Anwesenheit einer Mineralsäure entstehen in der Lösung phosphorige und Phosphorsäure

Aus der Molekulargewichtsbestimmung der Ester geht hervor, daß die Formel der Säure H_2PO_3 ist. In wässeriger Lösung ist sie stark assoziiert.

Sehr charakteristisch für die Unterphosphorsäure ist ihr sehr schwer lösliches Guanidinsalz (Org. Ch. *270*) von der Formel $(CH_5N_3)_4 \cdot H_2PO_3 + 5H_2O$.

Metaphosphorige Säure HPO_2.

Diese Verbindung beobachtet man bei langsamer Oxydation von Phosphin unter geringem Druck (135):

$$PH_3 + O_2 = H_2 + HPO_2\,.$$

Die Wände des Gefäßes bedecken sich hierbei mit federförmigen Kristallen von HPO_2; dieselben schmelzen viel höher als die Kristalle der phosphorigen Säure und gehen bei Einwirkung von Wasserdampf in letztere über.

Phosphorige Säure H_3PO_3.

148. Diese Säure bildet sich durch langsame Oxydation von Phosphor an feuchter Luft. Leicht wird sie beim Zersetzen von PCl_3 mit kaltem Wasser bereitet:

$$PCl_3 + 3H_2O = H_3PO_3 + 3HCl\,.$$

Nach Verdunsten der Lösung (über freiem Feuer bis 180°), wodurch HCl ausgetrieben wird, kristallisiert beim Erkalten die reine, bei 70·1° schmelzende, sehr hygroskopische phosphorige Säure aus. Durch Erhitzen wird sie zersetzt, wobei Phosphorsäure und PH_3 entstehen. Wird Wasserstoff durch eine siedende Lösung von phosphoriger Säure geleitet, so bildet sich auch Phosphin.

Die phosphorige Säure wirkt stark reduzierend, wobei sie selbst zu Phosphorsäure oxydiert wird. Der Sauerstoff der Luft oxydiert sie nur langsam; charakteristisch ist die Reduktion von Schwefeldioxyd zu Schwefel, die schon bei gewöhnlicher Temperatur (wiewohl langsam) eintritt, wenn Lösungen beider Stoffe vermischt werden.

Die phosphorige Säure verhält sich trotz ihrer drei Wasserstoffatome nur wie eine zweibasische Säure. Die Phosphite oxydieren sich nicht an der Luft, wohl aber unter der Einwirkung von Oxydationsmitteln; sie machen z. B. aus den Salzen der Edelmetalle diese frei, wobei die Säure selbst in Phosphorsäure übergeht:

$$Na_2HPO_3 + 2AgNO_3 + H_2O = H_3PO_4 + 2Ag + 2NaNO_3.$$

Beim Erhitzen zersetzen sie sich meist in Wasserstoff, Pyrophosphat und Phosphid. Mit Baryt- oder Kalkwasser geben die in Wasser löslichen Phosphite Niederschläge.

Unterphosphorige Säure H_3PO_2.

149. Salze dieser Säure entstehen beim Erwärmen von Natronlauge, Kalkmilch oder Barytwasser mit Phosphor (134):

$$3Ba(OH)_2 + 8P + 6H_2O = 3Ba(H_2PO_2)_2 + 2PH_3.$$

Aus dem Barytsalz kann sie durch Schwefelsäure in Freiheit gesetzt werden; ihre wäßrige Lösung wird bei 80—90° eingedampft, worauf bei starker Abkühlung die Säure auskristallisiert; nach wiederholtem Umkristallisieren schmilzt sie bei 26·5°. Beim Erwärmen auf 130—140° zerfällt sie in phosphorige Säure und Phosphin; bei höherem Erhitzen gibt erstere wieder Phosphin und Phosphorsäure:

$$3H_3PO_2 = 2H_3PO_3 + PH_3; \quad 4H_3PO_3 = 3H_3PO_4 + PH_3.$$

Wird daher unterphosphorige Säure sofort stark erhitzt, so gibt sie als Endprodukte Phosphorsäure und Phosphin.

Unterphosphorige Säure ist ein sehr starkes Reduktionsmittel. Gold, Silber, Quecksilber werden sowohl durch die freie Säure wie durch deren Salze aus den Lösungen ihrer Salze gefällt. SO_2 wird bei gewöhnlicher Temperatur zu Schwefel reduziert. Bei diesen Reaktionen geht sie selbst in Phosphorsäure über. Von der phosphorigen Säure unterscheidet sie sich durch ihr Verhalten gegen Kupfersulfatlösung; beim Erwärmen mit letzterer entsteht ein roter Niederschlag von Kupferwasserstoff Cu_2H_2. Die unterphosphorige Säure ist einbasisch.

Verbindungen des Phosphors mit Schwefel.

150. Verschiedene Verbindungen dieser Art, wie P_4S_3, P_4S_7 und P_4S_{10}, sind bekannt; sie werden sämtlich durch Zusammenschmelzen der beiden Elemente gewonnen. Da die Vereinigung des weißen Phosphors mit Schwefel mit heftiger Reaktion verbunden ist, bedient man sich meist des roten.

P_4S_3 hat als Ersatzmittel für farblosen Phosphor bei der Herstellung von Zündmassen technische Bedeutung gewonnen, seitdem die Verwendung des letzteren für diesen Zweck in den meisten Staaten verboten worden ist. Phosphortrisulfid schmilzt bei 171—172·5° und siedet bei 408°. In Schwefelkohlenstoff ist es leicht löslich. P_4S_7 schmilzt bei 310°, siedet bei 523° und ist sehr schwer löslich in Schwefelkohlenstoff.

Die Verbindung P_4S_{10}, die in der organischen Chemie Verwendung findet, ist gelb, kristallinisch, schmilzt bei 290° und siedet bei 515°. Sie ist ziemlich löslich in Schwefelkohlenstoff. Bei 600° entspricht die Dampfdichte etwa der Formel P_2S_5. Beim Erwärmen mit Wasser liefert sie Phosphorsäure und Schwefelwasserstoff. Mit 3 Molekülen K_2S vereinigt sich P_2S_5 zu einem

Sulfophosphat K_3PS_4 (d. h. einem Phosphat, dessen Sauerstoff durch Schwefel ersetzt ist).

Verbindungen, welche neben Phosphor und Schwefel Halogen enthalten, sind verschiedene bekannt, so z. B. $PSCl_3$, Phosphorsulfochlorid. Man kann es darstellen, indem man PCl_5 mit H_2S behandelt, eine Bildungsweise, die der von $POCl_3$ aus PCl_5 und H_2O entspricht; bequemer ist die Darstellung durch Einwirkung von PCl_5 auf P_2S_5, welche ebenfalls bei den Sauerstoffverbindungen ihr Analogon hat (**140**):

$$3PCl_5 + P_2S_5 = 5PSCl_3 .$$

$PSCl_3$ ist eine farblose Flüssigkeit, die bei 125° siedet und durch Wasser in Phosphorsäure, Salzsäure und Schwefelwasserstoff zersetzt wird.

Verbindungen, welche Phosphor und Stickstoff enthalten.

151. Auch von dieser Klasse sind viele Verbindungen bekannt. Hierher gehören u. a. Amidophosphorsäure $OP^{(OH)_2}_{NH_2}$ und Diamidophosphorsäure $OP^{OH}_{(NH_2)_2}$. Wie schon ihr Name andeutet, verhalten sich diese Verbindungen wie Säuren.

Durch Destillation eines Gemisches von PCl_5 und Salmiak (NH_4Cl) erhält man eine Reihe Verbindungen von der empirischen Formel $PNCl_2$, Phosphornitrilchloride genannt. Ihr Molekulargewicht ist verschieden. Sehr charakteristisch für dieselben ist, daß sie sich beim Erhitzen auf 250—350° in eine gallertartige Masse umwandeln. Diese hat ein hohes Molekulargewicht, ist elastisch und unlöslich in allen indifferenten Lösungsmitteln. Mit Wasser zersetzen sich die Phosphonitrilchloride nach der Gleichung:

$$(PNCl_2)_x + 2x\,H_2O = 2x\,HCl + [PN(OH)_2]_x .$$

Arsen.

152. Arsen kommt in der Natur gediegen vor; es heißt dann Scherbenkobalt. Häufiger findet es sich in Verbindung mit Schwefel als Rauschgelb (Realgar As_2S_2, Auripigment As_2S_3) oder mit Metallen (Arsenkies FeSAs, Glanzkobalt CoSAs); auch in Verbindung mit Sauerstoff als As_2O_3 (Arsenblüte).

Die Gewinnung ist einfach; Arsenkies (Mispickel) gibt schon beim bloßen Erhitzen unter Luftabschluß Arsen ab, welches sublimiert. Aus Arsenblüte wird es durch Erhitzen mit Kohle bereitet:

$$As_2O_3 + 3C = 2As + 3CO .$$

Physikalische Eigenschaften und allotrope Modifikationen. Arsen kommt gewöhnlich als weißgraue kristallinische Masse von metallischem Glanze vor; es hat das spez. Gewicht 5·727 bei 14° und ist ein guter Leiter der Elektrizität. Bei gewöhnlichem Druck verdampft es ohne zu schmelzen; durch Erhitzen unter Druck schmilzt es bei 500°. Eine graue oder schwarze Modifikation, die beim Erhitzen von Arsenwasserstoff entsteht, und eine dunkelbraune Modifikation, die durch Reduktion von Arsenverbindungen in wäßriger Lösung erhalten wird, sind nach KOHLSCHÜTTER nur verschiedene Verteilungszustände des gewöhnlichen metallischen Arsens. Dagegen stellt eine gelbe Modifikation, die entsteht, wenn die Dämpfe von gewöhnlichem Arsen durch flüssige Luft im Dunkeln abgekühlt werden, einen anderer allotroper Zustand des Arsens dar. Dieses gelbe Arsen ist sehr lichtempfindlich; sogar bei der Temperatur von flüssiger Luft (−180°), bei der es im Dunkeln lange haltbar ist, verwandelt es sich durch das Licht eines Auerbrenners in schwarzes Arsen. Nimmt man den Apparat, in welchem sich gelbes Arsen befindet, aus der flüssigen Luft, so daß seine Temperatur steigt, so vollzieht sich diese Umwandlung auch im Dunkeln rasch. Auffallenderweise ist eine Lösung der gelben Modifikation in Schwefelkohlenstoff (welcher davon etwa 1·5% aufnehmen kann) viel beständiger gegen Licht und Wärme; kühlt man sie ab, so kristallisiert gelbes Arsen in klaren durchsichtigen Kristallen aus. Sein spez. Gewicht ist 2·03 bei 18°. Das Verhältnis zwischen gelbem und schwarzem Arsen entspricht durchaus dem zwischen weißem und rotem Phosphor; nur ist beim Arsen die gelbe Form viel weniger beständig. Bei höherer Temperatur (360°) verwandeln sich alle diese Modifikationen in das beständige kristallinische Arsen.

Dampfdichte. Der zitronengelbe Dampf des Arsens hat bei ca. 860° die Dichte 10·2 (Luft = 1), woraus als Molekulargewicht 293·8 folgt. Bei 1600—1700° ist die Dampfdichte jedoch bis auf etwa die Hälfte dieses Betrages gesunken; sie beträgt dann 5·40. Da das Atomgewicht des Arsens 74·96 ist, besteht sein Molekül demnach bei ca. 860° aus vier, bei 1600—1700° aus zwei Atomen. Die Molekulargröße von gelbem Arsen wurde auch zu As_4 bestimmt.

Chemische Eigenschaften. Arsen verändert sich in trockner Luft bei gewöhnlicher Temperatur nicht; in feuchter Luft oxydiert es. Bei 180° verbrennt es mit bläulicher Flamme, indem es einen eigentümlichen, knoblauchartigen Geruch verbreitet, zu As_2O_3. Es verbindet sich bei höherer Temperatur mit vielen Elementen direkt; mit Chlor entzündet es sich, ohne erwärmt worden zu sein, unter Funkensprühen.

Arsenwasserstoff AsH_3.

153. Durch direkte Vereinigung der Elemente hat man diese Verbindung nicht erhalten können; sie entsteht aus den meisten Arsenverbindungen, wenn diese mit naszentem Wasserstoff (aus Zink und Schwefelsäure) in Berührung kommen. Man erhält sie alsdann in mit Wasserstoff verdünntem Zustand. Reiner Arsenwasserstoff wird gewonnen durch Behandlung von Arsenzink oder Arsennatrium mit verdünnter Schwefelsäure:

$$As_2Zn_3 + 3H_2SO_4 = 2AsH_3 + 3ZnSO_4 .$$

Man muß sehr vorsichtig mit demselben umgehen, weil er beim Einatmen sehr giftig ist. Seine Gegenwart ist leicht an dem eigentümlichen unangenehmen Geruch zu erkennen.

Physikalische Eigenschaften. Arsenwasserstoff ist gasförmig, wird bei -40^0 flüssig, aber bei -110^0 noch nicht fest. Sein spez. Gewicht beträgt 38·9 (O = 16).

Chemische Eigenschaften. AsH_3 läßt sich durch Erhitzen in seine Bestandteile spalten. Leitet man Arsenwasserstoff durch eine an einer Stelle zum Glühen erhitzte Glasröhre, so setzt sich hinter der glühenden Stelle das ausgeschiedene Arsen als glänzender Belag ab (Arsenspiegel). Durch Induktionsfunken wird er ebenfalls zersetzt; hierbei zeigt sich, daß das erhaltene Volum Wasserstoff das $1^1/_2$fache von dem des Gases selbst ist, wie es der Formel AsH_3 entspricht. Die Verbindung ist endothermisch:

$$As + 3H - AsH_3 = -36 \cdot 7 \text{ kal.}$$

Es ist gelungen, sie durch Knallquecksilber zur Explosion zu bringen (**115**).

Arsenwasserstoff verbrennt mit fahler Flamme zu Wasser und As_2O_3, wenn genügend Luft vorhanden ist; im andren Falle, oder wenn man die Flamme abkühlt, setzt sich Arsen ab. Durch Erhitzen von Kalium oder Natrium in dem Gas werden die Arsenide AsK_3 und $AsNa_3$ gebildet. Aus einer sehr konzentrierten Lösung von Silbernitrat fällt Arsenwasserstoff die gelbe Verbindung $AsAg_3 \cdot 3AgNO_3$ aus:

$$AsH_3 + 6AgNO_3 = AsAg_3 \cdot 3AgNO_3 + 3HNO_3 .$$

Durch Wasserzusatz wird dieselbe unter Bildung von arseniger Säure und Abscheidung von metallischem Silber zerlegt (Gutzeitsche Probe).

Man führt sie gewöhnlich so aus: Ein Tropfen einer 50%igen Silbernitratlösung wird auf ein Stück Filtrierpapier gebracht und die feuchte Stelle über ein Reagenzglas gehalten, welches etwas Zink, verdünnte Schwefelsäure und die auf Arsen zu prüfende Substanz enthält. Im oberen Teile des Glases wird ein Wattepfropfen angebracht, um das Papier gegen nach oben spritzende Flüssigkeit zu schützen. Bei Gegenwart von Arsen entsteht ein gelber Fleck, der, mit Wasser befeuchtet, schwarz wird.

Zusammmensetzung des Arsenwasserstoffes. Wenn man AsH_3 über erhitztes Kupferoxyd leitet, entstehen Wasser und Kupferarsenid. Hierdurch läßt sich das Verhältnis von Wasserstoff und Arsen ermitteln; es kommt 1 Gewichtsteil Wasserstoff auf 24·97 Gewichtsteile Arsen. Da nun dem spez. Gewichte zufolge (s. oben) das Molekulargewicht der Verbindung 77·9 und das Atomgewicht des Arsens 74·96 ist, muß ihre Formel AsH_3 sein.

Nachweis des Arsens.

154. Die meisten Arsenverbindungen sind sehr giftig. Manche davon, z. B. Auripigment (As_2S_3, auch Operment genannt), Schweinfurter Grün (Kupferarsenit), sind im Handel allgemein erhältlich, und so kommen Vergiftungen zuweilen vor. Schweinfurter Grün dient wegen seiner schönen grünen Farbe zum Färben von Tapeten, Vorhängen usw.; im Deutschen Reich ist seine Verwendung gesetzlich eingeschränkt. Der Staub von Stoffen usw., welche damit gefärbt sind, kann in Wohnräumen einen nachteiligen Einfluß auf die Gesundheit der Bewohner ausüben; ein Schimmelpilz, Penicillium brevicaule, vermag auf derartigen Tapeten usw. flüchtige, sehr giftige Arsenverbindungen zu entwickeln. Nicht selten ist daher die Frage zu beantworten, ob in einer gegebenen Probe (gefärbte Stoffe usw. oder Mageninhalt) Arsen aufzufinden ist. Hierfür ist ein Verfahren ausgearbeitet worden, welches gestattet, selbst äußerst geringe Spuren mit Sicherheit nachzuweisen. Das Verfahren ist in der Hauptsache folgendes: Die organische Substanz, die untersucht werden soll, wird zunächst

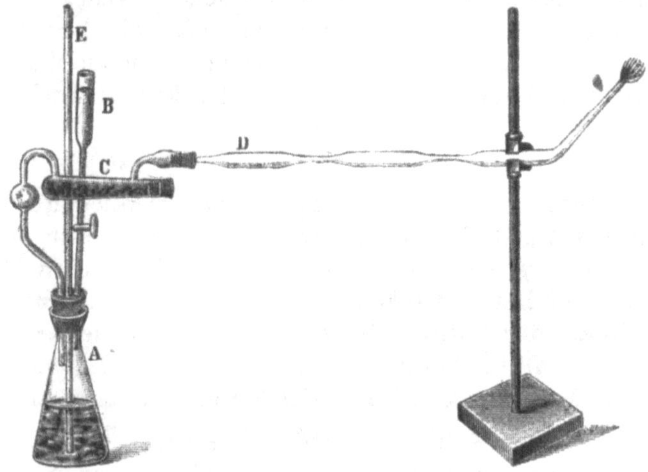

Fig. 42. Apparat zur MARSHschen Arsenprobe.

möglichst zerstört und zwar durch Digerieren mit Salzsäure auf dem Wasserbade unter gleichzeitigem, ab und zu erneutem Zusatz von ein wenig Kaliumchlorat. Das Arsen wird dabei in die nicht flüchtige Arsensäure übergeführt. Nachdem das Chlor durch Erwärmen ausgetrieben ist, wird abfiltriert und geraume Zeit Schwefelwasserstoff eingeleitet, wodurch das Arsen als Sulfid ausfällt. Letzteres wird in Salpetersäure gelöst (vermutet man, daß auch Antimon zugegen ist, so muß dies erst entfernt werden); diese Lösung wird völlig eingedampft, um die überschüssige Säure fortzuschaffen, der trockne Rückstand in Wasser gelöst und die Flüssigkeit im MARSHschen Apparat geprüft (Fig. 42).

Derselbe besteht aus einem Kolben *A*, mit einem Steigrohr *E* versehen, in welchem durch Einwirkung von Zink auf Schwefelsäure Wasserstoff entwickelt wird; durch das Trichterrohr *B* wird die zu untersuchende Lösung eingegossen; bei Gegenwart von Arsen entsteht dann AsH_3. Das Gemisch von Wasserstoff und Arsenwasserstoff wird in dem erweiterten Rohr *C* durch Chlorcalcium getrocknet, gelangt dann in ein Rohr *D* aus schwer schmelzbarem Glas, das an mehreren Stellen durch Ausziehen verengt ist, und verläßt den Apparat durch die aufwärts gebogene Spitze des letzteren. Hier steckt man es an. Darauf erhitzt man das Rohr vor den Verengungen durch eine Flamme: der Arsenwasserstoff wird zerlegt und es bildet sich ein Belag von Arsen (Arsenspiegel) an der verengten Stelle. Nach der Form und Dicke des Niederschlages läßt sich ungefähr abschätzen, wieviel Milligramm Arsen vorhanden sind. Wird das Rohr nicht erhitzt, so gelangt der Arsenwasserstoff in die Flamme und verbrennt dort. Hält man in die letztere einen kalten Porzellanscherben, so setzt sich Arsen als dunkler Fleck darauf ab; dieser Fleck löst sich sofort in unterchlorigsaurem Natrium, das aber kein freies Chlor enthalten darf. Antimon wird nicht darin gelöst; der Fleck, welchen Antimonwasserstoff in gleicher Weise erzeugt, bleibt daher unverändert. Daran läßt sich Arsenwasserstoff von Antimonwasserstoff unterscheiden.

Gegenüber der Häufigkeit des Vorkommens von Arsen, wenn schon in sehr kleinen Mengen, muß man immer mit der Möglichkeit rechnen, daß es in den verwendeten Reagenzien und Glasgefäßen spurenweise vorhanden sein könnte. Um darauf zu prüfen, macht man einen blinden Versuch, d. h. alle Operationen werden mit denselben Substanzmengen ausgeführt, aber ohne Zusatz von dem zu untersuchenden Stoff. Erst wenn auf diese Weise die Abwesenheit von Arsen konstatiert ist, dürfen die betreffenden Chemikalien und Gefäße bei der Untersuchung benutzt werden.

Ob grüne Tapeten, Gewebe und dergl. mit Schweinfurter Grün (arsenigsaures Kupfer) gefärbt sind, kann man mit der Gutzeitschen Probe leicht feststellen, oder man beobachtet das Verhalten des oben schon erwähnten Penicillium brevicaule. Man züchtet ihn auf Brot, das mit der zu prüfenden Flüssigkeit getränkt wird. Die geringsten Spuren von Arsen verraten sich durch einen charakteristischen Knoblauchgeruch, verursacht durch Entwicklung arsenhaltiger Gase.

Verbindungen des Arsens mit Halogenen.

155. Von Arsen kennt man die Halogenverbindungen vom Typus AsX_5, AsF_5 und $AsCl_5$, welches letztere durch Behandlung von $AsCl_3$ mit Chlor bei -30^0 erhalten wird. Von den Trihalogenverbindungen sei das Arsentrichlorid $AsCl_3$ erwähnt. Es kann durch direkte Synthese oder durch Einwirkung von Salzsäure auf As_2O_3 gewonnen werden. Die letztgenannte Bildungsweise entspricht der von Metallchloriden aus Oxyd und Salzsäure. $AsCl_3$ ist eine farblose, ölige Flüssigkeit, die ein spez. Gewicht von 2·205 (d_4^0) hat. Es wird fest bei -18^0 und siedet bei $130{\cdot}2^0$. Es ist äußerst giftig; an der Luft stößt es dicke weiße Nebel aus. Durch Einwirkung von wenig Wasser entsteht ein Oxychlorid $As(OH)_2Cl$, mit viel Wasser, Salzsäure und As_2O_3. Bei Erhöhung der Temperatur wird in diesem System jedoch $AsCl_3$ teilweise zurückgebildet, welches mit Wasserdämpfen flüchtig ist. Es scheint das Gleichgewicht zu bestehen:

$$As_2O_3 + 6HCl \rightleftarrows 2AsCl_3 + 3H_2O.$$

Verbindungen des Arsens mit Sauerstoff.

Zwei derartige Verbindungen sind bekannt: As_2O_3 Arsenigsäureanhydrid und As_2O_5 Arsensäureanhydrid.

Arsenigsäureanhydrid oder Arsentrioxyd As_2O_3.

156. Arsenigsäureanhydrid, weißer Arsenik, kommt in der Natur in regulärer Form als Arsenikblüte, monoklin als Claudetit vor. Es entsteht bei der Verbrennung von Arsen an der Luft oder in Sauerstoff oder durch Oxydation von Arsen mit verdünnter Salpetersäure. Technisch wird es in großem Maßstabe durch Rösten arsenhaltiger Kiese gewonnen. Hierbei verflüchtigt es sich und wird in gemauerte Kanäle (Giftfänge) geleitet, in denen sich die unreine Substanz zu einem weißen Pulver (Giftmehl) verdichtet. Durch Sublimation gereinigt liefert sie eine durchsichtige, amorphe Masse (Arsenikglas).

Physikalische Eigenschaften. As_2O_3 ist ein fester geruchloser Stoff, der unter gewöhnlichem Druck ohne zu schmelzen sublimiert; unter erhöhtem Druck ist er jedoch schmelzbar. Bis 800° beträgt seine Dampfdichte 198 (O = 16), woraus die Molekularformel As_4O_6 folgt. Oberhalb dieser Temperatur beginnt Dissoziation einzutreten und bei 1800° entspricht die Dampfdichte der Formel As_2O_3. Mittels der Siedepunktserhöhung hat man gefunden, daß die Molekularformel bei 205° (in kochendem Nitrobenzol) ebenfalls As_4O_6 ist. Demnach ist die häufig gebrauchte Bezeichnung des Arsenigsäureanhydrids als Arsentrioxyd nur für die empirische Formel zutreffend.

Verschiedene Modifikationen. Arsenigsäureanhydrid ist in glasiger oder amorpher Form, sowie regulär und monoklin kristallisiert bekannt.

Wird die glasige Form (spez. Gew. 3·738) längere Zeit aufbewahrt, so wird sie undurchsichtig, weiß, porzellanartig und verwandelt sich in die regulär kristallisierte Form. Die reguläre Form wird besser so erhalten, daß man die amorphe Modifikation in Wasser oder in Salzsäure löst und auskristallisieren läßt. Hierbei ist die merkwürdige Erscheinung zu beobachten, daß das Anschießen der Kristalle von einer durch Reibung gegeneinander erzeugten Lichtentwicklung begleitet ist. Diese Erscheinung, welche auch bei andren Kristallisationen beobachtet worden ist, heißt Tribolumineszenz. Die Umwandlung der amorphen in die reguläre Form erfolgt unter Wärmeentwicklung (5·330 Kal.). Die monokline Modifikation wird erhalten, wenn die Kristallisation nicht bei gewöhnlicher Temperatur, sondern oberhalb 200° vor sich geht. Wenn eine geschlossene Glasröhre mit Arsentrioxyd zur Hälfte auf 400° erhitzt wird, so befindet sich nach dem Erkalten im untersten erhitzten Teil glasiges, im mittelsten monoklines, im obersten oktaëdrisches Arsentrioxyd.

Da die Umwandlung von amorphem in kristallisiertes As_2O_3 bereits bei gewöhnlicher Temperatur stattfindet (schnell bei 100°), und zwar unter Wärmeentwicklung, so ist die oktaëdrische Form als die bei gewöhnlicher Temperatur stabile zu betrachten; die glasige kann dabei nur deshalb bestehen, weil ihre Umwandlungsgeschwindigkeit dann sehr gering ist. Bei allmählichem Erwärmen von oktaëdrischem Arsentrioxyd wird nach dem Vorstehenden erst ein Übergang in die monokline, sodann in die amorphe Form erfolgen müssen. Wo der Umwandlungspunkt zwischen den zwei kristallisierten Formen liegt, ist noch nicht bestimmt.

Chemische Eigenschaften. Arsentrioxyd ist leicht reduzierbar zu Arsen, z. B. durch Erhitzen mit Kohle oder mit Wasserstoff in statu nascendi. Es ist auch leicht oxydierbar und wird deshalb als Reduktionsmittel benutzt. Diese Oxydation erfolgt durch Chlor-, Brom-, Jod-, Kaliumpermanganatlösung, starke Salpetersäure u. a., wobei Arsensäure entsteht. In Wasser ist es wenig löslich; die Lösung hat salzartig metallischen Geschmack und schwach saure Reaktion. In Säuren löst es sich viel leichter auf, indem es diesen gegenüber gewissermaßen die Rolle eines basischen Oxyds spielt; es wurde schon erwähnt, daß aus einer Lösung von Arsentrioxyd in Salzsäure $AsCl_3$ entweicht (**155**). Auch weißer Arsenik ist ein gefährliches Gift; als Gegenmittel dient frisch gefälltes Eisenoxydhydrat.

Arsensäureanhydrid As_2O_5.

157. Diese Verbindung kann nicht (wie die entsprechende Phosphorverbindung) durch Verbrennen von Arsen an der Luft bereitet werden, denn die Oxydation geht dabei nicht weiter als bis As_2O_3. Man kann As_2O_5 nur durch Erhitzen von Arsensäure gewinnen:

$$2H_3AsO_4 - 3H_2O = As_2O_5\,.$$

Es ist ein weißer glasiger Körper, der sich in Wasser langsam auflöst, indem er in Arsensäure übergeht. Durch Erhitzen mit Kohle läßt er sich leicht zu Arsen reduzieren. Bei hoher Temperatur wird er in Sauerstoff und Arsenigsäureanhydrid gespalten. Sein Molekulargewicht ist nicht bekannt; die Formel As_2O_5 ist eine empirische.

Sauerstoffsäuren des Arsens.

Es sind zwei solche Säuren bekannt: arsenige Säure H_3AsO_3 nur in wäßriger Lösung und in Salzen; Arsensäure H_3AsO_4 auch in reinem Zustand.

Arsenige Säure.

158. Diese Verbindung ist in der wäßrigen Lösung des Anhydrids vorhanden; es ist unentschieden, ob sich darin H_3AsO_3, $HAsO_2$ oder ein andres Hydrat befindet. Beim Eindampfen scheidet sich nämlich das Anhydrid, nicht die Säure, ab. Von dieser Säure sind drei Reihen von Salzen (Arsenite) bekannt, je nachdem ob ein, zwei oder drei ihrer Wasserstoffatome durch Metalle ersetzt sind; sie ist daher dreibasisch. Einige Salze leiten sich von einer metarsenigen Säure $HAsO_2$ ab.

Die Alkalisalze sind in Wasser löslich; die der andren Metalle nicht; die letzteren lösen sich jedoch leicht in Säuren. Eine neutrale Arsenitlösung gibt mit Silbernitrat einen gelben Niederschlag von arsenigsaurem Silber Ag_3AsO_3.

Die Lösung der freien Säure wird durch Jodlösung sehr leicht zu Arsensäure oxydiert:

$$H_3AsO_3 + J_2 + H_2O = H_3AsO_4 + 2HJ\,.$$

Man kann daher eine solche Lösung auch zur Titration von Jod benutzen (**93**).

Arsensäure H_3AsO_4.

159. Diese Säure wird durch Oxydation von arseniger Säure, am leichtesten durch Erwärmen mit Salpetersäure erhalten. Beim Einengen der Lösung scheidet sich (unterhalb 15°) die Verbindung $2H_3AsO_4 + H_2O$ ab, welche bei 100° ihr Kristallwasser abgibt und Orthoarsensäure H_3AsO_4 liefert; letztere kristallisiert in feinen Nadeln. Bei weiterem Erhitzen auf 180° spaltet dieselbe Wasser ab und geht in Pyroarsensäure $H_4As_2O_7$ über, welche in harten glänzenden Kristallen zurückbleibt. Bei noch stärkerem Erhitzen verliert auch diese noch 1 Mol H_2O und es resultiert schließlich eine weiße kristallisierte Masse, Metarsensäure $HAsO_3$. Dieses Verhalten ist also völlig entsprechend dem der Phosphorsäure; während die Metaphosphorsäure jedoch nicht durch Erhitzen in das Anhydrid verwandelt werden kann, gelingt dieses wohl bei der Arsensäure (**157**). Die Pyro- und Metarsensäure sind nur in festem Zustande beständig; beim Eintragen in Wasser gehen sie, wie die entsprechenden Phosphorsäuren — aber viel schneller — in die Orthosäure über.

Orthoarsensäure ist in Wasser leicht löslich; ihre Salze, die Arsenate, existieren in drei Reihen; von den tertiären sind nur die der Alkalien in Wasser löslich. Die Reaktionen der Arsensäure sind denen der Phosphorsäure (**144**) sehr ähnlich; durch ein Gemisch von Ammoniak, Ammoniumchlorid und Magnesiumsulfat (Magnesiamixtur) wird ebenso ein weißes kristallinisches Ammonium-Magnesiumsalz, $Mg(NH_4)AsO_4 + 6H_2O$, ausgefällt. Mit molybdänsaurem Ammoniak entsteht ein gelber, fein kristallinischer Niederschlag, dessen Zusammensetzung und Aussehen der entsprechenden Phosphorsäureverbindung entspricht. Verschieden in der Farbe sind dagegen die mit Silbernitrat entstehenden Niederschläge: Ag_3PO_4 ist gelb, Ag_3AsO_4 rotbraun.

Verbindungen des Arsens mit Schwefel.

160. Arsen bildet mit Schwefel drei Verbindungen: As_2S_2 Arsendisulfid (Realgar oder Rauschrot), As_2S_3 Arsentrisulfid (Auripigment, Operment oder Rauschgelb) und As_2S_5 Arsenpentasulfid.

Arsendisulfid As_2S_2

kommt in der Natur als Realgar (152) in schönen rubinroten Kristallen vom spez. Gewicht 3·5 vor; es wird als Malerfarbe verwendet. Künstlich wird es durch Zusammenschmelzen von Arsen und Schwefel im richtigen Verhältnis dargestellt; die so entstehenden Produkte haben wechselnde Zusammensetzung.

Arsentrisulfid As_2S_3.

Arsen wird aus der sauren Lösung von Arsentrioxyd durch Schwefelwasserstoff als Sulfid gefällt (**192**); auch in dieser Hinsicht verhält es sich also wie ein Schwermetall. Das Arsentrisulfid scheidet sich dann als gelbes amorphes Pulver ab. In der Natur kommt Arsentrisulfid als Auripigment (**152**) in Form einer blättrig kristallinischen Masse vor, von deren schönem Metallglanz der Name herrührt. Durch Schmelzen von künstlich bereitetem As_2S_3 erhält man eine dem natürlichen Auripigment sehr ähnliche Substanz, die aber ein kleineres spez. Gewicht hat (2·7 gegenüber 3·4). Technisch wird As_2S_3 durch Zusammenschmelzen von Arsenigsäureanhydrid und Schwefel dargestellt. Das Produkt erhält jedoch noch As_2O_3 und ist dadurch giftig. — In Wasser und in Säuren ist As_2S_3 unlöslich.

Arsenpentasulfid As_2S_5.

Wird in eine erwärmte angesäuerte Lösung von Arsensäure längere Zeit Schwefelwasserstoff eingeleitet, so fällt alles Arsen als gelbes amorphes Pulver von der Zusammensetzung As_2S_5 aus. Arsenpentasulfid wird auch durch Zusammenschmelzen von Arsentrisulfid und Schwefel im richtigen Verhältnis erhalten; bei Luftabschluß kann es unzersetzt sublimiert werden. In Wasser und in Säuren ist es unlöslich.

Sulfosalze des Arsens.

161. Arsentri- und Arsenpentasulfid sind leicht in Schwefelalkalien löslich; hierbei entstehen Salze von Sulfosäuren:

$$\underset{\text{K-sulfoarsenit}}{As_2S_3 + 3K_2S = 2K_3AsS_3} \quad \text{und} \quad \underset{\text{K-sulfoarsenat}}{As_2S_5 + 3K_2S = 2K_3AsS_4}.$$

Die Bildung dieser Sulfosalze kann man in Parallele setzen mit der Bildung eines Sauerstoffsalzes aus einem basischen Oxyd und einem Säureanhydrid, z. B.:

$$BaO + SO_3 = BaSO_4.$$

Arsentrisulfid und Arsenpentasulfid sind daher als Anhydrosulfide jener Sulfosäuren anzusehen.

Die Sulfoarsenate können auch aus Arsentrisulfid erhalten werden, wenn man ein Alkalipolysulfid anwendet:

$$As_2S_3 + K_2S_3 = 2KAsS_3 .$$
K-sulfometarsenat

Man kann dies so auffassen, daß durch den überschüssigen Schwefel As_2S_3 in As_2S_5 übergeführt wird, was der Oxydation von As_2O_3 zu As_2O_5 entspricht.

Sie entstehen auch, wenn ein arsensaures Salz mit Schwefelwasserstoff behandelt wird:

$$K_3AsO_4 + 4H_2S = K_3AsS_4 + 4H_2O .$$

Die Sulf-arsenite und -arsenate der Alkalimetalle lösen sich leicht in Wasser und können aus der Lösung kristallisiert gewonnen werden; die der übrigen Metalle sind unlöslich. Freie Sulfosäuren sind unbekannt. Wird der Lösung eines Sulfosalzes eine Säure zugesetzt, so zersetzt sich die freiwerdende Sulfosäure in H_2S und As_2S_3 oder As_2S_5.

Antimon (Stibium).

162. Antimon kommt in der Natur zumeist in Gestalt einer Schwefelverbindung als Grauspießglanz Sb_2S_3, der in Japan in prächtigen großen Kristallen gefunden wird, vor. Schwefelantimon war schon im Altertum unter dem Namen „Stibium" bekannt. Von den Alchimisten wurde Antimon häufig angewandt; Basilius Valentinus lehrte schon in einer „Triumphwagen des Antimonii" betitelten Monographie — veröffentlicht Anfang des 17. Jahrhunderts, vielleicht aber schon im 15. Jahrhundert verfaßt — die Darstellung des Antimons aus Sb_2S_3.

Metallisches Antimon wird nach zwei Verfahren aus dem Grauspießglanz gewonnen. Nach dem einen wird Schwefelantimon geröstet, d. h. unter Luftzutritt erhitzt, wodurch es oxydiert und in Sb_2O_3 übergeführt wird; dieses Oxyd wird alsdann durch Glühen mit Kohle zu Metall reduziert:

I. $2Sb_2S_3 + 9O_2 = 2Sb_2O_3 + 6SO_2$; II. $2Sb_2O_3 + 3C = 4Sb + 3CO_2$;

nach dem andren Verfahren wird Grauspießglanz mit Eisen zusammengeschmolzen:

$$Sb_2S_3 + 3Fe = 2Sb + 3FeS .$$

Das so erhaltene Rohantimon enthält meistens noch Arsen, Blei, Schwefel u. a. und wird durch Umschmelzen des Metalls mit ein wenig Salpeter gereinigt. Die fremden Beimengungen werden dabei oxydiert.

Physikalische Eigenschaften. Antimon ist grauweiß, besitzt starken Metallglanz und zeigt ein blättrig-kristallinisches Gefüge (Rhomboeder); infolgedessen ist es sehr brüchig und läßt sich leicht zu Pulver zerstoßen. Es hat das spez. Gewicht 6·71—6·86. Sein Schmelzpunkt ist 629·2°, sein Siedepunkt 1440°. Mensching und V. Meyer ist es gelungen, eine Bestimmung der Dampfdichte bei 1437°, also etwas unterhalb des Siedepunktes, auszuführen, die zeigte, daß das Molekül — anders wie bei Phosphor und Arsen — aus weniger als 4 Atomen besteht.

Ebenso wie von Arsen, ist auch von Antimon eine schwarze und eine gelbe Modifikation bekannt; letztere wird erhalten durch Einleiten von Luft in flüssigen Antimonwasserstoff, welcher auf − 90° abgekühlt ist. Sie ist noch viel unbeständiger wie das gelbe Arsen.

Bei der Elektrolyse der wäßrigen Lösung von Antimonhalogenverbindungen scheidet sich eine eigentümliche Substanz aus, das explosive Antimon. Es ist dies eine feste Lösung von Antimonchlorid, -bromid oder -jodid in einer metastabilen Form des Elementes, α-Antimon genannt.

Chemische Eigenschaften. Bei gewöhnlicher Temperatur wird Antimon von der Luft nicht verändert; beim Erhitzen an der Luft verbrennt es mit bläulich weißer Flamme zu Antimontrioxyd Sb_2O_3; mit Chlorgas vereinigt es sich direkt unter Feuererscheinung (27). Von kochender Salzsäure wird es, wenn auch sehr langsam, unter Wasserstoffentwicklung gelöst und bekundet darin metallischen Charakter. Durch Königswasser wird es leicht gelöst.

Anwendung. Antimon wird zu verschiedenen Metallegierungen verwandt. Die wichtigste davon ist das Schriftmetall, aus dem die Lettern für den Schriftsatz im Buchgewerbe gegossen werden. Diese Legierung enthält Blei 50%, Antimon 25% und Zinn 25%. Die Zusammensetzung wechselt jedoch manchmal.

Antimonwasserstoff SbH_3.

163. Dieses Gas entsteht, wenn naszierender Wasserstoff mit einer löslichen Antimonverbindung zusammentrifft. Am besten bereitet man es durch Einwirkung verdünnter Salzsäure auf eine Legierung von 2 Gwt. Magnesium mit 1 Gwt. Antimon. Dieses Verfahren liefert, wie alle andren, ein Produkt, das zwar hauptsächlich aus Wasserstoff besteht, jedoch auch 10—14% SbH_3 enthält. Leitet man es durch eine in flüssige Luft getauchte U-Röhre, so kondensiert sich der Antimonwasserstoff zu einer weißen festen Masse, welche alsbald schmilzt, wenn sie aus dem Kühlmittel herausgenommen wird. Sie verflüchtigt sich zu einem ziemlich beständigen Gas. Die geringsten Spuren von Sauerstoff verursachen aber eine Abscheidung von Antimon.

Läßt man einen elektrischen Funken durch das Gas hindurchschlagen, so explodiert es, Antimon scheidet sich ab, und es zeigt sich, daß das freigewordene Volum Wasserstoff $1^1/_2$mal so groß ist wie das des Antimonwasserstoffes, was der Formel SbH_3 entspricht, die durch Bestimmung der Dampfdichte bestätigt wurde. Beim Erhitzen über 150° zersetzt es sich rasch.

Antimonwasserstoff, der gleich dem Arsenwasserstoff sehr giftig ist, hat einen charakteristischen, fauligen Geruch, der sich von dem des Phosphor- und Arsenwasserstoffes wesentlich unterscheidet.

Wird das Gemisch von Wasserstoff und Antimonwasserstoff durch ein erhitztes Glasrohr geleitet, wie im Marshschen Apparat, so entsteht ein Antimonspiegel (**154**). Hält man einen Porzellanscherben in das mit grünlichgelber Flamme brennende Gas, so bildet sich ein schwarzer Fleck von metallischem Antimon, analog wie AsH_3. Dieser Antimonfleck unterscheidet sich vom Arsenfleck durch dunklere Farbe, Unlöslichkeit in Natriumhypochloritlösung und geringere Flüchtigkeit beim Erhitzen im Wasserstoffstrom. Aus Silbernitratlösung fällt SbH_3 einen schwarzen Niederschlag aus, der aus einem Gemisch von Ag_3Sb und Sb besteht.

Die Zersetzung von Antimonwasserstoff ist von Stock einem eingehenden Studium unterzogen. Er kam hierbei zum Resultat, daß die Zersetzungsgeschwindigkeit in reinen Glasgefäßen bei Zimmertemperatur zunächst äußerst langsam erfolgt, aber in dem Maße wächst, als sich mehr Antimon abscheidet. Weiter waren Spiegel von Antimon, die man durch Erwärmen von Antimonwasserstoff erzeugt, Spiegel aus schwarzem, durch Sublimation von Antimon im Vakuum und Kondensieren des Dampfes bei der Temperatur der flüssigen Luft entstandenen Antimon, und solche aus sublimiertem metallischen Antimon sehr verschieden wirksam. Die Wirksamkeit der Spiegel war nicht nur von der Größe, sondern auch in hohem Grade von der Gestalt der Antimonoberfläche abhängig.

Es ließ sich nun zeigen, daß sich der Antimonwasserstoffzerfall in der vom Antimon adsorbierten Schicht proportional deren Masse abspielt; denn unter dieser Annahme war die fortschreitende Zersetzung in vorzüglicher Übereinstimmung mit den Versuchen theoretisch zu berechnen. Da die adsorbierten Gasmengen von der Oberflächenspannung und daher von der Form der adsorbierenden Flächen abhängen, ist auch der Einfluß der verschiedenen Antimonspiegel dadurch erklärt.

Der Einfluß der Gefäßwände auf die Geschwindigkeit einer Reaktion ist noch in manchen andren Fällen nachgewiesen worden.

Verbindungen des Antimons mit Halogenen.

164. Zwei Chlorverbindungen des Elements sind bekannt: $SbCl_3$ und $SbCl_5$.

Antimontrichlorid $SbCl_3$, Dreifach-Chlorantimon, wird erhalten, wenn man Schwefelantimon oder Antimonoxyd mit konzentrierter Salzsäure kocht. Es ist eine farblose, kristallinisch-blättrige und zugleich weiche Masse, aus diesem Grunde auch „Antimonbutter" (Butyrum antimonii) genannt, deren Schmelzpunkt 73·5° und deren Siedepunkt 223·5° beträgt; die Dampfdichte 7·8 (Luft = 1) entspricht der Formel $SbCl_3$.

In salzsäurehaltigem Wasser ist $SbCl_3$ löslich; durch reines Wasser wird es zersetzt unter Bildung von Antimonoxychlorid. Die Zusammensetzung des Oxychlorids hängt von der Menge und der Temperatur des zur Zersetzung verwendeten Wassers ab. Bewiesen ist die Existenz der Verbindungen SbOCl und $Sb_4O_5Cl_2$ (= 2SbOCl, Sb_2O_3), die man beide kristallisiert erhalten hat. Algarotpulver, früher als Heilmittel verwandt, hat sehr nahe die Zusammensetzung des letztgenannten dieser Oxychloride. Wenn man diese Niederschläge wiederholt mit Wasser kocht, so verlieren sie zum Schluß alles Chlor und gehen in Antimontrioxyd Sb_2O_3 über.

Antimonpentachlorid $SbCl_5$, Fünffach-Chlorantimon, wird bereitet, indem man Antimon im Chlorstrom erhitzt oder geschmolzenes $SbCl_3$ mit Chlor behandelt. Es ist eine gelbe, rauchende, unangenehm riechende Flüssigkeit, die bei + 4·0° kristallisiert. Ihr spez. Gewicht ist d_4^{20} = 2·3356. In der Hitze dissoziiert es in $SbCl_3$ und Cl_2. Es vereinigt sich mit Wasser zu $SbCl_5 \cdot H_2O$ und $SbCl_5 \cdot 4H_2O$. Von heißem Wasser wird es in Salzsäure und Pyroantimonsäure zerlegt.

Verbindungen des Antimons mit Sauerstoff.

165. Es sind deren drei bekannt: Antimontrioxyd Sb_2O_3, Antimontetroxyd Sb_2O_4 und Antimonpentoxyd Sb_2O_5.

Antimontrioxyd (Antimonigsäureanhydrid) kommt als Mineral in der Natur vor; es ist dimorph, da es sowohl regulär (Senarmontit) wie rhombisch (Antimonblüte, Weißspießglanzerz) kristallisiert. Es kann durch Verbrennen von Antimon an der Luft erhalten werden, sowie durch Oxydation desselben mit verdünnter Salpetersäure.

Es stellt ein lichtgelbes Pulver dar, das in Wasser nahezu unlöslich ist. Bei 1560° ist es flüchtig; die Dampfdichte bei dieser Temperatur entspricht der Formel Sb_4O_6. Es ist in Schwefel- und Salpetersäure unlöslich, wird jedoch leicht von Salzsäure, Weinsäure und Alkalien gelöst. Beim Erhitzen an der Luft wird es in Antimontetroxyd Sb_2O_4 verwandelt.

Dem Trioxyd entspricht das Hydroxyd $Sb(OH)_3$. Dieses Hydrat scheidet sich ab, wenn Brechweinstein (s. unten) mit verdünnter Schwefelsäure zerlegt wird. Es gibt leicht 1 Mol Wasser ab und geht in das Hydrat SbO·OH, die metantimonige Säure über.

Letztere erhält man bequemer, wenn man eine Lösung von $SbCl_3$ mit Sodalösung versetzt:

$$2SbCl_3 + 3Na_2CO_3 + H_2O = 2SbO{\cdot}OH + 6NaCl + 3CO_2.$$

Es bildet einen weißen Niederschlag, welcher durch Kochen mit Wasser in Antimonoxyd übergeführt wird. Diese metantimonige Säure ist in Alkalien löslich unter Bildung von metantimonigsauren Salzen. Kristallisiert ist z. B. Natriummetantimonit $NaSbO_2 + 3H_2O$ erhalten worden; dasselbe ist in Wasser schwer löslich; beim Verdampfen seiner Lösung zersetzt es sich.

Anderseits zeigt Antimonhydroxyd basische Eigenschaften, insofern es sich mit Säuren zu Salzen vereinigt. Es sind sowohl Salze von $Sb(OH)_3$ wie von $SbO(OH)$ bekannt. Beispiele ersterer Art sind das kristallisierte Antimonsulfat $Sb_2(SO_4)_3$, das Nitrat $Sb(NO_3)_3$ usw. Wie von andren dreiwertigen Metallen sind auch Doppelsulfate, z. B. $KSb(SO_4)_2$, bekannt. Bezüglich der Salze, welche sich von $SbO{\cdot}OH$ ableiten, kann man sich denken, daß die Gruppe SbO die Stelle eines einwertigen Metalles einnimmt. $SbO{\cdot}OH$ ist demnach mit $K{\cdot}OH$ u. a. zu vergleichen. Man hat aus diesem Grunde die Gruppe (SbO) mit dem Namen Antimonyl belegt. Ein Salz desselben ist Antimonylsulfat $(SbO)_2SO_4$. Die bekannteste Antimonylverbindung ist Brechweinstein oder Kalium-Antimonyltartrat:

$$\frac{K}{(SbO)}C_4H_4O_6 + {}^1/_2 H_2O,$$

ein wichtiges Arzneimittel; siehe „Org. Ch." *191*.

Antimonpentoxyd und Antimonsäure.

166. Antimonsäure H_3SbO_4 bildet sich bei Behandlung von Antimon mit konzentrierter Salpetersäure und durch Zersetzung von $SbCl_5$ mit Wasser als weißes, in Wasser und in Salpetersäure fast unlösliches Pulver, das in feuchtem Zustande Lackmuspapier rötet. Wird Kaliumsalpeter mit Antimonpulver erhitzt, so entsteht unter explosiver Reaktion das Kaliumsalz der Metantimonsäure $KSbO_3$. Beim Kochen mit Wasser löst sich dieses auf und gibt Monokaliumorthoantimoniat KH_2SbO_4; durch Schmelzen mit Kali entsteht daraus Kaliumpyroantimoniat $K_4Sb_2O_7$, das sich in Wasser zu $2KOH$ und $K_2H_2Sb_2O_7 + 6H_2O$ auflöst. Letzteres wird als Reagens auf Natrium gebraucht, da das Salz $Na_2H_2Sb_2O_7 + 6H_2O$ in kaltem Wasser nahezu unlöslich ist. Beim Antimon begegnen wir also wie beim Phosphor drei Arten von Säuren, welche der höchsten Oxidationsstufe angehören; sie entsprechen in ihren Formeln denen des Phosphors.

Antimonpentoxyd Sb_2O_5 (von unbekannter Molekulargröße), Antimonsäureanhydrid, kann durch Erhitzen von Antimonsäure auf 300° erhalten werden. Es bildet ein gelbes amorphes Pulver, das sich in Salzsäure löst. Bei starkem Erhitzen gibt es seinen Sauerstoff zum Teil ab und geht in Antimontetroxyd Sb_2O_4 über, ein weißes, beim Erhitzen gelb werdendes Pulver, das beim Erkalten diese Färbung wieder verliert. Man kann es als metantimonsaures Antimonyl auffassen: $SbO_3 \cdot SbO$.

Verbindungen des Antimons mit Schwefel.

167. Antimontrisulfid Sb_2S_3 (**162**) wird künstlich durch Einleiten von Schwefelwasserstoff in Antimontrichloridlösung dargestellt. Es scheidet sich dabei als amorphes rotes Pulver ab, das sich schmelzen läßt; beim Erkalten kristallisiert es mit metallischem Glanze.

Antimonpentasulfid Sb_2S_5, Goldschwefel, fällt nieder, wenn in eine Lösung des Antimonpentachlorids Schwefelwasserstoff eingeleitet wird; leichter wird es durch Zersetzen von Natriumsulfantimoniat mit verdünnter Schwefelsäure erhalten. Es bildet ein orangerotes amorphes Pulver, das durch starkes Erhitzen in Sb_2S_3 und S_2 gespalten wird. In verdünnten Säuren ist es unlöslich; durch starke Salzsäure wird es in der Siedehitze gelöst unter Bildung von $SbCl_3$, H_2S und Schwefel. In wäßrigen Alkalien und deren Sulfiden löst es sich leicht unter Bildung von Sulfantimoniaten M_3SbS_4.

Von diesen ist das bekannteste das Natriumsulfantimoniat $Na_3SbS_4 + 9H_2O$, Schlippesches Salz. Es kann durch Kochen von Sb_2S_3 mit Schwefel und Natronlauge erhalten werden und kristallisiert in großen farblosen Tetraëdern; es ist in Wasser leicht löslich (1 Gewichtsteil in 2·9 Gewichtsteilen Wasser bei 15°) und reagiert alkalisch. Durch Säuren wird es unter Abscheidung von Sb_2S_5 zersetzt. Letzteres geschieht auch schon durch Kohlensäure; daher bedecken sich die Kristalle an der Luft nach einiger Zeit mit einer gelbroten Schicht von Sb_2S_5. Die freie Sulfantimonsäure ist nicht bekannt.

Wismut.

168. Dieses Element schließt sich in physikalischer Hinsicht völlig den Metallen an; auch in seinem chemischen Verhalten steht es ihnen sehr nahe, da seine Hydroxyde hauptsächlich basische Eigenschaften haben.

Die Menge des vorkommenden Wismuts ist nicht sehr groß. Es wird hauptsächlich in Bolivia gefunden, meist gediegen, jedoch auch in Verbindung mit Schwefel als Bi_2S_3, Wismutglanz, der durch Rösten in Wismutoxyd Bi_2O_3 verwandelt wird, aus welchem Wismut durch Reduktion mit Kohle sich gewinnen läßt. Das gediegen vorkommende Wismuterz ist meistens rein. Eine etwa nötige Reinigung wird durch Ausschmelzen vorgenommen; das geschmolzene Metall läßt man über eine schwach geneigte Eisenplatte fließen, wobei die fremden Beimengungen sich oxydieren.

Physikalische Eigenschaften. Wismut gleicht äußerlich sehr dem Antimon; es kristallisiert wie dieses, ist glänzend, von geringer Härte und sehr spröde, unterscheidet sich von ihm jedoch durch seine rötlich-silberweiße Farbe. Sein spez. Gewicht ist 9·823. Es schmilzt bei 286·3° und siedet bei 1420°; im Wasserstoffstrom kann es destilliert werden.

Chemische Eigenschaften. Wismut ist bei gewöhnlicher Temperatur an der Luft beständig; beim Erhitzen verwandelt es sich in Bi_2O_3; es verbindet sich direkt mit den Halogenen; von Salzsäure und Schwefelsäure wird es bei gewöhnlicher Temperatur nicht angegriffen; in Salpetersäure löst es sich dagegen leicht unter Bildung des Nitrats. Beim Erhitzen mit Schwefelsäure entweicht SO_2 und es entsteht Sulfat $Bi_2(SO_4)_3$. Eine Wasserstoffverbindung des Wismuts ist nicht bekannt.

Die Legierungen des Wismuts dienen wegen ihrer leichten Schmelzbarkeit zum Abgießen von Gegenständen, z. B. Münzen, zum Klischieren von Holzschnitten, für Stereotypplatten usw. Die bekanntesten wismuthaltigen Legierungen sind Newtons Metall (8 Wismut, 5 Blei, 3 Zinn), Schmelzpunkt 94·5°; Rosesches Metall (2 Wismut, 1 Blei, 1 Zinn), Schmelzpunkt 93·75°; Woodsches Metall (4 Wismut, 2 Blei, 1 Zinn, 1 Cadmium), Schmelzpunkt 60·5°.

Verbindungen des Wismuts mit Halogenen.

169. Es sind nur Verbindungen vom Typus BiX_3 bekannt.

Wismutchlorid $BiCl_3$ entsteht durch direkte Vereinigung seiner Elemente, leichter beim Lösen von Wismut in Königswasser. Es ist weiß und kristallinisch; sein Schmelzpunkt liegt zwischen 225—230°, sein Siedepunkt bei 435°. Seine Dampfdichte beträgt 11·35 (Luft = 1) entsprechend der Formel $BiCl_3$. In wenig Wasser löst es sich zu einer sirupdicken Flüssigkeit auf; mit viel Wasser liefert es Wismutoxychlorid BiOCl und HCl. Dieses Oxychlorid ist ein weißes Pulver, das nicht in Wasser, wohl aber in Säuren löslich ist.

Verbindungen des Wismuts mit Sauerstoff.

170. Vier Oxyde sind bekannt: BiO, Bi_2O_3, BiO_2 und Bi_2O_5.

Wismutoxydul BiO wird erhalten durch Vermischen von alkalischer Zinnchlorürlösung mit einer Lösung von $BiCl_3$. Es fällt dabei ein braunschwarzer Niederschlag von BiO aus. An der Luft erhitzt verglimmt es wie Zunder. Es ist fraglich, ob dieser Niederschlag ein einheitlicher Körper ist, oder ein Gemisch von Bi_2O_3 mit feinverteiltem Wismut.

Wismuttrioxyd Bi_2O_3 ist das bekannteste Oxyd dieses Elementes; es hat ausschließlich basische Eigenschaften. Man kann es durch Erhitzen des Nitrats oder Karbonats bereiten oder auch so, daß man aus der Lösung eines Wismutsalzes mittels einer Base das Hydroxyd fällt und dieses erhitzt. Wird die kochende Lösung eines Wismutsalzes mit Kali versetzt, so scheidet sich das Trioxyd in mikroskopisch kleinen glänzenden Nadeln ab. Wie die übereinstimmenden Oxyde des Arsens und Antimons ist es dimorph.

Wismutdioxyd BiO_2 ist wenig untersucht; es ist ein gelbrotes Pulver.

Wismutpentoxyd Bi_2O_5 stellt ein braunrotes Pulver dar, das sehr unbeständig ist und beim Erhitzen Sauerstoff abgibt, desgleichen wenn es mit Schwefelsäure erwärmt wird. Mit Salzsäure entsteht nicht das entsprechende Pentachlorid $BiCl_5$, sondern unter Chlorentwicklung Trichlorid $BiCl_3$.

Hydroxyde und Salze.

171. Wismuthydroxyd $Bi(OH)_3$ wird durch Fällen eines Wismutsalzes mit Alkali gewonnen; es ist ein weißes amorphes Pulver, unlöslich in Kalilauge oder in Ammoniak. Durch Erwärmen auf 100° geht es unter Verlust eines Moleküls Wasser in BiO·OH über. Diese beiden Hydroxyde haben ausschließlich basischen Charakter; die Salze, die sich von $Bi(OH)_3$ ableiten, heißen neutrale, die von BiO·OH basische.

Das neutrale Nitrat $Bi(NO_3)_3$ wird durch Auflösen von Wismut in Salpetersäure erhalten. Es kristallisiert mit 5 Mol Kristallwasser in großen durchscheinenden triklinen Prismen und zerfließt an der Luft. Durch Wasser wird es in basische Nitrate verwandelt, deren man verschiedene kennt. Wird es mit ± 20 Teilen heißem Wasser übergossen, so wird ein Produkt von nicht ganz konstanter Zusammensetzung erhalten, das jedoch annähernd die Formel $(Bi_2O_3)_6(N_2O_5)_5 \cdot 9H_2O$ oder $2BiO \cdot NO_3 + Bi(NO_3)_3 + 3Bi(OH)_3$ besitzt. Es ist unter dem Namen Magisterium Bismuti (Bismutum subnitricum) bekannt und wird für medizinische und kosmetische Zwecke verwendet.

Wismutsulfat $Bi_2(SO_4)_3$ wird als eine amorphe weiße Masse erhalten, wenn Wismut mit konzentrierter Schwefelsäure erhitzt wird. Durch Behandeln mit Wasser geht es in das basische Sulfat $Bi_2(OH)_4SO_4$ über.

Verbindung des Wismuts mit Schwefel.

Wismuttrisulfid kommt in der Natur als Wismutglanz vor (**168**); künstlich wird es durch Erhitzen von Wismut mit Schwefel erhalten oder durch Einleiten von Schwefelwasserstoff H_2S in die saure Lösung eines Wismutsalzes. Im letzteren Falle wird ein amorphes schwarzbraunes Pulver ausgefällt, welches sich in warmer verdünnter Salpetersäure leicht löst. Es ist unlöslich in Alkalien oder deren Sulfiden, bildet also keine Sulfosalze. Wenn es mit Alkalisulfidlösung auf 200° erhitzt wird, wandelt es sich in eine kristallinische Form um, welche dem natürlichen Mineral gleicht.

Übersicht der Stickstoffgruppe.

172. Wie die Halogene und die Elemente der Sauerstoffgruppe bilden die zuletzt behandelten Elemente, Stickstoff, Phosphor, Arsen, Antimon und Wismut, eine natürliche Gruppe. Ihre Zusammengehörigkeit zeigt sich schon in den Formeltypen ihrer Verbindungen. Die Wasserstoffverbindungen haben den Typus RH_3 (fehlt bei Bi), die Halogenverbindungen RX_3 und RX_5 (letzterer fehlt wiederum bei Bi), die Sauerstoffverbindungen R_2O_3 und R_2O_5. Mit andren Worten, die Elemente dieser Gruppe sind drei- oder fünfwertig. Gerade wie in den früher besprochenen Gruppen findet man auch hier beim Steigen des Atomgewichtes eine schrittweise Änderung der physikalischen Eigenschaften, wie die nachstehende Tabelle zeigt:

	N	P	As	Sb	Bi
Atomgewicht	14·01	31·0	74·96	120·2	208·0
Spez. Gewicht (Wasser = 1)	0·885 (flüssig)	1·83—2·34	5·727	6·71—6·86	9·823
Schmelzpunkt .	−214°	+ 44·0°	ca. 500°	+629·2°	+286·3°
Siedepunkt	−194°	+290°	—	1440°	1420°
Farbe	farblos	gelb oder rot	grau	weiß	rötlich-weiß

Von Phosphor, Arsen und Antimon sind metastabile weiße oder gelbe Modifikationen bekannt, welche in ihren Eigenschaften viel Übereinstimmung zeigen und mit steigendem Atomgewicht unbeständiger werden. Sie kristallisieren im regulären System, was auch am festen Stickstoff beobachtet wurde.

Auch in den chemischen Eigenschaften sind regelmäßige Änderungen wahrzunehmen, die sich allgemein dahin zusammenfassen lassen, daß mit steigendem Atomgewicht der metalloide Charakter des Elementes sich dem metallischen nähert. Vom Stickstoff kennt man nur indifferente und säurebildende Oxyde; ebenso noch vom Phosphor. Das Arsen bekundet dagegen in As_2O_3 bereits einen sehr schwach basischen Charakter, da dasselbe mit Salzsäure $AsCl_3$ geben kann, welches umgekehrt durch Wasser unter Bildung von Salzsäure und As_2O_3 zersetzt wird. In Sb_2O_3 ist dieser basische Charakter noch etwas verstärkt; einzelne Salze und Doppelsalze desselben mit Säuren sind bekannt; das entsprechende Chlorid erleidet durch Wasser nicht sofort eine vollständige hydrolytische Spaltung, sondern es entstehen Oxychloride, die erst von sehr viel Wasser völlig in Sb_2O_3 umgewandelt werden. Während die höchsten Oxyde des Arsens und Antimons noch ausschließlich saure Eigenschaften besitzen, ist beim Wismut der saure Charakter so gut wie vollständig verschwunden; das Oxyd Bi_2O_3 hat ausschließlich basische Eigenschaften, und Bi_2O_5 verhält sich wie ein Superoxyd, d. h. es gibt leicht Sauerstoff ab (entwickelt mit Salzsäure Chlor) und geht in Bi_2O_3 über. $BiCl_3$ liefert mit Wasser BiOCl, das aber von weiterem Wasserzusatz nicht mehr zersetzt wird.

Auch bei den Wasserstoffverbindungen ist die graduelle Änderung der Eigenschaften sehr deutlich; zunächst hinsichtlich der Beständigkeit. NH_3 wird erst durch sehr starkes Erhitzen zerlegt, PH_3, AsH_3 und SbH_3 in gleicher Reihenfolge bei niedrigeren Temperaturen, und die Wasserstoffverbindung des Wismuts ist so unbeständig, daß man ihre Bildungs- und Existenzbedingungen bis jetzt noch nicht hat ermitteln können. Eine analoge Abstufung bemerkt man in ihrem Vermögen in wäßriger Lösung Ionen XH_4 zu bilden. Dieses ist stark bei Ammoniak, viel schwächer bei Phosphin, und verschwindet bei den Wasserstoffverbindungen des Arsens und Antimons.

Bei den Schwefelverbindungen ist schrittweise Farbenänderung zu bemerken. P_2S_5 ist hellgelb, As_2S_5 intensiv gelb, Sb_2S_5 rot, Bi_2S_3 schwarz. Die drei erstgenannten sind Anhydrosulfide von Sulfosäuren (**161**), das Wismutsulfid dagegen nicht, worin sich wiederum die mehr basische Natur des Wismuts zu erkennen gibt.

Kohlenstoff.

173. Kohlenstoff kommt in der Natur in freiem wie in gebundenem Zustande vor.

Gebunden findet sich Kohlenstoff in großen Mengen in den kohlensauren Salzen, vor allem in kohlensaurem Kalk, dem Kalkstein, aus welchem ganze Gebirge bestehen. Kohlenstoff ist auch eines der Elemente, aus denen die Tier- und Pflanzenkörper bestehen. Er kommt darin in zahlreichen Verbindungen vor. Noch größer ist die Zahl der künstlich dargestellten Kohlenstoffverbindungen. Die Zahl der Verbindungen des Kohlenstoffes beträgt jetzt etwa 150000, während die Zahl der Verbindungen aller andren Elemente sich auf etwa 25000 beläuft. Weil alle Lebewesen fast ausschließlich aus Kohlenstoffverbindungen bestehen, nennt man die letzteren auch organische Verbindungen und behandelt sie unter dem Namen „organische Chemie" oder „Chemie der Kohlenstoffverbindungen" als eine besondere Abteilung der gesamten Chemie.

Um einen allgemeinen Überblick über die Elemente zu ermöglichen, ist es zweckmäßig, auch in der anorganischen Chemie einige Kohlenstoffverbindungen zu besprechen.

Allotrope Modifikationen des Kohlenstoffes.

174. Kohlenstoff ist in drei ganz verschiedenen Formen, allotropen Modifikationen, Diamant, Graphit und amorphe Kohle, bekannt.

a) Diamant.[1] Lavoisier hat 1773 entdeckt, daß dieser wertvollste aller Edelsteine zu Kohlendioxyd verbrannt werden kann.

Im Jahre 1814 zeigte Davy, daß bei der Verbrennung von Diamant nichts andres als CO_2 entsteht, und dieser also als reiner Kohlenstoff betrachtet werden muß. Wenn man das durch Verbrennung von Diamant erhaltene Kohlendioxyd mit Natron verbindet, entsteht Soda, das in jeder Hinsicht mit dem gewöhnlichen Soda identisch ist. Diamant aus amorpher Kohle künstlich herzustellen, ist Moissan gelungen (siehe unten).

Diamant kristallisiert im regulären System. Meist ist er wasserhell, durchscheinend und farblos, man kennt aber auch gelb usw. gefärbte Diamanten; eine dunkle, fast schwarze Varietät wird als Karbonado bezeichnet und für technische Zwecke, zum Schleifen der Steine, zu Gesteinsbohrmaschinen usw., verwandt. Das spez. Gewicht des Diamanten beträgt 3·50—3·55; er ist ein schlechter Leiter für Wärme und Elektrizität. Der Brechungsindex ist sehr hoch: $n = 2 \cdot 42$. Diamant ist von unübertroffener Härte, so daß man alle andren Mineralien mit ihm ritzen kann. Wird Diamant unter Luftabschluß einer sehr hohen Temperatur ausgesetzt, so geht er in die andere Modifikation des Kohlenstoffes, Graphit, über. Durch die stärksten Oxydationsmittel, z. B. durch ein Gemenge von Salpetersäure und Kaliumchlorat, wird er nicht angegriffen.

Moissan ist es gelungen, Diamanten künstlich durch Lösen von Kohlenstoff in geschmolzenem Eisen darzustellen. Er hat allerdings nur ganz kleine Kristalle gewonnen; die größten hatten ca. 0·5 mm Durchmesser.

---

[1] Von ἀδάμας = unzerstörbar.

Eisen wurde von MOISSAN zu diesem Zweck in der hohen Hitze des elektrischen Ofens mit reinem (durch Verkohlen von Zucker erhaltenem) Kohlenstoff in Berührung gebracht. Das mit Kohlenstoff (bei ca. 3000°) gesättigte Eisen wurde plötzlich abgekühlt, indem es in die axiale Bohrung eines durch Wasser gekühlten Kupferblockes gegossen wurde.

Als das Eisen vollkommen erkaltet war, wurde es mit Säuren behandelt, wodurch es in Lösung ging. Im Rückstand fand MOISSAN einen Teil des auskristallisierten Kohlenstoffes in Form von durchsichtigen Diamanten, deren Härte, Kristallform usw. dem des natürlichen Edelsteines vollkommen gleicht. Die nebenstehenden Figuren (Fig. 43) geben ein vergrößertes Bild der künstlich hergestellten Diamanten. Sie zeigen dieselben Eigenschaften wie die natürlichen rohen, nämlich die abgerundeten Kanten und Winkel und die Streifen.

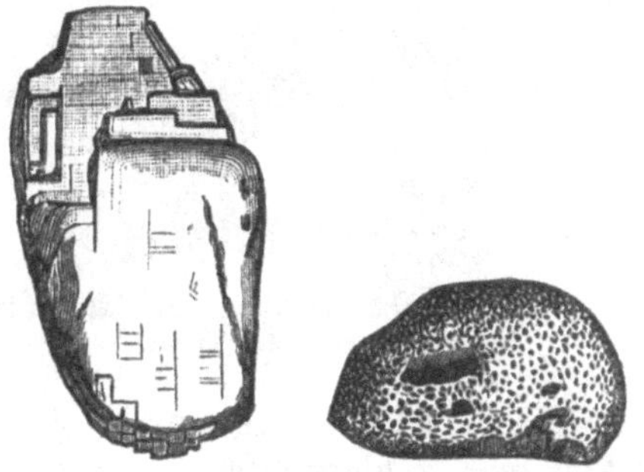

Fig. 43. Künstliche Diamanten (vergr.).

BAKHUIS ROOZEBOOM erklärt diese Diamantbildung folgendermaßen: Aller Wahrscheinlichkeit nach ist die Umwandlung von Diamant in Graphit von Wärmeabsorption begleitet. Demnach ist Diamant die bei niedrigerer, Graphit die bei höherer Temperatur beständige Form, analog dem, was wir bei der rhombischen und monoklinen Form des Schwefels beobachten. Während jedoch beim Schwefel die Umwandlungsgeschwindigkeit der monoklinen Kristallform bei niedriger Temperatur ziemlich groß und diese Form daher nur kurze Zeit unterhalb des Umwandlungspunktes existenzfähig ist, ist die Umwandlungsgeschwindigkeit von Graphit in Diamant bei Temperaturen unter 1000° schon unmerkbar geworden. Kohlenstoff, der sich als Graphit aus geschmolzenem Eisen absetzt, kann deshalb nicht in Diamant übergehen. Durch die plötzliche Abkühlung des geschmolzenen Eisens wird bewirkt, daß der Kohlenstoff rasch in ein Temperaturgebiet gelangt, in dem Diamant die stabile Form ist, so daß sich diese aus der Lösung ausscheidet.

Der elektrische Ofen, den MOISSAN zu diesen und zahlreichen andren Versuchen gebrauchte, ist von sehr einfacher Konstruktion. Er besteht aus zwei gut aufeinander schließenden Blöcken von ungelöschtem Kalk. In dem unteren Block befindet sich eine Rinne, in welche die Kohlenspitzen hineingelegt werden. Der obere Block ist an seiner unteren Seite schwach konkav aus-

gehöhlt, um die Wärmestrahlen nach dem Tiegel zurückzuwerfen. Figur 44 zeigt den Durchschnitt eines elektrischen Ofens.

Die Temperaturen, die in dem elektrischen Ofen erhalten werden, wechseln zwischen etwa 2000° bis 3000°.

Die letztgenannte Temperatur kann jedoch nur kurze Zeit angewandt werden, da sonst der ungelöschte Kalk schmilzt und flüssig wie Wasser wird. Bei 2500° nimmt der Kalk in wenigen Minuten eine kristallinische Struktur an.

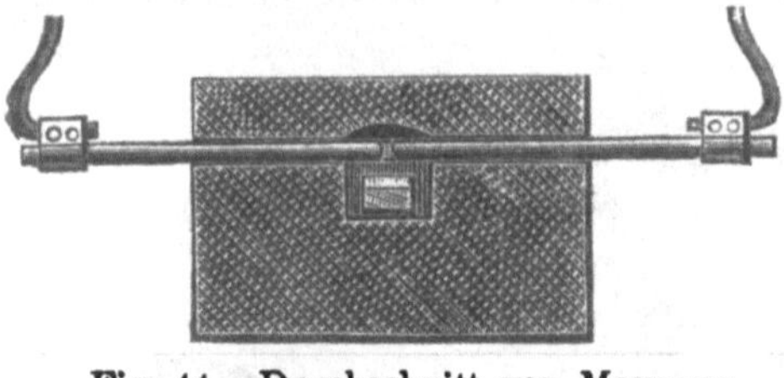

Fig. 44. Durchschnitt von MOISSANS elektrischem Ofen.

b) Graphit, Reißblei, die andre kristallisierte Modifikation des Kohlenstoffes, ist schwarz, undurchsichtig und leitet Wärme und Elektrizität gut, besitzt nur geringe Härte, so daß es mit dem Messer schneidbar ist, und färbt auf Papier ab. Sein spez. Gewicht beträgt gereinigt 2·255. Graphit kann hergestellt werden, indem man kohlenstoffreiches Eisen nach dem Schmelzen langsam erkalten läßt, wobei sich Graphit in grauschwarzen Blättchen abscheidet. Man unterscheidet verschiedene Arten von Graphit. Wird er mit einem Gemisch von völlig trocknem Kaliumchlorat und sehr konzentrierter Salpetersäure behandelt, so geht er in eine gelbe kristallisierte Substanz über, die außer Kohlenstoff noch Wasserstoff und Sauerstoff enthält und Graphitsäure heißt. Die Säure zeigt die Eigentümlichkeit, daß sie sich beim Erhitzen unter Explosion zersetzt und dabei ein sehr großes Volum äußerst feiner amorpher Kohle liefert. Die Hauptverwendung des Graphits besteht in dessen Verarbeitung zu Bleistiften. Mit Ton vermischt bildet es die Masse der beim Schmelzen von Metallen verwandten Graphittiegel.

c) Amorpher Kohlenstoff. Vollkommen rein erhält man amorphen Kohlenstoff durch Verkohlen von Zucker. Die erhaltene Masse kocht man zum Entfernen von Mineralstoffen mit Säuren aus und glüht zum Schluß, um allen Wasserstoff zu entfernen, längere Zeit im Chlorstrom. Man kann zu seiner Darstellung auch vom Ruß ausgehen. Der amorphe Kohlenstoff bildet ein undurchsichtiges schwarzes und unschmelzbares Pulver. Nur bei der höchsten Temperatur, die MOISSAN mit seinem Ofen erreichen konnte, indem er einen elektrischen Strom von 2000 Ampere und 80 Volt (erhalten mit einer Dampfmaschine von 300 Pferdekräften) in Anwendung brachte, glückte es ihm, Kohlenstoff zu sublimieren; das Sublimat war Graphit. Das spez. Gewicht des amorphen Kohlenstoffes beträgt 1·5—2·3.

Man kennt verschiedene Arten amorpher Kohle. Gaskohle und Koks werden als Rückstand bei der trocknen Destillation der Steinkohle erhalten; sie leiten Wärme und Elektrizität gut. Holzkohle leitet Wärme und Elektrizität schlecht; sie ist sehr porös und kann bedeutende Mengen von Gasen absorbieren, von Ammoniak kann sie z. B. das 90fache Volum in ihren Poren aufnehmen. (Siehe auch **206**.) Beim Erwärmen oder bei Druckverminderung entweichen die Gase wieder vollständig. Knochenkohle wird durch Erhitzen von Knochen unter Luftabschluß erhalten; die erhaltene schwarze Masse wird mit Salzsäure von den anwesenden Phosphaten und Karbonaten befreit. Sie vermag aus Flüssigkeiten färbende Stoffe und gewisse Salze, z. B. Bleisalze, zu absorbieren. Die Kohle, die man bei der trocknen Destillation von Zucker erhält, wird ihres Glanzes wegen Glanzkohle genannt. Diese verschiedenen Arten von Kohle bestehen nicht aus reinem Kohlenstoff, sondern enthalten noch andre Stoffe in größerer oder geringerer Menge; im allgemeinen sind sie desto bessere Leiter für Wärme und Elektrizität, je länger und höher sie erhitzt worden sind.

175. Die verschiedenen Kohlenarten finden jede ihre besondere Verwendung.

Ruß dient zur Herstellung von Tusche, Druckerschwärze usw. Gaskohle wird wegen ihres elektrischen Leitvermögens in der Elektrotechnik verwendet. Holzkohle wird bei der Bereitung von Schießpulver gebraucht; Tier- oder Knochenkohle, um färbende und übelriechende Stoffe oder schädliche Salze (Bleisalze) aus Trinkwasser zu entfernen; ferner wird sie in großem Maßstabe in den Zuckerfabriken benutzt, um Rohzuckerlösungen zu entfärben.

Weitaus den stärksten Gebrauch macht man jedoch von der Kohle als Heizstoff. Die beim Verbrennen von Kohle erzeugte Wärme dient zum Erwärmen unserer Wohnungen, zum Betrieb von Dampfmaschinen usw.

Als Brennstoff werden vornehmlich Holzkohle, Koks, Steinkohle (in ihren verschiedenen Arten) und Braunkohle, sowie Torf benutzt.

Holzkohle entsteht bei der trocknen Destillation oder bei der unvollkommenen Verbrennung des Holzes. Als Nebenprodukt wird Holzkohle bei der Darstellung des Holzessigs und bei der Teerschwelerei erhalten („Org. Ch.“ *82*).

Koks werden durch Erhitzen von Steinkohle in besonderen Öfen (Verkoker) in großen Mengen erzeugt; sie bilden den Destillationsrückstand der Steinkohlen bei der Leuchtgasfabrikation.

Braunkohle und Steinkohle verdanken ihre Bildung demselben geologischen Prozeß: der langsamen Vermoderung fossiler Überreste von Pflanzen unter Luftabschluß. Braunkohle und Torf sind die jüngste, Steinkohle und vornehmlich Anthracit die älteste Formation. Bei diesem Übergang entwickeln sich Kohlendioxyd und Methan CH_4 und die zurückbleibende Masse wird reicher an Kohlenstoff und ärmer an Wasserstoff und Sauerstoff als die entsprechende Hauptmasse des Pflanzenkörpers, die Zellulose.

Dies zeigt die folgende Tabelle:

	Prozente		
	Kohlenstoff	Wasserstoff	Sauerstoff
Zellulose	50·0	6·0	44·0
Torf.	60·0	5·9	34·1
Braunkohle	67·0	5·8	27·2
Stein(Kannel-)kohle	85·8	5·8	8·3
Anthracit	94·0	3·4	2·6

Das Pflanzenmaterial, aus dem diese Formationen gebildet sind, ist verschieden. Torf ist vornehmlich aus Sumpfgewächsen, Moosarten und dergl. in stagnierendem Süßwasser entstanden, Steinkohle aus vorweltlichen Pflanzen, riesigen Schachtelhalmen, Lepidodendren und Sigillarien.

Molekular- und Atomgewicht des Kohlenstoffes. Chemische Eigenschaften.

176. Das Kohlenstoffmolekül besteht aus einer großen Anzahl von Atomen. Wie groß diese Anzahl ist, konnte bis jetzt noch nicht ermittelt werden. Man nimmt an, daß der Graphit eine größere Anzahl Atome in seinem Molekül enthält als der amorphe Kohlenstoff, und der Diamant mehr als der Graphit, weil Graphit und Diamant durch chemische Reagenzien schwerer angreifbar sind, und weil ihr spez. Gewicht größer ist.

Von einer Bestimmung der Dampfdichte des Kohlenstoffes kann natürlich keine Rede sein. Auch die Bestimmung der Schmelzpunktserniedrigung, die Kohlenstoff in geschmolzenem Eisen hervorruft, ist unausführbar; durch Bildung der Verbindung Fe_3C verursacht ein kleiner Gehalt an Kohlenstoff eine sehr erhebliche Schmelzpunktserniedrigung.

Daß die Zahl der Atome im Kohlenstoffmolekül jedoch groß sein muß, kann man sich in folgender Weise klar machen. Bei der Oxydation von amorphem Kohlenstoff mit Kaliumpermanganat entsteht namentlich Mellithsäure, die 12 Kohlenstoffatome in ihrem Molekül enthält. Hierdurch wird es ziemlich wahrscheinlich, daß das Kohlenstoffmolekül wenigstens 12 Atome enthält, weil bei der Oxydation organischer Körper beinahe immer Stoffe entstehen, die entweder eine kleinere oder die gleiche Anzahl Kohlenstoffatome in ihrem Molekül enthalten. Aus folgendem Grunde ist jedoch anzunehmen, daß die Zahl der Atome in dem Kohlenstoffmolekül viel größer als 12 ist. Wenn man durch eine erhitzte Röhre Grubengas CH_4 leitet, entsteht unter andrem Äthylen C_2H_4. Wird dieses auf dieselbe Weise behandelt, so erhält man Acetylen C_2H_2 und daraus wieder Benzol C_6H_6. Benzoldämpfe durch eine glühende Röhre geleitet geben Naphtalin $C_{10}H_8$, Pyren $C_{16}H_{10}$ usw. Erhitzt man Naphtalin oder Pyren noch höher (bei Luftabschluß), so bildet sich Kohlenstoff. Man sieht hieraus, daß bei steigender Temperatur die Anzahl der Kohlenstoffatome im Molekül der entstehenden Verbindungen stets zunimmt. Das Endprodukt dieser Operationen, der Kohlenstoff, wird daher wahrscheinlich eine noch beträchtlich größere Anzahl Atome in seinem Molekül enthalten, als Naphtalin oder Pyren.

Kohlenstoff kann sich mit manchen Elementen direkt verbinden. Bei gewöhnlicher Temperatur vereinigt er sich nur mit Fluor. MOISSAN brachte Ruß in Fluorgas; der Kohlenstoff geriet ins Glühen und bei Gegenwart von überschüssigem Fluor entstand CF_4, Kohlenstofftetrafluorid.

Wasserstoff verbindet sich direkt mit Kohlenstoff zu Acetylen C_2H_2, wenn man den elektrischen Strom zwischen zwei Kohlespitzen in einem Gefäß, in dem sich Wasserstoff befindet, übergehen läßt. Auch Methan CH_4 kann durch direkte Synthese erhalten werden („Org. Ch." *28*). Unter ähnlichen Versuchsbedingungen wie für die Bildung von Acetylen vereinigt sich Kohlenstoff auch direkt mit Chlor zu C_2Cl_6 (Perchloräthan) und C_6Cl_6 (Hexachlorbenzol).

Mit Sauerstoff verbindet sich der Kohlenstoff zu Kohlenoxyd CO oder Kohlendioxyd CO_2, je nachdem die Temperatur sehr hoch oder weniger hoch ist. Wenn man Schwefeldampf über glühende Kohlen leitet, entsteht CS_2, Schwefelkohlenstoff.

Die Elemente der Stickstoffgruppe N, P, As, Sb, Bi vereinigen sich nicht direkt mit Kohlenstoff. — Kohlenstoff verbindet sich mit Silicium zu Siliciumkarbid SiC, Karborundum, welches sich besser erhalten läßt, wenn ein Gemenge von Sand und Koks im elektrischen Ofen auf sehr hohe Temperatur erhitzt wird. Karborundum ist gemahlen eines der vorzüglichsten Schleifmittel.

MOISSAN hat gefunden, daß viele Metalle sich bei sehr hoher Temperatur mit Kohlenstoff verbinden können (Karbide). Bekannt war dies schon früher vom Eisen und von einzelnen andren Metallen.

Merkwürdig ist das verschiedene Verhalten der Karbide gegen Wasser; Eisenkarbid wird davon nicht angegriffen; Calciumkarbid liefert Acetylen C_2H_2, Aluminiumkarbid dagegen Methan CH_4, andre Karbide Gemische von beiden, Urankarbid Methan neben flüssigen und festen Kohlenwasserstoffen.

177. Das Atomgewicht des Kohlenstoffes ist mit großer Genauigkeit von DUMAS und STAS bestimmt worden. Sorgfältig getrockneter Sauerstoff wurde durch eine Porzellanröhre geleitet, in der sich ein Platinschiffchen befand, welches Graphit oder Diamant enthielt und vorher mit seinem Inhalt gewogen war. Die Röhre wurde zum Glühen erhitzt und das durch Verbrennung der genannten Substanzen gebildete Kohlendioxyd in Kalilauge aufgefangen. Durch Zurückwägen des Schiffchens mit Inhalt nach dem Versuch wird die Menge des verbrannten Kohlenstoffes bestimmt; durch Wägung des Absorptionsapparates vor und nach dem Versuche die des gebildeten Kohlendioxyds. Das Mittel aus verschiedenen, unter sich sehr gut übereinstimmenden Versuchsreihen ergab, daß das Verhältnis von C zu O im Kohlendioxyd sehr nahe bei 3 : 8 liegt. Da sich aus dem spez. Gewicht des Kohlendioxyds sein Molekulargewicht zu 44 ergibt, so müssen in ihm bei dem Verhältnis 3 : 8 auf 12 Gewichtsteile Kohlenstoff 32 Gewichtsteile Sauerstoff vorhanden sein.

Die Formel ist daher C_xO_2. Da man jedoch keine Kohlenstoffverbindung kennt, deren Mol weniger als 12 g Kohlenstoff enthält, so ergibt sich die Formel CO_2, und es muß das Atomgewicht des Kohlenstoffes 12 sein (O = 16).

Verbindungen mit Wasserstoff.

178. Kohlenstoff bildet mit Wasserstoff eine sehr große Zahl von Verbindungen, die in der organischen Chemie eingehend behandelt werden; hier soll nur einiges wenige darüber mitgeteilt werden.

Methan CH_4, auch **Sumpfgas** und **Grubengas** genannt, ist die einzige Verbindung von Kohlenstoff und Wasserstoff, die nur 1 Atom Kohlenstoff enthält. Es kommt unter den Vulkangasen vor. Bei Baku entströmt es in der Nachbarschaft der Petroleumquellen der Erde. In Nordholland entweicht es an einigen Orten aus Brunnen in solchen Mengen, daß es zur Beleuchtung benutzt werden kann. Den Namen Sumpfgas verdankt es dem Umstande, daß es aus Morästen, wenn die auf dem Grund angesammelten organischen Zersetzungsprodukte aufgewühlt werden, aufsteigt. **Grubengas** heißt es nach seinem Vorkommen in Kohlenflözen (**175**); bei deren Aufschließung entweicht es in die Gruben und Stollen; mit atmosphärischer Luft gemischt bildet es ein explodierendes Gemenge, das großen Schaden verursacht, wenn es durch irgendeinen Umstand entzündet wird („schlagende Wetter"). Über seine Darstellungsweise, sowie über seine physikalischen und chemischen Eigenschaften siehe „Org. Ch." *28.*

Acetylen C_2H_2, ein farbloses Gas von unangenehmem Geruch, wird technisch durch die Einwirkung des Wassers auf Calciumkarbid CaC_2 dargestellt:

$$CaC_2 + 2H_2O = Ca(OH)_2 + C_2H_2 .$$

Die Verbrennung des Acetylens ist ein andres Beispiel für die Regel von 135, daß die Reaktionen meistens einfacherer Natur sind als die chemischen Gleichungen anzeigen. Nach der Gleichung:

$$2C_2H_2 + 5O_2 = 4CO_2 + 2H_2O$$

wäre diese Reaktion heptamolekular. Die Untersuchung hat jedoch gezeigt, daß sie in verschiedenen Stufen erfolgt, deren erste bimolekular ist entsprechend der Formulierung:

$$C_2H_2 + O_2 = 2CO + H_2 .$$

CO und H_2 verbrennen dann weiter zu CO_2 und H_2O.

Vom kinetischen Standpunkt aus ist es leicht verständlich, daß polymolekulare Reaktionen selten sind. Denn die Wahrscheinlichkeit, daß eine größere Anzahl von Molekülen gleichzeitig so zusammentreffen, daß Reaktion erfolgt, ist in der Tat sehr klein. Eine Reaktion wird daher eher auf eine Weise erfolgen, welche nur die Beteiligung eines oder sehr weniger Moleküle erfordert.

Verbindungen des Kohlenstoffes mit Sauerstoff.

Drei Sauerstoffverbindungen des Kohlenstoffes sind bekannt: Kohlenoxyd CO, Kohlendioxyd oder Kohlensäureanhydrid CO_2 und Kohlensuboxyd C_3O_2. Über letztere Verbindung siehe „Org. Ch.“ *165*.

Kohlenoxyd CO.

179. Dieses Gas entsteht, wenn Kohle bei ungenügendem Luft- oder Sauerstoffzutritt verbrennt. Eine Anzahl von Verbindungen des Kohlenstoffes geben ebenfalls Kohlenoxyd, wenn sie bei schwacher Sauerstoffzufuhr verbrannt werden. Auch durch Einwirkung von Kohlenstoff auf Sauerstoffverbindungen kann das Gas gewonnen werden, z. B. durch Erhitzen von Zinkoxyd ZnO mit Kohlenstoff. Werden Wasserdämpfe über glühende Kohlen geleitet, so entsteht ein Gemenge von Wasserstoff und Kohlenoxyd:

$$C + H_2O = CO + H_2 .$$

Dasselbe ist unter dem Namen Wassergas bekannt; es wird in großem Maßstabe zu Heiz- und Beleuchtungszwecken verwendet; auch wird Leuchtgas häufig mit Wassergas gemischt. Da Wassergas mit nichtleuchtender Flamme brennt, erteilt man ihm die Eigenschaft, mit heller Flamme zu brennen, dadurch, daß ihm flüchtige Kohlenwasserstoffe von hohem C-Gehalt zugeführt werden. Durch die Einführung des Gasglühlichts ist diese „Karburierung“ des Wassergases unnötig geworden. Da es zu 50 Vol.-Prozent aus Kohlenoxyd besteht, ist es sehr giftig („Org. Ch.“ *249*, 2).

Ferner entsteht Kohlenoxyd durch Leiten von Kohlendioxyd über glühende Kohlen $C + CO_2 = 2CO$.

Die Reaktion ist durch die entgegengesetzte begrenzt entsprechend dem Gleichgewicht

$$C + CO_2 \rightleftarrows 2CO .$$

Das Experiment zeigte, daß die Menge des Kohlenoxyds mit steigender Temperatur rasch zunimmt, das Gleichgewicht sich also nach rechts verschiebt; bei 1000° ist nur noch sehr wenig CO_2 vorhanden; bei 445° dagegen ist alles Kohlenoxyd in C und CO_2 umgesetzt.

Daß dennoch CO unterhalb dieser Temperatur existenzfähig ist, muß hier, wie in ähnlichen Fällen, der großen Verzögerung der Reaktionsgeschwindigkeit in der Richtung ⟵ zugeschrieben werden, welche bei niedriger Temperatur sich einstellt. Durch einzelne feinverteilte Metalle, wie Nickel, wird diese Reaktionsgeschwindigkeit erhöht, so daß sie schon bei 256° meßbar wurde.

Diese Messung hat gezeigt, daß die Zersetzung des Kohlenoxyds in Kohlendioxyd und Kohle keine bimolekulare Reaktion ist, wie man nach obiger Gleichung erwarten sollte, sondern eine monomolekulare, was sich durch die Annahme erklären läßt, daß die Zersetzung in zwei Phasen verläuft:

$$\text{I. } CO = C + O; \quad \text{II. } CO + O = CO_2.$$

Ein Molekül CO spaltet sich also in C und O und letztere oxydiert ein zweites Molekül CO zu CO_2.

Wenn man weiter annimmt, daß die zweite Reaktion äußerst rasch vor sich geht, wird faktisch nur die Geschwindigkeit der ersten gemessen, welche eine unimolekulare Reaktion darstellt.

Auch durch Reduktion von kohlensauren Salzen kann Kohlenoxyd bereitet werden. Erhitzt man Kreide ($CaCO_3$) oder Magnesit ($MgCO_3$) mit Zinkstaub, so entsteht reines Kohlenoxyd:

$$CaCO_3 + Zn = CaO + ZnO + CO.$$

Physikalische Eigenschaften. Kohlenoxyd ist ein farb- und geruchloses Gas; spez. Gewicht 0·967 (Luft = 1). Es ist schwer kondensierbar; seine kritische Temperatur liegt bei −139·5°, der kritische Druck beträgt 35·5 Atmosphären; es siedet bei −190° und ist bei −211° fest. Es ist in Wasser nur wenig löslich.

Chemische Eigenschaften. Kohlenoxyd verbrennt mit charakteristisch blauer Flamme zu Kohlendioxyd. Es kann sich direkt mit Chlor zu $COCl_2$ Phosgen vereinigen, ferner mit Schwefel bei höherer Temperatur zu COS Kohlenstoffoxysulfid; beide Verbindungen sind Gase. Es verbindet sich direkt mit Nickel und Eisen zu den flüchtigen Verbindungen $Ni(CO)_4$ und $Fe(CO)_5$ (**214** und **313**).

Infolge seiner Neigung, Kohlendioxyd zu bilden, ist es namentlich bei höherer Temperatur ein starkes Reduktionsmittel. So werden Metalloxyde wie Fe_2O_3, CuO u. a. in der Hitze leicht dadurch in Metalle übergeführt. Einige Verbindungen werden durch CO bereits bei gewöhnlicher Temperatur reduziert; aus einer Lösung von Palladochlorid wird metallisches Palladium abgeschieden; eine ammoniakalische Silberlösung (bereitet, indem in wäßrigem Ammoniak Ag_2O bis zur Sättigung gelöst wird) wird durch CO gebräunt infolge von Metallabscheidung. Beide Reaktionen dienen zum Nachweis des Kohlenoxyds.

Eine ammoniakalische Kuprochloridlösung absorbiert das Gas infolge Bildung einer kristallisierten Verbindung $Cu_2Cl_2 \cdot CO + 2H_2O$, welche sich sehr leicht wieder zersetzt.

Die *Zusammensetzung* des Kohlenoxyds kann so bestimmt werden, daß man das Gas, mit Sauerstoff gemischt, explodieren läßt; es zeigt sich dann, daß 2 Vol. Kohlenoxyd sich mit 1 Vol. Sauerstoff zu 2 Vol. Kohlendioxyd vereinigen. Unter Berücksichtigung der Dampfdichte ergibt sich die Formel CO.

Kohlendioxyd oder Kohlensäureanhydrid CO_2.

180. Diese Verbindung kommt sowohl frei (**108**) wie im gebundenen Zustande in der Natur vor. Viele Mineralquellen enthalten freies CO_2; es strömt in einigen Gegenden aus Rissen und Spalten der Erde (z. B. in der Hundsgrotte bei Neapel und aus den alten Kraterbecken der Eifel) aus und ist in den Gasen der Vulkane enthalten. Einige Gesteinsarten enthalten flüssiges Kohlendioxyd in äußerst feinen Bläschen eingeschlossen. Gebunden kommt es in sehr großer Menge in der starren Erdkruste als kohlensaures Calcium (Kalkstein) und in den Dolomiten (**254**) vor.

Kohlendioxyd entsteht beim Verbrennen von Kohle mit überschüssigem Sauerstoff; ferner durch direktes Zersetzen von kohlensauren Salzen (Karbonate) durch Erhitzen:

$$\underset{\text{saures kohlensaures Natrium}}{2\,NaHCO_3} = Na_2CO_3 + H_2O + CO_2\,; \qquad CaCO_3 = CaO + CO_2\,.$$

Es entsteht auch, wenn man kohlensaure Salze (z. B. Marmor oder Magnesit) durch eine Säure zersetzt:

$$Na_2CO_3 + 2\,HCl = 2\,NaCl + H_2O + CO_2\,.$$

Unter der Einwirkung von Sauerstoff verbrennen bei höherer Temperatur alle Kohlenstoffverbindungen unter Bildung von CO_2, das auch durch Einwirkung von Kohlenstoff auf Sauerstoffverbindungen entsteht, z. B. beim Erhitzen von Kohlenpulver mit überschüssigem Kupferoxyd; endlich auch durch Einwirkung von Kohlenstoff- auf Sauerstoffverbindungen. Auf letzterer Tatsache beruht die allgemeine Methode zur Bestimmung des Kohlenstoffgehaltes organischer Stoffe; man erhitzt sie zu diesem Zwecke mit Kupferoxyd und fängt das gebildete Kohlendioxyd in einer gewogenen Menge Ätzkali auf.

Physikalische Eigenschaften. Kohlendioxyd ist unter gewöhnlichem Druck und bei gewöhnlicher Temperatur ein farbloses Gas von etwas stechendem Geruch und säuerlichem Geschmack. Es hat das spez. Gewicht 1·529 (Luft = 1). Da es demnach rund $1^1/_2$ mal so schwer ist wie die atmosphärische Luft, bleibt es an den Orten, wo es, wie in der Hundsgrotte bei Neapel, dem Boden entströmt, in den untersten Luftschichten, so daß darin z. B. ein Hund erstickt, während ein Mensch ungehindert atmen kann. CO_2 ist leicht kondensierbar; es läßt sich bei 0° unter 35 Atmosphären Druck verflüssigen; seine kritische Temperatur ist 31·35°; der kritische Druck beträgt 72·9 Atmosphären. Flüssiges Kohlendioxyd (gewöhnlich „flüssige Kohlensäure" genannt) wird im großen dargestellt und in eisernen Zylindern in den Handel gebracht. Flüssige Kohlensäure bildet eine leicht bewegliche Flüssigkeit, die mit Wasser nicht in allen Verhältnissen mischbar ist; läßt man sie ausströmen, indem man den Zylinder umkehrt und das Ventil öffnet, so vergast ein Teil, was eine derartige Abkühlung bewirkt, daß der nicht verdunstende Teil zu weißen schneeartigen Flocken erstarrt. Eine Mischung von festem CO_2 mit Äther, Alkohol oder Aceton wird häufig als Kältemischung verwendet; man kann damit die Temperatur bis auf −80° erniedrigen, im Vakuum sogar bis auf −140°. Wird flüssiges CO_2 in einem zugeschmolzenen Rohr abgekühlt, so erstarrt es zu einer eisähnlichen Masse, die bei −65° schmilzt.

Bringt man festes Kohlendioxyd und Alkohol in ein offenes Gefäß zusammen, so bleibt die Temperatur konstant auf −80° so lange festes Kohlendioxyd sich vorfindet. Diese Temperaturkonstanz folgt sofort aus der Phasenregel. Man hat ja zwei Komponenten, CO_2 und Alkohol und drei Phasen, festes CO_2, Lösung und Dampf. Es gibt in diesem System also ein Freiheitsgrad. Nun hat aber der Dampf im offenen Gefäß den konstanten Druck von einer Atmosphäre; also muß auch die Temperatur sich konstant einstellen.

Ein Volum Wasser löst bei 15° ein gleich großes Volum Kohlendioxyd (genauer 1·0020 Vol.); bei 0° löst es 1·7967 Vol.; in Alkohol löst es sich noch reichlicher.

Chemische Eigenschaften. Kohlendioxyd ist eine sehr beständige Verbindung; es wird erst bei hoher Temperatur (siehe **179**) oder wenn es eine Zeitlang dem Induktionsfunken ausgesetzt wird, in Sauerstoff und Kohlenoxyd zerlegt. Wird diese Zersetzung durch Induktionsfunken bewirkt, so ist sie niemals vollständig, denn sobald sich eine bestimmte Menge dieser Gase gebildet hat, vereinigen sie sich unter Explosion wieder zu CO_2. In diesem Moment ist nämlich die Menge des noch vorhandenen Kohlendioxyds nicht mehr genügend, um das Gemenge von CO und O_2 derart zu verdünnen, daß keine Explosion eintreten könnte; die Explosionsgrenze war erreicht.

Kohlendioxyd läßt sich nicht weiter oxydieren, ist daher nicht brennbar und kann im allgemeinen die Verbrennung auch nicht unterhalten. Es gibt jedoch einige Stoffe, die ihm in der Hitze Sauerstoff entziehen; wird CO_2 gemischt mit Wasserstoff durch ein glühendes Rohr geleitet, so bilden sich Kohlenoxyd und Wasser; beim Leiten über glühenden Kohlenstoff oder beim Erhitzen mit Phosphor entsteht Kohlenoxyd. Wird brennendes Magnesiumband in CO_2 eingetaucht, so entsteht Metalloxyd unter Abscheidung von Kohlenstoff; das gleiche findet statt, wenn Kalium oder Natrium in trocknem Kohlendioxyd erhitzt werden.

181. Die wäßrige Lösung des Kohlendioxyds reagiert schwach sauer; man nimmt in ihr eine Verbindung H_2CO_3 an, von der man viele Salze kennt. Diese Säure, die Kohlensäure, hat jedoch im freien Zustande nicht isoliert werden können, da sowohl beim Kochen wie beim Gefrieren einer solchen Lösung gasförmiges CO_2 entweicht. Auch wenn man ihre Salze (Karbonate) mittels einer Säure zerlegt, erhält man keine Kohlensäure, denn das Produkt zerfällt augenblicklich in H_2O und CO_2. Kohlensäure ist sehr schwach; durch die meisten andren Säuren wird sie aus ihren Salzen in Freiheit gesetzt. Setzt man einem Karbonat z. B. Salzsäure zu, so gelangen in die Flüssigkeit H-Ionen, die sich mit den Ionen CO_3'' zu ungespaltenen Molekülen H_2CO_3 vereinigen. Diese zerfallen zu einem sehr großen Teil in H_2O und CO_2, welches letztere bei konstantem Druck nur zu einem bestimmten Betrage in der Flüssigkeit gelöst bleiben kann, so daß weitere Mengen gasförmig entweichen. Daher kann die Konzentration der Moleküle H_2CO_3 eine bestimmte und zwar niedrige Grenze nicht übersteigen und wird faktisch alles Karbonat durch die starke Säure zersetzt.

In der organischen Chemie kennt man eine große Menge Beispiele davon, daß die Einführung von Sauerstoff die Säuren stärker macht. Dadurch war es sehr auffällig, daß die Kohlensäure H_2CO_3, obwohl sie ein Sauerstoffatom mehr als Ameisensäure H_2CO_2 enthält, dennoch erheblich schwächer sein sollte.

Diese Anomalie ist durch die Hypothese zu erklären, daß nur ein sehr geringer Teil des Kohlendioxyds in wäßriger Lösung sich wirklich mit dem Wasser zu Molekülen H_2CO_3 vereinigt hat, während die Hauptmenge nur als solches gelöst ist. Hierdurch erklärt sich auch, daß Karbonate durch starke Säuren völlig zersetzt werden, wiewohl die Kohlensäure ziemlich stark sein könnte.

Auch eine andere sehr merkwürdige Erscheinung findet durch diese Hypothese ihre Erklärung, wodurch auch die wirkliche Stärke der Säure H_2CO_3 annähernd bestimmt werden konnte. Wenn nämlich Kalkwasser mit einem kleinen Überschuß von Kohlendioxydlösung gemischt wird, findet keine sofortige Neutralisation statt; denn Phenolphthalein, das alkalische Lösungen rot färbt, wird nur nach einigen Minuten entfärbt. Da aber Ionenreaktionen plötzlich verlaufen, so kann diese langsame Neutralisation nicht durch die Reaktion $Ca^{\cdot\cdot} + CO_3'' = CaCO_3$ bedingt sein, doch muß dadurch verursacht werden, daß CO_2 nur langsam in H_2CO_3 umgewandelt wird.

Eine genauere Prüfung dieser Reaktion zeigte nun, daß sehr kleine Mengen Kalkwasser, in einem großen Überschuß von CO_2-Lösung gebracht, sofort neutralisiert werden; daß jedoch bei Zunahme der Menge des Kalkwassers oberhalb einer gewissen Grenze, langsame Neutralisation begann. Es darf angenommen werden, daß die momentane Neutralisation durch die Moleküle H_2CO_3 und ihre Ionen bedingt wird. Dann aber gibt genannte Grenze die wirkliche Menge dieser Moleküle in der Lösung an; sie lag noch unterhalb 1%. Da anderseits die Ionisation von Kohlensäure durch Messung des elektrischen Leitvermögens einer wäßrigen Lösung von CO_2 bekannt ist, hat man die nötigen Daten zur Berechnung des Ionisierungsgrades der wirklichen Moleküle H_2CO_3. In dieser Weise wurde gefunden, daß die Stärke der Kohlensäure ungefähr die doppelte der Ameisensäure ist.

Die Karbonate der Alkalimetalle von der Formel M_2CO_3 (M-Metall) sind in Wasser mit alkalischer Reaktion löslich; sie sind teilweise hydrolysiert (**66**). Die Säure H_2CO_3 ist nämlich sehr wenig ionisiert, ihre Salze wie K_2CO_3 sehr weitgehend, wie die Gefrierpunktserniedrigung ihrer verdünnten wäßrigen Lösung lehrt. In einer solchen Lösung sind deshalb eine große Menge Karbonat-ionen CO_3'' vorhanden, die sich teilweise mit den H·-Ionen des Wassers vereinigen müssen, damit Gleichgewicht zwischen der Kohlensäure und ihren Ionen erreicht wird. Durch die Wegnahme der H·-Ionen wird eine neue Menge Wasser sich in Ionen spalten müssen. Dadurch entstehen eine gewisse Anzahl OH'-Ionen, deren Reaktion nicht durch eine äquivalente Menge H·-Ionen kompensiert wird, d. h. die Lösung zeigt alkalische Reaktion.

Die Karbonate der andren Metalle sind in Wasser unlöslich; die sauren Karbonate $MHCO_3$ (M-Metall) sind in Wasser größtenteils löslich; kohlensaures Calcium z.B. löst sich in kohlensäurehaltigem Wasser auf. Die Lösung solcher saurer Karbonate gibt jedoch bereits beim Kochen Kohlendioxyd ab, wobei sich die neutralen Karbonate M_2CO_3 abscheiden. Auch in festem Zustande geben die sauren Karbonate beim Erwärmen sehr leicht Kohlensäure ($CO_2 + H_2O$) ab.

Für die Ermittelung der Zusammensetzung des Kohlendioxyds ist in Verbindung mit dem **177** Gesagten noch von Bedeutung, daß keine Volumänderung eintritt, wenn man Kohlenstoff in überschüssigem Sauerstoff verbrennt:

$$C + \underset{1\ \text{Vol.}}{O_2} = \underset{1\ \text{Vol.}}{CO_2}.$$

Bei der Elektrolyse einer sehr konzentrierten Lösung von Kaliumkarbonat bei −30° bis −40° bildet sich bei hoher Stromdichte an der Anode ein Salz $K_2C_2O_6$, Kaliumperkarbonat. Seine wäßrige Lösung gibt mit neutraler Jodkaliumlösung sofort Jodausscheidung. Durch diese Reaktion unterscheidet es sich von H_2O_2, das in verdünnter Lösung nur langsam J frei macht.

Einige andere Kohlenstoffverbindungen.

182. Vom Cyangas $(CN)_2$, dessen Darstellung und Eigenschaften in der „Org. Ch." *260* beschrieben worden sind, sei hier nur der Prozeß seiner Verbrennung angeführt. Es verbrennt mit purpurrot gesäumter Flamme:

$$C_2N_2 + 2O_2 = 2CO_2 + N_2;$$

die Reaktion ist indessen nicht trimolekular, wie obige Gleichung mutmaßen läßt, sondern in ihrem ersten Stadium bimolekular:

$$C_2N_2 + O_2 = 2CO + N_2.$$

Dies wurde von Dixon bei der Explosion von Gemischen von Cyangas und Sauerstoff mittels der Fortpflanzungsgeschwindigkeit dieser Explosion bewiesen. Bringt man explosive Gasgemische in ein langes Rohr und leitet ihre Explosion am einen Ende ein (z. B. durch einen elektrischen Funken), so entsteht eine Flamme, die sich mit einer gewissen Geschwindigkeit im Rohr fortpflanzt. Es ist gelungen, sie zu messen. Berthelot nannte diese fortschreitende Flamme die Explosionswelle. Die Versuchsanordnung Dixons war folgende: Er mischte 1 Vol. Cyangas mit 1 Vol. Sauerstoff; es bildeten sich Kohlenoxyd und Stickstoff und die Geschwindigkeit der Explosionswelle betrug 2728 m in der Sekunde.

Mischte er jedoch einerseits 1 Vol. Cyangas mit 2 Vol. Sauerstoff, anderseits 1 Vol. Cyangas mit 1 Vol. Sauerstoff und 1 Vol. eines indifferenten Gases, so war die Geschwindigkeit der Explosionswelle in beiden Fällen nahezu gleich, nämlich 2321 m und 2398 m in der Sekunde. Daraus geht hervor, daß das zweite Volum Sauerstoff gerade so wie das indifferente Gas hinsichtlich der Explosionswelle nur als Verdünnungsmittel gewirkt hat. Hieraus kann der Schluß gezogen werden, daß auch bei überschüssigem Sauerstoff in der Explosionswelle selbst nur Kohlenoxyd und Stickstoff gebildet werden. Da sich aber nach der Explosion im Rohr nur Kohlendioxyd und Stickstoff vorfanden, muß die Bildung des Kohlendioxyds einer sekundären Verbrennung von Kohlenoxyd zugeschrieben werden.

Blausäure oder Cyanwasserstoffsäure HCN und ihre Salze sind wichtig für die anorganische Chemie wegen der zahlreichen komplexen Salze, die sie bilden; viele von ihnen, namentlich die alkalihaltigen, sind in Wasser löslich und kristallisieren sehr schön (siehe **311**).

Von ihren Salzen sind die der Alkalimetalle, Erdalkalimetalle und außerdem Merkuricyanid in Wasser löslich, die andren unlöslich.

Die Flamme.

183. Eine Flamme bildet sich, wenn ein Gas verbrennt; feste Körper, wie Eisen, Kohlenstoff u. a., verbrennen ohne Flamme nur unter Glühen. Wird beim Verbrennen von Steinkohle, einer Stearinkerze usw. eine Flamme wahrgenommen, so ist dieselbe durch die gasförmigen Zersetzungsprodukte, die sich beim Erhitzen bilden, hervorgerufen. Gas, das an der Luft verbrennt, heißt brennbar; den Sauerstoff der Luft bezeichnet man als das die Verbrennung unterhaltende Agens. Diese Ausdrucksweise bedarf einer Einschränkung; man kann auch Sauerstoff, der in ein mit einem brennbaren Gase gefülltes Gefäß geleitet ist, entzünden und mit einer Flamme weiterbrennen lassen. Diesen Vorgang bezeichnet man als eine umgekehrte Flamme.

Man kann diese mittels der in Fig. 45 abgebildeten Vorrichtung leicht erhalten: Ein weitbauchiger Lampenzylinder wird auf einen doppelt durchbohrten Kork aufgesetzt. Durch die engere Bohrung des letzteren geht ein Glasröhrchen *a* zur Zuführung des Gases, durch die weitere ein Metallrohr *b* für die Luftzufuhr. Man hebt den Zylinder ab, entzündet das aus dem Rohr *a* strömende Gas und läßt es mit kleiner Flamme brennen. Dann wird der Lampenzylinder wieder aufgesetzt; das Flämmchen brennt ruhig fort, da durch das weitere Rohr genügend Luft eintritt. Wird nun die Gaszufuhr langsam verstärkt, so verschwindet in einem bestimmten Moment das Gasflämmchen aus *a*, und es erscheint dafür eine große fahle Flamme an *b*, die in dem völlig mit Leuchtgas gefüllten Zylinder weiter brennt. Dies ist die umgekehrte Flamme in der Leuchtgasatmosphäre; wird auch das aus der oberen Zylinderöffnung austretende überschüssige Leuchtgas entzündet, so veranschaulicht der Apparat im Innern eine umgekehrte oder Luftflamme und oben eine gewöhnliche Flamme zugleich. Daß an der Mündung von *b* wirklich Luft brennt, zeigt sich, wenn man ein aus dem Rohr *c* brennendes sehr kleines Gasflämmchen in die Luftflamme des weiten Rohres *b* einführt; es brennt darin ruhig fort.

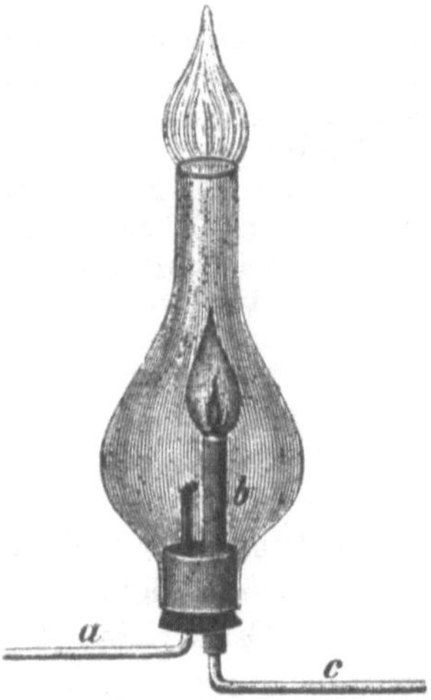

Fig. 45. Umgekehrte Flamme.

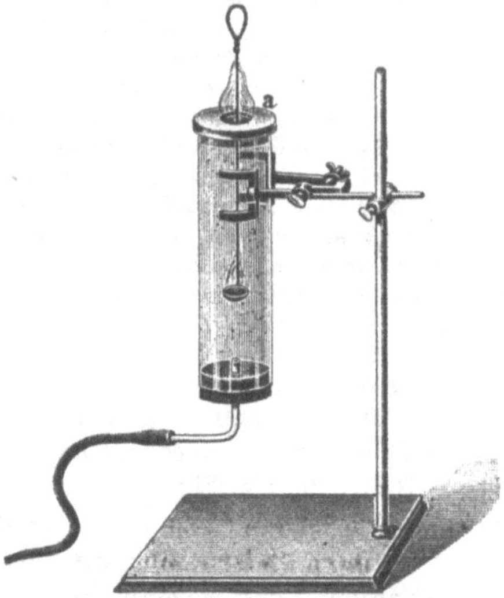

Fig. 46. Verbrennung von chlorsaurem Kalium in Leuchtgas.

Stoffe, die Sauerstoff entwickeln, sind in Leuchtgas brennbar. Für chlorsaures Kalium kann man dies in folgender Weise vorführen: In einen unten durch einen Kork verschlossenen Glaszylinder (Fig. 46) wird mittels eines durch den Kork geführten Rohres Leuchtgas eingeleitet; das am oberen Ende durch die Öffnung des Blechdeckels *a* ausströmende Gas wird entzündet. Man bringt nun mittels eines eisernen Löffelchens ein wenig $KClO_3$ in die Flamme und erhitzt es bis zur lebhaften Sauerstoffentwicklung. Wenn man das Löffelchen alsdann durch die Öffnung in die Gasatmosphäre einsenkt, so verbrennt das Kaliumchlorat mit blauviolett gefärbter Flamme darin.

Wir wissen (27), daß Wasserstoff in Chlor unter Bildung von Chlorwasserstoff HCl weiterbrennt; umgekehrt kann man auch Chlor in Wasserstoff verbrennen. Hierzu füllt man einen oben geschlossenen Zylinder mit Wasserstoff und entzündet den Wasserstoff am unteren Rande. Man bringt nun ein Rohr, aus dem Chlor strömt, mit dieser Flamme in Berührung und sodann in den Zylinder. Das Chlor brennt in dem Wasserstoff ruhig weiter.

184. Flammen sind leuchtend oder nichtleuchtend. Eine Flamme ist leuchtend, wenn feste Teilchen in ihr vorhanden sind. Eine gewöhnliche Gasflamme leuchtet dadurch, daß in der Flamme unverbrannte Kohleteilchen zum Glühen gebracht werden. Hält man in eine hellleuchtende Flamme einen kalten Gegenstand, so setzt sich auf demselben Kohlenstoff in Form von Ruß ab. Beim Auerschen Gasglühlicht wird das Leuchten durch den aus dem Glühkörper bestehenden Strumpf (**296**) erzielt, welcher durch die Flamme zum Glühen erhitzt wird.

Viele Gase, die bei der Verbrennung nur gasförmige Stoffe entstehen lassen, leuchten gar nicht oder nur sehr schwach; so Wasserstoff, Kohlenoxyd u. a. Wird Wasserstoff jedoch mit Sauerstoff unter 20 Atmosphären Druck komprimiert, so ist seine Flamme stark leuchtend. Andre glühende Gase, z. B. die Dämpfe einiger Metalle, können eine Flamme auch bei gewöhnlichem Druck leuchtend machen, und zwar erteilen sie derselben eine für das Metall charakteristische Färbung.

Wird in das Innere einer Leuchtgasflamme, deren Lichtentwicklung von glühenden Kohleteilchen herrührt, genügend Luft geleitet, so wird sie entleuchtet und verbrennt unter hoher Wärmeentwicklung ohne Ruß abzusetzen. Darauf beruht die Konstruktion des Bunsenbrenners (Fig. 47), der im Laboratorium zu Heizzwecken gebraucht wird. Die Brennerformen der Gasheizungsapparate sind mit zweckentsprechenden Änderungen fast durchgehends nach dem Prinzip des Bunsenbrenners konstruiert.

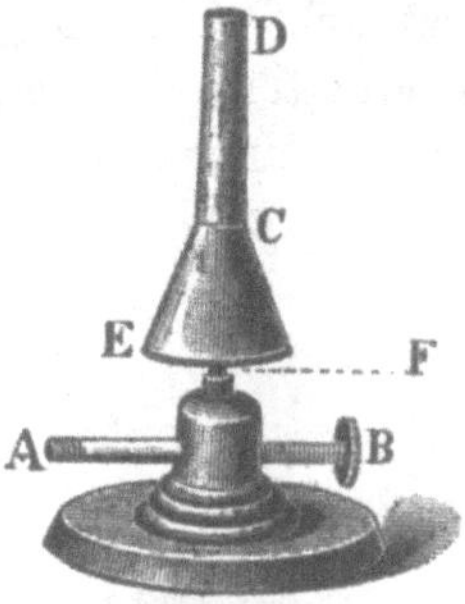

Fig. 47.
Bunsen-Teclu-Brenner.

Das Leuchtgas wird durch ein auf einem Fuße befestigtes Rohr *A* zugeführt; durch die Schraube *B* läßt sich die Gaszufuhr regulieren. Das Gas strömt durch eine enge Mündung in die unten konisch erweiterte Röhre *ECD*, die durch eine Platte *E* abgeschlossen ist. Dieselbe läßt sich entlang *F* herunterschrauben, wodurch der Zutritt von Luft ermöglicht und regulierbar wird. Das Gas mengt sich in der Röhre mit Luft und verbrennt an der Röhrenöffnung *D* mit heißer farbloser Flamme.

Man war anfangs der Meinung, daß die Entfärbung der Flamme nur dem Sauerstoff der Luft zuzuschreiben sei, der die vollständige Verbrennung der Kohleteilchen bewirke. Doch spielt hierbei, wie sich später herausgestellt hat, auch die Verdünnung des verbrennenden Gases durch den Stickstoff eine Rolle; vermischt man Leuchtgas mit dem zwei- bis dreifachen Volum Stickstoff, so brennt es ebenfalls mit farbloser Flamme.

Durch ein engmaschiges Drahtnetz läßt sich ein brennendes Gasgemisch so weit abkühlen, daß die Flamme sich nicht über dasselbe hinaus fortzusetzen vermag. Läßt man aus einem Bunsenbrenner Gas unentzündet strömen und hält quer über die Brennermündung in einigem Abstand ein Drahtnetz, so läßt sich über dem Drahtnetz das Gas entzünden, ohne daß die Flamme nach unten zur Brennermündung zurückschlägt (siehe Fig. 48).

Auf der abkühlenden Wirkung des Drahtnetzes beruht die von Davy erfundene Sicherheitslampe der Bergleute (Fig. 49). Über dem zur Aufnahme des Brennstoffes befindlichen Behälter befindet sich bei der jetzigen Konstruktion derselben ein Zylinder aus geschliffenem dicken Glas und darüber ein doppeltes Drahtgewebe. Die Verfärbung der Flamme zeigt dem Bergmann das Vorhandensein von Grubengas an und mahnt ihn, sich in Sicherheit zu bringen, bevor die Flamme das Drahtgewebe so stark erhitzt hat, daß die Schlagwetter außerhalb des Drahtgewebes entzündet werden.

185. Die Temperatur der Flamme ist sehr verschieden und hängt hauptsächlich von der Natur des verbrennenden Stoffes ab; sie ist niedriger, als man vermutet. Bei der Verbrennung von Wasserstoff in Sauerstoff z. B. werden von je 18 g des Gemisches 57·2 kg-Kalorien gebildet. Da die spez. Wärme des Wasserdampfes 0·48 beträgt, sollte diese Wärmemenge die 18 g Wasserdampf auf eine Temperatur von $\frac{57\cdot 2}{0\cdot 018\,.\,0\cdot 48} = 6600^0$ bringen. In Wirklichkeit steigt die Temperatur der Flamme nicht viel über 2000°. Diese Differenz zwischen Berechnung und Beobachtung wird dadurch verursacht, daß infolge der Dissoziation in jedem Punkte der Flamme nur eine teilweise Verbindung von Wasserstoff und Sauerstoff zustande kommt. Man würde in der Tat an einem Punkte die Temperatur von

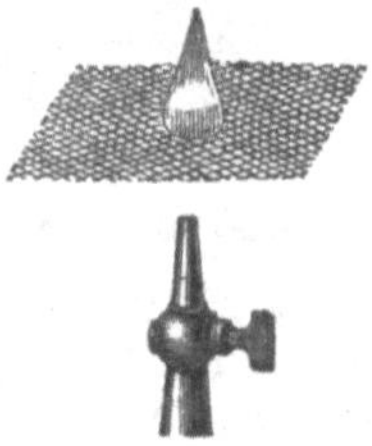

Fig. 48. Wirkung eines Drahtnetzes auf die Flamme.

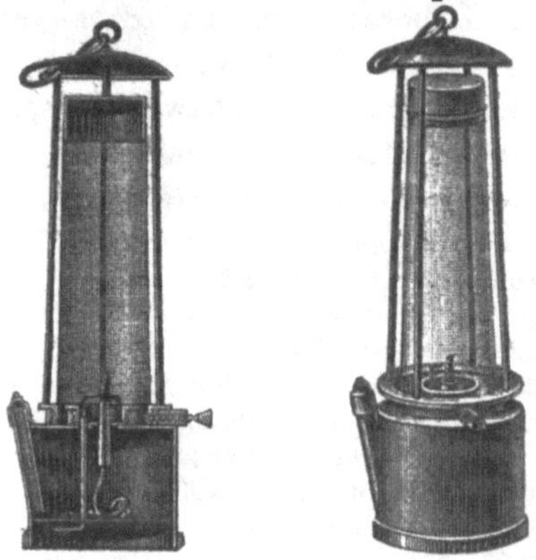

Längsschnitt. Gesamtansicht.
Fig. 49. DAVYS Sicherheitslampe (Wetterlampe).

6600° erhalten, wenn die Gase sich an diesem Punkte völlig und augenblicklich verbänden; aber dies ist nicht möglich, denn oberhalb etwa 1300° ist das Zustandekommen der Verbindung begrenzt durch den entgegengesetzten Prozeß, die Dissoziation des Wasserdampfes. Demnach muß folgendes eintreten: Sauerstoff und Wasserstoff, an der Ausströmungsöffnung zusammengebracht, verbinden sich und bewirken eine bestimmte Temperaturerhöhung. In dem Maße, wie sich das im Gleichgewicht befindliche System Wasserstoff, Sauerstoff, Wasserdampf bei seiner Weiterbewegung abkühlt, verbindet sich eine neue Menge der Gase. Ihre Vereinigung kann also nicht an einem Punkte erfolgen, sondern erst allmählich über die ganze Ausdehnung der Flamme hin: die Temperatur kann nicht an jedem

Punkte die durch den Dissoziationsgrad des Verbrennungsproduktes bestimmte Grenze überschreiten.

186. Zonen einer leuchtenden Flamme. Nehmen wir als Beispiel eine ruhig brennende Kerzenflamme. Sie besteht aus drei sich umhüllenden Zonen. Im dunklen Kern der Flamme (Zone 1 der schematischen Zeichnung Fig. 50) findet keine Verbrennung statt. Durch die Hitze der übrigen Flammenteile wird hier das Stearin der Kerze in flüchtige brennbare Produkte verwandelt. Bei einer großen Kerze kann man dies auf die aus Fig. 50 ersichtliche Weise zeigen. Aus dem Gasröhrchen steigen die unverbrannten Gase des Kernes auf und können entzündet werden. Daß das Innerste einer Flamme kalt ist, läßt sich in verschiedener Weise dartun; bei einem Bunsenbrenner z. B. dadurch, daß sich der Kopf eines Zündholzes in dasselbe bringen läßt, ohne sich zu entzünden, oder dadurch, daß man einen sehr dünnen Platindraht quer in die Flamme hält: der Draht gerät nur an den Rändern der Flamme ins Glühen. Der aus unverbrannten Gasen bestehende Kern ist von einer leuchtenden Hülle (2) umgeben. Hier werden die verflüchtigten Verbindungen unter Abscheidung von Kohlenstoff zersetzt: durch den ungenügenden Zutritt der Luft ist die Verbrennung jedoch noch unvollkommen. Die festen Kohlenstoffteilchen werden zum Glühen erhitzt, strahlen dabei Licht aus und bewirken das Leuchten der Flamme. Die Verbrennung der glühenden Kohlenstoffteilchen vollzieht sich an dem äußeren, schwach bläulich leuchtenden Flammensaume (3) durch den Sauerstoff der umgebenden Luft.

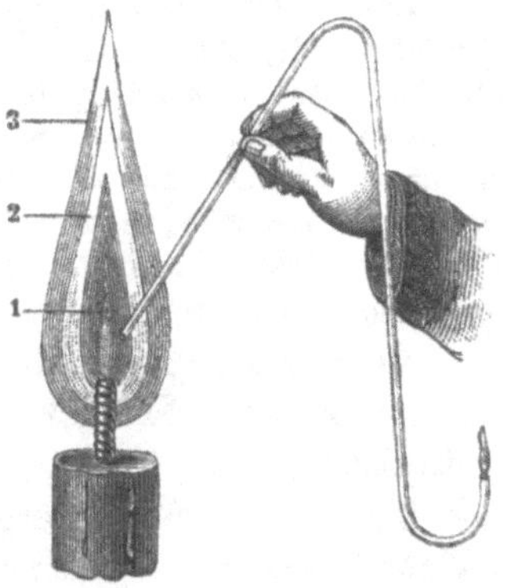

Fig. 50. Zonen einer leuchtenden Flamme.

Die Menge festen Kohlenstoffes, die in einer Flamme zum Glühen gelangt und dadurch Licht ausstrahlt, ist sehr gering, wie die folgende Rechnung lehrt. Die Stoffe, die sich in brennendem Leuchtgase unter Kohlenstoffabscheidung zersetzen, sind vornehmlich Benzol und Äthylen. Von ersterem enthält das Leuchtgas ca. 1, von letzterem ca. 4 Volumprozente. Nimmt man an, es werde das Benzol völlig und das Äthylen zur Hälfte zerlegt, so ist die gesamte Kohlenstoffmenge, die von 1 Liter brennenden Leuchtgases abgeschieden wird, ca. 54 mg. Das Volum des leuchtenden Teiles einer Gasflamme mit 150 Liter Gasverbrauch in der Stunde beträgt ungefähr 2 ccm (reduziert auf 0°), so daß darin nur $\frac{2 \times 54}{1000}$, d. h. ungefähr 0·1 mg festen glühenden Kohlenstoffes vorhanden ist.

Silicium.

187. Dieses Element bildet, gebunden an Sauerstoff, einen der Hauptbestandteile der Erdrinde (8). Im freien Zustande kommt es auf der Erde nicht vor, sondern ausschließlich nur als Kieselsäureanhydrid SiO_2 und in Form kieselsaurer Salze (Silikate). Sand, Quarz, Bergkristall, Amethyst u. a. sind verschiedene Formen des natürlichen Siliciumdioxyds; die Anzahl der Silikate ist sehr groß.

Silicium wird beim Glühen von Natriumsilikofluorid Na_2SiF_6 mit Natrium erhalten:

$$Na_2SiF_6 + 4Na = 6NaF + Si,$$

oder durch die Einwirkung von Siliciumflorid SiF_4 auf erhitztes Natrium:

$$4Na + SiF_4 = 4NaF + Si.$$

Das Natriumfluorid läßt sich durch Auswaschen mit Wasser entfernen.

Eine andre, weit bequemere Methode ist folgende: Man mischt 400 g Aluminiumfeile, 500 g Schwefel mit 360 g Quarzsand (SiO_2). Diese Mischung läßt sich durch eine Zündpille anstecken und brennt dann mit großer Flamme ab. Die nach dem Abbrennen im Tiegel zurückbleibende weißglühende Masse besteht wesentlich aus Aluminiumsulfid und Silicium. Nach dem Abkühlen bringt man sie in verdünnte Salzsäure, welche das Sulfid zersetzt, während Silicium zurückbleibt (Verfahren von Kühne).

Allotrope Modifikationen. Das nach dem zuerst genannten Verfahren gewonnene amorphe Silicium bildet ein braunes Pulver; es läßt sich unter einer Schicht geschmolzenen Kochsalzes schmelzen und kristallisiert beim Erkalten. In dieser Form wird es am leichtesten nach Kühnes Verfahren erhalten. Die Kristalle sind regulär, schwarz und stark glänzend. Erhitzt man Silicium im elektrischen Ofen, so verdampft es und kondensiert sich in Kügelchen.

Chemische Eigenschaften. Silicium verbrennt, an der Luft erhitzt, nur bei sehr hoher Temperatur zu Siliciumdioxyd SiO_2. Mit Fluor vereinigt es sich ohne äußere Erwärmung unter Feuererscheinung, mit Chlor bei gelindem Erwärmen. Beim Erhitzen mit verschiedenen Metallen bildet es Silicide; solche sind von Moissan im elektrischen Schmelzofen durch Erhitzen der betreffenden Metalloxyde dargestellt worden.

Von Schwefel-, Salpeter- oder Salzsäure wird es nicht angegriffen; in Flußsäure löst es sich jedoch unter Wasserstoffentwicklung. In heißer Kali- oder Natronlauge löst es sich unter Wasserstoffentwicklung und Bildung von Silikat:

$$Si + 2KOH + H_2O = K_2SiO_3 + 2H_2.$$

Siliciumwasserstoffe (Silane).

188. Zur Darstellung dieser Verbindungen, die die allgemeine Formel Si_nH_{2n+2} haben, geht man nach Stock am besten von Magnesiumsilicid aus, das durch Erhitzen von 2 Gewichtsteile Magnesium mit 1 Gewichtsteil Siliciumdioxyd (geglühtes Kieselsäurehydrat) erhalten wird. Dieses Silicid wird in nicht zu verdünnte Salzsäure eingetragen, die auf etwa 50° erwärmt ist. Es entwickelt sich ein Gas das, neben Wasserstoff, Silane enthält. Letztere werden durch Abkühlen mit flüssiger Luft kondensiert und durch fraktionierte Destillation bei sehr niedriger Temperatur im Vakuum getrennt.

Quantitativ vorherrschend im Gemisch der Silane ist das Monosilan SiH_4, eine Verbindung die schon lange unter den Namen „Siliciumwasserstoff“ bekannt war. Bei gewöhnlicher Temperatur ist es ein Gas mit einem ziemlich schwachen, dumpfen Geruch das, verdichtet, bei − 112° siedet und bei − 185° erstarrt. Bei Zimmertemperatur ist es sehr beständig. An der Luft fängt es mit lautem Knall Feuer unter Abscheidung brauner Flocken. Durch Wasser wird es langsam, durch Laugen rascher unter Wasserstoffentwicklung und Bildung von Silicaten zersetzt:

$$SiH_4 + 2NaOH + H_2O = Na_2SiO_3 + 4H_2 .$$

Stock isolierte aus dem Gemisch auch das Disilan Si_2H_6 (Siedepunkt −15°), Trisilan Si_3H_8 (Siedepunkt +53°) und Tetrasilan Si_4H_{10} (Siedepunkt 80—90°); jedoch enthält es auch noch höhere Verbindungen in kleiner Menge. Die Eigenschaften all dieser Silane sind im wesentlichen dieselben wie die des Monosilans jedoch werden die Glieder um so unbeständiger, je mehr Si-Atome sie enthalten; so zersetzt sich das Tetrasilan bereits bei Zimmertemperatur ziemlich rasch.

Verbindungen des Siliciums mit Halogenen.

189. Siliciumchlorid, Chlorsilicium $SiCl_4$ wird bereitet durch Erhitzen von Silicium im Chlorstrom auf 300—310°. $SiCl_4$ ist eine farblose Flüssigkeit vom spez. Gewicht 1·5241 bei 0°, die bei 59·57° siedet. Von kaltem Wasser wird es sofort unter Bildung von HCl und $SiO_2 \cdot aq$ zersetzt.

Siliciumchloroform $SiHCl_3$ wird in kleiner Menge, neben viel $SiCl_4$, erhalten durch Erhitzen von Si im Chlorwasserstoffstrom; es ist eine farblose, stark riechende Verbindung, die an der Luft raucht, bei 34° siedet und durch Wasser zersetzt wird.

Zur Darstellung größerer Mengen der Siliciumchloride ließ Martin 143 kg Chlor bei ca. 300° über 50 kg 50%iges Ferrosilicium streichen und erhielt dabei 54 kg Chloride, zum größten Teil aus $SiCl_4$ bestehend. Durch fraktionierte Destillation gewann er aus dem Rohprodukt 3 kg Si_2Cl_6, 200 g Si_3Cl_8 und 20 g höhere Chloride. Durch Wasser werden alle diese Produkte leicht zersetzt, im Gegensatz zu den entsprechenden Kohlenstoffverbindungen, die gegen Wasser sehr resistent sind. Si_2Cl_6 brennt in Chlorgas, dabei $SiCl_4$ liefernd. Hierdurch erklärt es sich, daß letztere Verbindung im Rohprodukt so stark vorherrscht. Si_2C_6 schmilzt bei − 1° und siedet bei 145°.

Siliciumfluorid SiF_4 erhält man beim Übergießen eines Gemenges von Quarzsand und Calciumfluorid mit konzentrierter Schwefelsäure:

$$2CaF_2 + SiO_2 + 2H_2SO_4 = SiF_4 + 2CaSO_4 + 2H_2O .$$

Es ist ein farbloses Gas von sehr stechendem und erstickendem Geruch, das sich unter 9 Atmosphären Druck oder beim Abkühlen auf -160^0 verdichtet. SiF_4 greift vollkommen trocknes Glas nicht an.

SiF_4 entsteht auch bei der Einwirkung von Fluorwasserstoff auf Silikate. Hierauf beruht seine Anwendung beim Ätzen des Glases (**53**).

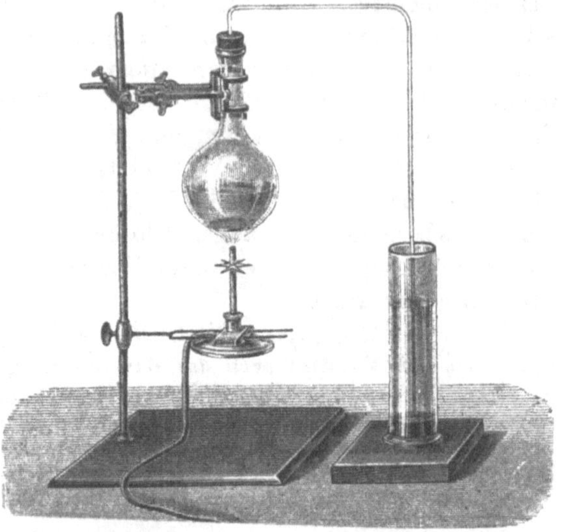

Fig. 51. Darstellung von Siliciumfluorwasserstoffsäure.

Durch längeres Eindampfen von Silikaten mit wäßriger Flußsäure läßt sich die gesamte Kieselsäure in Form von SiF_4 verflüchtigen. Die Metalle, welche an die Kieselsäure gebunden waren, bleiben dabei als Fluoride zurück. Durch Erwärmen mit Schwefelsäure werden letztere in Sulfate verwandelt und eignen sich dann zur Analyse. Es ist dies ein sehr brauchbares Mittel, um die in den Silikaten vorhandenen Metalle zu bestimmen.

Von Wasser wird Siliciumfluorid in folgender Weise zersetzt:

$$3SiF_4 + 3H_2O = H_2SiO_3 + 2H_2SiF_6.$$

Die Verbindung H_2SiF_6 heißt Siliciumfluorwasserstoffsäure; sie ist nur in wäßriger Lösung bekannt. Dampft man diese ein, so entweicht SiF_4 und HF bleibt in Lösung, wenn dieselbe konzentriert ist. Beträgt ihre Konzentration 13·3% H_2SiF_6, so enthält der Dampf gerade 2HF auf $1SiF_4$, so daß dann scheinbar Siliciumfluorwasserstoffsäure als solche flüchtig ist. Verdünnte Lösungen entwickeln beim Erhitzen einen Dampf, der viel mehr HF enthält. Wird daher eine konzentrierte Lösung von H_2SiF_6 teilweise verdampft, so kann der Rückstand SiO_2 auflösen, weil er freie Flußsäure enthält. Anderseits wird eine verdünnte Lösung von H_2SiF_6, nach teilweiser Verdampfung, einen Rückstand hinterlassen, aus dem sich SiO_2aq ausscheidet, weil er einen Überschuß an SiF_4 enthält, das gemäß obiger Gleichung durch Wasser ersetzt wird.

Die Zersetzung von SiF_4 durch Wasser wird gewöhnlich durch den folgenden Versuch gezeigt. In dem Kolben (Fig. 51) wird in der beschriebenen Weise SiF_4 entwickelt. Dieses wird durch ein zweimal rechtwinkelig umgebogenes Glasrohr in einen Zylinder geleitet, in welchem sich unten ein wenig Quecksilber (unter welchem das Rohr mündet) und über diesem Wasser befindet. Jede Gasblase, welche aus dem Quecksilber in das Wasser tritt, erzeugt darin einen Nebel von $SiO_2 \cdot aq$. Würde das Glasrohr direkt in Wasser münden, so würde es bald durch die Kieselsäure verstopft werden.

Die Lösung der Siliciumfluorwasserstoffsäure reagiert sauer; sie löst Metalle unter Wasserstoffentwicklung auf und verhält sich demnach völlig wie eine Säure. Ein Hydrat $H_2SiF_6 + 2\,aq$ ist im festen Zustande bekannt. Es schmilzt bei 19°; man erhält es durch Einleiten von SiF_4 in die konzentrierte wäßrige Lösung von Fluorwasserstoffsäure. Die meisten Salze der Siliciumfluorwasserstoffsäure sind in Wasser löslich; das Kaliumsalz ist schwer, das Bariumsalz nicht löslich. Die Siliciumfluorwasserstoffsäure wird zum Härten von Gipsgegenständen (dies beruht wahrscheinlich auf der Bildung von CaF_2), sowie bei analytischen Arbeiten angewendet.

Verbindungen des Siliciums mit Sauerstoff.

190. Man kennt mit Sicherheit nur eine solche Verbindung, Siliciumdioxyd, Kieselerde oder Kieselsäureanhydrid.

Siliciumdioxyd SiO_2 (Kieselerde).

Kieselerde kommt in beträchtlichen Massen und in einer großen Anzahl von Varietäten in der festen Erdrinde vor; in kristallisierter Form als Quarz und Bergkristall, dessen bräunlich gefärbte Varietät Rauchtopas und dessen violett gefärbte Amethyst (die großkristallisierten Varietäten werden als Schmucksteine verwendet) heißt, als Tridymit, Onyx, Katzenauge. Quarz ist der Hauptbestandteil des Sandes und des Sandsteines; auch der durch Eisenoxyd rotgefärbte im Bruche muschelige Jaspis gehört hierher. Die amorphen Modifikationen sind zum Teil wasserhaltig, zum Teil wasserfrei; zu den ersteren gehört Opal, zu den letzteren Achat.

Amorphes SiO_2 kann durch Glühen der Kieselsäure als weißes Pulver erhalten werden.

Physikalische Eigenschaften. Im kristallisierten Zustande ist SiO_2 sehr hart, unlöslich in Wasser und hat das spez. Gewicht 2·6. Es ist nur sehr schwer schmelzbar; in dem Knallgasgebläse kann man es zu einer zähen Flüssigkeit schmelzen, die sich zu dünnen elastischen Fäden ausziehen läßt, welche ein sehr großes Tragvermögen haben und sehr regelmäßig tordieren. Man verwendet sie deshalb bei physikalischen Instrumenten zum Aufhängen von Magneten usw. Im elektrischen Ofen kann SiO_2 zum lebhaften Sieden gebracht werden; die Dämpfe kondensieren sich als wollige Flocken.

Quarz hat in seiner glasigen Modifikation einen sehr kleinen Ausdehnungskoeffizienten, nur ca. $^1/_{17}$ von dem des Platins; wegen dieser außerordentlich geringen Wärmeausdehnung ist glasiges SiO_2 gegen plötzliche und starke Temperaturänderungen sehr widerstandsfähig. Man verwendet deshalb SiO_2 zur Herstellung von Gefäßen für chemische Zwecke, da es auch in allen gewöhnlichen Flammen unschmelzbar ist und nur durch metallische Oxyde bei hoher Temperatur angegriffen wird. Es ist aber erst nach Überwindung vieler Schwierigkeiten gelungen, solche Hohlgefäße aus geschmolzenem Quarz (Kieselglas, Quarzglas) herzustellen. Sie können, zur hellen Rotglut erhitzt, in kaltes Wasser, ja sogar in flüssige Luft eingetaucht werden, ohne zu springen. Quarzglas ist für ultraviolette Strahlen durchlässig, gewöhnliches Glas nicht.

Chemische Eigenschaften. Besonders im kristallisierten Zustande wird SiO_2, außer von HF (**189**) und von schmelzendem HPO_3, von Säuren sehr wenig angegriffen. Von schmelzenden Alkalien wird es unter Bildung von Alkalisilikaten gelöst. Im elektrischen Ofen ist es durch Kohle reduzierbar, wobei CSi, Karborundum, (**176**) entsteht. Auch durch Erhitzen mit Magnesium läßt es sich reduzieren (**188**).

Kieselsäure.

191. Beim Zersetzen einer verdünnten wäßrigen Lösung von Kalium- oder Natriumsilikat (*Wasserglas*) mit Salzsäure scheidet sich eine bröcklige, gallertartige Masse ab; dieselbe besteht aus wasserhaltiger Kieselsäure, entsprechend der allgemeinen Formel SiO_2 aq. Mit Wasser ausgewaschen und an der Luft getrocknet stellt sie ein feines, weißes Pulver dar von der ungefähren Zusammensetzung H_2SiO_3. Frisch gefällte Kieselsäure ist in Wasser wenig, etwas mehr in verdünnter Salzsäure löslich.

Die Zersetzung von $SiCl_4$ durch Wasser ist ein sehr geeignetes Mittel, eine klare Lösung von Kieselsäure zu erhalten. Man leitet dazu die Dämpfe, mit Luft gemischt, in kaltes Wasser und entfernt die gleichzeitig gebildete Salzsäure durch Dialyse (**192**). Man kann analog wie bei dem Übergang von PCl_5 in Phosphorsäure (**143**) die Verbindung $Si(OH)_4$ als die Grundform ansehen, von der sich die übrigen Kieselsäuren ableiten. Ihre Zusammensetzung wird durch die allgemeine Formel $m\,Si(OH)_4 - n\,H_2O$ ausgedrückt.

Polykieselsäuren oder Polysiliciumsäuren sind zwar noch nicht isoliert worden, wohl aber sind viele Salze und Doppelsalze bekannt, welche als Mineralien vorkommen, die sich von ihnen ableiten.

Die kieselsauren Salze von Kalium und Natrium sind in Wasser löslich, die der übrigen Metalle unlöslich, ebenso die meisten Doppelsilikate der Alkalien.

Siliciumverbindungen andrer Elemente.

Schwefelsilicium SiS_2 entsteht, wenn über ein Gemisch von Kohle und SiO_2 bei Glühhitze Dampf von Schwefelkohlenstoff geleitet wird. Es bildet lange seidenglänzende Nadeln, welche durch Wasser in $SiO_2 \cdot aq$ und in H_2S zerlegt werden.

Siliciumnitride SiN, Si_2N_3, Si_3N_4 entstehen durch direkte Vereinigung der Elemente bei hoher Temperatur; es sind unschmelzbare, amorphe Substanzen. Dieselbe Beschaffenheit hat das Silicodiimid $Si(NH)_2$, das durch Einwirkung von Ammoniak auf $SiCl_4$ erhältlich ist. (Über Metallsilicide siehe 187.)

Über Kolloide.

192. Wir sahen oben, daß Salzsäure die Kieselsäure in gallertartiger Form aus einer Lösung von Wasserglas ausfällt.

Gibt man aber umgekehrt zu überschüssiger Salzsäure Wasserglas, so bleibt die Kieselsäure in Lösung und kann von dem gleichzeitig gebildeten Natriumchlorid nach einem Verfahren, daß Dialyse genannt wird und von Graham erfunden wurde, befreit werden. Die Dialyse beruht auf dem Prinzip, daß kristallisierbare Stoffe (Kristalloide) in wäßriger Lösung leicht durch gewisse Membrane diffundieren, der Kristallisation nicht fähige Stoffe, die sogenannten Kolloide (von κόλλα, Leim), dagegen nur sehr langsam oder gar nicht. Zu den letzteren gehören Leim, Gummi, Gelatine, Eiweiß, kurz viele amorphe Stoffe, die im Pflanzen- und Tierreich vorkommen.

Der Apparat, der zur Dialyse angewandt wird, heißt Dialysator. Meistens benutzt man dazu jetzt Schläuche aus Pergamentpapier, die in beliebiger Größe in dem Handel zu haben sind. Ein solcher Schlauch wird erst einige Stunden in reines Wasser gelegt, um ihn auszuwaschen. Nachdem die zu dialysierende Flüssigkeit in den Schlauch gegossen ist, wird derselbe in U-Form in ein Becherglas gehängt, so daß die beiden Enden herausragen, und das Becherglas mit Wasser gefüllt. Dieses Wasser wird öfters erneut; oder noch besser, man läßt es in langsamem Strom durchfließen. Die Kristalloide diffundieren durch die Wand vom Pergamentpapier, das Kolloid bleibt rein im Schlauch zurück. Anstatt Pergamentpapier kann man auch Kollodion mit vielem Vorteil benutzen, da die Dialyse dann erheblich schneller stattfindet.

Durch spätere Untersuchungen wurde die Anzahl der Kolloide d. h. der Substanzen mit geringem Diffusionsvermögen sehr vermehrt. Man gelangte zur Einsicht, daß der kolloide Zustand nicht bestimmten Verbindungen eigen ist, sondern daß allerlei Stoffe, auch die Kristalloide, durch geeignete Behandlung kolloid gemacht werden können. Daher betrachtet man jetzt den kolloiden Zustand als eine allgemeine Eigenschaft der Materie. Ebenso wie man Stoffe im festen, flüssigen oder gasförmigen Zustand kennt, kann man sie auch in einen kolloiden Zustand bringen. Es fragt sich nun zunächst, auf welche Weise man dies erreichen kann.

Im allgemeinen kann man sagen, daß jeder Vorgang, der zu sehr feiner Verteilung irgendeines Stoffes führt, als Darstellungsmethode eines Kolloids dienen kann, wobei jedoch geringe Löslichkeit des Teilchens in dem umgebenden Medium erforderlich ist.

Man kann erstens durch einfaches Zusammenbringen von Substanzen, wie Leim, Stärke usw. mit Wasser, Kolloide darstellen. Es tritt hier keine eigentliche Lösung, sondern nur eine Quellung ein. Infolge seiner Löslichkeit in Wasser läßt sich von Kochsalz kein wäßriges Kolloid darstellen, wohl dagegen aber in Benzol, in dem die Löslichkeit dieses Salzes sehr gering ist.

Zweitens bilden sie sich in vielen Fällen, wenn Ionen ferngehalten werden, an Stelle von Niederschlägen. Leitet man z. B. in eine Lösung von Arsentrioxyd Schwefelwasserstoff, so tritt keine Fällung von As_2S_3 ein, sondern die Flüssigkeit färbt sich gelb und enthält dann das Sulfid in kolloidaler Lösung. Säuert man dagegen die Lösung von Arsentrioxyd mit ein wenig Salzsäure (welche stark ionisiert ist) an, so fällt As_2S_3 als gelber Niederschlag aus. Das Quecksilbercyanid ist eine Verbindung, die in wäßriger Lösung fast gar nicht ionisiert ist. Leitet man in diese Lösung den ebenfalls sehr wenig ionisierten Schwefelwasserstoff, so bleibt Schwefelquecksilber kolloidal gelöst; die Verbindung fällt dagegen aus, wenn vorher eine starke Mineralsäure in kleinen Mengen zugefügt worden ist.

Ein drittes Verfahren zur Darstellung von Kolloiden ist die Dialyse, wie sie bei der Kieselsäure beschrieben wurde. Auf dieselbe Weise lassen sich kolloide Lösungen von Eisenoxyd, Aluminiumoxyd und manche andre erhalten. Eisenoxydlösung z. B. wird erhalten, wenn man Eisenchlorid $FeCl_3$ in Wasser löst, so viel Ammoniak zufügt, daß gerade noch kein Niederschlag entsteht, und nun dialysiert. Durch die Membran gehen Chlorammonium NH_4Cl und Salzsäure (denn $FeCl_3$ ist in wäßriger Lösung teilweise hydrolytisch gespalten), und Fe_2O_3aq bleibt als Kolloid in Lösung.

Ein viertes Verfahren ist die Metallzerstäubung in Flüssigkeiten. Dazu werden Metalldrähte von Platin, Gold und andren Metallen mit den Polen einer Elektrizitätsquelle von etwa 110 Volt verbunden. Nähert man dann die Drähte unter Wasser, so entsteht bei geringer Entfernung derselben ein kleiner Flammenbogen. Von der Kathode aus verteilt sich dann das Metall in dunkelgefärbten Wolken durch die Flüssigkeit. Man filtriert von den gröberen Metallteilchen ab und erhält so eine klare, dunkelgefärbte Lösung, welche das Metall als Hydrosol enthält. Durch elektrische Zerstäubung gelingt es auch, kolloide Lösungen der Alkalimetalle in absolutem Äthyläther herzustellen. Diese Kolloide sind von schöner Farbe: Natrium z. B. gibt ein violettes bis blaues, Kalium ein blaues Kolloid.

Bredig, der Entdecker dieser Methode, fand, daß diese Metallsole, speziell die der Platinmetalle, außerordentlich starke katalytische Wirkungen ausüben. Schon $2{,}8 \times 10^{-6}$ % kolloides Platin beschleunigte deutlich die Zersetzung des Wasserstoffsuperoxyds.

Durch Bestrahlung eines in eine Flüssigkeit eingetauchten Metalles mit ultraviolettem Licht kann man in einigen Fällen kolloide Lösungen erhalten. So gelingt es z. B. sehr leicht, durch Bestrahlung einer Silberplatte in Wasser oder Alkohol eine verdünnte kolloide Silberlösung darzustellen.

Metalle lassen sich oft auch in den kolloiden Zustand überführen, wenn man die sehr verdünnte Lösung ihrer Salze bei gewöhnlicher Temperatur mit gewissen Reduktionsmitteln zersetzt. So wird z. B. aus einer sehr verdünnten Goldchloridlösung das Metall in kolloider Form durch Zusatz von Phenylhydrazinchlorhydrat abgeschieden.

Endlich sei noch erwähnt, daß man durch Schutzkolloide manche Stoffe kolloid erhalten kann, bei denen dies auf andere Weise nicht gelingt. Paal löste z. B. lysalbinsaures oder protalbinsaures Natrium (durch Einwirkung von verdünnter Natronlauge auf Eialbumin dargestellt) in etwa der 30-fachen Menge Wasser, fügte Platinchlorid hinzu und danach ein Reduktionsmittel, wozu Hydrazinhydrat sehr geeignet ist; er erhielt so eine intensiv gefärbte, kolloide Lösung von metallischem Platin, aus welcher durch Dialyse die anorganischen Beimengungen entfernt werden konnten. Auch das therapeutisch benutzte Kollargol ist ein Silberkolloid, das durch ein Schutzkolloid stabilisiert ist.

Merkwürdig war, daß diese kolloiden Lösungen durch vorsichtiges Eindampfen zur Trockne gebracht werden konnten und der feste Rückstand, eine schwarze, spröde, schwach glänzende Masse sich wieder in Wasser klar löste. Man hat es hier also mit einem außerordentlich beständigen Kolloid zu tun.

Die in Lösungen befindlichen Kolloide nennt man Sole, bzw. je nach dem Lösungsmittel Hydrosole oder (wenn Alkohol Lösungsmittel war) Alkosole, die abgeschiedene gelatinierte Masse heißt Gel, Hydrogel, Alkogel usf.

193. Man kann die Kolloide in zwei Gruppen verteilen, die reversiblen und die irreversiblen.

Zu den reversiblen Kolloiden gehören zunächst die Leimstoffe; weiter Gelatine, Agar–Agar, Eiweiß, Stärke. Bringt man diese Stoffe in Wasser, so schwellen sie auf und gehen bei gelinder Erwärmung in Lösung. Kühlt man die Lösung ab, so gelatiniert sie, d. h. sie wird zu einer dicklichen, weichen Masse (Gel), die alles Lösungswasser festhält.

Wenn man einem reversiblen Kolloid durch Verdampfen bei niedriger Temperatur das Lösungswasser entzieht, so entsteht zuerst ein Hydrogel, das noch sehr viel Wasser enthält. Dieses Wasser geht beim Liegen an der Luft, schneller in einem Exsikkator, teilweise verloren; die Dampfspannung des Wassers weicht nicht merklich von derjenigen freien Wassers ab. Ist aber eine gewisse Entwässerung erreicht, so wird die Dampfspannung niedriger als die des freien Wassers. Bringt man, bevor dieser Punkt erreicht ist, das Hydrogel wieder in Wasser, so bekommt man aufs neue ein Hydrosol mit unveränderten Eigenschaften. Der Prozeß der Sol- und der Gelbildung ist also reversibel.

Außer den genannten haben die reversiblen Hydrosole u. a. noch folgende Eigenschaften: Kristalloide Salze diffundieren in ihnen — auch in der erstarrten Masse — ebenso leicht wie in Wasser. Wird z. B. ein Stück aufgequelltes Agar–Agar in die dunkelblau gefärbte ammoniakalische Kupferlösung (**244**) gebracht, so ist es nach einiger Zeit völlig blau geworden. Kolloide dagegen diffundieren darin nicht. Das läßt sich z. B. mit einer kolloiden Lösung von Berlinerblau zeigen, die nicht bis ins Innere eines aufgequellten Stückes Agar–Agar eindringt. Auch ist das Leitvermögen für den elektrischen Strom bei einem Gel, wenn es kristalloide Salze gelöst enthält, fast genau gleich dem der rein wäßrigen Lösung dieser Salze von gleicher Konzentration.

Man kann einem reversiblen Hydrosol oft große Mengen kristalloider Salze zufügen, ohne daß Gelbildung eintritt. Anders ist das Verhalten bei der zweiten Klasse von Kolloiden, die oft sehr empfindlich gegen Salzzusatz sind, bei den irreversiblen Kolloiden. Hat ein Salzzusatz stattgefunden, so trübt sich das irreversible Hydrosol; es bildet sich ein Niederschlag, der nicht mehr ohne weiteres in Hydrosol zurückzuführen ist.

Irreversible Hydrosole kann man auf die oben angegebenen Arten darstellen. Hierher gehören die kolloiden Metalle, Sulfide, Hydroxyde usf. Die meisten sind dünnflüssig, im Gegensatz zu manchen reversiblen Kolloiden, wie Leim usf.

Die Menge eines Elektrolyts (der Schwellenwert), die gerade genügt, um ein irreversibles Hydrosol abzuscheiden, hängt mit seiner Valenz zusammen, und zwar sinkt sie sehr rasch bei wachsender Valenz. Um As_2S_5-Hydrosol zu koagulieren, genügen von NaCl 71, von $MgCl_2$ 2·0 und von $AlCl_3$ 0·39 Milliäquivalente per Liter. Umgekehrt hat man dies wohl benutzt um die Valenz von den seltenen Erdmetallen (**295**) festzustellen. Dieser Schwellenwert ist übrigens für verschiedene Kolloide und Elektrolyte sehr verschiedenartig, ja es können zwei Elektrolyte in bezug auf ein gewisses Kolloid entgegengesetzte Wirkungen haben, so daß der eine koagulierend, der andere stabilisierend oder lösend auf das Koagulum wirkt.

Gewisse irreversible Kolloide können sich gegenseitig fällen, andre nicht. So entsteht bei der Mischung der Hydrosole von Eisenoxyd und Arsensulfid ein Niederschlag; dies ist dagegen nicht der Fall, wenn die Hydrosole von Gold und Arsensulfid gemischt werden. Es hat sich herausgestellt, daß dies mit ihrem Verhalten gegenüber dem elektrischen Strom zusammenhängt. Bringt man ein Sol in ein U-Rohr, in dessen Schenkel sich oben Elektroden befinden, und setzt alsdann einen starken Strom an (z. B. von 110 Volt), so scheiden sich die Kolloide aus und wandern entweder zur Anode oder zur Kathode. An der einen oder andren Elektrode erscheint dann eine völlig von Kolloid befreite wäßrige Schicht, die sich scharf vom Hydrosol abtrennt. Diese konvektive Überführung (Kataphorese) darf durchaus nicht mit der Ionenwanderung in Elektrolyten verwechselt werden. Denn während bei Elektrolyten zwischen den Spaltungsteilen des gelösten Stoffes ein elektrischer Gegensatz besteht, ist hier ein solcher zwischen Kolloid und Lösungsmittel vorhanden. Zur gegenseitigen Fällung sind meistens nur solche Kolloide befähigt, die dem gemeinsamen Lösungsmittel gegenüber entgegengesetzt geladen sind.

Von der Ausfällung eines Kolloids durch einen Elektrolyt, und von der gegenseitigen Fällung von Kolloiden, läßt sich folgende Erklärung geben:

Beim Vermischen einer kolloiden Lösung mit derjenigen eines Elektrolyten werden die Ionen von den kolloiden Teilchen absorbiert, und zwar in verschiedenem Grade. Mit wachsender Konzentration des Elektrolyten steigt die absorbierte Menge für die beiden Ionen nicht in gleichem Maße. Wenn von demjenigen Ion, das dem Teilchen entgegengesetzt elektrisch geladen ist, ein solcher Überschuß absorbiert ist, daß die Ladung des Teilchens hinreichend abgeschwächt oder neutralisiert wird, so koaguliert die kolloide Lösung. Durch Zusatz eines Elektrolyten von solcher Beschaffenheit, daß nach Adsorption davon die Teilchen wieder mit elektrischer Ladung auftreten, kann das abgeschiedene Koagulum gelöst, d. h. die Koagulation rückgängig gemacht werden.

Auf der Neutralisierung ihrer Ladungen beruht auch die gegenseitige Fällung von zwei Kolloiden.

194. Der kolloide Zustand muß, wie gesagt, als eine sehr feine Verteilung einer Substanz in einer anderen betrachtet werden. Dies geht aus der großen Analogie hervor, die zwischen Suspensionen (z. B. Ton in Wasser) und Kolloiden besteht. Beide lassen sich durch Zentrifugieren zur Ausscheidung bringen; auch Suspensionen zeigen die konvektive Überführung durch den elektrischen Strom und sind durch Elektrolytzusatz zur Fällung zu bringen. Ferner zeigen beide das TYNDALLsche Phänomen.

Man versteht darunter, daß wenn ein Lichtstrahl durch völlig staubfreie Luft geht, er bei transversaler Betrachtung unsichtbar ist; das Gas ist, wie man sich jetzt ausdrückt, optisch leer. Sobald aber Stäubchen anwesend sind, läßt sich sein Gang durch die Zerstreuung des Lichts, welche die Stäubchen bewirken, verfolgen. Man kann auch optisch leere Flüssigkeiten und optisch leere Lösungen von kristalloiden Salzen darstellen. Läßt man aber einen Lichtstrahl durch ein Hydrosol gehen, so ist sein Lauf wahrzunehmen; das Kolloid ist also nicht optisch leer, es enthält schwebende Teilchen, welche aber so klein sind, daß sie mit den besten Mikroskopen nicht zu sehen sind. Es ist aber SIEDENTOPF und ZSIGMONDY gelungen, diese submikroskopischen heterogenen Teilchen mittels des Ultramikroskops sichtbar zu machen. In diesem Apparat wird das Kolloid quer belichtet, so daß das Auge des Beobachters von den leuchtenden Strahlen nicht geblendet wird. Die submikroskopischen Teilchen beugen das Licht nach allen Seiten ab, so daß bei genügend intensiver Beleuchtung der durch jedes einzelne Teilchen erzeugte Lichteffekt für sich in die Grenzen mikroskopischer Sichtbarkeit gelangt und gesondert wahrgenommen werden kann, ohne daß man indes seine Form erkennen kann.

Wenn eine Flüssigkeit in sehr feinen Tröpfchen in einer anderen verteilt ist, hat man eine Emulsion. Das bekannteste Beispiel dafür ist die Milch, in welcher das Butterfett emulgiert ist. Man hat Ursache anzunehmen, daß in manchen reversiblen Kolloiden äußerst feine Emulsionen vorliegen. Eine Emulsion läßt sich z. B. ebensowenig wie eine Gelatinelösung durch Elektrolytzusatz zur Abscheidung bringen.

Die Erkenntnis, daß man es bei dem kolloiden Zustand mit einer sehr feinen Verteilung eines Stoffes in einem andern zu tun hat, war die Anleitung zur Einführung einer anderen Nomenklatur. Der kolloid verteilte Stoff wird jetzt meist als disperse Phase bezeichnet, verteilt im Dispersionsmittel. Weiter spricht man von Dispersoiden und Emulsoiden anstatt von Kolloiden.

Das Dispersionsmittel kann fest, flüssig oder gasförmig sein. Feste Kolloide sind z. B. die Rubingläser, welche ihre leuchtend rote Farbe dem kolloiden Gold verdanken. ZSIGMONDY konnte mit seinem Ultramikroskop die Goldteilchen sichtbar machen. Auch Saphir und Amethyst sind feste kolloide Lösungen; Opal ist ein festes Kieselsäuregel. Über flüssige Kolloide wurde oben schon gehandelt. Wenn das Dispersionsmittel ein Gas ist, hat man Rauch, vulkanischen und kosmischen Staub, sowie Wolken und Nebel als disperse Phasen.

Man hat früher gemeint, daß zwischen Kolloiden und eigentlichen Lösungen streng unterschieden werden muß; GRAHAM sprach sogar von zwei verschiedenen Welten der Materie. Veranlassung dazu war, daß im Gegensatz zu den wahren Lösungen Kolloide keine Diffusion, keine Dampfdruckerniedrigung, keine Siedepunktserhöhung oder Gefrierpunktserniedrigung, kurz keine osmotischen Erscheinungen zeigen.

Die Untersuchungen der letzten Jahre haben aber bewiesen, daß wesentliche Unterschiede hier nicht vorliegen, sondern daß ein kontinuierlicher Übergang zwischen groben Suspensionen (heterogenen Systemen), kolloiden Lösungen und echten Lösungen (homogenen Systemen) besteht; der Unterschied wird nur durch die Größe der Teilchen bedingt.

Durch Eingießen von kleinen Mengen einer methylalkoholischen Lösung von Kochsalz in stark erkalteten Äther gelang es z. B. v. WEIMARN um den Dispersitätsgrad dieses Salzes so zu ändern, daß er einerseits gut charakterisierte Kolloid-Lösungen, andererseits wirkliche molekulare Lösungen, sowie verschiedene Zwischenstufen erhielt.

Bei einer Größe von 0,1 Mikron (μ) hört die mikroskopische Sichtbarkeit auf, die Teilchen sedimentieren nicht mehr spontan; auf der anderen Seite beginnt hier das Auftreten von Koagulationsphänomenen und anderen Eigenschaften der Kolloide. Diese umfassen Teilchengrößen von etwa 0,1—0,001 μ.

Systeme von noch höherem Dispersitätsgrad sind auch ultramikroskopisch nicht mehr differenzierbar, diffundieren mit merklicher Geschwindigkeit, verursachen Gefrierpunktserniedrigung ihres Mediums, kurzum fangen an, die Eigenschaften echter Lösungen zu zeigen. Auch in anderer Hinsicht ist dies der Fall. So wird z. B die Farbe des kolloiden Goldes und Platins mit steigendem Dispersitätsgrade immer der der Lösungen von Gold- bezw. Platinsalzen ähnlicher. Die Größe der Moleküle endlich, ist von der Ordnung 0,0001 μ.

Durch die Untersuchungen von EINSTEIN, PERRIN, SVEDBERG und anderen hat sich ferner zeigen lassen, daß Kolloide gerade so wie wahre Lösungen den Gesetzen der verdünnten Lösungen unterworfen sind. Vom molekularkinetischem Standpunkte aus gesehen, besteht nach diesen

Untersuchungen kein Unterschied zwischen einem „gelösten Molekül“ und einem „suspendierten Teilchen“; eine mechanische Suspension muß danach ganz denselben osmotischen Druck zeigen, wie eine „wahre Lösung“ mit derselben Anzahl Teilchen pro Volumeinheit. Daß die kolloiden Lösungen keine mit dem osmotischen Druck zusammenhängenden Eigenschaften zeigen, wird also lediglich dadurch bedingt, daß bei der gleichen Konzentration die Anzahl der frei sich bewegenden Teilchen bei den Lösungen ungeheuer viel größer als bei den Kolloiden ist, d. h. jedes kolloide Teilchen riesige Dimensionen im Vergleich eines Moleküls besitzt. Dadurch wird die Gefrierpunktserniedrigung usf. so gering, daß sie mit den jetzigen Hilfsmitteln nicht mehr zu messen ist.

Man ist deshalb bei der Prüfung der Gasgesetze für kolloide Lösungen auf indirekte Methoden angewiesen. Die dabei benutzten Verfahren knüpfen an folgende vier Erscheinungen an: 1. Die translatorische und rotatorische Bewegung der Teilchen (Brownsche Bewegungen, **35**). 2. Die Diffusion. 3. Die Konzentrationsverteilung unter dem Einfluß der Schwere. 4. Die lokalen, zeitlichen Konzentrationsänderungen. Daß man durch solche Untersuchungen die Gasgesetze prüfen kann, beruht darauf, daß die Formeln, die sich für diese Erscheinungen aufstellen ließen, unter der Voraussetzung der Gültigkeit der Gasgesetze abgeleitet worden sind.

Auch diese Forschungen führen zu einer Bestätigung der Realität der Atome und Moleküle, zu der man noch auf vielen anderen Wegen gelangt, wie bereits in **35** mitgeteilt wurde.

Die Kolloidforschung hat für viele Zweige der Naturwissenschaften und der Technik große Bedeutung. Für die Biologie und Medizin, weil sowohl die pflanzlichen als die tierischen Organismen zum größten Teil aus Kolloiden aufgebaut sind. Von ihrer Bedeutung für die Mineralogie war oben schon die Rede. Die Meteorologie muß für die Erklärung der Bildung und das Verhältnis der Wolken die Kolloidforschung berücksichtigen. Über die Anwendung in der Photographie siehe **247**. Von den Industrien, die sich mit der Verarbeitung von Kolloiden beschäftigen, seien die Brauerei, Färberei, Kautschukindustrie, die Keramik und die Seifensiederei genannt.

Germanium.

195. Dieses Element ist äußerst selten. Winkler hat es in einem silberhaltigen Mineral, dem Argyrodit $GeS_2 \cdot 3Ag_2S$, das bei Freiberg in Sachsen gefunden wird, entdeckt. Das Germanium bildet grauweiße, metallglänzende Oktaeder, deren spez. Gewicht 5·469 bei 20° beträgt; es schmilzt bei ca. 958°. Bei gewöhnlicher Temperatur ist es an der Luft sehr beständig; bei Glühhitze verbrennt es unter Bildung weißer Dämpfe zu Germaniumoxyd GeO_2. Man kennt von diesem Element zwei Reihen von Verbindungen, die sich von den Oxydationsstufen GeO und GeO_2 ableiten; die Oxydulverbindungen gehen durch Oxydation sehr leicht in die Oxydform (Germaniumsäure) über. Von Wasserstoffverbindungen des Germaniums sind GeH_4 und $GeHCl_3$ bekannt.

$GeCl_4$ Germaniumchlorid kann direkt aus den Elementen bereitet werden; feingepulvertes Germanium entzündet sich in Chlorgas. Durch Wasser wird es unter Bildung von $Ge(OH)_4$ zersetzt.

Germaniumdioxyd GeO_2 entsteht durch Erhitzen des entsprechenden Hydroxyds, oder durch Rösten des Elementes oder seines Sulfids, oder durch deren Behandlung mit Salpetersäure. Es ist ein feuerbeständiges weißes Pulver vom spez. Gewicht 4·703 bei 18°.

Germaniumdisulfid GeS_2 fällt als weißer Niederschlag aus, wenn Schwefelwasserstoff in die stark salzsaure Lösung von GeO_2 eingeleitet wird; in feuchter Luft zersetzt es sich unter Entwicklung von H_2S. In Alkalien und Schwefelalkalien löst es sich unter Bildung von Sulfosalzen.

Über Germanium vgl. ferner 218.

Zinn (Stannum).

196. Zinn, das schon im Altertum vielfach verwandt wurde, ist ein gediegen sehr selten vorkommendes Metall. In Europa finden sich Zinnerzlager hauptsächlich in Cornwall; schon die Phöniker holten das Metall von dort. Die wichtigsten Fundstätten sind auf der Inselgruppe im Malaiischen Archipel östlich von Sumatra (Banka, Billiton, Singkep u. a.), sowie in China und in Australien, wo Zinn in Form von Zinnstein (Kassiterit) SnO_2 vorkommt. Zinnstein bildet quadratische Kristalle, die durch einen geringen Eisengehalt meist braun oder schwarz gefärbt sind. Für die metallurgische Gewinnung des Zinns wird der Zinnstein zunächst geröstet und dadurch von den Verunreinigungen mit Schwefel und Arsen befreit. Sodann wird das Schmelzgut durch Erhitzen mit Steinkohle oder Anthracit reduziert. Das so gewonnene Erzzinn wird aufs neue bei niedriger Temperatur zum Schmelzen erhitzt, wobei das flüssige Zinn abfließt, während beigemengtes Eisen und Arsen als Legierung mit Zinn zurückbleiben. Das Erzzinn wird dann nochmals umgeschmolzen und mit einer Holzstange umgerührt, um noch vorhandenes Oxyd zu reduzieren. Das Bankazinn ist nahezu chemisch rein.

Physikalische Eigenschaften. Zinn ist silberweiß, fast glänzend, schmilzt bei 231·82° und siedet bei 2270°. Sein spez. Gewicht beträgt 7·287 bei 15°. Es hat kristallinisches Gefüge; dies zeigt sich namentlich, wenn verzinntes Eisenblech mit Salzsäure gebeizt wird; es erscheinen dann eisblumenartige kristallinische Zeichnungen (Moiré métallique). Beim Biegen von Zinn vernimmt man ein eigentümliches Knirren (Zinngeschrei), das wahrscheinlich von den sich aneinander reibenden Kriställchen herrührt. Zinn ist sehr geschmeidig und streckbar; es läßt sich bei gewöhnlicher Temperatur zu dünnen Blättern ausschlagen (Zinnfolie oder Stanniol, *Stannum foliatum*); bei 100° kann man es zu Draht ziehen. Beim Abkühlen auf niedere Temperatur, namentlich bei Berührung mit einer alkoholischen Pinksalzlösung (**199**), geht Zinn spontan in eine allotrope Modifikation, graues Zinn, über, welches ein geringeres spezifisches Gewicht, nämlich 5·8, besitzt. Oberhalb $+20^0$ verwandelt sich graues Zinn wieder in weißes. Kommt weißes Zinn bei einer Temperatur unterhalb $+20^0$ mit grauem in Berührung, so verwandelt es sich langsam in graues Zinn und zerfällt allmählich in graues Pulver (Zinnpest). Kommt Zinn nicht mit der grauen Modifikation in Berührung, so findet eine Umwandlung bei gewöhnlicher Temperatur äußerst langsam statt. Offenbar hat man bei 20^0 einen Umwandlungspunkt der beiden Modifikationen. Dadurch ergibt sich die merkwürdige Erscheinung, daß Zinn, außer an warmen Sommertagen, sich im metastabilen Zustand befindet.

Im allgemeinen nimmt die Geschwindigkeit des Überganges einer metastabilen Form in die stabile mit der Entfernung vom Umwandlungspunkt zu. Bei abnehmender Temperatur aber wird dieser Geschwindigkeitszunahme durch die Verkleinerung der Reaktionsgeschwindigkeit bei Temperaturerniedrigung entgegengewirkt. Das Resultat wird also sein, daß in manchen Fällen, wie hier bei -48^0, ein Maximum der Geschwindigkeit der Umwandlung besteht.

Das gewöhnliche Zinn kristallisiert tetragonal; außer der grauen Modifikation existiert noch eine dritte, bei der das Metall rhombisch kristallisiert ist. Der Umwandlungspunkt tetragonal $\rightleftarrows$ rhombisch liegt bei $202·8^0$, wie auf dilatometrischem Wege gefunden wurde.

Die Lage dieses Punktes wurde auch noch auf eine eigentümliche Weise annähernd bestimmt, nämlich durch Messung der Ausflußgeschwindigkeit des Metalles unter erhöhtem Druck (500 kg pro Quadratzentimeter). Hierzu wird das feste Metall in einen Zylinder gebracht, welcher unten eine Öffnung hat, und alsdann die Menge des Metalles gemessen, die bei konstantem Druck in der Zeiteinheit aus der Öffnung herausgepreßt wird. Im allgemeinen gilt, daß bei den Metallen diese Menge mit der Temperatur stark wächst. Beim Zinn sank sie aber, wenn die Temperatur auf ca. 200^0 gekommen war, sehr beträchtlich; man darf dies als Beweis der Umwandlung des Metalles in eine andre Modifikation betrachten. Bei 200^0 ist Zinn so spröde, daß es sich leicht zu Pulver stoßen läßt.

Chemische Eigenschaften. Zinn ist bei gewöhnlicher Temperatur an der Luft beständig; erst bei starkem Erhitzen verbrennt es bei Luftzutritt mit intensiv weißem Licht zu SnO_2, Zinndioxyd (Zinnasche). Durch Salzsäure wird es unter Wasserstoffentwicklung zu $SnCl_2$ gelöst. Auch von Salpetersäure wird es angegriffen (**199**). Von kochender Kali- oder Natronlauge wird es unter Wasserstoffentwicklung in zinnsaures Salz oder Stannat verwandelt:

$$Sn + 2KOH + H_2O = K_2SnO_3 + 2H_2 .$$

Gegen schwache Säuren (Essigsäure) und Alkalien ist es sehr beständig.

197. Anwendungen. Wegen seiner Beständigkeit an feuchter Luft wird Zinn zum Überziehen andrer Metalle verwendet, welche gegen feuchte Luft oder schwächere Säuren nicht beständig sind; kupferne Geräte für den Hausgebrauch werden verzinnt, um sie vor der Einwirkung von Flüssigkeiten zu schützen und so Vergiftungen zu verhindern. Eisenblech wird, um es vor dem Rosten zu schützen, verzinnt, d. h. mit einer Zinnschicht überzogen (**285**), und heißt dann Weißblech oder im gewöhnlichen Leben auch „Blech" schlechtweg.

Zinnlegierungen sind vielfach in Gebrauch. Lotmetall (Zinnot) zur Verbindung zweier Metallstücke besteht aus Zinn und Blei (im Verhältnis 2 : 1 oder 1 : 1 oder 1 : 2) und ist härter als seine beiden Komponenten, aber leichter schmelzbar. Da Legierungen mit Blei leicht der Gesundheit nachteilig werden können, so darf im Deutschen Reich eine zum Löten und Verzinnen von Eß-, Trink- und Kochgeschirren benutzte Zinnlegierung nicht mehr als 10 % Blei enthalten. Mit Kupfer legiert gibt Zinn die Bronze; ihre Zusammensetzung wechselt je nach dem Zweck, dem sie dienen soll. Moderne Bronze enthält einen Zusatz von Blei und Zink. Bronze ist hart und zäh und eignet sich infolge ihrer Dünnflüssigkeit außerordentlich zu Gußzwecken. Kanonen- oder Geschützbronze enthält 90 % Kupfer und 10 % Zinn; Glockenmetall 20—25 % Zinn (der Rest ist Kupfer). Phosphorbronze wird dargestellt, indem man Kupfer mit Zinnphosphid (**200**) zusammenschmilzt. Die Masse wird außerordentlich homogen und enthält 0·25—2·5 % Phosphor und 5—15 % Zinn. Wegen ihrer großen Härte und Beständigkeit findet sie besonders für Maschinenteile (Achsenlager) Verwendung. Siliciumbronze enthält an Stelle von Phosphor Silicium, ist sehr fest und leitet den elektrischen Strom gut; sie wird deshalb zur Herstellung von Telephondraht benutzt.

Verbindungen des Zinns.

Zinn bildet zwei Reihen von Verbindungen, in denen es zweiwertig (Stann*o*- oder Zinnoxydulverbindungen) oder vierwertig (Stann*i*- oder Zinnoxydverbindungen) vorkommt.

Stannoverbindungen.

198. Stannochlorid $SnCl_2$, Zinnchlorür, wird durch Auflösen von Zinn in Salzsäure bereitet:

$$Sn + 2HCl = SnCl_2 + H_2 .$$

Es kristallisiert mit 2 Mol Wasser, welche bei 100° entweichen. Es ist in Wasser sehr leicht löslich (in 0·37 Teilen bei gewöhnlicher Temperatur). Wasserfreies Zinnchlorür ist weiß, durchscheinend, schmilzt bei 250° und siedet bei 606°. Etwas oberhalb des Siedepunktes entspricht die Dampfdichte der Formel Sn_2Cl_4, oberhalb 900° dagegen der Formel $SnCl_2$.

Die wäßrige Lösung wirkt stark reduzierend. Sie nimmt Sauerstoff aus der Luft auf unter teilweiser Bildung von basischem Chlorür (einem weißen Pulver), wenn die Flüssigkeit nicht zu sauer ist:

$$3\,SnCl_2 + H_2O + O = SnCl_4 + \underset{\text{basisches Chlorür}}{2\,Sn(OH)Cl}\,.$$

Ist die Flüssigkeit jedoch stark sauer, so bildet sich bei der Oxydation nur Zinntetrachlorid $SnCl_4$.

Dasselbe basische Chlorür entsteht auch durch hydrolytische Spaltung bei starker Verdünnung einer neutralen Stannochloridlösung:

$$SnCl_2 + aq = Sn(OH)Cl + HCl + aq\,.$$

Die reduzierenden Eigenschaften des Stannochlorids äußern sich ferner gegenüber Kaliumpermanganat, Kaliumbichromat, Kupferchlorid, Quecksilberchlorid usw., die sämtlich in saurer Lösung in niedere Oxydationsstufen übergeführt werden.

Es mag hier bemerkt werden, daß, vom Standpunkt der Ionenlehre aus, Oxydation in vielen Fällen darauf hinaus kommt, daß ein Ion auf ein höheres positives Potential gebracht wird; Reduktion auf den entgegengesetzten Effekt. Betrachten wir z. B. die Reaktion zwischen Stannochlorid und Quecksilberchlorid. Man kann sie durch die Gleichung formulieren:

$$SnCl_2 + HgCl_2 = SnCl_4 + Hg\,.$$

Stannochlorid wird zu Stannichlorid oxydiert, Merkurichlorid zu Metall reduziert. In Ionen haben wir die Formulierung:

$$Sn^{\cdot\cdot} + Hg^{\cdot\cdot} = Sn^{\cdot\cdot\cdot\cdot} + Hg\,,$$

d. h. die elektrische Ladung des Mercuriions wird von dem zweiwertigen Zinnion aufgenommen, indem ersteres seine elektrische Ladung abgibt.

Ein andres Beispiel ist die Einwirkung von Chlor auf Stannochlorid, bei der dieses zu Stannichlorid oxydiert wird:

$$SnCl_2 + 2Cl = SnCl_4\,.$$

Die Ionenformulierung lautet:

$$Sn^{\cdot\cdot} + 2\,Cl' + 2\,Cl = Sn^{\cdot\cdot\cdot\cdot} + 4\,Cl'\,.$$

Das Zinnion nimmt zwei positive Ladungen mehr auf; dies nötigt zwei Chloratome in den Ionenzustand überzugehen; sie bemächtigen sich also zweier negativer Ladungen, was zwei positive Ladungen disponibel macht.

Da $SnCl_4$ sehr wenig ionisiert ist, vereinigen sich aber $Sn^{\cdot\cdot\cdot\cdot}$ und $4\,Cl$ zu ungespaltenen Molekülen $SnCl_4$ (199).

Bei der Darstellung von Chlor wird Chlorwasserstoff durch Mangandioxyd „oxydiert“:

$$MnO_2 + 4HCl = MnCl_2 + 2H_2O + Cl_2$$

oder

$$MnO_2 + 4H^{\cdot} + 4Cl' = Mn^{\cdot\cdot} + 2Cl' + 2H_2O + Cl_2 .$$

Die positive Ladung der vier $H^{\cdot}$ wird also zur einen Hälfte auf das Mangan übertragen, zur andren Hälfte dient sie dazu, zwei Chlorionen zu entladen, d. h. deren negative Ladungen auszugleichen.

Man kennt verschiedene Doppelsalze des Stannochlorids, wie $SnCl_2 \cdot 2KCl$, $SnCl_2 \cdot 2NH_4Cl$ u. a.

Stannohydroxyd $Sn(OH)_2$ fällt aus, wenn man die Lösung von $SnCl_2$ mit Soda versetzt:

$$SnCl_2 + Na_2CO_3 + H_2O = Sn(OH)_2 + 2NaCl + CO_2 .$$

Dieses Hydroxyd ist unlöslich in Ammoniak, aber löslich in Alkalien; beim Kochen dieser Lösung wird Zinn abgeschieden und Alkalistannat K_2SnO_3 gebildet. Das Hydroxyd ist auch in Säuren löslich, besitzt also sowohl basischen wie sauren Charakter. Solche Substanzen können also einerseits Hydroxylionen bilden ($Sn^{\cdot\cdot} + 2OH'$), anderseits Wasserstoffionen ($SnO_2'' + 2H^{\cdot}$). Sie heißen amphotere Stoffe.

Stannooxyd SnO, Zinnoxydul, wird durch Erhitzen von Stannohydroxyd im Kohlensäurestrom erhalten; es ist ein braunschwarzes Pulver, welches sich beim Erhitzen entzündet und an der Luft zu SnO_2, Stannioxyd, verbrennt.

Außer dem bereits genannten Chlorür sind noch andre Salze des Zinnoxyduls bekannt. Das Sulfat z. B. wird durch Lösen des Hydroxyds oder des Metalles in verdünnter Schwefelsäure erhalten. Es bildet leicht ein basisches Salz.

Stannosulfid, Zinnsulfür SnS, fällt beim Einleiten von Schwefelwasserstoff in Stannosalzlösungen als amorphes braunes Pulver nieder; in Schwefelkalium K_2S ist es unlöslich. Gleichwohl löst es sich unter Bildung eines Sulfostannats auf, wenn es mit Kalium- oder Ammoniumpolysulfid K_2S_x ($x = 2$ bis 5) in Berührung gebracht wird:

$$SnS + K_2S_2 = K_2SnS_3 .$$

SnS kann auch durch Schmelzen von Zinn mit Schwefel bereitet werden; es bildet dann eine blaugraue, kristallinische Masse.

Stanniverbindungen.

199. Stannichlorid $SnCl_4$ ist schon im Jahre 1605 dargestellt worden; nach seinem Entdecker trägt es auch den Namen Spiritus fumans Libavii. Es wird durch Einwirkung von Chlor auf Zinn oder Zinnchlorür erhalten und stellt eine an der Luft stark rauchende, bei 113·9° siedende Flüssigkeit vom spez. Gewicht 2·234 bei 15° dar. Mit wenig Wasser in Berührung gebracht oder durch

Anziehung von Feuchtigkeit aus der Luft geht es in eine halbfeste, kristallisierte Masse $SnCl_4 \cdot 3H_2O$, die sog. Zinnbutter, über. Eine frisch bereitete Lösung von Stannichlorid ist ein sehr schlechter Leiter der Elektrizität. Die Leitfähigkeit nimmt jedoch langsam bei gewöhnlicher, schnell bei höherer Temperatur zu. Nach einigen Tagen erreicht sie ein Maximum, das bei verdünnten Lösungen höher liegt wie bei stärkeren. Dieses Faktum läßt sich durch die Annahme erklären, daß das $SnCl_4$-Molekül der Ionisation nur sehr wenig fähig ist, und mit Wasser in folgender Weise reagiert:

$$SnCl_4 + 4H_2O \rightleftarrows Sn(OH)_4 + 4HCl,$$

d. h. hydrolytischer Dissoziation (**66**) unterliegt. Die freiwerdende Salzsäure ist Ursache des Leitvermögens. Die Lösung enthält Zinnhydroxyd im kolloiden Zustande. Zinnchlorid bildet gut kristallisierte Doppelsalze mit den Chloriden der Alkalien, z. B. $SnCl_4 \cdot 2KCl$ und $SnCl_4 \cdot 2NH_4Cl$; das letztere trägt den Namen Pinksalz (weil es schwach rosa gefärbt ist; rosa = engl. pink) und dient als Beizmittel in der Färberei. Auch mit den Chloriden von Metalloiden vereinigt sich das Zinntetrachlorid zu kristallisierten Körpern, z. B. $SnCl_4 \cdot PCl_5$; $SnCl_4 \cdot POCl_3$; $SnCl_4 \cdot SCl_4$ u. a. Mit Salzsäure vereinigt es sich zu $H_2SnCl_6 \cdot 6aq$, einer blätterig-kristallinischen Masse, die bei 9° schmilzt.

Zinnfluorid SnF_4 ist selbst nicht bekannt, wohl aber die Verbindung K_2SnFl_6, welche dem Kieselfluorkalium entspricht; die Salze der Zinnfluorwasserstoffsäure sind isomorph mit den entsprechenden Siliciumverbindungen.

Stannioxyd SnO_2 entsteht beim Glühen von Zinn an der Luft als ein in Säuren und Alkalien unlösliches weißes Pulver. Von Alkalien wird es beim Schmelzen unter Bildung zinnsaurer Salze gelöst.

Zinnsäure und Metazinnsäure. Die dem SnO_2 entsprechenden Hydroxyde haben nur sehr schwach basische Eigenschaften; die sauren treten hier in den Vordergrund. Das normale Hydrat $Sn(OH)_4$ ist nicht bekannt, wohl aber ein Hydrat von der empirischen Zusammensetzung $H_2SnO_3 = Sn(OH)_4 - H_2O$ (dasselbe entspricht also der Kohlensäure H_2CO_3). Merkwürdigerweise existiert es in zwei Modifikationen, die sich sowohl in chemischer wie in physikalischer Hinsicht voneinander unterscheiden; man bezeichnet sie als Zinnsäure und Metazinnsäure.

Zinnsäure fällt aus, wenn man zu einer wäßrigen Lösung von $SnCl_4$ Ammoniak gibt, oder Salzsäure zu einer Lösung von Kaliumstannat. Dieser Niederschlag reagiert im feuchten Zustande sauer, ist löslich in konzentrierter Salz- und Salpetersäure, sowie in Alkalien. Er wandelt sich langsam in Metazinnsäure um.

Metazinnsäure wird durch Einwirkung von starker Salpetersäure auf metallisches Zinn unter heftiger Reaktion als weißes Pulver erhalten, wobei aber primär die gewöhnliche Zinnsäure entsteht. Metazinnsäure ist in Natronlauge unlöslich, verbindet sich mit ihr jedoch zu metazinnsaurem Natron, welches von Wasser — wenn auch schwer — gelöst wird, aber in der Lauge unlöslich ist. Beim Kochen mit Salzsäure geht Metazinnsäure in ein Chlorid über, das nicht in der konzentrierten Säure, wohl aber in Wasser löslich ist. Diese Lösung enthält nicht gewöhnliches Zinnchlorid, sondern ein andres, das Metazinnchlorid, ebenfalls von der Zusammensetzung $SnCl_4$. Es unterscheidet sich vom gewöhnlichen Zinnchlorid dadurch, daß es mit Zinnchlorürlösung eine gelbe Färbung gibt; die Lösung des gewöhnlichen Chlorids tut dies erst, wenn sie geraume Zeit aufbewahrt wurde, weil dann Metazinnchlorid darin entsteht.

Die Zinnsäure und das entsprechende Chlorid gehen also spontan in die Metaverbindungen über; die Metazinnsäure kann umgekehrt in die gewöhnlichen Zinnverbindungen übergeführt werden, wenn man sie längere Zeit mit Ätzalkalien kocht oder damit schmilzt.

Zinnsäure und Metazinnsäure sind beide Kolloide. Da letztere ein kleineres Absorptionsvermögen besitzt wie erstere und durch Reagenzien schwerer angegriffen wird, ist anzunehmen, daß die Metazinnsäure aus größeren Teilchen als die Zinnsäure besteht. Auch sind die Salze der Metazinnsäure meist kompliziert zusammengesetzt.

Von den Salzen der Zinnsäure ist besonders das Natriumstannat $Na_2SnO_3 + 3H_2O$ bekannt. Es kommt unter dem Namen Präpariersalz in den Handel und wird in der Färberei als Beizmittel verwendet. Es wird durch Schmelzen von Zinnstein mit Natron erhalten und kristallisiert in hexagonalen Kristallen, die in kaltem Wasser löslicher sind als in heißem.

200. Stannisulfid SnS_2 fällt als amorphes gelbes Pulver nieder, wenn in die saure Lösung einer Zinnoxydverbindung Schwefelwasserstoff eingeleitet wird. Synthetisch bereitet man es durch Erhitzen von Zinnamalgam mit Schwefel und Salmiak; es wird so in Form goldglänzender, durchscheinender Blättchen erhalten und trägt den Namen Musivgold; es dient zum Bronzieren von Gips, Bilderrahmen und dergl. Das Zinnsulfid ist ein Anhydrosulfid; die entsprechende Sulfosäure H_2SnS_3 ist im freien Zustande nicht bekannt, wohl aber in ihren Salzen.

Natriumsulfostannat $Na_2SnS_3 + 2H_2O$ kristallisiert in farblosen Oktaëdern. Versetzt man die Lösung desselben mit einer Säure, so fällt SnS_2 aus.

Zinnphosphür dient, wie oben angegeben, zur Herstellung von Phosphorbronze. Es sind verschiedene Verbindungen von Zinn und Phosphor bekannt; beim Erhitzen gehen sie sämtlich in die Verbindung Sn_3P über; diese bildet eine grobkristallinische Masse, welche bei 170° schmilzt.

Blei (Plumbum).

201. Von den Bleierzen ist der Bleiglanz PbS das wichtigste; er kommt in graphitfarbigen regulären Kristallen (Würfeln) vor. Weitere Erze sind Weißbleierz $PbCO_3$, Rotbleierz $PbCrO_4$, Gelbbleierz $PbMoO_4$ u. a. Für die Gewinnung des Metalles dient jedoch fast ausschließlich der Bleiglanz. Dieser wird geröstet, wobei zum Teil Bleioxyd, zum Teil Bleisulfat entstehen:

$$PbS + 3O = PbO + SO_2; \quad PbS + 2O_2 = PbSO_4.$$

Das Bleisulfat wird, unter Bildung von Bleisilicat, durch Kieselsäure zerlegt. Das frei vorhandene und das an Kieselsäure gebundene Bleioxyd wird im Schachtofen durch Koks und durch Kohlenoxyd reduziert:

$$2PbO + C = 2Pb + CO_2; \; PbO + C = Pb + CO;$$
$$PbO + CO = Pb + CO_2.$$

Physikalische Eigenschaften. Blei ist ein bläulichgraues, stark glänzendes, weiches und dehnbares Metall. Es hat das spez. Gewicht 11·254, schmilzt bei 327° und siedet bei 1525°.

Chemische Eigenschaften. Blei verliert an feuchter Luft sehr bald seine glänzende Oberfläche, indem sich darauf eine dünne Schicht von Bleioxyd bildet; diese schützt das darunter befindliche Metall vor weiterer Zerstörung durch die Atmosphäre. Stellt man es jedoch in sehr feiner Verteilung dar, z. B. durch vorsichtiges Erhitzen von weinsaurem oder zitronensaurem Blei unter Luftabschluß, so entzündet es sich an der Luft schon bei gewöhnlicher Temperatur von selbst (pyrophorisches Blei). Auch andre Metalle können, wenn man sie auf ähnliche Weise in einen solchen Zustand feinster Verteilung bringt, pyrophorisch werden. Beim Schmelzen des Bleis bildet sich eine Schicht von rotem Bleioxyd; wird letzteres anhaltend entfernt, so läßt sich alles Blei oxydieren. Von Schwefelsäure und Salzsäure wird kompaktes Blei nicht angegriffen, wohl aber fein verteiltes, wobei sich die entsprechenden Salze bilden; von Salpetersäure wird es leicht zu Nitrat gelöst. Auch Essigsäure und andere organische Säuren greifen es bei Luftzutritt an. Da Bleisalze gefährliche chronische Vergiftungen durch fortgesetzte Aufnahme von an sich ungefährlichen Mengen verursachen können, dürfen Gefäße mit bleihaltigem Zinnbelage oder Topfwaren mit Bleiglasur beim Bereiten von Speisen nicht verwendet werden. Durch Zink wird Blei aus seinen Lösungen abgeschieden. Wird ein Zinkstab in eine Bleisalzlösung gestellt, so setzt sich an ihm das Blei als verästelte kristallinische Masse, als „Bleibaum" ab. Diese Reaktion kann man wie folgt formulieren:

$$Zn + Pb^{\cdot\cdot} = Zn^{\cdot\cdot} + Pb,$$

d. h. Zink geht in den ionisierten Zustand über und die Bleiionen werden entladen.

Wie es kommt, daß ein Metall die elektrische Ladung eines andren übernimmt, kann durch eine von Nernst herrührende Hypothese erklärt werden. Sie beruht auf der Annahme, daß jedes Metall, das mit Wasser oder einer Lösung in Berührung steht, sich bestrebt, positive Ionen auszusenden. Die Kraft, mit der dieser Lösungsdruck sich betätigt, ist für die einzelnen Metalle sehr verschieden; sie ist beim Zink viel größer als beim Blei. Wird daher ein Stück Zink in eine Lösung gebracht, die Bleiionen enthält, so werden Zinkionen in die Lösung hineingetrieben, wodurch das Zink selbst negativ geladen wird. Die Bleiionen sind jetzt imstande, sich an dem Zinkstück zu entladen, und da sie nicht mit derselben Kraft in die Lösung zurückgetrieben werden wie die Zinkionen, muß der Effekt der sein, daß fast alle Bleiionen verschwinden und durch Zinkionen ersetzt werden.

Destilliertes und von Luft durch Kochen befreites Wasser greift Blei nicht an; in lufthaltigem Wasser löst sich etwas Blei als Bleihydroxyd. Durch Kohlensäure wird das Metall in unlösliches basisches Bleikarbonat (Cerussit) verwandelt.

Die Einwirkung von Luft und Wasser auf Blei ist in hygienischer Beziehung deshalb von großer Bedeutung, weil Wasser vielfach durch bleierne oder aus bleihaltigem Material (Kompositionsmetall) hergestellte Röhren geleitet wird. In welchem Grade Trinkwasser aus derartigen Leitungsröhren Blei aufnimmt, hängt wesentlich von dem Salzgehalt des Wassers ab. Im allgemeinen löst Wasser um so mehr Blei, je ärmer es an Salzen ist, je weicher es ist. Von Regenwasser, das fast gar keine festen Salze, wohl aber Sauerstoff, Kohlensäure und Spuren von Ammoniakverbindungen enthält, wird Blei daher am ehesten gelöst. Bleierne Dachrinnen, wie sie früher viel in Gebrauch waren, sind deshalb da, wo Regenwasser als Trinkwasser dient, nicht anzuwenden. Quellwasser enthält meist saures Calciumkarbonat und Gips. Infolgedessen bildet sich an der Innenwand der Bleiröhren bald eine festhaftende Schicht von Bleisulfat und basischem Karbonat (auch wohl Calciumkarbonat), die nach einiger Zeit das Blei gegen weitere Angriffe des Wassers schützt.

Blei wird für viele Zwecke verwendet, auch in Form von Legierungen; vgl. darüber **197**.

Verbindungen des Bleis mit Sauerstoff.

202. Von Blei kennt man folgende Oxyde: Pb_2O, PbO, Pb_2O_3, Pb_3O_4 und PbO_2.

Bleioxyd PbO ist von diesen Oxyden das einzige mit basischen Eigenschaften; es entsteht durch direkte Synthese aus den Elementen (**201**). Es schmilzt bei 879° und erstarrt beim Erkalten zu einer rotgelben kristallinisch-blättrigen Masse, Bleiglätte. Wird Blei, Bleihydroxyd $Pb(OH)_2$ oder Bleinitrat vorsichtig erhitzt, so bildet sich ein gelbes zartes Pulver (Massicot). In Wasser löst sich etwas PbO als Bleihydroxyd. In heißer Kalilauge ist Bleioxyd löslich und kristallisiert daraus beim Erkalten in rhombischen Prismen.

Bleihydroxyd $Pb(OH)_2$ entsteht durch Fällung einer Bleisalzlösung mit Alkali; es ist in Ätzalkalien löslich, also amphoter (**198**), aber unlöslich in Ammoniak. Beim Erhitzen auf 145° wird es wasserfrei und geht in Bleioxyd über. Bleihydroxyd ist in Wasser etwas löslich, wobei es demselben alkalische Reaktion verleiht; es nimmt Kohlensäure aus der Luft auf.

Mennige Pb_3O_4 erhält man beim Erhitzen von Massicot oder Bleiweiß auf 300—400° an der Luft. Bei schwachem Erhitzen wird die rote Farbe heller; bei stärkerem Erhitzen wird sie violett und schließlich schwarz; beim Erkalten kehrt jedoch die ursprüngliche Farbe wieder. Wird Mennige mit verdünnter Salpetersäure behandelt, so zerfällt sie in Bleinitrat und Bleiperoxyd PbO_2; man darf die Mennige deshalb als $2PbO \cdot PbO_2$ ansehen. Sie wird als Malerfarbe verwendet.

Bleiperoxyd PbO_2 wird durch die eben angegebene Behandlung erhalten, leichter jedoch, wenn man in eine alkalische Bleilösung Chlor einleitet oder einem Bleisalz ein Hypochlorit zusetzt:

$$2PbCl_2 + Ca(OCl)_2 + 2H_2O = 2PbO_2 + CaCl_2 + 4HCl.$$

Man setzt noch Kalkmilch zu, um die freiwerdende Säure zu binden.

Bleiperoxyd ist ein schweres schwarzbraunes Pulver, das mit den meisten Peroxyden gemeinsam hat, beim Erhitzen Sauerstoff abzugeben. Bei hoher Temperatur spaltet es sich in PbO und Sauerstoff. Beim Erwärmen mit Schwefelsäure entsteht Bleisulfat unter Sauerstoffentwicklung; beim Erwärmen mit Salzsäure unter Chlorentwicklung $PbCl_2$.

Bleiperoxyd hat (wie CO_2 und SnO_2) den Charakter eines Säureanhydrids; denn es ist in heißer konzentrierter Kalilauge löslich; aus letzterer scheiden sich beim Erkalten Kristalle von der Zusammensetzung $K_2PbO_3 + 3H_2O$ ab (welche demnach dem Kaliumstannat völlig analog zusammengesetzt sind); diese Verbindung wird jedoch von Wasser leicht in Kali und PbO_2 zerlegt.

Betrachtet man Bleiperoxyd als Säureanhydrid, so kann man Calciumplumbat $Pb(O_2Ca)_2$ von einer normalen Bleisäure $Pb(OH)_4$

ableiten. Analog kann man Mennige als entsprechendes Bleisalz Pb_2PbO_4 auffassen, doch enthält sie meistens viel mehr PbO, als dieser Formel entspricht.

Das Oxyd Pb_2O_3 wird erhalten, indem man einer Lösung von Bleioxyd in Kalilösung Natriumhypochlorit zusetzt. Es kann als das Bleisalz einer Bleisäure H_2PbO_3, d. h. als $Pb \cdot PbO_3$ aufgefaßt werden; denn bei der Behandlung mit verdünnter Salpetersäure entstehen PbO_2 (das Anhydrid von H_2PbO_3) und Bleinitrat.

Verbindungen des Bleis mit Halogenen.

203. Die Halogenverbindungen des Bleis von der Formel PbX_2 sind in kaltem Wasser schwer löslich; Bleifluorid ist nahezu unlöslich, bei den drei andren nimmt die Löslichkeit mit zunehmendem Atomgewicht des Halogens ab.

Bleichlorid $PbCl_2$ wird als weißer Niederschlag erhalten, wenn man einer Bleisalzlösung verdünnte Salzsäure zusetzt. Bei 12·5° löst es sich in 135, bei 100° in weniger als 30 Gewichtsteilen Wasser auf und kristallisiert aus der heißen Lösung in Form von weißen seidenglänzenden Nadeln oder Blättchen. Wenn man wäßrige Bleichloridlösung mit verdünnter Salzsäure versetzt, fällt $PbCl_2$ aus, denn durch den Zusatz von Cl-Ionen wird das Löslichkeitsprodukt von $PbCl_2$ überschritten; doch ist Bleichlorid in konzentrierter Salzsäure leicht löslich. Dies muß durch die Bildung einer Verbindung von $PbCl_2$ mit HCl verursacht sein, zu der ein Analogon, nämlich $PbJ_2 \cdot HJ + 10H_2O$, hat isoliert werden können. Charakteristisch ist für Blei das Jodid PbJ_2, das Kaliumjodid aus Bleisalzlösungen fällt. In kaltem Wasser ist es sehr schwer, in heißem mäßig löslich. Aus einer Lösung in verdünnter Essigsäure kristallisiert es sehr schön in goldgelben Kristallflittern.

Bleitetrachlorid $PbCl_4$ erhält man, wenn Chlor bis zur Sättigung in eine Lösung von $PbCl_2$ in eiskalter Salzsäure eingeleitet wird. Ammoniumchlorid fällt aus der Flüssigkeit zitronengelbe Kristalle $2NH_4Cl \cdot PbCl_4$ von analoger Zusammensetzung wie Pinksalz (199) aus. Analoge Doppelsalze bildet $PbCl_4$ auch mit den Chloriden der Alkalimetalle, wie Kalium und Rubidium (Rb_2PbCl_6). Übergießt man ein solches Doppelsalz mit eiskalter konzentrierter Schwefelsäure, so scheidet sich allmählich Plumbichlorid als schweres gelbes Öl (spez. Gewicht 3·18) ab, das bei niedriger Temperatur beständig ist und bei −15° kristallisiert. Schon bei gewöhnlicher Temperatur, noch rascher beim Erwärmen, zerfällt es in $PbCl_2$ und Chlor.

Andre Bleisalze.

204. Bleinitrat $Pb(NO_3)_2$ wird durch Lösen von Blei oder seiner Oxyde in verdünnter Salpetersäure gewonnen; es ist farblos, kristallisiert regulär und ist in 8 Gewichtsteilen Wasser löslich. Durch Erhitzen wird es zerlegt (**128**). Es sind verschiedene basische Bleinitrate bekannt.

Bleisulfat $PbSO_4$, natürlich in kristallisierter Form als Bleivitriol oder Anglesit vorkommend, ist in Wasser nahezu unlöslich und kann deshalb beim Versetzen einer Bleisalzlösung mit verdünnter Schwefelsäure oder mit einem löslichen Sulfat erhalten werden. Es ist mit Bariumsulfat isomorph. In konzentrierter Schwefelsäure ist es löslich; daher enthält die rohe Schwefelsäure des Handels, die beim Bleikammerverfahren in Bleipfannen konzentriert worden ist, stets Bleisulfat; beim Verdünnen mit Wasser fällt das Bleisulfat aus. Bleisulfat wird von konzentrierter Alkalilauge gelöst. Durch Glühen mit Kohle wird es leicht zu Sulfid reduziert. Über Bleidisulfat $Pb(SO_4)_2$, siehe **281**.

Bleidisulfat $Pb(SO_4)_2$ scheidet sich an der Anode aus, wenn Schwefelsäure vom spez. Gew. 1·7—1·8 zwischen Bleiplatten elektrolysiert wird. Es ist eine weiße körnige Substanz mit stark oxydierenden Eigenschaften. Durch Wasser wird es bald in Schwefelsäure und Bleiperoxyd zerlegt. Es ist isomer mit Bleipersulfat PbS_2O_8, ein Salz der zweibasischen Überschwefelsäure. Siehe weiter **281**.

Bleikarbonat $PbCO_3$, in der Natur als Weißbleierz oder Cerussit vorkommend, fällt aus, wenn eine Lösung von Bleinitrat mit kohlensaurem Ammoniak versetzt wird. Ein basisches Karbonat ist das Bleiweiß, welches mit Öl verrieben als blendend weiße Malerfarbe verwandt wird; seine Färbung wird durch Einwirkung von Schwefelwasserstoff (der aus Kanalisationsanlagen u. dergl. entweicht) leicht braun. Es ist gesundheitsschädlich, weil es von den Wandflächen leicht abstaubt und durch Einatmung in den Organismus gelangt. Den Hauptvorzug des Bleiweißes bildet seine Deckkraft (d. h. die Eigenschaft, die Farbe der Fläche, auf die es aufgetragen wird, vollständig zu verdecken), welche diejenige andrer weißer Malerfarben, wie Zinkweiß und Bariumsulfat, die man, da sie unschädlich sind, als Ersatz für Bleiweiß verwendet, weit übertrifft.

Zur Fabrikation des Bleiweißes werden Bleiplatten in einem erhitzten Raum der gleichzeitigen Einwirkung von Essigsäuredämpfen und von Kohlendioxyd ausgesetzt. Vielfach erfolgt die Darstellung noch nach der holländischen Methode. Dieselbe besteht darin, daß spiralförmig aufgerollte, dünne Bleiplatten in Töpfe getan werden, in denen sich ein wenig Essigsäure befindet. Die Töpfe werden mit einer Bleiplatte lose verschlossen und mit Pferdemist bedeckt. Durch die bei der Gärung des Mistes entwickelte Wärme verdampft ein Teil der Essigsäure und verwandelt das Blei in basisches Bleiacetat, welches durch das bei der Mistgärung erzeugte Kohlendioxyd in Bleiweiß übergeführt wird. Nach vier bis fünf Wochen sind die Bleiplatten fast ganz in Bleiweiß umgewandelt; dieses wird feucht gemahlen, ausgewaschen, um Bleiacetat zu entfernen, und getrocknet. So gelangt es in den Handel.

Bleisulfid PbS, Schwefelblei, kommt natürlich als Bleiglanz vor. Es ist schwarz und fällt amorph nieder, wenn Schwefelwasserstoff in die Lösung eines Bleisalzes eingeleitet wird. Wasser, das nur Spuren von Blei enthält, wird durch H_2S braun gefärbt; dies ist eine sehr empfindliche Methode zum Nachweis von Blei. Durch starke Salpetersäure wird PbS leicht zu Bleisulfat oxydiert.

Übersicht der Kohlenstoffgruppe.

205. Die Elemente Kohlenstoff, Silicium, Germanium, Zinn und Blei bilden eine natürliche Gruppe, wie aus einem Vergleiche ihrer physikalischen und chemischen Eigenschaften hervor-

	C	Si	Ge	Sn	Pb
Atomgewicht .	12·00	28·3	72·5	119·0	207·10
Spez. Gewicht	3·6[1]	2·49	5·469	7·29	11·254
Schmelzpunkt	—	sehr hoch	ca. 958°	231·82°	327°
Siedepunkt	sehr hoch	sehr hoch	—	2270°	1525°

geht. In der vorstehenden Tabelle sind ihre wichtigsten physikalischen Konstanten zusammengestellt; man erkennt, wie bei andren natürlichen Gruppen, deren graduelle Änderung bei steigendem Atomgewicht.

Was die chemischen Eigenschaften betrifft, so bemerkt man zunächst, daß diese Elemente die gleichen Verbindungstypen MX_2 und MX_4 zeigen, mit andren Worten, zwei- oder vierwertig sind; dies gilt auch vom Blei (PbO_2, $PbCl_4$ usw.), das im übrigen mit seinem Schmelzpunkt in das Schema der physikalischen Eigenschaften nicht hineinpaßt; ferner zeigt sich im allgemeinen ein Übergang vom metalloiden zum metallischen Charakter, was durch die folgenden Sätze schärfer hervorgehoben werden soll:

1. Nur vom Kohlenstoff und Silicium sind Wasserstoffverbindungen (von indifferentem Charakter) bekannt.

2. Von den Sauerstoffverbindungen des Typs MO ist die des Kohlenstoffes indifferent, die andren zeigen mit zunehmendem Atomgewicht mehr und mehr basischen Charakter derart, daß Bleihydroxyd sogar ziemlich stark alkalische Eigenschaften besitzt.

3. Die Sauerstoffverbindungen RO_2 dagegen haben beim Kohlenstoff und Silicium ausgesprochenen Säurecharakter, auch noch beim Germanium, während beim Blei die Salze der Säure H_2PbO_3 durch Wasser augenblicklich zersetzt werden, so daß die sauren Eigenschaften hier sehr geschwächt erscheinen.

4. Die Verbindungen des Kohlenstoffes mit Halogenen sind gegen kaltes Wasser beständig; die übrigen Halogenverbindungen MX_4 werden durch Wasser zersetzt.

Blei bekundet in einigen seiner physikalischen und chemischen Eigenschaften nicht die graduelle Abstufung, welche sonst bei den Elementen

[1] Diamant.

einer Gruppe angetroffen wird; diese Erscheinung trifft man mehrfach bei Elementen mit sehr hohem Atomgewicht an. In der Stickstoffgruppe sahen wir dies beim Wismut.

Die Edelgase.

206. Wie unzählige Male die Luft auch schon analysiert worden ist, so haben doch im Jahre 1894 begonnene Untersuchungen von RAYLEIGH und RAMSAY erst ergeben, daß die Luft außer Sauerstoff und Stickstoff noch andre Elemente enthält, von denen das eine, das seine Entdecker Argon nannten, sogar in einer Menge von 0·937 % (Vol.) oder 1·2 % (Gew.) sich darin vorfindet.

Nach der Entdeckung des Argons fanden RAMSAY und TRAVERS in der Luft noch vier andere Gase, deren Menge jedoch sehr gering ist. Dies sind Helium, Neon (das Neue), Krypton (das Verborgene) und Xenon (das Fremde).

Helium.

Auf Grund spektroskopischer Beobachtungen (266) hatte NORMAN LOCKYER schon seit längerer Zeit bei vielen Fixsternen, namentlich aber in der Sonnenatmosphäre, und zwar dort als einen der Hauptbestandteile, die Gegenwart eines auf der Erde noch nicht aufgefundenen Elementes vermutet. Weil man es zuerst in der Sonnenchromosphäre beobachtet hatte, gab man ihm den Namen Helium. 1895 wiesen RAMSAY und TRAVERS nach, daß dieses Element auch auf unsrer Erde vorkommt. Sie erhielten es in geringer Menge beim Erhitzen des Cleveïts, eines uranhaltigen Minerals. Später wurde Helium als Begleiter des Argons in einigen andren, namentlich in uranhaltigen Mineralien, sowie auch in den Gasen einiger Mineralquellen und schließlich auch in der atmosphärischen Luft nachgewiesen.

Helium ist bei gewöhnlicher Temperatur ein farb-, geruch- und geschmackloses Gas. Es ist von allen Gasen das am schwersten kondensierbare; KAMERLINGH ONNES ist aber seine Kondensation geglückt. Es siedet bei ± 4° absoluter Temperatur (− 269° C.). Durch Verdampfung bei 0·15 mm Druck konnte die niedrigste bis jetzt erreichte Temperatur von 1°·15 absolut erreicht werden. Der kritische Druck ist 2·26 Atmosphären, die kritische Temperatur 5°·3 absolut. Das spez. Gewicht des flüssigen Heliums bei 4°·29 absolut ist 0·122. Es ist in Wasser weniger löslich als Argon. Über seine Beziehung zu Radium siehe dort.

Neon.

Wird Luft flüssig gemacht, so löst sich darin nebst Helium auch das sehr schwer kondensierbare Neon, das sich spurenweise in der Atmosphäre vorfindet. Beim Verdampfen von flüssiger Luft entweichen beide Gase mit den ersten Anteilen. DEWAR hat gezeigt, daß man sie durch ausgeglühte Holzkohle sofort aus gasförmiger Luft isolieren kann, wenn letztere bei − 185° damit in Berührung gelassen wird. Die Holzkohle hat nämlich die merkwürdige Eigenschaft, bei dieser Temperatur alle übrigen Gase der Luft in ihren Poren zu verdichten, wodurch ein Gasrest erhalten wird, welcher ohne weiteres die Spektrallinien von He und Ne gibt. Neon gibt im PLÜCKERschen Rohr (263) ein schönes orangefarbiges Licht, welches mit Erfolg zu Beleuchtungszwecken angewandt worden ist.

Argon.

Die erste Andeutung der Gegenwart dieses Elementes in der Atmosphäre ergab die Beobachtung, daß der Luftstickstoff eine größere Dichte besitzt, als der aus Ammoniumnitrit und andren Verbindungen isolierte sog. chemische Stickstoff. 1 Liter Luftstickstoff wog 1·2572 g, 1 Liter aus chemischen Verbindungen dargestellt 1·2521 g, beide bei 0° und 760 mm. In der atmosphärischen Luft mußte neben Stickstoff noch ein Gas enthalten sein, welches schwerer ist als dieser.

Eine der einfachsten Methoden, um Argon aus Luft abzusondern, besteht darin, Luftstickstoff mit einem Gemisch von Magnesium und frisch geglühtem Kalk zu erhitzen. Durch die hohe Temperatur entsteht freies Calcium ($Mg + CaO = MgO + Ca$), welches in der feinen Verteilung, in der es erzeugt wird, sehr kräftig Sauerstoff, aber auch Stickstoff aufnimmt, so daß nur Argon übrig bleibt.

Mittels Calciumkarbid CaC_2 läßt sich auch Argon isolieren. Wenn dieses Karbid bei etwa 800° mit Luft in Berührung gebracht wird (am besten gemischt mit 10% Chlorcalcium), so absorbiert es sowohl Sauerstoff wie Stickstoff:

$$2\,CaC_2 + O_2 = 2\,CaO + 4\,C; \quad CaC_2 + N_2 = CaCN_2 + C.$$

Es ist dies eine geeignete Methode zur Gewinnung von Argon in größerer Menge.

Nachdem das Argon einmal in der atmosphärischen Luft entdeckt war, wurde es auch anderweitig aufgefunden; die Gase einiger Mineralquellen z. B. enthalten es. Gewisse seltene Mineralien geben beim Erhitzen Argon ab u. a. m.

Argon ist ein farb-, geruch- und geschmackloses Gas vom spez. Gewicht 19·957. Es ist durch Abkühlung mit verflüssigter Luft unter etwa 50·6 Atmosphären Druck als farblose Flüssigkeit erhalten worden, die bei − 186·9° siedet und bei − 189·6° kristallisiert. In Wasser ist es leichter löslich als Stickstoff (bei 0° und 760 mm Druck 0·05780 Teile in 1 Vol.) und als Helium.

Daß das, was man jetzt Argon nennt, kein Gemisch und auch keine Verbindung, sondern ein Element ist, darf als sicher gelten. Denn sein Siede- und Schmelzpunkt sind völlig konstant, sein Dampfdruck blieb bei der Verflüssigung ebenfalls konstant, solange noch Gas vorhanden war. Als ein gegebenes Volum Argon zu $^3/_4$ in Wasser gelöst wurde, zeigte das nicht gelöste Gas genau das gleiche Spektrum wie das gelöste; alles dies sind Kennzeichen eines einheitlichen Stoffes. Gegen die Annahme einer Verbindung spricht die außergewöhnliche Beständigkeit, welche das Argon gegen die verschiedensten Agenzien zeigt.

Krypton und Xenon.

Krypton und Xenon werden aus den Rückständen gewonnen, welche übrig bleiben, wenn man eine große Menge verflüssigter Luft langsam hat verdampfen lassen. Ihre Trennung wurde dadurch ermöglicht, daß das Krypton bei der Temperatur der flüssigen Luft noch eine ziemlich große Dampfspannung besitzt, während die Verdampfung des Xenons dann nicht merklich ist.

Die Luft enthält in 100 Vol. nachstehende Volumen dieser Gase: Neon 0·00181, Helium 0·00054, Krypton $0{\cdot}49 \times 10^{-5}$ und Xenon $0{\cdot}59 \times 10^{-6}$.

207. Diesen Gasen sind drei besondere Eigenschaften gemeinsam. Erstens weisen sie charakteristische Spektrallinien im PLÜCKERschen Rohr (263) auf, an denen man sie erkennen und ihre Reinheit kontrollieren kann.

Zweitens besteht ihr Molekül nur aus einem Atom, ihr Molekulargewicht ist also gleich ihrem Atomgewicht. Diese Tatsache hat man nicht auf dem gewöhnlichen Wege ermitteln können, wie er in 33 und 34 angegeben ist, weil man von keinem dieser Gase Verbindungen mit andren Elementen kennt, sie ist vielmehr aus dem Wert der Molekularwärme hergeleitet worden. Hierunter versteht man die Wärmemenge, welche einem Grammmolekül eines Gases zugeführt werden muß, um seine Temperatur um 1° zu erhöhen. Diese Wärmemenge ist verschieden, je nachdem man das Gas unter konstantem Druck oder unter konstantem Volum hat. Im erstgenannten Fall ist sie größer, da sich das Gas dann bei seiner Erwärmung ausdehnt und dabei Arbeit leistet, welche durch Zuführung von Wärme geliefert werden muß. Wir sahen in 34, daß für ein Mol der Gase die Gleichung $PV = 2T$ gilt, welche, in Kalorien ausgedrückt, die Arbeit vorstellt, die diese Gasmenge bei ihrer Ausdehnung leisten kann. Erhöht man die Temperatur um 1°, so bekommt man $PV = 2(T + 1)$, woraus man ersieht, daß die Gasmenge hierbei eine Arbeit äquivalent mit 2 Kal. leisten kann. Die Molekularwärme bei konstantem Druck beträgt daher 2 Kal. mehr wie bei konstantem Volum.

Aus der kinetischen Gastheorie folgt, daß die Molekularwärme bei konstantem Druck eines einatomigen Gases 5 Kal. beträgt. Bei konstantem Volum muß dieselbe also 2 weniger, d. h. 3 Kal. betragen. Das Verhältnis dieser Wärmemengen ist daher $^5/_3 = 1{\cdot}66$. Bestehen jedoch die Gasmoleküle aus mehr als einem Atom, so muß mehr Wärme aufgenommen werden um die gleiche Temperaturerhöhung zu bekommen, da nun, außer für die Bewegung der Moleküle, für die erhöhte Bewegung der Atome innerhalb jedes Moleküls auch noch Wärme verbraucht wird. Das Verhältnis wird dann $\frac{5 + m}{3 + m}$, wenn m diese vermehrte Wärme vorstellt; es wird also kleiner wie 1·66. Durch Bestimmung dieses Verhältnisses (was am leichtesten durch die Fortpflanzungsgeschwindigkeit des Schalles geschehen kann, wie in der Physik näher gezeigt wird) läßt sich also entscheiden, ob die Moleküle eines Gases ein- oder mehratomig sind. Für die hier in Rede stehenden Gase war dieses Verhältnis 1·66, womit bewiesen war, daß ihre Moleküle nur ein Atom enthalten.

Eine dritte Eigentümlichkeit dieser Elemente ist, daß sie nicht in Verbindungen übergeführt werden können, wie namentlich beim Argon wiederholt festgestellt wurde. Hierdurch erklärt es sich, daß namentlich das Argon so spät in der Atmosphäre entdeckt ist; denn bei Luftanalysen wurde immer der unverbrennliche und unabsorbierbare Teil für „Stickstoff“ ohne nähere Untersuchung angesehen. Diese Elemente sind also nullwertig (zerovalent).

Übersicht der Gruppe der Edelgase.

Diese Elemente bilden, nach steigendem Atomgewicht geordnet, eine natürliche Gruppe. In untenstehender Tabelle sind ihre Atomgewichte und Siedepunkte zusammengefaßt.

	Helium	Neon	Argon	Krypton	Xenon
Atomgewicht . .	3·99	20·2	39·88	82·9	130·2
Siedep. bei 760 mm in abs. Skala .	4°	—	86°·9	121°·9	163°·9

Methoden zur Bestimmung des Atomgewichts.

208. Bis jetzt ist erst eine Methode zur Bestimmung des Atomgewichts erwähnt worden (**34**). Diese besteht darin, daß man die Dampfdichte und empirische Zusammensetzung einer möglichst großen Anzahl von Verbindungen eines Elements bestimmt und alsdann berechnet, wieviel Gramm des Elements im Mol dieser Verbindungen vorhanden sind. Die kleinste so gefundene Zahl wird als das Atomgewicht angesehen. Diese allgemeine Methode hat den Nachteil, daß das Atomgewicht sich damit nur mit einer gewissen Wahrscheinlichkeit bestimmen läßt, die um so größer ist, je mehr Verbindungen des Elementes in der angegebenen Richtung untersucht worden sind, weil sich damit die Aussicht vermindert, eine Verbindung aufzufinden, welche im Molekül eine noch kleinere submultiple Menge enthält, als bisher für das betreffende Element gefunden war.

Es gibt aber auch noch andre Methoden. Sie besitzen zwar keine so allgemeine Anwendbarkeit, sondern haben einen mehr absoluten Charakter. In den vielen Fällen, in denen sie angewandt werden konnten, haben sie sich besonders deshalb als sehr nützlich erwiesen, weil sie die sehr erwünschte Kontrolle der nach der allgemeinen Methode ausgeführten Bestimmungen ermöglichen.

Für diese Methoden kommen in Betracht:

1) Das Gesetz von Dulong und Petit. Das Produkt aus spezifischer Wärme und Atomgewicht der im **festen** Zustande befindlichen Elemente beträgt ungefähr 6·4. Dies ergibt sich aus der folgenden Tabelle:

Element	Spezifische Wärme	At.-Gew.	Produkt	Bemerkungen
Wasserstoff	6·20	1·008	6·2	in fester Form.
Lithium	0·941	7·00	6·6	
Beryllium	0·408	9·1	3·7	bei 257° ist die spez. W. 0·58, das Prod. daher 5·2.
Bor	0·254	11·0	2·8	amorph. — Bei 400° ist die sp. W. 0·58, das Prod. 6·4.
Kohlenstoff amorph	0·174	12·00	2·1	
Kohlenstoff Diamant	0·143	12·00	1·7	über 900° ist die spez. W. 0·459, das Prod. also 5·5.
Stickstoff	0·43	14·01	6	in flüssiger Form.
Natrium .	0·293	23·0	6·7	
Magnesium	0·250	24·32	6·1	

Element	Spezifische Wärme	At.-Gew.	Produkt	Bemerkungen
Aluminium .	0·214	27·1	5·8	
Silicium .	0·165	28·3	4·6	kristallisiert; über 200° spez. W. 0·204; Prod. 5·8.
Phosphor	0·189	31·0	·9	gelb; spez. W. des roten 0·1698, Prod. 5·24.
Schwefel	0·178	32·07	5·7	rhombisch.
Kalium	0·166	39·10	6·5	
Calcium	0·170	40·09	6·8	
Scandium	0·153	44·1	6·7	
Chrom	0·121	52·0	6·3	
Mangan	0·122	54·93	6·7	
Eisen .	0·114	55·85	6·4	
Kobalt	0·107	58·97	6·3	
Nickel	0·108	58·68	6·4	
Kupfer	0·095	63·57	6·0	
Zink	0·094	65·37	6·1	
Gallium	0·079	69·9	5·5	
Germanium	0·077	72·5	5·6	
Arsen	0·082	74·96	6·9	kristallisiert.
Selen .	0·080	79·2	6·3	desgleichen.
Brom .	0·084	79·92	6·7	fest.
Zirkonium	0·066	90·6	6·0	
Molybdän	0·072	96·0	6·9	
Ruthenium	0·061	101·7	6·3	
Rhodium	0·058	102·9	6·0	
Palladium	0·059	106·7	6·3	
Silber	0·057	107·88	6·1	
Cadmium	0·054	112·40	6·0	
Indium	0·057	114·8	6·5	
Zinn	0·054	119·0	6·5	
Antimon	0·051	120·2	6·1	
Tellur	0·047	127·5	6·0	
Jod	0·054	126·92	6·8	
Lanthan	0·045	139·0	6·2	
Cer	0·045	140·25	6·3	
Wolfram	0·033	184·0	6·1	
Osmium .	0·031	190·9	5·9	
Iridium	0·032	193·1	6·1	
Platin	0·032	195·0	6·2	
Gold	0·032	197·2	6·3	
Quecksilber	0·032	200·0	6·4	fest.
Thallium	0·033	204·0	6·7	
Blei	0·031	207·10	6·4	
Wismut	0·030	208·0	6·2	
Thor .	0·027	232·42	6·2	
Uran	0·027	238·5	6·5	

Die Größe des Produkts beträgt bei den meisten Elementen, wie man sieht, 6·4; das Maximum ist 6·9, das Minimum 5·0. Nennt man dies Produkt Atomwärme, dann kann man das Gesetz von DULONG und PETIT einfach so formulieren: Die Atomwärmen der festen Elemente sind nahezu konstant und betragen annähernd 6·4.

Wie in der Spalte „Bemerkungen" zu sehen ist, hängt die Atomwärme der Elemente von der Temperatur ab. Für Elemente, deren Atomwärme bei gewöhnlicher Temperatur kleiner als ca. 6·4 ist, nähert sich die Atomwärme bei höherer Temperatur mehr der normalen. Anderseits ergibt sich aus Untersuchungen, welche in den letzten Jahren von NERNST und seinen Schülern angestellt worden sind, daß bei starker Abkühlung die Abweichungen vom Produkt 6·4 immer zahlreicher werden. So wurde z. B. für Blei gefunden, daß dessen Atomwärme in flüssiger Luft noch normal, bei der Temperatur des siedenden Wasserstoffs dagegen bereits auf etwa die Hälfte zurückgegangen ist.

NERNST und LINDEMANN haben auf theoretischem Wege abgeleitet, daß dieses Verhalten der Elemente mit ihrem Atomgewicht und Schmelzpunkt zusammenhängt, und zwar so, daß Ausnahmen vom Gesetz von DULONG und PETIT bei gewöhnlicher Temperatur dann auftreten, wenn ein kleines Atomgewicht mit einem hohen Schmelzpunkt einher geht. Am deutlichsten zeigt sich dies beim Kohlenstoff. Ähnlich verhalten sich, wenn auch nicht ganz so ausgeprägt, Bor und Silicium, die ebenfalls bei Zimmertemperatur eine viel kleinere Atomwärme haben als es das Gesetz verlangt. Lithium gehorcht bei Zimmertemperatur trotz seines kleinen Atomgewichts diesem Gesetze, weil es einen viel niedrigeren Schmelzpunkt besitzt. Auf der anderen Seite gehorchen Blei und Quecksilber bis zur Temperatur der flüssigen Luft noch gut dem Gesetze, weil diese Elemente neben ihrem sehr hohen Atomgewicht außerdem noch einen niedrigen Schmelzpunkt aufweisen. Für die nähere Kenntnis dieser sehr interessanten Verhältnisse sei auf die Lehrbücher über physikalische Chemie verwiesen.

Daß die Atomwärme der festen Elemente ungefähr 6 sein muß, läßt sich theoretisch in folgender Weise begründen: BOLTZMANN hat bewiesen, daß ungefähr die Hälfte der von einem festen Körper aufgenommenen Wärme für inwendige Arbeit benutzt wird. Für ein einatomiges Gas bei konstantem Volum ist die Atomwärme etwa 3 (207); die aufgenommene Hitze wird hier nahezu ausschließlich verbraucht, um die kinetische Energie der Gasmoleküle zu erhöhen, da die Arbeit zur Überwindung der Kohäsion zwischen den Molekülen nahezu null ist. Die Atomwärme der festen Elemente muß daher etwa den doppelten Wert, d. h. ca. 6 haben.

Das Gesetz von DULONG und PETIT wird zur Bestimmung des Atomgewichtes in der Weise benutzt, daß man die Größe 6·4 dividiert durch die spezifische Wärme des betreffenden Elements.

$$\frac{6\cdot 4}{\text{spez. W.}} = \text{Atomgewicht des Elements.}$$

Man erhält so das Atomgewicht natürlich nur angenähert, weil das Produkt 6·4 nicht völlig konstant ist. Dies genügt jedoch, um zu entscheiden, welches Vielfache vom Äquivalentgewicht (**23**) (dessen genauen Wert man auf analytischem Wege findet) das Atomgewicht ist.

209. 2) Dem DULONG-PETITschen Gesetz schließt sich das Gesetz von NEUMANN an, das REGNAULT und KOPP eingehend nachgeprüft haben. Es besagt, daß jedes Element in seinen festen Verbindungen eine konstante Atomwärme besitzt, die von der des Elementes im freien Zustande wenig abweicht. Die Molekularwärme einer Verbindung ist daher gleich der Summe der Atomwärmen der sie bildenden Elemente. Dividiert man die Molekularwärme fester Verbindungen durch die Anzahl ihrer Atome im Molekül, so ergibt sich ungefähr die Zahl 6·4. In der Tat betrug dieser Quotient für Bromverbindungen RBr 6·9, RBr_2 6·5, für Jodverbindungen RJ 6·7, RJ_2 6·5. Auch für manche Elemente, deren Atomwärme im festen Zustande sich nur schwer bestimmen läßt, gilt das Gesetz von NEUMANN, so für Chlorverbindungen; denn für Verbindungen RCl betrug der in Rede stehende Quotient 6·4, für RCl_2 6·2, für einige Doppelchloride 6·1—6·2. Für andre Elemente, wie Sauerstoff, findet man aus der Molekularwärme ihrer Verbindungen zwar noch eine konstante Atomwärme, aber diese beträgt nicht mehr ca. 6·4, sondern ca. 4·0. Beim Wasserstoff ist die mittlere Atomwärme in festen Verbindungen 2·3. Diese Zahlen wurden gefunden, indem man von verschiedenen Sauerstoff- oder Wasserstoffverbindungen die Molekularwärme bestimmte und die bekannte Atomwärme der andren Elemente davon abzog.

Dividiert man die so gefundene Atomwärme eines Elements durch sein Atomgewicht, so erhält man die spezifische Wärme des Elementes in seinen Verbindungen.

In welcher Weise das Gesetz von NEUMANN für Atomgewichtsbestimmungen benutzt werden kann, zeigt das folgende Beispiel.

Es handle sich darum, das Atomgewicht von Calcium festzustellen mit Hilfe der spezifischen Wärme von Calciumsulfat, die 0·2 beträgt.

Mittels Analyse hat man gefunden, daß wasserfreies Calciumsulfat 29·4 % Calcium, 23·5 % Schwefel und 47·1 % Sauerstoff enthält.

Da Sulfate die Gruppe SO_4, verbunden mit Metall, enthalten, so geht aus obiger Analyse hervor, daß mit dieser Gruppe 40 Gewichtsteile Calcium verbunden sind. Es fragt sich nun, ob 40 auch das Atomgewicht des Calciums ist, oder ob dasselbe ein einfaches Multiplum oder Submultiplum dieser Zahl ist.

Das Molekulargewicht von Gips muß nun $40 + 32 + 4 \times 16 = 136$ sein, unabhängig davon, ob 40 das relative Gewicht von einem oder mehreren Calciumatomen darstellt. Die Molekularwärme ist daher $136 \times 0{\cdot}2 = 27{\cdot}2$. Die Atomwärme von Schwefel in Verbindungen ist ca. 5·4, die des Sauerstoffs ca. 4·0. Die Molekularwärme der Atomgruppe SO_4 in ihren festen Verbindungen ist deshalb

$5 \cdot 4 + 4 \times 4 \cdot 0 = 21 \cdot 4$. Für die Atomwärme des Calciums bleibt daher übrig $27 \cdot 2 - 21 \cdot 4 = 5 \cdot 8$.

Hieraus geht hervor, daß die Formel des Gipses $CaSO_4$ sein muß, also 40 das Atomgewicht von Calcium darstellt. Wäre das Atomgewicht ein Multiplum oder Submultiplum dieser Zahl, so würde sich für die Atomwärme des Metalles eine Zahl ergeben, die sich viel weiter wie 5·8 von der mittleren Atomwärme 6·4 der Elemente entfernen würde.

Der Wert des Atomgewichtes, welcher aus dem Gesetz von NEUMANN abgeleitet wird, dient daher ebenfalls nur dazu, um zu entscheiden, welches Vielfache des Äquivalentgewichtes genommen werden muß; dafür ist die so erhältliche Zahl genau genug.

210. 3) Das Gesetz von MITSCHERLICH. Die Kristallform chemisch analog zusammengesetzter Verbindungen ist die gleiche; oder anders ausgedrückt: chemisch analog zusammengesetzte Verbindungen sind isomorph (von ἴσος gleich und μορφή Gestalt). KCl, KJ, KBr z. B. haben analoge Zusammensetzung; sie kristallisieren alle drei in Würfeln. H_2KPO_4, H_2KAsO_4, $H_2(NH_4)PO_4$ sind analog zusammengesetzt; sie kristallisieren sämtlich im tetragonalen System. Die analogen Verbindungen $KClO_4$ und $KMnO_4$ kristallisieren beide rhombisch.

Man darf jedoch den vorstehenden Satz nicht ohne weiteres umkehren, da namentlich im regulären System Verbindungen infolge gleicher Kristallform vereinigt sind, bei denen von chemischer Analogie keine Rede sein kann.

Aus der Isomorphie zweier Verbindungen kann man oft auf deren chemisch analoge Zusammensetzung schließen; aus dieser Annahme läßt sich das Atomgewicht folgern. Nehmen wir den Fall an, daß man das Atomgewicht von Mangan nicht kenne; nun ist Kaliumpermanganat isomorph mit Kaliumperchlorat, für welches letztere man die Formel $KClO_4$ festgestellt hat. Aus der Analyse von Kaliumpermanganat hat sich ergeben, daß es die Formel KMn_xO_4 hat, wo x noch unbekannt ist; denn 39·10 Gewichtsteile K (1 At.) sind darin mit 64·00 Gewichtsteilen O (4 At.) und 54·93 Gewichtsteilen Mn (x At.) verbunden. Aus der Isomorphie mit $KClO_4$ folgt, daß seine Formel $KMnO_4$ (also $x = 1$) sein muß, woraus für Mangan 54·93 als Atomgewicht folgt.

Für die Bestimmung des Atomgewichtes von Zink würde man die Isomorphie von kristallisiertem Magnesium- und Zinksulfat zugrundelegen können. Die Formel des ersteren Salzes ist $MgSO_4 + 7H_2O$. Auf Grund der Analyse des Zinksulfats und jener Isomorphie ergibt sich die Formel $ZnSO_4 + 7H_2O$, woraus das Atomgewicht in derselben Weise wie oben hervorgeht.

Das Gesetz der Isomorphie ist 1819 entdeckt worden. Da zu jener Zeit das Gesetz von AVOGADRO noch wenig beachtet wurde, die

Bestimmung der spezifischen Wärme in vielen Fällen aber unmöglich war, so dienten BERZELIUS die Erscheinungen der Isomorphie als das wichtigste Hilfsmittel bei der Bestimmung der Größe des Atomgewichtes. Später ist das Gesetz der Isomorphie mehr zurückgetreten, vor allem weil man einfachere Mittel für die Atomgewichtsbestimmung fand, aber auch weil es sich in vielen Fällen als sehr schwierig erwies, die Isomorphie festzustellen, und man weiter fand, daß auch chemisch nicht analog zusammengesetzte Verbindungen Isomorphie zeigen.

In der Kristallographie wird gelehrt, daß die große Mannigfaltigkeit von Kristallformen sich theoretisch vollkommen ableiten läßt durch die Annahme von bestimmten Anordnungen gleichartiger Teilchen (Raumgitter). Wenn dies wirklich so sein würde so wäre das, wie VAN'T HOFF bereits bemerkt hat, eine schlagende Bestätigung der Molekularauffassung der Materie. Durch die Entdeckung von v. LAUE und von BRAGG, daß Kristalle imstande sind Beugungserscheinungen an Röntgenstrahlen hervorzurufen, gerade wie ein in Glas geschnittenes Gitter dies für gewöhnliche Lichtstrahlen vermag, sind diese theoretischen Ableitungen vollkommen bestätigt, da nun der Kristall, mit seiner regelmäßigen Anordnung von Molekülen wie ein Gitter für die Röntgenstrahlen, von viel kürzerer Wellenlänge wie gewöhnliches Licht, wirkt. MITSCHERLICHS Gesetz beweist ferner, daß Gleichheit der inneren Zusammensetzung der Moleküle auch einer Gleichheit im äußeren Bau derselben entspricht.

211. Bei den oben beschriebenen Methoden handelt es sich darum, zu entscheiden, welches Vielfache des Äquivalentgewichtes das Atomgewicht ist. Um das Atomgewicht genau zu ermitteln, müssen zunächst die Äquivalentgewichte mit größtmöglicher Präzision bestimmt werden. Dieses Problem, das von fundamentaler Wichtigkeit ist, weil alle Zahlenverhältnisse bei chemischen Reaktionen auf den Atomgewichten fußen, hat im vorigen Jahrhundert zu zahlreichen Untersuchungen Anlaß gegeben und ist auch heute noch nicht in seinem ganzen Umfang gelöst.

Die erste Atomgewichtstabelle aus dem Jahre 1805 rührt von DALTON her; die darin enthaltenen Zahlen waren meistens nur grobe Annäherungen. BERZELIUS (1779—1848) hat dann in den ersten Jahrzehnten des vorigen Jahrhunderts eine ganze Reihe von Äquivalentzahlen bestimmt; die analytischen Methoden dazu mußte er meistens selbst erfinden. Seine Atomgewichte sind viele Jahre lang benutzt worden und weichen in der Tat von den jetzigen genaueren Zahlen meistens um weniger als 1 Prozent ab. Höchst genaue „Atomgewichtsbestimmungen“ wurden von STAS (1813—1891) ausgeführt. Die zehn von ihm bestimmten Atomgewichte, von Ag, Cl, Br, J, K, Na, Li, S, Pb, N, sind meist bis auf wenige Einheiten der zweiten Dezimale genau. Diese Bestimmungen erforderten eine höchst anstrengende und ausdauernde Arbeit von vielen Jahren.

In den letzten Dezennien wurden Atomgewichtsbestimmungen mit verfeinerteren Hilfsmitteln namentlich von MORLEY, RICHARDS, GUYE und anderen ausgeführt, welche die Genauigkeit dieser Zahlen um eine zehnte Potenz weiter geführt haben, so daß heute eine Reihe von Atomgewichten bis auf wenige Einheiten der dritten Dezimale genau bestimmt sind.

Zur Bestimmung des Atomgewichts kann man entweder rein chemische oder physikalisch-chemische Methoden anwenden; beide sind durch die Ergebnisse der neueren Untersuchungen sehr vervollkommnet worden. Ich will kurz auf sie eingehen.

Was zunächst die rein chemischen Methoden betrifft, so sind vier Bedingungen zu erfüllen, um eine genaue Bestimmung des Atomgewichts zu ermöglichen: a) es muß eine Verbindung gewählt werden, die sich in vollkommen reinem Zustande erhalten läßt; b) diese Verbindung darf neben dem zu untersuchenden Elemente nur Elemente mit genau bekanntem Atomgewicht enthalten; c) die Valenz der Elemente muß in dieser Verbindung genau bestimmt sein; die Verbindung darf z. B. nicht aus einer Mischung zweier Oxydationsstufen bestehen; d) die gewählte Verbindung muß für die genaue Analyse geeignet sein, oder es muß ihre exakte Synthese aus den Elementen möglich sein.

So selbstverständlich diese Voraussetzungen auch sind, so schwierig ist es oft, sie zu erfüllen. Namentlich die Darstellung einer Verbindung in reinem Zustande gehört zu den schwierigsten Operationen, wenn man darunter versteht, daß sie nicht mehr als einen 10^{-6} Teil an Verunreinigungen enthalten darf. Man hat früher geglaubt, dies leicht durch Umkristallisieren erreichen zu können. Jetzt weiß man, daß jede Substanz, die sich als feste Phase abscheidet, die Neigung hat, auf der Oberfläche oder in ihrem Innern einen Teil der anderen Substanz in der Phase, aus der sie abgeschieden worden ist, zurückzuhalten. Alle Niederschläge oder Kristalle aus wäßrigen Lösungen enthalten Wasser, das nicht chemisch gebunden ist. Sogar die wundervoll glänzenden Silberkristalle, die bei Elektrolyse einer Silbernitratlösung erhalten werden können, und die anscheinend vollkommen trocken und rein sind, enthalten wider alles Erwarten sowohl Wasser wie Silbernitrat. Chlorsilber, das aus einer Lösung von Kochsalz durch Silbernitratlösung gefällt ist, kann Spuren von NaCl, $AgNO_3$ oder $NaNO_3$, selbst nach gründlichem Auswaschen, festhalten. Kaliumchlorat, welches viel weniger löslich ist als Chlorkalium, hält trotzdem auch nach wiederholtem Umkristallisieren noch 0·027 Proz. davon fest. Bei quantitativen Bestimmungen bildet die Anwesenheit von hygroskopischem Wasser, das sich nicht leicht durch chemische Reaktionen nachweisen läßt und oft keine wesentliche Veränderung in der äußeren Erscheinung der Verbindung verursacht, in der es enthalten ist, häufig eine Quelle schwer zu entdeckender Fehler.

Die Analyse einer Verbindung läuft zumeist darauf hinaus, daß man ihre Elemente in Gestalt anderer, ihrer Zusammensetzung nach bekannten Verbindungen abscheidet und alsdann durch Wägen dieser Verbindungen die Menge der Elemente berechnet. Um z. B. den Silbergehalt von Silbernitrat zu bestimmen, schlägt man das Metall als Silberchlorid nieder und wägt dieses, wobei aus dem bekannten Silbergehalt des abgeschiedenen Silberchlorids sich die Menge des Silbers berechnen läßt. Für die quantitative Analyse ist also im allgemeinen die vollständige Überführung einer Verbindung in eine andre notwendig. Die moderne Atomgewichtsforschung hat gelehrt, daß dies oft eine sehr schwierig zu lösende Aufgabe ist. Eine der Fehlerquellen bildet die Löslichkeit der sogenannten „unlöslichen" Stoffe und die Löslichkeit des Glases. Man hat bereits lange gewußt, daß Verbindungen wie Silberchlorid, Bariumsulfat u. a. nicht völlig unlöslich sind, aber ihre Löslichkeit wurde erst bei den neueren Atomgewichtsbestimmungen gebührend berücksichtigt. Bei der Verwendung gläserner Gefäße läßt sich nicht vermeiden, daß die Stoffe durch Kieselsäure verunreinigt werden. Diese Erkenntnis hat zur Benutzung von Quarzgefäßen und vor allem von Platingeräten anstatt gläserner Gefäße geführt, wodurch eine wesentliche Verfeinerung der Methoden ermöglicht worden ist.

212. Die physikalisch-chemischen Methoden werden bei der Bestimmung des Volumgewichts von Gasen angewandt. Einer der fruchtbarsten neueren physikalischen Begriffe ist der des idealen Gases, d. h. eines Gases, dessen Zustandsgrößen, Ausdehnung unter konstantem Druck und Druckvermehrung bei konstantem Volum, beide bei Temperaturänderung von 1° C., genau durch den Koeffizienten 1/273·08 gegeben sind. Für das ideale Gas nimmt man weiter an, daß es in aller Strenge dem Boyleschen Gesetz folgt. Ein Mol eines solchen Gases würde bei 0° und 760 mm ein Volum von 22·412 l einnehmen. Die wirklichen Gase sind aber zusammendrückbarer und ausdehnbarer als das ideale Gas; nur Wasserstoff und Helium sind weniger zusammendrückbar. Daher kommt es, daß in 22·412 l eines wirklichen Gases bei 0° und 760 mm ein wenig mehr als ein Mol anwesend ist. Nennen wir $1 + \lambda$ die Anzahl Mole eines wirklichen in den 22·412 l enthaltenen Gases, so wird das Molekulargewicht des Gases M vorgestellt durch $M = \frac{22{\cdot}412\,G}{1+\lambda}$, wo G das Gewicht eines Liters des Gases unter normalen Umständen bedeutet. Die Ermittlung des Atomgewichts eines Gases wird also zurückgeführt auf die genaue Bestimmung der Größen G und λ.

Die Methoden zur Ermittlung des genauen Gewichts eines bekannten Volums eines Gases haben in den letzten Jahren wichtige

Verbesserungen erfahren. Die Übereinstimmung zwischen den von verschiedenen Forschern gefundenen Werten beträgt $\pm 1/1000$. Während man früher die Gase in sehr großen Ballons wog, bis 21 l, ist das Volum bei den späteren Forschungen auf 1 bis 0·5 l, ja sogar noch auf weniger vermindert worden. Trotzdem ist die Übereinstimmung zwischen den verschiedenen Reihen von Bestimmungen größer, weil auch die Korrektionen bei kleineren Ballons viel kleiner werden. Eine Korrektion wurde auch für die Kontraktion des Ballons im evakuierten Zustande vorgenommen, wobei der auf ihm lastende Luftdruck sein Volum etwas vermindert. Durch diese Volumverringerung wird der aufwärts gerichtete Druck der Luft für den evakuierten Ballon etwas kleiner als für den mit Gas gefüllten.

Um die Luftschicht, die sich an der Innenwand des Ballons kondensiert hat, völlig zu entfernen, ist es notwendig, den Ballon wiederholt soweit wie möglich zu evakuieren und mit dem Gas zu füllen, dessen Volumgewicht bestimmt werden soll, wobei sorgfältig darauf geachtet werden muß, daß zwischen diesen Operationen kein Luftzutritt erfolgt.

Auch in der Reinigung der abzuwägenden Gase ist ein großer Fortschritt dadurch erreicht worden, daß man dieselben vorher kondensiert (**29**). Durch Rektifikation bei niedriger Temperatur lassen sich dann alle Beimengungen entfernen.

Die Bestimmung der Größe λ kann auf acht verschiedenen Wegen erfolgen, die in den Handbüchern der Physik beschrieben werden. Hier sei nur erwähnt, daß sie noch nicht die Genauigkeit erreicht hat, mit der sich G bestimmen läßt. Für die schwer kondensierbaren Gase, wie H, N, O, auch Cl, sind jedoch sehr genaue Bestimmungen von λ bereits ausgeführt. Vom experimentellen Gesichtspunkte aus haben diese physikalisch-chemischen Methoden einen entschiedenen Vorzug vor den rein chemischen, weil man physikalische Messungen erst auszuführen hat, nachdem das Gas rein dargestellt ist, und alle Unsicherheiten, welche den chemischen Umwandlungen anhängen, vermieden werden. Auf diesen Umwandlungen beruht aber letzten Endes jede rein chemische Atomgewichtsbestimmung.

Das periodische oder das natürliche System der Elemente.

213. Ordnet man die bisher besprochenen Elemente nach ihrer Wertigkeit in Gruppen, so zeigt sich, daß deren einzelne Glieder eine weitgehende Ähnlichkeit miteinander zeigen, natürliche Familien bilden, deren Glieder mit zunehmendem Atomgewicht eine graduelle

Änderung ihrer Eigenschaften aufweisen. Die Frage erhebt sich, ob alle Elemente sich in dieser Weise ordnen lassen. Die Antwort lautet im allgemeinen bejahend.

An Versuchen, die Elemente nach ihrer Ähnlichkeit in Gruppen anzuordnen, hat es im Laufe des vorigen Jahrhunderts nicht gefehlt. Döbereiner, der bereits im Jahre 1817 auf eine einfache Beziehung zwischen den Atomgewichten verwandter Elemente aufmerksam gemacht hatte, führte 1829 den Nachweis, daß in Gruppen von je drei ähnlichen Elementen, die er Triaden nannte, die Unterschiede in den Atomgewichten annähernd gleich sind; z. B. Cl, Br, J; Ca, Sr, Ba usw. Im Jahre 1865 stellte Newlands das Gesetz der Oktaven auf, nachdem er entdeckt hatte, daß, wenn die Elemente nach steigenden Atomgewichten geordnet werden, nach einer Periode von 7 Elementen jedesmal ein Element folgt, das chemisch ähnliche Eigenschaften aufweist wie das Element an derselben Stelle der vorhergehenden Reihe. 1869 haben Mendelejeff und Lothar Meyer ziemlich gleichzeitig schärfer diese Beziehungen formuliert und das Ergebnis ihrer Forschungen als „periodisches System“ zusammengefaßt.

Ordnet man sämtliche Elemente nach der zunehmenden Größe ihres Atomgewichts in Reihen in folgender Weise:

He 3·99	Li 7·00	Be 9·1	B 11·0	C 12·00	N 14·01	O 16·00	F 19·0
Ne 20·2	Na 23·0	Mg 24·32	Al 27·1	Si 28·3	P 31·0	S 32·07	Cl 35·46

so bemerkt man, daß von Glied zu Glied mit steigendem Atomgewicht die chemischen Eigenschaften der nebeneinanderstehenden Elemente regelmäßig sich ändern, von F ab jedoch eine kleine Zunahme des Atomgewichtes eine plötzliche Änderung der Eigenschaften zur Folge hat, während die untereinanderstehenden Elemente eine große Übereinstimmung zeigen, wie wir bereits bei He und Ne, C und Si, N und P usw. sahen.

Diese regelmäßige Veränderung offenbart sich in dem Anwachsen der Wertigkeit in bezug auf Sauerstoff, welche von null (bei He und Ne) auf eins (bei Li und Na), auf zwei (Be, Mg), drei (B und Al), vier (C und Si), fünf (für N und P), sechs (für S) und sieben (für Cl in der Überchlorsäure $HClO_4$ und in ihrem Anhydrid Cl_2O_7) steigt. Die Wertigkeit in bezug auf Wasserstoff bzw. Halogen nimmt dagegen zuerst von null (He) bis vier (C) zu und fällt dann wieder auf eins (bei F) ab. Eine solche regelmäßige Änderung ist auch hinsichtlich der physikalischen Eigenschaften, z. B. des spezifischen Gewichtes und des Atomvolums, wahrzunehmen.

	Na	Mg	Al	Si	P(rot)	S	Cl (flüssig)
Spez. Gewicht	0·97	1·75	2·67	2·49	2·14	2·06	1·33.
Atomvolum	24	14	10	11	14	16	27.

Unter Atomvolum versteht man das Atomgewicht eines Elements dividiert durch sein spezifisches Gewicht; es stellt also das in Kubikzentimetern gemessene Volum dar, das ein Gramm-Atom einnimmt.

Man sieht hier eine Zunahme des spezifischen Gewichtes bis zum Aluminium, dann wieder Abnahme bis zum Chlor, während umgekehrt das Atomvolum vom Beginn der Reihe bis Al abnimmt und dann wieder zunimmt.

Auch wenn man, mit einem andren Element beginnend, eine Reihe von Elementen nach steigendem Atomgewicht niederschreibt, gelangt man zu Regelmäßigkeiten von ganz derselben Art wie die obenstehende. Als Beispiel hierfür sei noch die folgende Reihe angeführt:

	Ag	Cd	In	Sn	Sb	Te	J
Atomgewicht	107·88	112·40	114·8	119·0	120·2	127·5	126·92.
Spez. Gewicht	10·5	8·6	7·4	7·2	6·7	6·2	4·9.

Wir finden auch hier wieder das regelmäßige Anwachsen der Wertigkeit von Ag, das ein-, bis zu J, das siebenwertig ist, den schrittweisen Übergang von Metall zu Metalloid und für die spezifischen Gewichte ein kontinuierliches Abnehmen. Noch mehr; setzen wir diese letzte Reihe unter die beiden zuerst betrachteten:

He 3·99	Li 7·00	Be 9·1	B 11·0	C 12·00	N 14·01	O 16·00	F 19·0
Ne 20·2	Na 23·0	Mg 24·32	Al 27·1	Si 28·3	P 31·0	S 32·07	Cl 35·46
	Ag 107·88	Cd 112·40	In 114·8	Sn 119·0	Sb 120·2	Te 127·5	J 126·92

so sehen wir, daß die in senkrechten Reihen untereinanderstehenden Elemente wieder zu einer Gruppe gehören; für die letzten vier senkrechten Reihen ist dies bereits dargelegt, für die andren wird sich dies weiterhin noch ergeben.

Daraus folgt, daß die **physikalischen und chemischen Eigenschaften der Elemente in einer direkten Abhängigkeit vom Atomgewicht stehen**; oder mit anderen Worten, daß **diese Eigenschaften der Elemente Funktionen ihres Atomgewichtes sind.** Wenn man bei der Betrachtung der mit He und Ne beginnenden Reihen weiter bemerkt, daß nach einem Unterschied im Atomgewicht von ca. 16 jedesmal ein Element mit ähnlichen Eigenschaften wiederkehrt, so darf man daraus schließen, daß diese Eigenschaften der Elemente **periodische** Funktionen ihrer Atomgewichte sind.

Unter einer **Funktion** versteht man allgemein die Abhängigkeitsbeziehung zwischen zwei oder mehr variablen Größen derart, daß, wenn die eine Größe sich ändert, auch die andre sich ändert. In den Gleichungen $y = a \pm x$; $y = ax$, $y = x^n$ usw. ist y daher eine Funktion von x. Eine **periodische Funktion** liegt vor, wenn bei fortdauernder Zunahme der einen Veränderlichen die andre nach regelmäßigen Intervallen wieder denselben Wert erhält. Ein Beispiel dieser Art sind die goniometrischen Funktionen $y = \sin x$ usw. Denn jedesmal, wenn x um 2π zugenommen hat, tritt für y wieder derselbe Wert auf.

Um dies näher zu erforschen, wird man zunächst die Länge jeder Periode zu untersuchen, mit andren Worten zu bestimmen haben, nach wieviel Elementen, bei der Anordnung nach steigendem Atomgewicht, Elemente mit analogen Eigenschaften wiederkehren.

Für die Elemente bis zum Chlor ist oben bereits gezeigt worden, daß die Periode jedesmal 8 Elemente umfaßt. Auf Chlor folgt Argon mit 39·88, welches daher in der angenommenen Gruppierung unter Neon zu stehen kommt; die folgenden Elemente:

Ar 39·88 K 39·10 Ca 40·09 Sc 44·1 Ti 48·1 V 51·2 Cr 52·1 Mn 54·93

schließen sich ganz gut der vorhergehenden Reihe an (**221**):

Ne 20·2 Na 23·0 Mg 24·32 Al 27·1 Si 28·3 P 31·0 S 32·07 Cl 35·46,

wenigstens was die Wertigkeit und die Verbindungsform betrifft (Al_2O_3 und Sc_2O_3; TiO_2 und SiO_2; K_2CrO_4 und K_2SO_4; $KMnO_4$ und $KClO_4$), obgleich die Übereinstimmung dieser Elemente sonst nicht groß ist.

Die Elemente, die auf Mangan folgen, nämlich: Fe 55·85, Ni 58·68, Co 58·97, passen jedoch durchaus nicht unter Ar, K, Ca. Lassen wir diese beiseite, so folgt danach wieder eine Reihe von 7 Elementen, die sich an die mit Ar beginnende Reihe anschließen läßt, wenn Cu unter K, Zn unter Cu usw. gesetzt werden:

Cu 63·57 Zn 65·37 Ga 69·9 Ge 72·5 As 75·0 Se 79·2 Br 79·92.

Daraus ziehen wir den Schluß, daß nach den ersten zwei, mit dem Chlor endigenden Perioden von 8 Elementen eine Periode von 18 Elementen folgen muß (eine von 8, eine von 7 und die 3 beiseitegesetzten Elemente), wenn die untereinanderstehenden Elemente nahezu Übereinstimmung der Eigenschaften aufweisen sollen.

Diese große Periode von 18 Elementen schließt sich daher folgendermaßen an die vorhergehende kleine Periode von 8 Elementen an:

Kleine Periode.

Ne 20·2 Na 23·0 Mg 24·32 Al 27·1 Si 28·3 P 31·0 S 32·07 Cl 35·46.

Große Periode.

								Fe 55·85	Co 58·97	Ni 58·68
Ar 39·88	K 39·10	Ca 40·09	Sc 44·1	Ti 48·1	V 51·2	Cr 52·1	Mn 54·93			
	Cu 63·57	Zn 65·37	Ga 69·9	Ge 72·5	As 75·0	Se 79·2	Br 79·92.			

Versucht man die Elemente mit einem Atomgewicht über 80 in Perioden einzuteilen, so muß man bei ihnen ebenfalls große Perioden annehmen, einige Stellen aber noch leer lassen. Man kommt auf diese Weise zu der auf S. 279 enthaltenen Tabelle Mendelejeffs.

Über die Stellung des Wasserstoffes in dieser Tabelle gehen die Meinungen auseinander. Mendelejeff stellte ihn in die erste Gruppe über das Lithium; nach seinen chemischen Eigenschaften schließt sich Wasserstoff in der Tat an die Metalle dieser Gruppe an. Dagegen hat

Tabelle nach Mendelejeff (mit den gegenwärtig angenommenen Atomgewichten).

Gruppe			I	II	III	IV	V	VI	VII	VIII		
Typus d. Verbindungen: mit Wasserstoff bzw. Halogen (X)			MX	MX_2	MX_3	MX_4	MX_3	MX_2	MX			
mit Sauerstoff			M_2O	MO	M_2O_3	MO_2	M_2O_5	MO_3	M_2O_7	MO_3	MO_2	MO
Erste Periode Reihe	1								H 1·008			
	2	He 3·99	Li 6·94	Be 9·1	B 11·0	C 12·00	N 14·01	O 16·00	F 19·0			
Zweite	3	Ne 20·2	Na 23·0	Mg 24·32	Al 27·1	Si 28·3	P 31·04	S 32·07	Cl 35·46			
Dritte	4	Ar 39·88	K 39·10	Ca 40·09	Sc 44·1	Ti 48·1	V 51·06	Cr 52·0	Mn 54·93	Fe 55·85	Co 58·97	Ni 58·68
	5	—	Cu 63·57	Zn 65·37	Ga 69·9	Ge 72·5	As 74·96	Se 79·2	Br 79·92			
Vierte	6	Kr 82·9	Rb 85·45	Sr 87·63	Y 89·0	Zr 90·6	Nb 93·5	Mo 96·0	—	Ru 101·7	Rh 102·9	Pd 106·7
	7	—	Ag 107·88	Cd 112·40	In 114·8	Sn 119·0	Sb 120·2	Te 127·5	J 126·92			
	8	X 130·2	Cs 132·81	Ba 137·37	σ La (139)	σ Ce (140)	—	—	—	—	—	—
	9	—	—	—	—		—	—	—			
	10		—	—	ΣYb 172·0		Ta 181·0	W 184·0	—	Os 190·9	Ir 193·1	Pt 195·2
	11	—	Au 197·2	Hg 200·0	ΣTl 204·0	ΣPb 207·10	ΣBi 208·0	ΣPo	—			
„	12	ΣNt. 222·4		ΣRa 226·0	ΣAc (227)	ΣTh 232·4	ΣBv	ΣUr 238·5	—			

Orme Masson Gründe vorgebracht, welche die Einreihung des Wasserstoffes an der Spitze der Gruppe VII rechtfertigen, unter andren folgende: Das Molekül des Wasserstoffes besteht aus zwei Atomen wie das der Halogene, während die Moleküle der Alkalimetalle einatomig sind. Der sehr niedrige Siedepunkt des Wasserstoffes schließt sich sehr gut an die Halogene an, während der Siedepunkt der Alkalimetalle mit steigendem Atomgewicht fällt (**233**). — Der Unterschied des Atomgewichts zwischen zwei aufeinander folgenden Elementen ist rund 3; durch Einreihung in die Gruppe VII schließt sich der Wasserstoff also gut an Helium (Atomgewicht 4) an (siehe unten), sowie auch an Fluor, weil der Abstand der in senkrechter Reihe untereinanderstehenden Elemente im Mittel ca. 16 ist. F — H ist = 18, dagegen ist Li — H = 6, welche kleine Differenz ohne Analogie dastehen würde. — Flüssiger und fester Wasserstoff haben keine metallischen Eigenschaften. — Der wichtigste Grund für die Einordnung des Wasserstoffes in die erste Gruppe ist sein Vorkommen in Säuren, die man als Salze des Wasserstoffes ansehen kann; deshalb werden auch ein Salz und eine Säure als analoge Verbindungen bezeichnet. In Kohlenwasserstoffverbindungen dagegen kann Wasserstoff durch Chlor vertreten werden, wobei einander völlig entsprechende Verbindungen entstehen; dieses „organische" Argument kompensiert somit jenes „anorganische".

214. Dadurch, daß die beiseitegesetzten Elemente als VIII. Gruppe zusammengestellt worden sind, konnten die gleichartigen Elemente der sieben anderen Gruppen untereinander gesetzt werden. Eine Stütze für das System würde es also sein, wenn die neun Elemente der VIII. Gruppe soviel Ähnlichkeit untereinander zeigen, daß dadurch ihre Zusammenstellung wirklich gerechtfertigt wird. Dies ist in der Tat der Fall, wie aus der folgenden Aufzählung ihrer Eigenschaften hervorgeht:

1. Alle diese Elemente sind von grauer Farbe und schwer schmelzbar. Osmium gehört zu den am schwersten schmelzbaren Metallen (2500°); Iridium schmilzt bei 2225°, Eisen bei 1530° usw. Der Schmelzpunkt des Eisens ist höher als der des Kobalts und dieser höher als der des Nickels; ein analoges Sinken dieser Konstante findet man bei Ruthenium, Rhodium, Palladium und bei Osmium, Iridium, Platin.

2. Sie besitzen ein geringes Atomvolum im Vergleich mit den benachbarten Elementen. Das Atomvolum von Mo ist 11·2, von Ru, Rh, Pd ungefähr 9; von Ag 10·3, von Cd 13·0.

3. Sie zeigen in hohem Maße das Vermögen, in glühendem Zustande Wasserstoff durchzulassen, oder diesen bei gewöhnlicher Tempe-

ratur in sich zu kondensieren. Erstere Eigenschaft ist besonders beim Eisen und Platin ausgeprägt, die letztere beim Palladium.

4. Nur bei diesen Metallen trifft man die Verbindungsform RO_4 an, mit andren Worten, nur sie können achtwertig sein; man kennt z. B. OsO_4 und RuO_4; ferner die Verbindungen mit Kohlenoxyd wie $Ni(CO)_4$. Überhaupt trifft man hier das Vermögen, Verbindungen mit Kohlenoxyd zu bilden, z. B. $PtCl_2 \cdot 3CO$; in der letztgenannten Verbindung kann Pt auch als achtwertig angesehen werden.

5. Ihre Cyanide bilden beständige und meist sehr schön kristallisierende Doppelsalze mit Cyankalium. Fe, Ru, Os geben Verbindungen K_4RCy_6; Co, Rh, Ir bilden K_3RCy_6, während die Elemente der letzten Kolumne Ni, Pd, Pt Doppelsalze K_2RCy_4 geben.

6. Sie liefern sämtlich gefärbte Salze; die des Kobalts sind rot oder blau, die Nickelsalze sind grün, alle übrigen Salze sind braun in verschiedenen Abstufungen.

7. Sie besitzen alle das Vermögen, auch andre Gase als Wasserstoff in größerer oder geringerer Menge auf sich zu verdichten; dies gilt besonders von den Platinmetallen; Platin und Palladium absorbieren sehr kräftig Kohlenoxyd.

215. Betrachten wir nun die ersten sieben Gruppen der senkrechten Reihen näher. Behalten wir im Auge, was über die großen Perioden gesagt worden ist, so ist klar, daß nicht alle Elemente in einer solchen Gruppe chemisch vollkommene Ähnlichkeit zeigen; wohl aber ist dies der Fall, wenn man nur diejenigen Elemente miteinander vergleicht, welche in den geradzahligen und in den ungeradzahligen Reihen der großen Perioden stehen. Die Übereinstimmung der Elemente dieser Abteilungen untereinander ergibt sich bei den großen Perioden u. a. aus folgendem:

1. Nur die Elemente der ungeraden Reihen geben Wasserstoff- oder Alkylverbindungen.

2. In den geraden Reihen treten die basischen, in den ungeraden Reihen die sauren Eigenschaften der Hydroxyde mehr hervor.

Im allgemeinen kann man sagen, daß man, in der Tabelle von links nach rechts gehend, zuerst zu den stärksten basenbildenden und dann allmählich zu den säurenbildenden Elementen gelangt; letztere Eigenschaft ist am meisten bei den Halogenen ausgebildet, da aus diesen bereits durch die Vereinigung mit Wasserstoff starke Säuren entstehen. Ähnliches zeigt sich, wenn man im System von oben nach unten geht. Mit zunehmendem Atomgewicht wird in jeder Gruppe der metallische (basenbildende) Charakter der Elemente ausgesprochener.

216. Durch sorgfältige Vergleichung der Elemente ist MENDELEJEFF zu folgendem wichtigen Ergebnis gekommen: Der gesamte Charakter eines Elementes, wie er sich sowohl in seinen physikalischen wie in seinen chemischen Eigenschaften offenbart, wird bestimmt durch die Stelle, die es im System einnimmt, und namentlich durch die *vier* angrenzenden Elemente, die *Atomanalogen*. Steht ein Element in einer geraden Reihe, dann sind die Elemente in den angrenzenden geraden Reihen seine Atomanalogen. Entsprechendes gilt von den ungeraden Reihen. Hieraus folgt, daß man einem Element, bei genauer Kenntnis seiner Eigenschaften, seine Stelle im System anweisen kann. Ein Beispiel möge dies erläutern.

Das Element Beryllium hat einerseits viel Ähnlichkeit mit Aluminium, anderseits mit Magnesium; deshalb ist sehr lange darüber gestritten worden, ob man seinem Oxyd die Formel BeO oder Be_2O_3 zuzuschreiben habe. Da nach der Analyse sich 9·1 Gewichtsteile Be mit 16 Gewichtsteilen O vereinigen, würde im ersteren Falle das Atomgewicht 9·1, im zweiten $^3/_2 \times 9{\cdot}1 = 13{\cdot}65$ sein. Mit dem Atomgewicht 13·65 würde das Element zwischen Stickstoff und Sauerstoff zu stehen kommen; da der Stickstoff und auch die Elemente der Schwefelgruppe nur säurebildende Oxyde aufweisen, müßte dann auch Berylliumoxyd ein Säureanhydrid sein, was jedoch nicht der Fall ist, denn es ist im Gegenteil basisch. Das Beryllium würde daher mit diesem Atomgewicht nicht in das System hineinpassen. Hat es jedoch das Atomgewicht 9·1, so hat es seinen Platz in der wagerechten Reihe zwischen dem stark basischen Lithium und dem schwach sauren Bor, ferner über Mg, mit dem es tatsächlich Ähnlichkeit zeigt. Das Element befindet sich hier auf seinem richtigen Platze, d. h. es besitzt solche Eigenschaften, wie sie einem Elemente auf diesem Platze eigen sein müssen (siehe die Tabelle). Zunächst verhalten sich die Eigenschaften von Be zu denen des Li wie die des B zu denen des Be; wir schreiben dies in der übersichtlichen Form Be : Li = B : Be. Denn ebenso wie Li ein stärkeres basisches Oxyd bildet als Be, ist die basische Natur von BeO stärker als die von B_2O_3; ferner ist $BeCl_2$ flüchtiger als LiCl, BCl_3 flüchtiger als $BeCl_2$.

Sodann gilt die Beziehung Be : Mg = Li : Na = B : Al; denn BeO ist weniger basisch als MgO, Li_2O weniger als Na_2O, B_2O_3 weniger als Al_2O_3. — BeF_2 ist löslich in Wasser, MgF_2 nicht; ebenso ist BF_3 wohl in Wasser löslich, AlF_3 dagegen nicht.

Endlich ist Be : Al = Li : Mg = B : Si. Die Hydroxyde von Be und Al gleichen einander sehr; sie sind gelatinös und in Alkalien löslich. Beide Metalle werden von Salpetersäure fast gar nicht angegriffen und lösen sich unter Wasserstoffentwicklung in Alkalien; die Chloride beider können auf die gleiche Weise aus den Oxyden dargestellt werden (Erhitzen mit Kohle im Chlorstrom). Ebenso zeigen Li und Mg in einigen Punkten Ähnlichkeit; Li-phosphat und -karbonat sind, wie die entsprechenden Mg-Salze, sehr schwer löslich, in starkem Gegensatz zu den andren Metallen der Li-Gruppe. B und Si bilden beide feuerbeständige Oxyde und Salze; ihre Fluorverbindungen werden durch Wasser in analoger Weise zersetzt usw.

Die Schlußfolgerung, nach welcher dem Beryllium sein jetziger Platz im System angewiesen wurde, ist später auf direktem Wege bestätigt worden durch die Dampfdichtebestimmung des Chlorids, die zu der Formel $BeCl_2$ führte, und durch die der Be-Verbindung einer organischen Verbindung, des Acetylacetons, die ebenfalls zu dem Atomgewicht 9·1 für Beryllium führte.

217. Als Mendelejeff sein natürliches System aufstellte, waren die Elemente Gallium und Germanium (5. Reihe) noch nicht bekannt. Aus den Eigenschaften der Atomanalogen hat er jedoch schon damals die Existenz, sowie die Eigenschaften und das Atomgewicht dieser Elemente vorhergesagt. Diese Voraussage hat sich dreizehn Jahre später (1886) glänzend erfüllt, als Winkler das Element Germanium mit dem Atomgewicht 72·5 entdeckte, das von Mendelejeff mit der Bezeichnung Ekasilicium vorausberechnet worden war. In der Tat ergab sich eine genaue Übereinstimmung zwischen den wirklichen und den vorhergesagten Eigenschaften, wie die umstehende Übersicht zeigt.

218. Daß die Anordnung der Elemente nach steigendem Atomgewicht auch die regelmäßige Änderung der physikalischen Eigenschaften hervortreten läßt, erkennt man am deutlichsten aus einer graphischen Darstellung, die Lothar Meyer entworfen hat, in der die Atomgewichte als Abszissen, die Atomvolumina als Ordinaten eingetragen sind (siehe die Tafel I).

Bei der Betrachtung der Tafel fällt zunächst das regelmäßige Steigen und Fallen der Atomvolumina ins Auge. Beim Beginn jeder Periode hat das Atomvolum ein Maximum, erreicht bei der großen Periode halbwegs (bei den Elementen der VIII. Gruppe) ein Minimum und steigt dann wieder an. Auf den absteigenden Ästen stehen die schwer schmelzbaren, auf den aufsteigenden Ästen die spröden Elemente. Auf den aufsteigenden Ästen befinden sich ferner die gasförmigen und die leicht schmelzbaren Elemente, auf den absteigenden im Minimum die schwer und sehr schwer schmelzbaren. Auf den absteigenden Ästen stehen die elektropositiven, auf den aufsteigenden

Von Mendelejeff vorhergesagte Eigenschaften des Ekasiliciums	Von Winkler gefundene Eigenschaften des Germaniums
1. Das Atomgewicht muß das Mittel sein aus den vier Atomanalogen Si, Sn, Zn, Se, d. i. $^1/_4$(28·3+119·0+65·4+79·2)=72·9.	1. Atomgewicht 72·5.
2. Das spez. Gewicht, abgeleitet wie oben für In, muß 5·5 sein.	2. Spez. Gewicht 5·469 bei 20°.
3. Das Atomvolum muß zwischen dem von Si (13) und Sn (16) liegen, aber nur wenig größer als 13 sein.	3. Atomvolum 13·1.
4. Da es zu einer ungeraden Reihe gehört, muß es Alkylverbindungen geben können. Auf Grund von Analogien muß der Siedepunkt von $Es(C_2H_5)_4$ 160°, sein spez. Gewicht 0·96 sein.	4. Alkylverbindungen erhalten. $Ge(C_2H_5)_4$ siedet bei 160° und hat ein spez. Gewicht, das wenig kleiner ist als 1.
5. Die sauren Eigenschaften von EsO_2 müssen stärker sein als die von SnO_2.	5. Dem GeO_2 fehlen gänzlich die basischen Eigenschaften, die bei SnO_2 noch einigermaßen angetroffen werden.
6. Das spez. Gewicht von EsO_2 ist 4·7.	6. Das spez. Gewicht von GeO_2 ist 4·703 bei 18°.
7. Da die Oxyde von Zn und von As leicht zu reduzieren sind, muß dies auch bei EsO_2 der Fall sein.	7. GeO_2 ist leicht durch Erhitzen mit C oder in H zu Metall zu reduzieren.
8. EsS_2 wird wegen seiner Analogie mit SnS_2, vermutlich in NH_4SH löslich sein.	8. GeS_2 löst sich leicht in NH_4SH.
9. $EsCl_4$ ist flüssig, siedet unter 100° (da der Siedepunkt von $SiCl_4$ = 57°, von $SnCl_4$ = 115° ist) und hat ein spez. Gewicht von 1·9.	9. $GeCl_4$ ist flüssig, siedet bei 86° und hat ein spez. Gewicht von 1·887.
10. Da sich K_2SnF_6 leichter in Wasser löst als K_2SiF_6, wird auch die Löslichkeit von K_2EsF_6 größer sein müssen als die von K_2SiF_6.	10. K_2SiF_6 ist in Wasser fast unlöslich; K_2GeF_6 löst sich in 34 Gewichtsteilen kochendem Wasser.

die elektronegativen Elemente. Macht man in ähnlicher Weise graphische Darstellungen von anderen physikalischen Eigenschaften der Elemente, wie Härte, Schmelzpunkte, Siedepunkte, elektrisches Leitvermögen, Zusammendrückbarkeit usw., so bekommt man auch Kurven mit Maximum- und Minimumpunkte. Die Periodizität der physikalischen Eigenschaften tritt also auf das deutlichste hervor.

219. Das periodische System der Elemente ist eine der wichtigsten Entdeckungen auf dem Gebiete der anorganischen Chemie, die ihre Bedeutung stets behalten wird. Doch läßt sich nicht leugnen, daß es die Beziehungen der Elemente untereinander nur angenähert darstellt. Daher sind eine ganze Reihe von Vorschlägen gemacht um es abzuändern, worauf hier aber nicht näher eingegangen werden kann.

Die Bedenken, die gegen das periodische System in seiner jetzigen Form vorgebracht sind betreffen zunächst die Stellung einiger Elemente in dem System, die mit ihren Eigenschaften wenig übereinstimmt. Dies gilt für das Kupfer und das Gold, die in ihren Oxydulverbindungen allerdings einige Analogie mit Li und Na zeigen, aber im übrigen von ihnen stark abweichen. Zweitens hat man Schwierigkeit, die seltenen Erdmetalle (295), etwa 17 an Zahl, in der Tabelle unterzubringen. Da die meisten ihrer, Oxyde von der Formel M_2O_3 bilden, einige, wie Cer auch basische Oxyde MO_2, würden sie sämtlich in die dritte und vierte Kolonne gestellt werden müssen, wo aber für eine so große Anzahl Elemente kein Platz ist. Da aber viele in ihren chemischen Eigenschaften sehr grosse Analogie zeigen und im Atomgewicht nicht viel abweichen, hat man sich geholfen, mehrere an einer Stelle zu setzen (in der Tabelle mit σ angegeben). Drittens ist es unmöglich, wenn man sich streng an die Reihenfolge der Atomgewichte halten will, alle Elemente im System unterzubringen; dies zeigte sich zuerst bei dem Tellur. Vermöge seiner chemischen und physikalischen Eigenschaften gehört Tellur offenbar in die Schwefelgruppe und würde in diese auch hineinpassen, wenn sein Atomgewicht ca. 125 oder wenigstens kleiner als das des Jods wäre (126·92). Durch wiederholte und genaue Untersuchungen ist aber sein Atomgewicht auf 127·5 bestimmt worden.

Eine ähnliche Schwierigkeit liegt bei Kobalt und Nickel vor. Nach ihren Atomgewichten müssen die vier Elemente Fe, Co, Ni, Cu folgendermaßen geordnet werden:

Fe 55·85, Ni 58·68, Co 58·97, Cu 63·57.

Die Ordnung aber, die mit ihren Eigenschaften am besten übereinstimmt, ist die zuerst angegebene, da Kobalt besser bei Eisen, Nickel bei Kupfer seine Stelle hat. Endlich sei darauf hingewiesen, daß Argon mit dem Atomgewicht 39·88 vor Kalium (Atomgewicht 39·1) gestellt werden muß.

Wenn wir aber uns vergegenwärtigen, daß die neu entdeckten Elemente der Argongruppe ganz gut ins System passen; daß auch die radioaktiven Elemente darin ihre Stelle finden (siehe 267), so ist der Schluß gewiß berechtigt, daß die Leistungsfähigkeit des Systems noch in keiner Weise erschöpft ist. Siehe auch 271 und 273.

Lithium.

220. Dieses Metall kommt in der Natur nicht im freien Zustande vor; im gebundenen Zustand ist es sehr verbreitet, doch stets nur in kleinen Mengen. In vielen Mineralwässern ist es enthalten. Es findet sich namentlich in dem Silikat Lepidolith oder Lithionglimmer, ferner als Phosphat im Triphyllin und mit Al, Na und F zusammen im Amblygonit. Endlich begegnet man dem Lithium auch in der Asche einiger Pflanzen, so des Tabaks, ein Zeichen, daß es auch in der Ackerkrume vorhanden ist. Mittels des Spektroskops läßt es sich in sehr vielen Mineralien nachweisen.

Aus dem Lepidolith kann das Lithium nach folgendem einfachen Verfahren gewonnen werden. Das Mineral wird geschmolzen und in diesem Zustande in kaltes Wasser getaucht; es wird dadurch sehr spröde und kann nun durch Salzsäure zersetzt werden. Man kocht die feingepulverte Masse mit Salzsäure und fällt aus der erhaltenen Lösung (nach dem Abfiltrieren der Kieselsäure) mittels Soda die Metalle Ca, Al, Mg usw. aus; hierbei bleiben Lithium und die andren Alkalimetalle gelöst. Durch Eindampfen erhält man nun eine Salzmasse, aus der durch Alkohol fast nur das Chlorlithium extrahiert wird, während die darin wenig löslichen Chloride des Natriums und Kaliums zurückbleiben.

Lithium-Metall wird durch Elektrolyse des geschmolzenen Chlorids erhalten. Es ist nach festem Wasserstoff der leichteste aller festen Körper; sein spez. Gewicht beträgt nur 0·59, so daß es auf Petroleum schwimmt; es ist silberweiß, läuft aber in feuchter Luft sehr schnell an. Schmelzpunkt 180°. An der Luft erhitzt, verbrennt es mit intensiv weißem Lichte zu Oxyd; bei gewöhnlicher Temperatur ist es nicht so oxydabel wie Natrium und Kalium. Auf Wasser geworfen, zersetzt es dies unter Wasserstoffentwicklung, doch reicht der kalorische Effekt nicht hin, um das Metall zu schmelzen.

Es verbindet sich bereits bei gewöhnlicher Temperatur mit Stickstoff zu Li_3N, Lithiumnitrid, das bei 220—250° Wasserstoff aufnimmt, dabei ein Gemisch von Lithiumamid und Lithiumhydrid gebend:

$$Li_3N + 2H_2 = LiNH_2 + 2LiH.$$

221. Lithiumoxyd Li_2O und -hydroxyd LiOH. Ersteres wird durch starkes Erhitzen des Nitrats erhalten. In Wasser löst es sich langsam unter Bildung von Hydroxyd. Letzteres ist eine weiße kristallinische Masse, dem NaOH ähnlich; es löst sich in Wasser mit stark alkalischer Reaktion.

Lithiumchlorid LiCl kristallisiert wasserfrei in regulären Oktaëdern; unterhalb 0° jedoch mit 2 Mol Kristallwasser. In Wasser löst es sich sehr leicht und zerfließt an feuchter Luft.

Lithiumkarbonat Li_2CO_3 ist im Gegensatz zu den Karbonaten der andren Alkalimetalle in Wasser schwer löslich (in 100 Gewichtsteilen Wasser von 10° 0·769 Gewichtsteile); es kann daher aus der konzentrierten Lösung des Chlorids durch kohlensaures Ammoniak gefällt werden.

Lithiumphosphat Li_3PO_4 ist ebenfalls in Wasser schwer löslich (1 Gewichtsteil in 2539 Gewichtsteilen Wasser), während die Phosphate der übrigen Alkalimetalle leicht löslich sind. Die Bildung dieses Salzes dient als Reaktion auf Lithium. Das Lithiumspektrum besteht aus zwei roten Linien, von denen namentlich die eine deutlich zu erkennen ist.

Natrium.

222. Natrium kommt in der Natur frei nicht vor; in der Form von Verbindungen ist es jedoch in ungeheurer Menge vorhanden. Es bildet einen Bestandteil zahlreicher Silikate und gelangt durch deren Verwitterung in die Ackerkrume, von da in die Pflanzen und schließlich auch in den tierischen Organismus. Das Nitrat ist als Chilesalpeter, das Chlorid als Steinsalz, das Karbonat als Soda bekannt; ein Natrium-Aluminiumfluorid ist der in Grönland vorkommende Kryolith (Eisstein). Kochsalz NaCl bildet die Hauptmenge des Salzgehaltes im Meerwasser. Einige Gewässer, wie das Tote Meer in Palästina und der Salt Lake in den Vereinigten Staaten von Amerika, sind fast gesättigte Kochsalzlösungen.

Das Metall wurde zuerst von Davy im Jahre 1807 durch Elektrolyse von geschmolzenem Natriumhydroxyd gewonnen. Gay-Lussac und Thénard erhielten es, indem sie NaOH mit Eisenpulver zur Weißglut erhitzten. Das erste Verfahren wird gegenwärtig, wo elektrischer Strom ziemlich billig erzeugt werden kann, für die Gewinnung im großen angewandt.

Das Natriumhydroxyd wird zu diesem Zwecke nur wenig über seinen Schmelzpunkt erhitzt und das an der Kathode gebildete Metall mittels eines feinen eisernen Netzes von der Anode fern gehalten. An der Anode werden Hydroxylgruppen in Freiheit gesetzt, die sich in Wasser und Sauerstoff scheiden. Das Gas entweicht, das Wasser dagegen löst sich in der Schmelze und gerät in Berührung mit dem an der Kathode gebildeten Natrium, wodurch gerade die Hälfte desselben wieder unter Wasserstoffentwicklung in Natron zurückgeführt wird, so daß die Ausbeute an Metall nicht über 50% steigen kann. War die Temperatur während der Elektrolyse zu hoch, so löst sich das Natrium in der Schmelze auf und wird an der Anode wieder oxydiert. Durch untenstehende Gleichungen wird der normale Gang des Prozesses vorgestellt:

$$NaOH = Na + OH ; \quad 2OH = H_2O + O ; \quad Na + H_2O = NaOH + H .$$

Das Metall ist silberweiß, schmilzt bei 95·6° und siedet bei 740°, wobei es sich in einen farblosen Dampf verwandelt. Es ist bei gewöhnlicher Temperatur weich und läßt sich mit dem Messer schneiden. Mittels einer eisernen Schraubenpresse kann man es durch enge Öffnungen pressen und so in Gestalt von Draht oder Band erhalten. Es hat bei 13·5° das spez. Gewicht 0·9735.

Natrium löst sich, wie auch die übrigen Alkalimetalle (Li, K, Rb, Cs), in flüssigem Ammoniak auf. Bringt man die genannten Metalle in diese Flüssigkeit, so überzieht sich ihre blanke Oberfläche zunächst mit einer indigoblauen Farbe, welche rasch einer schön metallisch-roten Platz macht; die Metalle verflüssigen sich alsdann und bilden eine goldkäferfarbene, in größerer Verdünnung intensiv blaue Lösung. Wird Ammoniakgas bei 350—400° in geschmolzenes Natrium geleitet, so bildet sich unter Wasserstoffentwicklung eine weiße, spröde Substanz von der Formel NH_2Na, Natriumamid, die technisch bei der künstlichen Darstellung von Indigo Anwendung findet.

Das Natriummolekül enthält nur ein Atom, wie die Gefrierpunktbestimmung einer Lösung in Zinn ergeben hat. Viele andre Metalle haben dieselbe Eigenschaft.

In feuchter Luft läuft die blanke Metalloberfläche eines frisch durchschnittenen Stückes schnell an. In Luft, die durch P_2O_5 getrocknet ist, behält es jedoch tagelang seinen metallischen Glanz. Es kann an der Luft geschmolzen und sogar noch weiter erhitzt werden, ohne sich zu entzünden. Letzteres tritt erst bei starkem Erhitzen ein; es verbrennt dann mit einer intensiv gelben Flamme (namentlich in einer Sauerstoffatmosphäre). Auf Wasser geworfen schwimmt es umher, schmilzt, entwickelt Wasserstoff und zugleich entsteht NaOH; hindert man es dabei an der Bewegung (z. B. indem man es auf ein auf dem Wasser schwimmendes Stück Filtrierpapier oder auf Eis legt), so entzündet sich der frei werdende Wasserstoff und verbrennt mit gelber Flamme.

Natrium findet vielfach Verwendung; es wird wegen seines starken Reduktionsvermögens oft benutzt, um aus Oxyden die Elemente abzuscheiden. In der organischen Chemie ist es für viele Reaktionen als kräftiges Reduktionsmittel, sowie für viele Synthesen unentbehrlich.

Oxyde und Hydroxyde des Natriums.

223. Beim Verbrennen von Natrium in trocknem Sauerstoff entsteht ein Gemisch von zwei Oxyden, Na_2O und Na_2O_2. Natriumoxyd Na_2O wird rein durch partielle und langsame Oxydation von Natrium mit Sauerstoff unter vermindertem Druck und Abdestillieren des überschüssigen Metalls im Vakuum erhalten; das Oxyd löst sich ein wenig im Metall und bleibt nach dem Abdestillieren des letzteren in kristallisiertem Zustand zurück. Es ist weiß; in Wasser löst es sich unter heftiger Wärmeentwicklung zu NaOH auf.

Natriumperoxyd Na_2O_2 wird erhalten, indem man Natrium im Sauerstoffstrom erhitzt, bis es nichts mehr aufnimmt. Mit Wasser bildet es das Hydrat $Na_2O_2 + 8H_2O$. Da es mit verdünnten Säuren Wasserstoffsuperoxyd liefert und ein energisches Oxydationsmittel ist, wird es technisch dargestellt. Auch zur Herstellung medizinischer Seifen wird es neuerdings verwendet.

Natriumhydroxyd NaOH, Ätznatron, entsteht — unter Abscheidung von Natrium — wenn man Wasserstoff über Natriumoxyd Na_2O leitet. Die gewöhnliche Darstellung besteht in dem Versetzen von Natriumkarbonat mit Ätzkalk $Ca(OH)_2$:

$$Na_2CO_3 + Ca(OH)_2 = 2NaOH + CaCO_3, \text{ oder in Ionen}$$
$$2Na^{\cdot} + CO_3'' + Ca^{\cdot\cdot} + 2OH' = 2(Na^{\cdot} + OH') + CaCO_3.$$

Da das Löslichkeitsprodukt (73) von $CaCO_3$ sehr klein ist, müssen sich die $Ca^{\cdot\cdot}$- und CO_3''-Ionen verbinden und $CaCO_3$ fällt aus. Um die Zersetzung von Na_2CO_3 vollständig zu machen, gibt man einen kleinen Überschuß von $Ca(OH)_2$ zu. Gleichwohl enthält die Lösung keine nennenswerte Menge von Kalkhydrat. Der Grund ist klar: die Lösung enthält eine große Anzahl von OH-Ionen; daher kann die Zahl der Ca-Ionen nur sehr klein sein, denn der Wert des Löslichkeitsproduktes wird schon bei kleiner Konzentration der letzteren erreicht.

224. Natriumhydroxyd wird jetzt technisch in großem Maßstab durch Elektrolyse von konzentrierter Kochsalzlösung dargestellt. Nach dem Griesheimer Verfahren sind Kathode und Anode durch ein Diaphragma getrennt. Die Kathode besteht aus Eisen, die Anode aus Eisenoxydoxydul, das bei 2000—3000° geschmolzen in Platten gegossen wird und in diesem Zustand durch Chlor nicht angegriffen wird. Im frisch gefüllten Bad, dessen Lösung nur Chlorid enthält, wird der Strom im wesentlichen durch Na- und Cl-Ionen befördert. In dem Maße aber, wie das Natrium an der Kathode unter Wasserstoffentwicklung NaOH bildet, wird auch dieses sich an der Strombeförderung beteiligen, wodurch an der Kathode sich Wasserstoff, an der Anode sich Sauerstoff entwickelt, da die abgeschiedenen Na-Atome das Wasser zersetzen und die an der Anode entladenen Hydroxylionen zu Wasser und Sauerstoff werden. Der Effekt ist derselbe, als wenn mit fortschreitender Elektrolyse neben der beabsichtigten Alkalichlorid- mehr und mehr eine unbeabsichtigte Wasserzersetzung einhergeht. Aus diesem Grunde ist es nicht möglich, die Elektrolyse bis zur völligen Zersetzung des Alkalichlorids fortzusetzen; man ist vielmehr genötigt, ihr ein frühzeitiges Ende zu bereiten, indem man den Strom unterbricht, sobald die Flüssigkeit etwa 8% Alkalihydroxyd enthält. Hat die Kathodenflüssigkeit diesen Alkaligehalt erreicht, so wird sie abgelassen und durch frische Chloridlösung ersetzt. Die Lauge wird dann in Vakuumapparaten bis auf eine Konzentration von 50% eingedampft, wobei das unzersetzt gebliebene Chlorid, das in den Betrieb zurückkehrt, bis auf sehr geringe Mengen ausfällt.

Außer dem Griesheimer oder Diaphragmaverfahren sind noch das Quecksilber- und das Glockenverfahren technisch zur Darstellung von NaOH aus Kochsalz in Gebrauch.

Beim Quecksilberverfahren wird als Kathode ein Strom Quecksilber angewandt. Während das Metall sich im elektrolytischen Trog befindet, nimmt es Na-Metall auf. Das gebildete Amalgam wird nachher durch Wasser zersetzt.

Bei dem Glockenverfahren befindet sich die Anode aus Kohle in einer in die Salzlösung hineinhängenden Glocke, die mit einem Rohr versehen ist, um das Chlor abzuführen. Die Kathode besteht aus einem zylindrischen Eisenblech, welches die Glocke umgibt. In den Werken über technische Chemie werden die Vor- und Nachteile dieser drei Verfahren ausführlich diskutiert.

Über die Reindarstellung des Natriumhydroxyds siehe **228**. Es ist eine strahlig kristallinische Masse und sehr hygroskopisch; in Wasser löst es sich unter beträchtlicher Wärmeentwicklung. NaOH ist eine sehr starke Base, die für zahlreiche Zwecke technisch verwendet wird, unter andrem in der Seifenfabrikation, zur Darstellung von Zellulose aus Holz und Stroh usw.

Salze des Natriums.

225. Die Natriumsalze sind von großer technischer Wichtigkeit; viele werden in riesigen Mengen dargestellt. Das Ausgangsmaterial hierfür ist gewöhnlich das Kochsalz.

Natriumchlorid, NaCl, Chlornatrium, Kochsalz, wird als Steinsalz in mächtigen Lagern angetroffen, z. B. in Staßfurt, bei Wieliczka in Galizien, bei Reichenhall, und wird bergmännisch abgebaut.

Beträchtliche Mengen werden aus Meerwasser und aus dem Sole genannten Wasser der Salzquellen gewonnen. Um Kochsalz aus dem Meerwasser abzuscheiden, läßt man letzteres in wärmeren Ländern (z. B. an den Küsten des Mittelmeeres) in ausgedehnte seichte Bassins eintreten (Salzgärten). In diesen verdunstet das Wasser durch die Sonnenwärme, und es kristallisiert zunächst fast reines Kochsalz aus. Später scheiden sich auch die andren Salze des Meerwassers ab, deren Gewinnung ebenfalls fabrikmäßig betrieben wird. In Ländern mit kaltem Klima (am Weißen Meer z. B.) läßt man das Meerwasser in flachen Bassins gefrieren. Das Wasser scheidet sich als Eis ab, das kein Salz enthält; die übrig gebliebene konzentrierte Salzlauge wird eingedampft.

In den Ländern der gemäßigten Zone konzentriert man Sole in den Salinen (Salzsudwerken), indem man sie zunächst gradiert, d. h. in sehr feiner Verteilung der Verdunstung aussetzt. Man erreicht dies mit Hilfe von Gradierhäusern (Fig. 52). Diese bestehen hauptsächlich aus einem hausartig aufgeschichteten Haufen von Reisigbündeln, auf dem sich oben in der Längsrichtung eine Laufrinne, in welche die Sole durch ein Pumpwerk geleitet wird, mit kleinen Öffnungen befindet; die Sole verteilt sich beim Herabtropfen an den Dornenwänden sehr fein, das Wasser verdunstet und die fremden Bestandteile (Dornstein) setzen sich an den Dornen ab. Unten sammelt sich eine sehr konzentrierte Salzlösung an.

Aus dieser wird das Salz selbst durch Einkochen (Salzsieden) gewonnen. Das Kochsalz ist in kaltem Wasser fast ebenso löslich wie in heißem; beim Abkühlen der heiß gesättigten Lösungen kristallisiert es daher nicht aus, sondern scheidet sich in dem Maße, wie die Salzlösung verdampft, schon in der Siedehitze ab. Das durch diese erste Kristallisation gewonnene Salz ist natürlich noch nicht völlig rein; es enthält kleine Mengen von Magnesiumchlorid und ist dadurch hygroskopisch. Um es zu reinigen, wird es aufs neue in Wasser gelöst und abermals durch Eindampfen zur Abscheidung gebracht. Neuerdings ist mit Erfolg versucht, das Salz durch Schmelzen zu reinigen, wobei die Verunreinigungen teils durch Verflüchtigung, teils durch Absonderung beim Erstarren entfernt werden.

Fig. 52. Gradierhaus.

Chemisch reines Natriumchlorid erhält man, indem man in eine gesättigte Kochsalzlösung Chlorwasserstoff einleitet oder derselben konzentrierte Salzsäure zusetzt. Das NaCl wird dadurch ausgefällt, weil es in Salzsäure viel weniger löslich ist als in Wasser (**205**).

Das Kochsalz kristallisiert in farblosen, durchsichtigen Würfeln; bei langsamem Verdunsten aus einer Lösung vereinigen sich die Würfelchen zu flachen und hohlen Pyramiden (Fig. 53). Es hat das spez. Gewicht 2·16 und schmilzt bei 776°. 100 Gewichtsteile Wasser lösen 36 Gewichtsteile NaCl bei 0°, 39 Teile bei 100°, eine gesättigte Lösung enthält ca. 26% Salz. Die Kristalle enthalten häufig Mutterlauge eingeschlossen; beim Erhitzen entweicht dieselbe in Dampfform mit knisterndem Geräusch, wobei die Kristalle zerspringen (dekrepitieren). Bei Abkühlen unter -10° scheiden sich aus einer gesättigten Lösung Kristalle von der Zusammensetzung $NaCl + H_2O$ ab, die bei 0° ihr Wasser verlieren. Chemisch reines Natriumchlorid ist nicht hygroskopisch. In absolutem Alkohol ist Kochsalz unlöslich.

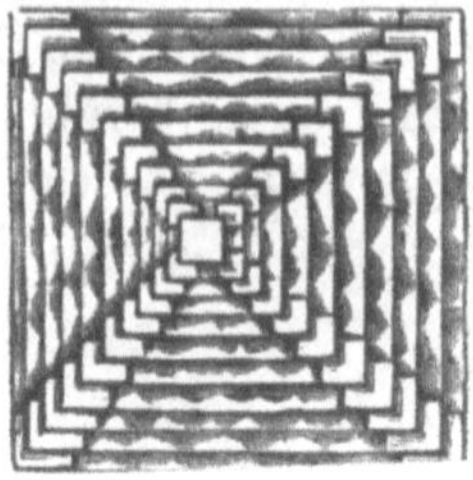

Fig. 53.
Kochsalzkristalle.

Bromnatrium $NaBr$ und Jodnatrium NaJ sind in Wasser leichter löslich als $NaCl$. Aus heißen Lösungen kristallisieren sie wasserfrei in Würfeln, unterhalb 30° in monoklinen Kristallen mit 2 Mol. H_2O. $NaBr$ ist schwer, NaJ leicht in Alkohol löslich.

Natriumthiosulfat $Na_2S_2O_3 + 5H_2O$ wird in der Photographie als Fixiersalz und in der Bleicherei als Antichlor (**82**) verwendet, sowie zur Titration von Jod (**93**). Es schmilzt bei 45° in seinem Kristallwasser und bildet sehr leicht übersättigte Lösungen.

Natriumsulfat $Na_2SO_4 \cdot 10H_2O$ — Glaubersalz, *Sal mirabile Glauberi*, nach seinem Entdecker genannt — kann auf verschiedene Weise gewonnen werden: 1) durch Erhitzen von Kochsalz mit konzentrierter Schwefelsäure; 2) indem man über erhitztes Kochsalz ein Gemisch von Luft, Schwefeldioxyd und Wasserdampf leitet (Hargreaves Prozeß):

$$2NaCl + SO_2 + O + H_2O = Na_2SO_4 + 2HCl;$$

3) durch doppelte Umsetzung von Magnesiumsulfat und Natriumchlorid bei niederer Temperatur (Winterkälte):

$$MgSO_4 + 2NaCl = MgCl_2 + Na_2SO_4.$$

Dieser Prozeß wird in Staßfurt, wo große Mengen Magnesiumsulfat und Natriumchlorid vorkommen, nur im Winter ausgeführt.

Bei gewöhnlicher Temperatur kristallisiert Glaubersalz mit 10 Mol. H_2O; oberhalb 33° geht es in ein Gemenge von Wasser und wasserfreiem Salz über; unterhalb 33° entsteht wieder $Na_2SO_4 \cdot 10aq$; das System

$$Na_2SO_4 \cdot 10aq \rightleftarrows Na_2SO_4 + 10H_2O$$

hat daher bei 33° seinen Umwandlungspunkt. In Zusammenhang damit steht, daß die Löslichkeit des Salzes in Wasser bei 33° sich plötzlich ändert, nämlich von stark zunehmend bei steigender Temperatur in schwach abnehmend übergeht (**237**).

Auch das Glaubersalz bildet leicht übersättigte Lösungen; die bei 33° gesättigte Lösung kann auf gewöhnliche Temperatur abgekühlt werden, ohne daß sich etwas abscheidet, wenn man sorgfältig darauf achtet, daß sie mit keinem Kriställchen des Salzes in Berührung kommt (Weiteres siehe **237**).

Die Kristalle verlieren beim Liegen an der Luft ihr Kristallwasser und werden dadurch weiß und kreideartig (verwittern), während sie vorher durchsichtig und wasserhell waren. Offenbar tritt Verwitterung dann ein, wenn die Dampfspannung des Kristallwassers im Durchschnitt größer ist als die des Wasserdampfes der Luft. Wenn das Umgekehrte der Fall ist, d. h. der Kristall Wasserdampf aus der feuchten Luft anzieht, so sagt man, er sei zerfließlich.

Man hat beobachtet, daß ein ganz intakter Glaubersalzkristall nicht verwittert, daß die Verwitterung jedoch, wenn sie einmal begonnen hat, sich über den ganzen Kristall ausdehnt. Die Phasenregel gibt eine befriedigende Erklärung für diese Erscheinung. Wir haben in dem Glaubersalz zwei Stoffe, Na_2SO_4 und H_2O; wird ein völlig unverwitterter Kristall der Luft ausgesetzt, so haben wir nur zwei Phasen, $Na_2SO_4 \cdot 10\,aq$ und H_2O (Feuchtigkeit der Luft). Entsprechend der Gleichung $P + F = B + 2$ (71) besitzt dieses System zwei Freiheitsgrade; sowohl die Spannung des Wasserdampfes als auch die Temperatur können willkürlich gewählt werden (innerhalb gewisser Grenzen). Ist dagegen eine geringe Menge von verwittertem Salz zugegen, so haben wir drei Phasen; dann gibt es nur einen Freiheitsgrad, oder mit andren Worten, jeder Temperatur entspricht nur eine Dampfspannung und jeder Dampfspannung nur eine Temperatur.

Hieraus geht hervor, daß nur dann von der bestimmten Dampfspannung eines kristallwasserhaltenden Salzes die Rede sein kann, wenn man stillschweigend annimmt, daß auch eine zweite feste Phase vorhanden ist; denn erst dann ist die Anzahl Freiheitsgrade auf 1 reduziert.

Glaubersalz wird in der Heilkunde als Abführmittel verwendet; technisch wird es hauptsächlich bei der Soda- und der Glasfabrikation gebraucht.

Schwefelnatrium Na_2S wird technisch durch Reduktion von Natriumsulfat dargestellt:

$$Na_2SO_4 + 2C = Na_2S + 2CO_2.$$

Die erforderliche Temperatur ist Dunkelrotglut. Schwefelnatrium kristallisiert mit 9 Molekülen Wasser und ist sehr leicht löslich. Es findet Anwendung in der Farbstoffindustrie.

Natriumnitrat $NaNO_3$, nach seinem massenhaften Vorkommen in Chile Chilesalpeter genannt, kristallisiert in Rhomboedern und schmilzt bei 318°. Es ist etwas hygroskopisch. Man verwendet es in großen Mengen als Kunstdünger, ferner zur Darstellung von Salpetersäure und Kalisalpeter.

Natriumnitrit $NaNO_2$ wird durch gelindes Glühen von Natriumnitrat, am besten unter Zusatz von Blei oder Eisen als Reduktionsmittel, gewonnen (**122**). Es ist in Wasser sehr leicht löslich und wird in großem Maßstabe in der Technik zur Darstellung der Diazoverbindungen verwandt.

Natriumphosphate. (Siehe 144.) Trinatriumphosphat $Na_3PO_4 + 12H_2O$ ist in wäßriger Lösung größtenteils in NaOH und das sekundäre Salz gespalten; denn die Lösung reagiert stark alkalisch und zieht Kohlensäure aus der Luft an. Das gewöhnliche „phosphorsaure Natrium" ist das Dinatriumphosphat Na_2HPO_4, das sich aus seiner wäßrigen Lösung bei gewöhnlicher Temperatur mit 12 Mol H_2O in großen schnell verwitternden Kristallen abscheidet. 100 Gewichtsteile Wasser lösen 9·3 Gewichtsteile bei 20°, 24·1 Gewichtsteile bei 30° des Salzes. Die Lösung reagiert schwach alkalisch. Durch Einleiten von Kohlensäure erhält man eine Flüssigkeit von amphoterer Reaktion (198), die sowohl blaues Lackmuspapier rot, wie rotes blau färbt. — Mononatriumphosphat $NaH_2PO_4 + H_2O$ reagiert sauer. Durch Erhitzen wird es in Metaphosphat übergeführt.

226. Natriumkarbonat $Na_2CO_3 + 10H_2O$, Soda, ist neben Kochsalz das wichtigste Natriumsalz und wird fabrikmäßig dargestellt. In der Natur findet es sich in Ägypten, in Nord- und Südamerika, am Kaspischen Meer usw. im Erdboden; auch in der Asche vieler Salzsteppen- und Seestrandpflanzen ist es enthalten.

Bei der fabrikmäßigen Darstellung von Soda sind zwei Verfahren in Gebrauch.

1. Der Leblanc-Sodaprozeß.

Er besteht aus drei Teilen. Zuerst wird Kochsalz mit starker Schwefelsäure (Kammersäure) erhitzt, wobei Salzsäure und Natriumsulfat entstehen. Im zweiten Abschnitt des Prozesses wird Natriumsulfat mit Kohle und Kalkstein geschmolzen. Der dritte Teil des Sodaprozesses besteht darin, daß man die zuletzt erhaltene Masse mit Wasser auslaugt, in dem sich das Natriumkarbonat löst. Aus dieser Lösung gewinnt man es durch Kristallisation.

Aus der mit Wasser ausgelaugten Masse, den Sodarückständen, die hauptsächlich aus Schwefelcalcium bestehen, wird durch Behandeln mit Kohlendioxyd und Wasser Schwefelwasserstoff gewonnen, die wieder zu Schwefelsäure oxydiert wird. Der gesamte Prozeß findet also nach folgenden Gleichungen statt:

$$\begin{aligned} 2NaCl + H_2SO_4 &= Na_2SO_4 + 2HCl \\ Na_2SO_4 + 2C &= 2CO_2 + Na_2S \\ Na_2S + CaCO_3 &= CaS + Na_2CO_3 \\ CO_2 + H_2O + CaS &= CaCO_3 + H_2S \\ H_2S + 2O_2 &= H_2SO_4\,; \qquad \text{oder summiert:} \\ \hline 2NaCl + CO_2 + H_2O &= 2HCl + Na_2CO_3 \end{aligned}$$

Der Prozeß besitzt also einen hohen Grad von Vollkommenheit, da alle Zwischenprodukte wieder verarbeitet werden. Trotzdem ist dieser Prozeß, welcher eine Reihe von Jahren hindurch der einzige war, nach dem Soda technisch dargestellt wurde, jetzt fast ganz durch das Ammoniaksodaverfahren verdrängt worden. So wurden im Jahre 1908 nur noch ca. 5% der Weltproduktion an Soda nach dem LEBLANC-Prozeß dargestellt.

2. Der Ammoniaksodaprozeß von SOLVAY.

Die Darstellung von Soda mittels Ammoniaks, die anfänglich auf viele technische Schwierigkeiten stieß, ist so vervollkommnet worden, daß jetzt in Deutschland fast alle Soda nach dem SOLVAY-Prozeß gewonnen wird. In chemischer Hinsicht ist das Verfahren sehr einfach. Eine kalte konzentrierte Kochsalzlösung wird unter Druck mit Ammoniak versetzt und dann Kohlendioxyd eingeleitet. Es tritt alsdann folgende Reaktion ein:

$$NaCl + (NH_4)HCO_3 = NaHCO_3 + NH_4Cl\,.$$

Dabei scheidet sich das entstehende saure Natriumkarbonat (schlechthin auch Bikarbonat genannt) ab, da es sich in kalter konzentrierter Salmiaklösung nur sehr schwer löst. Es wird durch Erhitzen in Na_2CO_3, H_2O und CO_2 zerlegt. Aus der Salmiaklösung wird durch Erhitzen mit Kalk das Ammoniak zurückgewonnen, das dann in den Betrieb zurückkehrt.

Der gesamte Prozeß verläuft daher nach den Gleichungen:

$$\begin{aligned}
2\,NaCl + 2\,NH_3 + 2\,CO_2 + 2\,H_2O &= 2\,NH_4Cl + 2\,NaHCO_3 \\
2\,NaHCO_3 &= H_2O + CO_2 + Na_2CO_3 \\
2\,NH_4Cl + CaO &= 2\,NH_3 + H_2O + CaCl_2 \\
CaCO_3 &= CaO + CO_2; \quad \text{oder summiert:} \\
\hline
2\,NaCl + CaCO_3 &= Na_2CO_3 + CaCl_2
\end{aligned}$$

In dem SOLVAY-Prozeß entsteht also neben Soda Chlorcalcium als wertlose Lösung, so daß hierbei eins der Bestandteile des Kochsalzes, das Chlor, verloren geht. Die Versuche Kalk durch Magnesia zu ersetzen, und aus dem so erhaltenen Magnesiumchlorid Salzsäure oder Chlor darzustellen, haben technisch noch keinen Erfolg gehabt.

Natriumkarbonat kristallisiert bei gewöhnlicher Temperatur mit 10 Mol Kristallwasser in großen, wasserhellen monoklinen Kristallen, die bald verwittern. Weiter sind noch zwei Hydrate $Na_2CO_3 \cdot 7H_2O$ bekannt, wovon eins metastabil ist, und ein Hydrat mit 1 Mol H_2O. Die Löslichkeit des Dekahydrats nimmt von dem kryohydratischen Punkt (237) progressiv mit der Temperatur zu; bei 31·85° wird dieses Hydrat durch das feste stabile Heptahydrat $Na_2CO_3 \cdot 7aq$ ersetzt. Letzteres Hydrat ist jedoch nur in einem kleinen Temperaturintervall beständig, da bereits bei 35·1° das Salz $Na_2CO_3 \cdot H_2O$ als stabile, feste Phase auftritt. Die Löslichkeit vom Heptahydrat nimmt mit steigender Temperatur zu, die des Monohydrats ab. Die maximale Löslichkeit von Soda, soweit es sich um stabile Zustände handelt, liegt also bei 35·1° und beträgt etwa 34 Gewichtsteile wasserfreies Salz auf 100 Gewichtsteile Lösung. Die wäßrige Lösung reagiert infolge der hydrolytischen Spaltung stark alkalisch (**180**). Nach dem, was darüber in **66** mitgeteilt ist, muß diese Spaltung stets stattfinden, wenn ein Salz aus einer schwachen Base oder aus einer schwachen Säure gebildet wird, während seine Säure bzw. seine Base stark ist. Natürlich wird die Hydrolyse noch stärker auftreten, wenn von einem Salz sowohl Säure als Base schwach ist. Welche Reaktion die Lösung eines solchen Salzes zeigen wird, ist von der relativen Stärke der Base und der Säure abhängig.

Soda wird in großem Maßstabe in der Seifen- und Glasfabrikation angewendet.

Das saure Natriumkarbonat, doppeltkohlensaures Natrium, Natriumbikarbonat $NaHCO_3$, Zwischenprodukt beim SOLVAY-Prozeß, löst sich bei gewöhnlicher Temperatur in 10—11 Gewichtsteilen Wasser und reagiert alkalisch. Bereits bei gelindem Erwärmen zerfällt es in CO_2, H_2O und Na_2CO_3; diese Zersetzung erfolgt schon beim Erwärmen der wäßrigen Lösung; leitet man bei gewöhnlicher Temperatur einen Luftstrom durch die konzentrierte Lösung, so verliert sie bereits Kohlendioxyd.

Natriumsilikat oder Natronwasserglas wird durch Zusammenschmelzen von Sand mit Glaubersalz und Kohle dargestellt. Es entsteht eine glasähnliche Masse, die sich bei längerem Kochen in Wasser in eine sirupartige Lösung verwandelt. In der Zeugdruckerei wird es als „Schlichte“ gebraucht, ferner dient es zum feuersicheren Anstrich von brennbaren Gegenständen, Holz, Leinwand usw.; auch dient es als Zusatz zu Seifen usf.

Schmilzt man 2 Mol $NaHCO_3$ mit 1 Mol SiO_2 (gemahlenen Quarzsand) zusammen, bis eben aller Sand in Lösung gegangen ist, so bekommt man Natriummetasilikat Na_2SiO_3 in Form von langen, seideglänzenden, spießigen Kristallen, die sich in Wasser nicht viel schwerer als Sodakristalle, unter geringer Erhöhung der Temperatur, lösen. Man kennt auch ein kristallisiertes Salz von der Zusammensetzung $Na_2SiO_3 \cdot 9\,H_2O$.

Natriumborat siehe bei Borax **289**.

Kalium.

227. Verbindungen des Kaliums kommen in der Natur sehr zahlreich vor, aber nicht in so großer Menge wie die des Natriums. Kalium findet sich vornehmlich in Silikaten, besonders im Feldspat und Glimmer. Aus diesen gelangt es durch Verwitterung in die Ackerkrume und wird von den Pflanzen aufgenommen, für deren Ernährung Kaliumverbindungen unentbehrlich sind, weshalb sie auch dem Boden künstlich zugeführt werden. Auch im Meerwasser kommen Kaliumsalze vor; die größte Quelle für solche bilden jedoch die Staßfurter „Abraumsalze“ (**44**), meist Doppelsalze von Kalium und Magnesium, wie Carnallit $MgCl_2 \cdot KCl \cdot 6aq$, Kainit $KCl \cdot MgSO_4 \cdot 3H_2O$ u. a. Kalium ist zuerst von DAVY durch Elektrolyse von geschmolzenem Ätzkali KOH erhalten worden. Die fabrikmäßige Darstellung beruht auf dem Glühen einer Mischung von kohlensaurem Kalium mit feinverteiltem Kohlenstoff, die man am besten durch Verkohlen von Weinstein (saurem weinsaurem Kalium) bereitet. Bei der Darstellung des Kaliums kann unter gewissen Umständen Kohlenoxydkalium $C_6(OK)_6$ entstehen, das beim Liegen an der Luft explosive Eigenschaften annimmt.

Das Kalium besitzt silberweißen Metallglanz, ist bei gewöhnlicher Temperatur fast wachsweich und hat bei 13° das spez. Gewicht 0·875. Es schmilzt bei 63·5°, siedet bei 720° und verwandelt sich dabei in einen grünen Dampf. Die glänzende Oberfläche des Metalles wird an der Luft sofort matt; an der Luft erhitzt, verbrennt es mit intensiv violettem Lichte. Wasser zersetzt es mit großer Heftigkeit; die hierbei entstehende Wärme genügt, um den sich entwickelnden Wasserstoff zu entzünden, wobei das Stückchen Kalium auf dem Wasserspiegel sich rasch bewegt.

Verbindungen des Kaliums mit Sauerstoff.

228. Kaliumoxyd K_2O entsteht durch Oxydation von Kalium in der in **224** für Natriumoxyd beschriebenen Weise. Es bildet, so dargestellt, weiße Kristalle, die beim Erhitzen gelb werden, bei der Abkühlung aber die Farbe wieder verlieren. Mit Wasser vereinigt es sich unter heftiger Wärmeentwicklung zu Kaliumhydroxyd.

Kaliumperoxyd KO_2 entsteht neben K_2O beim Verbrennen von Kalium an der Luft. Es ist von dunkelgelber Farbe. In Wasser gebracht liefert es KOH, H_2O_2 und freien Sauerstoff.

Kaliumhydroxyd KOH, Ätzkali, entsteht durch Einwirkung von Kalium auf Wasser und wird gewöhnlich auf die gleiche Weise wie Ätznatron NaOH bereitet, nämlich durch Behandeln von Kaliumkarbonatlösung mit Kalkmilch. Es wird auch wohl durch Erhitzen von Kalisalpeter mit Kupferpulver gewonnen, wobei Kupferoxyd und K_2O entstehen; beim Eintragen in Wasser entsteht KOH, welches von CuO durch Filtration getrennt wird. Es kommt in Stangenform in den Handel.

Das Handelsprodukt, meist nach der ersten Methode erhalten, enthält gewöhnlich (neben Karbonat, das langsam aus KOH an der Luft entsteht) ein wenig Sulfat, Chlorid usw. Um es davon zu befreien, wird es in starkem Alkohol gelöst, in dem sich die genannten Salze nicht lösen. Man filtriert und dampft die alkoholische Lösung in einer silbernen Schale ein. Auf die gleiche Weise wird auch das Ätznatron gereinigt.

Kaliumhydroxyd gehört zu den stärksten Basen. In festem Zustande zieht es begierig Wasser und Kohlendioxyd aus der Luft an und zerfließt schließlich zu einer konzentrierten Lösung von K_2CO_3, während NaOH dabei in eine feste weiße Masse von Na_2CO_3 übergeht. Deshalb ist Ätzkali ein viel geeigneteres Absorptionsmittel für CO_2 bei Analysen als Natron, da bei Benutzung des letzteren die Apparate sich leicht verstopfen.

Kaliumhydroxyd wird besonders zur Fabrikation von weichen Seifen (grünen Seifen oder Schmierseifen) und von Wasserglas verwendet.

Kaliumsalze.

229. Chlorkalium KCl, Kaliumchlorid, kommt bei Staßfurt als Mineral Sylvin vor. Das Salz kristallisiert in Würfeln und schmilzt bei 730°. Es ist bei hoher Temperatur flüchtig. 100 Gewichtsteile Wasser lösen 25.5 Gewichtsteile bei 0°, bei 100° 57 Gewichtsteile des Salzes. Wie NaCl wird KCl aus der gesättigten wäßrigen Lösung durch Salzsäure niedergeschlagen. Mit vielen Salzen vereinigt es sich zu Doppelsalzen.

Bromkalium KBr, Kaliumbromid, findet therapeutische Verwendung; es wird dargestellt durch Zusammengeben von Brom und Kalilauge, wobei Bromid und Bromat (je nach den Bedingungen auch Hypobromit) entsteht; das Bromat wird durch Erhitzen mit gepulverter Holzkohle zu KBr reduziert. KBr kristallisiert in Würfeln und ist in Wasser leicht löslich.

Jodkalium KJ, Kaliumjodid, das ebenfalls in der Medizin verwendet wird, kann wie das Bromid bereitet werden, ferner auch so, daß man Jod und Eisenfeile unter Wasser zusammenbringt; es entsteht dann eine Lösung von Fe_3J_8; hierzu setzt man Pottaschelösung, wodurch Fe_3O_4 ausfällt, CO_2 entweicht und KJ in Lösung geht. Durch Filtrieren und Eindampfen wird das Salz gewonnen. Es kristallisiert in Würfeln und ist in Wasser sehr löslich; bei 0° löst 1 Teil Wasser 1.278 Gewichtsteile KJ auf. Dem Licht und der Luft ausgesetzt, werden die Kristalle durch Jodabscheidung allmählich gelb.

In **46** wurde erwähnt, daß Jod, obgleich in Wasser selbst nur wenig löslich, sich leicht in einer wäßrigen Kaliumjodidlösung auflöst. Das Jod wird gebunden, derart, daß die Lösung J_3'-Ionen enthält. Daß das Jod eine Verbindung eingegangen ist, kann man erstens daraus schließen, daß ein Jodzusatz zu einer wäßrigen Jodkaliumlösung keine weitere Gefrierpunktserniedrigung hervorruft; die Anzahl Moleküle in der Lösung muß also ungeändert geblieben sein, mit andren Worten, das Jod hat sich mit Jodkalium vereinigt. Zweitens daraus, daß Schwefelkohlenstoff, wenn er mit einer wäßrigen Jodlösung geschüttelt wird, dieser fast alles Jod zu entziehen vermag, einer Auflösung von Jod in verdünnter KJ-Lösung jedoch nur wenig Jod entzieht. Der Teilungskoeffizient für Jod zwischen Wasser und Schwefelkohlenstoff beträgt 1 : 410. Dividiert man daher die Konzentration des Jods im Schwefelkohlenstoff durch 410, so bekommt man die Konzentration des freien Jods in der Jodkaliumlösung. Zieht man dies von der totalen Konzentration des Jods in dieser Lösung ab, so weiß man, wieviel gebundenes Jod in ihr vorhanden ist; daraus ergibt sich, daß 1 JK, oder besser 1 J', 1 J_2 gebunden hat. Gleichwohl verhält sich eine Lösung von Jod in wäßrigem Jodkalium in mancher Hinsicht so, wie wenn alles Jod im freien Zustande zugegen wäre, z. B. bei der Titration mit Thiosulfat. Man muß daher ein Gleichgewicht

$$J_3' \rightleftarrows J' + J_2$$

annehmen. Nimmt man das freie Jod weg, so wird das Gleichgewicht gestört, eine neue Menge J_3' muß sich spalten usf., bis alles Jod verschwunden ist.

Fluorkalium KF besitzt eine merkwürdige Eigenschaft, die bei den übrigen Halogenverbindungen des Kaliums in ihrem Verhalten entsprechenden Säuren gegenüber fehlt: es vereinigt sich nämlich begierig mit Flußsäure zu KF·HF.

Kaliumcyanid KCN, Cyankalium, wird dargestellt, indem man gelbes Blutlaugensalz mit Pottasche schmilzt:

$$K_4FeCy_6 + K_2CO_3 = 5\,CNK + KCNO + CO_2 + Fe,$$

wobei das freiwerdende Eisen das Kaliumcyanat (KCNO) zu KCN reduziert.

Es ist in Wasser mit stark alkalischer Reaktion leicht löslich. Wegen seiner großen Fähigkeit, Doppelsalze zu bilden, wird es in der Galvanoplastik verwendet; es dient ferner zum Extrahieren von Silber und Gold aus Erzen (**245, 248**).

Chlorsaures Kalium $KClO_3$, Kaliumchlorat, kann dargestellt werden, indem man Chlor in eine heiße Lösung von Kalilauge leitet (**56**); es wird heute fabrikmäßig ausschließlich durch Elektrolyse einer heißen Kochsalzlösung bereitet. Wird bei dem Griesheimer Verfahren (**224**) zur Darstellung von Alkalihydroxyd die Elektrolyse fortgesetzt, nachdem bereits eine gewisse Menge Hydroxyd sich gebildet hat, so oxydiert der an der Anode freiwerdende Sauerstoff das Kochsalz zu Natriumchlorat, welches mittels Chlorkalium in das Kaliumsalz umgesetzt wird. Der Vorteil dieser Methode besteht darin, daß Natriumchlorat viel leichter löslich ist als Kaliumchlorat und deshalb in der Lösung bleibt, während die Abscheidung des Kaliumsalzes bei der Elektrolyse störend auf den Betrieb einwirkt.

Chlorsaures Kalium ist ein kristallisiertes, in kaltem Wasser wenig lösliches, glänzendes Salz, das als Zündmasse der schwedischen Zündhölzchen, zu Feuerwerksmischungen und in der Medizin als Antiseptikum in der Form von Gurgel- und Mundwässern verwendet wird. Beim Erhitzen gibt es Sauerstoff ab (**9**), während zugleich ein Teil des Salzes in Kaliumperchlorat $KClO_4$, überchlorsaures Kalium, übergeht.

Letzteres ist in Wasser noch schwerer löslich. Es ist zuweilen im rohen Chilesalpeter enthalten, der dann wegen der schädlichen Eigenschaften von $KClO_4$ zum Düngen mancher Kulturpflanzen untauglich ist.

230. Kaliumsulfat K_2SO_4 wird durch Einwirkung von Schwefelsäure auf Kaliumchlorid gewonnen; es kristallisiert in schönen, glänzenden, rhombischen Prismen und löst sich ziemlich schwer in kaltem Wasser (1 Teil in 10 Gewichtsteilen H_2O bei gewöhnlicher Temperatur). Es dient vornehmlich zur Darstellung von K_2CO_3 nach dem Verfahren von Leblanc. Saures Kaliumsulfat $KHSO_4$, Kaliumbisulfat, saures schwefelsaures Kalium, ist in Wasser sehr leicht löslich; es schmilzt bei 200° unter Abgabe von Wasser, wobei es in Kaliumpyrosulfat $K_2S_2O_7$ verwandelt wird. Letzteres geht durch weiteres Erhitzen in K_2SO_4 und SO_3 über.

Kaliumsulfid K_2S, Schwefelkalium, wird bereitet durch Glühen von Kaliumsulfat mit Kohle. Es löst sich in Wasser sehr leicht auf und kristallisiert daraus mit 5 Mol Kristallwasser. Es zieht Sauerstoff aus der Luft an und geht dabei in Thiosulfat und Kaliumhydroxyd über:

$$2K_2S + H_2O + 2O_2 = K_2S_2O_3 + 2KOH.$$

Mit Säuren entwickelt es Schwefelwasserstoff.

Kaliumhydrosulfid KSH wird durch Sättigung von Kalilauge mit Schwefelwasserstoff erhalten:

$$KOH + H_2S = KSH + H_2O.$$

Es ist in Wasser sehr löslich und reagiert alkalisch; im Vakuum eingedampft hinterläßt die Lösung Kristalle von $2KSH + H_2O$. Mit Kalilauge zusammengebracht gibt es K_2S:

$$KSH + KOH = K_2S + H_2O.$$

Kaliumpolysulfide. Wenn man K_2S mit Schwefel zusammenschmilzt, so bilden sich die Verbindungen K_2S_3, K_2S_4, K_2S_5. Ein durch Erhitzen von Pottasche und Schwefel gewonnenes Gemenge dieser Verbindungen enthält außerdem Sulfat und Thiosulfat und heißt wegen seiner leberbraunen Farbe Schwefelleber (Hepar sulfuris). Durch Säuren werden die Polysulfide unter Entwicklung von Schwefelwasserstoff und Abscheidung von Schwefel zersetzt:

$$K_2S_x + 2HCl = 2KCl + H_2S + (x - 1)S.$$

231. Kaliumnitrat KNO_3, salpetersaures Kalium, Salpeter, ist in der Natur sehr verbreitet (obschon meist nur in geringen Mengen anzutreffen), da es ganz allgemein da entsteht, wo stickstoffhaltige organische Stoffe in Berührung mit Kaliumverbindungen verwesen. Darauf beruhte eine künstliche Darstellungsweise des Salpeters, welche früher in Gebrauch war (Salpeterplantagen).

Eine andre Darstellung des Salpeters beruht auf doppelter Umsetzung von Chilesalpeter $NaNO_3$ mit KCl, das in Staßfurt in großen Mengen gewonnen wird:

$$KCl + NaNO_3 = KNO_3 + NaCl.$$

Zu diesem Zwecke werden heißgesättigte Lösungen der beiden Salze vermischt; da NaCl bei Siedehitze viel weniger löslich ist als KNO_3, kristallisiert es beim Eindampfen zunächst aus. Beim Erkalten der Lösung kristallisiert jedoch Salpeter aus, der in kaltem Wasser viel weniger löslich ist als NaCl.

Salpeter kristallisiert wasserfrei in Prismen, und zwar je nach der Temperatur rhomboedrisch oder rhombisch. In der Nähe des Schmelzpunktes ist erstgenannte Form beständig, bei gewöhnlicher Temperatur letztgenannte. Wo der Übergangspunkt der beiden Formen liegt, ist noch nicht ermittelt. 100 Gewichtsteile Wasser lösen 13·3 Gewichtsteile dieses Salzes bei 0°, 247 Gewichtsteile bei 100°. Es schmilzt bei 346·3° und wird durch weiteres Erhitzen in KNO_2 und Sauerstoff zerlegt. Es schmeckt kühlend.

Salpeter wird in großem Maßstabe zur Herstellung von Schießpulver verwendet.

Schießpulver ist eine Mischung von Schwefel, Salpeter und Holzkohle, deren Mengenverhältnis in den verschiedenen Ländern variiert; meistens besteht es aus ca. 75% KNO_3, 10% S und 15% Holzkohle.

Kaliumphosphate. Es sind drei K-Salze der Phosphorsäure bekannt, die in Wasser sehr leicht löslich sind.

Kaliumkarbonat K_2CO_3, kohlensaures Kalium, Pottasche. Dieses Salz wurde früher ausschließlich aus Holzasche gewonnen, indem man diese mit Wasser auslaugte und die Lösung eindampfte. Gegenwärtig wird es vielfach nach dem LEBLANC-Prozeß aus KCl bereitet; eine andre Quelle für die Pottasche bildet die Schlempe der Rübenzuckermelasse, welche die Kaliumsalze enthält, an denen die Zuckerrübe reich ist.

Nach einem Patent des Salzbergwerks Neustaßfurt wird es daselbst aus dem Kaliumchlorid der Abraumsalze wie folgt dargestellt: In einer Lösung dieses Salzes wird Magnesiumkarbonat $MgCO_3 \cdot 3H_2O$ suspendiert; danach wird Kohlendioxyd eingeleitet, wobei folgende Reaktion statthat:

$$3MgCO_3 \cdot 3H_2O + 2KCl + CO_2 = MgCl_2 + 2MgCO_3 \cdot KHCO_3 \cdot 4H_2O\,.$$

Kaliummagnesiumkarbonat scheidet sich ab und zerfällt durch Erhitzen auf eine Temperatur bis 80° in Magnesiumkarbonat und Pottasche. Erstgenanntes Salz wird hierbei wieder mit 3 Molekülen Kristallwasser erhalten, d. h. in der für die obige Umsetzung allein geeigneten Form.

Kaliumkarbonat bildet ein weißes Pulver, welches in Wasser leicht löslich ist (bei 20° in 1 Gewichtsteil Wasser 1·12 Gewichtsteile des Salzes) und an der Luft infolge von Wasseraufnahme zerfließt; die Lösung reagiert stark alkalisch. Das Salz schmilzt bei 838°. Es wird zur Herstellung von Schmierseifen und von schwer schmelzbarem Glas (Kaliglas) verwendet.

Kaliumsilikat, Kaliumwasserglas, entsteht, wenn Sand mit Pottasche zusammengeschmolzen wird. Die glasartige Masse, die gepulvert sich im kochenden Wasser löst, kommt meist als sirupartige, sehr konzentrierte Lösung in den Handel. Kaliwasserglas wird zu denselben Zwecken verwendet wie Natronwasserglas.

Rubidium und Cäsium.

232. Diese Elemente sind sehr verbreitet, kommen jedoch stets nur in äußerst geringer Menge vor. Das Silikat Lepidolith oder Lithionglimmer enthält manchmal ein wenig Rubidium; das sehr seltene Mineral Pollux von der Insel Elba ist ein Aluminium- und Cäsiumsilikat und enthält ca. 30% Cäsiumoxyd. Allgemein werden diese Elemente dort angetroffen, wo Kaliumsalze gefunden werden, in Mineralquellen, in den Staßfurter Salzen (Karnallit z. B. enthält Rubidium) usf. Sie wurden 1860 von BUNSEN und KIRCHHOFF mit Hilfe der Spektralanalyse entdeckt (263); sie sind von ihnen nach den wichtigsten Linien ihrer Spektra benannt worden (rubidus = dunkelrot; caesius = himmelblau). Die Spektrallinien dienten den beiden großen Forschern als Führer bei der Trennung dieser Elemente von den andren; nach jeder Trennungsmethode, die versucht wurde, prüften sie, in welchem Teil sich die Linien am intensivsten zeigten. Dieser wurde dann weiter untersucht.

Um sie von der großen Menge von K-Salzen zu trennen, mit denen sie gewöhnlich zusammen vorkommen, führt man sie in Chloride über, dampft ein und zieht den trocknen Rückstand mit starkem Alkohol aus. Fast das ganze NaCl und KCl bleiben dabei zurück, während die Chloride von Rubidium und Cäsium in Lösung gehen. Man setzt Platinchlorid zu, wodurch K_2PtCl_6, Rb_2PtCl_6 und Cs_2PtCl_6 gefällt werden; die Löslichkeit dieser Doppelsalze in Wasser ist sehr verschieden (bei 10° lösen sich in 100 Gewichtsteilen Wasser 0·9 K_2-, 0·154 Rb_2- und 0·05 Cs_2-Salz), so daß sie durch fraktioniertes Auskochen getrennt werden können.

Rubidiumeisenalaun leistet gute Dienste für die Reinigung der Rubidiumsalze, besonders für ihre Trennung von Kaliumsalzen, weil er leicht in heißem und nur wenig in kaltem Wasser löslich ist und dazu schön kristallisiert; Kaliumeisenalaun dagegen ist auch in kaltem Wasser sehr leicht löslich.

Rubidium- und Cäsium-Metall wird am besten gewonnen, indem man ihre Chloride mit Calciumfeilspänen im Vakuum erhitzt. Die Metalle destillieren dann aus dem Reaktionsgemisch ab. Rubidium ist silberglänzend, schmilzt bei 39·0° und zeigt bei 15° das spez. Gewicht 1·522. Das Metall oxydiert sich an der Luft oder in Sauerstoff sehr leicht zu dem Peroxyd RbO_2, welches dunkelbraune Kristalle bildet. Beim Erhitzen im Wasserstoffstrom liefert es Hydroxyd und freien Sauerstoff:

$$2RbO_2 + 2H_2 = 2RbOH + H_2O + O.$$

Rubidiumoxyd wird, auf dieselbe Weise wie Na_2O dargestellt, in durchsichtigen blaßgelben Kristallen erhalten, welche beim Erhitzen goldgelb werden, beim Abkühlen aber wieder diese Farbe verlieren. Das Hydroxyd ist eine sehr starke Base; seine Salze zeigen viele Ähnlichkeit mit den entsprechenden Kaliumverbindungen; sie sind häufig schwerer löslich, so z. B. Rb-alaun, Rb-perchlorat u. a.

Cäsium ist ein silberweißes Metall, spez. Gewicht 1·85, Schmelzpunkt 28·45°, Siedepunkt 670°, das sich, der Luft ausgesetzt, sehr bald von selbst entzündet. Das Oxyd Cs_2O, wieder in derselben Weise wie die anderen Oxyde der Alkalimetalle gewonnen, ist kristallisiert, bei gewöhnlicher Temperatur orangegelb, bei 250° nahezu schwarz. Die Cäsiumsalze gleichen denen des Rubidiums sehr; einige von ihnen sind noch schwerer löslich und werden deshalb zur Darstellung reiner Cäsiumverbindungen benutzt. Das letztere gilt namentlich von dem schon erwähnten Platindoppelsalz, dem Cäsium-aluminiumalaun und dem sauren Tartrat.

Rubidiumbromid und -jodid und noch mehr die entsprechenden Cäsiumverbindungen sind befähigt, sich mit zwei Atomen Jod zu vereinigen; sie bilden mit diesen Halogenen gelb- oder braungefärbte kristallisierte Verbindungen; möglicherweise sind diese Metalle also trivalent.

Übersicht über die Gruppe der Alkalimetalle.

233. Die allmähliche Änderung der physikalischen Eigenschaften dieser Metalle mit steigendem Atomgewicht geht aus der umstehenden Tabelle deutlich hervor.

Die spezifischen Gewichte nehmen mit steigendem Atomgewicht zu, ebenso die Atomvolumina; dagegen fallen die Schmelz- und Siedepunkte.

	Li	Na	K	Rb	Cs
Atomgewicht	6·94	23·00	39·10	85·45	132·81
Spez. Gewicht	0·59	0·97	0·875	1·522	1·85
Schmelzpunkt	180·0	97·9	63·5	39·0	28·45°
Siedepunkt	<1400°	740°	720°	696°	670°
Atomvolum	11·8	23·7	45·3	56·7	71·9
Schmelzwärme	—	27·21	14·67	6·144	3·766
Farbe der Oxyde R_2O	weiß	weiß	weißgelb	blaßgelb	orangegelb

In chemischer Hinsicht ist an erster Stelle der gleichartige Typus der Verbindungen hervorzuheben, demgemäß diese Elemente sämtlich einwertig sind. Die Hydroxyde haben sämtlich die Formel R·OH, die Halogenverbindungen RX usf. Die Salze von allen, namentlich auch die Karbonate und Phosphate, sind in Wasser (wenn auch in verschiedenem Grade) löslich, erstere mit alkalischer Reaktion. Die Metalle oxydieren sich sämtlich sehr leicht an der Luft usw.

Anderseits ist nicht zu verkennen, daß die Metalle K, Rb, Cs, die untereinander große Analogien aufweisen, in mehrfacher Hinsicht von Na und Li abweichen. Letzteres zeigt, wie wir sehen werden, in wichtigen Punkten Analogie mit dem Magnesium, weicht demnach von den Elementen seiner eigenen Gruppe ab. Ein derartiges, etwas abweichendes Verhalten der ersten Gruppenglieder ist beinahe allgemein wahrzunehmen. Man denke nur an den Kohlenstoff, das erste Glied der vierten Gruppe, welcher durch die Fähigkeit seiner Atome, sich miteinander zu verbinden, in charakteristischer Weise vom Silicium u. d. a. absticht — ferner an das Fluor mit seiner löslichen Silberverbindung; andren Beispielen dieser Art werden wir später noch begegnen.

Das Natrium unterscheidet sich von der spezielleren Gruppe K, Rb, Cs durch die Löslichkeit seiner Salze; die Natriumsalze sind fast sämtlich in Wasser leicht löslich; dies gilt auch von dem Platindoppelsalz Na_2PtCl_6, von dem sauren weinsauren Natrium und andren mehr. Die Soda verwittert, während die Pottasche an der Luft zerfließt. Auch die Spektra des Natriums einerseits und der andren Alkalimetalle anderseits zeigen keine Gleichartigkeit.

Ammoniumsalze.

234. Bei der Besprechung des Ammoniaks (**110**) wurde bemerkt, daß diese Verbindung mit Säuren durch direkte Addition Salze gibt, welche viele Ähnlichkeit mit den Alkalisalzen besitzen; in diesen Salzen nimmt man die Gruppe NH_4, Ammonium (auch Am abgekürzt), als vertreten an. Im Anschluß an die Alkalisalze sollen daher einige Ammoniumsalze besprochen werden.

Die wäßrige Lösung des Ammoniaks muß, wegen ihres Leitvermögens für den elektrischen Strom und wegen ihrer alkalischen Reaktion, NH_4- und OH-Ionen und demnach auch ungespaltene Moleküle Ammoniumhydroxyd AmOH enthalten. Während jedoch die Lösungen der Alkalien KOH, NaOH u. a. den elektrischen Strom sehr gut leiten, ist dies bei einer Ammoniaklösung nicht der Fall; sie leitet schlecht. Eine 0·1 normale Lösung enthält nur ca. 5 % ionisierte Moleküle NH_4OH, während eine ebenso konzentrierte Kalilösung 91 % ionisierte Moleküle enthält.

In der wäßrigen Lösung von Ammoniak hat man anzunehmen: 1) freies NH_3; 2) Hydrate des Ammoniaks, $NH_3 \cdot n$ aq; 3) Ammoniumhydroxyd NH_4OH; 4) Ionen $NH_4^{\cdot}$ und OH'.

Die Existenz von Hydraten ergab sich aus der Schmelzlinie des Systems $H_2O + NH_3$, welches für die Zusammensetzungen $NH_3 \cdot H_2O$ und $2NH_3 \cdot H_2O$ Maximumpunkte aufweist (237). Daß man hier Hydrate annimmt und nicht die Bildung von NH_4OH, ist einerseits durch das analoge Verhalten von Ammoniak und Aminen, anderseits durch das durchaus abweichende Verhalten der organischen quaternären Ammoniumbasen begründet. Während nämlich die wäßrigen Lösungen von primären, sekundären und tertiären Aminen, wie dies beim Ammoniak der Fall ist, den elektrischen Strom schlecht leiten, leitet eine Lösung einer quaternären Ammoniumbasis ebensogut wie die von Kali oder Natron. Hieraus darf man schließen, daß NH_4OH, wenn es in einer Lösung dieselbe Konzentration haben könnte wie die quaternäre Basis, dann auch gerade so gut den elektrischen Strom leiten würde. Ungleich dieser zerfällt es jedoch größtenteils in NH_3 und H_2O, was eben bei jener nicht stattfinden kann. Man hat hier also ähnliche Verhältnisse wie bei der Kohlensäure (181).

Daß jedoch in einer wäßrigen Lösung von Ammoniak auch NH_4OH vorkommt, sei es denn auch in geringer Quantität, darf schon aus der Anwesenheit seiner Ionen geschlossen werden, wodurch notwendig das Gleichgewicht $NH_4OH \rightleftarrows NH_4^{\cdot} + OH'$ existieren muß, obwohl dies sehr weit nach rechts verschoben sein könnte.

Die große Neigung von NH_4OH in NH_3 und H_2O zu zerfallen, ist der Grund dafür, daß eine wäßrige Ammoniaklösung sich nur schwach basisch zeigt; denn NH_4OH, insofern es sich gebildet hat, ist ohne Zweifel weit ionisiert, also eine starke Basis. Dies geht u. a. aus der neutralen Reaktion der Ammoniumsalze mit starken Säuren, wie NH_4Cl, NH_4NO_3, hervor, und aus der alkalischen von Am-karbonat und -cyanid, in Übereinstimmung mit derselben Reaktion der entsprechenden Alkalisalze.

Chlorammonium NH_4Cl, Ammoniumchlorid, Salmiak, wird aus dem Ammoniakwasser der Gasfabriken gewonnen (**110**): Ammoniak wird bei vorsichtigem Erhitzen ausgetrieben und in Salzsäure aufgefangen. Die Lösung wird abgedampft und der feste Rückstand sublimiert, wobei Salmiak in faserig-kristallinischen Massen gewonnen wird. Er löst sich in 2·7 Gewichtsteilen kalten und in

1 Gewichtsteil siedenden Wassers auf, kristallisiert aus der Lösung in kleinen, meist federfahnenartig angeordneten Oktaedern und Würfeln und schmeckt scharf salzig.

Salmiak ist leicht zu verdampfen und dissoziiert dabei in NH_3 und HCl, wie die Dampfdichte zeigt, die bei 350° die Hälfte der für NH_4Cl berechneten beträgt.

Man kann die Dissoziation auf folgende Weise leicht nachweisen. In ein an einem Ende zugeschmolzenes Rohr wird ein wenig Salmiak und in einige Entfernung von diesem ein Stück blaues Lackmuspapier gebracht; man schiebt einen Wattepfropfen davor und endlich ein Stückchen rotes Lackmuspapier. Wenn man nun den Salmiak erhitzt, so geht, da HCl eine geringere Diffusionsgeschwindigkeit als NH_3 besitzt, letzteres zuerst durch den Wattepfropfen hindurch und färbt das rote Papier blau; dadurch bleibt am andren Ende ein Überschuß von HCl, welcher das dort befindliche blaue Papier rötet.

Sehr merkwürdig ist die von Baker entdeckte Tatsache, daß völlig trockner, d. h. längere Zeit über umsublimiertem P_2O_5 getrockneter Salmiak die normale Dampfdichte hat; anderseits hat derselbe Forscher nachgewiesen, daß ebenso getrocknetes NH_3- und HCl-Gas sich nicht zu Ammoniak vereinigen. Eine Spur Wasser bewirkt also eine ansehnliche katalytische Beschleunigung sowohl bei der Bildung, wie bei der Zersetzung von Ammoniumchlorid. Wir haben hier ein Beispiel für die allgemeine Regel, daß ein Katalysator, der bei einem umkehrbaren Prozeß die Reaktion in der einen Richtung beschleunigt, auch die Reaktion aus der entgegengesetzten Richtung beschleunigen muß. Der Beweis für diese Regel liegt darin, daß das Gegenteil unmöglich ist, weil sonst eine Änderung des Gleichgewichts erfolgen müßte (**49**).

Auch in manchen andren Fällen ist beobachtet worden, daß Spuren von Wasser auf die Geschwindigkeit von Reaktionen einen sehr erheblichen Einfluß ausüben. Hier seien folgende genannt: Phosphor, der sich an feuchter Luft bereits bei ziemlich niederer Temperatur entzündet, kann in über P_2O_5 getrocknetem Sauerstoff auf 150° erhitzt werden, ohne sich zu entzünden. Kohlenoxyd verbrennt in trocknem Sauerstoff viel schwerer wie in feuchtem. Eine mit sehr sorgfältig getrocknetem Knallgas gefüllte Röhre kann auf Rotglut erhitzt werden, ohne daß Explosion eintritt.

Ammoniumsulfat $(NH_4)_2SO_4$ kristallisiert in großen rhombischen Prismen und löst sich sehr leicht in Wasser. Beim Erhitzen der wäßrigen Lösung entweicht etwas Ammoniak, wobei zugleich saures Sulfat gebildet wird.

Ammoniumnitrat NH_4NO_3 (**115**), wird technisch durch Umsetzung von KNO_3 mit $(NH_4)_2SO_4$ in wäßriger Lösung dargestellt; es zerfließt an der Luft. Von diesem Salz kennt man drei kristallisierte Formen, deren Umwandlungspunkte (**70**) bestimmt worden sind. Es findet Anwendung bei der Herstellung von Sicherheitssprengstoffen.

Ammoniumphosphate. Tertiäres Ammoniumphosphat Am_3PO_4 scheidet sich beim Mischen der konzentrierten Lösungen von Phosphorsäure und Ammoniak kristallinisch ab; beim Trocknen verliert es Ammoniak und geht in das sekundäre Am_2HPO_4 über, das beim Kochen seiner Lösung nochmals Ammoniak abgibt und sich in das primäre Salz umwandelt.

Das wichtigste Salz dieser Art ist das Natriumammoniumphosphat $NaAmHPO_4 + 4H_2O$, „Phosphorsalz" (*Sal microcosmicum*); es bildet farblose Prismen. Beim Erhitzen schmilzt es, gibt unter Aufschäumen Wasser und Ammoniak ab und hinterläßt glasartiges Natriummetaphosphat $NaPO_3$.

Ammoniumkarbonat (Ammonium carbonicum) wurde früher durch trockne Destillation stickstoffhaltiger organischer Stoffe, wie Horn, Leder und dergl., gewonnen. Gegenwärtig wird es meist durch Sublimieren eines Gemenges von Ammoniumchlorid oder -sulfat mit Calciumkarbonat (Kreide) bereitet. Das so gewonnene Produkt ist ein Gemisch von gleich viel Molekülen saurem Salz $AmHCO_3$ und karbaminsaurem Ammoniak $NH_2 \cdot CO_2 \cdot NH_4$ (letzteres ist neutrales Salz weniger $1 H_2O$) und führt den Namen Hirschhornsalz oder Riechsalz. Nach seiner Zusammensetzung, die der Formel $(NH_3)_3(CO_2)_2 \cdot H_2O$ entspricht, heißt es auch Ammoniumsesquikarbonat (sesqui = anderthalb). Wenn man in seine konzentrierte wäßrige Lösung Ammoniakgas einleitet, scheidet sich das neutrale Salz Am_2CO_3 als kristallinisches Pulver ab; dasselbe riecht sehr stark nach Ammoniak und geht an der Luft langsam in das saure Salz $AmHCO_3$ über, ein weißes, geruchloses Pulver, das in Wasser schwer löslich ist. Dieses saure Salz entsteht auch aus dem Sesquikarbonat direkt, da dieses an der Luft CO_2 und NH_3 abgibt, daher nach NH_3 riecht und in das ersterwähnte Salz übergeht.

Schwefelammonium (Ammoniumsulfid) findet als Reagens im Laboratorium ausgedehnte Verwendung (73). Die wäßrige Lösung von Ammoniumsulfhydrat NH_4SH wird als anfangs farblose Flüssigkeit, die sich bald durch Bildung von Ammoniumpolysulfiden gelb färbt, erhalten, wenn man wäßriges Ammoniak mit Schwefelwasserstoff sättigt. Der Sauerstoff der Luft oxydiert nämlich einen Teil des Schwefelwasserstoffes, wobei Schwefel frei wird, der sich mit AmHS zu Polysulfiden vereinigt. Ammoniumpolysulfide erhält man auch, wenn man in Ammoniumsulfhydratlösung Schwefel auflöst.

Durch Vermischen von 2 Vol. NH_3 und 1 Vol. H_2S bei $-18°$ wird eine weiße Kristallmasse erhalten, die bereits bei gewöhnlicher Temperatur in NH_4SH

und NH_3 zerfällt. Die Verbindung NH_4SH scheidet sich kristallinisch ab, wenn man in alkoholischen Ammoniak Schwefelwasserstoff einleitet. Bereits bei 45° ist sie völlig in gleiche Volumina NH_3 und H_2S dissoziiert.

Über Salzlösungen.

235. Jeder feste Stoff ist in jeder Flüssigkeit löslich; die Menge, die sich löst, kann jedoch wechseln von unendlich wenig bis unendlich viel mit allen denkbaren Zwischenstufen. Wenn nur unendlich wenig des festen Stoffes in Lösung geht, sagt man gewöhnlich, daß er in der Flüssigkeit „unlöslich“ sei; es unterliegt jedoch keinem Zweifel, daß bei Vervollkommnung unserer Hilfsmittel und bei Verwendung großer Mengen Flüssigkeit Löslichkeit zu konstatieren sein wird. Für viele sogenannte unlösliche Stoffe ist es gelungen, dies mit Sicherheit nachzuweisen. Wenn wir nun unsere Betrachtungen auf wäßrige Lösungen von Salzen (Säuren und Basen) beschränken, finden wir auch hier dieselbe Verschiedenheit der Löslichkeit, die allgemein wahrgenommen wird. Stoffe wie Sand, Bariumsulfat (262), Jodsilber u. a. sind „unlöslich“, andre wie Kali können sich bei bestimmten Temperaturen in jedem Verhältnis in Wasser lösen.

Bezüglich der Löslichkeit von Salzen lassen sich die folgenden praktischen Regeln aufstellen:

Kalium-, Natrium- und Ammoniumsalze sind löslich. — Normale Nitrate, Chlorate und Acetate sind löslich. — Normale Chloride sind löslich (ausgenommen AgCl, Hg_2Cl_2 und $PbCl_2$). — Normale Sulfate sind löslich (ausgenommen Ba-, Sr-, Ca- und $PbSO_4$). — Hydroxyde sind unlöslich (ausgenommen die von den Alkalien und Erdalkalien). — Normale Karbonate, Phosphate und Sulfide sind unlöslich (ausgenommen die der Alkalien). — Basische Salze sind unlöslich. — Saure Salze sind löslich, sofern die Säure selbst löslich ist.

Die Löslichkeit, d. h. die Menge Salz, die im Maximum in Lösung gehen kann, hängt von der Temperatur und dem Druck ab; bei steigender Temperatur nimmt in weitaus den meisten Fällen die Löslichkeit zu. Wenn man die Temperatur als Abszisse und die Salzmenge, die sich in 100 Gewichtsteilen Wasser löst, als Ordinate nimmt, so erhält man Löslichkeitskurven (Fig. 54), welche das eben Gesagte veranschaulichen.

Bei einigen Salzen, so bei KNO_3, steigt die Löslichkeit sehr beträchtlich mit der Temperatur, beim Kochsalz bleibt sie ungefähr gleich; in einigen Fällen, wie bei $Ca(OH)_2$ und beim Gips (innerhalb bestimmter Temperaturgrenzen), vermindert sich die Löslichkeit mit steigender Temperatur. Diese Erscheinungen hängen, wie schon in **103** auseinandergesetzt ist, mit der Lösungswärme zusammen, d. h. dem kalorischen Effekt, der den Lösungsvorgang begleitet, und

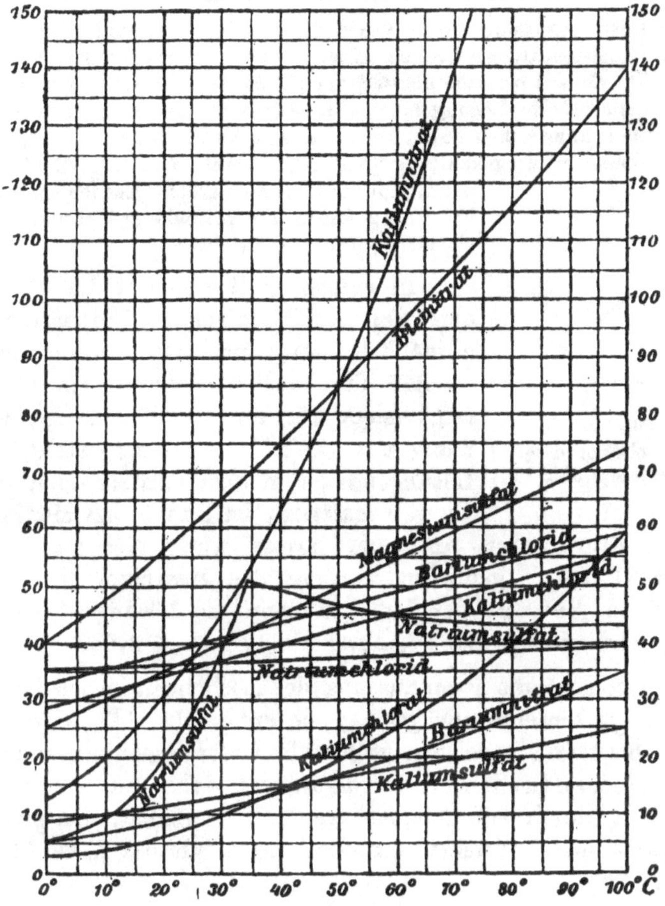

Fig. 54. Löslichkeitskurven.

zwar nach dem von van't Hoff aufgestellten Prinzip des beweglichen Gleichgewichts. In der Tat löst sich z. B. der Kalisalpeter, dessen Löslichkeit mit steigender Temperatur sehr stark zunimmt (siehe Fig. 54), unter beträchtlicher Abkühlung in Wasser auf.

236. Unter Lösungswärme wird verschiedenerlei verstanden. Man hat zu unterscheiden: erstens den kalorischen Effekt bei der Auflösung eines Salzes in einer sehr großen Menge Wasser; zweitens den kalorischen Effekt der Lösung eines Salzes in seiner nahezu gesättigten Lösung; drittens die totale Lösungswärme, d. h. den gesamten kalorischen Effekt beim Lösen eines Salzes in Wasser, bis dies damit gesättigt ist. Im allgemeinen werden diese drei Größen auseinandergehende Werte haben, ja sie können sogar von verschiedenem Vorzeichen sein. Dies ist z. B. der Fall bei $CuCl_2 \cdot 2H_2O$; 1 Mol aufgelöst in 198 Molen Wasser von 11° gibt einen kalorischen Effekt von + 3·71 Kal.; 19·56 Mole in derselben Menge Wasser − 3·129 Kal.

Die Lösungswärme, die in van't Hoffs Prinzip gemeint ist, ist die des Salzes in seiner gesättigten Lösung. Man hat dann das System Salz + gesättigte Lösung. Durch Temperaturänderung verschiebt sich das Gleichgewicht; d. h. entweder geht Salz in Lösung oder es kristallisiert aus, was numerisch einen ebenso großen kalorischen Effekt bedeutet, wie das Auflösen in der gesättigten Lösung, aber von umgekehrtem Vorzeichen. Weil man dies nicht beachtet hatte, glaubte man anfänglich, Ausnahmen von dem Prinzip zu finden, die bei näherer Untersuchung sich als nicht vorhanden erwiesen.

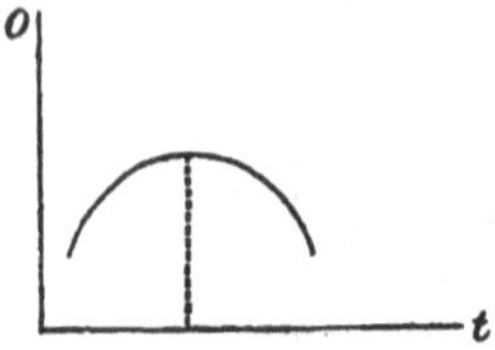

Fig. 55.
Löslichkeitskurve mit Maximumpunkt.

In einigen Fällen nimmt die Löslichkeit eines Salzes mit steigender Temperatur zuerst allmählich zu und dann allmählich ab, so daß die Löslichkeitskurve ein Maximum zeigt (siehe Fig. 55). Völlig in Übereinstimmung mit van't Hoffs Prinzip steht, daß die Lösungswärme in dem aufsteigenden Ast der Kurve negativ ist, im Punkte des Maximums 0 und im absteigenden Ast aber positiv wird; dies ist z. B. für Gips $CaSO_4 \cdot 2H_2O$ gefunden worden; das Maximum seiner Kurve liegt bei ca. 38°; in der Tat war dann die Lösungswärme 0·00; bei 14° wird sie zu − 0·36, oberhalb 35° zu + 0·24.

Was sodann die Beeinflussung der Löslichkeit durch Druck betrifft, so ist dieselbe nur gering; sie entspricht völlig dem Prinzip von le Chatelier. So löst sich z. B. Chlorammonium unter Ausdehnung; seine Löslichkeit verringert sich daher mit zunehmendem Druck (1 % durch 160 Atmosphären); Kupfersulfat, das sich unter Kontraktion löst, vermehrt seine Löslichkeit um 3·2 % bei 60 Atmosphären.

237. Man hatte früher gemeint, die Begriffe „gelöste Substanz" und „Lösungsmittel" seien scharf auseinander zu halten. Es hat sich jedoch herausgestellt, daß zwischen den Bestandteilen einer Lösung ein prinzipieller Unterschied nicht besteht; wäßrige Lösungen werden daher besser definiert als „flüssige Komplexe, deren einer Bestandteil Wasser ist", wie als „Wasser, in welchem Stoffe gelöst sind". Daß in der Tat ein prinzipieller Unterschied nicht besteht, ergibt sich in erster Linie aus den Erscheinungen, die beim Abkühlen von Salzlösungen auftreten.

Man denke sich eine nicht völlig gesättigte Lösung von KCl bei einer bestimmten Temperatur. Man hat hier zwei Stoffe (KCl und H_2O) und zwei Phasen (**71**), also zwei Freiheitsgrade. Man kühle nun diese Lösung ab; alsbald kristallisiert KCl aus, und da nunmehr drei Phasen vorhanden sind, beträgt die Zahl der Freiheitsgrade nur noch eins. Es ist bereits erwähnt worden, daß eine Veränderung der Mengen jeder Phase in diesem letzten Fall keine Änderung des Gleichgewichtes bewirkt; wenn man mehr Salz in das System bringt, ändert dies keineswegs die Konzentration der gesättigten Lösung oder des Dampfes. Ebensowenig ist dies der Fall, wenn Wasser hinzugefügt oder das Dampfvolum vergrößert wird, wofern die drei Phasen bestehen bleiben. — Kühlt man weiter ab, so scheidet sich immer mehr KCl aus; schließlich erreicht man einen Punkt, wo die gesamte Flüssigkeit zu einem Gemisch von Salz und Eis erstarrt. Dieser Punkt heißt der kryohydratische oder eutektische Punkt.

Früher war man der Meinung, daß bei diesem Punkt eine chemische Verbindung zwischen Salz und Wasser (ein Kryohydrat) entstehe; daß es sich jedoch um Mischungen handelt, läßt sich mit dem Mikroskop bei gefärbten Salzen (K_2CrO_4) erkennen; auch kann sich die Zusammensetzung dieser sog. Hydrate ändern, falls das Gefrieren bei andrem Druck stattfindet.

Wenn wir von einer verdünnten Chlorkaliumlösung ausgehen und sie abkühlen, so bildet sich zu einem bestimmten Zeitpunkt Eis; damit ist die Zahl der Freiheitsgrade wieder auf eins reduziert, da Eis die dritte dafür nötige Phase ist. Man kann von da ab die Lösung in bezug auf Eis als gesättigt ansehen, ebenso wie im vorigen Fall in bezug auf KCl. Denn Zufügen der festen Phase (**71**) hat hier — ebensowenig wie früher der Zusatz von Chlorkalium (der festen Phase in jenem Fall) — eine Verschiebung des Gleichgewichtes zur Folge. Zufügen von KCl bewirkt hier, daß ein Teil des Eises in Lösung geht (schmilzt), bis die zu der konstant gehaltenen Temperatur zugehörige Konzentration der flüssigen Phase wieder erreicht ist; es ist demnach völlig vergleichbar dem Zufügen von Wasser zur gesättigten KCl-Lösung, die sich in Berührung mit festem KCl befindet, wobei ebenfalls die feste Phase in Lösung geht. Bei Temperaturerhöhung geht mehr Eis in Lösung, bei Erniedrigung kristallisiert mehr aus, ebenso wie bei steigender Temperatur mehr KCl in Lösung geht, bei sinkender mehr auskristallisiert. Bei weitergehender Abkühlung wird sich auch hier stets mehr Eis abscheiden, bis der kryohydratische Punkt erreicht ist, bei dem alles zu einem Gemenge von Salz und Eis erstarrt. Die Analogie ist daher vollkommen.

Der kryohydratische Punkt ist nach dieser Betrachtung der Schnittpunkt von zwei Kurven, nämlich der Löslichkeitskurven der gesättigten Lösung von Salz und von Eis.

Einen andren Beweis für den Satz, daß zwischen Lösungsmittel und gelöstem Stoff ein prinzipieller Unterschied nicht besteht, liefert die Betrachtung der Lösungen von einigen kristallwasserhaltigen Salzen, z. B. $CaCl_2 \cdot 6H_2O$. Eine gesättigte Lösung von $CaCl_2$ in Wasser hat bei 30·2° genau die Zusammensetzung $CaCl_2 + 6H_2O$. Bei dieser Temperatur schmilzt das Hydrat also zu einer homogenen Flüssigkeit; es schmilzt in seinem Kristallwasser, wie man zu sagen pflegt. Wenn H_2O oder $CaCl_2$ hineingebracht wird, scheidet sich in beiden Fällen beim Abkühlen $CaCl_2 \cdot 6H_2O$ ab; denn sowohl durch Zufügen von Wasser wie von $CaCl_2$ erfährt der Erstarrungspunkt von $CaCl_2 \cdot 6H_2O$ eine Erniedrigung. Im ersten Falle ist dies letztere im Gleichgewicht mit einer Flüssigkeit, die mehr Wasser als das Hydrat enthält, die man daher eine wäßrige Lösung im gewöhnlichen Sinne nennen kann; im zweiten jedoch mit einer Flüssigkeit, die mehr $CaCl_2$ als das Hydrat enthält, und die daher als eine Lösung in $CaCl_2$ angesehen werden muß.

Wenn man die Löslichkeitskurven verschiedener Salze betrachtet (Fig. 54), so bemerkt man, daß sie im allgemeinen einen regelmäßigen Verlauf zeigen; bei einer der Kurven jedoch, bei der des Glaubersalzes, sieht man bei 33° eine plötzliche Richtungsänderung eintreten. Dies beobachtet man noch öfter bei Salzen, die Kristallwasser besitzen; die Ursache davon ist folgende: Bleiben wir zunächst beim Glaubersalz. In 225 wurde schon erwähnt, daß dieses bei eben dieser Temperatur von 33° einen Umwandlungspunkt besitzt, bei welchem $Na_2SO_4 \cdot 10aq$ in Na_2SO_4 und $10H_2O$ übergeht. Bis 33° hat man daher als feste Phase das wasserhaltige Salz; oberhalb dieser Temperatur ist die feste Phase verändert, zu wasserfreiem Salz geworden. Dies muß notwendigerweise eine plötzliche Richtungsänderung der Löslichkeitskurve zur Folge haben. Unterhalb 33° bezieht sich dieselbe auf $Na_2SO_4 \cdot 10aq$, darüber auf Na_2SO_4. Man kann daher den Knick der Kurve bei 33° als den Schnittpunkt der Löslichkeitskurven von $Na_2SO_4 \cdot 10aq$ und von Na_2SO_4 ansehen. Beim Glaubersalz tritt noch der besondere Fall ein, daß die Löslichkeit des wasserfreien Salzes mit steigender Temperatur abnimmt, die Löslichkeitskurve daher oberhalb 33° bei steigender Temperatur fällt.

So gedeutet, sieht man, daß die Löslichkeit zweier Modifikationen einer Substanz, welche durch einen Umwandlungspunkt verbunden sind, in diesem Punkt für beide gleich wird. Dies muß allgemein der Fall sein; es läßt sich dies auf ganz analoge Weise zeigen, wie in 70 bewiesen ist, daß die Dampfdrucke im Umwandlungspunkt gleich werden. Sogar dieselbe Figur kann dazu verwendet werden, wenn man im Auge behält, daß die Löslichkeit einer metastabilen Modifikation immer größer ist als die der stabilen bei der gleichen Temperatur. Umgekehrt hat man hierin ein Mittel zur Bestimmung des Umwandlungspunktes.

Im allgemeinen ist, wie Ostwald betont hat, die Löslichkeit irgendwelchen Stoffes abhängig von dem Zustande, in welchem er sich befindet. Die feste Phase bestimmt das Gleichgewicht nicht nur vermöge ihrer chemischen Beschaffenheit, sondern auch vermöge der besonderen Formart, in welcher dieselbe vorhanden ist. So bedingen beispielsweise verschiedene polymorphe Formen desselben Stoffes oder verschiedene Hydrate desselben Salzes unter sonst gleichen Umständen ebenso viele verschiedene Löslichkeiten.

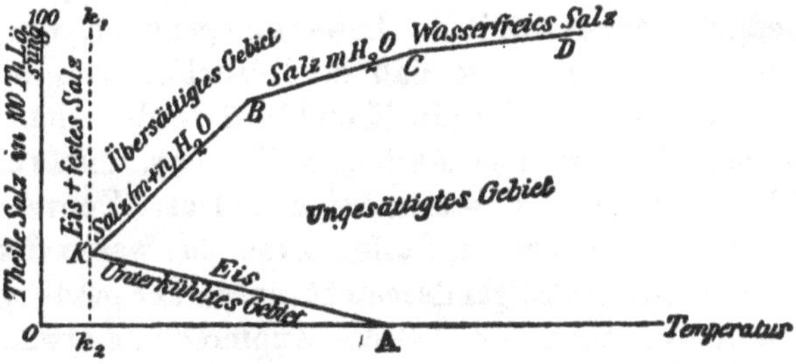

Fig. 56. Löslichkeitskurve.

Bei einem wasserhaltigen Salz kann der Fall eintreten, daß verschiedene Hydrate desselben existieren, welche durch Umwandlungspunkte miteinander verknüpft sind. Ein Salz mit $(m + n)$ Molekülen Kristallwasser wird z. B. bei einer bestimmten Temperatur in ein andres mit $m H_2O$ übergehen; letzteres kann bei höherer Temperatur wieder einen Umwandlungspunkt zu wasserfreiem Salz besitzen. Jedesmal wird bei diesen Umwandlungspunkten die Löslichkeitskurve einen Knick aufweisen, weil die feste Phase sich ändert; sie wird daher die Gestalt haben, welche Fig. 56 wiedergibt.

Betrachten wir eine solche Löslichkeitskurve etwas näher: Bei 0° (Punkt A in Fig. 56) habe man zunächst reines Wasser und Eis; man löse nun kleine Salzmengen allmählich auf. Will man die Eisphase behalten, so muß man die Temperatur sinken lassen, da eine Salzlösung einen niedrigeren Gefrierpunkt wie reines Wasser hat; man bewegt sich also entlang der Kurve AK. Man erreicht so den Punkt K, wo Salz nicht mehr gelöst wird, da alles Wasser zu Eis geworden ist; hier hat man also ein Gemenge von Eis und festem Salz, mit andren Worten den kryohydratischen Punkt.

Will man von K ab mehr Salz in Lösung bringen, so muß man die Temperatur erhöhen; die Eisphase verschwindet dann natürlich, dagegen scheidet sich das Salz mit $(m+n)$ Molekülen Kristallwasser ab („Bodenkörper"). Durch Zufügen dieses Salzes hält man die Lösung stets gesättigt. Geht man der Linie KB entlang, so ist bei B der Übergangspunkt vom Salz mit $m+n$ Molekülen Kristallwasser in Salz mit mH_2O; hier muß also die Löslichkeitskurve einen Knick erhalten, und zwar muß im Punkte B die Löslichkeitskurve vom Salz mit $(m+n)H_2O$ steiler verlaufen als diejenige vom Salz mit mH_2O, wie auch die Form der Kurven KB und BC sonst sein mag. Man sieht dies sofort ein durch eine Erwägung, welche der für den Übergang von Eis in Wasser oder von rhombischem in monoklinen Schwefel (**70**) angestellten völlig analog ist. In C hat man schließlich einen zweiten Umwandlungspunkt vom Salz mit mH_2O in wasserfreies Salz, so daß die Löslichkeitskurve dort wieder einen Knick aufweist. Wo die Kurve CD endet, hängt von den Umständen ab. In manchen Fällen, z. B. beim Silbernitrat, endet sie im Schmelzpunkt des wasserfreien Salzes (Konzentration der Lösung = 100%). In andren Fällen kann das wasserfreie Salz eine geschmolzene zweite Flüssigkeitsschicht unter der gesättigten Lösung bilden. Endlich sei noch der Fall des Kupfersulfats erwähnt, welches in Berührung mit seiner gesättigten Lösung bei gegebener Temperatur sein Kristallwasser verliert, und von dort ab bei steigender Temperatur eine Löslichkeitsabnahme zeigt, welche schließlich fast gänzliche Unlöslichkeit zur Folge hat.

Ziehen wir durch K eine Linie $k_1 k_2$ parallel zu der Ordinate, so ist die Figur durch diese und durch $AKBCD$ in folgende Gebiete geteilt. Rechts von der Löslichkeitskurve ist das Gebiet der ungesättigten Lösungen, AKk_2 ist dasjenige der unterkühlten, k_1KBCD dasjenige der übersättigten Lösungen. Links von $k_1 k_2$ endlich kann bei gewöhnlichem Druck nur Eis + festes Salz existieren.

Eine Löslichkeitskurve wie die in Fig. 56 dargestellte kann umgekehrt sehr wohl dazu verwendet werden, um Verbindungen zwischen Salz und Wasser zu entdecken. Vom kryohydratischen Punkt ab zeigt jeder Knick in der Löslichkeitskurve an, daß ein Salz mit andrem Gehalt an Kristallwasser entstanden ist; jedem Teil dieser Kurve entspricht daher ein andres Salz, d. h. eine andre feste Phase. Die Zusammensetzung dieser festen Phasen geht hieraus nicht ohne weiteres hervor. Dies ist jedoch der Fall, wenn sie ohne Änderung ihrer Zusammensetzung geschmolzen werden können, oder, mit andren Worten, wenn sie mit einer flüssigen Phase von der gleichen Zusammensetzung im Gleichgewicht sein können. Bei Salzen in wäßriger Lösung kommt dies nicht oft vor, doch sahen wir oben bei $CaCl_2 \cdot 6aq$ ein Beispiel davon. Die Untersuchung der Löslichkeits- oder der Schmelzpunktskurve ist dann für die Auffindung von Verbindungen besonders wertvoll.

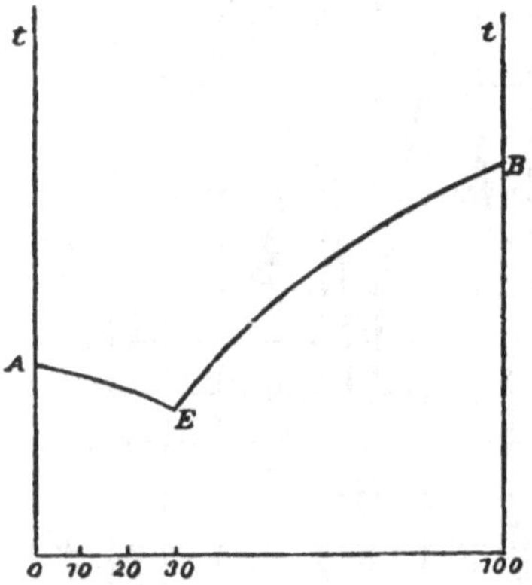

Fig. 57.

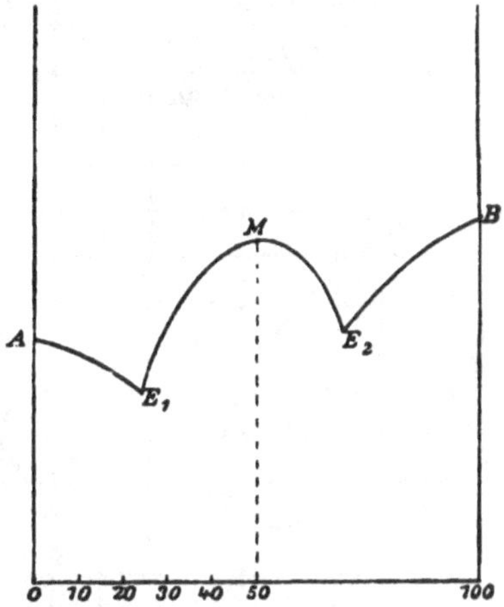

Fig. 58.

Schmelzpunktskurven.

Um dies einzusehen, betrachten wir zunächst ein System von zwei Stoffen *A* und *B*, welche keine Verbindung eingehen. In Fig. 57 ist die Schmelzpunktskurve angegeben, die bei zunehmenden Zusätzen von *B* zu *A* erhalten wird. Der Schmelzpunkt sinkt anfänglich, bis man im eutektischen Punkt *E* angelangt ist. Längs *AE* scheidet sich aus der Schmelze nur *A* aus, in *E* dagegen auch *B*. Wird nun mehr *B* zugesetzt, so steigt der Schmelzpunkt; man bekommt die Kurve *EB*, welche im Schmelzpunkt von reinem *B* endet. Längs *EB* scheidet sich nur *B* aus der Schmelze aus. Nehmen wir jetzt an, daß *A* und *B* eine Verbindung *AB* im molekularen Verhältnis 1 : 1 bilden können. Beim Zusatz von *B* zu *A* bildet sich *AB* und löst sich im überschüssigen *A* auf, dessen Schmelzpunkt dadurch sinkt. Ist eine gewisse Menge *B* zugesetzt, so erniedrigt sich dieser Punkt bis E_1, wobei sich aus der Schmelze sowohl *A* wie *AB* ausscheiden. Es ist der eutektische Punkt von Gemischen von *A* und *AB*. Bei weiterem Zusatz von *B* erhöht sich der Schmelzpunkt zunächst wieder, gerade wie in dem Falle, wo keine Verbindung zwischen den Komponenten existiert; es scheidet sich jedoch nun *AB* aus der Schmelze ab. Durch den weiteren Zusatz von *B* vermehrt sich aber die Menge der Verbindung *AB*; in *M* ist freies *A* verschwunden und

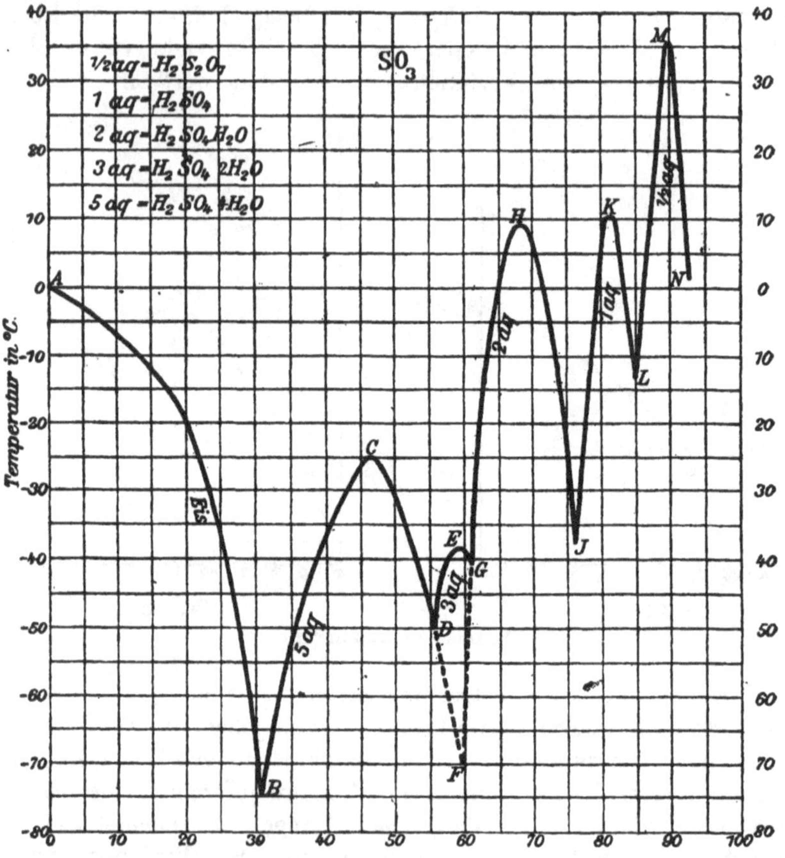

Fig. 59. Schmelzpunktskurve des Systems $SO_3 + H_2O$.

besteht die Masse aus der reinen Verbindung *AB*, welche in *M* ihren Schmelzpunkt hat. Hier erreicht die Schmelztemperatur ihr Maximum, denn Zusätze sowohl von *A* wie von *B* erniedrigen den Schmelzpunkt des reinen *AB*. Der weitere Verlauf der Schmelzpunktskurve ergibt sich von selbst. Bei fortwährendem Zusatz von *B* zu *AB* sinkt die Schmelztemperatur; zunächst scheidet sich aus der Schmelze nur noch *AB* ab, bis man zu dem eutektischen Punkt E_2

gelangt, wo sowohl AB wie B auskristallisieren. Weiterer Zusatz von B bewirkt dann wieder eine Erhöhung des Schmelzpunktes, bis endlich längs $E_2 B$ im Schmelzpunkt der reinen Substanz B die Kurve endet.

Bildet sich mehr als eine Verbindung zwischen A und B, so kommt für jede Verbindung in der Kurve ein Maximumpunkt M hinzu, von denen also jeder einer Verbindung entspricht.

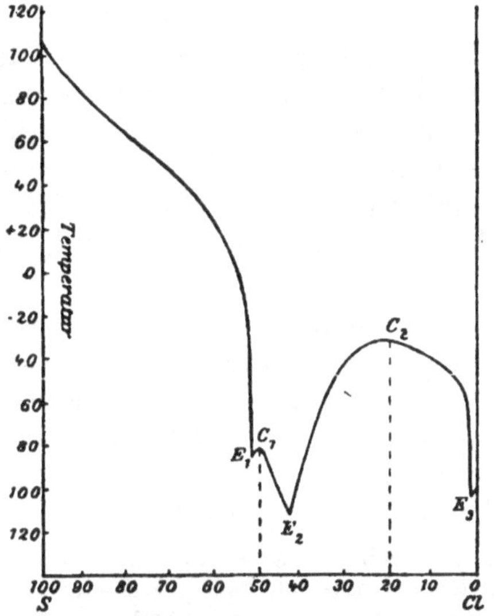

Fig. 60. Schmelzpunktskurve des Systems S + Cl in Atomprozenten.

Die folgenden Beispiele sollen dies verdeutlichen.

1. Das System $SO_3 + H_2O$. Es existieren hier eine Anzahl Hydrate, welche durch die Schmelzpunktskurve (Fig. 59) angedeutet werden; auf der Abszisse sind Gewichtsprozente SO_3 ausgesetzt.

Bei A liegt der Schmelzpunkt von reinem Wasser, welcher durch Zusatz von SO_3 erniedrigt wird, bis in B das erste Eutektikum erreicht wird, wo Eis + $H_2SO_4 \cdot 4\,H_2O$ auskristallisieren. Die Maximumpunkte C, E, H, K und M entsprechen den Verbindungen $H_2SO_4 \cdot 4\,H_2O$, $H_2SO_4 \cdot 2\,H_2O$, $H_2SO_4 \cdot H_2O$, H_2SO_4 und $H_2S_2O_7$, welche durch die eutektischen Punkte D, G, J, L von einander getrennt sind. In diesen Punkten kristallisieren zwei Hydrate zusammen aus, in J z. B. $H_2SO_4 \cdot H_2O$ und H_2SO_4. Das Eutektikum F, wo $H_2SO_4 \cdot 4\,H_2O$ und $H_2SO_4 \cdot H_2O$ nebeneinander auskristallisieren, ist metastabil.

2. In nicht wäßrigen Flüssigkeiten liegen die Verhältnisse völlig ähnlich, wie aus der Betrachtung des Systems S + Cl hervorgeht. In 75 wurde erwähnt, daß die Existenz der Verbindung SCl_4 sich auch aus der Form der Schmelzkurve vom System S + Cl ableiten läßt. In der Tat zeigt die Kurve bei C_2 (Fig. 60) einen Maximumpunkt für 20 Atomprozente Schwefel, entsprechend der Zusammen-

setzung SCl_4. Die Punkte E_1, E_2, E_3 sind die eutektischen Punkte $S + S_2Cl_2$, $S_2Cl_2 + SCl_4$ und $SCl_4 + Cl_2$, während der Maximumpunkt C_1 der Verbindung S_2Cl_2 entspricht.

Übersättigte Lösungen. Eine wenig unterhalb von 33° gesättigte Glaubersalzlösung kann, wenn sie sorgfältig vor jeder Berührung mit festem Salz geschützt wird, bis auf Zimmertemperatur abgekühlt werden, ohne daß etwas auskristallisiert; die Berührung mit einem winzigen Kristallfragment von $Na_2SO_4 \cdot 10H_2O$ genügt jedoch, um die Kristallisation dieses Salzes plötzlich eintreten zu lassen.

Außer dem Glaubersalz gibt es eine ganze Reihe von Salzen, welche Lösungen mit dieser Eigenschaft geben können, z. B. Natriumthiosulfat, manche Nitrate usw. Derartige Lösungen nennt man übersättigt. Sie sind durchaus stabil; man kann sie schütteln, mit einem Glasstab umrühren (wodurch sonst die Kristallisation sehr befördert wird), ohne daß Kristallisation eintritt, sofern nicht auch nur eine Spur des festen Salzes mit der Lösung in Berührung kommt.

Wird eine übersättigte Lösung von Glaubersalz unter Zimmertemperatur abgekühlt, so kristallisiert ein andres Hydrat, nämlich $Na_2SO_4 \cdot 7aq$, aus; das so entstehende System ist noch immer metastabil, denn auch jetzt genügt die Berührung mit der geringsten Menge von $Na_2SO_4 \cdot 10H_2O$, um es ganz in das stabile System mit $Na_2SO_4 \cdot 10H_2O$ als Bodenkörper überzuführen.

Die Quantität Salz, welche genügend ist, einen metastabilen Zustand, wie ihn eine übersättigte Lösung darstellt, zum Verschwinden zu bringen, ist, wie Ostwald fand, etwa von der Größenordnung 10^{-10} g. Durch diese außerordentlich geringe Menge ist es erklärlich, daß man früher eine spontane Aufhebung des metastabilen Zustandes für möglich hielt. Da in der Luft (namentlich des Laboratoriums) immer äußerst geringe Mengen von Kristallen schweben, genügt es meistens, eine Flasche, welche eine übersättigte Lösung enthält, zu öffnen um die Kristallisation im stabilen System hervorzurufen.

238. Aus den in **65** und **66** dargelegten Gründen nimmt man an, daß Säuren, Basen und Salze in wäßriger Lösung in Ionen gespalten sind. Diese Dissoziation kann mehr oder weniger vollständig sein; dies hängt von der Natur des gelösten Stoffes, von der Temperatur der Lösung und von ihrer Konzentration ab. Beispiele hierfür sind bereits hier und da mitgeteilt worden; Salzsäure und Salpetersäure sind in $^1/_{10}$ Normallösungen fast völlig gespalten, Kieselsäure fast gar nicht; von den Basen sind Kali und Natron und die der alkalischen Erden bei dieser Verdünnung nahezu vollständig dissoziiert. Denselben Unterschied zeigen auch die Salze; die der Alkalien, auch von schwachen Säuren, sind so gut wie vollständig ionisiert, Quecksilberchlorid dagegen sehr wenig. Wir kommen hierauf bei der Besprechung der Metalle noch ausführlicher zurück.

239. In der Lösung von weit ionisierten Salzen darf man die Eigenschaften des Kations und des Anions erwarten; sie muß die Summe der Eigenschaften beider Ionen zeigen, oder wie es auch wohl ausgedrückt wird, ihre Eigenschaften müssen additiv sein hinsichtlich jener der beiden Ionen.

Dies ist wirklich sowohl chemisch wie physikalisch der Fall. Was ersteres anbelangt, so sehen wir, daß die Lösungen der verschiedenen Salze desselben Metalles alle die gleichen Reaktionen zeigen; aus den Lösungen aller Bleisalze fällt Schwefelwasserstoff schwarzes PbS, Schwefelsäure weißes $PbSO_4$ usw. Anderseits werden die Lösungen der Salze von derselben Säure alle durch dieselben Reaktionen gekennzeichnet, Sulfate z. B. durch den Niederschlag, den sie mit Chlorbariumlösung geben. Dies alles würde sehr schwierig zu erklären sein, da die Salze im festen Zustande erhebliche Differenzen zeigen, während es zu einer Notwendigkeit wird, wenn man annimmt, daß sie in Lösung ionisiert sind.

Die Gegenprobe wird geliefert durch das Verhalten von Metallverbindungen, die nicht ionisiert sind, wie Quecksilbercyanid (278), und die Metallderivate des Acetylacetons („Org. Ch." *200*); sie besitzen Eigenschaften die von denen der gewöhnlichen Salze stark abweichen.

Auch hinsichtlich der physikalischer Eigenschaften zeigt sich dieser additive Charakter. Da man dies jedoch meistens nicht direkt zeigen kann, muß man einen Umweg machen, der durch folgendes Beispiel erläutert werden soll.

Das spezifische Gewicht S einer Zuckerlösung kann ziemlich genau durch

$$S = 1 + K \cdot n$$

dargestellt werden, wenn n die Anzahl Mol pro Liter angibt, und K eine Konstante ist. In ähnlicher Weise wird das spez. Gewicht der Lösung eines stark ionisierten Salzes durch das Anion auf $1 + \alpha \cdot n$, durch das Kation auf $1 + \beta \cdot n$ gebracht werden, wo α und β wieder Konstanten sind. Besteht nun Additivität, so muß das spez. Gewicht der Lösung

$$S = 1 + n(\alpha + \beta)$$

sein; die Werte von α und β sind zunächst noch unbekannt. Für Salzlösungen mit demselben Anion, aber mit verschiedenen Kationen, wird das spez. Gewicht ausgedrückt werden durch

$$S_1 = 1 + n(\alpha + \beta_1); \quad S_2 = 1 + n(\alpha + \beta_2); \quad S_3 = 1 + n(\alpha + \beta_3) \text{ usw.}$$

Wählt man nun Salze von denselben Basen, die aber ein anderes Anion haben, so werden die spez. Gewichte ihrer Lösungen durch

$$S_1' = 1 + n(\alpha_1 + \beta_1);\quad S_2' = 1 + n(\alpha_1 + \beta_2);\quad S_3' = 1 + n(\alpha_1 + \beta_3) \text{ usw.}$$

dargestellt, woraus hervorgeht, daß die Differenzen $S_1 - S_1'$; $S_2 - S_2'$; $S_3 - S_3'$ stets denselben Wert $n(\alpha - \alpha_1)$ haben müssen, wenn wirklich Additivität existiert. Diese Gleichheit kann deshalb als Beweis für diese Eigenschaft benutzt werden.

Ein konkretes Beispiel für diese Betrachtungen bieten die spez. Gewichte der Lösungen von KCl, NaCl, AmCl und von KBr, NaBr und AmBr. In der Tat ist hier KCl – KBr = NaCl – NaBr = AmCl – AmBr. Doch nicht nur die spez. Gewichte, sondern auch andre physikalische Konstanten, wie Zusammendrückbarkeit, Kapillarität, Brechungsexponent u. a., lassen sich, wie Versuche lehrten, durch das gleiche additive Schema darstellen.

Durch die Annahme der Ionisation wird ferner sofort deutlich, warum bei der Mischung äquivalenter Mengen von verdünnten Lösungen von starken Basen und Säuren stets derselbe kalorische Effekt (13·6 Kal.) wahrgenommen wird; der einzige Prozeß, welcher dabei stattfindet, ist ja die Bildung von Wasser aus seinen Ionen (66). Auch das sogenannte Gesetz der Thermoneutralität, welches aussagt, daß bei der Mischung von zwei verdünnten Salzlösungen ein kalorischer Effekt nicht wahrgenommen wird, wird dadurch verständlich; denn die Ionen beider Salze sind sowohl vor wie nach der Mischung in freiem Zustande anwesend.

Acidimetrie und Alkalimetrie. Theorie der Indikatoren.

240. Der Gehalt einer Flüssigkeit an Säure bzw. Base läßt sich am einfachsten maßanalytisch (93) bestimmen. Die hierfür angewandten Methoden werden als Acidimetrie und als Alkalimetrie bezeichnet. Gesetzt, man wolle die Menge Salzsäure bestimmen, welche in einem gegebenen Volum Flüssigkeit vorhanden ist. Man mißt dann ein gewisses Volum dieser Flüssigkeit ab, 50 oder 100 ccm usw., je nach der vermuteten Konzentration, und fügt hierzu Natronlauge von bekanntem Gehalt, welche man aus einer Bürette langsam zufließen läßt. Hat man den Punkt bestimmt, bei welchem die Flüssigkeit neutral geworden ist, und liest alsdann die dafür verbrauchte Menge Natronlauge an der Bürette ab, so läßt sich daraus der Konzentrationsgrad der Säure berechnen.

Um auf diese Weise den Konzentrationsgrad einer Säure oder Lauge bestimmen zu können, muß man erstens im Besitz einer Lauge oder Säurelösung von bekannter Stärke sein und zweitens über ein sichres Kennzeichen verfügen, um wahrzunehmen, wann die Flüssigkeit gerade neutral geworden ist.

1. Bereitung einer Säure und einer Lauge von bekannter Stärke. Dies kann auf verschiedene Weise geschehen. Häufig geht man hierbei von der Oxalsäure $C_2H_2O_4 + 2H_2O$, Bernsteinsäure $C_4H_6O_4$ oder Weinsäure $C_4H_6O_6$ aus, weil diese festen Substanzen kristallisiert leicht in vollkommen reinem Zustande erhältlich sind, so daß man durch Wägung auf einer feinen Wage die Säuremenge, welche man auflöst, sehr genau bestimmen kann. Man wägt also 1 Grammäquivalent = $^1/_2$ Mol dieser Säuren (dieselben sind zweibasisch) ab, löst sie in Wasser auf und verdünnt, bis das Volum der Flüssigkeit genau 1 Liter beträgt. Mit Hilfe dieser Normalsäure wird die Normallauge bereitet, indem man ein wenig mehr als 1 oder $^1/_2$ oder $^1/_{10}$ usw. Äquivalent NaOH oder KOH (sehr geeignet ist auch $Ba(OH)_2$) in Wasser löst und diese Lösung auf die Normalsäure einstellt, d. h. den Gehalt durch Titrieren mit Normalsäure bestimmt und dann auf genau normal verdünnt.

Das Einstellen kann ferner auch in der Weise geschehen, daß man die saure Lösung, die eingestellt werden soll, zu einem Gemisch von KJ und KJO_3-Lösung fügt. Hierdurch werden HJ und HJO_3 frei:

$$5KJ + KJO_3 + 6HX = 5HJ + HJO_3 + 6KX.$$

Sie setzen sich sofort nach der Gleichung:

$$5HJ + HJO_3 = 3H_2O + 6J$$

um.

Für jedes Äquivalent Säure wird also 1 Atom Jod frei. Durch Titrieren mit Natriumthiosulfat wird die Menge des frei gewordenen Jods bestimmt. Diese Methode gibt sehr genaue Resultate, ist aber nur für starke Säuren brauchbar.

2. Bestimmung des Punktes, bei welchem die Neutralisation einer Flüssigkeit eintritt. Da sich beim Zusammengeben von Säure und Alkali das Eintreten der neutralen Reaktion der Flüssigkeit durch keine äußere Erscheinung erkennen läßt, setzt man eine sehr geringe Menge eines Stoffes zu, dessen Farbe sich beim Überschlagen der Reaktion plötzlich verändert. Derartige Farbstoffe sind Lackmus (blau durch Alkali, rot durch Säure), Phenolphtalein (rot durch Alkali, farblos durch Säure), Methylorange (gelb durch Alkali, rot durch Säure) und viele andere. Fügt man daher zu $\frac{\text{Alkali-}}{\text{Säure-}}$Lösung allmählich eine $\frac{\text{Säure-}}{\text{Alkali-}}$Lösung, so wird bei Anwesenheit eines dieser Stoffe die erfolgte Neutralisation durch eine Farbveränderung wahrzunehmen sein. Stoffe, durch deren Farb-

änderung die Beendigung einer Reaktion angezeigt wird, nennt man Indikatoren. Dieselben sind meist von schwach saurer Natur; die Farbveränderung beruht darauf, daß sie in Salze übergehen, deren Anionen sehr instabil sind und fast unmittelbar in isomere Formen übergehen, die anders gefärbt sind als die nicht ionisierte freie Säure.

Ein Indikator wird also um so brauchbarer sein je schroffer sein Farbwechsel ist und je rascher die Isomerisierung seines Anions stattfindet.

241. Vom Standpunkt der Ionentheorie aus ergibt sich folgende Theorie der Indikatoren: Bringt man ein paar Tropfen eines Indikators in eine Säurelösung, so wird durch deren großen Überschuß die ohnehin bereits sehr schwache Ionisation des Indikators so gut wie aufgehoben. Fügt man dann eine Base zu, so werden durch ihre OH-Ionen die H-Ionen der zu titrierenden Säure weggenommen. Wenn die Säure sehr stark ist, so bleiben bis zuletzt genügend H-Ionen in der Flüssigkeit, um eine einigermaßen starke Ionisation des Farbstoffes zu verhindern; erst der erste Tropfen überschüssigen Alkalis läßt die Anionen des Farbstoffes entstehen, weil dessen Alkaliverbindung stark dissoziiert ist. Diese Farbveränderung ist also scharf; denn sie wird gerade durch die verschiedene Farbe des nicht ionisierten Moleküls und des (isomerisierten) Anions verursacht. War dagegen die Säure schwach und nähert man sich dem Endpunkte der Titration, so sind nicht mehr genügend H-Ionen vorhanden, um die Salzbildung des Farbstoffes völlig zu verhindern. Infolgedessen werden schon seine (isomerisierten) Anionen neben dem nicht dissoziierten Farbstoff entstehen, bevor der Endpunkt der Titration erreicht ist, mit andern Worten: die Farbveränderung wird unscharf und dadurch der Endpunkt unsicher.

Will man eine schwache Säure titrieren, so muß man daher einen Indikator wählen, der viel weniger stark ionisiert ist als die Säure selbst, und dessen Alkalisalze stark genug ionisiert sind, um eine deutliche Farbveränderung zu bewirken. Zu diesem Zwecke kann man Phenolphtaleïn benutzen, dessen undissoziierte Moleküle farblos und dessen (isomerisierte) Anionen rot sind. Essigsäure z. B. läßt sich damit gut titrieren, wenn man im Hinblick auf die oben entwickelten Gründe eine starke Base zur Titrierung verwendet. Umgekehrt eignet sich dagegen Phenolphtaleïn nicht, wenn man eine schwache Base zu titrieren hat. Ammoniak färbt eine Phenolphtaleïnlösung erst bei einem bestimmten Überschuß, weil die

Ammoniumverbindung des Farbstoffes bei der großen Verdünnung, in der sie sich bei einer Titrierung befindet, nahezu vollständig hydrolytisch gespalten ist.

Will man eine schwache Base titrieren, so muß man als Indikator einen Farbstoff von relativ stark saurem Charakter nehmen, denn dann wird auch nahe dem Endpunkte der Titrierung (wenn also der Konzentrationsgrad der Base gering geworden ist) das Salz des Farbstoffes nur in beschränktem Umfange hydrolytisch gespalten sein und daher die Farbe seiner Ionen noch vorherrschen. Dabei wird man für die Titrierung eine starke Säure anwenden müssen (Salzsäure, Schwefelsäure), um durch den ersten Tropfen nach dem Eintreten der Neutralisation die elektrolytische Dissoziation des Farbstoffes möglichst zurückzudrängen und dadurch der Lösung die Farbe des nichtionisierten Farbstoffes zu geben. Ein Indikator, der diesen Anforderungen entspricht, ist Methylorange; man kann damit Ammoniak sehr gut titrieren. Die Ionisation der andern Indikatoren liegt zwischen diesen beiden (Phenolphtaleïn und Methylorange) als äußersten Grenzen, und ihre Anwendbarkeit kann danach beurteilt werden.

Aus dem Vorhergehenden ergeben sich also folgende praktische Regeln. Für die Titrierung

1. von starken Säuren oder starken Basen kann jeder Indikator angewandt werden;
2. von schwachen Basen: starker Indikator (Methylorange) unter Anwendnung einer starken Säure;
3. von schwachen Säuren: schwacher Indikator (Phenolphtaleïn, Lackmus) unter Anwendung einer starken Base.
4. Schwache $\frac{\text{Basen}}{\text{Säuren}}$ können nicht mit schwachen $\frac{\text{Säuren}}{\text{Basen}}$ titriert werden.

Kupfer.

242. Erze dieses Metalles finden sich hauptsächlich in Amerika, und zwar in Michigan und in Canada, wo es teilweise auch gediegen vorkommt. Weiter finden sich Kupfererze in Spanien, Schweden, im Ural, in Chile, Peru, China (Mantschurei) und Japan; Amerika liefert ± 73 % der Weltproduktion, welche im Jahre 1911 873·460 Tonnen betrug. Das als Mineral vorkommende Metall ist (wie viele Elemente) regulär kristallisiert. Die verbreitetsten Kupfererze sind Rotkupfererz Cu_2O, Malachit und Kupferlasur (beide sind basische Karbonate), Kupferglanz Cu_2S und namentlich Kupferkies $CuFeS_2$.

Die Gewinnung aus schwefelfreien Erzen ist sehr einfach; dieselben werden in Schachtöfen mit Kohle niedergeschmolzen, wodurch das Rohkupfer abgeschieden wird. Die meisten Kupfererze enthalten aber Schwefel und auch Eisen (Kupferkies); ihre Verhüttung ist schwieriger. Das zerkleinerte Erz wird zunächst geröstet; hierdurch wird CuS zum Teil in CuO übergeführt. Das Produkt wird mit kieselsäurehaltigen Zuschlägen und Kohle verschmolzen, wobei das Eisen, nicht auch das Kupfer, sich in Silikat umwandelt und in die „Schlacke" (das bei dem Schmelzprozeß gebildete Gemenge von Silikaten) geht. Dieses Verfahren wird so lange wiederholt, bis das Erz eisenfrei geworden ist. Das resultierende Gemisch von CuO und CuS heißt Kupferstein. Durch anhaltendes Rösten und Glühen gewinnt man daraus das Schwarzkupfer:

$$2CuO + CuS = 3Cu + SO_2.$$

Zum Schluß wird mit Kohle erhitzt, um vorhandenes Kupferoxyd zu reduzieren, und das Garkupfer gewonnen.

Das so gewonnene Kupfer enthält manchmal noch einen geringen Gehalt an andren Metallen. Um völlig reines Kupfer zu erhalten (welches z. B. für elektrische Leitungen gebraucht wird, da es besser leitet als unreines Metall), wird es elektrolytisch gereinigt (raffiniert). Wird eine Lösung von unreinem Kupfer elektrolysiert, so gelingt es unter bestimmten Bedingungen, reines Kupfer in kompakter Masse zu fällen, während die Verunreinigungen in Lösung bleiben oder als Pulver niederfallen. Aus diesen Niederschlägen werden nicht unbeträchtliche Mengen Silber und Gold gewonnen. — Zur Ausführung dieses Reinigungsprozesses hängt man in eine mit Schwefelsäure angesäuerte Kupfervitriollösung Platten von Rohkupfer abwechselnd mit solchen aus reinem Kupfer. Verbindet man nun die Rohkupferplatten mit dem positiven, die Reinkupferplatten mit dem negativen Pol der Stromquelle, so schlägt sich auf letzteren reines Kupfer nieder, während dafür von dem als Anode dienenden Rohkupfer die gleiche Menge sich auflöst.

Physikalische Eigenschaften. Das Kupfer hat hellrote Farbe; es besitzt große Härte und Festigkeit, ist aber sehr dehnbar. Es läßt sich zu sehr dünnem Draht ausziehen und zu äußerst dünnen Blättchen ausschlagen (unechtes Blattgold), welche grün durchscheinend sind. Spez. Gewicht 8·94, Schmelzpunkt 1082·6°, Siedepunkt 2310°.

Chemische Eigenschaften. In trockner Luft ist das Kupfer bei gewöhnlicher Temperatur unveränderlich, an feuchter Luft überzieht es sich mit einer dünnen Schicht von basischem Kupferkarbonat (Grünspan), welche es vor weiterer Einwirkung der Atmosphäre schützt. Beim Erhitzen an der Luft verwandelt es sich in CuO. Kupfer löst sich leicht in Salpetersäure (**116**), von verdünnter Salzsäure wird es dagegen nicht angegriffen. Schwefelsäure greift es bei gewöhnlicher Temperatur ebenfalls nicht an, wohl aber bei höherer unter SO_2-Entwicklung (**78**). Von Ammoniak und Sauerstoff wird es zu einer blauen Flüssigkeit, Kupferoxydammoniak, gelöst. Aus der Lösung seiner Salze wird das Kupfer durch Eisen, Zink, Magnesium usw. abgeschieden (**201**).

Anwendungen und Legierungen. Das Rotkupfer des Handels ist das Metall selbst; das so vielfach verwendete hellgelbe Messing ist eine Legierung von 1 Teil Zink und 2 Teilen Kupfer und ist härter als letzteres. Neusilber besteht aus 50% Kupfer, 25% Nickel und 25% Zink. Da das elektrische Leitvermögen desselben sich mit der Temperatur wenig ändert, wird es für elektrische Widerstände benutzt. Über Bronze siehe **197**.

Kupfer wird in der Galvanoplastik in großer Menge verwendet. Eine nichtleitende, durch Überbürsten mit Graphit leitend gemachte vertiefte Gips-, Wachs- oder Guttaperchamatrize wird als Kathode benutzt und mit einem Zuleitungsdraht in eine Kupfersulfatlösung gebracht, während als Anode eine Platte aus möglichst reinem Kupfer dient. Bei gut geregelter Elektrodenspannung wird eine ablösbare dünne Kupferschicht auf der Kathode niedergeschlagen, auf der sich alle Details der Matrize in größter Genauigkeit finden.

Verbindungen des Kupfers.

243. Das Kupfer bildet zwei Reihen von Salzen, Kupferoxydul- oder Kupr*o*verbindungen und Kupferoxyd- oder Kupr*i*verbindungen.

Kuproverbindungen (Oxydulverbindungen des Kupfers).

Kuprooxyd Cu_2O kann auf verschiedene Weise gewonnen werden, z. B. durch Erhitzen von Kuprisalzlösungen mit Alkalilauge und Traubenzucker, Hydroxylamin, arseniger Säure u. a. Es bildet ein gelbrotes kristallinisches Pulver, welches sich bei gewöhnlicher Temperatur an der Luft nicht verändert. Beim Erhitzen von Kupferoxyd zerfällt es in Kupferoxydul und Sauerstoff:

$$2\,CuO \rightleftarrows Cu_2O + O\,.$$

Bei 1025° erreicht die Dissoziationsspannung des Kupferoxyds 160 mm; es kann also bei dieser Temperatur beim Erhitzen an der Luft völlig in Oxydul übergehen, da der Partialdruck des Sauerstoffs in der Luft $\frac{760}{5} = 152$ mm beträgt. In Ammoniak ist es löslich; diese Lösung färbt sich durch Sauerstoffabsorption rasch blau, indem Kuprooxyd in Kuprioxyd übergeht.

Kuprosalze sind nur von wenigen Säuren bekannt. Cu_2Cl_2, Cu_2Br_2 und Cu_2J_2 sind sämtlich „unlöslich“ (vgl. **235**); die Löslichkeit nimmt mit zunehmendem Atomgewicht des Halogens ab.

Kuprochlorid, seiner Dampfdichte zufolge Cu_2Cl_2, entsteht, wenn in eine saure Lösung von Kuprichlorid $CuCl_2$ Kupferspäne eingetragen werden, oder wenn in ein Gemenge von Kuprisulfat- und Kochsalzlösung SO_2 bis zur Sättigung eingeleitet und die Flüssigkeit alsdann in Wasser gegossen wird. Es ist ein farbloser kristallisierter Körper, der unter Wasser aufbewahrt werden muß, da er sonst schnell Sauerstoff aufnimmt und sich grün färbt infolge der Bildung von basischem Kuprichlorid $Cu{OH \atop Cl}$. Er schmilzt bei 430° und destilliert bei ca. 1000°. Er ist löslich in konzentrierter Salzsäure und Ammoniak; solche Lösungen sind anfangs farblos, nehmen aber sehr schnell infolge von Sauerstoffaufnahme (Bildung von Kupriverbindungen) eine blaue Farbe an. Diese Lösungen besitzen die Fähigkeit, Kohlenoxyd zu absorbieren, wobei eine unbeständige Verbindung, $Cu_2Cl_2 \cdot CO \cdot 2H_2O$, entsteht, die in farblosen Blättchen kristallisiert. Solche Lösungen werden deshalb in der Gasanalyse zur Absorption dieses Gases benutzt.

Kuprojodid Cu_2J_2 entsteht, wenn einer Lösung von Kuprisulfat Jodkalium zugesetzt wird; die Hälfte des Jods wird hierbei frei:

$$2CuSO_4 + 4KJ = 2K_2SO_4 + Cu_2J_2 + J_2.$$

Es ist anzunehmen, daß sich hierbei in der Lösung im ersten Augenblick Kuprijodid bildet (mit Ionen $Cu^{\cdot\cdot}$ und J'), dann das zweiwertige Kupri-Ion in das einwertige Kupro-Ion übergeht, und nun $Cu^{\cdot}$ und J' zu CuJ zusammentreten:

$$Cu^{\cdot\cdot} + 2J' = Cu^{\cdot} + J' + J = CuJ + J.$$

Es tritt jedoch hierbei nach Ostwald ein Gleichgewichtszustand ein, da die Reaktion nicht vollständig verläuft, sondern noch Kupfer in Lösung bleibt; dies folgt unter andrem daraus, daß Kuprojodid von einer alkoholischen Jodlösung gelöst wird. Man hat daher:

$$Cu^{\cdot\cdot} + 2J' \rightleftarrows CuJ + J.$$

Nimmt man eines der Reaktionsprodukte, das freiwerdende Jod, weg (z. B. durch schweflige Säure), so wird die Reaktion wohl vollständig verlaufen können, um so mehr, als das Jod dann in J-Ionen übergeführt ist und daher die Konzentration eines der Komponenten auf der linken Seite der Gleichgewichtsgleichung erhöht und die Abscheidung des schwer löslichen Salzes dadurch vollständiger gemacht wird.

Kuprocyanid Cu_2Cy_2 kann auf analoge Weise wie Kuprojodid erhalten werden, nämlich durch Zugießen einer Cyankaliumlösung in eine Kuprisulfatlösung; die Hälfte des Cyans entweicht dabei als Cyangas:

$$2CuSO_4 + 4KCy = 2K_2SO_4 + Cu_2Cy_2 + Cy_2.$$

Kuprocyanid löst sich sehr leicht in überschüssigem KCy; hierbei entsteht ein gelbes Salz: $2KCy + Cu_2Cy_2 = K_2Cu_2Cy_4$, in dem ein komplexes Anion $(Cu_2Cy_4)''$ anwesend ist. Aus den Kupferionen wird durch Zusatz von KCy sehr vollständig dieses komplexe Ion gebildet; denn die Lösung gibt keine der gewöhnlichen Reaktionen auf Kupfer, selbst nicht mit Schwefelwasserstoff, obgleich CuS sich bereits bei sehr geringer Konzentration der Cu-Ionen abscheidet (73).

Kuprosulfat Cu_2SO_4 entsteht bei der Einwirkung von Kupferoxydul auf Methyl- oder Äthylsulfat („Org. Ch.“ *54*) bei Abwesenheit von Wasser:

$$Cu_2O + (CH_3)_2SO_4 = Cu_2SO_4 + (CH_3)_2O\,.$$

Die Temperatur muß dabei auf 160° gehalten werden. Durch Wasser wird dieses Salz rasch unter Wärmeentwicklung zersetzt:

$$Cu_2SO_{4\,fest} + aq = CuSO_{4\,Lösung} + Cu_{fest} + 21\ Cal.$$

Dem ist es zuzuschreiben, daß es nicht gelingt, dieses Salz in wäßriger Lösung durch Einwirkung von Schwefelsäure auf Kupferoxydul darzustellen. Es bildet sich dabei Kuprisulfat und Kupfer:

$$Cu_2O + H_2SO_4 = CuSO_4 + Cu + H_2O\,.$$

Kupriverbindungen (Oxydverbindungen des Kupfers).

244. Kuprioxyd CuO wird als schwarzes unlösliches Pulver erhalten, wenn Kupfer bei hoher Temperatur mit Sauerstoff in Berührung gebracht wird. Durch Glühen von Kuprinitrat oder durch Erhitzen des Hydroxyds oder des Karbonats kann es ebenfalls dargestellt werden. In fein verteiltem Zustande verdichtet es an seiner Oberfläche beträchtliche Mengen von Wasserdampf. In der Elementaranalyse wird es zur Bestimmung des Kohlenstoffes und Wasserstoffes organischer Verbindungen sehr viel angewendet.

Kuprihydroxyd $CuO \cdot nH_2O$ scheidet sich als flockiger, voluminöser blaugrüner Niederschlag (Hydrogel) ab, wenn man einer Kuprisalzlösung Kali oder Natron zusetzt. Beim Kochen der Flüssigkeit wird der Niederschlag schwarz, indem er unter Wasserverlust in CuO übergeht.

Kuprichlorid $CuCl_2 + 2H_2O$ wird gewonnen durch Auflösen von Kuprioxyd in Salzsäure und Abdampfen der Lösung. Es kristallisiert in blauen rhombischen Nadeln, die durch anhängende Mutterlauge jedoch oft grün erscheinen. Es ist in Wasser und Alkohol leicht löslich. Das wasserfreie Salz ist gelb. Die konzentrierte wäßrige Lösung ist grün, die verdünnte blau. Letzteres ist die Farbe der nicht ionisierten Cu-Salze und der Cu-Ionen in wäßriger Lösung; denn alle verdünnten Kupferlösungen sind blau, unabhängig davon, an welche Säure das Metall gebunden ist. Die grüne Farbe einer konzentrierten Lösung von $CuCl_2$ muß wahrscheinlich der Bildung von komplexen Ionen wie $CuCl_3'$ zugeschrieben werden.

Kupribromid ist dem Chlorid analog; Kuprijodid ist nicht beständig, sondern zersetzt sich sofort in Kuprojodid und Jod (**243**).

Kuprisulfat $CuSO_4 + 5H_2O$, Kupfervitriol, ist das bekannteste Kupfersalz. Es wird im großen durch Rösten von Kupferglanz (Schwefelkupfer) bereitet; es kristallisiert in großen blauen triklinen Kristallen aus, die bei 100° getrocknet 4 Mol H_2O abgeben, während das fünfte erst oberhalb 200° entweicht. Das wasserfreie Kuprisulfat ist ein weißes Pulver, welches sehr begierig Wasser anzieht und dabei wieder blau wird. Bei 20° lösen 100 Gewichtsteile Wasser 42·31 Gewichtsteile des kristallisierten Sulfats. Es wird in großer Menge für galvanoplastische Zwecke (**242**) verwendet.

Kuprinitrat $Cu(NO_3)_2$ kann mit 3 und 6 Mol Wasser kristallisieren und ist dunkelblau.

Kuprikarbonat. Das normale Salz ist nicht bekannt, wohl aber basische Salze.

Kupriarsenit $CuHAsO_3$ wird unter dem Namen Scheeles Grün als Farbe verwendet; Schweinfurter Grün ist eine Doppelverbindung von arsenigsaurem und essigsaurem Kupfer. Obgleich beide sehr giftig sind, werden sie doch noch für Tapeten, Kattundruck und dergl. verwendet (**154**).

Kuprisulfid CuS, natürlich als Kupferglanz vorkommend, wird aus einer Kupferlösung durch H_2S als schwarzer Niederschlag gefällt. Im feuchten Zustande oxydiert es sich an der Luft langsam zu Kuprisulfat. Im Wasserstoffstrom erhitzt gibt es Kuprosulfid Cu_2S und Schwefelwasserstoff.

Kuprisalze und Ammoniak. Beim Vermischen der Lösungen von Kupfersulfat und Ammoniak entsteht, wenn vom letzteren sehr wenig verwandt wird, zunächst ein Niederschlag von Kuprihydroxyd; von überschüssigem Ammoniak wird derselbe mit dunkelblauer Farbe gelöst. Läßt man derartige Lösungen verdunsten oder fügt Alkohol hinzu, so kristallisiert die ammoniakhaltige Verbindung $CuSO_4 + 4NH_3 + H_2O$ aus, die bei Erhitzen auf 150° in $CuSO_4 \cdot 2NH_3$ übergeht. In der wäßrigen Lösung sind komplexe Ionen $Cu(NH_3)_4$ anzunehmen, da mit diesen Lösungen einige der gewöhnlichen Cu-Reaktionen ausbleiben, z. B. die Fällung mit Kali. Daß andre Reaktionen, wie die Fällung durch H_2S eintreten, beweist, daß auch freie Cu-Ionen, obschon in geringer Konzentration, in der Flüssigkeit vorhanden sind.

———

Silber.

245. Dieses Metall kommt gediegen in der Natur vor, zuweilen in Klumpen von 100 kg; wichtige Silbererze sind Silberglanz Ag_2S, Kupfersilberglanz $Cu_2S \cdot Ag_2S$, Rotgültigerz $Sb_2S_3 \cdot 3Ag_2S$. In kleinerer Menge wird es auch als Hornsilber AgCl angetroffen. Die hauptsächlichsten Lagerstätten finden sich in Mexiko (das mehr als ein Drittel der Weltproduktion liefert), den Vereinigten Staaten von Amerika, Canada (Ontario), Australien, Sachsen, Ungarn und Sibirien. Spuren von Silberverbindungen sind im Seewasser vorhanden.

Die Gewinnung des Silbers aus seinen Erzen geschieht jetzt meistens mittels der „Cyanidlaugerei". Hierbei werden die feingestoßenen Erze mit einer verdünnten Lösung (0·1—0·4%) von Cyannatrium längere Zeit in Berührung gelassen. Das Schwefelsilber geht dabei nach der Gleichung:

$$Ag_2S + 4NaCN = 2AgNa(CN)_2 + Na_2S$$

als Doppelcyanid in Lösung. Sobald eine gewisse Menge Silber gelöst ist, tritt ein Gleichgewichtszustand ein, indem das Na_2S wieder zur Bildung von Schwefelsilber Anlaß gibt. Um dies zu vermeiden, wird Luft durch die Lösung geblasen, wodurch Schwefelnatrium oxydiert wird. Auch metallisches Silber wird durch Cyannatriumlösung aufgelöst (**248**); ebenso Hornsilber. Aus der Lösung des Doppelcyanids wird das Silber durch Zink gefällt, oder auch durch Elektrolyse zur Abscheidung gebracht.

Bleierze enthalten meistens auch etwas Silber; bei der Verhüttung des Bleies wird das Silber vollständig in das Blei aufgenommen und aus diesem auf folgende Weise gewonnen: Das silberhaltige Blei wird geschmolzen und langsam abgekühlt. Der Schmelzpunkt von reinem Blei ist 327°. Bei Zufügung von Silber sinkt der Schmelzpunkt und bei 2·5% Silber ist das Eutektikum erreicht, das bei 304° liegt. Solange also das geschmolzene Werkblei weniger als 2·5% Silber enthält, wird sich daraus beim Abkühlen reines Blei ausscheiden, geradeso wie aus einer verdünnten Salzlösung beim Abkühlen reines Eis auskristallisiert. Das auskristallisierte Blei wird ausgeschöpft und dieses Verfahren — nach seinem Erfinder Pattinsonieren genannt — wird in der Technik so lange fortgesetzt, bis der Silbergehalt des Bleies ca. 0·1% beträgt. Das silberhaltige „Werkblei" wird darauf dem Kupellationsprozeß unterworfen, d. h. das Blei wird in einem Flammofen (Treibherd,

Fig. 61) geschmolzen, dessen Sohle mit einer porösen Unterlage gefüttert ist („Abtreiben“ des Werkbleies). Das Blei wird zu leicht schmelzbarem PbO (Bleiglätte) oxydiert, das zum Teil durch seitliche Rinnen (Glättgassen) aus dem Treibherd abfließt, zum Teil von der porösen Unterlage aufgenommen wird. Gegen Ende des Prozesses bleibt auf dem flüssigen Silber nur noch ein feines Häutchen Bleiglätte zurück, das bald hier, bald dort zerreißt, wobei die glänzende Oberfläche des geschmolzenen Silbers zum Vorschein kommt („Blicken des Silbers“). Das Silber bleibt schließlich in metallischem Zustande zurück.

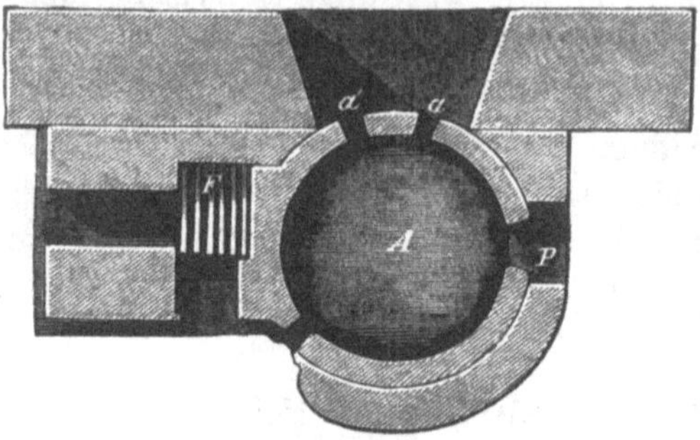

Fig. 61. Treibherd.
Feuerung bei *F*, Herdsohle *A*, Gebläseformen (= rohre) bei *a* und *a'*; bei *P* wird das Werkblei zugegeben. Der Herd wird oben durch eine Haube bedeckt.

Eine andre Methode, von PARKES gefunden und daher Parkesieren genannt, beruht auf der Tatsache, daß Silber sich sehr leicht in geschmolzenem Zink löst und Zink von geschmolzenem Blei nur sehr wenig aufgenommen wird, wenn die Temperatur nicht über ca. 400° gehalten wird. Oberhalb von etwa 950° mischen sich beide Metalle in jedem Verhältnis. Man kann daher das geschmolzene Blei mit geschmolzenem Zink „ausschütteln“ (s. „Org. Ch.“ *23*). Das Verfahren ist folgendes: Man setzt zu dem silberhaltigen Blei, das über den Zinkschmelzpunkt erhitzt worden ist, je nach dem Silbergehalt von 0·14% bis 0·44%, im ganzen 1·3 bis 2·3% Zink partienweise hinzu. Das Silber verteilt sich zwischen den beiden Lösungsmitteln Blei und Zink, und zwar derart, daß in flüssigem Zustande praktisch alles Silber im Zink gelöst ist. Beim Abkühlen kristallisieren aus der oberen Zink-Silberschicht Mischkristalle von Zn und der Verbindung Ag_2Zn_5, die durch Ausschöpfen als „Reichschaum“ gewonnen werden. Dieses wird in Platten gegossen, welche als Anoden der Elektrolyse unterworfen werden. Auf der Kathode schlägt sich nahezu reines Zink nieder, während ein bleihaltiges Silberpulver mit 70—80% Ag niederfällt, das direkt auf den Treibherd gelangt. Diese Methode gestattet den Silbergehalt des Bleies bis auf 5 g in 1000 kg herunterzudrücken.

Das reine Silber des Handels enthält meistens noch ein wenig Kupfer und andre Metalle. Chemisch rein wurde Silber von STAS dadurch erhalten, daß er Werksilber in Salpetersäure löste und aus der Lösung das Metall mittels Salzsäure als Silberchlorid fällte, das durch Kochen mit verdünntem Kali und Milchzucker reduziert und zum Schluß mit der Knallgasflamme in einem Apparat aus Kalk destilliert wurde.

Physikalische Eigenschaften. Das Silber kristallisiert in regulären Oktaedern; es ist weiß, von allen Metallen der beste Leiter für Wärme und Elektrizität und dehnbar; es hat das spez. Gewicht 10·5, schmilzt bei 960° und siedet bei 1955°, wobei es in einen blauen Dampf (Stas) übergeht, der einatomig ist. Silber in geschmolzenem Zustande absorbiert sein zwanzigfaches Volum Sauerstoff, gibt denselben jedoch beim Erstarren wieder ab („Spratzen" des Silbers).

Chemische Eigenschaften. Silber gehört zu den edlen Metallen. Im Gegensatz zu den unedlen Metallen, die sich schon bei gewöhnlicher Temperatur an feuchter Luft oxydieren, bezeichnet man die Metalle als edle, welche gegen chemische Einflüsse sehr widerstandsfähig sind und sich selbst bei höherer Temperatur unter gewöhnlichem Druck mit Sauerstoff nicht verbinden. Bei höherem Druck und höherer Temperatur verbindet sich Silber jedoch direkt mit Sauerstoff, wobei das Gleichgewicht

$$2\,Ag + O \rightleftarrows Ag_2O$$

entsteht.

Von Salpetersäure wird Silber bei gewöhnlicher Temperatur leicht angegriffen, von Schwefelsäure erst bei höherer Temperatur; Salzsäure greift es sehr wenig an.

Verwendung; Legierungen. Silber wird in reinem Zustande nicht verarbeitet. Legierungen des Silbers mit Kupfer dienen zur Herstellung von Eßgeräten und Schmuckgegenständen und zu Münzzwecken; den Silbergehalt der Legierungen gab man früher in Loten an (1 Mark Silber = 16 Lot). Silberne Gegenstände enthalten meist 75 % Silber; die deutschen Silbermünzen und die vieler andrer Staaten haben einen Silbergehalt von 900 Tausendstel, bestehen also aus 90 % Silber und 10 % Kupfer; der englische Schilling enthält 92·5 % Ag. Durch Legierung mit Kupfer wird das Metall härter.

Der Marktpreis des Silbers, d. h. die Silbermenge, deren Wert einem Kilo Gold entspricht, der etwa vom Jahre 1650 bis zum Jahre 1870 in London nahezu konstant 15·5 : 1 betrug, ist in den letzten Jahrzehnten ungeheuer gesunken. Die Ursache dieser Wertverminderung ist nicht sowohl in den chemischen Verbesserungen der Silbergewinnungsprozesse, als vielmehr darin zu erblicken, daß namentlich in Amerika (Südamerika, Mexiko, Vereinigte Staaten) sehr silberreiche Erze in großer Menge aufgefunden wurden. Im Jahre 1902 war das Verhältnis auf 39·15 : 1 gesunken; es hat sich seitdem, namentlich während der Kriegsjahre, wieder etwas erholt.

Im Deutschen Reiche werden aus 1 Kilo Silber 200 Mark Scheidemünze geprägt.

Beträchtliche Mengen von Silber werden zum galvanischen Versilbern von andren Metallen usw. verbraucht (**246**).

Verbindungen des Silbers.

246. Von Oxyden sind bekannt: Ag_4O Silbersuboxyd (sehr unbeständig), Ag_2O Silberoxyd, von dem sich die Salze des Silbers ableiten, und AgO Silberperoxyd (aus Ozon und Ag entstehend).

Silberoxyd Ag_2O wird als dunkelbraunes amorphes Pulver gefällt, wenn man eine Silbersalzlösung mit karbonatfreiem Ätznatron oder Barytwasser usw. versetzt. In Wasser ist es etwas löslich ($2 \cdot 16 \times 10^{-4}$ Mol pro Liter bei 25°); in der Lösung ist AgOH, Silberhydroxyd zugegen, denn sie reagiert alkalisch, muß also Hydroxylionen enthalten. Für die gesättigte Lösung hat man gefunden, daß 70 % der Moleküle ionisiert sind. AgOH ist daher keine so starke Base wie die Ätzalkalien, aber eine erheblich stärkere als Ammoniak. Feuchtes Silberoxyd (AgOH) zieht Kohlensäure aus der Luft an und die Silbersalze reagieren neutral, während die Salze der meisten andren Schwermetalle infolge von geringer hydrolytischer Spaltung in wäßriger Lösung saure Reaktion zeigen.

Durch Erhitzen auf 250° bei gewöhnlichem Druck wird das Silberoxyd in die Elemente gespalten; von Wasserstoff wird es bereits bei 190° reduziert. In Ammoniak ist es leicht löslich, indem es ein komplexes Ion $Ag(NH_3)_2$ bildet.

Silberchlorid AgCl erhält man durch Fällen einer Silbersalzlösung mittels Salzsäure oder vermittelst eines löslichen Chlorids wie NaCl und dergl.; es entsteht dann ein charakteristischer „käsiger“ Niederschlag. In Wasser ist es sehr wenig löslich: 1 Gewichtsteil in 715800 Gewichtsteilen Wasser von 13·8°.

Wenn man eine Silberlösung vorsichtig mit einer Kochsalzlösung (oder mit der eines andren Chlorids) vermischt, kann man einen Punkt treffen, wo die Flüssigkeit sowohl mit der einen wie mit der andren Lösung eine Trübung (von AgCl herrührend) gibt. Dies muß dem Umstande zugeschrieben werden, daß die Flüssigkeit mit AgCl gesättigt ist und kein andres Silbersalz und auch kein Chlorid enthält. In Anbetracht der sehr starken Verdünnung einer solchen AgCl-Lösung (s. oben) darf man annehmen, daß das gelöste AgCl so gut wie vollständig in Ionen gespalten ist. Werden nun Ag- oder Clorionen in die Flüssigkeit gebracht, so wird die Ionisation des AgCl zurückgedrängt, es entstehen AgCl-Moleküle, die nicht gelöst bleiben können, da die Lösung bereits mit solchen gesättigt ist.

Silberchlorid wird von Ammoniak, Cyankalium und Natriumthiosulfat leicht gelöst, wobei komplexe Ionen entstehen.

Wenn eine Lösung von AgCl in wäßrigem Ammoniak bei gewöhnlicher Temperatur im Dunkeln langsam verdunstet, so kristallisiert AgCl in schönen Oktaedern aus. Aus einer wäßrigen Merkurinitratlösung werden die Silberhalogeniden in schönen Kristallen erhalten, welche die Eigentümlichkeit haben, sehr wenig lichtempfindlich zu sein.

Silberbromid AgBr ist noch weniger löslich als Chlorsilber und besitzt gelbliche Farbe; in Ammoniak löst es sich schwer, in Thiosulfatlösung leicht auf. Silberjodid AgJ ist bei gewöhnlicher Temperatur noch weniger löslich als Silberbromid; in Ammoniak ist es unlöslich; es ist von gelblicher Farbe. Bei höherer Temperatur schmelzen diese Halogenverbindungen und bilden nach dem Erkalten eine hornartige Masse, die sich mit dem Messer schneiden läßt (Hornsilber s. **245**). Silberfluorid AgF ist in Wasser viel mehr löslich als die drei vorhergenannten Halogenverbindungen.

Kaliumsilbercyanid $KAgCy_2$ erhält man durch Zusatz von KCy zu einer Silberlösung; es ist in Wasser leicht löslich und wird in großen Mengen bei der galvanischen Versilberung verwendet. Beim Durchgange eines elektrischen Stromes scheidet sich nämlich an der Kathode primär Kalium ab, während das Anion $AgCy_2$ an die Anode wandert. Das Kalium fällt aber aus $KAgCy_2$ Silber aus:

$$K + KAgCy_2 = 2KCy + Ag.$$

Es scheidet sich sohin an der Kathode Silber ab, während das Anion $AgCy_2$ an der Silberanode ein Atom Silber zu AgCy auflöst und sich mit KCy wieder zum Doppelcyanid vereinigt; denn besteht die Anode aus Platin, so wird aus dem Anion $AgCy_2$ Cyangas frei und die Anode bedeckt sich mit einer nicht leitenden Schicht von Cyansilber, wodurch der Strom bald unterbrochen wird.

Alle Silbersalze, namentlich aber AgCl, AgBr und AgJ sind lichtempfindlich, d. h. sie werden durch das Licht, besonders durch die violetten und ultravioletten Strahlen des Spektrums zersetzt; hierbei wird Halogen frei, und die Farbe des Salzes wird zuerst violett, hernach schwarz. Ein solches geschwärztes Präparat läßt sich durch Chlor- bzw. Bromwasser wieder bleichen.

247. Auf dieser Eigenschaft des AgCl und AgBr beruht das Photographieren. Dasselbe wird der Hauptsache nach in folgender Weise ausgeführt.

Eine mit einer lichtempfindlichen Bromsilbergelatine-Emulsion (oder auch mit Kollodium) überzogene Glasplatte („Trockenplatte") wird in der Kamera, welche auf den aufzunehmenden Gegenstand eingestellt ist, belichtet. Das Licht wirkt auf das Halogensilber zersetzend ein. Von dem Bilde ist zunächst noch nichts wahrzunehmen, dasselbe wird erst in einem rot beleuchteten Dunkelzimmer beim „Entwickeln" hervorgerufen. Zu diesem Zwecke wird die Platte in eine reduzierende Flüssigkeit gelegt, die aus sehr verschiedenen Stoffen bestehen kann: man verwendet z. B. als „Entwickler" eine Lösung von Ferrooxalat in überschüssigem Kaliumoxalat, häufig auch andre organische Verbindungen (Amidophenole u. a., „Org. Ch." *348*). Das belichtete Silberbromid wird durch den Entwickler zu sehr fein verteiltem schwarzen Silber reduziert, während das nicht belichtete Halogensilber sich nicht verändert. Ist das Bild erschienen und genügend gekräftigt, so wird die Platte in eine Lösung von Natriumthiosulfat eingetaucht, welche das unveränderte Halogensilber löst, Silber jedoch nicht angreift. Diese Operation heißt Fixieren (Lichtbeständigmachen). Bis dahin sind alle Operationen im Dunkelzimmer auszuführen. Nach dem Fixieren liegt ein sogenanntes Negativ vor, d. h. man hat auf der Glasplatte ein Bild, welches an den Stellen dunkel ist, wo der Gegenstand belichtet war, und umgekehrt.

Von dem Negativ wird eine beliebige Anzahl von Positiven hergestellt, indem man das mit lichtempfindlichem Papier bedeckte Negativ dem Tageslichte aussetzt. Die Stellen, wo auf dem Negativ das Silber niedergeschlagen ist, lassen das Licht nicht oder nur wenig (entsprechend ihrer Dicke) durch, wodurch ein positives Bild entsteht. Zum Schlusse wird auch das positive Bild lichtbeständig gemacht (fixiert), und zwar bringt man es zu diesem Zwecke in ein Bad (Fixierbad), das neben Natriumthiosulfat ein wenig Goldchlorid enthält. Letzteres verschönt den Ton der Photographie.

Der photographische Prozeß ist in seinen verschiedenen Stufen auch theoretisch sehr interessant. Deshalb soll hier etwas näher darauf eingegangen werden.

1. Herstellung der Platten. Hierzu werden Lösungen von Silbernitrat und Bromammonium vermischt, die so viel Gelatine enthalten, daß sie bei gewöhnlicher Temperatur erstarren. Merkwürdigerweise wird hierbei nicht sofort eine Abscheidung von Bromsilber sichtbar, wie bei der Mischung entsprechender wäßriger Lösungen, sondern es bildet sich zwar quantitativ Bromsilber, jedoch in so feiner Verteilung, daß es nur an einem schwachen Opaleszieren der Masse zu erkennen ist. Das Bromsilber befindet sich in kolloidem Zustande; Gelatin wirkt als Schutzkolloid auf das Silbersalz ein, welches an sich kein Hydrosol zu bilden vermag. Daß AgBr sich quantitativ gebildet hat, läßt sich durch Messung der elektrischen Leitfähigkeit nachweisen. Wenn nämlich nicht bloß AgBr, sondern noch $Ag^{\cdot}$ und Br' zugegen wären, so müßte die Leitfähigkeit viel größer sein, als dem Ammoniumnitrat entspricht, das beim Vermischen entsteht ($AgNO_3 + AmBr = AgBr + AmNO_3$). Tatsächlich ist die Leitfähigkeit jedoch nahezu gleich der einer gelatinehaltigen Lösung dieses Salzes von gleicher Konzentration. — Die frisch bereitete Bromsilbergelatine ist verhältnismäßig wenig lichtempfindlich. Um letztere Eigenschaft zu erzielen, läßt man die Masse „reifen", indem man sie längere Zeit erwärmt. Sie wird dabei undurchsichtig und weißgelb; das AgBr-Kolloid koaguliert. Die so erzielte Vermehrung der Lichtempfindlichkeit

muß man dem Umstande zuschreiben, daß das Licht von der durchsichtigen Gelatine nicht genügend absorbiert wird, um seine volle Wirkung ausüben zu können, sondern letzteres erst dann eintritt, nachdem durch den Reifeprozeß die feineren Bromsilberteilchen sich zu größeren zusammengeballt haben, welche die Masse undurchsichtig machen und dadurch ihr Lichtabsorptionsvermögen erhöhen. Die gereifte Bromsilbergelatine wird auf die Platten gebracht.

2. Das latente Bild. Auf den dem Lichte ausgesetzten Platten ist an den belichteten Stellen sogenanntes Photohaloid entstanden, welches als Bromsilber betrachtet werden muß, in dem sich ultramikroskopische Silberteilchen befinden. Beim Exponieren von AgBr ohne Gelatine entsteht neben Silber (Photobromid) freies Brom; hat man in einem geschlossenen Apparat operiert, und bringt dies nun ins Dunkle, so bildet sich AgBr zurück. Es wird auch nicht alles AgBr zersetzt, sondern es bildet sich ein Gleichgewichtszustand: $AgBr \rightleftarrows Ag + Br$, der um so mehr nach rechts verschoben ist, je intensiver die Belichtung war. Das Licht spielt bei dieser Dissoziation also dieselbe Rolle, wie bei andren Dissoziationen die Wärme. Das latente Bild auf einer photographischen Platte bleibt monatelang unverändert, weil das freie Brom durch die Gelatine gebunden wird.

3. Das Entwickeln beruht, wie manche annehmen, auf folgenden Vorgängen. Aus Silberphotobromid wird durch die Reduktionswirkung des Entwicklers sofort Silber abgeschieden, nicht aber aus Silberbromid, wenngleich auch dieses reduzierbar ist. Das System AgBr + Entwickler kann man vergleichen mit einer übersättigten Lösung, die nur dann festes Salz abscheidet, wenn sie mit „Keimen" in Berührung kommt (237). Solche Keime von metallischem Silber liefert das im Photohaloid vorhandene ultramikroskopische Silber. An diesem können sich nun weitere Silbermoleküle absetzen, dagegen nicht dort, wo sich anfänglich kein Photobromid befand, mit andren Worten, wo das Licht nicht eingewirkt hat. Nach dieser Keimtheorie wäre der Entwicklungsprozeß mit folgendem Experiment zu vergleichen: Man schreibe mit einem Stücke Alaun einige Buchstaben auf eine Glasplatte und lege diese in eine übersättigte Lösung von Alaunsalz. Die Buchstaben werden sichtbar, indem sich Alaun nur auf ihnen absetzt.

Silbersulfat Ag_2SO_4 wird durch Auflösen von Silber in heißer konzentrierter Schwefelsäure erhalten. Es ist in kaltem Wasser schwer löslich.

Silbernitrat $AgNO_3$, durch Auflösen von Silber in Salpetersäure bereitet, kristallisiert, isomorph mit Kalisalpeter, in schönen rhombischen Kristallen. Es ist in Wasser sehr leicht löslich (bei gewöhnlicher Temperatur in 0·5 Teilen); die Lösung reagiert neutral; es schmilzt bei 218°. In der Medizin wird es namentlich als Ätzmittel häufig verwendet und führt, in Stäbchen gegossen, den Namen Lapis infernalis oder Höllenstein.

Silbernitrit $AgNO_2$ erhält man durch Zusammenbringen einer wäßrigen Kaliumnitritlösung mit Silbernitrat als gelblichen Niederschlag; derselbe löst sich in kochendem Wasser und kristallisiert beim Erkalten in schönen Nadeln.

Gold.

248. Gold, das edelste und am höchsten geschätzte Metall, kommt in der Natur fast ausschließlich gediegen in Quarz- sowie in Alluvialschichten, die durch Verwitterung von Quarzgesteinen entstanden sind, vor. Es findet sich in Ungarn, Siebenbürgen, dem Ural, in Sibirien, namentlich aber in den Vereinigten Staaten, in Mexiko, Australien und Südafrika. In geringerer Menge wird es im Flußsand gefunden; auch im Meerwasser sind Spuren von Gold nachgewiesen worden.

Die in einem Kubikmeter Erz oder Gestein enthaltene Goldmenge ist auch im günstigsten Fall nur sehr klein. Es ist daher Aufgabe der metallurgischen Technik das Metall aus diesen Gesteinsmassen zu gewinnen.

In Transvaal geschieht dies in folgender Weise. Das Gold kommt hier in sogenannten „Riffen" eingewachsen vor, Vertikalschichten, die sich im Quarz befinden; dieselben sind selten mehr als 1 m dick und erstrecken sich in der Richtung Ost-West meilenweit hin; ihre Tiefe ist meist unbekannt. Diese Riffe werden mit Dynamit losgesprengt, die großen Stücke in eisernen Pochwerken bis ungefähr zur Größe einer Walnuß zerkleinert und dann in das Quetschwerk gebracht. Die Stampfer bewegen sich in einem großen Trog, durch den eine reichliche Menge Wasser fließt. Der Wasserstrom führt daraus einen feinen, goldführenden Schlamm mit; man läßt ihn über amalgamierte Kupferplatten fließen, die ein wenig geneigt liegen. Von dem Quecksilber wird das Gold amalgamiert. Nach einiger Zeit wird das Amalgam abgekratzt. Das Quecksilber wird durch Destillation entfernt und das Gold bleibt zurück.

Auf diese Weise werden im günstigsten Falle 75 % des vorhandenen Goldes gewonnen; der ablaufende Schlamm („Tailings") wird deshalb nochmals auf Gold verarbeitet, und zwar nach zwei Methoden, dem Cyanidverfahren von Mac Arthur oder nach dem „Chlorination"prozeß.

Für ersteren werden die Tailings drei Wochen lang mit einer 0·1 bis 0·01 %igen Cyankaliumlösung in Berührung gelassen. Unter Mitwirkung des Sauerstoffes der Luft löst sich das Gold zu einem Cyandoppelsalz $KAuCy_2$ auf:

$$2Au + 4KCy + 2H_2O + O_2 = 2KAuCy_2 + 2KOH + H_2O_2.$$

Hierbei entsteht also Wasserstoffsuperoxyd, das dann noch weitere Mengen Gold in Lösung bringt:

$$2Au + 4KCy + H_2O_2 = 2KAuCy_2 + 2KOH.$$

Aus dieser Lösung wird das Gold gefällt, indem man sie über sehr feine Zinkspäne fließen läßt, auf denen sich das Gold als schwarzes Pulver absetzt, oder die Lösung wird zwischen Stahlanoden und Bleikathoden der Elektrolyse unterworfen (Verfahren von Siemens & Halske). An der Anode entsteht Berlinerblau, das wieder auf Cyankalium verarbeitet wird. An der Kathode schlägt sich das Gold nieder (246); durch Kupellieren wird es vom Blei getrennt.

Der Chlorinationprozeß gelangt zur Anwendung, um aus dem goldhaltigen Pyrit, der sich in den Tailings befindet, das Gold zu gewinnen. Durch einen mechanischen Schlemmprozeß wird zunächst der Pyrit von der noch vorhandenen Gangart befreit; die so gewonnenen „concentrates“ werden zunächst geröstet (aus dem entstehenden SO_2 macht man Schwefelsäure), die Kiesabbrände werden mit Wasser angerührt und in die Mischung Chlor eingeleitet, wodurch $AuCl_3$ in Lösung geht; aus dieser Lösung endlich wird das Metall durch Ferrosulfat abgeschieden.

249. *Physikalische Eigenschaften.* In reinem Zustande ist das Gold gelbrot, „goldgelb“, sehr weich (ungefähr so wie Blei) und im höchsten Maße dehn- und walzbar. Es läßt sich in äußerst dünne Blättchen, die das Licht mit blauer Farbe durchfallen lassen, ausschlagen. Sein spez. Gewicht beträgt 19·265 bei 13°. Es ist nächst Silber einer der besten Leiter der Wärme und Elektrizität. Bei 1071° schmilzt es zu einer grünlichen Flüssigkeit.

Chemische Eigenschaften. Gold ist der typische Vertreter der edlen Metalle; es wird von Säuren nicht angegriffen und nur von Chlorwasser, Königswasser und Cyankaliumlösung (bei Luftzutritt) gelöst. Seine Verbindungen sind sämtlich sehr unbeständig; beim Erwärmen zersetzen sie sich unter Zurücklassung des Metalls.

Anwendungen. Gold wird zur Herstellung von Schmucksachen und Luxusgegenständen aller Art und zu Münzzwecken verwendet. Da es im reinen Zustande hierfür zu weich ist, wird es mit andren Metallen, zumeist Kupfer oder Silber, legiert. Den Goldgehalt gab man früher nach Karaten an: 1 Mark Feingold = 24 Karat; goldene Gegenstände sind gewöhnlich 14- oder 18-karätig, d. h. von dem Gesamtgewicht der Legierung entfallen 14 oder 18 Gewichtsteile auf reines Gold. Jetzt wird der Goldgehalt nach Tausendsteln angegeben. Das Mischungsverhältnis der deutschen Goldmünzen ist auf 900 Tausendteile Gold und 100 Teile Kupfer festgesetzt. Aus 1 kg feinem Gold werden 279 Zehnmarkstücke ausgeprägt. Demzufolge beträgt der Wert von 1 kg Gold etwa 2790 Mark. (Ein Zehnmarkstück wiegt 3·584 g Au + 0·398 g Cu = 3·982 g.) Zum Vergolden bedient man sich desselben elektrolytischen Prozesses wie zum Versilbern.

Gold- und Silberprobe.

Die älteste Methode zur Ermittelung des Feingehaltes von Goldwaren ist die Strichprobe mittels des Probiersteines, eines schwarzen Kieselschiefers, auch Lydit oder lydischer Stein genannt, der sehr hart ist und durch Königswasser nicht angegriffen wird. Beim Reiben der zu untersuchenden Goldlegierung auf seiner Fläche entstehen Striche von dem Goldgehalt entsprechender Farbe. Man vergleicht die Farbe des Striches der zu prüfenden Legierung mit der Farbe des Striches von Probiernadeln, deren Goldgehalt genau bekannt ist.

Bei der Silberstrichprobe wird allein die Farbe geprüft. Ein geübter Beobachter vermag danach den Silbergehalt auf 0·15 bis 0·2% genau anzugeben.

Hat man bei goldenen Gegenständen festgestellt, daß der Zusatz an andren Metallen aus Kupfer, Silber oder aus beiden besteht, so wird der Strich auf dem Probierstein mit der Farbe einer Probiernadel aus entsprechender Legierung verglichen. Zur besseren Erkennung werden die Striche auf dem Probierstein zumeist mit einem Gemisch bestehend aus 1 g HCl, 80 g HNO_3 und 100 g H_2O betupft. Dieses Gemisch greift bei gewöhnlicher Temperatur Legierungen von 75 % und höherem Goldgehalt nicht an. Unterhalb dieses Gehaltes kann man Gehaltsdifferenzen von 1 % wahrnehmen. Diese Methode ist ziemlich roh und wird nur gebraucht, um einen angegebenen Goldgehalt zu kontrollieren. Bei hohem Gehalt ist sie sehr unzuverlässig; für Gold von der Qualität, die für Schmucksachen und dergl. meist zur Verwendung kommt (ca. $^{583}/_{1000}$ Goldgehalt), ist sie jedoch recht brauchbar.

Genau wird der Goldgehalt durch Kupellieren ermittelt. Man schmilzt zu diesem Zwecke eine gewogene Probe des zu untersuchenden Goldes in einer Kupelle (Kapelle), einem porösen dickwandigen Tiegelchen aus Knochenasche, in einer kleinen Muffel mit Blei zusammen. Bei der hohen Temperatur oxydieren sich Blei und Kupfer und werden von der porösen Kupelle aufgesogen. Wenn sie völlig aufgesogen („abgetrieben") sind, kommt ein reines Silber-Gold-Korn plötzlich prächtig glänzend zum Vorschein („Blicken" des Goldes). Es wird aus der Kupelle herausgenommen, durch ein kleines Walzwerk zu einem Bande gestreckt und zu einem losen Röllchen aufgewickelt. Von dem noch anwesenden Silber wird nunmehr das Gold durch Kochen mit Salpetersäure befreit.

Der Silbergehalt silberner Geräte wird gegenwärtig ausschließlich auf nassem Wege, nämlich durch Titrieren, bestimmt.

250. Gold bildet zwei Reihen von Verbindungen, einwertige, *Auro-* oder Oxydulverbindungen, und dreiwertige, *Auri-* oder Oxydverbindungen.

Auroverbindungen.

Aurooxyd Au_2O, Goldoxydul, wird durch Zersetzung von Aurochlorid mit Kalilauge erhalten; es ist ein dunkelviolettes Pulver und zerfällt bei 250° völlig in seine Bestandteile.

Aurochlorid AuCl entsteht beim Erhitzen von Aurichlorid auf ca. 185° als weißes, in Wasser unlösliches Pulver; beim Erhitzen spaltet es sich in die Elemente; beim Erwärmen mit Wasser liefert es 2 Au und $AuCl_3$. — Aurojodid entsteht (analog wie Kupferjodid), wenn eine Lösung von Aurichlorid mit Jodkalium versetzt wird. — Golddoppelcyanid KCy·AuCy, bereitet durch Auflösen von Aurooxyd in Cyankaliumlösung, dient zur galvanischen Vergoldung.

Bezüglich der Sauerstoffsalze des Aurooxyds ist zu bemerken, daß nur einige Doppelsalze bekannt sind.

Auriverbindungen.

Aurichlorid $AuCl_3$, Goldchlorid, entsteht durch Auflösen von Gold in Königswasser oder durch Einwirkung von Chlor auf das Metall. Es bildet eine rotbraune kristallinische Masse, die an der Luft rasch zerfließt. Schon beim Eindampfen seiner Lösung zersetzt es sich teilweise, indem sich Cl_2 und AuCl bilden. Beim Eindampfen mit Salzsäure erhält man lange gelbe Nadeln, bestehend aus einer Verbindung $AuCl_3 \cdot HCl$, die als Aurichlorwasserstoffsäure aufgefaßt werden kann. In der Tat sind viele Salze derselben, Chloroaurate, bekannt, z. B. $KCl \cdot AuCl_3 + 2^1/_2 H_2O$, $NH_4Cl \cdot AuCl_3 + H_2O$, sowie viele mit organischen Basen. Diese Doppelsalze geben jedoch die gewöhnlichen Goldreaktionen; es ist daher in dieser Säure entweder kein komplexes Ion $AuCl_4'$ vorhanden oder letzteres ist sehr unbeständig. Aurichlorid ist auch in Alkohol und in Äther löslich.

Aurioxyd Au_2O_3, Goldsäureanhydrid, kann beim Fällen einer Lösung von Aurichlorid mit Magnesiumoxyd gewonnen werden; aus dem Niederschlag läßt sich durch konzentrierte Salpetersäure das MgO entfernen, wobei Aurioxyd als ein braunes Pulver zurückbleibt. Bei 250° zerfällt es in seine Bestandteile.

Behandelt man den durch MgO gefällten Niederschlag mit verdünnter Salpetersäure, so erhält man ein gelbrotes Pulver von der Formel AuO_3H_3, das keine basischen, aber wohl saure Eigenschaften zeigt, da es sich wohl in Alkalien, nicht aber in Säuren löst. Von dieser Goldsäure sind Salze, Aurate, bekannt, die sich von der Verbindung $Au(OH)_3 - H_2O = AuO \cdot OH$ ableiten. Kaliumaurat z. B. hat die Formel $KAuO_2 + 3H_2O$ und kristallisiert in gelben Nadeln. Noch viele andre Salze sind bekannt; der durch Magnesia entstehende oben angeführte Niederschlag kann als Magnesiumaurat $Mg(AuO_2)_2$ angesehen werden.

Aurisulfid Au_2S_3, Goldsulfid, wird durch Schwefelwasserstoff aus Goldlösungen gefällt; es ist schwarzbraun und löslich in Schwefelammonium.

Gold wird aus seinen Lösungen durch viele Reduktionsmittel metallisch gefällt; man kann sich zu diesem Zwecke des Ferrosulfats (**248**), der Oxalsäure u. a. bedienen. Wasserstoffperoxyd scheidet in alkalischer Lösung Gold rasch ab.

251. Von den Alchimisten sind viele Jahrhunderte hindurch vergeblich Versuche angestellt worden, Gold aus unedlen Metallen zu machen. Die Möglichkeit der Lösung dieses Problems muß auch gegenwärtig als gering angesehen werden, da Gold zu den Elementen zählt; aber unser Begriff Element ist relativ (8), nämlich abhängig von dem Maße unsrer Herrschaft über die Naturkräfte, so daß die Möglichkeit, Gold zu zerlegen oder aus andren Elementen aufzubauen, keineswegs als völlig ausgeschlossen gelten darf.

Während wir jedem Metall feste, unveränderliche Eigenschaften zuerkennen, konnte es den Alchimisten bei ihren mangelhaften Kenntnissen wohl erreichbar scheinen, die Eigenschaften der Metalle umzuwandeln. Da die Metalle in der Natur selten in reinem Zustande vorkommen und zumeist aus Oxyden oder Sulfiden erhalten werden, welche mannigfache Beimengungen enthalten, die häufig mit in die Metalle übergehen, so unterschieden die Alchimisten nach den von ihnen, je nach dem Mineral, aus welchem die Metalle gewonnen waren, beobachteten Eigenschaften viele Sorten von Blei, Silber, Kupfer usw. Die Veränderlichkeit der Metalle war daher für die Alchimisten sozusagen das erste, was die Erfahrung sie lehrte. Man kannte zur Zeit der Alchimisten noch nicht den gegenwärtigen Begriff „Element"; dieser wurde erst von Boyle (1627—1691) eingeführt. Bis dahin herrschte ziemlich allgemein die Lehre des Aristoteles, nach der alle Stoffe aus Luft, Feuer, Erde und Wasser aufgebaut sind. Um Gold zu machen, brauche man daher nur die unedlen Metalle von gewissen Eigenschaften zu befreien und dafür andre an deren Stelle zu setzen. Als Grundstoff der Metalle betrachteten die Alchimisten das Quecksilber. Um daraus Gold zu machen, sei es nur nötig, es feuerfest zu machen und gelb zu färben. Viele Alchimisten waren aber der Überzeugung, daß zum Gelingen „des großen Werkes" auch noch eine höhere Macht nötig sei.

Übersicht der Gruppe.

252. Die Metalle Kupfer, Silber und Gold bilden einen Übergang von den sehr schwer schmelzbaren Metallen Ni, Pd, Pt (VIII. Gruppe, letzte senkrechte Reihe) zu den leicht schmelzbaren Zn, Cd, Hg (II. Gruppe); ihre Schmelzpunkte liegen zwischen denen dieser beiden Gruppen. In der nachstehenden Tabelle ist eine Übersicht der physikalischen Konstanten dieser Metalle sowie der sich daran anschließenden Elemente Li und Na gegeben:

	Li	Na	Cu	Ag	Au
Atomgewicht	6·94	23·00	63·57	107·88	197·2
Spez. Gewicht .	0·59	0·97	8·94	10·5	19·265
Schmelzpunkt	180°	95°·6	1082°·6	960°	1071°
Siedepunkt	—	740°	2310°	1955°	—
Farbe	weiß	weiß	rot	weiß	rot

Die Analogie in den chemischen Eigenschaften tritt hauptsächlich bei den Oxydulverbindungen hervor. Dieselben haben den Typus R_2O für die Sauerstoffverbindungen, RX für die Halogenverbindungen; die Halogenüre von Cu, Ag und Au sind sämtlich weiß und in Wasser unlöslich; sie sind isomorph mit NaCl.

Ferner bestehen einige Löslichkeitsanalogien: Lithiumkarbonat und -hydroxyd sind weniger löslich als die entsprechenden Natriumverbindungen; so sind auch Kupferkarbonat und -hydroxyd unlöslich, die entsprechenden Silberverbindungen ein wenig in Wasser löslich. Das Sulfat des Natriums (3. wagerechte Reihe) kristallisiert vornehmlich mit $10H_2O$, das des Kupfers (5. Reihe) mit $5H_2O$, Ag_2SO_4 (7. Reihe) ist wasserfrei.

Für die Sauerstoffverbindungen ist eine regelmäßige Abnahme ihrer Beständigkeit zu konstatieren. Li_2O und Na_2O verändern sich nicht bei hoher Temperatur, CuO geht in Cu_2O über. Ag_2O und die Oxyde des Goldes spalten sich schon bei ziemlich niedriger Temperatur in die Elemente.

Es läßt sich jedoch nicht verkennen, daß die Analogie zwischen diesen Elementen nicht so groß ist wie innerhalb andrer Gruppen. Vor allem fällt ihre verschiedene Valenz auf und damit zusammenhängend die geringe Analogie in den Eigenschaften der höheren Oxydationsstufen; es ist dies einer der schwachen Punkte des periodischen Systems (vgl. **221**).

Beryllium.

253. Dieses Metall gehört zu den seltneren Elementen; es kommt in dem Mineral Beryll $Al_2O_3 \cdot 3SiO_2 + 3(BeO \cdot SiO_2)$ vor; eine Modifikation desselben ist der Edelstein Smaragd, der durch Spuren von Chromoxyd grün gefärbt ist. Chrysoberyll hat die Zusammensetzung $BeO \cdot Al_2O_3$.

Als Ausgangsmaterial zur Darstellung von Berylliumverbindungen dient meistens der Beryll. Derselbe wird durch Schmelzen mit Kaliumkarbonat aufgeschlossen. Die geschmolzene Masse wird nach dem Erkalten mit Schwefelsäure behandelt, wobei sich die Kieselsäure abscheidet. Durch Kristallisation wird nun die Hauptmasse des Aluminiums als Kali Alaun entfernt, da dieser sich in kaltem Wasser ziemlich schwer löst. In der Mutterlauge bleibt Berylliumsulfat; sie wird mit einer heißen Lösung von Ammoniumkarbonat vermischt, und dadurch wird Al und Fe ausgefällt, während in der Lösung nur Be bleibt. Nachdem diese Lösung mit Salzsäure angesäuert worden ist, schlägt man mit Ammoniak das Beryllium als Hydroxyd daraus nieder.

Das Metall, das durch Erhitzen von $BeF_2 \cdot 2KF$ mit Natrium oder durch Elektrolyse von $1 NaF + 2 BeF_2$ erhalten wird, ist weiß, hämmer- und dehnbar, schmilzt bei 1278° und hat das spez. Gewicht 1·842 bei 20°. Es zersetzt das Wasser nicht, selbst nicht bei 100°, was durch die Bildung einer feinen Oxydhaut bedingt wird. Salzsäure und Schwefelsäure lösen es leicht unter Wasserstoffentwicklung auf, verdünnte Salpetersäure greift es dagegen nicht an. Auch von Kali- und Natronlauge wird es unter Wasserstoffentwicklung leicht gelöst, wobei Salze von der Formel $Be(ONa)_2$ entstehen; das Hydroxyd verhält sich demnach starken Basen gegenüber wie eine schwache Säure. Diese Eigenschaften entsprechen denen des Aluminiums; in **216** wurde bereits auf die große Analogie zwischen diesen beiden Elementen hingewiesen; sie tritt auch in den Verbindungen hervor. Berylliumkarbid z. B. entwickelt mit Wasser reines Methan, ebenso wie Aluminiumkarbid (**176**).

Man kennt nur ein Oxyd des Berylliums BeO (**216**), ein weißes Pulver, das geglüht in Säuren schwer löslich ist (ebenso wie Al_2O_3); man gewinnt es beim Erhitzen des Hydroxyds $Be(OH)_2$, das aus den löslichen Salzen des Ammoniaks als weißer gelatinöser Niederschlag ausgeschieden wird. In Alkalien, Ammoniumkarbonat und verdünnten Säuren ist es, frisch gefällt, leicht löslich. Durch Erhitzen mit Wasser, verdünntem Ammoniak, verdünnter Alkalilösung, ebenso durch Trocknen, wie unter dem Einfluß der Zeit „altert" es und verliert dabei alle aufgezählten Eigenschaften. Erhitzen mit heißer 10fach normaler Ätzkalilösung führt auch die ältesten Hydroxyde, die von konzentrierter Salzsäure in der Hitze nur langsam gelöst werden, wieder in die

„Jugendform" zurück. Von Aluminiumhydroxyd unterscheidet es sich in zwei Eigenschaften; es löst sich in kohlensaurem Ammonium und es wird aus der Lösung in KOH oder NaOH durch anhaltendes Kochen wieder abgeschieden (vgl. bei Aluminium). Auch ist das Kaliumdoppeloxalat $K_2C_2O_4 \cdot BeC_2O_4$ in Wasser wenig löslich, während die entsprechenden Al- und Fe-Salze leicht löslich sind.

Berylliumsulfat $BeSO_4$ kristallisiert mit 4 oder $7H_2O$; im letzteren Falle ist es isomorph mit $MgSO_4 \cdot 7aq$. Das Doppelsalz $BeSO_4 \cdot K_2SO_4 \cdot 3H_2O$ ist (wie Alaun) in kaltem Wasser schwer löslich. — Berylliumchlorid $BeCl_2$ entsteht beim Erhitzen von Berylliumoxyd und Kohle im Chlorstrom. Es kristallisiert mit $4H_2O$. — Berylliumkarbonat ist in Wasser unlöslich, löst sich aber in einer wässerigen Lösung von Ammoniumkarbonat; es gibt sehr leicht CO_2 ab.

Berylliumsalze schmecken süß; daher leitet sich ein andrer, namentlich in Frankreich gebräuchlicher Name für das Element ab: Glycinium.

Magnesium.

254. Dieses Element kommt in der Natur als Karbonat, Silikat und Chlorid in beträchtlichen Mengen vor. Magnesit ist $MgCO_3$; Dolomit $MgCa(CO_3)_2$. Silikate, die Magnesium enthalten, sind Asbest, Talk $H_2Mg_3Si_4O_{12}$, Serpentin $H_2Mg_3Si_2O_8 + aq$, Speckstein, Meerschaum $Mg_2Si_3O_8 \cdot 2aq$; in vielen andren Silikaten kommt es in kleinerer Menge vor (Hornblende, Augit, Turmalin). Natürlich vorkommende Salze sind noch die Staßfurter Abraumsalze Karnallit $MgCl_2 \cdot KCl \cdot 6aq$, Kieserit $MgSO_4 \cdot H_2O$ und Kainit $KCl \cdot MgSO_4 \cdot 3aq$. Durch die Verwitterung der Silikate gelangt das Magnesium in die Ackererde, aus der es von den Pflanzen (für deren Ernährung dies Element unentbehrlich ist) aufgenommen wird; mit den Futterpflanzen gelangt es in den Tierkörper.

Das Metall wird im großen dargestellt; es wird, weil es mit blendendweißem Lichte verbrennt, zu photographischen Aufnahmen (Blitzlicht) in dunklen Räumen, für Signalfeuer usw. verwendet. Gegenwärtig wird es durch Elektrolyse von geschmolzenem Karnallit in einem Tiegel aus Gußstahl, der als negative Elektrode dient, dargestellt; als positive Elektrode wird Gaskohle verwendet. Es ist stark glänzend und silberweiß. Sein spez. Gewicht ist 1·74; es läßt sich hämmern und gießen und kommt in Draht- oder Bandform in den Handel. Es schmilzt bei 650·9° und siedet bei 1120°. An der Luft ist es recht haltbar, weil es sich bald mit einer zusammenhängenden dünnen Oxydschicht überzieht; bei höherer Temperatur verbrennt es unter Bildung von MgO. Bei ca. 600° fängt die Bildung von MgO an; bei 670° dagegen beginnt sich auch das Nitrid Mg_3N_2, eine gelbgrüne Substanz (**106**), zu bilden. Erhitzt man daher Magnesium an der Luft oberhalb letzterer Temperatur, so entsteht ein Gemisch von MgO und Mg_3N_2, in welchem aber ersteres stark überwiegt.

Das Metall zersetzt Wasser selbst beim Kochen nur langsam unter Wasserstoffentwicklung; in Säuren löst es sich leicht auf, wird jedoch durch Alkalien nicht angegriffen. Es ist ein sehr kräftiges Reduktionsmittel, reduziert z. B. SiO_2 (188); entzündetes Magnesium brennt auch in Wasserdampf fort.

Man kennt nur ein Oxyd des Magnesiums: MgO. Es entsteht beim Verbrennen des Metalles, sowie durch Glühen des Hydroxyds oder des Karbonats. Es ist ein weißes, sehr leichtes Pulver, das unter dem Namen Magnesia usta therapeutische Anwendung findet; mit Wasser bildet es $Mg(OH)_2$.

Magnesiumhydroxyd $Mg(OH)_2$ wird aus den Lösungen der Magnesiumsalze durch Alkali gefällt. In Wasser ist es nur wenig löslich und färbt rotes Lackmuspapier blau; durch einen Überschuß von Alkali wird die Ionisation jedoch so zurückgedrängt, daß es dann so gut wie vollständig ausfällt. Es ist nur eine schwache Base, jedoch noch stark genug, um CO_2 aus der Luft anzuziehen; in Ammoniumsalzlösung löst es sich; es muß dies der Bildung von komplexen Am-Mg-Verbindungen zugeschrieben werden.

Magnesiumsalze.

255. Magnesiumchlorid $MgCl_2$ kristallisiert mit $6H_2O$ und ist sehr hygroskopisch; seine Gegenwart bewirkt es, daß gewöhnliches Kochsalz, welches meist etwas Mg-Salz enthält, an der Luft feucht wird. Beim Abdampfen der wäßrigen Lösung entstehen $Mg{<}^{OH}_{Cl}$ und HCl. Von $MgCl_2$ sind viele Doppelsalze bekannt. Wasserfrei kann es durch Erhitzen von $MgCl_2 \cdot NH_4Cl \cdot 6aq$ erhalten werden. Es bildet dann eine blättrig kristallinische Masse, die bei 708° schmilzt und bei heftiger Rotglut unzersetzt destilliert.

Eine nähere Untersuchung der Zersetzungen von Chlormagnesium durch Sauerstoff und durch Wasserdampf hat gezeigt, daß man es hier mit umkehrbaren Reaktionen zu tun hat:

$$2MgCl_2 + O_2 \rightleftarrows 2MgO + 2Cl_2; \quad MgCl_2 + H_2O \rightleftarrows MgO + 2HCl.$$

Bei erstgenannter Reaktion verschiebt sich das Gleichgewicht nach rechts bei Temperaturerhöhung; unterhalb 500° ist dabei die Reaktionsgeschwindigkeit noch sehr klein. Beim zweiten Prozeß ist die Zusammensetzung des Gasgemisches bei 700° auf 90% HCl + 10% H_2O ermittelt.

Magnesiumsulfat $MgSO_4 \cdot 7H_2O$, Bittersalz, wird in der Medizin als Abführmittel verwendet; es ist in Wasser sehr leicht löslich. Bei 150° verliert es 6 Mol Wasser, das siebente erst oberhalb 200°. Es verhält sich hierin analog wie andre Sulfate, z. B. $ZnSO_4 \cdot 7aq$, $FeSO_4 \cdot 7aq$, und wie die von Nickel und Kobalt, die auch mit demselben isomorph sind. Eine weitere Analogie dieser Sulfate tritt darin hervor, daß sie mit Kalium- und Ammoniumsulfat Doppelsalze von demselben Typus $K_2SO_4 \cdot MgSO_4 \cdot 6\,aq$ geben, die auch isomorph sind.

Magnesiumammoniumphosphat $MgAmPO_4 \cdot 6\,aq$ dient sowohl zur Abscheidung des Magnesiums wie der Phosphorsäure aus ihren Lösungen. Es ist in Wasser nicht völlig unlöslich, noch viel weniger in Ammoniak; die Ursache hierfür ist wiederum in der Zurückdrängung der Ionisation zu suchen. Völlig analog verhält sich das entsprechende Arsenat $MgNH_4AsO_4 \cdot 6\,H_2O$.

Magnesiumkarbonat. Aus den Lösungen der Magnesiumsalze schlägt Soda ein basisches Karbonat nieder, $Mg(OH)_2 \cdot 4\,MgCO_3 + 4\,aq$; das hierbei freiwerdende Kohlendioxyd hält einen Teil des Magnesiums als saures Karbonat in Lösung. Dieser Niederschlag heißt Magnesia alba (Magnesium carbonicum der Pharmakopöe). Das neutrale Karbonat bereitet man daraus, indem man Magnesia alba in Wasser suspendiert, CO_2 einleitet und stehen läßt; es kristallisiert dann $MgCO_3 \cdot 3\,H_2O$ aus, das beim Kochen mit Wasser jedoch leicht hydrolytisch gespalten wird und wieder in basisches Magnesiumkarbonat übergeht.

Calcium.

256. Calcium ist eines der zehn Elemente, aus denen die Erdrinde hauptsächlich besteht (8). Calciumkarbonat, kommt in mächtigen Lagern als Kalkstein, Kalkspat, Aragonit, Marmor, Kreide vor; Ackerboden, der einen gewissen Gehalt an kohlensaurem Kalk aufweist, wird Mergelboden genannt. Calciumsilikate und namentlich Calciumdoppelsalze bilden die überwiegende Masse der Silikatgesteine. Calciumphosphat findet sich in den Mineralien Phosphorit, Apatit usw. Calciumsulfat kommt in der Form von Gips und Alabaster vor. Auch im Tierreich finden sich große Mengen; die Knochen und Zähne von Menschen und Tieren bestehen in der Hauptsache aus phosphorsaurem und kohlensaurem Kalk; die Muschelschalen bestehen ebenso wie die Eierschalen aus Ca-Carbonat. In der Asche aller Pflanzen finden sich Calciumverbindungen.

Calcium wird am besten durch Elektrolyse eines Gemisches von Calciumchlorid und Fluorcalcium (im Verhältnis von 100 : 16·5) erhalten und auch technisch so dargestellt. Ein solches Gemisch schmilzt nämlich bedeutend niedriger wie die einzelnen Salze (237), wodurch einerseits die Operation erleichtert, anderseits die Verbrennung des gebildeten Metalles verhindert wird. Calcium ist silberweiß, glänzend und schmilzt bei 800°; es ist von kristallinischem Bruch. Sein spez. Gewicht beträgt 1·52. Es ist bei gewöhnlicher Temperatur gegen Sauerstoff, Chlor, Brom und Jod unempfindlich und verbindet sich mit ihnen erst beim Erhitzen; an der Luft erhitzt, entzündet es sich, indem es sich gleichzeitig mit Sauerstoff und Stickstoff (**206**) verbindet. Mit Wasserstoff bildet es eine Verbindung CaH_2, die auch technisch durch Einleiten von Wasserstoff in geschmolzenes Calcium dargestellt wird. Mit Wasser reagiert dieses Calciumhydrid äußerst heftig nach der Gleichung:

$$CaH_2 + H_2O = CaO + 2H_2 .$$

Da 1 kg dieses Hydrids etwa 1 cbm Wasserstoffgas entwickelt, so ist es ein sehr geeignetes Material, um Wasserstoff für die Luftschiffahrt darzustellen, zumal an abgelegenen Orten.

Oxyde und Hydroxyde des Calciums.

257. Calciumoxyd CaO, Kalk, gebrannter Kalk, wird im großen durch „Brennen“ von natürlich vorkommendem kohlensaurem Calcium in Kalköfen, hohen Schachtöfen, bereitet. Der Kalkstein wird oben aufgegeben und in dem Brennschacht bis zur Rotglut erhitzt. Das Garbrennen erfolgt in dem Brennraum bei Weißglut, wobei das Kohlendioxyd völlig ausgetrieben wird. In dem unten befindlichen Kühlschacht wird der „gare“ Kalk abgekühlt. Calciumoxyd ist eine weißliche amorphe Masse, die erst bei der Hitze des elektrischen Ofens schmilzt (**174**). Bei starkem Erhitzen mit einer Knallgasflamme strahlt CaO ein sehr helles weißes Licht aus. An der Luft zieht Kalk Kohlendioxyd und Wasser an und zerfällt zu einem weißen Pulver (zerfallener Kalk).

Calciumhydroxyd $Ca(OH)_2$, Kalkhydrat, gelöschter Kalk, wird erhalten, wenn man gebrannten Kalk „löscht“, d. h. in der Kälte mit Wasser übergießt. Es entsteht unter starker Wärmeentwicklung Calciumhydroxyd, das sich in Wasser zerteilen (Kalkmilch) und selbst klar auflösen (Kalkwasser) läßt. Die Löslichkeit ist groß genug, um die Fällung dieses Hydroxyds durch Ammoniumhydroxyd aus Ca-Salzlösungen unmöglich zu machen, denn die Konzentration der OH-Ionen des letzteren ist zu gering, um mit derjenigen der vorhandenen Ca-Ionen den Wert des Löslichkeitsproduktes von $Ca(OH)_2$ zu erreichen. Durch Rotglühhitze wird es wieder in Calciumoxyd zurückverwandelt.

Calciumhydroxyd wird mit Wasser und Sand zu einem dicken Brei, dem Mörtel, angerührt, welcher zum Verbinden der Bausteine dient. Nach einiger Zeit wird die, auch Luftmörtel genannte, Masse an der Luft steinhart. Dies beruht auf der Umwandlung von $Ca(OH)_2$ in Karbonat durch die Kohlensäure der Luft. Der Zusatz von Sand hat den Zweck, den Mörtel porös zu machen, so daß durch den Luftzutritt der Erhärtungsprozeß auch nach innen weiter gehen kann. Dieser Prozeß geht sehr langsam vor sich; mit dem Alter des Mauerwerks nimmt auch die Festigkeit des Mörtels zu; die Bildung von Calciumsilikat scheint hierbei nur eine untergeordnete Rolle zu spielen.

Enthält Kalk mehr oder weniger Magnesiumoxyd, so fühlt er sich sandig an; er ist für Maurerarbeiten und zum Tünchen nicht geeignet und wird magerer Kalk genannt, im Gegensatz zu fettem Kalk, der, zwischen den Fingern zerdrückt, ein schlüpfriges Gefühl erzeugt.

Zement enthält neben Kalk (50—60 %) hauptsächlich Kieselsäure (ca. 24 %) und Tonerde (ca. 8 %). Er wird dargestellt, indem man ein Gemenge von kohlensaurem Calcium, Ton und Sand bei Weißglut brennt; das Produkt wird gepulvert und läßt sich nicht mehr mit Wasser löschen. An einigen Orten, z. B. im Brohltal (Rheinprovinz), kommt ein derartiges Gemenge natürlich als „Tuffstein" (gepulvert „Traß" genannt) vor. Mit Wasser angerührt wird das Produkt steinhart; es bleibt auch unter Wasser unverändert und wird deshalb zu Wasserbauten verwendet. Das Erhärten beruht aller Wahrscheinlichkeit nach darauf, daß beim Behandeln mit Wasser Calciumaluminat gelöst wird und die Lösung nach einiger Zeit ein hydratisches Aluminat ausscheidet, das viel schwerer löslich ist und die Bindung des Zements bewirkt. Nebenbei bilden sich unlösliche Calcium-Aluminiumsilikate. Wassermörtel ist eine breiige Mischung von Sand, Zement und Wasser, die unter Wasser verwendet die Bindekraft nicht verliert. Beton (engl. Concret) oder Grobmörtel ist ein Gemenge von Kies, Sand, Steinbrocken und Zement, das als selbständiger Baukörper, nicht als Bindemittel, verwandt wird.

Calciumperoxyd $CaO_2 + 8H_2O$ fällt aus, wenn Kalkwasser mit Wasserstoffperoxydlösung versetzt wird; es gibt beim Erhitzen Sauerstoff ab.

Salze des Calciums.

258. Calciumchlorid $CaCl_2$, Chlorcalcium, wird beim Lösen von Calciumhydroxyd oder Calciumkarbonat in Salzsäure erhalten. Es kristallisiert aus seinen Lösungen mit verschiedenen Mengen Kristallwasser. Große, prismatische Kristalle, die bei gelindem Erwärmen in ihrem Kristallwasser schmelzen, bildet das Hydrat $CaCl_2 \cdot 6H_2O$. Wasserfreies Chlorcalcium zieht sehr rasch Feuchtigkeit an und zerfließt; man benutzt es deshalb zum Trocknen von Gasen, oder um flüssige organische Verbindungen (Äther, Schwefelkohlenstoff u. a.) zu entwässern. Es schmilzt bei 719 °. Mit Ammoniak verbindet es sich zu $CaCl_2 \cdot 8NH_3$; dieses Gas kann man deshalb nicht damit trocknen.

Kristallisiertes Calciumchlorid, mit Eis gemischt, erzeugt eine beträchtliche Temperaturerniedrigung; sie erreicht − 48·5°. Solcher „Kältemischungen“ sind noch viele andre bekannt; am meisten gebraucht wird eine Mischung von Kochsalz mit Eis, welche eine Temperatur von − 21° geben kann. Eis oder Schnee ist nicht durchaus für die Herstellung von Kältemischungen nötig. Tut man z. B. Ammoniumnitrat mit dem gleichen Gewicht Wasser zusammen, so kann die Abkühlung bis −15·5° erreichen.

Um die Ursache dieser Abkühlung zu verstehen, greifen wir auf 237 zurück und nehmen den Fall an, daß Eis in eine gesättigte Salzlösung von 0° gebracht wird, die überschüssiges festes Salz enthält, so daß sie stets gesättigt bleibt. Das System Lösung + Eis ist bei 0° nicht im Gleichgewicht, denn der Gefrierpunkt der Salzlösung liegt viel tiefer als 0°. Es kann deshalb nicht in seinem Zustand verbleiben, sondern damit das Gleichgewicht mit dem Eis als feste Phase erreicht wird, muß die Temperatur sinken, und dies ist nur möglich, wenn Eis schmilzt. Hierdurch wird Wärme verbraucht. Wenn genug Eis zugegen ist, so kann durch dessen Schmelzen dem System so viel Wärme entzogen werden, daß der eutektische Punkt erreicht wird; denn nur da können Eis und Salz dauernd nebeneinander bestehen. Der eutektische Punkt ist somit der niedrigste, den das System erreichen kann. Nach 237 besteht zwischen den beiden Komponenten einer Lösung keine wesentliche Differenz; dies ergibt sich auch aus der Betrachtung von Kältemischungen, die kein Eis enthalten. Bringt man z. B. Ammoniumnitrat in Wasser, so liegt der Gefrierpunkt der Lösung viel tiefer als 0°. Hier verursacht der Wärmeverbrauch durch Auflösung des Salzes den Temperaturabfall, der zur Herstellung des Gleichgewichtes nötig ist. Soll dieser Abfall beträchtlich werden, so muß das Salz offenbar sehr löslich sein. Auch in diesem Falle ist der eutektische Punkt die niedrigste Temperatur, welche die Mischung liefern kann.

Chlorkalk heißt das Produkt, das man erhält, wenn über gelöschten Kalk bei gewöhnlicher Temperatur Chlor bis zur Sättigung geleitet wird. Es stellt sich dann warscheinlich das Gleichgewicht

$$Ca(OH)_2 + Cl_2 \rightleftarrows Ca{<}^{OCl}_{Cl} + H_2O$$

ein, wonach der wesentliche Bestandteil des Chlorkalks eine Verbindung Ca(OCl)Cl, das heißt ein gemischtes Salz der Salzsäure und der unterchlorigen Säure sein würde. Diese Annahme hat mehr für sich als die andere, daß im Chlorkalk ein Gemenge von unterchlorigsaurem Kalk, $Ca(ClO)_2$, und Calciumchlorid, $CaCl_2$, vorliege; denn man kann dem Chlorkalk mit Alkohol Calciumchlorid nicht entziehen, während Alkohol doch letzteres leicht löst; auch wird von einem Kohlensäurestrom fast alles Chlor ausgetrieben. Wenn hierdurch Calciumhydroxyd in Karbonat übergeht, und noch dazu

Chlor durch den Gasstrom mitgeführt wird, ist das Gleichgewicht zerstört und muß das System rechts ($CaCl(ClO) + H_2O$) wieder $Ca(OH)_2 + Cl_2$ liefern, bis es ganz erschöpft ist.

Chlorkalk wird in großen Mengen als Bleich- und Desinfektionsmittel benutzt. Er ist ein weißes Pulver, welches — infolge von Zersetzung durch die Kohlensäure der Luft — nach Chlor riecht. Mit Säuren entwickelt er Chlor:

$$CaOCl_2 + 2HCl = CaCl_2 + H_2O + Cl_2$$

$$Ca{<}^{OCl}_{Cl} + H_2SO_4 = CaSO_4 + H_2O + Cl_2 .$$

Beim Erwärmen einer Chlorkalklösung mit einem Kobaltsalz entwickelt sich Sauerstoff; man kann die Reaktion als eine primäre Oxydation von CoO zu Co_2O_3 auffassen, das hernach mit Chlorkalk Sauerstoff gibt unter Rückbildung von CoO, wobei letzteres als Katalysator wirkt.

Die chemische Fabrik Griesheim-Elektron stellt auch Calciumhypochlorit $Ca(ClO)_2$ in kristallisierter Form dar durch Sättigen von Kalkmilch mit Chlor und Eindampfen der Lösung im Vakuum, wobei das Salz auskristallisiert, während Chlorcalcium in Lösung bleibt. Es wird durch Trocknen im Vakuum von seinem Kristallwasser befreit, wodurch ein sehr beständiges Pulver mit einem Gehalt an wirksamen Chlor von 80—90% erhalten wird, während Chlorkalk davon etwa 35% enthält.

Calciumfluorid CaF_2, Fluorcalcium, kommt in der Natur als Flußspat vor; es bildet Würfel, die häufig schön fluoreszieren. In Wasser ist es unlöslich. Wegen seiner leichten Schmelzbarkeit wird es bei metallurgischen Prozessen als Flußmittel verwendet. Künstlich wird es dargestellt, indem man einer Lösung von Calciumchlorid NaF zusetzt.

Calciumsulfat $CaSO_4 + 2H_2O$, Gips, findet sich in der Natur, Schichten und Stöcke bildend (**256**), als Gestein. Wasserfrei kommt es als Anhydrit von der Formel $CaSO_4$ ebenfalls natürlich vor. Wird Gips bei niederer Temperatur entwässert, so erhält man das unbeständige Halbhydrat, das als „gebrannter Gips" bezeichnet wird und, mit Wasser zu einem Brei angerührt, rasch erhärtet; hierauf beruht die Verwendung gebrannten Gipses zum Abformen der verschiedenartigsten Gegenstände. Er bildet auch den Hauptbestandteil des „Gipsstuckes".

Dieses Erhärten oder „Abbinden" gebrannten Gipses hängt mit der verhältnismäßig großen Löslichkeit (ca. 1%) des Halbhydrats zusammen; mit Wasser bildet dieses eine an Gips (d. h. $CaSO_4 \cdot 2H_2O$; Löslichkeit ca. 0·2%) übersättigte Lösung; aus der sich Gips ausscheidet; sehr wesentlich für den inneren Zusammenhang des so entstandenen Produktes ist die feinfaserige Form des ausgeschiedenen Gipses, die z. B. beim Calciumhydroxyd gänzlich fehlt, so daß auch das Kalklöschen keine Bindung zur Folge hat.

Wird Gips über 160° erhitzt, so verliert er alles Wasser und erstarrt nicht mehr; man nennt ihn dann „totgebrannt".

Die Aufklärung der Existenzbedingungen der obengenannten Stoffe, sowie der Lage ihrer Umwandlungspunkte verdanken wir VAN'T HOFF. Sie wurde sehr erschwert durch Verzögerungserscheinungen, welche das Bild in hohem Maße trübten. Es stellte sich heraus, daß das Halbhydrat als eine metastabile Form betrachtet werden muß, unter andrem deshalb, weil die Temperatur, bei der es in lösliches Anhydrid übergeht, niedriger liegt wie die, bei der das Salz mit $2H_2O$ sämtliches Wasser verliert, während im allgemeinen der stufenweise Wasserverlust bei Hydraten bei ansteigender Temperatur stattfindet. Auch die größere Löslichkeit des Halbhydrats gegenüber der des Bihydrats ist ein Beweis dafür, daß ersteres eine metastabile Form ist. Es verhält sich also ähnlich wie die metastabilen Kristalle $Na_2SO_4 \cdot 7H_2O$ zu den stabilen Salzen $Na_2SO_4 \cdot 10H_2O$ und Na_2SO_4; nur findet in diesem Fall die Umwandlung metastabil ⟶ stabil sehr leicht statt bei Berührung des Heptahydrats mit einem Kristall des Dekahydrats. Dagegen ist das Halbhydrat des Gipses, auch in Berührung mit Bihydrat, unbegrenzt lange Zeit haltbar.

Calciumnitrat $Ca(NO_3)_2$ bildet sich bei der Verwesung stickstoffhaltiger organischer Stoffe bei Anwesenheit von Kalk. Es kristallisiert mit $4H_2O$; das wasserfreie Salz zerfließt an der Luft und ist in Alkohol leicht löslich. Durch K_2CO_3 oder durch KCl wird es in Kalisalpeter umgewandelt.

Calciumphosphate. Das tertiäre Salz $Ca_3(PO_4)_2$ ist in Wasser unlöslich, ebenso das sekundäre Salz $CaH(PO_4)$. Das primäre Salz $CaH_4(PO_4)_2$ ist in Wasser leicht löslich; mit Gips gemischt wird es unter dem Namen **Superphosphat** als künstliches Düngemittel verwendet.

Die Fabrikation des Superphosphats besteht darin, daß man fein gemahlenen Phosphorit (auch wohl Knochenmehl) mit Kammersäure nach den Mengenverhältnissen der Gleichung:

$$Ca_3(PO_4)_2 + 2H_2SO_4 = CaH_4(PO_4)_2 + 2CaSO_4$$

in einem gußeisernen Apparat mittels eines Rührwerkes sorgfältig durchmischt. Die anfangs halbfeste Masse wird nach kurzer Zeit fest, indem der entstehende Gips das Wasser der Kammersäure als Kristallwasser bindet. — Bei der Mischung von Superphosphat und Ackererde geht das primäre Calciumphosphat in Lösung; da jede Ackererde kalkhaltig ist, geht es jedoch schnell wieder in unlösliches sekundäres oder tertiäres Phosphat über. Dem Anschein nach hat man also mit dem „Löslichmachen" der Phosphorsäure nichts gewonnen. Dennoch ist dies wohl der Fall; denn das Phosphat ist jetzt äußerst fein in der Erde verteilt und dadurch für die Pflanzenwurzeln viel zugänglicher, als wenn man Ackererde nur mit tertiärem Phosphat vermengt.

259. Calciumkarbonat $CaCO_3$ ist dimorph: als Kalkspat rhomboedrisch, als Aragonit rhombisch. Wenn man die Lösung eines Kalksalzes mit Soda versetzt, so fällt $CaCO_3$, und zwar anfangs flockig voluminös und von größerer Löslichkeit, nieder. Nach kurzer Zeit jedoch verwandelt sich der Niederschlag in ein feinkristallinisches Pulver. In Wasser ist es dann sehr wenig löslich; reichlicher wird es von kohlensäurehaltigem Wasser gelöst, wobei saures Calciumkarbonat entsteht; durch Kochen der Lösung wird letzteres zersetzt, CO_2 entweicht und neutrales Karbonat fällt kristallinisch nieder.

Beinahe jedes Fluß- und Quellwasser enthält mehr oder weniger große Mengen Kalk, entweder als Gips oder als saures Karbonat gelöst. Erreicht der Kalkgehalt eine gewisse Höhe, so gibt solches Wasser mit Seife keinen oder doch nur wenig Schaum; die Fettsäuren der Seife bilden mit dem Kalk weiße unlösliche Flocken; daher ist stark kalkhaltiges Wasser zum Waschen unbrauchbar. Man nennt ein solches Wasser hart im Gegensatz zu kalkfreiem (oder -armem) Wasser, das als weich bezeichnet wird. Härtegrade nennt man in Deutschland die Einheiten von CaO in 100000 Teilen Wasser. Die Härte ungekochten Wassers nennt man Gesamthärte. Beim Kochen wird das Ca-Bikarbonat durch Verlust von CO_2 in gewöhnliches Karbonat $CaCO_3$ umgewandelt, das dabei ausfällt. Die Härte, welche das nun filtrierte, mit destilliertem Wasser auf das ursprüngliche Volum gebrachte Wasser zeigt, nennt man bleibende Härte; sie ist durch den Gehalt des Wassers an Gips bedingt. Die Differenz, welche also dem Ca-Bikarbonat entspricht, nennt man temporäre Härte. In Dampfkesseln und andren Apparaten, in denen Wasser zum Sieden erhitzt wird, setzt sich das Ca-Carbonat fest an den Wänden als „Kesselstein" ab.

Beim Erhitzen zersetzt sich das Calciumkarbonat in CaO und CO_2; man hat es hier mit einem System mit einem Freiheitsgrad (**71**) zu tun; denn die Stoffe (Komponenten) sind CaO und CO_2, die Phasen CaO, $CaCO_3$ und CO_2. In der Tat ist denn auch die Konzentration der gasförmigen Phase (die Dissoziationsspannung) bei einer bestimmten Temperatur konstant, daher unabhängig von der Menge jeder Phase. Vollständige Zerlegung in CaO und CO_2 kann nur dann eintreten, wenn die gasförmige Phase entfernt (so beim Kalkbrennen **257**), oder wenn ihre Spannung unterhalb der Dissoziationsspannung gehalten wird. Hält man die Spannung des CO_2 größer als die Dissoziationsspannung, so kann $CaCO_3$ sich nicht zersetzen; unter diesen Umständen ist es möglich, den kohlensauren Kalk zu schmelzen. So wurde sein Schmelzpunkt bei 1289° unter 110 Atmosphären Druck gefunden; beim Erstarren nimmt er krisallinische Struktur an und ist zu Marmor geworden.

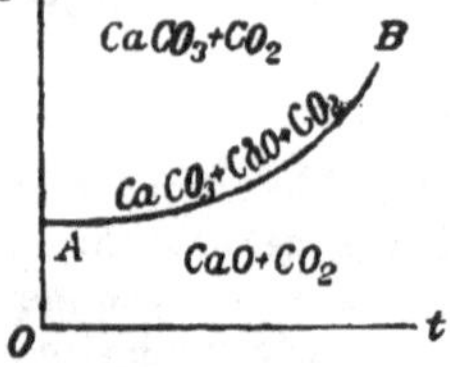

Fig. 62.

In der vorstehenden Fig. 62 soll *AB* die Dissoziationskurve des kohlensauren Kalkes in einem Koordinatensystem (*p*, *t*) vorstellen; nur entlang dieser Kurve sind die drei Phasen miteinander im Gleichgewicht; wird die Kurve überschritten, so verschwindet eine der Phasen, und man gelangt entweder in das Gebiet der Phasen $CaO + CO_2$ oder in das der Phasen von $CaCO_3 + CO_2$. Bei ca. 908° beträgt die Dissoziationsspannung eine Atmosphäre.

260. Calciumsilikat ist hauptsächlich deshalb wichtig, weil es einen Bestandteil des Glases bildet.

Das Glas ist ein Gemisch von Silikaten der Alkalimetalle mit Calcium- oder Bleisilikaten. Die Silikate der Alkalimetalle sind in Wasser löslich, amorph und leicht schmelzbar. Ca-Silikate dagegen sind unlöslich, sehr schwer schmelzbar und vielfach kristallisiert. Durch Zusammenschmelzen von beiden erhält man eine unlösliche, amorphe, durchsichtige Masse von mittlerer Schmelzbarkeit, das Glas. Seine Zusammensetzung weicht meist nicht erheblich von der Formel $R_2O \cdot CaO \cdot 6\,SiO_2$ (R = Alkalimetall) ab. Glas, das dieser Formel genau entspricht, heißt Normalglas. Zu seiner Darstellung wird ein Gemenge von reinem Sand, Kalk und Soda oder Pottasche in feuerfesten Tiegeln (Häfen) eingeschmolzen.

Die Eigenschaften des Glases hängen in erster Linie von der Beschaffenheit der Materialien, dann von deren Mengenverhältnis ab. Indem man diese beiden Bedingungen variiert, hat man es in der Hand, Glas von sehr verschiedener Schmelzbarkeit, Härte, Glanz, Lichtbrechungsvermögen usw. zu erzielen. Man unterscheidet zwischen leicht und schwer schmelzbarem Glas. Bleihaltige Gläser sind leichter schmelzbar. Einige der wichtigsten Glassorten sind die folgenden:

Natronglas (Fensterglas) besteht aus Na- und Ca-Silikat; es ist leicht schmelzbar und wird zumeist für Gegenstände des täglichen Gebrauches verwandt.

Böhmisches Glas, Kaliglas, besteht aus K- und Ca-Silikat; es ist sehr schwer schmelzbar und wird für chemische Zwecke (Verbrennungsröhren und dergl.) viel verwandt.

Kristallglas besteht aus Kalium- und Bleisilikat. Es ist weniger hart, ziemlich schmelzbar, stark lichtbrechend und erhält durch Schleifen einen schönen Glanz. Es wird deshalb für Luxusgegenstände und dergl. gebraucht. Bei hohem Bleigehalt ist es sehr schwer.

Flintglas besteht ebenfalls aus Kalium- und Bleisilikat. Es wird wie das Kronglas, das Kalium- und Calciumsilikat enthält, zu optischen Zwecken gebraucht.

Neben den genannten Bestandteilen werden viele andre bei der Glasfabrikation verwendet, um dem Glase besondere Eigenschaften für bestimmte Zwecke zu verleihen. Durch Zusatz von Borsäure oder durch teilweisen Ersatz von Blei durch Thallium erhält Bleiglas noch stärkeres Lichtbrechungsvermögen. Zusatz von Tonerde Al_2O_3 verhindert oder verzögert das Brüchigwerden chemischer Glasutensilien und läßt den Ersatz von einem Teil des Alkalis durch Kalk zu. Einige Metalloxyde bilden gefärbte Silikate und werden deshalb der Schmelze beigemischt, um Glas zu färben (blau mittels Co, grün durch Cr oder Cu, gelbgrün fluoreszierend durch Uran usw.). Durch den Zusatz von Knochenasche $Ca_3(PO_4)_2$ oder von Zinnoxyd wird das Glas milchweiß und undurchsichtig.

Es folgen hier, in Prozenten ausgedrückt, die Resultate einiger Analysen von Glassorten, die ein ungefähres Bild ihrer Zusammensetzung geben. In einer gleichen Sorte kann aber das Verhältnis der Bestandteile noch ziemlich stark wechseln:

Glassorte	SiO_2	K_2O	Na_2O	CaO	PbO	Al_2O_3 und Fe_2O_3
Normal (Natron)-glas .	75·5	—	12·9	11·6	—	—
Fensterglas	74·9	—	16·7	7·6	—	0·8
Flaschenglas .	66·0	2·8	2·8	22·9	—	5·5
Spiegelglas	73·0	—	11·5	15·5	—	—
Kristallglas .	56·1	12·1	0·6	—	31·2	
Böhmisch. (Kali)						—
Glas .	79·1	6·7	6·4	7·6	—	0·2

Gegen Wasser ist Glas im allgemeinen widerstandsfähig, doch wird es etwas davon angegriffen. Alte Fensterscheiben zeigen einen eigentümlich irisierenden Glanz, der davon herrührt, daß die oberste Schicht zersetzt, **verwittert** ist. Da es für genaue quantitative Analysen von großer Wichtigkeit ist, die Löslichkeit von Glas zu kennen, so hat man verschiedene Untersuchungen darüber angestellt, welche u. a. folgendes ergeben haben: Von dem Glas geht, solange es neu ist, relativ viel in Lösung; diese Menge vermindert sich jedoch nach Verlauf einiger Wochen auf einen minimalen Betrag; im Anfang wird besonders Alkali aus der oberflächlichen Schicht weggenommen und die entstehende Lösung wirkt erst sekundär auf die Kieselsäure lösend ein. Um sich Glasgefäße zu verschaffen, deren Wandungen an Wasser nur noch sehr wenig abgeben, kann man dieselben eine Viertelstunde einem Dampfstrahl aussetzen, oder mehrere Wochen mit Wasser gefüllt stehen lassen, das man von Zeit zu Zeit erneuert. Es entsteht dann an der

Oberfläche eine dünne, an SiO_2 und CaO reiche Schicht, welche die darunter liegende Glasmasse vor der Einwirkung des Wassers schützt.

Daß Wasser aus Glas Alkali in Lösung führt, läßt sich leicht zeigen, wenn man feines Glaspulver mit Wasser anrührt. Die Flüssigkeit rötet alsbald Phenolphtaleïn sehr kräftig.

Glas ist der Typus einer amorphen Substanz. Solche Substanzen werden häufig als Flüssigkeiten mit sehr hoher innerer Reibung definiert, und das Verhalten des geschmolzenen Glases beim Erkalten bietet ein ausgezeichnetes Beispiel für diese Definition. Bei hoher Temperatur ist geschmolzenes Glas dünnflüssig; beim Sinken der Temperatur wird es zäher; zwischen dem ganz flüssigen und dem ganz „festen" gibt es eine kontinuierliche Reihe von halbflüssigen Zuständen. Es ist daher unmöglich eine Grenze zu bestimmen, von der ab die für Lösungen geltenden Gesetze anwendbar sind, z. B. das der Diffusion. Es scheint zweckmäßig, den „fest"-amorphen Zustand als flüssig aufzufassen im Gegensatz zum kristallisierten, welcher letztere wirklich fest ist, da er ganz andre Eigenschaften besitzt als eine Flüssigkeit.

Im Glas haben wir weiter ein Beispiel einer festen Lösung. van't Hoff versteht darunter alle festen Substanzen, die aus einem homogenen Gemisch bestehen, z. B. verschiedene Metallegierungen. Auch kristallisierte Körper können feste Lösungen bilden. Es sind dies die Mischkristalle. Der Name „feste Lösungen" ist gewählt worden, weil sich bei ihnen verschiedene Eigenschaften der flüssigen Lösungen finden, u. a. die, daß eine feste Lösung auch gesättigt sein kann, was also darauf hinausläuft, daß bei einem höheren Gehalt, als der Sättigung entspricht, der feste Stoff inhomogen wird.

Schwefelcalcium CaS entsteht durch Glühen von Gips mit Kohle. Durch Behandlung mit Wasser entsteht $Ca(SH)_2$, Calciumhydrosulfid, das sich beim Kochen seiner wäßrigen Lösung zersetzt. Das Sulfid (ebenso das von Ba und Sr) hat die Eigenschaft, im Dunkeln zu leuchten, wenn es zuvor dem Sonnenlichte ausgesetzt war.

Strontium.

261. Dieses metallische Element gehört zu den weniger häufig vorkommenden. Die hauptsächlichsten Strontiummineralien sind Strontianit $SrCO_3$, Strontiumkarbonat, und Cölestin $SrSO_4$, Strontiumsulfat. Seine Verbindungen sind denen des Calciums analog.

Das Metall wird am besten durch Erhitzen des Oxyds (3 Mol) mit feingekörntem Aluminium (2 Atome) erhalten. Man erhitzt im

Vakuum langsam auf 1000°; beim Erkalten kristallisiert silberweißes Strontium aus. Es hat das spez. Gewicht 2·63; seine Eigenschaften entsprechen völlig denen des Calcium.

Das Oxyd SrO entsteht beim Glühen des Hydrats oder Karbonats. Die Temperatur für die vollständige Dissoziation des letzteren liegt höher als die der entsprechenden Ca-Verbindung. Das Hydroxyd $Sr(OH)_2 + 8H_2O$ ist in Wasser löslicher als $Ca(OH)_2$. Das Chlorid $SrCl_2 + 6H_2O$ ist ebenfalls hygroskopisch; in Alkohol ist es löslich, man kann es daher durch diesen von $BaCl_2$ trennen, das in Alkohol unlöslich ist. Strontiumsulfat ist schwerer löslich als Gips; bei 16·1° löst sich 1 Teil Strontiumsulfat in 10070 Gewichtsteilen Wasser (Gips in 543 Gewichtsteilen bei 15·2°); in einem Gemisch von Alkohol und Wasser ist es äußerst wenig löslich. Strontiumnitrat $Sr(NO_3)_2$ ist unlöslich in Alkohol; dadurch läßt es sich von $Ca(NO_3)_2$ trennen, welches von Alkohol gelöst wird.

Strontiumsalze werden zu bengalischem Feuer verwendet, dem sie die prächtig karminrote Farbe verleihen.

Barium.

262. Barium kommt in der Natur als Schwerspat $BaSO_4$ und als Witherit $BaCO_3$ in sehr beträchtlichen Mengen vor. Zur Herstellung der übrigen Bariumsalze braucht man nur das Bariumkarbonat mit den betreffenden Säuren zu zersetzen; Schwerspat muß zuvor durch Erhitzen mit Kohle reduziert werden, was am besten im elektrischen Ofen geschieht:

$$4BaSO_4 + 4C = BaS + 3BaSO_4 + 4CO$$
$$3BaSO_4 + BaS = 4BaO + 4SO_2.$$

Das Metall erhält man ebenfalls durch Erhitzen des Oxyds mit Magnesium; es ist weich wie Blei und silberweiß; Wasser zersetzt es energisch bereits bei gewöhnlicher Temperatur. Sein spez. Gewicht ist 3·75.

Bariumoxyd BaO wird durch scharfes Glühen des Nitrats oder Hydroxyds gewonnen; es verbindet sich sehr leicht mit Wasser zu Bariumhydroxyd $Ba(OH)_2$, das in Wasser ziemlich leicht löslich ist (Barytwasser) und aus der heißen Lösung beim Abkühlen in schönen Blättchen kristallisiert, die 8 Mol H_2O enthalten.

Bariumsuperoxyd BaO_2 entsteht beim Erhitzen von Bariumoxyd im Sauerstoff- oder Luftstrom; trägt man es in verdünnte Schwefelsäure ein, so fällt $BaSO_4$ nieder und die Lösung enthält H_2O_2, wenn man hierzu wieder Barytwasser setzt, so fällt $BaO_2 + 8H_2O$ kristallisiert aus.

Bariumchlorid $BaCl_2 + 2H_2O$ ist nicht hygroskopisch wie $SrCl_2$ und $CaCl_2$. Bariumnitrat $Ba(NO_3)_2$ kristallisiert wasserfrei.

Für das Bariumsulfat $BaSO_4$ ist seine außerordentliche Schwerlöslichkeit in Wasser und Säuren charakteristisch: bei 18·4° löst sich ein Gewichtsteil in 429700 Gewichtsteilen Wasser. Es wird unter dem Namen Permanentweiß oder Blanc fixe als weiße Anstrichfarbe verwendet. Bariumsulfat löst sich bei 1100° sehr weitgehend in geschmolzenem Natriumsulfat. Beim Abkühlen kristallisiert es in großen Kristallen, die mit dem natürlichen Schwerspat vollkommen übereinstimmen.

Bariumkarbonat gibt CO_2 nur bei sehr hoher Temperatur ab; erst bei andauerndem Erhitzen auf 1450° ist die Zersetzung eine vollständige.

Im Gegensatz zu den Salzen des Calciums und Strontiums, sind die Bariumsalze giftig.

Übersicht über die Gruppe der Erdalkalimetalle.

In der nachstehenden Tabelle sind die physikalischen Eigenschaften der Elemente dieser Gruppe zusammengefaßt.

	Be	Mg	Ca	Sr	Ba
Atomgewicht .	9·1	24·32	40·07	87·63	137·37
Spez. Gewicht	1·842	1·74	1·52	2·63	3·75
Schmelzpunkt	1278°	650·9°	800°	—	—
Siedepunkt . .	> 1900°	1120°	—	—	—
Elektr. Leitf. .	$5{\cdot}41 \times 10^4$ (20°)	$23{\cdot}2 \times 10^4$ (0°)	—	—	—
Härte .	6—7	2·0	—	—	—

Bezüglich des spez. Gewichtes sei bemerkt, daß dieses nur für Ca, Sr, Ba ein regelmäßiges Anwachsen zeigt.

Was die chemischen Eigenschaften anlangt, so wurde oben erwähnt, daß diese Elemente ausschließlich zweiwertig fungieren; alle Verbindungen der Gruppe haben daher denselben Formeltypus. Hinsichtlich der Löslichkeit der Sulfate ist eine regelmäßige Abnahme mit steigendem Atomgewicht zu konstatieren.

Wie in der ersten Gruppe die drei Elemente K, Rb, Cs stehen hier Ca, Sr, Ba nach ihren Eigenschaften einander nahe, während die beiden andren Glieder der Gruppe erheblich von ihnen abweichen. Wie das Lithium in mancher Beziehung dem Magnesium entspricht, so hat Beryllium Ähnlichkeit mit dem Aluminium.

Spektroskopie.

263. Wenn das Licht einer leuchtenden Gasflamme oder eines Gasglühlichtes durch ein Prisma gebrochen und zerlegt wird, so beobachtet man eine ununterbrochene Reihe von ineinander übergehenden Farben. Alle Regenbogenfarben von Rot durch Gelb, Grün, Blau bis zum Violett finden sich darin vertreten. Man nennt ein solches Farbenbild ein Spektrum, und zwar, weil alle Farben sich stetig aneinanderschließen, ein zusammenhängendes oder kontinuierliches Spektrum. Wir haben früher erwähnt, daß das Leuchten einer Gasflamme durch glühende feste Kohleteilchen verursacht wird; allgemein hat sich ergeben, daß glühende feste oder flüssige Stoffe ein kontinuierliches Spektrum geben.

Anders verhält es sich bei glühenden Gasen und Dämpfen. Zerlegt man z. B. das Licht einer Bunsenflamme, in der Natrium-, Calcium- oder andre Salze verflüchtigt werden, so nimmt man

Fig. 63. Spektralapparat für direkte Einstellung.

nur an einzelnen Stellen Licht wahr; der übrige Teil des Gesichtsfeldes ist dunkel. Solch ein Spektrum nennt man ein diskontinuierliches. Man unterscheidet zwei Arten, Banden- und Linienspektren (Serienspektren). Letztere bestehen aus einzelnen hellen, durch dunkle Zwischenräume voneinander getrennten Linien. Im Bandenspektrum dagegen treten helle scharfe Kanten hervor, die durch lichtstarke Linien erzeugt werden, deren Intensität langsam abnimmt. Untersucht man diese Banden mit einem Instrument von starkem Dispersionsvermögen, so ergibt sich, daß sie in eine sehr große Zahl feiner Linien zerlegt werden können. Das Spektrum jedes Elementes zeigt charakteristische, ihm allein zukommende Linien oder Banden. Unterwirft man die glühenden Dämpfe eines Gemenges verschiedener Elemente der Beobachtung, so zeigt das Spektrum die Linien jedes darin vorkommenden Elementes. Da man zur Beobachtung dieser Linien nur äußerst geringe Mengen zu verflüchtigen braucht, so ergibt sich schon daraus, welche Bedeutung der von Robert Bunsen und Robert Kirchhoff eingeführten spektralanalytischen Untersuchungsmethode zukommt.

Zur Erzeugung, Beobachtung und Messung von Spektren werden Instrumente, Spektralapparate oder Spektroskope genannt, verfertigt, die je nach dem Zweck, dem sie dienen sollen, verschieden beschaffen sind. Ihre genaue Beschreibung ist in den Handbüchern der Physik zu finden; hier soll nur ein kleiner Apparat von VOGEL erwähnt werden, der sich für den Gebrauch im chemischen Laboratorium eignet (Fig. 63); er stellt ein kleines Spektroskop auf direkte Einstellung dar, das ein sehr helles Spektrum bei genügender Dispersion gibt. Am Ende *B* befindet sich ein Spalt (in der Figur nicht zu sehen), der durch Drehen an dem Reifen *D* erweitert oder verengert werden kann. Ein kleiner Spiegel *m* dient dazu, Licht durch die Öffnung *P* auf ein kleines Hilfsprisma zu werfen, wodurch dieses Licht in den Apparat völlig reflektiert wird. Hierdurch kann das zu untersuchende Licht mit dem Licht aus einer andren Lichtquelle verglichen werden. An dem *B* entgegengesetzten Ende befindet sich das Okular zur Beobachtung des Spektrums.

Will man das Spektrum der Metalle beobachten, so müssen diese durch hohe Temperatur in Dampfform übergeführt werden, was auf zweierlei Weise geschehen kann. Einmal dadurch, daß man Salze der Metalle (am besten ihre Halogenverbindungen) an einem Platindraht in eine farblose Flamme bringt; durch die Hitze dissoziieren die Halogensalze; die Sauerstoffsalze werden zu Oxyden und diese durch die reduzierenden heißen Gase in Metalle übergeführt. Diese Methode ist sehr gut, wenn man eine große Menge Material zur Verfügung hat; ist dies nicht der Fall, so ist dem Flammenspektrum ein Funkenspektrum vorzuziehen, denn durch letzteres lassen sich äußerst geringe Substanzmengen noch genau nachweisen. Weitere Vorteile des Funkenspektrums sind die größere Lichtintensität, die größere Bequemlichkeit der Handhabung usw. Auch liefern einige Elemente, z. B. Magnesium, welche dies in der Gasflamme nicht tun, infolge der hohen Temperatur der Funken Spektren; bei andren Elementen kommen Linien zum Vorschein, die im Flammenspektrum fehlen.

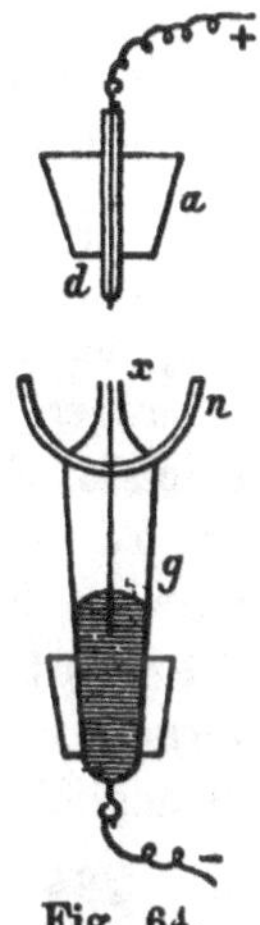

Fig. 64. Apparat zur Erzeugung von Funkenspektren.

Ein Funkenspektrum läßt sich sehr einfach auf folgende Weise herstellen. In den Boden eines ca. 15 mm weiten Glasschälchens *n* (Fig. 64) ist ein Platindraht eingeschmolzen, der in einem Rohr *g* steckt, das Quecksilber enthält und mit dem negativen Pol eines Induktoriums verbunden ist. Über diesen Draht ist eine konische Kapillare *x* gestülpt, die ihn um ca. 0·5 mm überragt.

Ihr gegenüber befindet sich die positive Elektrode *d* in der Form eines Platindrahtes, der bis auf das kurze Ende *d* in ein (durch den Korken *a* gestecktes) Glasrohr eingeschmolzen ist. Gießt man die Salzlösung bis ungefähr zur halben Höhe in das Schälchen, so wird sie durch Kapillarwirkung bis in die Spitze von *x* gehoben und jeder Funke bringt ein wenig davon zum Verstäuben. Man hat auf diese Weise nur minimalen Substanzverlust. Der Funke springt sehr regelmäßig über, so daß man die Beobachtung des Spektrums beliebig lange fortsetzen kann.

Außerdem benutzt man den elektrischen Lichtbogen, um Substanzen zu verflüchtigen, deren Spektrum man beobachten will; infolge der großen Lichtintensität des Bogens sind diese Spektren sehr hell.

Für die Untersuchung der Spektren von Stoffen, die bei gewöhnlicher Temperatur gasförmig sind, bedient man sich einer PLÜCKERschen (HITTORFschen, GEISSLERschen) Röhre (Fig. 65), in welcher sich das Gas in sehr verdünntem Zustande befindet. Läßt man

Fig. 65. PLÜCKERsches Rohr.

die Entladung des Induktionsapparates mittels der eingeschmolzenen Drähte durch die Röhre gehen, so leuchtet ihr mittlerer enger Teil hell.

Einige Stoffe haben die Eigenschaft, bestimmte Farben aufzusaugen und andre durchzulassen. Bringt man die Lösung eines solchen Stoffes vor den Spalt eines Spektroskops und läßt nun das Licht eines kontinuierlichen Spektrums hindurchgehen, so nimmt man im Spektrum dunkle Bänder oder Streifen wahr; man hat ein Absorptionsspektrum, das für eine Anzahl von Stoffen charakteristisch ist und diese zu erkennen und von andren zu unterscheiden ermöglicht.

264. Das Spektroskop ist eines der empfindlichsten Mittel zum Nachweis vieler Stoffe. Nur eine außerordentlich geringe Stoffmenge wird durch die Induktionsfunken verflüchtigt, die aber trotz ihrer Geringfügigkeit zur Beobachtung des Spektrums hinreicht. Zahlen wie $0 \cdot 3.10^{-6}$ mg Natrium sind als Grenze für die noch wahrnehmbare Menge gefunden worden. Hierdurch war es möglich, Elemente zu entdecken, deren Nachweis auf chemischem Wege sehr schwer gewesen wäre. BUNSEN und KIRCHHOFF selber fanden so im Dürkheimer Mineralwasser Cäsium und Rubidium; um diese Elemente in der Form von Chloriden daraus abzuscheiden, nachdem ihre Anwesenheit spektroskopisch nachgewiesen war, mußten sie 44000 kg Wasser eindampfen, um 16·5 g eines Gemisches der Chloride zu erhalten. Auch beim Suchen nach Methoden zur Trennung dieser Elemente von andren war das Spektroskop ihr Führer; nach Ausführung jeder Trennung überzeugten sie sich, ob das Spektrum der neuen Elemente intensiver geworden war. Andre Elemente, die man spektroskopisch entdeckt hat, sind Thallium, Indium, Gallium, Ytterbium, Scandium.

Die Spektren der Elemente haben ein sehr verschiedenes Aussehen, was man bei der Betrachtung der Tafel II sofort erkennen kann. Die Zahlen bedeuten Wellenlängen des Lichtes, ausgedrückt in Hundertstel Mikrons = 10^{-5} mm. Einige Metalle, wie Natrium, Thallium, Indium, zeigen nur eine deutliche Linie, wenn man ihr Flammenspektrum mit einem Spektroskop wie dem oben beschriebenen erzeugt. Benutzt man aber einen Funkenstrom oder einen elektrischen Lichtbogen zur Verflüchtigung der Stoffe und einen Apparat von starkem Dispersionsvermögen, so kommen viel mehr Linien zum Vorschein. Auch ergibt sich beim Photographieren der Spektren, daß im infraroten und im ultravioletten Teil (die für das Auge nicht sichtbar sind) noch Linien vorkommen. Das gegenwärtige Studium der Spektren beruht deshalb fast immer auf der Untersuchung der von ihnen hergestellten Photogramme.

Die Anzahl der Spektrallinien vermehrt sich stark, wenn die Elemente einer höherwertigen Gruppe des periodischen Systems angehören. Während für Lithium, Natrium und Kalium die Gesamtzahl 20, 35 und 41 beträgt, hat man im Spektrum des Bariums 163, des Titans 728, des Eisens sogar über 5000 Linien gezählt.

Unter diesen Linien gibt es einzelne, die durch ihre Lage (Farbe) und Intensität besonders charakteristisch für ein Element sind, wie die gelbe Linie des Natriums, die grüne des Thalliums, die blauen Linien des Indiums usw. Zum Zwecke der Identifizierung solcher Elemente werden diese Linien meistens direkt im Apparat beobachtet.

Stickstoff ist ein Beispiel für eine Substanz, die ein Bandenspektrum gibt, wenn man ihn auf die in **263** beschriebene Weise untersucht.

265. Die Lage der Spektrallinien wurde früher zahlenmäßig nach einer willkürlichen Skala angegeben; jetzt wird sie mit Hilfe der Wellenlänge λ bestimmt, wobei als Einheit 10^{-7} mm genommen wird; nach dem Physiker, der diese Einheit eingeführt hat, heißt sie die Ångström-Einheit. Für die Wellenlänge der Natriumlinie D_1 wurden 5896·16 solcher Einheiten gefunden. Der sichtbare Teil des Spektrums umfaßt etwa die Wellenlänge 7500—4000 Å.-E.

Durch die Untersuchungen von Rowland, Michelson, Kayser u. Runge und andren sind die Wellenlängen sehr zahlreicher Spektrallinien mit großer Genauigkeit bestimmt worden, wodurch die Behandlung der Frage in Angriff genommen werden konnte, ob in der scheinbar ganz regellosen Verteilung der Linien in den Spektren der verschiedenen Elemente eine gewisse Ordnung zu erkennen ist.

Balmer war der erste, der zeigte, daß dieser Fall in der Tat beim Wasserstoffspektrum vorlag. Durch die Formel $\lambda = A \frac{m^2}{m^2 - 4}$, in welcher A eine Konstante ist ($= 3646 \cdot 13$), ließen sich die Wellenlängen λ der Spektrallinien dieses Elementes mit sehr großer Annäherung ausdrücken, wenn für m die aufsteigenden ganzen Zahlen, anfangend mit 3, eingesetzt wurden.

Hauptsächlich Rydberg, Kayser u. Runge und Ritz haben die Spektren andrer Elemente auf ähnliche Regelmäßigkeiten untersucht; das Ergebnis war, daß diese immer viel zusammengesetzter wie das Wasserstoffspektrum sind. Es würde zu weit führen, wenn wir auf diese Fragen, die ganz zur Physik gehören, näher eingehen wollten; es sollen hier nur einige Andeutungen über dieses interessante Gebiet gegeben werden.

Rydberg, der vornehmlich die Spektren der Alkalimetalle untersuchte, führte in seine Formeln den reziproken Wert der Wellenlänge, die Wellenzahl n ein, die angibt, wieviel Wellenlängen auf 1 cm gehen. In den genannten Spektren fand er drei Serien von Linien, deren Wellenzahlen durch die Formel $n = n_0 - \frac{N_0}{(m + \mu)^2}$ ausgedrückt werden können. In dieser Formel ist $N_0 = 109675 \cdot 0$ und hat den Charakter einer Universalkonstante, da dieselbe für alle diese Metalle und für alle Serien denselben Wert hat; n_0 und μ dagegen sind zwei Konstanten, die für jede Serie jedes Metalles andre Werte haben; für m sind wieder, wie in Balmers Formel, die Glieder der Reihe der ganzen Zahlen einzustellen. Diese letzte Formel ist übrigens nur ein Spezialfall der Formel Rydbergs, da man Balmers Formel in $\frac{1}{\lambda} = n = n_0' - \frac{N_0'}{m^2}$ umwandeln kann (wobei $n_0' = A$ und $N_0' = 4\,A$ ist), in welche die Formel Rydbergs übergeht, wenn $\mu = 0$ gesetzt wird. Zwischen den Werten der Konstanten dieser verschiedenen Serien fand Rydberg auch noch gewisse Beziehungen.

Die Spektrallinien der Alkalimetalle haben noch das Eigentümliche, daß sie aus doppelten (Doublets) oder dreifachen Linien (Triplets) bestehen, deren Differenz in Wellenlängen für jede Serie konstant ist.

Weiter hat sich ergeben, daß die Universalkonstante N_0 auch zur Berechnung der Linienserien von anderen Elementen, wie Zinn, Antimon, Blei u. a. verwendet werden kann, und zwar bei Benutzung einer Formel, die der Rydbergschen sehr ähnlich ist.

Wenn man eine Kurve konstruiert, so daß man auf der Abszisse die Serie der ganzen Zahlen 1, 2, 3 usw. aufträgt und auf der Ordinate die Wellenzahlen der Wasserstofflinien, von rot nach violett gehend, so hat diese Kurve die Gestalt einer Hyperbel. Stellt man nun in der gleichen Weise die Linienserien anderer Elemente graphisch dar, so fallen die erhaltenen Kurven völlig mit der des Wasserstoffs zusammen, wenn dieselben parallel zu sich selbst verschoben, und das Achsensystem danach um einige Grade gedreht wird. Es ist also hierdurch eine einheitliche Darstellungsweise der Linienserien mancher Elemente erreicht. Ob Linien zu ein und derselben Serie gehören, läßt sich u. a. dadurch beurteilen, daß dieselben im magnetischen Feld in derselben Weise gespalten werden (267).

266. Mit Hilfe der Spektroskopie hat sich feststellen lassen, welche Elemente in den Atmosphären der Himmelskörper vorkommen. Wenn das Licht selbstleuchtender Sterne durch ein Prisma zerlegt wird, so erhält man Linienspektren, welche denen unserer Elemente entsprechen. Besonders umfassend ist diese Untersuchung für die Sonne ausgeführt worden. Ihr Spektrum zeigt zahlreiche parallele dunkle Linien, welche nach ihrem Entdecker FRAUNHOFERsche Linien heißen; viele von ihnen nehmen ihrer Anordnung nach dieselbe Stelle im Spektrum ein, wie die hellen Spektrallinien irdischer Körper. In der Physik wird gelehrt, wie diese Erscheinung gedeutet werden muß. Durch den Vergleich der FRAUNHOFERschen Linien mit dem Spektrum der irdischen Elemente hat man gefunden, daß in der Sonnenatmosphäre vornehmlich Fe, Na, Mg, Ca, Cr, Ni, Ba, Cu, Zn und H (letzterer in ungeheurer Menge) vorkommen.

Anderseits zeigt das Sonnenspektrum zahllose Linien von Elementen, die wir auf der Erde nicht kennen.

Die Vermutung liegt nahe, daß sich manche der Elemente, von welchen diese Linien herrühren, auch auf der Erde auffinden lassen werden, zumal wenn man bedenkt, wie klein der uns bekannte Teil der Erdkugel ist (8). Diese Vermutung ist, wenigstens im Falle des Heliums (206) bestätigt worden, dessen Hauptlinie nahe bei der mit $D_1 D_2$ bezeichneten Doppellinie des Natriums liegt und daher D_3 genannt wird.

Einheit der Materie.

267. Die Annahme, daß alle Stoffe aus einem einzigen Stoff, der Urmaterie, hervorgegangen sind, und daß die Verschiedenartigkeit, welche wir in der stofflichen Welt beobachten, nur durch verschiedene Anordnung und Form der kleinsten Teilchen dieser Urmaterie bedingt werde, findet sich schon bei den griechischen Philosophen. Die spätere experimentelle Naturforschung machte sich diese Auffassung nicht zu eigen. BOYLE (1626—1691) führte den Begriff Element in dem noch heute geltenden Sinne ein. Danach werden als Elemente alle Stoffe betrachtet, welche mit unseren Hilfsmitteln nicht weiter in ungleichartige Bestandteile spaltbar sind, und die weitere Entwicklung der Chemie ergab, daß die Anzahl dieser Elemente ziemlich groß ist. Wiewohl die Annahme einer Urmaterie dadurch zurücktrat, war sie doch keineswegs beseitigt, denn immer wieder ist nachdrücklich betont worden, daß die Elemente, welche die Chemie als Grundstoffe kennen lehrt, nur bedingt als solche zu betrachten sind;

die Möglichkeit, daß ein sogenanntes Element sich in ungleichartige Bestandteile noch spaltbar erweisen könnt , wie sich auch manchmal tatsächlich ergeben hat, wurde nie verneint.

War kein Grund vorhanden, die Existenz einer Urmaterie zu leugnen, so lieferte die Forschung im achtzehnten und einem großen Teil des neunzehnten Jahrhunderts auch keine Anhaltspunkte für ihr Vorhandensein. Erst durch die Entdeckung des periodischen Systems der Elemente kam das Problem wieder in Fluß, weil damit zum ersten Male eine experimentelle Grundlage für die Annahme einer Urmaterie gegeben war. Die augenfällige periodische Abhängigkeit der Eigenschaften der Elemente von ihren Atomgewichten, wie sie in diesem System zum Ausdruck kommt, führt zwanglos zu der Annahme eines allgemeinen Grundstoffes, von dem die Elemente genannten einfachen Stoffe sozusagen Polymere sind, unzerlegbar durch die uns zur Verfügung stehenden Hilfsmittel.

Ein weiteres Argument für die Teilbarkeit der elementaren Atome lieferte die Spektralanalyse. Zur Erklärung der Linienspektren, welche manche Elemente zeigen, nimmt man an, daß durch die Bewegungen der Atome Lichtschwingungen von bestimmter Wellenlänge entstehen, welche die Spektrallinien darstellen. Da aber das Spektrum einzelner Elemente äußerst kompliziert zusammengesetzt ist, wäre man zu der Annahme gezwungen, daß ihre Atome sehr komplizierte Bewegungen vollbringen; daher stellte man die einfachere Hypothese auf, daß nicht die Atome als Ganzes, sondern kleinere Teilchen, aus welchen sie aufgebaut sind, durch ihre Schwingungen die verschiedenen Spektrallinien erzeugen.

Die physikalischen Untersuchungen dieses Jahrhunderts haben sehr triftige Gründe dafür beigebracht, daß die chemischen Atome in der Tat nicht als die letzten Bestandteile der Materie zu betrachten sind, sondern daß sie in Teilchen spaltbar sind, die etwa noch 2000 mal kleiner sind als das Wasserstoffatom. Diese Teilchen, welche sehr starke negativ elektrische Ladungen mit sich führen, werden **Elektronen** genannt.

Der Beweis, daß in den Atomen der Elemente Elektrone vorkommen, ist durch Zeemans Entdeckung geliefert, daß die Spektrallinien durch ein magnetisches Feld in zwei, drei oder mehr Komponenten gespalten werden; denn dies ist nur möglich, wenn sich in den Atomen elektrisch geladene Teilchen vorfinden. In allen bis jetzt untersuchten Elementen kann man auf diesem Wege Elektronen, also gemeinschaftliche Bestandteile, nachweisen.

Es kann hier auf diese rein physikalischen Untersuchungen nicht näher eingegangen werden; ich muß hier auf die Lehrbücher der Physik verweisen. Erwähnt sei nur, daß es das Studium der Kathodenstrahlen in Verbindung mit den weiter unten mitgeteilten Untersuchungen über radioaktive Elemente war, welche diese Hypothese gestützt haben. Kathodenstrahlen entstehen, wenn durch den gasverdünnten Raum Entladungen eines Induktoriums geschickt werden. Dies läßt sich durch die Annahme erklären, daß von der Kathode stark negativ geladene Teilchen, Elektronen, fortgeschleudert werden, welche mit einer Geschwindigkeit von mehreren tausend Kilometern in der Sekunde fortbewegt werden. Die Kathodenstrahlen bestehen demnach aus einem Strom dieser Elektronen. Es ist gelungen, die Masse eines Elektrons zu bestimmen, die ungefähr zu $^1/_{2000}$ eines Wasserstoffatoms gefunden wurde. Diese Elektronen sind stets gleich, unabhängig von der Natur des in der Röhre vorhandenen Gases und von den Elektroden, so daß man es hier tatsächlich mit einer Zersetzung der Atome in ihre Urmaterie zu tun haben würde.

Die Elektronen der Kathodenstrahlen sind mit den Elektronen, welche die magnetische Spaltung kennen lehrt, identisch.

Die Anionen bestehen nach der Elektronenlehre aus Atomen und ein oder mehreren Elektronen, das Chlorion z. B. aus Chlor und einem Elektron, das man durch dieses Zeichen ⊖ darstellt. Die Kationen bilden sich durch Verlust eines oder mehrerer Elektronen aus den Atomen. Man kann also schreiben:

$$Cl + \ominus = Cl' \quad \text{und} \quad K - \ominus = K^{\cdot}.$$

Die Ionisation von Chlorkalium beim Lösen in Wasser kann durch die Gleichung:

$$KCl\,aq = [K - \ominus]aq + [Cl + \ominus]aq$$

dargestellt werden.

Einzelne Physiker behaupten, noch einen Schritt weiter gehen zu können. Sehr hervorragende Untersuchungen von ROWLAND haben gezeigt, daß ein sich bewegender, elektrisch geladener Leiter dieselbe Wirkung ausübt wie ein elektrischer Strom, so daß letzterer als aus sehr rasch sich fortbewegenden diskreten elektrischen Teilchen bestehend betrachtet werden darf. Die Elektrizität würde also eine „atomistische“ Struktur besitzen. Hierauf deutet auch das Gesetz von FARADAY hin. Die Ladungen der Ionen sind nach diesem Gesetz entweder gleich der Ladung eines Wasserstoffions oder einem ganzen Vielfachen dieser. Bruchteile der Ladung kommen niemals vor. Diese sehr auffallende Tatsache beweist, daß man, ebenso wie man zur Erklärung der analogen Gesetze DALTONS hypothetisch den Aufbau der Elemente aus Atomen annahm, die Folgerung nicht abweisen kann, die Elektrizität bestehe aus diskreten elementaren Teilchen, welche als „Elektrizitätsatome“ anzusehen sind. Anderseits ist gezeigt worden, daß die Induktions- und andre elektrische Erscheinungen gerade so verlaufen, als ob die Elektrizität Masse besitze, da sie dieselben Eigenschaften der Trägheit wie die ponderable Materie zeigt. Dies hat dazu geführt, die Materie mit der Elektrizität zu identifizieren, die Elektronen also nicht länger als elektrisch geladene Masseteilchen zu betrachten, sondern als elektrische Ladungen selbst, ohne materielles Substrat. Durch diese Hypothesen wird nicht nur die Materie zur Einheit, sondern auch der Jahrhunderte alte Gegensatz zwischen Kraft und Stoff zum Verschwinden gebracht.

Die Beobachtung der Spektren der Fixsterne deutet auf eine anorganische Evolution der Materie hin. Man hat nämlich Spektren (Gasspektren), die weit ins Ultraviolett reichen (zwei Sterne aus dem Sternenbild Argo), Spektren (Metallspektren) von mittlerer Länge (Algol, Sirius, Arcturus) und Spektren (Kohlenstoffspektren), die noch kürzer sind (Stern 19 aus dem Sternenbild der Fische). Je länger aber ein Spektrum ist, desto heißer ist der Körper, der das Licht aussendet. Während man nun in den heißesten Fixsternen nur die Wasserstoff- und die Heliumlinien findet, nebst einer beschränkten Anzahl Linien von Elementen mit kleinen Atomgewichten, findet man in den Spektren der Fixsterne von mittlerer Temperatur die Linien von einigen Metallen, dagegen in den Spektren der Fixsterne von der niedrigsten Temperatur (etwa der des elektrischen Lichtbogens) die Linien des Kohlenstoffs und von den Schwermetallen. Je mehr also die Sterne abkühlen, desto mehr kondensiert sich die Urmaterie zu Elementen mit höheren Atom- oder Molekulargewichten (Kohlenstoff).

Radioaktive Elemente.

268. Becquerel hat entdeckt, daß vom Uran eine besondere Art unsichtbarer Strahlen ausgesandt wird, die sich geradlinig ausbreiten und auf die photographische Platte einwirken, aber nicht reflektiert, gebrochen oder polarisiert werden können. Gehen diese Strahlen durch Gase hindurch, so werden letztere elektrische Leiter. Als nun Uranpecherz, das Mineral, aus welchem Uran gewonnen wird, auf sein Strahlungsvermögen untersucht wurde, ergab sich die merkwürdige Tatsache, daß die Strahlung dieses Minerals diejenige des Metalles um das 4·5 fache übertrifft, obwohl Uranpecherz nur etwa 50 % Uran enthält. Uranpecherz muß daher einen oder mehrere Stoffe enthalten, die ein stärkeres Strahlungsvermögen besitzen als Uran. Es ist hauptsächlich das Verdienst des Ehepaares Curie, gezeigt zu haben, daß das Vermögen der Aussendung dieser Strahlen, die Radioaktiviät, von der Gegenwart sehr kleiner Mengen von bis dahin unbekannten Elementen herrührt, die auch sonst sehr auffallende Eigenschaften aufweisen.

Bei der Trennung dieser Elemente — nach Entfernung des Urans — von den andren Elementen des Uranpecherzes (eines Minerals von sehr komplizierter Zusammensetzung) gewährte die Messung der Radioaktivität der durch jede Operation erhaltenen Produkte den einzigen Anhalt. Zu diesem Zwecke wurde die elektrische Leitfähigkeit einer den Strahlen ausgesetzten Luftschicht gemessen. Es gelang so durch zahlreiche chemische Operationen, die aktive Substanz mehr und mehr zu konzentrieren. Diese Methode läßt sich vergleichen mit der, welche Bunsen und Kirchhoff befolgten, als sie Rubidium und Cäsium aus der Dürkheimer Mineralquelle isolierten, wobei das Spektroskop die erreichte Konzentration dieser Elemente anzeigte (**232**). Jedoch ist die Messung der Radioaktivität viele tausendmal empfindlicher als die spektroskopische Beobachtung. Ohne diesen Umstand wäre die Entdeckung der radioaktiven Elemente nicht möglich gewesen, da sie nur in äußerst geringer Menge vorkommen; zur Abscheidung von 0·2 g Radiumbromid müssen 2000 kg aus den bei der Gewinnung des Urans aus dem Joachimsthaler Uranpecherz gebildeten Rückständen verarbeitet werden.

Radium ist das bestbekannte dieser Elemente; es ist das einzige, dessen Verbindungen in reinem Zustande dargestellt werden konnten; sein Funkenspektrum zeigt drei sehr helle Linien im Blau und Violett; das Flammenspektrum ist durch zwei rote Banden ausgezeichnet, so daß die Flamme des Bunsenbrenners karminrot gefärbt wird. Chemisch ist es sehr nahe mit Barium verwandt; man trennt es von diesem durch fraktionierte Kristallisation der Bromide, da Radiumbromid schwerer löslich ist (wie überhaupt seine Salze), als das entsprechende Bariumsalz. Durch spektroskopische Beobachtung läßt sich ermitteln, ob es ganz frei von Bariumbromid ist. Das Atomgewicht des reinen Radiums betrug dann 226·0 und ließ sich durch weitere fraktionierte Kristallisation nicht mehr erhöhen; mit diesem Atomgewicht paßt das Radium in die zweite Gruppe des periodischen Systems (siehe auch **271**). Die Radiumsalze sind im Dunkeln leuchtend und regen eine große Anzahl Substanzen, wie Bariumplatincyanid, $BaPtCy_4$, schwefelsaures Uranyl, Edelsteine usw. zu kräftiger Fluoreszenz an, auch den Diamant, der sich dadurch von Imitationen unterscheidet. Die Radioaktivität des reinen Bromids ist ungefähr die millionenfache von der des Urans.

Es ist Frau Curie und Debierne gelungen, das Element selbst darzustellen. Hierzu elektrolysierten sie eine Radiumchloridlösung mit Quecksilber als Kathode. Aus dem so gebildeten Radiumamalgam wurde durch Erhitzen im Wasserstoffstrom das Quecksilber ausgetrieben. Das Radium ist ein weißglänzendes Metall, das bei 700° schmilzt und sich auch bei dieser Temperatur bereits zu verflüchtigen beginnt. Es wird von der Luft angegriffen und zersetzt Wasser lebhaft. Seine Aktivität ist gerade so groß, wie man nach der Aktivität seiner Verbindungen erwarten mußte.

Außer Uran, Radium und Thorium sind die wichtigsten radioaktiven Elemente Polonium, Aktinium, Ionium und Radiothorium.

Polonium wird in einer Anzahl von Reaktionen zusammen mit Wismut gefällt, z. B. durch Schwefelwasserstoff, ferner wenn Bi-Salze durch Wasser als basische Salze gefällt werden; durch Stannochlorid wird es zusammen mit Quecksilber und Tellur gefällt. Auch kann es sich auf einen Silber- oder Wismutstab absetzen, wenn dieser in eine poloniumhaltige Lösung getaucht wird. Die Radioaktivität des Poloniums ist der des Radiums etwa tausendfach überlegen. Aus 15 Tonnen Uranpecherz konnte Marckwald 3 mg, sicher noch unreines, Poloniumsalz gewinnen; es kommt also noch in bedeutend geringerer Menge vor als Radium. Aktinium kommt zusammen mit den seltenen Erdmetallen, speziell Lanthan, vor, und kann von ihnen teilweise (wiewohl bis jetzt sehr unvollkommen) durch fraktionierte Kristallisation des Mangandoppelnitrats getrennt werden. Über Ionium siehe unten; über Radiothorium bei Thorium.

269. Über die Strahlen, welche die radioaktiven Elemente aussenden, sei hier folgendes mitgeteilt. Man unterscheidet drei Arten, die man α-, β- und γ-Strahlen nennt. Diesen Arten sind die oben bereits erwähnten Eigenschaften gemeinsam, doch weichen sie voneinander ab in ihrem Durchdringungsvermögen und durch ihr Verhalten im Magnetfeld. Die α-Strahlen sind wenig durchdringend und werden durch den Magneten in geringem Maß abgelenkt. Ein Aluminiumblatt von 0·1 mm Dicke läßt die Strahlen kaum noch durch. Auch werden sie durch eine Luftschicht von wenigen Zentimetern Dicke ganz absorbiert. Die β-Strahlen werden im Magnetfeld stark von ihrer Richtung abgelenkt und haben zwar ein unter sich verschiedenes, doch immerhin viel größeres Durchdringungsvermögen wie die α-Strahlen; gewisse Arten von β-Strahlen können eine Aluminiumschicht von 1 cm durchdringen. Die γ-Strahlen endlich werden garnicht abgelenkt, haben aber ein sehr großes Durchdringungsvermögen; selbst durch eine Bleiplatte von mehreren Zentimetern Dicke werden sie nicht ganz absorbiert; sie bilden nur einen geringen Teil der gesamten Strahlung.

Das Merkwürdige ist, daß diese Strahlen denen analog sind, welche in Crookesschen Röhren durch elektrische Entladungen, also in stark verdünnten Gasen, erzeugt werden. Die β-Strahlen sind als Kathodenstrahlen von großer Geschwindigkeit zu betrachten. Sie bestehen also aus negativen Elektronen, die sich mit sehr großer Geschwindigkeit, einige nahezu mit Lichtgeschwindigkeit (300000 km in der Sekunde), fortbewegen. Aus der Ablenkung, welche sie in einem elektrischen und in einem magnetischen Feld von bekannter Intensität erfahren, läßt sich ableiten, daß ihre Masse, analog den Teilchen der Kathodenstrahlen, ungefähr $^1/_{2000}$ von der eines Wasserstoffatoms beträgt; daraus ist auch die Geschwindigkeit dieser Elektronen zu berechnen. Aus dieser ungeheuren Geschwindigkeit läßt sich das große Durchdringungsvermögen der β-Strahlen erklären.

Die α-Strahlen sind der Strahlenart analog, die in der CROOKESschen Röhre durch die Kathode hindurchgelassen werden, wenn dieselbe mit feinen Löchern (Kanälen) versehen wird; sie haben die entgegengesetzte Richtung der Kathodenstrahlen; man nennt sie Kanalstrahlen. Sie verhalten sich wie mit großer Geschwindigkeit (etwa $^1/_{20}$ von der des Lichtes) ausgestattete Projektile, die mit positiver Elektrizität geladen sind. Ihre Masse ist ungefähr gleich derjenigen eines Heliumatoms, also viel größer wie die Masse der Projektile, welche die β-Strahlen und die Kathodenstrahlen bilden. Durch ihre größere Dimension und ihre geringere Geschwindigkeit wird ihr geringes Durchdringungsvermögen erklärt. RUTHERFORD hat in der Tat den Nachweis erbracht, daß sie aus Heliumatomen bestehen, die zwei positiv elektrische Ladungen tragen oder, anders ausgedrückt, zwei Elektronen verloren haben.

Auf verschiedene Weise läßt sich experimentell bestimmen, daß 1 g Radium pro Sekunde $3 \cdot 4 \times 10^{10}$ α-Teilchen, also auch Heliumatome emittiert. Da man nun andererseits weiß, daß im Grammmolekül der Gase 65×10^{22} Moleküle vorhanden sind, in 1 ccm also $2 \cdot 8 \times 10^{19}$, so ergibt sich sofort das pro Zeiteinheit gebildete Volum Helium; pro Jahr finden sich so 158 cmm. In sehr guter Übereinstimmung mit dieser berechneten Zahl ergab das Experiment ebenfalls 158 cmm.

Die γ-Strahlen sind analog mit den X- oder Röntgenstrahlen. Letztere gehen von einer Metallplatte aus, die man in den Weg der Kathodenstrahlen stellt; sie bestehen nicht aus einem Strom elektrisch geladener Partikel, sondern sind als Ätherwellen aufzufassen, welche entstehen, wenn Elektronen mit großer Geschwindigkeit gegen einen festen Körper anprallen.

Die γ-Strahlen haben jedoch ein viel höheres Durchdringungsvermögen als die X-Strahlen, die mit den bis jetzt zur Verfügung stehenden elektrischen Spannungen zu erzeugen sind.

Während die Wellenlänge der gewöhnlichen (roten) Lichtstrahlen ca. 7×10^{-5} cm beträgt, bewegt sich die der X-Strahlen zwischen 10^{-7} und 10^{-9} cm. Dies wurde durch VON LAUE und durch BRAGG aus der Beugung dieser Strahlen durch Kristallplatten hergeleitet. Zugleich wurde hierdurch die Kristallstruktur, als bestehend aus Raumgittern (210), experimentell auf das Glänzendste bestätigt.

Wie sich die verschiedenen Strahlenarten nachweisen lassen,

ergibt sich aus dem oben Gesagten von selbst. Man kann dazu z. B. ihr ungleichartiges Durchdringungsvermögen benutzen. Von ihrer Trennung in einem magnetischen Feld gibt Fig. 66 eine Vorstellung. Während die γ-Strahlen darin keine Ablenkung erfahren, werden die α-Strahlen schwach nach der einen Seite, die β-Strahlen stark nach der andren Seite abgelenkt.

270. Im Zusammenhang mit dem im vorhergehenden Abschnitt Mitgeteilten hat man in *diesen Strahlungen eine freiwillige Zersetzung der Atome der radioaktiven Elemente zu sehen.* Diese geht mit einer sehr bedeutenden Wärmeentwicklung einher: 1 g Radium gibt pro Stunde 132 (g) Kal. ab; deshalb haben Radiumsalze eine höhere Temperatur als ihre Umgebung. Sogar bei Abkühlung mit flüssigem Wasserstoff (— 253°) findet diese Wärmeentwicklung noch statt. Wie ansehnlich sie ist, geht noch deutlicher aus der Vergleichung mit andren kalorischen Effekten bei chemischen Reaktionen hervor. Wie man jetzt annimmt, beträgt die Wärmemenge, welche bei der Zersetzung von 1 g Radium frei wird, etwa 10^9 g-Kal. Die Bildung von 1 g Wasser aus seinen Elementen erzeugt eine Wärme von 4×10^3 g-Kal., so daß erstgenannter Prozeß 250000 mal mehr Wärme entwickelt wie der zweite.

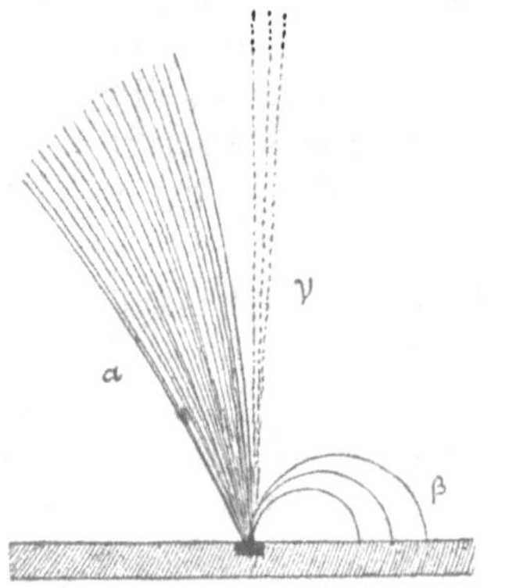

Fig. 66.
Lauf der α-, β- und γ-Strahlen in einem magnetischen Feld.

Die Wärmeentwicklung der radioaktiven Elemente wird dadurch verursacht, daß die kinetische Energie, hauptsächlich der α-Partikel, durch die Stöße gegen die umgebenden Moleküle bald erschöpft wird und in der Form von Wärme wieder erscheint, da durch diese Stöße die Moleküle in lebhaftere Bewegung geraten sind.

Mit dieser freiwilligen Zersetzung der radioaktiven Elemente gehen noch andere Erscheinungen einher. Jeder in die Nähe eines radioaktiven Salzes (oder besser einer Lösung desselben) gelangende Körper wird temporär oder *induziert* radioaktiv, d. h. er entsendet dieselben Strahlen wie Radium selbst; am besten wird diese *induzierte Radioaktivität* beobachtet, wenn man ein radioaktives Salz in einen geschlossenen Raum bringt. Die Wände dieses Raumes, sowie alle darin befindlichen Körper werden dann radioaktiv. Es sind nicht die Strahlen, welche dies bewirken; denn aktives Salz in einem zugeschmolzenen Rohr entsendet wohl Strahlen, erregt jedoch keine Radioaktivität.

RUTHERFORD hat die Ursache dieser Erscheinung aufgefunden durch die Entdeckung, daß von radioaktiven Substanzen fortwährend eine Ausströmung ausgeht, die er Emanation genannt hat. Da die induziert radioaktiven Stoffe Strahlen aussenden, welche wesensgleich mit den Radiumstrahlen selbst sind, so müssen genannte Stoffe diese Eigenschaft der Umwandlungsprodukten der Emanation entlehnen.

Die Emanation verhält sich in allen Hinsichten wie ein Gas; sie diffundiert von einem Gefäß in ein andres, befolgt beim Zusammendrücken das Gesetz von BOYLE, läßt sich durch Abkühlung mit flüssiger Luft kondensieren und durch Temperaturerhöhung wieder verflüchtigen. Weder durch physikalische, noch durch chemische Angriffe wird die Emanation verändert; sie ist unempfindlich gegen Temperaturwechsel von -180 bis 500^0, wird nicht durch konzentrierte Säuren oder Laugen absorbiert und läßt sich ohne Veränderung zu erleiden über erhitztes Kupferoxyd leiten. Sie hat also die Eigenschaften der Edelgase, Argon usf.

Es ist RAMSAY gelungen, etwas größere Mengen Radiumemanation darzustellen. Es ist eine wasserhelle Flüssigkeit von der Dichte ca. 5 und dem Siedepunkt -65^0 bei Atmosphärendruck; bei -71^0 ist es fest. In Glas erregt es starke Fluoreszenz. Da angenommen wird, daß Emanation aus Radium entsteht, wenn letzteres ein α-Partikel (Heliumatom) verliert, muß das Atomgewicht der Emanation $226 - 4 = 222$ sein, während 223 dafür gefunden wurde.

Die Emanation muß als eine Zwischenstufe des völligen Zerfalls des Radiumatoms in Heliumatomen, Elektronen und anderen Substanzen (siehe unten) betrachtet werden. RAMSAY und SODDY haben nachgewiesen, daß auch bei der freiwilligen Zersetzung von Radiumemanation sich wieder Helium bildet. Der maximale Betrag der Emanation, der von 50 mg Radiumbromid erhalten wurde, ist von ihnen mittels eines Sauerstoffstromes in ein durch flüssige Luft gekühltes U-Rohr geleitet und dieses dann mit der Pumpe evakuiert worden. Die an das U-Rohr angeschmolzene Vakuumröhre zeigte nach Entfernung der flüssigen Luft keine Spur von Helium. Das Spektrum war das der Emanation. Nach viertägigem Stehen trat das Heliumspektrum auf.

Für das Werden und Vergehen der radioaktiven Stoffe gilt genau dasselbe Gesetz wie für eine monomolekulare Reaktion. Wie wir in **51** sahen, wird die Geschwindigkeit S einer solchen Reaktion durch die Gleichung:

$$S = \frac{dC}{dt} = k \cdot C$$

vorgestellt, in welcher C die Konzentration der Substanz und k eine Konstante vorstellt.

Mittels höherer Mathematik läßt sich diese Gleichung folgendermaßen umformen:

$$C = C_0 e^{-kt},$$

wobei C_0 die Anfangskonzentration ist und e die Grundzahl der natürlichen Logarithmen. In logarithmischer Form lautet diese Gleichung:

$$l \frac{C}{C_0} = -kt.$$

Dieselbe Gleichung ist nun auch für die Geschwindigkeit des Zerfalls einer radioaktiven Substanz anwendbar, wenn man unter C die Intensität der Strahlung versteht, welche elektrometrisch bestimmt werden kann. Wenn ein radioaktiver Stoff nur in eine einzige andere Substanz überginge, würde sich die Erscheinung graphisch sehr einfach darstellen lassen. Wenn man nämlich auf die Abszisse die Zeit, auf die Ordinate den Logarithmus der Aktivität setzt, so würde man eine gerade Linie bekommen.

Erzeugt dagegen der Stoff A eine andere aktive Substanz B und diese wieder eine neue aktive Substanz C usf., so wird die Sache viel komplizierter; die graphische Darstellung, in der eben skizzierten Weise ausgeführt, gibt dann nicht mehr eine gerade Linie, sondern eine ziemlich verwickelte Kurve. Trotzdem ist es gelungen, diese experimentellen Kurven zu zerlegen und daraus mit Sicherheit die Anzahl der aktiven Substanzen herzuleiten, welche ineinander umgewandelt werden, sowie deren Konstanten k. Es ist dies nicht die einzige Methode, um die Anzahl und die Art solcher Zwischenprodukte zu bestimmen; auch andere Eigenschaften ermöglichen es, die sich ineinander umwandelnden aktiven Substanzen als solche zu unterscheiden. So z. B. die Art ihrer Strahlung: gewisse dieser Substanzen senden nur α-Strahlen aus, andere nur β-Strahlen, wieder andere ein Gemisch von α-, β- und γ-Strahlen; auch kommen darunter Substanzen vor, die keine Strahlen aussenden.

In einzelnen Fällen hat man diese aktiven Substanzen auch wirklich durch physikalische oder chemische Hilfsmittel trennen können. Gewisse Substanzen sind gasförmig, andere setzen sich auf feste Stoffe ab. Die gasförmigen können durch Temperaturerniedrigung kondensiert werden.

Jede radioaktive Substanz kann am besten durch den Exponenten k obiger Gleichung charakterisiert werden; dieser ist — anders wie bei den gewöhnlichen Reaktionen — vollständig unabhängig von der Temperatur und vom Druck. Anstatt des Exponenten k benutzt man aber oft eine andere, mit ihm zusammenhängende Größe: Wenn man in der Gleichung

$$-\frac{l\frac{C}{C_0}}{k} = t \quad \text{für} \quad \frac{C}{C_0} = \tfrac{1}{2}$$

einstellt, so bedeutet dies, daß die Intensität der Strahlung gerade auf die Hälfte gesunken ist; für die dazu nötige Zeit bekommt man daher

$$-\frac{l\frac{1}{2}}{k} = \frac{l\cdot 2}{k} = t.$$

Diese Zeit t wird häufig anstatt des Wertes k angegeben. Man nennt sie die **Halbierungskonstante**.

Durch derartige Untersuchungen ist man zu der Serie von Umwandlungen des Radiums gekommen, die in folgender Tabelle verzeichnet ist:

Substanz	Eigenschaften	t = Halbierungs-konstante	Art der Strahlung	Wirkungsbereich der Strahlung in Luft
Uran 1	Wie gewöhnliches Uran	5×10^9 Jahre	α	2·5 cm
↓ Uran X_1	Wie Thorium	24·6 Tage	β, γ	—
↓ Uran X_2	Wird auch Brevium genannt	1·15 Minute	β, γ	—
↓ Uran 2	Wie Uran	10^6 Jahre	α	2·9
↓ Ionium	Wie Thorium	10^5 Jahre	α	3·07 „
↓ Radium	At.-Gew. 226·0. Charakt. Spektrum	1750 Jahre	α	3·3 „
↓ Emanation	Inertes Gas	3·85 Tage	α	4·16 „
↓ Radium A	Wie Polonium	3 Minuten	α	4·75 „
↓ Radium B	Wie Blei	26·7	β, γ	—
↓ Radium C	Wie Wismut	19·5 Minuten	α, β, γ	6·94 „
↓ Radium D	Wie Blei	16 Jahre	β, γ	—
↓ Radium E	Wie Wismut	5 Tage	β, γ	—
↓ Radium F	Wird auch Polonium genannt	186 „	α	3·85 „
↓ Radium G	Wie Blei	—	—	—

Wie man sieht, wird Polonium dadurch in Zusammenhang mit Radium gebracht.

Anderseits steht Radium in Beziehung zum Uran. Da die Halbierungskonstante des Radiums 1750 Jahre beträgt, das Alter der festen Erdkruste aber nach Millionen von Jahren gezählt wird, müßte das Radium heute längst verschwunden sein, wenn es nicht beständig von neuem gebildet würde. Als die Muttersubstanz des Radiums hat das viel langsamer sich umwandelnde Uran sich mit Sicherheit herausgestellt. Dies geht u. a. daraus hervor, daß in den verschiedenen uran- und radiumhaltigen Erzen das Verhältnis von Uran zu Radium annähernd dasselbe war. Um dies zu beweisen, bestimmten Boltwood und Strutt den Urangehalt der Erze gewichtsanalytisch, den Radiumgehalt aber dadurch, daß sie die beim Lösen der Erze entwickelte Emanation auffingen und deren Aktivität elektrometrisch maßen. Da die Zersetzung beim Uran sehr viel langsamer als beim Radium vor sich geht, deutet dieses konstante Verhältnis auf eine Bildung des Radiums aus Uran. Endlich ist es Soddy auch gelungen nachzuweisen, daß Lösungen von sorgfältigst gereinigtem Uranylnitrat nach 3 Jahren radiumhaltig geworden waren.

Ebenso sicher ist es aber auch, daß zwischen dem Uran und dem Radium noch Zwischenprodukte bestehen müssen, daß also Uran nicht die unmittelbare Muttersubstanz von Radium sein kann. Eines dieser Zwischenprodukte ist Ionium. Es steht chemisch dem Thorium sehr nahe und läßt sich von diesem bis jetzt auf keine Weise trennen; es sendet α-Strahlen aus. Das Mengenverhältnis zwischen Ionium und Radium ist in verschiedenen Erzen ebenfalls merklich konstant. Die interessanteste Eigenschaft des Ionium ist, daß es Radium zu erzeugen vermag.

Wie für Radium und Uranium hat man auch für Thorium und Aktinium derartige Serien von nacheinander entstehenden Zersetzungsprodukten aufstellen können.

Man kennt jetzt 36 radioaktive Elemente, die sich in drei Gruppen einteilen lassen: die Uran-Radiumgruppe, die Thoriumgruppe und die Aktiniumgruppe. Ihre Halbierungskonstanten wechseln zwischen 0·002 Sekunden und mehreren Milliarden Jahren.

271. Radioaktive Stoffe und das periodische System der Elemente. Die Atomgewichte der 36 Radioelemente liegen zwichen den Werten 207 und 238, also in einem Intervall, dem im periodischen System die wenigen Stellen zwischen Thallium und Uran entsprechen. Trotzdem ist es gelungen, sie sämtlich im System unterzubringen und zwar in ganz überraschender Weise.

Wenn ein Radioelement durch Verlust eines α-Teilchens sich in ein anderes umwandelt, muß sein Atomgewicht dadurch um 4 sinken. Fand der Übergang unter Aussendung eines β-Teilchens statt, so ändert sich sein Atomgewicht praktisch nicht. FAJANS hat nun dargetan, daß bei den α-Umwandlungen das Radioelement zwei Kolumnen nach links im periodischen System zu stehen kommt; während es bei einer β-Umwandlung eine Kolumne nach rechts verschiebt. Geht z. B. Ra durch α-Strahlung in Emanation über (siehe die Tabelle auf S. 371), so ändern sich dadurch seine chemischen Eigenschaften derart, daß es, nach dieser Transformation zu Emanation geworden, gemäß seinen Eigenschaften als Nullvalent betrachtet werden muß, also zur Argongruppe gehört.

Wenn man aber, an der Hand dieser Regel, den Radioelementen ihren Platz im periodischen System gibt, kommen manche dieser Elemente am selben Platz zu stehen. Den Elementen Ra-B, Ra-D, Ra-G, Th-B und Th-E muß allen der Platz des Bleies angewiesen werden. In der Tat stimmen auch ihre chemischen Eigenschaften so genau mit denen dieses Metalles überein, daß sie davon auf keinerlei Weise zu trennen sind, weder durch fraktionierte Fällung, noch durch fraktionierte Kristallisation der Salze, usw. Das relative Verhältnis dieser Elemente zu Blei bleibt, wie sich aus Messungen der Radioaktivität ergibt, durch alle solche Trennungsweisen, wie oft auch wiederholt, absolut unverändert. Chemisch gesprochen müssen daher diese Elemente für identisch mit Blei erklärt werden. Dennoch ist ihr Atomgewicht merklich verschieden von dem des Bleies. Wenn z. B. Ra-D, mit dem Atomgewicht 210, nach zwei β-Transformationen und eine α-Transformation unterlegen zu haben, wieder als Ra-G auf demselben Platz wie Blei zu stehen kommt, ist sein Atomgewicht auf 206 gesunken.

Man kommt hierdurch zum höchst merkwürdigen Ergebnis, daß die in radioaktiven Mineralien gefundenen Elemente (wie Pb, Bi, Tl), Gemische von chemisch identischen Elementen, mit verschiedenem Atomgewicht sind.

Diese Hypothese war experimentell zu prüfen durch Atomgewichtsbestimmungen, z. B. von Blei, daß aus verschiedenen radioaktiven Mineralien stammt; denn in diesen verschiedenen Bleiarten würde dann sehr wahrscheinlich bald dieser, bald jener Komponent vorherrschen, wodurch ein Unterschied im Atomgewicht bedingt sein würde.

Der Versuch hat dies wirklich bestätigt. HÖNIGSCHMID fand für das Atomgewicht eines Bleies aus kristallisierter Pechblende

206·0, so daß praktisch reines Ra-G vorlag. RICHARDS anderseits bestimmte das Atomgewicht von Blei, herkünftig aus untenstehenden Mineralien, und fand die dahinter stehenden Atomgewichte:

Blei aus Uraninit von Nord-Carolina; Atomgew.	206·40
„ Pechblende von Joachimstal;	206·57
„ „ Thorianit von Ceylon;	206·82
Gewöhnliches Blei (nicht radioaktiv);	207·15

Diese Bestimmungen wurden mit der größten Sorgfalt und nach derselben Methode ausgeführt. Außerdem sind obenstehende Zahlen die Mittel von verschiedenen Bestimmungen, die unter sich nur wenige Einheiten in der zweiten Dezimale abwichen. An ihrer Genauigkeit ist also jeder Zweifel ausgeschlossen.

Es gibt also Elemente, die chemisch identisch sind und dennoch ein verschiedenes Atomgewicht haben. Und nicht nur chemisch; denn auch ihr ultraviolettes Spektrum war vollkommen gleich. Anderseits haben die Radioelemente, die durch β-Strahlung aus anderen entstehen, mit diesen das gleiche Atomgewicht, aber sehr verschiedene chemische Eigenschaften.

Die Elemente, die an ein und demselben Platz im periodischen System gehören, nennt man eine Plejade, oder auch wohl isotope Elemente. Sie sind in der Tabelle von **213** mit Σ angegeben.

Angesichts diesen hoch interessanten Ergebnissen entstand natürlich die Frage, ob auch die anderen, nicht radioaktiven Elemente als Gemische von chemisch identischen Komponenten von abweichendem Atomgewicht zu betrachten sind. Dies konnte aber bis jetzt noch nicht experimentell bestätigt werden. Bei der Atomgewichtsbestimmung von Ag, Ca, Cu, aus Mineralien stammend, die an sehr entfernten Stellen der Erde gesammelt waren, konnte kein Unterschied festgestellt werden.

272. Chemische Wirkungen der radioaktiven Stoffe. Verschiedene chemische Reaktionen finden unter dem Einfluß von radioaktiven Strahlungen statt; von den vielen bisher beobachteten seien hier nur die Umwandlungen von Sauerstoff in Ozon, und von gelbem in roten Phosphor, die Zersetzung der Jodwasserstoffsäure und die Spaltung von Wasser in seine Elemente hervorgehoben. Die wäßrige Lösung eines Radiumsalzes entwickelt fortgesetzt Knallgas, und zwar auf 1 g Ra umgerechnet cc. 13 cc. pro Tag.

Weiter haben diese Strahlungen die Eigenschaft, verschiedenen Substanzen eine intensive Farbe zu verleihen; dies findet z. B. bei

Glas, Porzellan und bei den Alkalisalzen statt; diese Wirkungen sind am stärksten bei α-Strahlen. Auch die Haut wird durch diese Strahlungen angegriffen.

Vorkommen von radioaktiven Stoffen. Dies ist durchaus nicht beschränkt auf die thor- und uranhaltigen Mineralien. Man hat im Gegenteil nachweisen können, daß radioaktive Substanzen in sehr geringen Mengen in der Natur weit verbreitet sind. Ein geladenes Elektroskop verliert seine Ladung allmählich an der Luft; diese Erscheinung ist auf einen Ionengehalt der Luft zurückzuführen, der teilweise einer radioaktiven Strahlung aus der Erde entstammt. Im Meerwasser sind geringe Spuren von radioaktiven Substanzen gefunden worden, auch im Erdreich. Viele Mineralwässer, die aus großen Tiefen kommen, sind besonders reich an Radiumemanation; namentlich das Gasteiner Wasser ist hier zu erwähnen.

Der Radiumstandard. Mme. Curie einerseits und Hönigschmid anderseits haben sehr reine Radiumpräparate dargestellt, zum Zwecke andre solche Präparate mit ihnen vergleichen und dadurch ihren Handelswert feststellen zu können. Das Präparat von Mme. Curie wurde als offizieller internationaler Radiumstandard angenommen und wird jetzt in Paris in dem Institut des poids et des mesures aufbewahrt. Er dient nur zur Eichung sekundärer Standards, die von den Regierungen der einzelnen Länder erworben werden können.

Für die Menge Emanation, die mit 1 g Radium im radioaktiven Gleichgewicht steht (rund 0·6 cmm) ist der Name „Curie" angenommen.

Radioaktivität anderer Elemente. Der radioaktive Zerfall der Aktiniumemanation erfolgt 5×10^{16} mal schneller als derjenige des Urans. Es erhebt sich die Frage, ob es anderseits nicht Substanzen gibt, deren Zerfall noch ungeheuer viel langsamer als der des Urans vor sich geht. Man könnte sich dann vorstellen, daß ein prinzipieller Unterschied zwischen den übrigen Elementen und den radioaktiven nicht existiert, daß also alle in Zerfall begriffen sind, allerdings in einem so langsamen, daß der Zerfall sich unserer Beobachtung entzieht. Wiewohl dies keineswegs bewiesen ist, sprechen zwei Gründe für diese Hypothese. Erstens erklärt sie, weshalb gewisse Elemente immer zusammen in der Natur angetroffen werden, wie Niob und Tantal, Selen und Tellur, die Platinmetalle, die seltenen Erdmetalle. Die Platinmetalle und die seltenen Erdmetalle bilden Gruppen von Elementen, deren Eigenschaften sehr nahe verwandt sind, ganz wie man dies bei den Zersetzungsprodukten der radioaktiven Elemente findet. Zweitens ist für Kalium und Rubidium in der Tat bewiesen, daß sie radioaktiv sind, wiewohl sehr schwach.

Soviel wir bis jetzt wissen, sind die radioaktiven Umwandlungen irreversibel. Wir stehen als Zuschauer ihnen ohnmächtig gegenüber; wir können sie weder erzeugen, noch hemmen. Würden diese Umwandlungen eine allgemeine Eigenschaft der Materie sein, so würde dies einen langsamen Zerfall derselben bedeuten. Da die Umwandlung nicht rückgängig zu machen ist, könnte dies darauf hindeuten, daß das Weltall durch irgendeinen schöpferischen Akt aus einer Urmaterie aufgebaut worden ist.

Die Struktur der Atome.

273. Die oben geschilderten Untersuchungen über radioaktive Stoffe haben zu einer Hypothese über den Bau der Atome geführt, die imstande ist, manche Erscheinungen zu erklären und deshalb hier kurz erwähnt werden soll.

Nach Rutherford bestehen die Atome aus einem positiv geladenen Kern, der den Hauptteil der Masse des Elementes bildet; er ist von negativen Elektronen umgeben, die sich auf konzentrischen Ringen befinden. Die Summe der negativen Ladungen dieser Elektronen ist numerisch der Ladung des Kernes gleich. Letzterer hat einen Radius von der Größenordnung 10^{-12} cm, während der Radius des äußersten Elektronenringes etwa 10^{-8} cm beträgt.

Die Größe der positiven Ladung des Kernes ist für jedes Element verschieden. Van den Broek nimmt an, daß die Kernladung gleich sein soll der Ordnungszahl des Elementes, die man erhält, wenn die Elemente in der Reihenfolge ihrer Anordnung im periodischen System numeriert werden. Die Ordnungszahl des Wasserstoffes wird also zu 1 angenommen, was dasselbe sagen will, als daß der Kern mit dem positiven Elektron identisch ist. Helium bekommt die Ordnungszahl 2; dies stimmt damit überein, daß der Heliumkern mit seinen zwei positiven Ladungen einem reinen α-Teilchen entspricht. Lithium bekommt die Ordnungszahl 3 usw. bis Uran, wofür diese Zahl 92 beträgt.

Durch diese Hypothese findet erstens die in **271** erwähnte Regel von Fajans eine Erklärung. Nach einer α-Umwandlung besitzt der Kern des entstehenden Atoms zwei positive Elementarladungen weniger als der des ursprünglichen; das Element muß demnach zur zweitniedrigeren Stelle des periodischen Systems verschoben sein. Bei einer β-Umwandlung ist anzunehmen, daß auch das dabei frei werdende Elektron aus dem Innern des Atoms stammt. Der Kern verliert also eine negative Elementarladung, was auf die Gesamtladung dasselbe Resultat hat, als ob er eine positive Ladung gewinnen würde. Das neue Element muß also zur nächsthöheren Stelle des Systems rücken.

Zweitens findet die Existenz der Isotope dadurch eine Deutung. Die Elemente, die zu einer Plejade gehören, müssen nämlich die gleiche Kernladung haben, wenn sie nach einigen α- und β-Umwandlungen wieder auf denselben Platz im periodischen System zurückkommen. Uran 1 z. B. erleidet eine α-Umwandlung, wodurch sein Atomgewicht um 4 kleiner wird und das gebildete Uran X_1 zwei Stellen nach links, bei Thorium zu stehen kommt. Durch zwei β-Umwandlungen, wobei erst Uran X_2, dann Uran 2 entsteht, rückt letzteres aber wieder zwei Stellen nach rechts, gehört also zur Uranplejade; sein Atomgewicht ist aber durch die β-Umwandlungen unverändert, also um 4 kleiner als Uran 1 geblieben. Die Kernladung von Uran 2 ist aber durch diese Umwandlungen wieder gleich der von Uran 1 geworden, wie leicht einzusehen ist; da die chemischen Eigenschaften dieser beiden Elemente, trotz ihres Unterschiedes im Atomgewicht, die gleichen sind, müssen genannte Eigenschaften in Zusammenhang mit der Kernladung stehen. Anderseits wird die Valenz von den äußern Elektronen, die leicht abtrennbar sind, hauptsächlich bedingt.

Da Isotope die gleiche Kernladung haben, aber ihre radioaktiven Eigenschaften verschieden sind, müssen letztere mit der Struktur des Kernes zusammenhängen.

Drittens finden die Abweichungen des periodischen Systems ihre Erklärung, z. B. daß Kobalt, gemäß seinen chemischen Eigenschaften, vor Nickel stehen muß, wiewohl ersteres ein höheres Atomgewicht hat. Die Ordnungszahl eines Elementes kann nämlich noch in anderer Weise als durch seinen Platz im periodischen System bestimmt werden; ein Mittel hierzu bietet die Untersuchung des Spektrums der X-Strahlen, die die Elemente aussenden, wenn sie durch Kathodenstrahlen getroffen werden. Hierdurch ergab sich, daß in der Tat die Ordnungszahl von Kobalt niedriger als die von Nickel ist, übereinstimmend also mit seinen chemischen Eigenschaften und trotz des höheren Atomgewichts des ersteren Elementes.

Es ergibt sich also aus diesen hochinteressanten Untersuchungen, daß nicht das Atomgewicht die fundamentale Größe ist, von der die Eigenschaften des Elementes in erster Linie abhängen, wie man bei der Aufstellung des periodischen Systems gemeint hat; sondern daß diese Größe die Kernladung ist, und also die Eigenschaften der Elemente periodische Funktionen der Kernladung ihrer Atome sind.

Zink.

274. Zink kommt in der Natur nur gebunden vor. Die wichtigsten Zinkerze sind Edelgalmei oder Zinkspat $ZnCO_3$ und Zinkblende ZnS, auch „Blende" schlechtweg genannt. Sie werden hauptsächlich in Schlesien, Belgien, Großbritannien und Frankreich gefunden. Zur Abscheidung metallischen Zinks werden die Erze geröstet (Zinkblende bei der Schwefelsäurefabrikation behufs Gewinnung von SO_2); das erhaltene Zinkoxyd wird mit Kohle gemengt und erhitzt: es entstehen Kohlenoxyd und Zinkdampf. Die Zinkdämpfe werden in der Vorlage zu flüssigem Zink verdichtet. Dabei scheidet sich anfangs, so lange die Vorlagen noch kühl sind, Zink gemischt mit etwas Zinkoxyd als ein fein verteiltes Pulver, Zinkstaub, ab. Zinkstaub wird als energisches Reduktionsmittel im Laboratorium häufig angewandt.

Zink ist ein bläulichweißes Metall vom spez. Gewicht 6·9; bei gewöhnlicher Temperatur ist es spröde, bei 100—150° wird es so weich und dehnbar, daß es zu dünnem Blech ausgewalzt und zu Draht gezogen werden kann. Dadurch steigt das spez. Gewicht auf 7·2 und die Festigkeit des Metalles nimmt sehr zu. Bei 200° wird es aufs neue spröde, so sehr, daß es sich im Mörser pulverisieren läßt. Es schmilzt bei 418·2° und siedet bei 950°. Zinkdampf hat das spez. Gewicht 33·8 (O = 16); sein Molekulargewicht beträgt daher 67·6. Da sich nach dem Gesetz von Dulong und Petit sein Atomgewicht zu etwa 65·4 ergibt, so besteht das Molekül des Zinks in Dampfform aus einem Atom. Das gleiche gilt für die verwandten Metalle Cd und Hg. (Siehe auch **223**.) Zinkstaub zersetzt Wasser bei gewöhnlicher Temperatur. An der Luft bis zum Siedepunkt erhitzt, verbrennt Zink unter intensiver Lichterscheinung zu Zinkoxyd. Von verdünnter Salz- und Schwefelsäure wird es sehr leicht unter Wasserstoffentwicklung gelöst; bemerkenswert ist jedoch, daß ein Stückchen völlig reinen Zinkes in diese Säuren getaucht bei gewöhnlicher Temperatur keinen Wasserstoff entwickelt. Wenn dieses Zinkstück jedoch mit einem Platinblech in Berührung gebracht wird, beginnt sofort eine Gasentwicklung, aber nicht von der Oberfläche des Zinkes her, sondern am Platinblech, während Zink in Lösung geht. In Ionenformulierung lautet der Prozeß:

$$Zn + 2H^{\cdot} = Zn^{\cdot\cdot} + 2H$$

und seine Erklärung ist dieselbe wie für den „Bleibaum“ (**201**). In diesem Falle treibt das Zink also mit großer Kraft Kationen in die Lösung, während es selbst negative Ladung annimmt, durch welche Wasserstoffionen entladen werden können. Nur darin scheint eine Verschiedenheit zu liegen, daß diese H-Ionen sich am Platin statt am Zink entladen. Jedoch ist dieser Unterschied kein wirklicher; denn im Falle des Bleibaumes werden die neuen Bleiteilchen an den äußeren Partien desselben abgesetzt. Die vollkommene Analogie wird durch eine etwas veränderte Form des Versuches noch deutlicher. Wenn einerseits eine Platte von amalgamiertem Zink mit einem Platinblech durch einen Metalldraht verbunden und mit diesem zusammen in verdünnte Schwefelsäure eingetaucht wird, so entwickelt sich Wasserstoff am Platinblech; wenn man anderseits eine amalgamierte Zinkplatte mit einer Bleiplatte verbindet und in eine

Bleinitratlösung eintaucht, so werden die Bleikristalle durch Lokalwirkung zwar anfangs am Zink, aber nach einiger Zeit nur noch an der Bleiplatte abgesetzt. In beiden Fällen geht die negative Ladung des Zinkes durch den Draht zur andren Platte, an der die Wasserstoff- bzw. Blei-Ionen sich entladen.

Wegen seiner Beständigkeit an der Luft findet Zink vielfache Anwendungen. Ausgewalztes Zink, Zinkblech, wird zur Dachbedeckung verwendet. Um das Rosten von Eisenblech zu verhindern, wird dieses mit Zink überzogen (galvanisiertes Eisen). Zink bildet auch einen Bestandteil vieler Legierungen, z. B. Messing (**242**), Neusilber usw.

Zinkoxyd ZnO wird gewöhnlich durch Glühen von basischem Karbonat dargestellt. Beim Erhitzen nimmt es eine gelbe Färbung an, und zwar um so intensiver, je höher die Temperatur ist; beim Erkalten verschwindet die Färbung wieder (**278**). Es dient unter dem Namen Zinkweiß als Malerfarbe.

Zinkhydroxyd $Zn(OH)_2$ wird durch Alkalien aus der Lösung der Zinksalze als weiße gelatinöse Masse niedergeschlagen, die sowohl von Alkalien wie von Ammoniak gelöst wird, jedoch nicht von beiden aus der gleichen Ursache. Alkalien gegenüber verhält sich Zinkhydroxyd nämlich wie eine schwache Säure; es bilden sich Kationen $2H^{\cdot}$ und Anionen $ZnO_2{}''$, die mit einer Base in bekannter Weise ein Salz $Zn(OK)_2$ bilden. Mit Ammoniak dagegen entsteht ein komplexes Zinkammoniakion, wodurch Lösung erfolgt.

Zinkchlorid $ZnCl_2$ wird durch Erhitzen von Zink in einem Chlorstrom oder durch Auflösen von Zink in Salzsäure und Verdampfen der Lösung erhalten. Im letzteren Falle entsteht jedoch etwas Oxychlorid. $ZnCl_2$ schmilzt beim Erhitzen und destilliert bei 680°. Es ist sehr hygroskopisch und wird als wasserabspaltendes Mittel in der organischen Chemie vielfach verwendet. Wenn man Zinkoxyd zu einer konzentrierten Chlorzinklösung zugibt, erhält man eine weiche Masse, die jedoch durch Bildung von $Zn{<}^{OH}_{Cl}$ bald hart wird. Mit Ammoniak bildet Chlorzink verschiedene Verbindungen.

Zinksulfat $ZnSO_4 \cdot 7H_2O$ kristallisiert in schönen Kristallen, welche mit $MgSO_4 \cdot 7aq$, $FeSO_4 \cdot 7aq$ und ähnlichen isomorph sind. Es wird im großen durch vorsichtiges Rösten von ZnS bereitet.

Zinksulfid ZnS wird durch Schwefelwasserstoff aus löslichen Zinksalzen vollständig gefällt, wenn man essigsaures Natrium hinzufügt, um die aus dem Zinksalz freiwerdende Säure zu binden. Ohne Zusatz von Natriumacetat fällt es aus den Lösungen der Salze mit starken Säuren nur zum Teil aus.

Kadmium.

275. Dieses Element findet sich häufig neben Zink in der Zinkblende; da es flüchtiger ist als Zink, destilliert es bei der Verarbeitung zinkischer Erze zuerst über. Im reinen Zustande wird es durch wiederholte Destillation oder mit Hilfe seines Sulfids gewonnen, welches in verdünnten Säuren unlöslich ist; es läßt sich demnach durch letztere von Zinksulfid befreien. Das Kadmium ist ein weißes, ziemlich weiches Metall. Spez. Gewicht 8·6, Schmelzpunkt 320°, Siedepunkt 770°. Es ist an der Luft beständig; beim Erhitzen entzündet es sich und verbrennt unter Bildung eines braunen Rauches zu Kadmiumoxyd. In verdünnter Salz- und Schwefelsäure ist es schwer löslich; leicht dagegen in verdünnter Salpetersäure. Das Molekül des Kadmiums besteht in Dampfform aus nur einem Atom.

Kadmiumoxyd CdO wird, außer wie oben angegeben, auch durch Erhitzen des Karbonats oder Hydroxyds als braunes amorphes Pulver erhalten; Kadmiumhydroxyd $Cd(OH)_2$ ist in Kali- oder Natronlauge unlöslich, löslich in Ammoniak infolge Bildung eines komplexen Ions. Kadmiumchlorid $CdCl_2$ kristallisiert mit $2H_2O$ und kann — im Gegensatz zu $ZnCl_2$ — ohne Zersetzung getrocknet werden. Kadmiumsulfid CdS ist charakterisiert durch seine intensiv gelbe Farbe (unter dem Namen Kadmiumgelb oder Jaune brillant wird es als Malerfarbe gebraucht); in verdünnter mineralsaurer Lösung wird es als unlöslicher Niederschlag gefällt. Aus seiner wäßrigen Lösung kristallisiert das Sulfat gewöhnlich als $3CdSO_4 + 8H_2O$ aus. Es existiert aber auch ein Salz $CdSO_4 + 7H_2O$, welches analog wie die Sulfate von Mg, Zn, Fe usw. zusammengesetzt ist.

Quecksilber.

276. Quecksilber, das einzige bei gewöhnlicher Temperatur flüssige Metall, kommt in der Natur in der Form von Schwefelquecksilber als Zinnober HgS, seltener gediegen als Tröpfchen in älteren Gesteinen eingeschlossen vor. Die Hauptfundorte sind Almaden in Spanien, Idria in Krain, Mexiko, Kalifornien, Peru, China und Japan. Die zinnoberhaltigen Erze werden in Flammöfen geröstet, wobei SO_2 und Hg erhalten werden. Die

Quecksilberdämpfe werden entweder in großen gemauerten Kammern oder in tönernen Röhren von eigentümlicher Form (Aludeln) verdichtet. Quecksilber wird in eisernen Flaschen in den Handel gebracht.

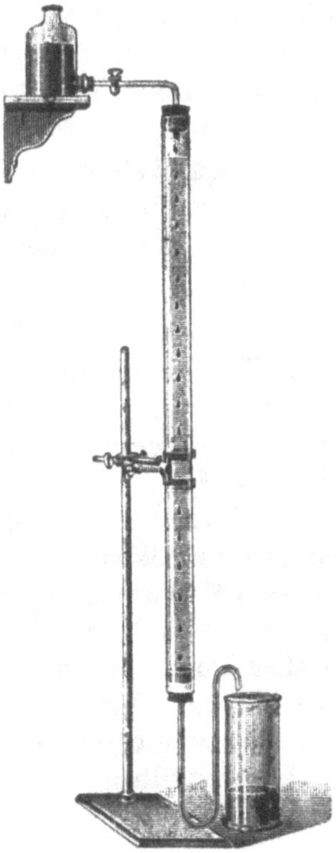
Fig. 67.
Reinigen von Quecksilber.

Das Quecksilber des Handels ist stets mehr oder weniger durch andre Metalle verunreinigt (z. B. Blei, Kupfer u. a.). Unreines Quecksilber kann man daran erkennen, daß beim Schütteln mit Luft an der Glaswand sich eine Haut bildet. Ein zweckmäßiges Verfahren der Reinigung besteht darin, daß man es aus einem Hahngefäß durch eine hohe Säule von Salpetersäure, spez. Gewicht 1·1, tropfen läßt. In Fig. 67 ist ein derartiger Apparat abgebildet. Salpetersäure löst die verunreinigenden Metalle leichter als Quecksilber.

Nach dem Waschen und Abtrocknen wird das Quecksilber, um es völlig zu reinigen, im Vakuum destilliert. Destillieren allein genügt nicht, da hierbei unter andrem Blei mit übergeht.

Physikalische Eigenschaften. Quecksilber erstarrt bei $-39·4^{0}$ und siedet bei 360^{0}; schon bei gewöhnlicher Temperatur, besonders im Vakuum, ist es merklich flüchtig; wenn man Goldblättchen in einer Flasche über Quecksilber aufhängt, werden sie nach einiger Zeit weiß. Das Metall hat bei 0^{0} das spez. Gewicht 13·595; die Dampfdichte beträgt 100·0 (O = 16); das Molekül wiegt daher 200·0. Diese Zahl stellt zugleich das Atomgewicht vor.

Amalgame. Viele Metalle lösen sich in Quecksilber oder gehen Verbindungen damit ein. Die Verbindungen des Quecksilbers mit andren Metallen heißen Amalgame. Außer durch direkte Vereinigung der Metalle können Amalgame zuweilen auch gewonnen werden, wenn man Quecksilber auf Metallsalzlösungen einwirken läßt; auf diese Weise kann man z. B. Silberamalgam bereiten. Einige Metalle, z. B. Zinn, lösen sich in Quecksilber unter Wärmeabsorption auf; bei andren, wie Kalium und Natrium, tritt hierbei große Wärmeentwicklung und heftige Reaktion ein. Ist Hg im Überschuß vorhanden, so sind die Amalgame flüssig, ist das feste Metall im Überschuß, so sind sie fest. Na-Amalgam ist starr, wenn es auf 1 Teil Na weniger als 80 Teile Hg enthält, sonst flüssig.

Chemische Eigenschaften. Bei gewöhnlicher Temperatur verändert sich das Metall an der Luft nicht. Bei höherer Temperatur vereinigt es sich mit Sauerstoff zum Oxyd HgO, das sich bei noch stärkerem Erhitzen wieder in die Elemente spaltet. Von verdünnter Salz- und Schwefelsäure wird es bei gewöhnlicher Temperatur nicht angegriffen, von verdünnter Salpetersäure langsam. Mit Halogenen und mit Schwefel verbindet es sich sofort.

Das Quecksilber bildet zwei Reihen von Salzen, welche sich von dem Oxydul Hg_2O und dem Oxyd HgO ableiten. Die Oxydulsalze werden als Merkuro-, die Oxydsalze als Merkuriverbindungen bezeichnet.

Merkuroverbindungen.

277. Merkurooxyd Hg_2O, Quecksilberoxydul, ist braunschwarz; es wird durch Natronlauge aus der Lösung eines Merkurosalzes gefällt, und zersetzt sich schon bei 100° oder am Licht in HgO und Hg.

Merkurochlorid Hg_2Cl_2, Kalomel, welches als Medikament häufig verwendet wird, kann auf nassem Wege bereitet werden, indem man eine Merkurolösung mit einem Chlorid fällt, oder trocken, wenn man ein Gemisch von $HgCl_2$ und Hg sublimiert. Es ist in Wasser unlöslich und färbt sich am Licht durch Abscheidung von Quecksilber dunkel. Beim Übergießen mit Ammoniak wird es schwarz, indem es in ein Gemenge von Merkuriammoniumchlorid NH_2HgCl und fein verteiltem metallischem Quecksilber verwandelt wird:

$$2HgCl + 2NH_3 = H_2NHgCl + NH_4Cl + Hg.$$

Die Dampfdichte des Kalomels ist zu 117·6 (O = 16) gefunden worden, was der Molekularformel HgCl entspricht. Beim Verdampfen tritt jedoch Spaltung in $HgCl_2$ und Hg ein, welche sich beim Erkalten wieder vereinigen, aber durch Diffusion getrennt werden können. Die richtige Molekularformel des Kalomels ist aber Hg_2Cl_2, denn BAKER (234) zeigte daß es, sorgfältig getrocknet, bei der Verdampfung nicht dissoziiert, so daß seine Dampfdichte entsprechend der Formel Hg_2Cl_2 gefunden wurde. Die Molekulargewichtsbestimmung durch Kryoskopie in geschmolzenem Sublimat (288°) gab, nach Versuchen von BECKMANN, auch die Formel Hg_2Cl_2.

Merkurobromid und -jodid sind noch unlöslicher als Hg_2Cl_2. Die Löslichkeit nimmt, wie beim Silber, mit der Zunahme des Halogenatomgewichtes ab.

Merkuronitrat $Hg_2(NO_3)_2$ entsteht, wenn kalte verdünnte Salpetersäure auf überschüssiges Quecksilber einwirkt. Durch Wasser wird es hydrolytisch gespalten, wobei sich ein gelbes basisches Salz $Hg_2{<}^{OH}_{NO_3}$ abscheidet; es ist daher nur in verdünnter Salpetersäure ohne Zersetzung löslich. Das Merkuro-Ion ist demnach nur sehr schwach basisch. Durch den Sauerstoff der Luft wird eine Lösung von Merkuronitrat langsam zu Merkurisalz oxydiert; wenn man der Lösung jedoch ein wenig Quecksilber zusetzt, geht das Oxydsalz wieder in Oxydulsalz über.

Daß auch das Merkuronitrat, wie die Merkurohalogenide, die doppelte empirische Formel hat, wurde in folgender Weise dargetan: Schüttelt man eine Lösung von Merkurinitrat mit Quecksilber, so wird rasch Merkuronitrat gebildet, jedoch bleibt etwas Merkurinitrat bestehen. Es stellt sich ein Gleichgewicht zwischen den Merkuro- und Merkuri-Ionen ein. Je nachdem das Merkuroion durch $Hg^{\cdot}$ oder durch $Hg_2^{\cdot\cdot}$ vorgestellt wird, muß man haben $Hg + Hg^{\cdot\cdot} \rightleftarrows 2\,Hg^{\cdot}$ oder $Hg + Hg^{\cdot\cdot} \rightleftarrows Hg_2^{\cdot\cdot}$. Nennt man die Konzentration der Merkuri- und Merkuro-Ionen C_i und C_o und die Reaktionskonstante K, so wird das Gleichgewicht entweder durch $C_i = K\,C_0^2$ oder durch $C_i = KC_o$, also $K = \frac{C_i}{C_0^2}$ oder $K = \frac{C_i}{C_0}$ ausgedrückt, da ja die Konzentration des metallischen Quecksilbers konstant ist. Bei der Prüfung dieser Gleichungen für verschiedene Konzentrationen war $\frac{C_i}{C_0}$ konstant, $\frac{C_i}{C_0^2}$ nicht; das Merkuro-Ion muß daher durch $Hg_2^{\cdot\cdot}$ vorgestellt werden.

Merkuriverbindungen.

278. Merkurioxyd HgO, Quecksilberoxyd, entsteht als rotes kristallinisches Pulver, wenn Quecksilber an der Luft über den Siedepunkt erhitzt wird, dagegen als gelber und amorpher Niederschlag, wenn es durch Kali oder Natron aus Lösungen gefällt wird. Dieser Farbenunterschied wird durch die verschiedene Feinheit beider Präparate bedingt. HgO wird beim Erhitzen schwarz und beim Erkalten wieder rot. Auch hier nimmt, wie beim Zinkoxyd (**274**), die Farbe bei Erhöhung der Temperatur an Intensität zu. In beiden Fällen hat man es nicht mit verschieden gefärbten Modifikationen zu tun, die durch einen Umwandlungspunkt getrennt sind; sonst müßte die Farbänderung bei einer bestimmten Temperatur, und nicht allmählich, auftreten.

Merkurichlorid $HgCl_2$, Sublimat, wird im großen durch Erhitzen eines Gemisches von $NaCl$ und $HgSO_4$ bereitet; es sublimiert dann; daher sein Name. Bei gewöhnlicher Temperatur löst sich 1 Gewichtsteil in 15 Gewichtsteilen Wasser; in Alkohol ist es leichter löslich. Die hydrolytische Spaltung des Salzes ist an der sauren Reaktion seiner wäßrigen Lösung zu erkennen; wird der Flüssigkeit Kochsalz zugesetzt, so wird die Reaktion neutral durch Bildung eines Doppelsalzes $HgCl_2 \cdot NaCl \cdot H_2O$, das in Wasser löslicher ist als Sublimat für sich allein.

Merkurijodid HgJ_2 fällt im ersten Augenblick gelb aus, wenn man die Lösung eines Quecksilbersalzes mit Jodkalium versetzt; es wird jedoch bald rot. Wird diese Modifikation erhitzt, so geht sie bei 150° in eine gelbe über, während beim Erkalten die rote Farbe wieder zurückkehrt; man hat es hier demnach mit einem Umwandlungspunkte zu tun.

Einen ähnlichen Farbenwechsel (von rot in braun) zeigt das Doppelsalz $Cu_2J_2 \cdot 2HgJ_2$ bereits bei ziemlich niedriger Temperatur; beim Erkalten kommt die rote Farbe schnell wieder zum Vorschein. Es ist ein ausgezeichnetes Beispiel eines Stoffes, dessen beide Modifikationen beim Überschreiten des Umwandlungspunktes rasch ineinander übergehen; meist geschieht dies langsam.

Merkurijodid ist in Jodkalium leicht löslich; eine solche mit Kalilauge versetzte Lösung ist das sehr empfindliche NESSLERsche Reagens auf Ammoniak, mit dem es braunes unlösliches NHg_2J gibt; allerdings geben manche organische Stickstoffverbindungen ähnliche Fällungen mit ihm wie NH_3.

Merkuricyanid $HgCy_2$ wird durch Kochen von Merkurioxyd mit Wasser, in dem Berlinerblau suspendiert ist, gewonnen (siehe unten). Es kristallisiert in schönen, großen, farblosen Kristallen.

Die Merkurihalogenverbindungen sind im Gegensatz zu den andren Salzen des Merkuri-Ions in wäßriger Lösung nur sehr wenig ionisiert. Daher zeigen solche Lösungen einige merkwürdige Reaktionen. Bringt man z. B. eine Merkurinitratlösung mit der eines Alkalichlorids zusammen, so tritt beträchtliche Wärmeentwicklung ein, indem sich ungespaltene $HgCl_2$-Moleküle bilden, während sonst beim Vermischen von Salzlösungen das Gesetz der Thermoneutralität gilt (**239**). — Schüttelt man Quecksilberoxyd mit einer Lösung von Chlor-, Brom- oder Jodkalium, so wird die Flüssigkeit stark alkalisch durch das Freiwerden von KOH. Dies beruht einerseits auf der geringen Ionisation der Quecksilberhalogenverbindungen, anderseits auf der Vereinigung dieser letzteren mit überschüssigem Alkalihalogenid zu Alkalisalzen von sehr beständigen Quecksilberhalogenwasserstoffsäuren. Die Beständigkeit dieser komplexen Verbindungen nimmt mit steigendem Atomgewicht des Halogens zu. — Auf derselben Ursache beruht auch die umgekehrte Erscheinung, daß die Halogenverbindungen des Quecksilbers durch Alkalien nur schwer zerlegt werden. Um aus $HgCl_2$ alles Quecksilber zu fällen, muß man einen recht beträchtlichen Überschuß von Kali verwenden; Quecksilberjodid und -cyanid werden selbst durch Kali nicht mehr zersetzt. Quecksilbercyanid ist so wenig ionisiert, daß sein Leitvermögen kaum meßbar ist. Es zeigt daher auch keine der gewöhnlichen Quecksilberreaktionen, außer der Bildung des Sulfids — und diese nur, weil das Sulfid in hohem Grade unlöslich ist. Das Cyanid kann als Typus einer durch Fehlen der Ionisation unwirksam gemachten Verbindung betrachtet werden. Dadurch wird auch die oben erwähnte Darstellungsweise erklärt. Quecksilber- und Cyan-Ionen müssen sich, auch wenn sie in äußerster Verdünnung zusammengebracht werden (wie das bei derselben der Fall ist), zu $HgCy_2$-Molekülen vereinigen; dadurch können HgO und Berlinerblau aufs neue Ionen in die Lösung schicken. Das dauert so lange, bis alles in $HgCy_2$ und Fe_2O_3 umgesetzt ist.

Die Quecksilberhalogenverbindungen (besonders das Sublimat) sind sehr starke Antiseptika. Merkwürdig ist, daß sie auch in dieser Hinsicht wirksamer werden, in dem Maße, wie ihre Ionisation zunimmt. Sublimat wirkt kräftiger antiseptisch als Quecksilbercyanid. Durch Zusatz von Metallchloriden wird die Ionisation des Sublimats zurückgedrängt; zugleich wird dadurch seine desinfizierende Wirkung herabgesetzt.

Wenn man trotzdem in den Sublimatpastillen das $HgCl_2$, mit einem Überschuß von Kochsalz vermischt, als Antiseptikum verwendet, so geschieht dies einmal, um das Sublimat rascher in Lösung bringen zu können, und ferner, weil solche Lösungen länger haltbar sind wie solche von reinem Sublimat, namentlich wenn sie mit Brunnenwasser hergestellt sind.

Merkurinitrat $Hg(NO_3)_2$ bildet sehr leicht basische Salze; beim Verdünnen der salpetersauren Lösung mit Wasser fällt $Hg(NO_3)_2 \cdot 2HgO \cdot H_2O$ aus, das durch Kochen mit Wasser in reines Quecksilberoxyd verwandelt wird. Hieraus geht hervor, daß auch das zweiwertige Merkuri-Ion nur sehr schwach basisch ist.

Merkurisulfat ist in Wasser nicht löslich, sondern wird durch dieses in ein basisches Salz verwandelt. Mit viel Wasser entsteht das gelbe $HgSO_4 \cdot 2HgO$. Mit den Sulfaten der Alkalimetalle bildet es Doppelsalze, z. B. $HgSO_4 \cdot K_2SO_4 \cdot 6H_2O$, welche mit den analog zusammengesetzten Doppelsalzen des Mg, Fe usw. isomorph sind (255).

Merkurisulfid HgS (Zinnober) fällt aus Quecksilbersalzlösungen schwarz aus; bei Erhitzen unter Luftabschluß sublimiert es in dunkelroten Kristallen, welche dem natürlichen Zinnober gleichen.

Diese Umwandlung findet auch statt, wenn schwarzes amorphes Quecksilbersulfid mit einer Lösung von Alkalisulfid in Berührung gebracht wird. Die schwarze Form ist darin leichter löslich als die rote. Man sieht nach einiger Zeit in der schwarzen Masse sich rote Punkte bilden, welche wachsen, bis schließlich völlige Rotfärbung eintritt.

Übersicht der Gruppe. (II des periodischen Systems.)

279. Auch hier ist bei den physikalischen Eigenschaften dieser Metalle eine graduelle Änderung mit zunehmendem Atomgewicht zu erkennen, wie durch die nachstehende Tabelle ersichtlich wird.

	Be	Mg	Zn	Cd	Hg
Atomgewicht .	9·1	24·32	65·37	112·40	200·6
Spez. Gewicht	1·64	1·75	6·9—7·2	8·6	13·59
Schmelzpunkt	über 900°	800°	418·2°	320°	– 39·4°
Siedepunkt	—	1120°	950°	770°	360°
Anzahl der Atome im Mol.	—	—	1	1	1

Was ihre chemischen Eigenschaften betrifft, so sind alle diese Elemente zweiwertig. Ihre Sulfate bilden mit denen der Alkalimetalle Doppelsalze von gleichem Typus $RSO_4 \cdot R_2'SO_4 \cdot 6aq$ ($R' = K$, Na, Am); nur die Berylliumdoppelsalze kristallisieren mit 3 aq.

Die Hydroxyde dieser Gruppe sind in wäßrigem Ammoniak löslich unter Bildung komplexer Ionen oder bilden unlösliche Metallammoniakverbindungen (Hg).

Die neutralen Salze haben Neigung, in basische Salze überzugehen. Diese Neigung ist besonders beim Quecksilber ausgeprägt, beim Kadmium dagegen merkwürdigerweise sehr wenig.

Bei den Halogenverbindungen der drei verwandten Metalle Zn, Cd und Hg ist die elektrolytische Dissoziation gering; sie nimmt mit zunehmendem Atomgewicht der Metalle ab und wird beim Quecksilber sehr klein.

Elektrochemie.

280. Als Davy im Beginn des neunzehnten Jahrhunderts mit Hilfe des galvanischen Stromes die Alkalimetalle darstellte (**222** und **227**), wußte man bereits, daß zwischen elektrischen und chemischen Vorgängen Beziehungen bestehen. Berzelius glaubte sogar, die Affinität durch die Annahme erklären zu können, daß die Atome der Elemente elektrisch geladen seien und infolge dessen einander anziehen oder abstoßen. In dem galvanischen Element besaß man schon seit langer Zeit einen Apparat, um chemische Energie in elektrische umzuwandeln; doch ist es erst im Jahre 1889 Nernst gelungen, eine durchaus befriedigende Erklärung des Zusammenhanges zwischen chemischen und elektrischen Vorgängen zu geben, die auch zahlreiche andre chemische Vorgänge verständlich zu machen geeignet ist.

Das Bestreben eines Stoffes, bei Berührung mit einer Flüssigkeit in diese überzugehen, bezeichnet man als Lösungsdruck (**203**, **274**). Wird ein Metall in die wäßrige Lösung eines seiner Salze gebracht, so tritt dabei eine Potentialdifferenz (ein Spannungsunterschied) auf. Dafür gibt Nernst folgende Erklärung: Ebenso wie eine Flüssigkeit an ihrer Oberfläche so lange verdampft, bis der entstandene Dampfdruck gleich der Dampfspannung der Flüssigkeit ist, muß sich auch, da Verdampfung und Auflösung analoge Prozesse sind, ein Salz in Wasser so lange lösen, bis der osmotische Druck seiner Lösung sich ins Gleichgewicht mit dem Lösungsdruck des Salzes gesetzt hat. Jedes Metall hat nun nach Nernst ebenfalls die, nur von seiner chemischen Natur abhängige Fähigkeit, seine Atome als Ionen in Lösung zu bringen. Diese Kraft, der elektrolytische Lösungsdruck, tritt in Wirksamkeit, wenn das Metall in die wäßrige Lösung eines seiner Salze taucht, und zwar um so wirksamer, je weniger von den Kationen des Metalls in der Lösung bereits vorhanden sind. Die Menge der Kationen, welche das Metall in die Lösung treibt, ist jedoch erfahrungsgemäß sehr gering, denn meistens läßt sich ihre Zunahme, sogar mit unsern empfindlichsten Mitteln, nicht nachweisen. Dies liegt nicht etwa daran, daß der Lösungsdruck klein ist; im Gegenteil, für einzelne Metalle ist sein Wert sogar sehr groß. Daß jedoch, trotz dieser geringen Anzahl Ionen, alsbald ein Gleichgewichtszustand entsteht, indem das negativ geladene Metall auf seine positiv geladenen Ionen eine derartige Anziehung ausübt, daß ebenso viele Metallionen auf dem Metall niedergeschlagen als in die Lösung entsendet werden, muß der sehr hohen elektrischen Ladung der Ionen zugeschrieben werden; es brauchen deshalb nur sehr wenig Ionen in die Lösung zu gelangen, um schon eine meßbare Potentialdifferenz zwischen ihr und dem Metall zu verursachen.

Ist P der Lösungsdruck eines Metalles, p der osmotische Druck seiner in der Lösung vorhandenen Kationen, so kann man drei Fälle unterscheiden:

Erstens kann $P > p$ sein. Das Metall verhält sich dann wie ein Salz, welches zu seiner ungesättigten Lösung gefügt wird. Es treibt daher Kationen in die Lösung des Elektrolyten, wodurch die Lösung positiv elektrisch wird und das Metall eine negative Ladung annehmen muß. Bald tritt ein Gleichgewichtszustand ein. Wird jedoch die positive und die negative freie Elektrizität von Elektrolyt und Metall durch einen Schließungsdraht abgeleitet, so muß das Metall aufs neue Kationen in die Lösung treiben, und dies wird so lange fortdauern, bis p den Wert von P erreicht hat.

Im zweiten Falle, $P = p$, kann keine Potentialdifferenz auftreten.

Wird drittens $P < p$, so entspricht das Metall einem Salze, das in seine übersättigte Lösung gebracht wird. Es schlagen sich jetzt einige Kationen auf dem Metall nieder und laden dieses positiv, wodurch der Elektrolyt negativ wird. Auch hier muß sich bald ein Gleichgewichtszustand einstellen, indem der negativ geladene Elektrolyt umgekehrt die positiven Metallionen in Lösung zu bringen sucht.

Der Zusammenhang zwischen der Potentialdifferenz E und den Größen P und p ist nach NERNST durch die Gleichung gegeben:

$$E = \frac{RT}{n} l \frac{P}{p},$$

in der R die Gaskonstante, T die absolute Temperatur, n die Valenz der Metallionen und l den natürlichen Logarithmus bedeuten.

Wenn man in dieser Gleichung für R den Wert substituiert, der in 34 ausgerechnet ist, erhält man E nicht in Volt ausgedrückt, weil die elektrischen Größen mit andren Einheiten gemessen werden, als sie dort benutzt wurden. Für R muß man hier $0{\cdot}860 \times 10^{-4}$ einführen. Will man BRIGGsche Logarithmen anwenden, so muß noch mit $2{\cdot}3025$ multipliziert werden; der Wert von E in Volt gestaltet sich demnach wie folgt:

$$E = \frac{0{\cdot}860 \times 10^{-4} \times 2{\cdot}3025\, T}{n} \log \frac{P}{p}$$

oder ungefähr:

$$E = 10^{-4} \cdot \frac{2T}{n} \log \frac{P}{p}.$$

Aus dieser Gleichung ergibt sich unter andrem, daß E in arithmetischer Reihe wächst, wenn p in geometrischer Reihe abnimmt. Wird die Ionenkonzentration z. B. zehnmal geringer, so wächst E nur noch um $\frac{2T}{n} \times 10^{-4}$ Volt, woraus sich ergibt, daß die Potentialdifferenz ziemlich unempfindlich ist selbst gegen ansehnliche Änderungen der Konzentration des Elektrolyten.

Wenn man zwei verschiedene Metalle mit ihren Salzlösungen kombiniert (z. B. Kupfer in Kupfersulfat, Zink in Zinksulfat) und die beiden Lösungen durch eine poröse Wand trennt, so erhält man ein Element vom Typus des DANIELLschen; die elektromotorische Kraft eines solchen Elementes wird durch den Unterschied der beiden E-Werte gegeben sein, also durch

$$E = \frac{RT}{n}\left(l\frac{P_1}{p_1} - l\frac{P_2}{p_2}\right),$$

wenn beide Metalle die Valenz n haben.

Neben den Potentialdifferenzen zwischen Metall und Lösung treten bei einem solchen Element mit geschlossener Kette noch Potentialdifferenzen zwischen den beiden Flüssigkeiten und zwischen den beiden Metallen auf. Diese sind jedoch erfahrungsgemäß sehr klein und können deshalb den andren gegenüber vernachlässigt werden.

E ist also, abgesehen von den Lösungstensionen P_1 und P_2, abhängig von den Werten des osmotischen Druckes p_1 und p_2 der Metallionen; kann man p_2 äußerst klein machen, so daß $l\frac{P_1}{p_1} < l\frac{P_2}{p_2}$ wird, so wird E negativ, d. h. der Strom muß seine Richtung ändern. Diese Folgerung kann man auf folgende Weise experimentell bestätigen.

In einem Daniell-Element, in dem gewöhnlich der osmotische Druck der Zinkionen (p_1) von dem der Kupferionen (p_2) wenig verschieden ist, geht der Strom vom Kupfer durch den Schließungsdraht zum Zink, denn der Lösungsdruck P_1 des Zinkes ist sehr beträchtlich größer als der des Kupfers P_2 (s. unten). Nun kann man jedoch die Konzentration der Kupferionen um viele Zehnerpotenzen kleiner machen, wenn man der Kupfersulfatlösung Cyankalium zusetzt; hierdurch entsteht ja der äußerst wenig ionisierte Komplex $(Cu_2Cy_4)''$ (**243**). In der Tat wird durch diesen Zusatz die Stromrichtung umgekehrt. Weder die Fällung des Kupfers durch Kalilauge noch durch Schwefelammonium setzt die Konzentration der Kupferionen genügend herab, um dies zu erreichen.

Da man obige Gleichung auch so schreiben kann:

$$E = \frac{RT}{n}\left(l\frac{P_1}{P_2} - l\frac{p_1}{p_2}\right)$$

und für $p_2 = p_1$ der letzte Ausdruck $= 0$ wird, so sieht man, daß die elektromotorische Kraft eines Daniell-Elementes in der Hauptsache durch das Verhältnis der Lösungsdrucke der Metalle bestimmt wird. Ein galvanisches Element kann als eine Maschine angesehen werden, welche durch die elektrolytischen Lösungsdrucke der Metalle getrieben wird.

281. Durch die Einführung des Begriffes des Lösungsdrucks und die daran geknüpften Betrachtungen hat man überhaupt eine klarere Vorstellung von den chemischen Prozessen der galvanischen Zellen gewonnen, sowie von der Art, wie der elektrische Strom in denselben entsteht.

Man kann die galvanischen Ketten in zwei Klassen einteilen: in umkehrbare oder reversible und in irreversible. Zu der ersten Klasse gehört das DANIELL-Element. Es liefert Strom, weil der Lösungsdruck des Zinkes denjenigen des Kupfers übertrifft; das Zink schickt seine positiv geladenen Ionen in die Sulfatlösung und wird selbst negativ; dagegen geben die Kupferionen, indem sie in Atome übergehen und sich auf der Kupferplatte niederschlagen, ihre positiven Ladungen an letztere ab, die also zum positiven

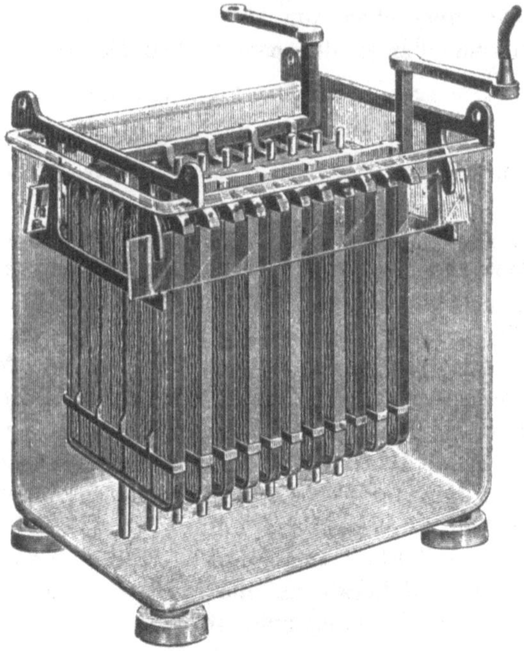

Fig. 68. Bleiakkumulator.

Pol wird. Chemisch läuft der Vorgang darauf hinaus, daß Zink in Lösung geht, Kupfer dagegen gefällt wird:

$$CuSO_4 + Zn = Cu + ZnSO_4$$

oder in Ionen ausgedrückt:

$$Cu^{\cdot\cdot} + Zn = Cu + Zn^{\cdot\cdot}.$$

Wird ein Strom in umgekehrter Richtung durch das DANIELL-Element geschickt, so werden an der Kupferplatte durch die dort ankommende positive Ladung Ionen in Lösung gebracht, die Zinkionen dagegen genötigt, sich auf dem Zink niederzuschlagen; denn der entgegengesetzt gerichtete Strom lädt das Zink negativ und infolgedessen zieht dieses die Ionen des Zinkes an sich. Man kann also, indem man einen entgegengesetzten Strom durch das Element schickt, dieses in seinen ursprünglichen Zustand zurückversetzen; daher die Bezeichnung reversibel oder umkehrbar.

Eine sehr wichtige Art reversibler Zellen ist der Akkumulator (Fig. 68). Er besteht aus einem mit verdünnter (ca. 20%iger) Schwefelsäure gefüllten Glastrog, in welchen Bleiplatten eingesenkt sind. Von den Platten ist abwechselnd die eine (positive) mit PbO_2, die andre (negative) mit $PbSO_4$ überzogen. Die positiven Platten sind sämtlich miteinander verbunden, ebenso die negativen. Aus einer größeren Anzahl solcher Zellen wird eine Batterie zusammengestellt, indem man die positiven Platten je einer Zelle mit den negativen der andren verbindet. Wird ein Strom durch das System geschickt, in der Weise, daß er bei der Bleiperoxydplatte eintritt und durch die Schwefelsäure zu der andren Platte gelangt, so vermehrt sich auf der positiven Platte das Bleiperoxyd PbO_2, während sich auf der andren (der Kathodenplatte) das $PbSO_4$ in schwammiges Blei verwandelt. Der Akkumulator wird dadurch geladen. Verbindet man darauf seine Pole durch einen Schließungsdraht, so spielt sich der umgekehrte Vorgang ab: das Bleiperoxyd wird reduziert, während das schwammige Blei auf der andren Platte in Bleisulfat verwandelt wird. Bei der Entladung ist ebenfalls die Peroxydplatte positiv, die Bleiplatte negativ.

Der chemische Vorgang in der Akkumulatorzelle wird durch die Gleichung:

$$PbO_2 + Pb + 2H_2SO_4 \rightleftarrows 2PbSO_4 + 2H_2O$$

wiedergegeben.

Die Strombildung wird folgendermaßen erklärt: In der sauren Flüssigkeit befinden sich die Ionen von Bleidisulfat $Pb(SO_4)_2$ gelöst, dessen Metall vierwertig ist. Elbs hat das Salz aus ihr abgeschieden. Die vierwertigen Blei-Ionen geben zwei von ihren Ladungen an die Bleiperoxydplatte ab, welche dadurch positiv geladen wird, wobei die Ionen in zweiwertige übergehen. Anderseits schickt die Bleiplatte positive Blei-Ionen in die Flüssigkeit hinein, wodurch die Platte selbst negativ wird. Die zweiwertigen Blei-Ionen vereinigen sich mit den Sulfat-Ionen SO_4'' zu Bleisulfat. Das bei der Entladung des Akkumulators verbrauchte Bleidisulfat wird aus dem Bleiperoxyd durch die verdünnte Schwefelsäure aufs neue gebildet.

Zu den irreversiblen Elementen gehören u. a. das Bunsen- und das Leclanché-Element. Ein durch sie in umgekehrter Richtung fließender Strom stellt den ursprünglichen Zustand nicht wieder her. Der oben angegebene Ausdruck für die Berechnung der elektromotorischen Kraft E ist bei diesen Elementen nicht anwendbar. Immerhin finden die allgemeinen Prinzipien der Drucktheorie auch auf diese Ketten Anwendung, wenn es gilt, die Entstehung des galvanischen Stromes zu erklären.

Bekanntlich besteht das Bunsen-Element aus einer amalgamierten Zinkplatte in Schwefelsäure und einem Kohlezylinder in Salpeter- oder Chromsäure. Wenn Zink und Schwefelsäure Wasserstoff entwickeln, muß man sich dies vom elektrochemischen Standpunkte so vorstellen, daß die Wasserstoffionen der verdünnten Säure ihre Ladungen an die Zinkatome abgeben und der Wasserstoff in Form von ungeladenen Molekülen entweicht. Im Bunsen-Element dagegen finden die Wasserstoffionen zum größten Teil Gelegenheit, ihre positiven Ladungen am Kohlenzylinder abzugeben und reduzierend auf die Salpetersäure oder Chromsäure einzuwirken. Anderseits treibt die Zinkplatte positiv geladene Zinkionen in die Lösung, in dem Maße, als Wasserstoffionen verschwinden; die Zinkplatte selbst erhält dadurch negative Ladung.

Das Leclanché-Element besteht aus einem Zinkstäbchen in konzentrierter Salmiaklösung, die durch die Poren einer Tonzelle dringt, in der sich Braunstein und ein Kohlestäbchen, zur Ableitung des Stromes, befinden. Wieder geht das Zink in Lösung:

$$Zn + 2NH_4Cl = ZnCl_2 \cdot 2NH_3 + H_2.$$

Die Wasserstoffionen entladen sich am Kohlenstab und reduzieren Braunstein. Die Kohle ist also wiederum positiver, das Zink negativer Pol.

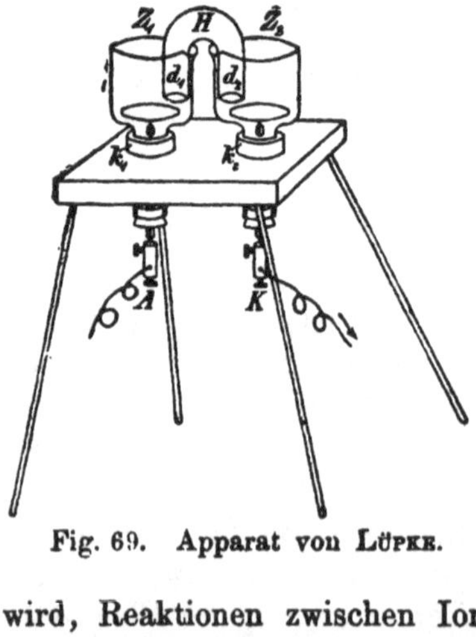

Fig. 69. Apparat von Lüpke.

282. Es läßt sich allgemein behaupten, daß, ebenso wie in dem galvanischen Element chemische Energie in elektrische umgewandelt wird, Reaktionen zwischen Ionen imstande sind, bei angemessener Versuchsanordnung einen elektrischen Strom zu erzeugen. Hier mögen einige Beispiele dieser Art angeführt werden.

Man kann für diese Versuche zweckmäßig einen von Lüpke beschriebenen Apparat benutzen, der aus zwei miteinander durch den weiten Heber *H* kommunizierenden Glasgefäßen Z_1 und Z_2 (Fig. 69) besteht, in denen sich unten die Platinelektroden k_1 und k_2 befinden. Die Drähte *A* und *K* führen zum Galvanoskop.

Um zu zeigen, daß durch die Oxydation von Zinnchlorür zu Zinnchlorid elektrische Energie erhalten werden kann, bringe man in Z_1 eine angesäuerte Lösung von Zinnchlorür (11·2:100), in Z_2 eine angesäuerte Normalkochsalzlösung. Der Heber wird ebenfalls mit dieser letzteren gefüllt. Sobald man mit einer Pipette zu der Elektrode k_2 (in der Kochsalzlösung) einige Tropfen Chlorwasser oder eine Lösung von Gold- oder Quecksilberchlorid bringt, zeigt das Galvanoskop einen Strom an, der im Schließungsdraht von *K* nach *A* geht. Wenn nämlich das zweiwertige Ion $Sn^{\cdot\cdot}$ in das vierwertige $Sn^{\cdot\cdot\cdot\cdot}$ übergehen soll, muß es noch zwei positive Ladungen aufnehmen; zugleich müssen der Lösung zwei Chlorionen zugefügt werden. Wird nun $HgCl_2$ oder $AuCl_3$ zugefügt, so sind hierdurch direkt Chlorionen verfügbar. Die Metallionen Hg oder Au schlagen sich auf k_2 nieder und geben diesem eine positive Ladung, die durch den Schließungsdraht k_1 zugeführt, für die $Sn^{\cdot\cdot}$-Ionen verfügbar ist. Beim Zufügen von freiem Chlor spaltet sich dasselbe in Ionen, wodurch anderseits positive Elektrizität an k_2 abgegeben wird, die durch den Schließungsdraht wieder nach k_1 fließt und dort die $Sn^{\cdot\cdot}$-Ionen auf höhere Ladung bringt.

Daß bei der Neutralisation von Schwefelsäure elektrische Energie gewonnen werden kann, läßt sich mit Hilfe desselben Apparates zeigen. Zu diesem Zwecke bringt man in Z_2 $^1/_2$ normale Schwefelsäure und in Z_1 sowie in den Heber $^1/_2$ normale K_2SO_4-Lösung. Legt man nun auf das Platinblech der Elektrode k_1 ein mit Wasserstoff elektrolytisch gesättigtes ca. 4 qcm großes Palladiumblech und berührt dies kurze Zeit mit einer KOH-Stange, so steigen von dem Platinblech der andren Elektrode (k_2) Wasserstoffbläschen auf und die Nadel des Galvanoskops zeigt einen kräftigen Strom an, der von k_2 ausgeht. Der Wasserstoff des Palladiumbleches sendet nämlich positive Ionen in die Lösung, die sich jedoch augenblicklich mit den OH-Ionen des KOH zu neutralem Wasser vereinigen; durch die Aussendung dieser positiven Ionen nimmt k_1 eine negative Ladung an, die durch den Schließungsdraht nach k_2 abfließt. Hier haben also die Wasserstoffionen der diese Elektrode umgebenden Schwefelsäure Gelegenheit, sich durch die negative Ladung zu entionisieren, so daß Wasserstoff in freiem Zustande entweicht.

Bei der Vereinigung von Chlor und Wasserstoff kann ebenfalls chemische Energie in elektrische umgesetzt werden. Zu diesem Zwecke setzt man zwei oben zugeschmolzene und ebenda mit Platinelektroden versehene Röhren in verdünnte Schwefelsäure, von denen die eine mit Wasserstoff, die andre mit Chlorgas gefüllt ist, wobei man dafür sorgt, daß die Elektroden in die Säure reichen. Bringt man einen Schließungsdraht zwischen die Elektroden, so geht ein kräftiger Strom durch den Draht. Die in den Platinelektroden absorbierten Gase treiben nämlich ihre Ionen in die Umgebung; hierdurch wird die H-Elektrode negativ, die Chlorelektrode positiv, während die H- und Cl-Ionen in der verdünnten Schwefelsäure in Lösung gehen.

Charakteristisch für alle diese Arten der Stromerzeugung ist, daß die Stoffe, die in Reaktion treten, voneinander getrennt sind. Bei der Oxydation von Zinnchlorür durch Quecksilberchlorid wird dieses letztere nicht in das Gefäß gebracht, in dem das $SnCl_2$ war, sondern in das andre; bei der Fällung von Silberchlorid wird das Silbernitrat nicht in die Kochsalzlösung gebracht, sondern in die $NaNO_3$-Lösung, usf. Die Reaktion trat nur deshalb ein, weil die eine Gattung Ionen ihre Ladung ganz oder zum Teil durch den Schließungsdraht an die andre Elektrode sandte, wo sie entweder Atome in Ionen umsetzte, oder vorhandene Ionen auf höhere Ladung brachte, oder endlich entgegengesetzt geladene Ionen in neutrale Atome verwandelte.

283. Wenn also chemische Reaktionen bei passender Versuchsanordnung einen elektrischen Strom erzeugen können, so kann umgekehrt das Vorhandensein eines derartigen Stromes das Stattfinden einer chemischen Reaktion andeuten. Cohen hat dies angewandt, um die Umwandlungspunkte einiger kristallwasserhaltiger Salze und auch andrer Systeme auf elektrischem Wege zu bestimmen. Denken wir uns ein Salz, das bei bestimmter Temperatur sein Kristallwasser verliert, z. B. Glaubersalz $Na_2SO_4 \cdot 10H_2O$; dieses hat bei ca. 33° einen Umwandlungspunkt, bei dem das wasserfreie Salz dauernd existenzfähig wird. Nun kann einige wenige Grade unterhalb 33° das wasserfreie Salz, einige Grade oberhalb dieser Temperatur das wasserhaltige Salz, in Berührung mit seiner gesättigten Lösung, während einiger Zeit im metastabilen Zustande beharren. Da diese Lösungen mit verschiedenen festen Phasen (die eine nämlich mit $Na_2SO_4 \cdot 10H_2O$, die andre mit Na_2SO_4) in Berührung sind, so haben sie nicht dieselbe Konzentration; bei der Umwandlungstemperatur werden aber die Konzentrationen einander gleich, da alsdann beide feste Phasen mit jeder Lösung in Berührung sind, dieselben also identisch werden müssen. Die elektrische Methode läuft nun darauf hinaus, die Verschiedenheit der Konzentrationen der an den beiden festen Phasen gesättigten Lösungen zur Bildung einer Kette zu verwenden.

Dies kann folgendermaßen geschehen: In den beiden Zylindern *A* und *B* befindet sich unten Quecksilber (siehe Fig. 70). Durch eingeschmolzene Platindrähte und einen Metalldraht stehen beide untereinander in leitendem Kontakt. Über dem Quecksilber befindet sich unlösliches Merkurosulfat. Darüber befindet sich in *A* ein breiiges Gemenge von Na_2SO_4 10aq und Wasser, in *B* ein solches von Wasser und Na_2SO_4. Unterhalb des Umwandlungspunktes ist die Lösung in *B* in metastabilem Zustande und konzentrierter als die in *A*, welche stabil ist. Die Folge davon ist, daß Natriumionen durch den Heber von der konzentrierten nach der verdünnten Lösung diffundieren, während sich gleichzeitig in *B* eine äquivalente Menge SO_4-Ionen mit einem Teil des Quecksilbers zu Merkurosulfat vereinigt, indem diese ihre negative Ladung an das übrige Quecksilber abgeben. Es entsteht so ein elektrischer Strom, welcher im Schließungsdraht von der verdünnteren zur konzentrierteren Lösung geht. Richtung und Intensität desselben können durch ein eingeschaltetes Galvanometer bestimmt werden. Wird jetzt der ganze Apparat allmählich erwärmt, so nähern sich die Konzentrationen in *A* und *B* einander um so mehr, je näher man dem Umwandlungspunkt kommt, und werden in diesem Punkte gleich groß. Die Intensität des Stromes nimmt daher fortwährend ab und wird im Umwandlungspunkt Null. Erhöht man die Temperatur noch weiter, so wird die Lösung in *A* metastabil und konzentrierter als diejenige in *B*, welche dann stabil geworden ist. Infolgedessen wird die Stromrichtung umgekehrt. Mittels dieser Methode ist es möglich, den Umwandlungspunkt mit großer Schärfe zu bestimmen.

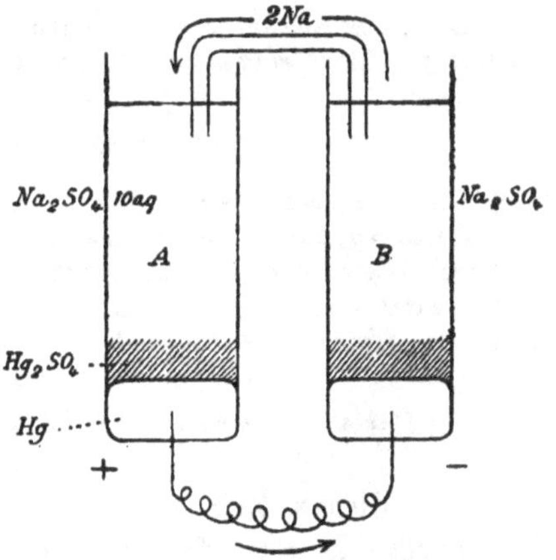

Fig. 70. Umwandlungspunkt.

284. Wie in **280** bemerkt, hängt die elektromotorische Kraft, welche bei chemischen Prozessen gewonnen werden kann, in hohem Maße vom Lösungsdruck der Metalle ab. Die Kenntnis des letzteren ist daher von sehr großer Wichtigkeit. Man kann ihn ermitteln auf Grund der bereits angegebenen Gleichung:

$$E = 10^{-4} \cdot \frac{2\,T}{n} \log \frac{P}{p}.$$

E, die Potentialdifferenz zwischen einem Metall und der wäßrigen Lösung eines seiner Salze, kann gemessen werden; alle andren Größen in dieser Gleichung sind bekannt außer P, welches aus derselben zu berechnen ist. In der nachstehenden Tabelle sind einige dieser Werte zusammengestellt:

Metall	Valenz	Lösungsdruck P in Atmosphären
Mg	2	10^{43} Atm.
Zn	2	10^{18} "
Cd	2	10^{7} "
Fe	2	10^{3} "
Pb	2	10^{-2} "
Cu	2	10^{-12} "
Hg	1	10^{-15} "
Ag	1	10^{-15} "

Zur Erläuterung diene folgendes Beispiel:

Die Potentialdifferenz zwischen Magnesium und der normalen Lösung ($^1/_2$ Mol pro Liter) seines Sulfats wurde auf 1·22 Volt ermittelt. Die Gleichung wird also:

$$1\cdot 22 = 10^{-4}\, T \log \frac{P}{p},$$

weil für Magnesium $n = 2$ ist. p ist der osmotische Druck der Mg-Ionen. Nimmt man an, daß das Salz ganz in Ionen gespalten ist, so wird $p = 22\cdot 4$ Atmosphären. Denn osmotischer Druck = Gasdruck; und 1 Mol Gas hat bei 0° und 760 mm ein Volum von 22·4 Liter (34). Beträgt also das Volum 1 Liter, so ist der Druck 22·4 Atmosphären. Bei 0° haben wir also:

$$1\cdot 22 = 10^{-4} \times 273 (\log P - \log 22\cdot 4)$$

oder $\log P = 43\cdot 23$, woraus sich für P rund ergibt:

$$P = 10^{43}.$$

Aus diesen Zahlen sieht man, wie ungeheuer verschieden der Lösungsdruck ist; für Magnesium und Zink beträgt er viele Millionen Atmosphären, für Kupfer, einwertiges Quecksilber und Silber dagegen nur Trillionstel einer Atmosphäre. Wenn auch die Zahlen der Tabelle noch mit relativ großen Fehlern behaftet sind, infolge der Schwierigkeit, die Potentialdifferenz zwischen einer Metallsalzlösung und dem Metall genau zu bestimmen, geben sie doch die Größenordnung der P-Werte zuverlässig an.

Nachstehend einige solche Potentialunterschiede zwischen Metallen und ihren Salzen in $^1/_1$ normaler Lösung:

Mg	+ 1·214 Volt	Co	− 0·043 Volt
Mn	+ 0·798 "	Ni	− 0·049
Zn	+ 0·493 "	Pb	− 0·129
Cd	+ 0·143 "	H	− 0·277
Fe	+ 0·063 "	Cu	− 0·606
Tl	+ 0·045 "	Hg	− 1·027
		Ag	− 1·048

Das Vorzeichen dieser Potentialdifferenzen ist direkt ersichtlich aus den Lösungsdrucken. Der Elektrolyt, in den Zink eingetaucht ist, muß ein positives, das Metall selbst ein negatives Potential annehmen, weil keine Zinklösung konzentriert genug sein kann, um die Entsendung von (positiven) Zinkionen durch das Metall zu verhindern; Kupfer muß dagegen einer Cu-Lösung gegenüber positiv werden; denn auch in der verdünntesten Lösung ist der osmotische Druck der Cu-Ionen größer als der Lösungsdruck des Metalles.

285. Die genauere Kenntnis der Spannungsreihe der Metalle in Elektrolyten hat große praktische Wichtigkeit. Überall, wo Kombinationen verschiedener Metalle, Legierungen, Metallüberzüge usw., dem Einfluß der Atmosphäre ausgesetzt sind, ist Gelegenheit zur Bildung kurzgeschlossener Ketten gegeben. In einer solchen wird allgemein das Metall mit dem größten Lösungsdruck aufgelöst werden, das andre intakt bleiben. Ein verzinkter („galvanisierter") Eisendraht wird daher auch an Stellen, an denen der Zinküberzug beschädigt ist, nicht so stark rosten, wie wenn er nicht verzinkt wäre. Umgekehrt ist es eine bekannte Tatsache, daß verzinntes Eisen schneller rostet, als unverzinntes. Der atmosphärische Niederschlag wirkt nämlich als Elektrolyt auf die Kombination Zinn-Eisen derart ein, daß Eisen die sich auflösende (negative) Elektrode wird. Es müssen sich dann Eisensalze bilden, die unter Abspaltung der Säure in Rost übergehen. Durch den folgenden Versuch wird diese Auffassung bestätigt. Ein Eisen- und ein Zinnstab seien verbunden durch einen Metalldraht, in welchen ein Galvanoskop eingeschaltet ist. Taucht man diese Metalle in Wasser ein, in das Luft und Kohlensäure eingeleitet wird und in dem sich eine Spur Kochsalz befindet (welches immer in der Luft schwebt und durch den Regen niedergeschlagen wird), so gerät die Nadel in Bewegung; das Eisen ist wirklich Anode, und bereits nach einer Stunde ist eine dünne gelbe Rostschicht auf ihm wahrzunehmen. Die Zinnschicht des Weißbleches wird deshalb das unter ihr befindliche Eisen nur dann vor dem Rosten schützen, wenn sie ganz unverletzt ist. Löst sich der Zinnüberzug ab, so daß das Eisen bloßgelegt wird, so beginnt es an diesen Stellen sehr schnell zu rosten, schneller, als wenn es nicht verzinnt wäre. Verzinktes Eisenblech dagegen zeigt beim Abspringen der Zinkdecke keine Spur von Rost.

286. Ein Ion wird nur dann aus einer Lösung austreten können, wenn eine Kraft darauf einwirkt, die größer ist als der Lösungsdruck, gerade so, wie elektrisch neutrale Moleküle aus ihrer Lösung nicht auskristallisieren können, bevor ihr osmotischer

Druck größer geworden ist, wie der der gesättigten Lösung. Die Abscheidung eines Ions kann dadurch bewirkt werden, daß man es einer elektrischen Kraft aussetzt. Dies ist das eigentliche Wesen der Elektrolyse. Für die Abscheidung eines Ions ist also eine bestimmte elektromotorische Kraft nötig, deren Betrag in Volt $10^{-4} \frac{2T}{n} \log \frac{P}{p}$ ist (s. oben), und die deshalb um so größer sein muß, je größer der Lösungsdruck und je kleiner der osmotische Druck der Ionen ist. Da jedoch die Elektrolyse gleichzeitig an Anode und Kathode erfolgt, so erhält man die Totalkraft E, die Zersetzungsspannung, welche für die Ausführung einer Elektrolyse nötig ist, wenn man die Summe der Kräfte bildet, welche für die Abscheidung des Kations und des Anions nötig sind, also:

$$E = E_1 + E_2 = 2 \times 10^{-4} T \left(\frac{1}{n_1} \log \frac{P_1}{p_1} + \frac{1}{n_2} \log \frac{P_2}{p_2} \right).$$

Wenn sich verschiedene Arten von Anionen und Kationen gleichzeitig in einer Lösung befinden, ein Fall, der stets vorliegt, wenn man mit wäßrigen Lösungen arbeitet (da ja das Wasser selbst — wenn auch nur äußerst wenig — ionisiert ist), so wird Elektrolyse erfolgen können, wenn E groß genug geworden ist, um eine der vorhandenen Kationarten und eine der vorhandenen Anionarten abzuscheiden.

Hierauf beruht eine Methode, um durch Anwendung von verschiedenen elektromotorischen Kräften eine elektrolytische Trennung von Metallen zu bewirken. Nicht die Stromdichte ist in erster Linie für den elektrolytischen Prozeß von Wichtigkeit (wie man früher meinte), sondern der Potentialunterschied an den Elektroden. Es gelingt z. B. auf diese Weise leicht, Kupfer von Zink zu trennen. Bei niedrigem Potentialunterschied kann sich aus einer Lösung, die beide Ionen enthält, nur Cu abscheiden; erhöht man ihn, so fällt auch Zink aus. — In vielen Fällen werden die Ionen des Wassers leichter abgeschieden als die des gelösten Elektrolyten. Bei der Elektrolyse von Kaliumhydroxyd z. B. scheiden sich an der Anode OH-Ionen ab (die sich zu Wasser und Sauerstoff umsetzen); an der Kathode scheiden sich jedoch nicht Kaliumionen, sondern — trotz ihrer äußerst geringen Konzentration — Wasserstoffionen ab, weil ihr Lösungsdruck viel kleiner ist als der des Kaliums.

287. Die Zersetzungsspannungen E sind nichts anderes als die in **284** angeführten Potentialunterschiede. Setzt man in der Tabelle H' willkürlich gleich Null ein, so gelangt man zu nachstehenden Zahlen, die sich auf normale Lösungen beziehen.

E_1 (Kationen)		E_2 (Anionen)	
$Ag^{\cdot}$	$-0{\cdot}771$	J'	$0{\cdot}520$
$Cu^{\cdot\cdot}$	$-0{\cdot}329$	Br'	$0{\cdot}993$
$H^{\cdot}$	$0{\cdot}0$	O''	$1{\cdot}23$
$Pb^{\cdot\cdot}$	$+0{\cdot}148$	Cl'	$1{\cdot}417$
$Cd^{\cdot\cdot}$	$+0{\cdot}420$	OH'	$1{\cdot}67$
$Zn^{\cdot\cdot}$	$+0{\cdot}770$	SO_4''	$1{\cdot}9$
		HSO_4'	$2{\cdot}6$

Weil man es stets mit Anode und Kathode zu tun hat, so kann man von allen obenstehenden Zahlenwerten E_1 eine willkürliche, jedoch stets gleiche Größe abziehen und den E_2-Werten hinzuaddieren, ohne daß dadurch der Wert von $E = E_1 + E_2$ sich ändert.

Das Zeichen O″ bezieht sich auf eine weitere Ionisation des Hydroxylions:

$$OH' = O'' + H^{\cdot},$$

die, wenn auch in äußerst geringer Menge, nach Nernst angenommen werden muß.

Aus diesen Zahlen sind wichtige Schlüsse zu ziehen. Erstens kann man mit ihrer Hilfe sofort die Zersetzungsspannungen von allen Ionenkombinationen angeben. Zinkbromid z. B. wird zu seiner Elektrolyse $0{\cdot}770 + 0{\cdot}993 = 1{\cdot}763$ Volt bedürfen, wenn die Ionen normale Konzentration besitzen. Die Elektrolyse von Salzsäure erfordert $1{\cdot}417 + 0 = 1{\cdot}417$ Volt usw. Wir sehen daraus, daß es auch leicht möglich sein muß, Silber elektrolytisch von Kupfer zu trennen, da der Unterschied ihrer Zersetzungsspannungen beinahe 0·5 Volt beträgt; auch die elektrolytische Scheidung von Jod und Brom sowie die von Brom und Chlor scheint im Prinzip ausführbar.

Die Reihenfolge der Metalle in der vorstehenden „Spannungsreihe“ ist von unten nach oben auch diejenige, nach der das vorhergehende Metall die folgenden aus ihren Lösungen ausfällt. In der Tat kann man dies als eine Elektrolyse auffassen. Ist einmal eine Spur des aufgelösten Metalles auf dem in die Lösung gebrachten andren Metall niedergeschlagen, so bilden die beiden Metalle mit der Flüssigkeit ein Element, welches die umgebende Lösung elektrolysiert. Die Formel

$$E = \frac{RT}{n} \log \frac{P}{p}$$

lehrt jedoch, daß die E-Werte, außer vom Lösungsdruck, auch vom osmotischen Druck der Kationen abhängen. Bei sehr beträchtlichen Konzentrationsänderungen der Salzlösung müßte daher E so stark verändert werden, daß die Reihenfolge der Metalle eine andre würde; z. B. wäre der Fall denkbar, daß Blei durch Kadmium nicht gefällt wird.

Die „Spannungsreihe" der Anionen läßt ebenfalls wichtige Schlußfolgerungen zu. Brom muß aus der Lösung von Jodiden das Jod, Chlor aus der Lösung von Bromiden das Brom schnell frei machen wegen der großen Verschiedenheit ihrer Zersetzungsspannung. Wir sehen ferner, daß Chlor imstande sein muß, aus saurer Lösung Sauerstoff zu entwickeln, nicht jedoch Brom oder Jod. Es ist aber auch bekannt, daß die Entwicklung von Sauerstoff aus Wasser durch Chlor äußerst langsam vor sich geht, in starkem Gegensatz zu der Schnelligkeit, mit der das Chlor dem Brom seine negative Ladung entzieht:

$$Cl_2 + 2Br' = Br_2 + 2Cl'.$$

Darüber braucht man sich nach vorstehendem nicht zu wundern; das Chlor muß sich, um in den Ionenzustand überzugehen, des Ions O'' bedienen, von dem nur eine äußerst geringe Menge zugegen ist, weil das in relativ viel größerer Anzahl vorhandene Hydroxylion OH, das nach Abgabe seiner negativen Ladung auch eine dem Chlor äquivalente Sauerstoffmenge liefern würde, in saurer Lösung seine Ladung um mehr als 0·3 Volt fester als das Chlorion hält.

Bor.

288. Dieses Element kommt in der Natur nicht im freien Zustande vor; dagegen gebunden in den Mineralien Borax $Na_2B_4O_7$, Borsäure oder Sassolin H_3BO_3, Boronatrocalcit $Na_2B_4O_7 \cdot 2CaB_4O_7 \cdot 18H_2O$ und anderen. Man kann es durch Glühen von Borsäureanhydrid B_2O_3 oder Borax mit Magnesiumpulver erhalten.

Rein wird es gewonnen durch die Einwirkung eines elektrischen Lichtbogens auf ein Gemisch von Borchloriddampf mit einem großen Überschuß von Wasserstoff. Die Elektroden aus Kupfer sind hohl und werden durch einen hindurchfließenden Wasserstrom kühl gehalten.

Das Element schmilzt erst oberhalb 2300°, sublimiert aber bereits ziemlich leicht bei 1600°. Die Härte des Bors wird nur durch die des Diamants übertroffen. Der elektrische Widerstand des Bors nimmt mit steigender Temperatur rasch ab.

In geschmolzenem Aluminium löst sich Bor; aus dieser Lösung kristallisiert beim Abkühlen ein Aluminiumborid AlB_{12} aus. Bor verbindet sich unter Feuererscheinung direkt mit Fluor und Chlor; an der Luft erhitzt verbrennt es zu B_2O_3. Bei sehr hoher Temperatur verbindet es sich mit Stickstoff zu Borstickstoff BN, welches einen außerordentlich hohen Schmelzpunkt (höher als Wolfram) hat. Es reduziert viele Verbindungen wie CuO und

PbO und zersetzt Wasserdampf bei Rotglühhitze. Durch kochende Salpeter- oder Schwefelsäure wird es zu Borsäure oxydiert. Auch von kochender Alkalilauge wird es (wie Aluminium) angegriffen:

$$2B + 2KOH + 2H_2O = 2KBO_2 + 3H_2.$$

Borwasserstoff B_4H_{10} entsteht in geringer Menge durch Zersetzung von Magnesiumborid mit Salzsäure in einer Wasserstoffatmosphäre. Es siedet bei + 16° und erstarrt bei etwa — 112°. Es hat einen widerlichen, in sehr großer Verdünnung schokoladeartigen Geruch. Durch Luft oder Sauerstoff wird es sofort oxydiert; in flüssigem Zustand entzündet es sich in diesen Gasen sofort. Wird B_4H_{10} auf 100° erhitzt, so bildet sich B_2H_6, welches sich mit Wasser in kurzer Zeit nach der Gleichung: $B_2H_6 + 6H_2O = 2H_3BO_3 + 6H_2$ umsetzt.

Borcarbid wird leicht aus B_2O_3 und Kohle erhalten.

Halogenverbindungen.

Borchlorid BCl_3 kann direkt aus den Elementen oder aus Borcarbid und Chlor dargestellt werden; es siedet bei 13° und erstarrt bei − 107°; seine Dampfdichte entspricht der genannten Formel. Durch Wasser wird es in Salzsäure und Borsäure zerlegt; mit Hilfe dieser Reaktion ist die Zusammensetzung der Verbindung ermittelt worden.

Borfluorid BF_3 entsteht analog wie Siliciumfluorid (**189**), wenn das Oxyd mit einem Gemenge von Fluorcalcium und Schwefelsäure erwärmt wird:

$$B_2O_3 + 3CaF_2 + 3H_2SO_4 = 2BF_3 + 3CaSO_4 + 3H_2O.$$

Borfluorid ist ein Gas, von dem sich 700—800 Vol. in ein Vol. Wasser lösen; eine solche konzentrierte Lösung raucht an der Luft. Beim Verdünnen scheidet sie nach einiger Zeit Borsäure ab, während sich Borfluorwasserstoffsäure $HF \cdot BF_3$ in der Lösung befindet. Diese Säure läßt sich nicht isolieren; jedoch sind Salze derselben bekannt. Es liegt demnach eine sehr weitgehende Analogie mit SiF_4 vor.

Sauerstoffverbindungen des Bors.

289. Borsäureanhydrid B_2O_3 wird durch Erhitzen von Borsäure nach dem Erkalten als farblose glasartige Masse erhalten. Es ist sehr hygroskopisch und verwandelt sich durch Wasseraufnahme wieder in Borsäure. Mit Fluorwasserstoff bildet es Borfluorid. Nur bei sehr hoher Temperatur ist B_2O_3 flüchtig.

Borsäure H_3BO_3 in freiem Zustande kommt in den Maremme di Toscana in Italien vor, wo sie in aus dem Boden aufsteigenden Dämpfen (soffioni oder fumaruole) enthalten ist. Die Dämpfe werden künstlich gefaßt, in mit Wasser gefüllte Klärbehälter abgelassen und die Lösung darauf in flache Bleipfannen, die durch die Soffioni auf 50—60° erwärmt werden, geleitet; bei dieser Temperatur wird die Lösung so lange eingedampft, bis die Borsäure auskristallisiert. Um die Borsäure rein zu gewinnen, wird sie in Borax übergeführt, dieses wird umkristallisiert und durch Salzsäure zerlegt.

Die Flüchtigkeit von Borsäure mit Wasserdampf ist seit langem auch deshalb aufgefallen, weil das Anhydrid B_2O_3, in das sie bei erhöhter Temperatur leicht übergeht, äußerst schwer flüchtig ist. Die Frage lag daher vor, in welcher Verbindungsform die Borsäure sich in ihrer Lösung befindet, und in welcher sie daraus flüchtig wird.

Der erste Punkt läßt sich entscheiden durch die Bestimmung der Siedepunktserhöhung oder der Verringerung der Dampfspannung von Borsäurelösungen. Hierbei ergab sich, daß sich in verdünnten Lösungen Moleküle H_3BO_3 befinden. Werden die Lösungen konzentrierter, so entspricht die Dampfdruckerniedrigung nicht mehr dieser Formel, sondern ist kleiner; das beweist, daß sich die Zahl der Moleküle der gelösten Substanz verringert hat, aus $4H_3BO_3$ z. B. $1H_2B_4O_7$ und $5H_2O$ oder eine ähnliche Verbindung geworden ist.

Verflüchtigen sich aus der wäßrigen Lösung auch Moleküle H_3BO_3, so muß, nach dem Henryschen Gesetz (9), die Konzentration der Borsäure in der Lösung und in Dampfform in konstantem Verhältnis stehen, unabhängig von der Menge der vorhandenen Borsäure. Dies trifft für verdünnte Lösungen zu, jedoch nicht für konzentriertere und ist also in Übereinstimmung mit dem, was die Dampfdruckerniedrigung lehrt, indem auch hier die Konzentration der Säure in Dampfform gegen die Konzentration der Säure in der Lösung zurückbleibt. Es ist also bewiesen, daß es Moleküle H_3BO_3 sind, die mit dem Wasserdampf übergehen.

Borsäure destilliert sehr leicht mit Methylalkohol über; dies wird verursacht durch die Bildung eines borsauren Methylesters, welcher bei 66° siedet. Man macht hiervon in der analytischen Chemie Gebrauch, um Borsäure von Kieselsäure und anderen Verbindungen zu trennen. Auch mit vielen mehrwertigen Alkoholen kann sich Borsäure verbinden.

Borsäure kristallisiert in sich fettig anfühlenden, glänzenden Kristallblättchen, welche in kaltem Wasser schwer löslich sind. Die Lösung wird als schwaches Antiseptikum verwendet. Beim Erhitzen verliert die Borsäure bei 100° 1 Mol Wasser, wobei sie in Metaborsäure HBO_2 übergeht; bei 140° entsteht Tetraborsäure $H_2B_4O_7 = 4B(OH)_3 - 5H_2O$, deren Natriumsalz der Borax ist.

Von der normalen Borsäure $B(OH)_3$ sind Salze nicht bekannt, wohl aber von der Metaborsäure; dieselben sind jedoch sehr unbeständig und werden schon durch Kohlensäure in Salze der Tetraborsäure umgewandelt:

$$4NaBO_2 + CO_2 = Na_2B_4O_7 + Na_2CO_3.$$

Das bekannteste Salz der Borsäure ist Borax $Na_2B_4O_7 + 12H_2O$, Natriumtetraborat, der sich gelöst im Wasser einiger Seen Kaliforniens und Tibets findet und, durch Verdunsten gewonnen, von dort als Tinkal in den Handel gebracht wird. Beim Erhitzen verliert Borax unter Aufblähen sein Kristallwasser; bei weiterem Erhitzen schmilzt er zu einer glasigen Masse, die in geschmolzenem Zustande die meisten Metalloxyde aufzulösen imstande ist. Diese Fähigkeit des Borax wird leicht verständlich, wenn man seine Formel $2NaBO_2 + B_2O_3$ schreibt. Borsäureanhydrid B_2O_3 kann man als den mit den Metalloxyden sich verbindenden Teil desselben ansehen. Auf dieser Fähigkeit beruht seine Verwendung beim Löten. Das Lot verbindet nur vollkommen reine Metallflächen. Bringt man ein wenig Borax auf die Oberfläche der zu lötenden Metalle und erhitzt mit dem Lötkolben, so wird die Oxydhaut entfernt.

Borsäure ist eine sehr schwache Säure; ihre Salze sind daher sehr merklich hydrolysiert, was — wie immer — mit der Verdünnung zunimmt.

Interessant ist in dieser Beziehung das Verhalten des Silberborats, das sich beim Zusammenfügen konzentrierter Lösungen von Borax und Silbernitrat als weißes Salz abscheidet. Werden jedoch die verdünnten Lösungen gemischt, so scheidet sich graubraunes Silberoxyd ab, da jetzt das Salz nahezu gänzlich hydrolytisch gespalten ist.

Aluminium.

290. Dieses Metall kommt in der Natur nicht gediegen, wohl aber in zahlreichen Verbindungen und in großen Mengen vor. Die Edelsteine Rubin, Saphir und Korund (ausgezeichnet durch seine Härte) bestehen aus Al_2O_3, Aluminiumoxyd, das durch Spuren von andren Oxyden gefärbt ist. Ein Hydrat, $Al_2O_3 \cdot 2H_2O$, stark verunreinigt mit Eisenhydroxyd und Kieselsäure kommt als Mineral Bauxit in Baux bei Avignon, in Kalabrien usw. in großen Ablagerungen vor. Der Alaunstein oder Alunit ist ein basisches Kaliumaluminiumsulfat, $K(AlO)_3(SO_4)_2$; er wird in der Nähe von Rom, aber auch in Spanien, Colorado, Arizona, Nevada und Utah angetroffen. Ton, Porzellanerde oder Kaolin bestehen hauptsächlich aus Aluminiumsilikaten. In vielen andren Silikaten, wie Feldspat, Glimmer u. a., ist es als Base enthalten. Ein eigentümliches Aluminiummineral ist der Kryolith oder Eisstein $3NaF \cdot AlF_3$, der auf Grönland und Island angetroffen wird.

Aluminium wurde zuerst von Wöhler 1827 erhalten; es kann aus Aluminiumchlorid durch Erhitzen mit Natrium gewonnen werden, wird jedoch gegenwärtig ausschließlich durch Zersetzung von Aluminiumoxyd mittels des elektrischen Stromes dargestellt. Zu diesem Zwecke wird eine Lösung von Tonerde in geschmolzenem

Kryolith bei hoher Temperatur mit Kohlenelektroden elektrolysiert. Im Jahre 1913 betrug die Produktion in Amerika 72000 Tonnen.

Aluminium ist silberweiß; es gehört zu den Leichtmetallen, da es nur ein geringes spez. Gewicht hat, nämlich 2·583; es ist sehr dehnbar und läßt sich zu Draht ausziehen und zu Blech von feinster Folie verarbeiten. Bei 600° fängt es an zu erweichen und schmilzt bei 658°. Es siedet bei 1800°.

Aluminium ist an der Luft beständig, weil es sich bald mit einer fest anliegenden Oxydschicht überzieht; in dünnen Blättchen verbrennt es beim Erhitzen in einer Sauerstoffatmosphäre mit glänzender Flamme. Durch verdünnte Salpetersäure wird es bei gewöhnlicher Temperatur äußerst wenig, durch verdünnte Schwefelsäure nur wenig angegriffen. In Salzsäure löst es sich leicht zu Aluminiumchlorid auf; in Alkalilaugen löst es sich unter Wasserstoffentwicklung und Bildung sogenannter Aluminate.

Das Aluminium reduziert, wie Goldschmidt zeigte, viele Oxyde unter heftiger Wärmeentwicklung (**298**); die Reduktion geht von selbst weiter, wenn sie an einem Punkte der Masse eingeleitet ist. Zu diesem Zwecke benutzt man eine „Zündkirsche", bestehend aus einem Gemenge leicht Sauerstoff abgebender Verbindungen, wie $KClO_3$ u. a., in der ein Stück Magnesiumband steckt; dieses zündet man mit dem Streichholz an. Man benutzt diese Wärmeentwicklung, um eiserne Bolzen weißglühend zu machen, sowie zum Schweißen von Eisenbahnschienen u. dgl.; zu diesem Zwecke werden dieselben mit einer aus Eisenoxyd, Sand und Aluminiumpulver bestehenden Masse umgeben, die durch eine Art von Zement zusammengekittet wird. Zündet man diese Masse an, so brennt sie von selbst weiter und erhitzt dabei den Bolzen bis zur Weißglut.

Ein Amalgam des Aluminiums ist leicht zu erhalten, wenn man Aluminiumfeilspäne mit einer $^1/_2\,^0/_0$igen Sublimatlösung in Berührung bringt. Dieses Amalgam zersetzt merkwürdigerweise das Wasser schon bei gewöhnlicher Temperatur kräftig, unter H-Entwicklung und Bildung von $Al(OH)_3$. Dabei gehen weder basische noch saure Stoffe in Lösung; es ist also ein neutrales Reduktionsmittel. Auch Spuren von Natrium in Aluminium machen es für Wasser angreifbar.

Einige Legierungen des Aluminiums haben praktisch Verwendung gefunden. Hier ist zu nennen die Aluminiumbronze, welche aus Kupfer und 5—12 $^0/_0$ Aluminium besteht und goldähnliche Farbe und Glanz besitzt. Das Kupfer wird dadurch zäher, härter und schmelzbarer. Wegen ihrer großen Festigkeit und Elastizität wird die Bronze für physikalische Instrumente (Wagebalken) und für Uhrfedern verwendet. Eine Legierung von

Aluminium mit einigen Prozenten Magnesium ist unter dem Namen Magnalium bekannt.

Beim Erhitzen von Aluminiumpulver in einem raschen Stickstoffstrom auf 1200—1300° verbindet sich das Metall leicht mit diesem Element zu AlN unter starker Wärmeentwicklung, so daß sich die Reaktion ohne weitere Wärmezufuhr durch die Masse fortpflanzt, wenn sie an einer Stelle begonnen ist. Siehe weiteres über dieses Nitrid (**110**).

Verbindungen des Aluminiums.

291. Das einzige bekannte Oxyd des Aluminiums, die Tonerde Al_2O_3, entsteht durch Erhitzen von Al-Salzen oder Aluminiumhydroxyd; es ist ein weißes, in starken Säuren leicht lösliches Pulver; wenn es jedoch stark geglüht worden ist, löst es sich nicht mehr in Säuren auf. Es schmilzt bei 2010°. Durch Zusammenschmelzen mit Kali oder $KHSO_4$ muß es dann aufgeschlossen werden. In der Natur kommt es kristallisiert vor (**290**).

Aluminiumhydroxyd $Al_2O_3 \cdot nH_2O$ fällt als Hydrogel (**193**) aus, wenn man die Lösung eines Aluminiumsalzes mit Ammoniak versetzt; durch Zersetzung der Aluminate erhält man es als ein weißes Pulver. Aluminiumhydroxyd besitzt sowohl den Charakter einer schwachen Säure wie den einer schwachen Base. Seine Salze mit Säuren sind in wäßriger Lösung zum Teil hydrolytisch gespalten und reagieren daher sauer. In Alkalien löst es sich unter Bildung von Aluminaten, wie AlO_2K, AlO_2Na oder AlO_3NaH_2; diese fallen amorph aus, wenn man zu der alkalischen Lösung Alkohol zufügt; sie werden bereits durch die Kohlensäure der Luft zersetzt. — Aluminiumhydroxyd ist in Wasser unlöslich, löst sich jedoch in einer Lösung von Aluminiumchlorid. Wenn diese Lösung der Dialyse unterworfen wird, ist es möglich, sie völlig von Salzsäure (die infolge hydrolytischer Spaltung darin vorhanden ist) zu befreien und so eine kolloidale Lösung des Hydroxyds zu erhalten (**192**). Mit schwachen Säuren bildet es keine Salze.

Aluminiumchlorid $AlCl_3$ erhält man, wenn man über Aluminiumfeilspäne, die in einem Porzellan- oder Glasrohr erhitzt werden, trocknen Chlorwasserstoff leitet (Fig. 71). Ist die Reaktion einmal eingetreten, so geht sie von selbst weiter. Es ist jedoch praktischer, das Rohr fortwährend zu erhitzen, da das $AlCl_3$ dann als weiße Kristallmasse in die Vorlage hinüber sublimiert. $AlCl_3$ ist sehr hygroskopisch; eine wäßrige Lösung kann nur unter Zusatz von überschüssiger Salzsäure bereitet werden, weil sich sonst — infolge hydrolytischer Spaltung — das Hydroxyd der Tonerde niederschlägt. Durch Verdampfen einer solchen Lösung läßt sich $AlCl_3$ nicht gewinnen, da es sich wegen der dabei stattfindenden fortgesetzten

Entfernung eines der Spaltungsprodukte (HCl) völlig in Salzsäure und Hydroxyd zersetzt. Die Dampfdichte des Chlorids entspricht bis 440° der Formel Al_2Cl_6, oberhalb 760° der Formel $AlCl_3$. Das Chlorid vereinigt sich mit KCl und NaCl zu Verbindungen wie $AlCl_3 \cdot KCl$, die ohne Zersetzung zu erleiden eingedampft werden können. Man kennt auch Verbindungen $AlCl_3 \cdot PCl_3$, $AlCl_3 \cdot POCl_3$ usw. In der organischen Chemie ist das wasserfreie Chlorid ein wichtiges synthetisches Hilfsmittel.

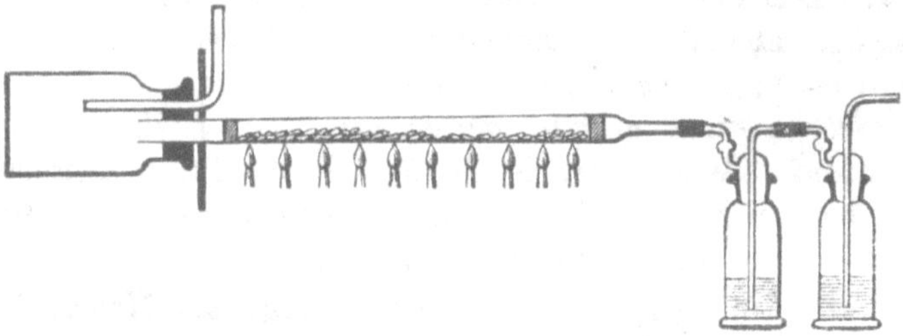

Fig. 71. Darstellung von Aluminiumchlorid.

Aluminiumsulfat $Al_2(SO_4)_3 + 16H_2O$ wird durch Behandlung von Ton mit konzentrierter Schwefelsäure erhalten; das Produkt löst man in Wasser und läßt es kristallisieren. Es vereinigt sich mit Alkalisalzen zu Doppelsalzen von dem allgemeinen Typus:

$$\overset{I}{R}_2SO_4 \cdot \overset{III}{R}_2'(SO_4)_3 \cdot 24H_2O.$$

Solche Salze heißen Alaune. R kann hierin K, Am, Cs, Rb, Tl und eine organische Base sein, R' außer Al auch Fe (Oxyd) und Cr. Diese Alaune kristallisieren alle in Oktaëdern und Würfeln, welche zu beträchtlicher Größe anwachsen und Mischkristalle bilden können. Der gewöhnliche Alaun, d. i. Kalialaun, wird in der Färberei als Beizmittel („Org. Ch.“ *331*) verwendet, für diesen Zweck aber mehr und mehr durch Aluminiumsulfat und Na-Aluminat ersetzt. Kalialaun wird aus Alaunstein bereitet.

Bei der Vereinigung zweier Salze können zwei Fälle eintreten: entweder entsteht ein neues Salz, das in verdünnter wäßriger Lösung andre Ionen hat, als die beiden Salze für sich, oder dies ist nicht der Fall. Für ersteres ist ein gutes Beispiel das gelbe Blutlaugensalz. Man hat in diesem keine Eisen- oder Cyanionen mehr; es muß als $K_4(FeCy_6)$ aufgefaßt werden. Solche Salze nennt man komplexe. Die Alaune sind Beispiele der zweiten Art. Eine verdünnte Alaunlösung zeigt alle Reaktionen, welche die Komponenten getrennt zeigen; ihr Leitvermögen ist das Mittel aus dem der beiden Salze bei gleicher Konzentration u. a. m.

Bei dieser Art der Verbindung von Salzmolekülen spricht man von einem Doppelsalz. Zwischen beiden Arten bestehen Übergänge, wobei wohl komplexe Ionen gebildet werden, aber neben diesen die ursprünglichen Ionen teilweise vorhanden bleiben. Ein Beispiel dieser Art sahen wir in den komplexen Kupfer-Ammoniumsalzen.

292. Aluminiumsilikat, Kaolin, entsteht in der Natur aus den zahlreichen Alkali-Tonerde-Doppelsilikaten durch Verwitterung, wobei das Alkalisilikat gelöst wird, während das in Wasser unlösliche Al-Silikat als Ton, der durch Eisenoxyd bräunlich gefärbt ist, zurückbleibt. Er bildet den Grundstoff für die Tonwarenfabrikation vom einfachen Ziegelstein bis zum feinsten Porzellan je nach der Reinheit des Materials. Ziegelsteine werden aus eisen- und kalkhaltigem Ton (Lehm) geformt und dann bis zum Zusammensintern erhitzt. Tonwaren werden Fabrikate wie Fayence, Majolika, Steingut, Delfter Ware usw. genannt, deren gebrannte Masse undurchsichtig, porös und auf dem Bruche erdig ist, und die mit einer Glasur aus leicht schmelzbaren Silikaten, um sie gegen Wasser undurchdringlich zu machen, überzogen sind. Die Glasur wird dadurch erzielt, daß beim Brennen Kochsalz in den Ofen geworfen wird. Durch die heißen Wasserdämpfe entstehen Salzsäure und NaOH, welches letztere sich mit dem Ton zu einem Na-Al-Silikat vereinigt. Das mehr oder weniger durchscheinende, auf dem Bruch glasartige, unporöse Porzellan wird durch Zusatz von Feldspat und Quarz beim Brennen hergestellt. Je geringer diese Beimengungen sind, desto widerstandsfähiger ist es gegen Temperaturänderungen. Beim Porzellan dient die Glasur dazu, die rauhe Oberfläche glatt und glänzend zu machen.

Reines Kaolin ist ein außerordentlich feuerbeständiges Material; es ist nicht nur gegen hohe Temperaturen und schnelle Temperaturänderungen widerstandsfähig, sondern auch gegen chemische Agenzien.

Im Ackerboden kommen eigentümliche Tonerdesilikate vor, Zeolithe genannt, die nach Untersuchungen von Gans zum größten Teil aus Gemischen von Tonerdedoppelsilikaten und Aluminatsilikaten bestehen. Die letzteren enthalten Alkalien und alkalische Erden in der Hauptsache an die Tonerde gebunden. Bringt man solch ein Alkali-aluminatsilikat in Berührung mit einer verdünnten Lösung von z. B. Chlorcalcium, so wird sehr leicht das Alkali gegen Kalk ausgetauscht. Umgekehrt wird in Ca-aluminatsilikat sehr leicht Ca durch die äquivalente Menge K oder Na ersetzt, wenn man es in einer verdünnten Lösung eines K- oder Na-Salzes bringt. Hierauf beruht das Absorptionsvermögen des Bodens, welches für die Düngung von hervorragender Bedeutung ist. Denn bringt man ein K- oder Am-Salz auf einen zeolithhaltigen Boden, so hält das Zeolith K und Am fest, während die entsprechende Menge Ca-Salz entsteht, welches nun, anstatt die wertvollen K- und Am-Salze, durch den Regen ausgewaschen wird.

Durch Verschmelzen von Kaolin mit Quarz und Soda ist es gelungen künstliche Zeolithe darzustellen, die unter dem Namen Permutite in den Handel gebracht werden. Sie dienen unter anderem zur Enthärtung von Wasser. Filtriert man nämlich hartes Wasser über Permutit, so wird der Kalk aus dem Wasser entfernt und die äquivalente Menge Na geht in Lösung. Will man nun den Permutit wieder regenerieren, so braucht man nur Kochsalzlösung darüber zu filtrieren, wodurch der gebundene Kalk wieder durch Na ersetzt wird.

Ultramarin ist ein sehr schöner blauer Farbstoff, den man künstlich darstellt, indem man ein Gemenge von Ton, Soda, Schwefel und Holzkohle unter Luftabschluß erhitzt. In der Natur kommt es unter dem Namen Lasurstein vor. Man faßt es gewöhnlich als eine Verbindung von Na-Al-Silikat mit Polysulfiden des Natriums auf. Hierfür spricht u. a., daß es von Säuren unter H_2S-Entwicklung angegriffen wird, wobei die Farbe verschwindet, während es gegen Alkalien beständig ist. Man neigt jetzt zu der Ansicht, daß Schwefel in kolloidaler Form dem Ultramarin die blaue Farbe erteilt, ebenso wie dies in den blauen Lösungen von Schwefel in Schwefeltrioxyd, Phosphorpentoxyd und in schmelzendem Cyankalium der Fall ist.

Gallium, Indium, Thallium.

293. Die Existenz des Galliums ist von Mendelejeff in derselben Weise vorausgesagt worden (218), wie dies für das Germanium geschah; das hypothetische Eka-aluminium ist 1875 von Lecocq de Boisbaudran in einer Zinkblende mittels der Spektralanalyse entdeckt worden. Sein Spektrum besteht aus zwei violetten Linien. Es ist äußerst selten. Das Metall ist weiß, schmilzt bereits bei 30° und hat das spez. Gewicht 5·9. Es oxydiert sich nur oberflächlich an der Luft und wird von Wasser nicht angegriffen. Wie das Aluminium wird es von Salpetersäure sehr wenig angegriffen, löst sich jedoch leicht in Salzsäure und auch in Kalilauge und Ammoniak. Mit Al geht es Legierungen ein, die bei geringem Al-Gehalt infolge der Schmelzpunktserniedrigung des Galliums bei gewöhnlicher Temperatur flüssig sind und Wasser beinahe so kräftig zersetzen wie Natrium.

Auch in seinen Verbindungen zeigt Gallium sehr viel Analogie mit Aluminium; das Hydroxyd löst sich ebenfalls in Alkalien auf; das Chlorid $GaCl_3$ raucht wie $AlCl_3$ an der Luft und die Lösung gibt beim Eindampfen Salzsäure ab. Galliumsulfat gibt mit Ammoniumsulfat einen Alaun $Ga_2(SO_4)_3 \cdot (NH_4)_2SO_4 \cdot 24H_2O$. Durch Schwefelwasserstoff wird Gallium aus essigsaurer Lösung gefällt; hierin entspricht es dem Zink (274).

Vom Indium war bereits bei der Besprechung des periodischen Systems (217) die Rede, weshalb es hier ganz kurz erledigt werden darf; es wurde nach seinem Spektrum, einer blauen Linie, entdeckt. Auch dieses Element ist sehr selten; es kommt ebenfalls in einigen Zinkblenden vor. Das Metall ist weiß und sehr weich, Schmelzp. 155°, spez. Gewicht 7·12, an der Luft unveränderlich; bei hoher Temperatur verbrennt es mit blauer Flamme zum Oxyd In_2O_3. Das Chlorid $InCl_3$ ist hygroskopisch; seine wäßrige Lösung zersetzt sich nicht beim Eindampfen. Das Sulfat bildet mit $(NH_4)_2SO_4$ einen Alaun; das Hydroxyd ist in Alkalien löslich.

Thallium ist das verbreitetste dieser drei Elemente, wenngleich es stets nur in geringer Menge vorkommt. Es findet sich zuweilen in den Abraumsalzen Karnallit und Sylvin und manchmal auch in Schwefelkiesen und

Zinkblenden. Beim Rösten der letzteren in den Schwefelsäurefabriken wird das Thallium mit dem Rauch fortgeführt und setzt sich in den Flugstaubkanälen und im Kammerschlamm ab. Aus diesem wird es durch Auskochen mit verdünnter Schwefelsäure und Fällen mit Salzsäure (besser mit HJ) gewonnen, wobei sich schwer lösliches TlCl(TlJ) abscheidet. Dieses Element ist von CROOKES ebenfalls auf spektroskopischem Wege entdeckt worden; sein Spektrum hat eine charakteristische hellgrüne Linie.

Thallium ist ein weiches Metall, ungefähr wie Natrium, und von bläulicher Farbe wie Blei. Spez. Gewicht 11·8, Schmelzp. 290°. In feuchter Luft oxydiert es sich schnell an der Oberfläche; Wasser zersetzt es jedoch bei gewöhnlicher Temperatur nicht. Bei höherer Temperatur verbrennt es mit schön grüner Flamme. In Schwefelsäure und Salpetersäure löst es sich leicht auf, in Salzsäure dagegen wegen der Schwerlöslichkeit des Chlorids nur langsam.

Thallium bildet zwei Reihen von Verbindungen; die Thalloverbindungen leiten sich von Tl_2O, die Thalliverbindungen von Tl_2O_3 ab. Erstere haben viel Ähnlichkeit mit denen der Alkalien und des Silbers. Das äußert sich z. B. in der Löslichkeit des Hydroxyds und des Karbonats, deren Lösungen alkalisch reagieren. Auch sind viele Thalliumsalze mit Kaliumsalzen isomorph; ebenso existiert ein Doppelsalz mit Platinchlorid Tl_2PtCl_6; ferner der Alaun $Tl_2SO_4 \cdot Al_2(SO_4)_3 \cdot 24 H_2O$ und auch noch andre Doppelsulfate, z. B. $Tl_2SO_4 \cdot MgSO_4 \cdot 6 H_2O$, welche den entsprechenden Kalium-Doppelsulfaten analog sind. Anderseits erinnert die Schwerlöslichkeit der Thallohalogenide (das Jodid ist am wenigsten, das Chlorid am leichtesten löslich) an Silber und Blei, auch bezüglich der Reihenfolge dieser Verbindungen nach der Löslichkeit.

In den Thalliverbindungen ist das Element wie die andren der Gruppe dreiwertig; in dieser Verbindungsform gibt es leicht Doppelsalze und sind seine Salze in wäßriger Lösung erheblich hydrolysiert.

Übersicht der Gruppe. (III des periodischen Systems.)

294. Die Elemente B, Al, Ga, In, Tl bilden eine natürliche Gruppe, in der die letzten drei Glieder für sich wieder untereinander mehr Analogie in den physikalischen Eigenschaften zeigen. Wir sahen etwas Ähnliches bereits in der ersten Gruppe bei Cu, Ag, Au, sowie in der zweiten bei Zn, Cd, Hg. Die folgende Zusammenstellung gibt eine Übersicht über einige physikalische Eigenschaften.

	B	Al	Ga	In	Tl
Atomgewicht .	11·0	27·1	69·9	114·8	204·0
Spez. Gewicht	2·45	2·583	5·9	7·12	11·8
Schmelzpunkt	> 2000°	658°	30°	155°	290°
Siedepunkt	—	1800°	—	—	—

Bei den Spektren von Ga, In, Tl kann man wieder bemerken, daß sich die Linien mit steigendem Atomgewicht nach dem Rot hin verschieben.

In chemischer Beziehung ist hervorzuheben, daß alle Elemente dieser Gruppe dreiwertig sind und die Basizität ihrer Oxyde mit steigendem Atomgewicht zunimmt; Borhydroxyd (Borsäure) hat noch ausschließlich saure Eigenschaften; aber auch die Hydroxyde der andren Elemente sind in Alkalien löslich; sogar $Tl(OH)_3$. Da die niederen Oxyde der Metalle meistens stärker basisch sind als die höheren, ist es nicht befremdend, daß Thallohydroxyd eine starke Base ist.

Die seltenen Erdmetalle.

295. In der Mitte der periodischen Tabelle befinden sich etwa 17 Elemente, die man unter dem Namen der seltenen Erdmetalle zusammenfaßt.

Bei einigen dieser Erdmetalle ist man noch unsicher, ob sie überhaupt Elemente oder ob sie nur Gemenge sind. An dieser Ungewißheit ist die große Übereinstimmung schuld, welche sie in ihren Eigenschaften zeigen, und die daher rührende Schwierigkeit, sie voneinander zu trennen. Man kann sie in zwei Gruppen einteilen: in die Cergruppe, welche die Elemente Cer, Lanthan, Praseodym, Neodym und Samarium umfaßt, und in die Yttriumgruppe, welche die Elemente Europium, Terbium, Dysprosium, Holmium, Yttrium, Gadolinium, Erbium, Thulium, Scandium, Ytterbium und Lutetium enthält. Im allgemeinen sind die Elemente innerhalb einer Gruppe desto seltener, je höher ihr Atomgewicht ist.

Seitdem die Oxyde des Cers und Thoriums für das Gasglühlicht von Auer von Welsbach Verwendung finden, ist eifrig nach Mineralien gesucht worden, in welchen die seltenen Erdmetalle vorkommen. Es hat sich dabei ergeben, daß mehrere derselben lange nicht so „selten“ sind, wie man früher glaubte. Namentlich in dem Monazitsand hat man eine reiche Quelle für dieselben gefunden; derselbe kommt in sehr beträchtlichen Mengen in den Vereinigten Staaten von Amerika, in Kanada und in Brasilien vor. Er besteht hauptsächlich aus einem Phosphat von Ce, La, Pr und Nd, mit wechselnden Mengen von Thoriumsilikat und -phosphat.

In Schweden und in Grönland werden einige Mineralien gefunden, Cerit, Gadolinit, Euxenit, Orthit, Xenotim u. a., welche diese Elemente enthalten. Sie kommen in diesen Mineralien nie gesondert, sondern immer zu mehreren nebeneinander vor.

Um die seltenen Erden (d. h. die Oxyde der betreffenden Metalle) aus ihren Mineralien zu isolieren, werden diese sehr fein gepulvert und mit konzentrierter Schwefelsäure bis zu schwacher Rotglut erhitzt. Hierdurch werden die seltenen Erden in Sulfate verwandelt und die Kieselsäure wird in die unlösliche Form gebracht. Man löst die Sulfate in Eiswasser auf, in welchem sie sich viel besser lösen als in warmem Wasser (da bei höherer Temperatur ein schwerlösliches Hydrat entsteht). Aus dieser Lösung kann man sie durch Oxalsäure fällen, weil ihre Oxalate (auch in verdünnten Säuren) schwer löslich sind. Man erreicht so ihre Trennung von Fe, Al u. a. Die Oxalate werden durch Erhitzen zu Oxyden verwandelt.

Sehr schwierig ist es, diese Oxyde voneinander zu trennen. Hierfür sind verschiedene Methoden in Gebrauch, unter andren die folgenden: Man benutzt die Eigenschaft der Sulfate von Cer, Lanthan und Didym, in einer gesättigten Natriumsulfatlösung unlöslich zu sein (durch Bildung von Doppelsalzen), um sie von Erbium, Ytterbium und Yttrium zu scheiden. Die Nitrate der einzelnen Metalle dieser Gruppe sind gegen Hitze sehr verschieden beständig; darauf hat man eine andre Trennungsmethode gegründet, indem man durch Erhitzen auf verschiedene Temperaturen nur einige der Nitrate zersetzt und dann die unzersetzten durch Wasser auszieht; eine dritte Methode ist die fraktionierte Fällung der Lösungen durch Ammoniak. Auch durch fraktionierte Fällung mit Kaliumchromat (wobei die schwerlöslichen neutralen Chromate sich abscheiden) kann man Trennungen ausführen, die sonst nur sehr schwierig zu bewirken sind. Für die Yttererden hat namentlich Urbain durch systematisch durchgeführte fraktionierte Kristallisationen der leichtlöslichen Nitrate eine nahezu vollständige Trennung erreicht. Als Hilfsmittel hat sich dabei die Zufügung von Wismutnitrat ausgezeichnet bewährt. Das Doppelnitrat $2Bi(NO_3)_3 \cdot 3Mg(NO_3)_2 \cdot 24aq$ ist isomorph mit den Magnesiumdoppelnitraten der Elemente Ce, La, Nd, Pr, Sm, Eu, Gd, Tb. Er fügte nun zum Gemisch der Magnesiumdoppelnitrate dieser Elemente einen großen Überschuß von Wismut-Magnesiumnitrat; dann wurde fraktioniert kristallisiert. Ce, La, Pr, Nd, Sm häuften sich in den ersten Kristallisationen an, dann folgte Wismut, während Eu, Gd, Tb in den letzten Fraktionen kamen. Wenn die Mittelfraktionen nur noch Wismut enthielten, war Sm quantitativ von Eu getrennt.

Die meisten der seltenen Erdmetalle bilden nur ein Oxyd von der Formel M_2O_3; Cer, Praseodym und Terbium haben höhere Oxyde, von denen nur CeO_2 ein Salzbildner ist. Die Oxyde M_2O_3 bilden starke Basen, da ihre Salze mit starken Säuren in wäßriger Lösung nicht hydrolytisch gespalten sind.

Das beste Merkmal zur Unterscheidung dieser Metalle ist ihre spektroskopische Untersuchung. Die Spektren der Cermetalle sind gut bekannt, die der Yttererdmetalle weniger. Viele dieser letzteren sind nur durch einige Absorptionsbanden gekennzeichnet, unter diesen das Dysprosium, Holmium und Thulium. Andre, wie das Yttrium, Gadolinium und Ytterbium, deren Oxyde weiß und deren Salze farblos sind, geben kein Absorptionsspektrum, aber ihr Funkenspektrum ist sehr charakteristisch. Die Spektren der Ytterordmetalle sind sehr reich an Linien. Auch die Untersuchung der ultravioletten Spektren, welche photographisch fixiert werden, hat wichtige Anhaltspunkte geliefert.

Außer diesen Spektrenarten ist noch das Phosphoreszenzspektrum ein wichtiges Hilfsmittel, um zu erkennen, ob diese Erden rein sind. Werden nämlich diese Erden im luftleeren Raum unter den Einfluß von Kathodenstrahlen gebracht, so leuchten sie auf. Diese Lichtentwicklung ist unter dem Namen kathodische Phosphoreszenz bekannt. Ihr Spektrum zeigt charakteristische Linien. Es hat sich herausgestellt, daß die vollkommen reinen Erden diese Phosphoreszenz nicht zeigen, daß aber schon minimale Mengen Verunreinigungen mit andren Erden genügen, um die Erscheinung hervorzubringen. Das Optimum der Wirkung wurde meist bei einer Beimischung von 1—0·1 % gefunden. Indem man nun einerseits im Verschwinden der Phosphoreszenz ein Anzeichen hat, daß die betreffende Erde rein ist, kann andrerseits das charakteristische Phosphoreszenzspektrum benutzt werden, um gewisse Erden als solche zu erkennen.

Die seltenen Erdmetalle sind alle paramagnetisch, aber ihr Magnetisierungskoeffizient ist sehr verschieden; er variiert zwischen 1×10^6 und 300×10^6. Urbain hat hiervon Gebrauch gemacht, um die einzelnen Elemente zu charakterisieren.

Cer tritt hauptsächlich im Cerit auf, der etwa 60 % davon enthält. Seine Salze sind in reinem Zustande farblos und geben kein Absorptionsspektrum. Um Ceroxyd von Lanthan- und Didymoxyd zu trennen (letzteres ist ein Gemisch der Oxyde von Pr und Nd), werden diese Oxyde mit einer wäßrigen Lösung von Chromsäure erwärmt, bis alles gelöst ist. Die Lösung wird zur Trockenheit verdampft und einige Zeit auf 110° erhitzt. Das Cerchromat zersetzt sich dabei, indem es Ce_2O_3 bildet. Wird die Masse sodann mit Wasser extrahiert, so gehen Lanthan- und Didymchromat in Lösung, während das unlösliche Ceroxyd zurückbleibt. Eine andre Methode ist, die Lösung mit Ammoniumpersulfat zu behandeln, wobei nur das Cer als basisches Salz gefällt wird.

Das Metall gleicht in der Farbe dem Eisen, ist geschmeidig und schneidbar wie Blei; es oxydiert sich langsam an der Luft, indem es sich mit einer schwarzen Schicht überzieht. Bei höherer Temperatur verbrennt es. Eine Legierung von 70 % Cerium und 30 % Eisen gibt beim Ritzen ein lebhaftes Funkensprühen. Cer bildet zwei Reihen von Salzen, die farblosen Cerosalze, die dem Oxyd Ce_2O_3 entsprechen, und die Cerisalze, die sich von CeO_2 ableiten und gelb oder braun sind.

Lanthan kann man von Praseodym und Neodym trennen, indem man seiner Lösung so viel Natronlauge zusetzt, bis die Flüssigkeit kein Absorptionsspektrum (s. oben) mehr zeigt. In dem Niederschlag hat man dann Praseodym und Neodym und ein wenig Lanthan, die Flüssigkeit dagegen ist frei von erstgenannten. Das Lanthan ist nur dreiwertig. Sein Oxyd La_2O_3 und seine Salze sind in reinem Zustande ganz farblos.

Für die Trennung von Praseodym und Neodym macht man Gebrauch von der verschiedenen Löslichkeit, welche ihre Doppelsalze mit Kaliumsulfat, gegenüber einer konzentrierten Kaliumsulfatlösung, besitzen. Die Praseodymsalze sind grün und geben grüne Lösungen; die Neodymsalze haben Amethystfarbe und geben rote Lösungen.

Scandium kommt im Mineral Wolframit vor; es ist ebenfalls ein dreiwertiges Element; seine Existenz wurde von Mendelejeff, der es Ekabor nannte, vorausgesagt. Es gehört durch seine Trivalenz in die Aluminiumgruppe; sein Hydrat $Sc(OH)_3$ ist gelatinös, aber in überschüssigem Alkali unlöslich. Es bildet ein schwer lösliches Natriumdoppelcarbonat $Sc_2(CO_3)_3 \cdot 4Na_2CO_3 \cdot 6H_2O$. Rein ist es mittels seiner komplexen, wasserlöslichen Fluoride darzustellen.

Neuerdings ist es Urbain und Auer von Welsbach gelungen, das früher für ein Element gehaltene Ytterbium in zwei Elemente zu zerlegen, welche den Namen Lutetium (Lu) und Neoytterbium erhalten haben. Das Atomgewicht des Lu ist 174·0.

Die Salze von Samarium sind gelb und haben ein charakteristisches Spektrum.

Titan, Zirkonium und Thorium.

296. Diese seltenen Elemente schließen sich dem Kohlenstoff und Silicium ebenso an wie Kalium, Rubidium und Cäsium dem Li und Na, und wie Ca, Sr und Ba dem Beryllium und Magnesium. Titan und Zirkonium geben noch säurebildende Oxyde, während Thorium nur basische Oxyde bildet.

Titan hat sehr viel Analogie mit Silicium; es kommt häufig zusammen mit diesem vor, aber stets nur in kleiner Menge. Das Element wird rein erhalten durch die Einwirkung von Natrium auf $TiCl_4$. Es schmilzt bei 1795°, leitet die Elektrizität sehr gut und hat das spez. Gew. 4·50. Erstarrtes Titan ist sehr spröde und ritzt Glas und Stahl. Beim Erhitzen im Stickstoffstrom verbrennt es quantitativ zum Nitrid TiN. — Titandioxyd kommt in drei Kristallformen vor, Rutil, Anatas und Brookit. — Titanchlorid $TiCl_4$ wird bereitet, indem man Chlor über ein glühendes Gemenge von Kohle und TiO_2 leitet; es ist eine Flüssigkeit, die an der Luft raucht, da sie durch Wasser in HCl und Titansäure zersetzt wird. Es sind auch die Chloride $TiCl_3$ und $TiCl_2$ bekannt. Titansäure $Ti(OH)_4$ scheidet sich als weißes, amorphes Pulver ab, wenn man der salzsauren Lösung titansaurer Salze Ammoniak zusetzt. Dies hat seine Ursache in der schwach basischen Natur des Ammoniaks und in der schwach sauren der Titansäure; infolgedessen ist das titansaure Ammonium vollständig hydrolytisch gespalten. Die Titansäure bildet wie die Kieselsäure und die Zinnsäure leicht Polysäuren (191). In Alkalien löst sich die Säure zu Titanaten auf, die auch durch Schmelzen von TiO_2 mit Alkalien erhalten werden. Anderseits ist Titansäure in konzentrierter Schwefelsäure löslich; die Titansäure bleibt auch beim Eingießen einer solchen Lösung in Wasser gelöst, weil der Überschuß an Schwefelsäure die hydrolytische Spaltung verhindert. Man kennt sowohl höhere wie niedere Oxyde des Titans. Ein zitronengelbes höheres Oxyd TiO_3 entsteht, wenn man die Lösung der Titansäure in verdünnter Schwefelsäure mit H_2O_2 versetzt (38).

Zirkonium kommt im Mineral Zirkon $ZrSiO_4$ und im Baddeleyit, das nahezu reines ZrO_2 darstellt, vor. Letzteres Mineral wird in Süd-Brasilien gefunden. Moissan erhielt aus Zirkon direkt das Zirkoniumkarbid CZr, indem er dasselbe mit Zuckerkohle gemischt im elektrischen Ofen während zehn Minuten heftig erhitzte (1000 Amp. und 40 Volts). Das Silicium verflüchtigt sich hierbei größtenteils. Wird das Karbid bei dunkler Rotglut mit Chlor behandelt, so geht es in das Chlorid über. Zirkonchlorid $ZrCl_4$ läßt sich aus Zirkonoxyd durch Erhitzen auf ca. 800° in einem Chlorstrom, der mit Tetrachlorkohlenstoffdampf beladen ist, darstellen. Es ist sehr hygroskopisch und verhält sich gegen Wasser analog wie $TiCl_4$ und $SnCl_4$. Das Element selbst ist durch Erhitzen im Vakuum von $ZrCl_4$ mit sublimiertem Natrium in reinem Zustand dargestellt. Es hat das spez. Gewicht 6·4 bei 18° und schmilzt bei etwa 2350°. Es ist sehr duktil und hat hohen Metallglanz. Durch konzentrierte Salzsäure und Salpetersäure wird es nur äußerst langsam angegriffen; dagegen wirkt Fluorwasserstoffsäure, sogar noch bei großer Verdünnung, schon bei gewöhnlicher Temperatur rasch ein. Beim Erhitzen an der Luft verbrennen kleine Stücke unter glänzender Feuererscheinung.

Das Hydroxyd $Zr(OH)_4$ wird durch NH_3 aus den sauren Lösungen als voluminöser Niederschlag gefällt; es ist unlöslich in Alkalien, bildet jedoch beim Schmelzen mit letzteren Salze wie Na_2ZrO_3 und Na_4ZrO_4, welche durch Wasser zersetzt werden. Der mehr basische Charakter des Hydroxyds geht auch noch daraus hervor, daß es mit Schwefelsäure ein Sulfat $Zr(SO_4)_2$ liefert, welches aus Wasser umkristallisiert werden kann. — Zirkonerde ZrO_2 hat einen Schmelzpunkt oberhalb 2000° und strahlt bei starkem Erhitzen ein sehr intensives Licht aus.

Thorium wird gegenwärtig hauptsächlich aus Monazitsand gewonnen; es ist ferner im Thorit von Arendal enthalten; das Hydroxyd $Th(OH)_4$ ist unlöslich in Alkalien, das Sulfat kristallisiert mit $9H_2O$. Das Chlorid $ThCl_4$ kann, wie Zirkonchlorid, aus dem Oxyd durch Glühen im Dampf von Tetrachlorkohlenstoff, gemischt mit Chlor, dargestellt werden.

Das Element kann durch Elektrolyse einer Lösung von $ThCl_4$ in geschmolzenem Alkalichlorid oder, wie Zirkonium, durch Erhitzen von Thorchlorid mit Natrium gewonnen werden. Es schmilzt bei etwa 1450°. Das spez. Gew. beträgt etwa 11·2. Das Metall wird von Wasser oder von Salpetersäure nur wenig angegriffen. Gegen die Einwirkung der Luft ist es bei Zimmertemperatur sehr beständig.

Thor- und Ceroxyd werden technisch für das AUERsche Gasglühlicht verwendet. Ein feines Kunstseidegewebe wird mit einer Lösung von Thorium- und Ceriumnitrat getränkt, die aus 99% Thor- und 1% Cernitrat besteht, alsdann getrocknet und vor der Verwendung „abgebrannt". Dies Aschenskelett („Strumpf") wird durch eine Bunsenflamme zum Glühen gebracht und strahlt dann ein intensives Licht aus. Dies kommt wahrscheinlich daher, daß der glühende Strumpf nur eine geringe Menge roter Strahlen und Strahlen von noch größerer Wellenlänge aussendet, dagegen viele Strahlen von kürzerer Wellenlänge; somit geht nur sehr wenig Energie durch Aussendung von wenig Licht gebenden Strahlen verloren. Dennoch gibt ein Strumpf, der aus Thor- oder Ceroxyd allein besteht, sehr wenig Licht und ebenso ein solcher, der diese beiden Oxyde in einem andren Verhältnis, wie dem oben angegebenen, enthält. Was Cer betrifft, so kommt dies daher, daß seine Menge dann zu groß ist, um durch die Flamme zu vollem Glühen gebracht zu werden. Eine analoge Erscheinung beobachtet man bei einer qualmenden Flamme, die weniger Licht gibt als eine nicht qualmende, weil erstere zu viel Kohlenstoff enthält. Daß nicht Thoroxyd das Licht aussendet, beweist der Umstand, daß ein Strumpf, der hauptsächlich aus Ceroxyd besteht und etwa 1% Thoroxyd enthält, nur eine geringe Lichtstärke liefert. Wir müssen also annehmen, daß sich in dem Strumpf feine Ceroxydteilchen auf einem sehr schlechten Wärmeleiter, dem Thoroxyd, ausgebreitet befinden, die, da ihre Masse klein ist, imstande sind, die hohe Temperatur zu erreichen, bei der sie das gewünschte helle Licht ausstrahlen; denn die Lichtstärke einer Flamme steigt ungefähr mit der fünften Potenz ihrer Temperatur.

Thorium gehört zu den radioaktiven Elementen. Wird Thoriumhydroxyd in einer Säure gelöst und mit Ammoniak wieder ausgefällt, so beträgt die Intensität der Strahlung nur etwa 45% der ursprünglichen. Dampft man die Lösung ein und vertreibt die Ammoniumsalze durch Glühen, so hinterbleibt ein unwägbarer Rückstand, Thorium X, der den Rest der Thoriumaktivität mit sich führt. Die Aktivität des Thoriums nimmt langsam wieder zu, die des Thorium X ab, bis sie völlig verschwunden ist; die Halbierungskonstante von letzterem ist 3·64 Tage. Das aktive Thorium sendet auch eine Emanation aus; wird aber aus einer Thoriumsalzlösung das Thorium vom Thorium X getrennt (was durch wiederholte Fällung mit Ammoniak gelingt), so hat es seine Emanationsfähigkeit völlig eingebüßt; dagegen emaniert das Thorium X sehr stark. Demnach ist die Emanation das Umwandlungsprodukt von Thorium X.

Zwischen Thorium X und Thorium hat man gemäß der Form der Abklingungskurve noch Mesothorium und Radiothorium als Umwandlungsprodukte anzunehmen, während anderseits die Emanation sich sukzessive in Thorium A, B und C umwandelt.

Es ist Hahn gelungen, ein Verfahren auszubilden, das Mesothorium aus den wertlosen Rückständen, welche bei der Thorerdefabrikation aus Monazitsand abfallen, zu isolieren. Man erhält es dabei in der Form von Bromid. Dieses sendet die gleichen durchdringenden Strahlen aus wie das entsprechende Salz des Radiums, ist aber viel billiger herzustellen. Es kann daher als Ersatz für Radium dienen, welchem es in seinen chemischen Eigenschaften gleicht. Das Mesothorium ist komplex. Es besteht aus dem mit einer Halbierungskonstante von 5·5 Jahre zerfallenden strahlenlosen Mesothor 1 und dem in 6·2 Stunden zur Hälfte zerfallenden, β- und γ-strahlenden, Mesothor 2.

Vanadium, Niobium, Tantalium.

297. Diese Elemente schließen sich in Verbindungsformen und Eigenschaften dem Stickstoff und Phosphor an; wie in jeder Gruppe tritt auch hier mit steigendem Atomgewicht der metallische Charakter stärker in den Vordergrund.

Vanadium kommt als Vanadinbleierz (Pb-Salz der Vanadinsäure) vor; in Colorado findet sich das Mineral Roscoelit, ein grüner Vanadinglimmer. Namentlich kommt aber in Perù ein Vanadinsulfid als Mineral vor, Patronit genannt.

Ganz reines metallisches Vanadium darzustellen, ist noch nicht geglückt; das bis jetzt erhaltene Produkt enthält etwa 97% reines Vanadium, außerdem etwas Kohle und wurde durch Reduktion des Oxyds mit Kohle dargestellt. Es schmilzt bei etwa 1720°.

Vanadium wird jetzt in Form einer Eisenlegierung in der Stahlindustrie verwendet. In ganz kleiner Menge zugesetzt, macht es den Stahl zäher und erschütterungsfest bei großer Härte.

Vanadium ist charakterisiert durch die Mannigfaltigkeit seiner Verbindungen. Man kennt z. B. die Chloride VCl_2, VCl_3, VCl_4 und VCl_5. Auch ein Oxychlorid $VOCl_3$ ist bekannt, das ebenso wie $POCl_3$ durch Wasser zersetzt wird. Das höchste Oxyd V_2O_5, eine braune Masse, ist ein Säureanhydrid. Es bildet Salze, die sich von den Säuren H_3VO_4 Orthovanadinsäure und HVO_3 Metavanadinsäure ableiten, ist also dem P_2O_5 analog. Von Wichtigkeit ist Ammonium-Metavanadinat NH_4VO_3, das in Salmiaklösung unlöslich ist, wovon man bei der Abscheidung des Vanadins aus seinen Erzen Gebrauch macht. Die letzteren werden zu diesem Zwecke mit Ätznatron und Salpeter geschmolzen, wodurch Na-Vanadinat entsteht, das mit Wasser ausgezogen wird. Wenn man diese Lösung mit Salmiak sättigt, so fällt nach einiger Zeit NH_4VO_3 als sandiges Pulver aus. Durch Erhitzen wird es in V_2O_5 verwandelt. Dies ist zugleich die charakteristische Reaktion auf Vanadiumsäure.

Niob und Tantal kommen hauptsächlich in den Mineralien Tantalit und Niobit (Columbit) vor, welche tantal- und niobsaure Salze von Eisen und seltenen Erdmetallen darstellen. Diese Metalle bilden flüchtige Chlorverbindungen, $NbCl_5$ und $TaCl_5$, die (wie PCl_5) durch Wasser zersetzt werden. Charakteristisch für diese Elemente sind besonders ihre Doppelfluoride $2KF \cdot NbOF_3$ und $2KF \cdot TaF_5$ Letzteres ist in Wasser schwer, ersteres leicht löslich. Diese Verbindungen werden benutzt, um die beiden Elemente zu trennen. Die Oxyde Nb_2O_5 und Ta_2O_5 bilden mit Basen Salze der Niobsäure H_3NbO_4 und Tantalsäure H_3TaO_4. Das Element Niob wird in freiem Zustande durch Erhitzen von Niobpentoxyd mit Aluminiumfeile, nach der Methode von Goldschmidt, dargestellt. Es ist dann allerdings aluminiumhaltig. Das Al läßt sich aber durch Erhitzen auf hohe Temperatur im Vakuum verflüchtigen. Das so rein gewonnene Niob hat ein spez. Gew. von 12·7 und schmilzt bei 1950°. Durch Säuren wird es nicht angegriffen; in Sauerstoff ist es sehr schwer verbrennbar.

Das Element Tantal läßt sich durch Reduktion seines Oxyds mit Kohle im Wasserstoffstrom gewinnen. Es schmilzt bei 2850°; sein spez. Gew. beträgt 16·5. Es wird von Säuren bei gewöhnlicher Temperatur nicht angegriffen, und findet u. a. Anwendung zur Darstellung von Schreibfedern.

Chrom.

298. Chrom kommt vornehmlich im Chromeisenstein $FeO \cdot Cr_2O_3$, seltener im Rotbleierz $PbCrO_4$ vor. Zur Darstellung von Chromverbindungen dient ausschließlich der erste; er wird zu diesem Zwecke mit Alkalien geschmolzen, wobei Chromate entstehen, die mit Wasser ausgezogen werden.

Das Element ist schon lange bekannt, aber doch erst 1894 von Moissan in größerer Menge vollkommen rein erhalten worden. Dieser reduzierte Chromoxyd Cr_2O_3 mit Kohle im elektrischen Ofen. Leichter ist die Darstellung nach der Methode von Goldschmidt (**290**) durch Reduktion von Chromoxyd mittels Aluminiumfeile, oder besser noch mittels eines Gemisches von Aluminium und Calcium. Sorgt man dafür, daß ein Überschuß von Chromoxyd vorhanden ist, so wird das Chrom völlig aluminiumfrei erhalten.

Das auf diese Weise dargestellte schwere Metall ist glänzend, feil- und polierbar; es schmilzt bei 1520°, wird aber im elektrischen Ofen völlig dünnflüssig; Glas ritzt es nicht (während das Karbür C_2Cr_3 sogar Quarz und Topas ritzt). Es siedet bei 2200°. Bei gewöhnlicher Temperatur verhält es sich wie ein edles Metall, d. h. es ist an der Luft durchaus beständig.

Das Chrom bildet drei Reihen von Verbindungen; dieselben leiten sich ab von CrO Chromoxydul, Cr_2O_3 Chromoxyd und CrO_3 Chromsäureanhydrid.

Oxydulverbindungen des Chroms.

Diese zeigen eine sehr große Neigung, durch Sauerstoffaufnahme in Chromiverbindungen überzugehen. Sie können daher nur bei vollkommenem Luftabschluß aufbewahrt werden. Eine Lösung des Chromochlorids $CrCl_2$ wird durch Reduktion von $CrCl_3$ mit Zink und Schwefelsäure erhalten; sie zeigt eine sehr schöne blaue Farbe, welche bei Sauerstoffzufuhr sehr leicht in Grün übergeht. Wenn man die Lösung von $CrCl_2$ in eine gesättigte Lösung von Na-Acetat eingießt, so fällt Chromoacetat als rotes kristallinisches Pulver nieder, das im Vergleich zu andren Chromosalzen sehr luftbeständig ist und zur Darstellung derselben dienen kann. Das Chromohydroxyd $Cr(OH)_2$ ist gelb.

Oxydverbindungen des Chroms.

Chromioxyd Cr_2O_3 entsteht durch Erhitzen von Chromsäureanhydrid CrO_3 oder von Ammoniumchromat (**106**). Kristallisiert wird es so erhalten, daß man Chromylchlorid CrO_2Cl_2 durch eine glühende Röhre leitet. Die amorphe Verbindung ist grün, die kristallisierte schwarz. Nach dem Glühen ist es in Säuren unlöslich. Mit Silikaten geschmolzen färbt es diese schön grün, weshalb es zum Färben von Glas und Porzellan benutzt wird.

Guignets Grün, ein schöner Farbstoff, wird durch Schmelzen von Kaliumbichromat (1 Gewichtsteil) mit Borsäure (3 Gewichtsteile) bereitet. Durch Ausziehen mit Wasser wird K-Borat in Lösung gebracht und es bleibt $Cr_2O_3 \cdot 2H_2O$, der Farbstoff, zurück.

Das Hydrogel des Chromioxyds $Cr_2O_3 \cdot nH_2O$ fällt aus, wenn man ein Chromsalz mit Ammoniak versetzt. Es ist hellblau, löst sich aber in Kali- oder Natronlauge mit grüner Farbe; durch Kochen einer solchen Lösung wird ein wasserärmeres Oxyd von andrer Farbe abgeschieden. Die Bildung dieses wasserärmeren Oxyds erklärt das Entstehen der Fällung, wenn man annimmt, daß die Lösung desselben bei geringerer Konzentration der Chromionen gesättigt ist, als die Lösung des wasserreicheren Oxyds; die alkalische Flüssigkeit ist daher in bezug auf das wasserärmere Oxyd übersättigt und dieses muß sich abscheiden. Die Löslichkeit von Chromhydroxyd in Alkalien weist auf die schwach saure Natur desselben hin; auch mit andren Metallen kann es Salze bilden, welche sich meist vom Hydroxyd $CrO \cdot OH$ herleiten. Ein Beispiel dieser Art ist der natürliche Chromeisenstein.

Chromihydroxyd ist nur eine schwache Base; demnach bildet es keine Salze mit schwachen Säuren (Kohlensäure, Schwefligsäure u. a.).

Chromichlorid $CrCl_3$ wird durch Erhitzen von Chromioxyd mit Kohle im Chlorstrom erhalten. Es sublimiert in glänzenden pfirsichblütenfarbigen Kristallblättchen. Bei 1200—1300° entspricht die Dampfdichte der Formel $CrCl_3$. Reines Chromchlorid wird von Wasser erst bei anhaltendem Kochen gelöst; enthält es jedoch Spuren von $CrCl_2$, so löst es sich bereits bei gewöhnlicher Temperatur auf. Nach Ostwald ist dies eine katalytische Beschleunigung der Lösungsgeschwindigkeit. Die Lösung ist grün; beim Verdunsten setzen sich grüne Kristalle $CrCl_3 + 6H_2O$ daraus ab, welche an der Luft zerfließen. Letztere erhält man auch aus der salzsauren Lösung des Hydrogels.

Chromisulfat $Cr_2(SO_4)_3$ zeigt wie andre Chromsalze (Nitrat, Chromalaun usw.) die Eigentümlichkeit, sich in kaltem Wasser mit violetter Farbe zu lösen, welche beim Erwärmen in Grün übergeht.

Diese grüne Farbe wandelt sich beim Erkalten der Sulfatlösung sehr langsam, bei andren Salzen schnell wieder in Violett um. Aus der violetten Lösung kristallisieren bei langsamem Verdunsten bei gewöhnlicher Temperatur die Salze aus, das Sulfat z. B. mit $15 H_2O$; aus der grünen Lösung dagegen erhält man beim Verdunsten nur amorphe klebrige Massen.

Behufs Aufklärung dieser Erscheinungen hat man hauptsächlich die Sulfatlösung studiert, weil hier die grüne Modifikation sich am längsten hält. Dabei hat sich ergeben, daß der Prozeß auf einer Abspaltung von Schwefelsäure beruht (aus 2 Mol Sulfat 1 Mol Schwefelsäure), und daß dabei grüne „Chromschwefelsäuren" entstehen, d. h. Substanzen mit einem komplexen Chromschwefelsäure-Ion, da dieselben weder die Reaktionen auf Chrom noch die auf Schwefelsäure geben. So wird aus einer grünen Lösung des Sulfats nur ein Drittel der Schwefelsäure durch Chlorbarium direkt gefällt, d. h. es ist nur noch ein Drittel der ursprünglich in der violetten Lösung vorhandenen SO_4-Ionen vorhanden. Man kann den Übergang der violetten in die grüne Lösung daher folgendermaßen formulieren:

$$\underset{\text{violett}}{2\,Cr_2(SO_4)_3} + H_2O = H_2\mathit{SO_4} + \underset{\substack{\text{komplexes Ion} \\ \text{grün}}}{[Cr_4O(SO_4)_4]}\mathit{SO_4}$$

Nur die schräg gedruckten SO_4 werden gefällt.

Diese Chromschwefelsäuren sind bei mäßiger Verdünnung ebenso stark ionisiert wie die Schwefelsäure selbst.

Analog verhält sich Chromichlorid $CrCl_3$. Man erhält eine violette Lösung desselben, wenn man die violette Sulfatlösung mit der berechneten Menge Chlorbarium behandelt. Aus dieser violetten Lösung von $CrCl_3$ schlägt Silbernitrat alles Chlor bei gewöhnlicher Temperatur direkt nieder. Wird die Lösung jedoch einige Zeit gekocht und darauf abgekühlt, so fällt $AgNO_3$ nur noch 1 von den 3 Cl-Atomen direkt bei gewöhnlicher Temperatur aus; die zwei andren müssen sich mit Cr zu einem komplexen Ion verbunden haben.

Chromalaun $K_2SO_4 \cdot Cr_2(SO_4)_3 + 24 H_2O$ wird gewöhnlich hergestellt, indem man in eine mit Schwefelsäure versetzte Lösung von Kaliumbichromat SO_2 einleitet:

$$K_2Cr_2O_7 + H_2SO_4 + 3\,SO_2 = K_2SO_4 \cdot Cr_2(SO_4)_3 + H_2O.$$

Er kann in großen dunkelvioletten Oktaedern von mehreren Zentimetern Kantenlänge erhalten werden.

Verbindungen der Chromsäure.

299. Von dem Chromsäureanhydrid CrO_3 leiten sich wie von SO_3 Salze von der Formel M_2CrO_4 ab; während jedoch von SO_3 auch die Säure H_2SO_4 selbst, die Schwefelsäure, beständig ist, kennt man H_2CrO_4 nicht. Wenn man zu einem Chromat eine Säure zusetzt, erhält man nur CrO_3; die Säure H_2CrO_4 zerfällt direkt in H_2O und das Anhydrid. Die Salze der Chromsäure sind isomorph mit den entsprechenden Sulfaten.

Chromsäureanhydrid erhält man, wenn man einer konzentrierten Lösung von Kaliumbichromat Schwefelsäure zusetzt; es scheidet sich dann in Form von langen, roten, rhombischen Nadeln ab, welche, wenn völlig frei von Schwefelsäure, an der Luft nicht zerfließen; in Wasser sind sie leicht löslich. Es schmilzt bei 198°; durch Erhitzen auf 250° wird es in Chromoxyd und Sauerstoff zerlegt:

$$2\,CrO_3 = Cr_2O_3 + 3\,O.$$

Chromsäureanhydrid ist ein sehr kräftiges Oxydationsmittel; seine Lösung kann nicht durch Papier filtriert werden, weil es dieses oxydiert. Tröpfelt man starken Alkohol auf CrO_3, so entzündet er sich, während zugleich Cr_2O_3 entsteht; Salzsäure wird zu Chlor und H_2O oxydiert, schweflige Säure zu Schwefelsäure; leitet man trocknes NH_3 über CrO_3-Kristalle, so erfolgt Reduktion unter Feuererscheinung (**107**). Beim Erhitzen mit Schwefelsäure entwickelt sich Sauerstoff und es entsteht Chromsulfat. Durch Schwefelwasserstoff wird die wäßrige Lösung unter Abscheidung von Schwefel reduziert. CrO_3 zeigt also verschiedene Eigenschaften der Peroxyde wie PbO_2, BaO_2 u. a.

Neben den normalen Salzen der Chromsäure wie K_2CrO_4 kennt man auch Bichromate, Trichromate usw., welche man sich durch Vereinigung von 1 Mol des neutralen Salzes mit 1 oder mehreren Molekülen CrO_3 entstanden denken kann:

$$K_2CrO_4 + CrO_3 \text{ oder } \underset{\text{Bichromat}}{K_2Cr_2O_7}; \quad K_2CrO_4 + 2\,CrO_3 \text{ oder } \underset{\text{Trichromat}}{K_2Cr_3O_{10}} \text{ usw.}$$

Wenn man einer Lösung von 1 Mol Chromat $^1/_2$ Mol Schwefelsäure zusetzt, schlägt die gelbe Farbe der Chromatlösung in die rote des Bichromats um; ein CrO_4-Ion gibt an die Wasserstoffionen, welche durch die freie Säure hinzugekommen sind, seine elektrische Ladung und ein Atom Sauerstoff ab, wodurch Wasser und CrO_3 entstehen, welches letztere mit einem zweiten CrO_4-Ion das rote Ion Cr_2O_7 bildet:

$$2\,CrO_4'' + 2\,H^{\cdot} = Cr_2O_7'' + H_2O.$$

Saure Salze der Chromsäure und die freie Chromsäure H_2CrO_4 existieren, wegen dieser reduzierenden Wirkung der H-Ionen auf die CrO_4-Ionen, nicht. In wäßriger Lösung ist Kaliumbichromat weitgehend in Monochromat und CrO_3 gespalten.

Die Chromsäure ist eine schwache Säure, was sich u. a. daraus ergibt, daß ihre in Wasser unlöslichen Salze (des Ba, Pb, Ag) von starken Säuren leicht gelöst werden (**144**). Auch reagieren die

chromsauren Salze der Alkalimetalle

in wäßriger Lösung alkalisch durch Hydrolyse. Man erhält dieselben, wenn man eine Chromverbindung mit Kaliumkarbonat (Pottasche) und einem Oxydationsmittel schmilzt. Letzteres Mittel ist überflüssig, wenn man den Sauerstoff der Luft mit der geschmolzenen Masse durch häufiges Umrühren in Berührung bringt. Der Chromeisenstein wird technisch in dieser Weise auf Chromate verarbeitet; zu diesem Zwecke wird er in Flammöfen oberhalb 1000° mit Soda und Kalk geröstet:

$$2Cr_2O_3 \cdot FeO + 4Na_2CO_3 + 4CaO + 7O = 4Na_2CrO_4 + 4CaCO_3 + Fe_2O_3.$$

Das so entstandene Natriumchromat wird ausgelaugt und seiner Lösung Schwefelsäure zugesetzt; beim Eindampfen kristallisiert Natriumbichromat $Na_2Cr_2O_7$ aus, welches durch doppeltes Umsetzen mit Chlorkalium KCl in Kaliumbichromat umgewandelt wird.

Die Aufschließung des Chromeisensteins gelingt viel leichter, wenn Kali (KOH) anstatt Soda (Na_2CO_3) benutzt wird, wahrscheinlich weil geschmolzenes KOH aus der Luft Sauerstoff aufnimmt und Superoxyd bildet, und so einen viel wirksameren Sauerstoffüberträger darstellt als Soda. Die Oxydation geht dann schon bei 500° in glatter und vollständiger Weise vor sich.

Kaliumbichromat findet in schwefelsaurer Lösung sehr häufig Anwendung als Oxydationsmittel, wobei es zu Chromisulfat reduziert wird:

$$K_2Cr_2O_7 + 4H_2SO_4 = K_2SO_4 + Cr_2(SO_4)_3 + 4H_2O + 3O.$$

Es ist eine wichtige technische Aufgabe, aus einer solchen Chromsulfatlösung die Chromsäure zu regenerieren. In den Höchster Farbwerken wird die Lösung zu diesem Zwecke zwischen Bleielektroden in einem Kessel elektrolysiert, der ein Diaphragma enthält. An der Anode bildet sich Chromsäure, während an der Kathode Wasserstoff frei wird. Zugleich ändert sich hierbei die Konzentration der Schwefelsäure auf beiden Seiten des Diaphragmas. Auf der Anodenseite wird sie größer, auf der Kathodenseite schwächer. Die Anodenflüssigkeit kann ohne weiteres für Oxydationszwecke benutzt werden. Die Chromsäure wird dabei wieder zu Chromoxyd Cr_2O_3 reduziert, und diese reduzierte (an Schwefelsäure reichere) Lösung wird in den Kathodenraum, die Flüssigkeit aber, welche sich in derselben befand, an die Anodenseite des Diaphragmas gebracht. Geht der Strom jetzt wieder durch, so gibt die Kathodenflüssigkeit, welche am Anfang der zweiten Operation mehr Schwefelsäure enthält als die Anodenflüssigkeit, ihren Überschuß an diese ab. In dieser Weise wird eine Anhäufung von Schwefelsäure vermieden und dieselbe Lösung kann fortwährend zu Oxydationszwecken verwendet werden.

Die Chromate sind gelb (Ag_2CrO_4 ist rot), die Bichromate rot. Bleichromat $PbCrO_4$ ist in Wasser unlöslich und wird als Farbe unter dem Namen Chromgelb verwendet.

Beim Erhitzen von Kaliumbichromat mit KCl und Schwefelsäure destilliert eine dunkelrote Flüssigkeit von der Zusammensetzung CrO_2Cl_2 und dem Siedepunkt 116·7° bei 760 mm, die man als das Chlorid der Chromsäure ansehen muß, und die Chromylchlorid oder Chromoxychlorid genannt wird:

$$K_2Cr_2O_7 + 4KCl + 3H_2SO_4 = 2CrO_2Cl_2 + 3K_2SO_4 + 3H_2O;$$

denn durch Wasser wird sie in CrO_3 und HCl gespalten. Es schmilzt bei − 96° und hat das spez. Gewicht $d_4^0 = 1·958$.

Von dem Halbchlorid der Chromsäure $CrO_2{<}^{Cl}_{OH}$ kennt man nur Salze. Das K-Salz z. B. wird durch Erhitzen von Kaliumbichromat mit konzentrierter Salzsäure erhalten:

$$K_2Cr_2O_7 + 2HCl = 2CrO_2{<}^{Cl}_{OK} + H_2O.$$

Es kristallisiert in roten Prismen.

Beim Zusammenbringen von Chromsäurelösung mit überschüssigem Wasserstoffsuperoxyd tritt eine prächtige Blaufärbung auf, welche von Äther beim Schütteln aufgenommen wird. Dieselbe rührt von einer Überchromsäure her, deren Ammoniumsalz $NH_4CrO_5 + H_2O_2$ isoliert werden kann und ein violettschwarzes Pulver, ähnlich gepulvertem Kaliumpermanganat, bildet. In konzentrierter wäßriger Lösung tritt sehr bald Zersetzung unter Sauerstoffentwicklung und Bildung von Bichromat ein.

Auch sind Salze K_3CrO_8, Na_3CrO_8, also von einer noch höher oxydierten Chromsäure bekannt; sie sind rot.

Molybdän.

300. Dieses Element findet sich in den Mineralien Molybdänglanz MoS_2 und Gelbbleierz $PbMoO_4$. Zur Herstellung von Molybdänpräparaten dient ausschließlich das erstere; es wird zu diesem Zweck geröstet und dadurch in MoO_3 übergeführt.

Das Element selbst wird aus seinen Oxyden oder Chloriden gewonnen, wenn diese im Wasserstoffstrom zur Rotglut erhitzt werden. Man erhält es so als stahlgraues Pulver, das sich nur im stärksten Gebläsefeuer zusammenschmelzen läßt und dann zinnweiß und metallglänzend ist. Der Schmelzpunkt ist 2110°; das spez. Gewicht 8·6. Durch Erhitzen an der Luft wird es in MoO_3 umgewandelt. Von Salzsäure und verdünnter Schwefelsäure wird es nicht angegriffen, von Salpetersäure und konzentrierter Schwefelsäure jedoch leicht gelöst.

Molybdän ist durch die Mannigfaltigkeit seiner Verbindungsformen gekennzeichnet; einige derselben mögen hier aufgeführt werden.

Außer den Oxyden Mo_2O_3 (schwache Base) und MoO_2 (indifferent) kennt man MoO_3, Molybdäntrioxyd, das wie CrO_3 ein Säureanhydrid ist. Es ist ein weißes Pulver, das beim Erhitzen gelb wird und bei 795° schmilzt. In Wasser ist es sehr wenig löslich; mit Alkalien bildet es molybdänsaure Salze. In noch höherem Maße als das Chromsäureanhydrid zeigt es Neigung, Polysäuren und Polymolybdate zu bilden, z. B. $(NH_4)_6Mo_7O_{24} + 4H_2O$ Ammoniumheptamolybdat (abzuleiten von der Säure $7H_2MoO_4 - 4H_2O$) und viele andre. Aus der Lösung eines Molybdats scheidet sich beim Zufügen einer starken Säure Molybdänsäure H_2MoO_4 in schimmernden, weißen Kristallblättchen ab, welche von überschüssiger Säure gelöst werden. Eine derartig aus Ammoniummolybdat mit überschüssiger Salpetersäure bereitete Lösung dient als Reagens auf Phosphorsäure, mit der sie beim Erwärmen einen gelben Niederschlag von der Zusammensetzung $(NH_4)_3PO_4 + 14MoO_3 + 4H_2O$ gibt (vgl. **144**).

Von Chloriden kennt man $MoCl_3$, $MoCl_4$ und $MoCl_5$; in den Oxychloriden $MoOCl_4$ und MoO_2Cl_2 kann das Molybdän als sechswertig angesehen werden. Die Sechswertigkeit des Molybdäns wird ferner durch die Bildung eines Hexafluorids MoF_6 bewiesen, das man durch schwache Erwärmung von Molybdän im Fluorstrom erhalten kann. Es schmilzt bei 17° und siedet bei 35°.

Eine sehr charakteristische Reaktion auf Molybdänsäure (die am meisten vorkommende Molybdänverbindung) ist folgende: Man bringt die Substanz mit Zink und Schwefelsäure zusammen; hierdurch entsteht zuerst eine Blaufärbung (ein Molybdat des Molybdänoxyds), welche alsbald durch Grün in Braun übergeht. Diese Braunfärbung wird durch ein Salz von Mo_2O_3 verursacht.

Wolfram.

301. Die Mineralien, in denen Wolfram vornehmlich vorkommt, sind der Tungstein oder Scheelit $CaWO_4$ und der Wolframit $FeWO_4$. Die Fundstätten befinden sich hauptsächlich in Canada, den Vereinigten Staaten von Nord Amerika (Californien, Colorado usw.), und auch im Erzgebirge und Zinnwald in Sachsen. Die Aufarbeitung dieser Mineralien geschieht meistens in der Weise, daß sie mit Natriumcarbonat einem oxydierenden Rösten unterworfen werden. Bei diesem Prozeß bilden sich Na-Wolframate die, da sie in Wasser löslich sind, durch einfaches Auslaugen des Röstgutes mit Wasser gewonnen werden. Versetzt man nun die Wolframatlösung mit Säuren, so fällt unlösliche Wolframsäure aus, welche durch Erhitzen in das gelbe Wolframtrioxyd umgewandelt wird. Man erhält das Metall in reinem Zustande durch Reduktion dieses Trioxyds mit Aluminiumfeilspänen (**290**). Die abgeschiedenen Wolframteilchen vereinigen sich dann zu einem geschmolzenen Regulus. Das so erhaltene Metall ist sehr rein, vom spez. Gewicht 18·73 und ritzt Glas; in Verbindung mit Kohlenstoff ist es sehr viel härter. Das Wolfram besitzt von allen bisher bekannten Metallen den höchsten Schmelzpunkt, nl. 3267°. Der Luft gegenüber ist es sehr beständig; Schwefelsäure, Salzsäure, Königswasser und HF greifen es nur langsam an, aber ein Gemenge von HF und HNO_3 löst es rasch auf. In geschmolzenem Kaliumhydroxyd löst es sich langsam unter Wasserstoffentwicklung. Da ein geringer Wolframgehalt die Härte des Stahles beträchtlich erhöht (**Wolframstahl**), so wird das Metall in der Eisenindustrie verwendet. Die äußerst feinen Drähte der elektrischen Metalldrahtglühlampen bestehen aus metallischem Wolfram.

Auch das Wolfram ist, wie das Chrom und das Molybdän, charakterisiert durch seinen Reichtum an Verbindungsformen. Man kennt die Chloride WCl_2, WCl_4, WCl_5 und WCl_6. Die niederen werden aus WCl_6 durch Erhitzen im Wasserstoff- oder CO_2-Strom erhalten. Das Hexachlorid entsteht aus Metall und Chlor; es ist eine schwarzviolette kristallinische Masse; mit Wasser setzt es sich in WO_3 um.

Wolframsäureanhydrid WO_3 wird erhalten, indem die heiße Lösung eines Wolframats mit Salpetersäure gefällt wird; sein Schmelzpunkt liegt bei 1473°; es ist in Wasser und Säuren unlöslich, löslich in Alkalien. Aus der kalten Lösung der Wolframate wird durch Säuren die **Wolframsäure** $WO(OH)_4$ [$= W(OH)_6 - H_2O$] gefällt. Wolframsäure besitzt wie Chrom- und Molybdänsäure die Fähigkeit, Polysäuren zu bilden; wie die Molybdänsäure zeigt sie ferner die Eigenschaft, mit Phosphor- und Arsensäure zu komplexen Phosphorwolfram- und Arsenwolframsäuren zusammenzutreten. Eine sehr charakteristische Reaktion auf Wolframate ist die folgende: Wenn man eine Wolframatlösung mit Salzsäure versetzt, entsteht ein gelblicher Niederschlag (WO_3). Setzt man darauf $SnCl_2$ zu, so erhält man beim Erwärmen eine prächtig blaue Lösung (W_2O_5).

Uran.

302. Das Hauptmineral für dieses Element ist das **Uranpecherz** U_3O_8. Das Metall wird durch Erhitzen des Chlorids mit Natrium oder durch Elektrolyse desselben erhalten, ferner auch durch Reduktion des Oxyds mit Hilfe von Kohlenstoff im elektrischen Ofen; es besitzt silberweiße Farbe und hat das spez. Gewicht 18·7; es ist nicht so duktil als Thorium. Es ist im elektrischen Ofen viel flüchtiger als Eisen. Gröbere Körner werden durch Wasser nicht angegriffen, dagegen leicht in Salzsäure und in Salpetersäure gelöst. In fein pulverisiertem Zustande verbrennt es im Sauerstoffstrom bereits bei 170°. In demselben Zustande zersetzt es das Wasser langsam bei gewöhnlicher Temperatur. Uran verbindet sich bei 1000° in einem Stickstoffstrom sehr leicht mit diesem Element zu einem gelben Nitrid. Eigentümlich ist ein Karbid des Urans C_3U, das man im elektrischen Ofen aus Uranoxyd und Kohle erhält, da es in Berührung mit Wasser neben CH_4 auch flüssige und feste Kohlenwasserstoffe liefert.

Uran bildet zwei Reihen von Verbindungen; in der Oxydulreihe ist es vierwertig UX_4, in der Oxydreihe sechswertig UX_6; erstere geht leicht in die letztere über. Das Oxydul UO_2 hat ausschließlich basischen Charakter; es wird durch Glühen der andren Oxyde im Wasserstoffstrom erhalten; früher wurde es für das Metall selbst angesehen.

Uranchlorid UCl_4 kann man durch Erhitzen von UO_2 auf 500° in einem Strom von S_2Cl_2-Dampf darstellen.

Das Uranoxyd UO_3 ist ein gelbes Pulver; es wird durch Erhitzen des Nitrats dargestellt. Das entsprechende Hydroxyd $U(OH)_6$ ist nicht bekannt; von der Verbindung $U(OH)_6 - 2H_2O = UO_2 \cdot (OH)_2$ kennt man jedoch Salze mit Säuren. Da hierin UO_2 als ein zweiwertiges Radikal fungiert, nennt man dieses wohl Uranyl und seine Salze Uranylsalze; z. B. $UO_2(NO_3)_2$ Uranylnitrat, mit $6H_2O$ in schönen grüngelben Prismen kristallisierend. UO_3 hat auch etwas den Charakter eines Säureanhydrids. Setzt man nämlich den Lösungen von Uranylsalzen Kali- oder Natronlauge zu, so erhält man gelbe Niederschläge der Uranate $K_2U_2O_7$ und $Na_2U_2O_7$, die in Säuren löslich sind. Das Uranpecherz kann man als das Uranat des Uranoxyduls $U_3O_8 = UO_2 \cdot 2UO_3$ ansehen. Beide Oxyde gehen durch Erhitzen an der Luft in das Oxyd U_3O_8 über. Uransalze werden verwendet, um Glas prächtig gelbgrün fluoreszierend zu machen. — Uranylsalze sind daran zu erkennen, daß sie mit kohlensaurem Ammoniak einen Niederschlag geben, der sich im Überschuß leicht löst, ferner daran, daß gelbes Blutlaugensalz in einer Uranylsalzlösung einen rotbraunen Niederschlag erzeugt.

Über die radioaktiven Eigenschaften des Urans siehe 271.

Übersicht der Gruppe.

303. Die Elemente Chrom, Molybdän, Wolfram und Uran bilden eine natürliche Gruppe, die sich im periodischen System dem Schwefel anschließt. Besonders bei den höheren Oxyden ist manche Analogie mit dem Verhalten dieses Metalloids zu konstatieren. Ihre Säuren haben die Formel H_2RO_4; ferner findet man auch beim Schwefel die Fähigkeit, Polysäuren (Pyroschwefelsäure) zu bilden, wenngleich nicht so stark ausgebildet wie bei den vier zuletzt besprochenen Elementen. Eine Anzahl ihrer Salze sind isomorph. Die Stärke der Säuren nimmt wie in andren Reihen mit dem Atomgewicht ab. Ferner ist für alle Elemente dieser Gruppe ihr großer Reichtum an Verbindungsformen charakteristisch, den wir auch beim Schwefel feststellen konnten; man denke an die zahlreichen Säuren, die man vom Schwefel kennt.

Von den physikalischen Eigenschaften dieser Elemente gibt folgende Tabelle eine Übersicht:

	Cr	Mo	W	U
Atomgewicht	52·0	96·0	184·0	238·5
Spez. Gewicht	6·7	8·6	18·73	18·7
Schmelzpunkt .	1520°	2110°	3267°	—
Siedepunkt .	2200°	—	—	—
Schmelzpunkt der Oxyde RO_3 .	198°	795°	1473°	—

Die Flüchtigkeit dieser Elemente nimmt mit steigendem Atomgewicht ab, wie sich aus folgenden Versuchen von MOISSAN ergibt: Bei 110 Volt und 500 Ampère destillierten in 5 Minuten 38 g Chrom; 56 g Molybdän destillierten bei 110 Volt und 700 Ampère in

20 Minuten; 25 g Wolfram destillierten bei 110 Volt und 800 Ampère in 20 Minuten; und 15 g Uran destillierten bei 110 Volt und 700 Ampère in 5 Minuten.

Mangan.

304. Mangan kommt in der Natur sehr verbreitet, jedoch niemals gediegen, vor; die wichtigsten seiner Erze sind: Pyrolusit MnO_2 oder Braunstein, Hausmannit Mn_3O_4 und Manganspat $MnCO_3$. Auch im Pflanzen- und im Tierreich kommt es vor, nach aller Wahrscheinlichkeit als normaler Bestandteil, der eine wesentliche Rolle bei Oxydationsvorgängen spielt.

Metallisches Mangan wird technisch nicht verwandt; es wird am besten nach dem Verfahren von Goldschmidt durch Reduktion von Braunstein mit Aluminiumpulver erhalten, wobei ein schön glänzender Regulus entsteht. Es hat ein spez. Gewicht von 7·2—8·0, schmilzt bei 1260° und siedet bei 1900°. Beim Erhitzen an der Luft läuft es mit ähnlichen Farben an wie der Stahl; es zersetzt kochendes Wasser und löst sich in Säuren zu Manganosalzen auf.

Das Mangan bildet eine Reihe von Verbindungen: Manganoverbindungen vom Typus MnX_2, Manganiverbindungen Mn_2X_3, Mangansäure H_2MnO_4, welche man von einem Anhydrid MnO_3 ableiten kann; Übermangansäure $HMnO_4$ vom Oxyd Mn_2O_7 herstammend. Vom Manganooxyd MnO leiten sich die meist bekannten Salze dieses Elementes ab. Das Manganooxyd selbst, durch Erhitzen des Karbonats bei Luftabschluß bereitet, stellt ein amorphes grünes Pulver dar; an der Luft oxydiert es sich leicht zu Mn_3O_4. Manganohydroxyd $Mn(OH)_2$ ist — mittels Alkali aus Salzlösungen frisch gefällt — weiß, färbt sich jedoch an der Luft durch Bildung von $Mn(OH)_3$ bald braun.

Die Lösungen der Manganosalze sind blaßrot (Farbe des Ions $Mn^{\cdot\cdot}$). Manganochlorid $MnCl_2$ kristallisiert mit $4H_2O$. Wasserfrei kann es durch Erhitzen des Doppelsalzes $MnCl_2 \cdot 2NH_4Cl + H_2O$ gewonnen werden, da die hierbei freiwerdende Salzsäure die hydrolytische Spaltung von $MnCl_2$ verhindert. Mangansulfat $MnSO_4$ kristallisiert unterhalb 6° mit $7H_2O$, oberhalb dieser Temperatur mit 5 aq. Es bildet Doppelsalze wie $K_2SO_4 \cdot MnSO_4 6aq$, wie man solche von Mg und Fe kennt; sie sind mit letzteren isomorph.

Manganosulfid MnS besitzt eine charakteristische Fleischfarbe, welche keinem andren Sulfid eigen ist.

Wenn man zu der Lösung eines Mangansalzes Salmiak zusetzt, fällt Ammoniak kein Hydroxyd mehr aus, weil sich ein komplexes

Ion bildet. Dies wird jedoch durch den Sauerstoff der Luft leicht oxydiert, wobei sich braunes Manganihydroxyd abscheidet.

Das Mangani-Ion $Mn^{\cdots}$ hat nur schwache Baseneigenschaften; seine Salze sind in wäßriger Lösung nahezu vollständig hydrolytisch gespalten.

Manganioxyd Mn_2O_3 wird aus allen andren Oxyden durch Erhitzen im Sauerstoffstrom erhalten. Mit verdünnter Schwefelsäure behandelt, liefert es Manganosulfat und MnO_2, weshalb es wohl auch als $MnO \cdot MnO_2$ aufgefaßt wird. Das entsprechende Hydroxyd ist in kalter Salzsäure mit dunkelbrauner Farbe löslich; es ist nicht genau bekannt, ob diese Lösung Mn_2Cl_6 oder $MnCl_2 + MnCl_4$ enthält; beim Erwärmen gibt sie Chlor ab und geht in Chlorür über.

Manganoxydoxydul Mn_3O_4 oder $MnO \cdot Mn_2O_3$ Manganimanganooxyd, wird durch starkes Glühen aller Manganooxyde an der Luft erhalten. Es ist ein braunrotes Pulver; beim Erhitzen mit Salzsäure entwickelt es Chlor.

Manganperoxyd MnO_2, Braunstein, das bekannteste Manganerz, ist technisch von großer Wichtigkeit für die Chlorbereitung. Bei niedriger Temperatur löst es sich ohne Chlorentwicklung in Salzsäure zu einer sehr dunklen Flüssigkeit auf, die wahrscheinlich $MnCl_4$ enthält; bei höherer Temperatur entstehen $MnCl_2$ und Cl_2 (**25**).

Da Braunstein relativ teuer ist, hat man auf mancherlei Art versucht, aus der bei der Darstellung von Chlor ablaufenden $MnCl_2$-Lösung Braunstein zurückzugewinnen. Eine der gebräuchlichsten Methoden ist die von Weldon. Hierbei wird der Manganochloridlösung ein Überschuß von Kalkmilch zugesetzt und dann unter Erwärmen Luft durch die Flüssigkeit hindurchgepreßt. Das abgeschiedene Manganohydroxyd oxydiert sich und geht bei Gegenwart von Kalk in Ca-Manganit $CaMnO_3 = CaO \cdot MnO_2$ über, das als schwarze, schlammige Masse niedersinkt:

$$MnCl_2 + 2CaO + O = CaMnO_3 + CaCl_2 .$$

Die Chlorcalciumlösung wird abgehoben und das Manganit zur Chlorentwicklung verwendet, da es sich gegen Salzsäure wie ein Gemisch von CaO und MnO_2 verhält.

Der Wert des Braunsteins ist nur von der Chlormenge abhängig, die er mit Salzsäure zu entwickeln vermag. Um diese zu bestimmen, wird das feingepulverte Mineral mit Salzsäure erwärmt und das freiwerdende Chlor in Jodkaliumlösung geleitet, wobei es die äquivalente Menge Jod frei macht. Dieses wird mit Thiosulfat titriert (**93**).

Mangansäure und Übermangansäure.

305. Beim Schmelzen der Manganverbindungen mit Kali an der Luft oder besser unter Zufügung eines Oxydationsmittels (Salpeter oder chlorsaures Kalium) entsteht eine grüne Masse, die sich in kaltem Wasser mit dunkelgrüner Farbe löst. Beim Verdunsten dieser Lösung im Vakuum kristallisieren dunkelgrüne, metallglänzende, rhombische Prismen von Kaliummanganat K_2MnO_4, welche mit K_2CrO_4 isomorph sind. In Kali- oder Natronlauge sind sie unverändert löslich, werden jedoch durch Wasser unter Abscheidung von MnO_2 und Bildung von Kaliumpermanganat $KMnO_4$ zersetzt, wobei die Lösung eine intensiv violette Färbung annimmt:

$$3K_2MnO_4 + 3H_2O = 2KMnO_4 + MnO_2.H_2O + 4KOH.$$

Wegen dieses Farbenumschlages hat die Manganatlösung den Namen Chamaeleon minerale erhalten.

Sowohl in der Lösung eines Manganats wie in der eines Permanganats hat man ein Anion MnO_4; aber in der ersteren ist es zweiwertig, in der letzteren einwertig. Dadurch sind die Eigenschaften dieser Ionen verschieden; das einwertige Ion MnO_4' ist intensiv violett und schließt sich nach seinem Verhalten dem Ion der Überchlorsäure an, während das zweiwertige MnO_4'' intensiv grün ist und Analogie mit dem Ion SO_4'' der Schwefelsäure zeigt. Das zweiwertige MnO_4'' ist nur in alkalischen Flüssigkeiten beständig; durch Wasser und noch leichter durch Säuren wird es in das einwertige umgewandelt:

$$3K_2MnO_4 + 4HNO_3 = 2KMnO_4 + MnO_2 + 4KNO_3 + 2H_2O$$

oder in an der Reaktion sich beteiligenden Ionen geschrieben:

$$3MnO_4'' + 4H^{\cdot} = 2MnO_4' + MnO_2 + 2H_2O.$$

Die Reaktion läuft, wie man sieht, darauf hinaus, daß die vier Wasserstoffionen Wasser bilden, indem sie einem zweiwertigen Anion MnO_4'' zwei Sauerstoffatome entziehen; dieses Anion wird dadurch zu MnO_2 reduziert. Von den vier negativen elektrischen Ladungen, welche nötig sind, um die vier positiven der H-Ionen zu neutralisieren, entstammen zwei diesem zu MnO_2 reduzierten Anion MnO_4'', die beiden andren werden zwei weiteren zweiwertigen Anionen MnO_4'' entnommen, welche dadurch einwertig werden.

Die Umwandlung von K-manganat in K-permanganat wird u. a. dadurch bewirkt, daß Ozon in die konzentrierte Lösung des erstgenannten Salzes geleitet wird:

$$2K_2MnO_4 + O_3 + H_2O = 2KMnO_4 + 2KOH + O_2.$$

Das K-permanganat kristallisiert aus und die Mutterlauge kann ohne weiteres benutzt werden, um eine neue Quantität Pyrolusit in Manganat überzuführen. Jetzt wird meistens durch elektrolytische Oxydation von Manganat das Permanganat dargestellt.

Kaliumpermanganat $KMnO_4$ kristallisiert in metallisch schimmernden grünschwarzen rhombischen Prismen, die in Wasser leicht löslich sind und es intensiv violett färben. Es ist isomorph mit $KClO_4$. Die verdünnten Lösungen der übermangansauren Salze zeigen bei verschiedener Base sämtlich das gleiche Absorptionsspektrum, nämlich fünf dunkle Streifen im Gelb und Grün. Daraus geht hervor, daß wirklich das Ion MnO_4' der färbende Bestandteil ist.

Die Lösung des Kaliumpermanganats wirkt sehr kräftig oxydierend; in saurer Lösung geben $2KMnO_4$ fünf Sauerstoffatome ab:

$$2KMnO_4 + 3H_2SO_4 = K_2SO_4 + 2MnSO_4 + 3H_2O + 5O.$$

Um sich den quantitativen Verlauf der Reaktion zu vergegenwärtigen, kann man sich diesen Vorgang so vorstellen, als ob das Anhydrid der Übermangansäure Mn_2O_7 ($= 2HMnO_4 - H_2O$) dabei in zwei Moleküle basisches Oxyd $2MnO$ und 5 Sauerstoffatome überginge: $Mn_2O_7 = 2MnO + 5O$.

In neutraler oder alkalischer Lösung dagegen geben $2KMnO_4$ nur drei Sauerstoffatome ab, während sich zugleich Braunstein abscheidet (Übergang von Mn_2O_7 in $2MnO_2 + 3O$):

$$2KMnO_4 + H_2O = 2MnO_2 + 2KOH + 3O.$$

Da bei Oxydationen mit $KMnO_4$ in sauren Lösungen dessen intensive Farbe durch die sehr schwache Farbe von $MnSO_4$ ersetzt wird, kann man mit Permanganat in saurer Lösung Titrierungen ohne Indikator ausführen. Ferrosulfat wird zu Ferrisulfat oxydiert; Oxalsäure liefert Kohlendioxyd und Wasser; salpetrige Säure geht in sehr verdünnter Lösung in Salpetersäure über (**122**); aus Wasserstoffsuperoxyd entstehen H_2O und gasförmiger Sauerstoff. Alle diese Prozesse verlaufen rasch und bereits bei gewöhnlicher Temperatur quantitativ; sie sind daher zur volumetrischen Analyse geeignet.

Übermangansäure ist nur in wäßriger Lösung bekannt; ihr Anhydrid Mn_2O_7 läßt sich jedoch darstellen. Man erhält es durch vorsichtige Einwirkung von konzentrierter Schwefelsäure auf trockenes Permanganat; es ist eine flüchtige, braungrüne, ölige Flüssigkeit, deren Dampf leicht explodiert, wobei sich Sauerstoff und MnO_2 bilden.

Mangan nimmt im periodischen System eine isolierte Stellung ein; man kennt kein Element, welches sich an Mn anschließt, wie an Chrom die Elemente Mo, W und U. Auch zeigt es nur in seiner höchsten Oxydationsstufe, der Übermangansäure, Ähnlichkeit mit der entsprechenden Chlorverbindung $HClO_4$. Die Salze dieser beiden Säuren sind isomorph; beide Salze sind sehr kräftige Oxydationsmittel.

Eisen.

306. Eisen ist das nützlichste und verbreitetste aller Metalle und bildet mit der Kohle die Grundlage unsrer Industrie. Es findet sich nur selten gediegen (z. B. in Meteorsteinen), in Form seiner Oxyde,

Sulfide und Silikate jedoch sehr häufig und in sehr großen Mengen. Für die Gewinnung sind die wichtigsten Erze: Magneteisenstein (Magnetit) Fe_3O_4, Roteisenstein Fe_2O_3 und Eisenspat (Spateisenstein) $FeCO_3$. Pyrit (Schwefel- oder Eisenkies) FeS_2 läßt sich erst auf Eisen verarbeiten, nachdem er bei der Schwefelsäurebereitung geröstet und dadurch von dem als schädliche Beimengung zu betrachtenden Schwefel befreit worden ist.

Der chemische Prozeß der Eisengewinnung ist einfach; er beruht auf dem Vermögen des Kohlenstoffes, bei höherer Temperatur die Oxyde des Eisens zu Metall zu reduzieren. Der Prozeß wird in hohen Gebläseschachtöfen (Hochöfen) ausgeführt (Fig. 72).

Die Eisenerze werden zuerst geröstet, um sie aufzulockern und flüchtige Stoffe (H_2O, CO_2, S, As usw.) daraus zu entfernen, und sodann je nach ihrem Eisengehalt miteinander oder mit den nötigen schlackenbildenden Stoffen vermengt. Ist das Ganggestein reich an Kieselsäure oder Tonerde, so wählt man als „Zuschlag" Kalkstein und Dolomit, während umgekehrt bei kalk- und magnesiareichen Erzen Quarz oder Tonschiefer zugesetzt werden, um die notwendige Schlacken-(Silikat-)bildung zu bewirken. Das Gemenge wird in abgemessenen Quantitäten durch die obere Öffnung des in Betrieb gesetzten Ofens abwechselnd mit Koks (seltener verwendet man Holzkohle oder Anthrazit) geschichtet. Die neueren Hochöfen sind aus feuerfesten Steinen und viel leichter als die älteren erbaut; sie bestehen in der Hauptsache aus einem kegelförmigen Raum (Schacht), der oben (an der Gicht) und unten (an der Rast bzw. an dem Gestell) schmal verläuft, wie Fig. 72 zeigt. Die für den Hochofenprozeß nötige hohe Temperatur wird mittels gepreßter, von unten eingetriebener Luft erzeugt. Um die kohlenoxydhaltigen Gase nicht ungenützt entweichen zu lassen, ist über dem Schacht eine Art Haube, der Gichtgasfang, angebracht. Kohlenoxyd entsteht bei der Verbrennung der Kohle, und vornehmlich dieses reduziert das Erz zu Metall:

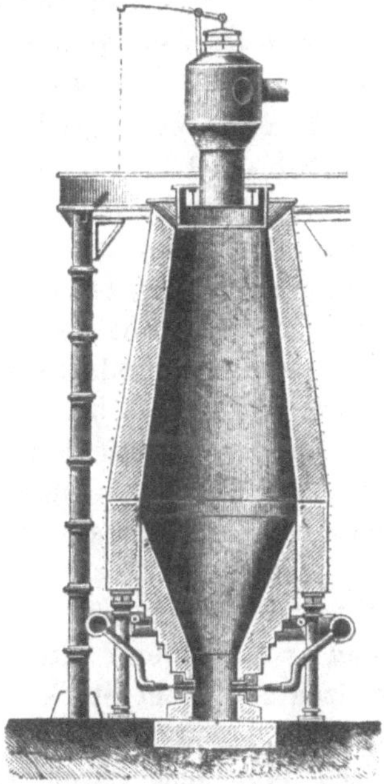

Fig. 72. Hochofen.

$$Fe_2O_3 + 3CO = 2Fe + 3CO_2.$$

Das reduzierte Eisen nimmt Kohlenstoff auf und erniedrigt dadurch seinen Schmelzpunkt, wird flüssig und sammelt sich unter der leichteren Schlacke an, durch die es gegen die oxydierende Einwirkung der Gebläseluft geschützt wird. Zu bestimmten Zeiten wird die flüssige Masse durch das an der tiefsten Stelle befindliche Stichloch abgelassen („abgestochen") und in Sandformen geleitet.

Die abziehenden Hochofengase enthalten Kohlenoxyd in beträchtlicher Menge, weil bei der Reduktion von Eisenoxyd durch Kohlenoxyd ein Gleichgewicht mit der Oxydation von Eisen durch Kohlendioxyd eintritt:

$$Fe_2O_3 + 3CO \rightleftarrows 2Fe + 3CO_2.$$

Das Verhältnis $\frac{CO}{CO_2}$ muß unabhängig vom Druck sein, weil die Reaktion ohne Volumänderung vor sich geht (51); auch ändert es sich mit der Temperatur nur wenig, da bei der Reaktion nur wenig Wärme entwickelt wird.

Die in dem Gichtgasfang aufgefangenen Hochofengase werden hauptsächlich in der Weise nutzbar gemacht, daß man sie zur Dampfkesselheizung oder in „Winderhitzern" zum Vorwärmen der Gebläseluft verwendet. In neuerer Zeit hat man gefunden, daß es am vorteilhaftesten ist, das Gichtgas direkt zum Betrieb von Gasmotoren zu benutzen.

307. Die Eigenschaften des Eisens sind in erster Linie von seinem Kohlenstoffgehalt, dann aber auch von andren Beimengungen bedingt. Man unterscheidet zwei Eisengattungen:

1. Roheisen, das Eisen, wie es aus dem Hochofen fließt. Es enthält 2·3—5·1 % Kohlenstoff und ist noch mit kleinen Mengen Si, Mn, P, S usw. vermengt; es schmilzt leicht ohne vorausgehende Erweichung und ist deshalb in der Hitze nicht schmied- und schweißbar (hämmerbar). Es zerfällt in zwei Sorten. Graues Roheisen, in umgeschmolzenem Zustand Gußeisen genannt, wird wegen seiner dünnflüssigen Beschaffenheit vorzugsweise zu Gußwaren verarbeitet. Weißes Roheisen entsteht beim raschen Abkühlen von grauem Roheisen; es wird zur Herstellung von Stahl und Schmiedeeisen verwendet. Weißes Roheisen mit einem Mangangehalt bis zu 20 % ist grobkristallinisch und heißt Spiegeleisen.

2. Schmiedbares Eisen mit 0·4—1·6 % Kohlenstoffgehalt ist schwer schmelzbar, dagegen schmied- und schweißbar, d. h. man kann verschiedene Stücke in der Hitze durch Hämmern oder Walzen zu einem Stück vereinigen. Seine Schmelztemperatur ist um so höher, je weniger fremde Beimengungen es enthält. Schmiedbares Eisen läßt sich durch plötzliches Abkühlen härtbar machen; auf diese Weise wird Stahl hergestellt.

Eisen mit weniger als 0·5 % Kohlenstoff ist sehr schwer schmelzbar; es wird vor dem Flüssigwerden weich und ist leicht schmied- und schweißbar. Es heißt Schmiedeeisen.

Zwischen diesen Hauptgattungen gibt es zahlreiche Zwischenprodukte, welche nach den verschiedenen Prozessen, durch die sie erzeugt sind, bezeichnet werden.

Die große technische Bedeutung des Systems Eisen–Kohlenstoff ist die Veranlassung zu dessen eingehender Untersuchung gewesen, welcher experimentell sehr große Schwierigkeiten entgegenstanden, unter andrem bedingt durch das Arbeiten bei sehr hohen Temperaturen. Infolgedessen ist es noch nicht gelungen, ein vollständig befriedigendes Bild von den vorkommenden Gleichgewichtszuständen zu erhalten. BAKHUIS ROOZEBOOM, CHARPY, ROBERTS-AUSTEN und andre konnten aber nachstehende graphische Darstellung aufstellen, welche wenigstens in der Hauptsache das Verhalten des Systems angibt. Zum Verständnis der Kurven ist es notwendig, zuerst die Bestandteile, die man im System Eisen–Kohlenstoff annimmt, kurz zu charakterisieren. Man unterscheidet: 1. Ferrit oder fast chemisch reines Eisen (Schmiedeeisen). 2. Martensit (Stahl), eine feste Lösung von Kohlenstoff in Eisen; man hält es für eine solche, weil die mikroskopische Untersuchung gezeigt hat, daß Martensit immer homogen ist, trotz seines wechselnden Kohlenstoffgehalts, der im Maximum ca. 2 % beträgt. 3. Cementit (das technische weiße Gußeisen), eine Verbindung von Kohlenstoff und Eisen von der Formel Fe_3C. 4. Perlit, kohlenstoffhaltiges Eisen (0·85 %), das sich bei starker Vergrößerung als nicht homogen erweist, und als eutektisches Gemisch von Ferrit und Cementit betrachtet wird.

Die Erstarrungskurve eines binären Systems (237) verläuft im System Eisen-Kohlenstoff nicht normal; drei Umstände gestalten die Sachlage hier sehr kompliziert. Der erste ist, daß sich aus der Schmelze nicht reines Eisen ausscheidet, sondern die feste Lösung, Martensit; der zweite, daß auch in der völlig erstarrten Masse bei weiterer Abkühlung noch Umwandlungen stattfinden; der dritte, daß bei sehr langsamer Abkühlung andre Stoffe entstehen als bei rascher Abkühlung.

Betrachten wir zunächst den Fall der langsamen Abkühlung, wobei sich also stabile Gleichgewichte zwischen den festen und flüssigen Phasen einstellen. Gesetzt, man habe flüssiges Eisen mit einem Kohlenstoffgehalt unter 4·3 %. Wird dieses abgekühlt, so fängt das Eisen bei einer gewissen Temperatur zu erstarren an (Punkt c_1 in Fig. 73); es scheidet sich aber kein reines Eisen, sondern eine feste Lösung von Kohlenstoff in Eisen aus; ihre Zusammensetzung ist in der Figur 73 durch Punkt d_1 angegeben. Ist der Kohlenstoffgehalt des geschmolzenen Eisens ein andrer, so scheidet sich z. B. bei c_2 feste Substanz aus, deren Zusammensetzung wieder durch den Punkt d_2 angegeben wird. So kann man für jeden Erstarrungspunkt der Kurve AC Punkte d konstruieren, welche die Zusammensetzung der festen Substanz, die sich auszuscheiden beginnt, angeben; die Kurve AD ist die geometrische Lage dieser Punkte. Zieht man also eine horizontale Linie durch das Dreieck ADC, so gibt der Punkt c die Zusammensetzung der Flüssigkeit, welche bei der bestimmten Temperatur (die auf der Ordinate abzulesen ist) erstarrt, und der Punkt d die Zusammensetzung der festen Lösung, welche bei jener Temperatur anfängt sich auszuscheiden. In C ist der eutektische Punkt erreicht. Entlang CB scheidet sich Graphit aus, in C selbst ein Gemisch von Graphit und Martensit, dessen Zusammensetzung durch D angegeben wird. Der Punkt C liegt bei 1130° und 4·3 % Kohlenstoff; der sich bei dieser Temperatur bildende Martensit enthält 2 % Kohlenstoff.

Unterhalb DC ist alles fest; wie schon angegeben wurde, finden jedoch in der erstarrten Masse noch weitere Umwandlungen statt. Wird nämlich Martensit erhitzt, so zersetzt er sich unter Bildung von Graphit. Die Kurve *DE* gibt die Änderung in der Zusammensetzung der festen Lösung bei sinkender Temperatur an, oder mit anderen Worten, sie stellt das Gleichgewicht dar, welches sich bei verschiedenen Temperaturen zwischen Graphit und den Mischkristallen (feste Lösung) einstellt; bei *E*, wenn die Temperatur auf 700° gekommen ist, enthält der Martensit nur noch etwa 0·6% Kohlenstoff. In diesem Punkte findet Bildung von Ferrit statt.

Die Kurve *EG* endlich zeigt die Zusammensetzung der festen Lösungen an, aus denen sich Ferrit ausscheidet. Enthält der Martensit weniger als 0·85% Kohlenstoff, so setzt sich aus ihm, entlang *EG*, Ferrit ab, gerade wie in einer verdünnten Salzlösung bei sinkender Temperatur sich Eis bildet.

Findet die Abkühlung rascher statt, so entstehen andre Phasen, deren Begrenzung durch die gestrichelten Linien in der Figur angegeben ist.

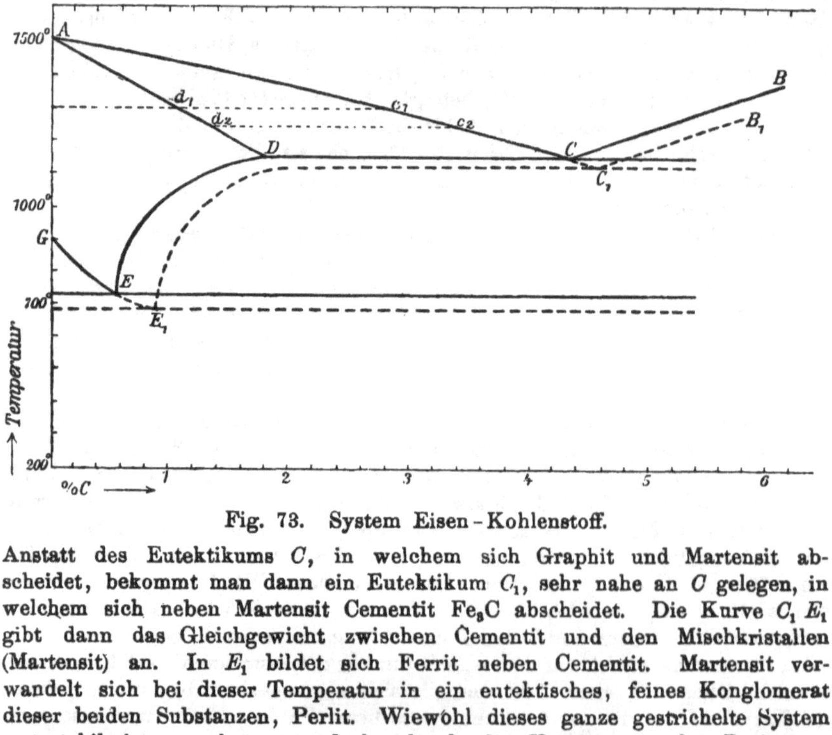

Fig. 73. System Eisen-Kohlenstoff.

Anstatt des Eutektikums *C*, in welchem sich Graphit und Martensit abscheidet, bekommt man dann ein Eutektikum C_1, sehr nahe an *C* gelegen, in welchem sich neben Martensit Cementit Fe_3C abscheidet. Die Kurve $C_1\,E_1$ gibt dann das Gleichgewicht zwischen Cementit und den Mischkristallen (Martensit) an. In E_1 bildet sich Ferrit neben Cementit. Martensit verwandelt sich bei dieser Temperatur in ein eutektisches, feines Konglomerat dieser beiden Substanzen, Perlit. Wiewohl dieses ganze gestrichelte System metastabil ist, so kann es doch, durch die Verzögerung der Reaktionsgeschwindigkeit bei niederen Temperaturen, unbegrenzte Zeit existenzfähig sein. Hierauf beruht das Härten von Stahl.

Aus vorstehendem ergibt sich, daß bei langsamer Abkühlung Martensit ganz verschwindet. Kühlt man jedoch rasch ab, wie es beim Härten von Stahl geschieht, so kann Martensit auch bei gewöhnlicher Temperatur bestehen bleiben, wiewohl in metastabilem Zustand; seine Umwandlungsgeschwindigkeit ist jedoch äußerst gering geworden. Erhitzt man den gehärteten Stahl wieder, so verwandelt er sich teilweise in das weiche Konglomerat von Ferrit und Martensit; dies geschieht beim „Anlassen" des Stahles (308).

Kleine Beimengungen andrer Elemente üben einen nicht weniger großen Einfluß auf die Eigenschaften des Eisens aus. Eine Beimengung von Silicium hat ungefähr denselben Einfluß wie eine solche von Kohlenstoff, wirkt aber weniger intensiv. Schwefel macht schon in kleiner Menge Eisen in der Hitze spröde, daher zum Schmieden unbrauchbar. Deshalb sind auch schwefelhaltige Erze als solche für die Eisenerzeugung nicht geeignet. Phosphor macht Eisen bei gewöhnlicher Temperatur spröde (kaltbrüchig). Allgemein muß ferner noch bemerkt werden, daß der Einfluß der Beimengungen durch ein gleichzeitiges Vorhandensein derselben stark modifiziert wird.

308. Um aus Roheisen die andren Eisensorten zu erzeugen, wird es von Si, S, P usw. sowie von überschüssigem Kohlenstoff befreit. Das Verfahren, wodurch dies am besten erreicht wird, ist der Bessemerprozeß. Geschmolzenes Roheisen wird direkt aus dem Hochofen oder aus einem Kupolofen in ein birnförmiges, bewegliches Gefäß, Konverter genannt (Fig. 74), gefüllt. Durch eine Gebläsemaschine wird atmosphärische Luft durch das flüssige Eisen hindurchgepreßt. Dabei wird die Oxydation so weit getrieben, daß Kohlenstoff und Silicium vollständig verbrennen. Man kann den Entkohlungsprozeß aber auch nur so weit fortsetzen, bis gerade schmiedbares Eisen entsteht, zumeist treibt man jedoch, wenn notwendig unter Zufügung von flüssigem Spiegeleisen, den Prozeß so weit, bis ein Produkt von bestimmtem Kohlenstoffgehalt und zwar Schmiedeeisen oder Stahl sich ergibt. Nach Beendigung des Prozesses wird der Inhalt durch Umkippen der Birne ausgegossen.

Ein Übelstand des Bessemerprozesses in seiner ursprünglichen Form war, daß der in den Erzen enthaltene Phosphor nicht völlig entfernt werden konnte. Die vorhandene geringe Phosphormenge verbrannte zwar, wurde aber durch die große Masse geschmolzenen Eisens wieder zu Phosphor reduziert. Durch das von THOMAS und

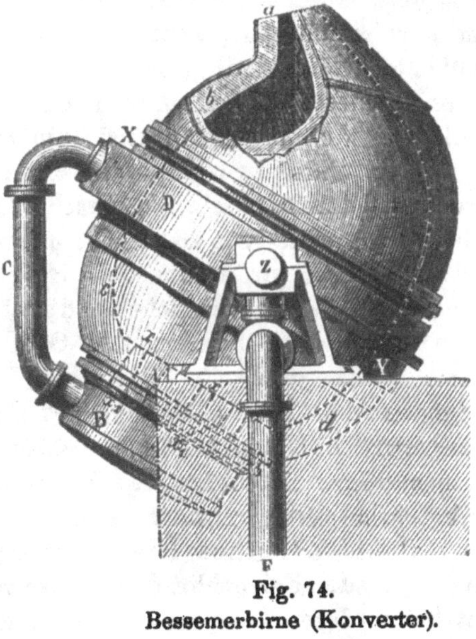

Fig. 74.
Bessemerbirne (Konverter).

Gilchrist erfundene Entphoshorisierungsverfahren ist dieser Übelstand beseitigt worden. Die früher angewandte saure Auskleidung des Konverters (*abcdf* in Fig. 74), die aus feuerfesten, stark kieselsäurehaltigen Steinen bestand, ist durch ein basisches Konverterfutter, das in der Hauptsache aus Kalk und Magnesia besteht, ersetzt worden; dazu wird noch gebrannter Kalk in die Birne gebracht. Das entstehende P_2O_5 wird an CaO und MgO gebunden, so daß die Phosphate durch das geschmolzene Eisen nicht mehr reduziert werden. Die nach der Entkohlung abfallende phosphorsäurereiche Schlacke kommt fein gemahlen unter dem Namen Thomasphosphatmehl als wertvolles Düngemittel in den Handel.

Die Verwendbarkeit des Eisens für bestimmte Zwecke hat man durch Zusatz kleiner Mengen andrer Metalle zu erhöhen gesucht. Von den vielen Versuchen, die man in dieser Hinsicht ausgeführt hat, sei noch einiges wenige mitgeteilt. Die größte Härte des Stahles wird bei einem Kohlenstoffgehalt von 1—2% erreicht; setzt man jedoch Mangan (bis 8%) oder Chrom (bis 1%) zu, so wird die Härte noch beträchtlich erhöht. Durch Zusatz von Nickel oder Aluminium wird Schmiedeeisen leichter schmiedbar und elastischer; Nickel wird bis zu 3% zugesetzt. Über Zusatz von Vanadium vgl. **297**; von Wolfram vgl. **301**.

Auch durch die Art und Weise der Behandlung kann man die Eigenschaften des Eisens weitgehend beeinflussen. Stahl z. B. wird sehr hart und spröde, wenn er in glühendem Zustande plötzlich abgekühlt (gelöscht) wird. Durch nochmaliges Erhitzen (Anlassen) und allmähliches Abkühlen kann man ihm jeden beliebigen Grad von Härte erteilen. Je höher man erhitzt, um so weicher wird der Stahl.

Zur Darstellung von Stahlsorten besonders guter Qualität werden jetzt mit Erfolg elektrische Öfen benutzt, die zuerst von Stassano, später von Kjellin gebaut worden sind. In ihnen wird das Eisen, wie es aus dem Hochofen kommt, raffinierend verschmolzen. Das Wesentliche sind dabei die metallurgischen Reaktionen wie die Entfernung der Oxyde, des Schwefels und Phosphors durch geeignete Schlacken, die Zuführung bestimmter Mengen von anderen Metallen, wie Chrom, Vanadium, die genaue Dosierung des Kohlenstoffs usf.; alles Operationen, die sich unter der neutralen Atmosphäre des fast völlig geschlossenen Elektrostahlofens sehr sauber vollziehen lassen.

Chemisch reines Eisen gewinnt man durch Erhitzen von Ferrioxyd oder Ferrochlorid im Wasserstoffstrom; erfolgt die Reduktion bei niederer Temperatur, so ist das gebildete schwarze Pulver pyrophorisch (**201**). Reines Eisen in kompaktem Zustande ist eine silberweiße, glänzende Masse vom spezifischen Gewicht 7·84; es schmilzt erst bei 1530° und siedet bei 2450°. Die magnetischen Eigenschaften des Eisens sind stärker als die irgendeines andren Metalles; reines Eisen kann nur vorübergehend, Stahl dagegen dauernd magnetisch gemacht werden. An trockner Luft oder in luftfreiem (CO_2-freiem) Wasser ist Eisen unveränderlich. An feuchter Luft oxydiert sich Eisen schnell (**285**); das gebildete Ferrihydroxyd (Rost) ist keine zusammenhängende Schicht und schützt daher das Eisen nicht gegen weitere Oxydation.

In Salzsäure und Schwefelsäure ist Eisen unter Wasserstoffentwicklung leicht löslich; bei Rotglut zersetzt es Wasser, umgekehrt wird aber auch Oxyd durch Wasserstoff reduziert, so daß ein Gleichgewicht eintritt:

$$3Fe + 4H_2O \rightleftarrows Fe_3O_4 + 4H_2\,.$$

Von nicht zu stark konzentrierter Salpetersäure wird Eisen unter Entwicklung von NO gelöst; taucht man Eisen jedoch in Salpetersäure vom spez. Gewicht 1·4 ein und spült es dann mit Wasser ab, so wird es von Salpetersäure nicht mehr angegriffen. Die Ursache dieser sog. „Passivität“ des Eisens beruht wahrscheinlich auf der Bildung einer äußerst feinen Oxydhaut.

Das Eisen bildet zwei Reihen von Salzen, die sich vom Eisenoxydul FeO (Ferr*o*verbindungen) und vom Eisenoxyd Fe_2O_3 (Ferr*i*verbindungen) ableiten.

Ferroverbindungen (Oxydulverbindungen des Eisens).

309. In der Oxydulform hat Eisen nur basische Eigenschaften.

Ferrooxyd FeO, Eisenoxydul, erhält man durch Reduktion von Ferrioxyd mit Kohlenoxyd; es ist ein schwarzes Pulver, das sich beim Erwärmen leicht oxydiert.

Ferrohydroxyd $Fe(OH)_2$ fällt aus Ferrosalzlösungen auf Zusatz von Alkali grünlichweiß gelatinös nieder; es oxydiert sich an der Luft sehr schnell zu Ferrihydroxyd.

Ferrochlorid $FeCl_2$, Eisenchlorür, entsteht beim Lösen von Eisen in Salzsäure; es kristallisiert hieraus mit $4H_2O$ in grünen monoklinen Prismen. Das wasserfreie Salz erhält man als weiße sublimierbare Masse beim Erhitzen von Eisen in trocknem Salzsäuregas. Mit Chlorkalium und Chlorammonium bildet Ferrochlorid gut kristallisierende Doppelsalze, z. B. $FeCl_2 \cdot 2KCl \cdot 2H_2O$.

Ferrosulfat $FeSO_4 \cdot 7H_2O$, Eisenvitriol, ist das bekannteste Ferrosalz. Technisch wird es gewonnen durch partielles Rösten von

FeS_2, wobei FeS entsteht, das sich beim Liegen an der Luft zu $FeSO_4$ oxydiert, welches ausgelaugt wird. Es kristallisiert in großen, hellgrünen, monoklinen Prismen, die an trockner Luft verwittern und an feuchter Luft sich mit braunem basischem Ferrisulfat überziehen. Dies erfolgt viel langsamer bei den Doppelsalzen, von denen $FeSO_4 \cdot (NH_4)_2SO_4 \cdot 6\,aq$, Mohrsches Salz, durch Luftbeständigkeit ausgezeichnet ist; man bedient sich dieses Salzes häufig, um Permanganatlösung einzustellen (**305**). Eisenvitriol findet zahlreiche technische Verwendungen: zur Tintenfabrikation, in der Färberei, als Desodorisationsmittel (es bindet sowohl Ammoniak wie Schwefelwasserstoff und wird deshalb zur Beseitigung übler Gerüche benutzt).

Ferrokarbonat $FeCO_3$ ist nur als Mineral (**306**) bekannt. Da es in kohlensäurehaltigem Wasser ein wenig löslich ist, wird es in Stahlquellen angetroffen. Das aus einer Ferrosalzlösung durch Na_2CO_3 gefällte basische Karbonat oxydiert sich an der Luft rasch zu Ferrihydroxyd. Letzteres scheidet sich auch aus den Stahlwässern nach einiger Zeit ab, wenn man diese an der Luft stehen läßt.

Ferriverbindungen (Oxydverbindungen des Eisens).

310. Das Ferri-Ion hat nur sehr schwach basische Eigenschaften. Mit schwachen Säuren, wie beispielsweise Kohlensäure, bildet es keine Salze.

In wäßriger Lösung sind seine meisten Salze, auch die mit starken Säuren, teilweise hydrolytisch gespalten. Sie sind dadurch braunrot, da dies die Farbe von Ferrihydroxyd in kolloider Lösung ist. Setzt man einen Überschuß von Schwefelsäure oder Salpetersäure hinzu, so verschwindet diese Farbe, weil nun die hydrolytische Spaltung nicht mehr besteht. Daraus geht hervor, daß das Ferri-Ion selbst seine wäßrige Lösung nur sehr schwach färbt. Durch Reduktionsmittel werden die Salze leicht in Ferrosalze übergeführt.

Ferrioxyd Fe_2O_3 entsteht beim Glühen verschiedener Eisenverbindungen an der Luft und wird im großen durch Erhitzen von Eisenvitriol dargestellt. Es ist ein dunkelrotes Pulver, das als Farbstoff und zum Polieren von Glas usw. Verwendung findet.

Ferrihydroxyd (Rost) fällt als rotbraunes Hydrogel $Fe_2O_3 \cdot nH_2O$ aus, wenn man eine Ferrisalzlösung mit Alkali versetzt. Das frisch gefällte Hydrogel löst sich in einer Lösung von Ferrichlorid oder -acetat. Wird diese Lösung dialysiert, so erhält man zuletzt eine reine kolloidale Lösung des Hydroxyds; aus dieser wird durch geringe Mengen von Alkali oder Säuren das Hydrogel wieder abgeschieden.

Ferriferrooxyd Fe_3O_4 kommt als Magneteisenstein in der Natur vor; es entsteht beim Erhitzen von Eisen in Wasserdampf (**308**).

Ferrichlorid $FeCl_3$ wird gewonnen, indem man in eine Ferrochloridlösung Chlor einleitet. Es kristallisiert bei verschiedenen Temperaturen mit verschiedenen Mengen Kristallwasser. Beim Erhitzen des Salzes entweicht mit dem Kristallwasser auch Salzsäure. Wasserfrei kann es jedoch durch Erhitzen von Eisen im trocknen Chlorstrom erhalten werden. Zwischen 320—440° kommt die Dampfdichte der für Fe_2Cl_6 berechneten sehr nahe; zwischen 750—1050° fällt sie auf die Hälfte, was einem Zerfall des Moleküls zugeschrieben werden muß.

Die gelbrote Farbe der wäßrigen Lösung von Ferrichlorid muß größtenteils den nichtionisierten Molekülen $FeCl_3$ zugeschrieben werden; denn auch in Äther (in dem nur äußerst geringe Ionisation auftritt) löst sich das Salz mit dieser Farbe. Zu einem geringeren Teil rührt jene Farbe auch vom Ferrihydroxyd her, das sich durch Hydrolyse gebildet hat. Die Hydrolyse nimmt beim Erwärmen der verdünnten Lösung zu; denn eine sehr verdünnte, nahezu farblose Eisenchloridlösung wird beim Kochen rotbraun. Beim Abkühlen kehrt die ursprüngliche Farbe allmählich zurück.

Ferrisulfat, durch Auflösen von Eisenoxyd in Schwefelsäure erhältlich, bildet Alaune, z. B. Kaliumeisenalaun $K_2SO_4 \cdot Fe_2(SO_4)_3 \cdot 24H_2O$. Dieses Doppelsalz ist in Wasser sehr leicht löslich.

Wenn in wäßriger Lösung ein Ferro- in ein Ferrisalz übergeht, wird das zweiwertige Ferro- in dreiwertiges Ferri-Ion verwandelt. Die Wirkung des Sauerstoffes, der zu der Überführung des Oxydulsalzes in das Oxydsalz nötig ist, kommt demnach darauf hinaus, daß die Wasserstoffionen der zugesetzten Säure zu Wasser oxydiert werden, also als solche verschwinden, wogegen die Eisenionen eine Ladung mehr erhalten:

$$\underset{\text{Eisenchlorür}}{2(Fe^{\cdot\cdot} + 2Cl')} + \underset{\text{Salzsäure}}{2(H^{\cdot} + Cl')} + O = \underset{\text{Eisenchlorid}}{2(Fe^{\cdot\cdot\cdot} + 3Cl')} + H_2O\,.$$

Umgekehrt kommt die Reduktion von Ferri- zu Ferrosalzen darauf hinaus, daß jedes Ferri-Ion ein Drittel seiner Ladung an ein andres Atom abgibt und dies dadurch zum Ion macht oder es in den elektrisch neutralen Zustand überführt (**198**).

Vom Eisen sind auch Verbindungen bekannt, die sich von dem noch nicht isolierten Oxyd FeO_3 ableiten. Man erhält dieselben, wenn man Eisenfeile mit Salpeter erhitzt oder Chlor in eine alkalische Suspension des Ferrioxyd-Hydrogels leitet. Aus einer solchen Lösung kristallisiert Kaliumferrat K_2FeO_4 in dunkelroten Prismen, die isomorph mit Kaliumchromat und -sulfat sind. Diese Kristalle sind in Wasser leicht löslich; die dunkelrote Lösung zersetzt sich jedoch bald unter Abscheidung von Ferrihydroxyd und Entwicklung von Sauerstoff. Die freie Eisensäure ist nicht bekannt.

311. Eisen bildet mit Cyan besonders beständige komplexe

Anionen; diese sind Ferrocyanion $FeCy_6''''$ und Ferricyanion $FeCy_6'''$, deren am meisten bekannte Salze das gelbe $K_4FeCy_6 \cdot 3H_2O$ und das rote K_3FeCy_6 Blutlaugensalz sind. Die Ionisation dieser komplexen Ionen selber ist so gering, daß sie keine einzige der gewöhnlichen Eisenreaktionen geben.

Für die technische Darstellung von gelbem Blutlaugensalz wird heute als Grundstoff das rohe Leuchtgas benutzt, das ein wenig Blausäure enthält. Nachdem es von Teer befreit ist, läßt man es einen Wäscher (Skrubber) passieren, welcher eine Pottaschelösung enthält, worin Ferrokarbonat (basisches) suspendiert ist. Hierbei spielen sich unter andrem folgende Umsetzungen ab:

$$FeCO_3 + 2HCy \rightleftarrows FeCy_2 + H_2O + CO_2$$

$$K_2CO_3 + 2HCy \rightleftarrows 2KCy + H_2O + CO_2 .$$

Obwohl diese Reaktionen umkehrbar sind, läßt sich in dieser Weise die Blausäure doch quantitativ festlegen, weil $FeCy_2$ und KCy miteinander gelbes Blutlaugensalz bilden, das durch Kohlendioxyd sehr wenig angegriffen wird; auch wird durch das nachströmende Gas das Kohlendioxyd entfernt.

Gelbes Blutlaugensalz $K_4FeCy_6 \cdot 3H_2O$, Kaliumferrocyanid, kristallisiert in großen schwefelgelben Kristallen; seine drei Moleküle Kristallwasser können durch gelindes Erwärmen ausgetrieben werden; dann präsentiert es sich als weißes Pulver. Es ist nicht giftig. Mit verdünnter Schwefelsäure erhitzt, entwickelt es Blausäure, mit konzentrierter Schwefelsäure Kohlenoxyd.

Freie Ferrocyanwasserstoffsäure H_4FeCy_6 fällt als weißer kristallinischer Niederschlag aus, wenn man einer starken Lösung von gelbem Blutlaugensalz konzentrierte Salzsäure zusetzt. Durch Bildung von Berlinerblau (also durch teilweise Zersetzung) wird der Niederschlag an der Luft bald blau. Verschiedene Salze dieser Säure sind charakteristisch gefärbt und unlöslich. Deshalb findet das gelbe Blutlaugensalz bei der Analyse Verwendung, und zwar kann merkwürdigerweise diese selbst eisenhaltige Verbindung zur Erkennung der Ferro- und Ferriverbindungen dienen. Das Ferrosalz der Ferrocyanwasserstoffsäure ist weiß, geht aber in Berührung mit Luft äußerst leicht in das blaue Ferrisalz (Berlinerblau) über. Das Kupfersalz ist braunrot, das Zinksalz weiß usw.

Nitroprussidnatrium $Na_2FeCy_5(NO) + 2H_2O$ entsteht durch Einwirkung von Salpetersäure auf Ferrocyannatrium; es kristallisiert in rubinroten Prismen und ist ein empfindliches Reagens auf Alkalisulfide, deren Lösungen es violett färbt.

Rotes Blutlaugensalz K_3FeCy_6, Kaliumferricyanid, entsteht aus gelbem Blutlaugensalz durch Behandlung von dessen wäßriger Lösung mit Chlor oder Brom:

$$2K_4FeCy_6 + Cl_2 = 2KCl + 2K_3FeCy_6 .$$

Es kristallisiert in dunkelroten Prismen, die in Wasser leicht löslich sind. Die wäßrige Lösung ist unbeständig. Es wird manchmal als Oxydationsmittel in alkalischer Lösung gebraucht, wobei es in gelbes Blutlaugensalz übergeht:

$$2K_3FeCy_6 + 2KOH = 2K_4FeCy_6 + H_2O + O .$$

Sehr merkwürdig sind die Verbindungen des Eisens mit Kohlenoxyd $Fe(CO)_4$, $Fe(CO)_5$. Sie entstehen, wenn Kohlenoxyd bei 80° über feinverteiltes Eisen geleitet wird, oder schon bei gewöhnlicher Temperatur, wenn das Gas unter Druck mit Eisen in Berührung kommt. Eiserne Gefäße, in denen komprimiertes Leuchtgas aufbewahrt wird, werden daher allmählich von dem Kohlenoxyd des Gases angegriffen. Durch Licht zersetzt sich das Eisenpentakarbonyl nach der Gleichung:

$$2Fe(CO)_5 \rightleftharpoons Fe_2(CO)_9 + CO .$$

Im Dunkeln ist diese Reaktion rückgängig, wiewohl sehr langsam.

Kobalt und Nickel.

Kobalt.

312. Die beiden bekanntesten Erze dieses Metalles sind Speiskobalt $CoAs_2$ und Glanzkobalt CoAsS; man gewinnt aus ihnen das Metall, indem man die Erze zunächst röstet und so von Schwefel und Arsen möglichst befreit; das entstandene Kobaltoxydoxydul Co_3O_4 wird durch Kohlenstoff (oder Wasserstoff) reduziert. Kobalt schmilzt bei 1489·8°; das geschmolzene Metall ist silberweiß mit einem Stich ins Rötliche und stark glänzend; sein spez. Gewicht beträgt 8·9; es ist magnetisch, aber viel schwächer als das Eisen. Von feuchter Luft wird es nicht angegriffen. Salzsäure und Schwefelsäure lösen es langsam; mit Salpetersäure bildet es sehr leicht ein Nitrat.

Außer Co_3O_4 sind noch zwei Oxyde bekannt, nämlich das Oxydul CoO und das Oxyd Co_2O_3; beide können Salze geben; von dem dreiwertigen Ion Co leiten sich eine Reihe von komplexen Salzen ab, siehe **318, 319.**

Kobaltoverbindungen (Oxydulverbindungen des Kobalts).

Die Lösung der Salze ist rot; also ist dies die Farbe des Kobaltions. Die nicht ionisierten Kobaltsalze sind blau, z. B. das wasserfreie $CoCl_2$, das Silikat u. a. An dieser verschiedenen Färbung kann man leicht erkennen, ob Kobaltsalze in Lösung ionisiert sind oder nicht. In konzentrierter Lösung z. B. wird durch alle Umstände, welche die Ionisation verringern, die rote Farbe in die blaue umgewandelt, so wenn zu einer konzentrierten Lösung von $CoCl_2$ konzentrierte Salzsäure zugefügt wird, oder wenn die Lösung erwärmt wird; daß durch letzteres die Ionisation verringert werden kann, wurde bereits beim Kupferchlorid (**244**) bemerkt.

Kobaltochlorid $CoCl_2 \cdot 6H_2O$ bildet rote monokline Prismen, welche durch Wasserverlust beim Erhitzen blau werden. — Kobaltosulfat $CoSO_4 \cdot 7H_2O$ bildet dunkelrote monokline Prismen, ist isomorph mit $FeSO_4 \cdot 7H_2O$ und gibt Doppelsalze mit Alkalisulfaten $K_2SO_4 \cdot CoSO_4 \cdot 6H_2O$. — Kobaltonitrat $Co(NO_3)_2 \cdot 6H_2O$ bildet rote hygroskopische Prismen. — Kobaltosilikat ist intensiv blau und wird deshalb bei der Blaufärbung von Glas benutzt. — Feingepulvertes Kobaltosilikat dient als Malerfarbe („Smalte"). Unter THÉNARDS Blau versteht man eine blaue Farbe, die durch Glühen von Kobaltsalzen mit Al_2O_3 gewonnen wird.

Kobaltiverbindungen (Oxydverbindungen des Kobalts).

Kobaltioxyd Co_2O_3 wird durch Glühen von Kobaltonitrat als schwarzes Pulver erhalten, das bei Rotglut in Kobaltikobaltooxyd Co_3O_4 übergeht und bei Weißglühhitze CoO gibt. Es hat den Charakter eines Peroxyds; denn durch Schwefelsäure wird es unter Sauerstoffentwicklung in Kobaltosalz verwandelt und entwickelt mit Salzsäure Chlor. In kalter verdünnter Salzsäure löst es sich jedoch fast ohne Chlorentwicklung auf.

Kobalt bildet u. a. komplexe Ionen mit Cyan, deren Salze nach ihrer Zusammensetzung dem gelben und roten Blutlaugensalz entsprechen; das Salz K_3CoCy_6 kristallisiert in farblosen rhombischen Prismen. Ein eigentümliches komplexes Ion kommt auch in dem Kobaltikaliumnitrit $6KNO_2 \cdot Co_2(NO_2)_6 \cdot nH_2O$ oder $K_3 \cdot Co(NO_2)_6 \cdot nH_2O$ vor. Es entsteht, wenn man der Lösung eines Kobaltsalzes Kaliumnitrit und Essigsäure zusetzt. Es ist ein gelber kristallinischer Niederschlag, der bei Gegenwart überschüssiger Kaliumionen in der Flüssigkeit sehr wenig löslich ist (**321**). Da Nickel kein derartiges Salz bildet, dient es zur Trennung der beiden Metalle.

Nickel.

313. Nickel kommt gebunden als Kupfernickel NiAs und Nickelglanz NiAsS vor. Überaus wichtig für die Gewinnung des Nickels ist das Garnierit, $(NiMg)_2Si_4O_{13} \cdot 2aq$, das von GARNIER in Neukaledonien entdeckt wurde, wo es in großen Mengen vorkommt. Aus diesem Erz wird das Nickel mittels einer Art von Hochofenprozeß gewonnen. Auch Canada liefert große Mengen nickelhaltiger Magnetkiese. Seit der Entdeckung des Garnierits hat sich die Nickelindustrie außerordentlich entwickelt.

Nickel ist fast silberweiß (mit einem Stich ins Gelbliche) und sehr zäh. Es schmilzt bei 1452·3°; sein spez. Gewicht beträgt 8·8—9·1; es ist schwach magnetisch. In Salzsäure und Schwefelsäure ist es schwer, in Salpetersäure leicht löslich. An der Luft verändert es sich nicht.

Verwendet wird es zum Überziehen andrer Metalle (Vernickeln), namentlich in der Galvanoplastik, und zur Darstellung verschiedener Legierungen. Neusilber oder Argentan besteht aus 50% Kupfer, 25% Nickel und 25% Zink; die deutschen Nickelmünzen enthalten 75% Kupfer und 25% Nickel. Die Verwendung von Nickel als Zusatz zum Eisen ist bereits erwähnt worden (**308**).

Die Oxyde des Nickels NiO Oxydul und Ni_2O_3 Oxyd sind denen des Kobalts sehr ähnlich. Nur ersteres bildet Salze.

Nickelchlorür $NiCl_2 \cdot 6H_2O$ bildet grüne monokline Prismen. Beim Erhitzen verliert es sein Kristallwasser und geht in das gelbe $NiCl_2$ über.

Nickelsulfat $NiSO_4 \cdot 7H_2O$, grüne rhombische Prismen, ist isomorph mit den entsprechenden Ferro- usw. Salzen und bildet Doppelsalze wie diese.

Nickeloxyd Ni_2O_3, ein schwarzes Pulver, verhält sich ebenfalls wie ein Peroxyd; beim Erwärmen mit Salzsäure entwickelt sich Chlor, indem zugleich $NiCl_2$ entsteht.

Nickelkarbonyl $Ni(CO)_4$ bildet sich, wenn man über fein verteiltes metallisches Nickel bei gewöhnlicher Temperatur Kohlenoxyd leitet. Es entsteht hierbei ein Gleichgewicht:

$$Ni + 4CO \rightleftarrows Ni(CO)_4,$$

das sich bei erhöhter Temperatur nach links verschiebt, da die Zersetzung von Nickelkarbonyl unter ansehnlicher Wärmeabsorption stattfindet (**103**). Schon bei 60° zersetzen sich die Dämpfe unter Explosion. Aus obenstehender Gleichung ergibt sich weiter (**118**), daß Drucksteigerung die Bildung von Nickelkarbonyl stark vermehren muß. Auch sei noch hervorgehoben, daß sowohl die Bildung wie die Zersetzung dieser Verbindung sehr empfindlich gegen Spuren von Fremdstoffen ist. Es ist eine farblose, stark lichtbrechende Flüssigkeit, die bei 44° unzersetzt siedet und bei −23° kristallinisch erstarrt. Seine Dämpfe brennen an der Luft mit stark rußender Flamme und sind giftig. Mit Hilfe dieser Verbindung wird Nickel in großem Maßstabe aus seinen Erzen in reinem Zustande technisch dargestellt.

Nickel bildet auch mit Cyan ein komplexes Ion; wenn Nickelcyanid in einem Überschuß von Cyankalium aufgelöst wird, entsteht die Verbindung K_2NiCy_4; dieselbe wird schon durch Salzsäure unter Abscheidung von $NiCy_2$ zerlegt.

Eine sehr auffallende Eigentümlichkeit zeigen die Sulfide des Kobalts und des Nickels, CoS und NiS.

Aus einer sauren Lösung ihrer Salze werden diese Sulfide durch Schwefelwasserstoff nicht niedergeschlagen; einmal gefällt (durch Schwefelammonium) lösen sie sich jedoch in verdünnten Säuren nicht auf. Diese Erscheinung steht in Widerspruch mit der allgemeinen Regel von **144** (s. auch **73**); denn entweder müssen die Sulfide durch Schwefelwasserstoff aus der schwach sauren Lösung ausfallen, wie CuS, wenn ihr Löslichkeitsprodukt sehr klein ist; oder die gebildeten Sulfide müssen sich in verdünnten Säuren lösen, wie FeS, wenn ihr Löslichkeitsprodukt größer ist. Diese Anomalie ist wahrscheinlich so zu erklären, daß die Sulfide sehr bald nach ihrer Bildung in eine andre Modifikation (vermutlich eine polymere) übergehen. NiS ist sofort nach seinem Entstehen in Alkalisulfiden löslich, einmal in festem Zustande abgeschieden nicht mehr, oder doch nicht mehr in gleichem Maße. Dies zeigt sich, wenn man zu einer Nickellösung Weinsäure zusetzt und hernach überschüssige Natronlauge; es wird dann kein $Ni(OH)_2$ gefällt. Leitet man in diese Lösung Schwefelwasserstoff ein, so erhält man eine sehr dunkel gefärbte Lösung, aus der sich NiS nur langsam absetzt. Das gleiche gilt von den Kobaltlösungen, jedoch nur, wenn sie sehr verdünnt sind, da sonst das CoS zu bald in die unlösliche Modifikation übergeht und sich abscheidet.

Gruppe der Platinmetalle.

314. Unter dem Namen Platinmetalle werden die gemeinschaftlich mit Platin vorkommenden Metalle Ruthenium, Rhodium, Palladium, Osmium und Iridium zusammengefaßt. Hauptsächlich werden sie am Ural, aber auch in Columbia, Brasilien und auf Borneo gefunden. Der Ural liefert aber 95 % der Gesamtproduktion. Die Platinmetalle kommen nur gediegen vor und werden durch Schlämmen aus dem Gestein gewonnen. Platin ist das wichtigste unter diesen Metallen. Platinerz enthält neben den Platinmetallen noch Eisen, Gold und einige andre Beimengungen.

Man teilt die Platinmetalle in leichte und schwere ein; zu den leichten gehören: Ruthenium, Rhodium und Palladium, zu den schweren: Osmium, Iridium und Platin. Sie unterscheiden sich durch eine erhebliche Differenz ihrer Atom- und spez. Gewichte:

	Ru	Rh	Pd	Os	Ir	Pt
	leichte			schwere		
Atomgewicht .	101·7	102·9	106·7	190·9	193·1	195·2
Spez. Gewicht .	12·26	12·6	11·9	22·4	22·38	21·45

Eine vollkommene Trennung der Platinmetalle voneinander ist äußerst schwierig, einerseits, weil sie sich in ihren Eigenschaften sehr gleichen, anderseits, weil ihr Verhalten, wenn sie zusammen auftreten, sehr verändert sein kann, was auf die Existenz von Verbindungen zwischen ihnen hinweist. So geht z. B. Platin bei Behandlung mit Königswasser in Lösung, Iridium nicht. Bei der Behandlung eines Gemenges der beiden Metalle mit Königswasser geht jedoch auch Iridium zum Teil in Lösung. Ferner wirkt auch die Anwesenheit von Eisen (welches in allen Platinerzen vorkommt) häufig sehr störend. Reine Platinlösungen werden z. B. durch Soda oder Bariumkarbonat nicht gefällt. Ist jedoch Eisen vorhanden, so werden mit diesem auch erhebliche Mengen Platin niedergeschlagen. Doch kann man jetzt Platin, Palladium, Rhodium und Iridium im Handel in ausgezeichnet reinem Zustande erhalten.

Für die technische Reindarstellung des Platins und der anderen Platinmetalle benutzen die betreffenden Fabriken Methoden, welche geheim gehalten werden. Im großen ganzen läßt sich darüber etwa folgendes sagen: durch Behandlung mit Königswasser gelingt es zunächst, den größten Teil der Edelmetalle in Lösung zu bringen, während der Rückstand außer Sand die Legierung Osmiridium enthält. Das Erz besteht also nicht aus einer Legierung, sondern aus zweien, dem Rohplatin und dem Osmiridium. Beide enthalten alle sechs Platinmetalle, aber in verschiedenen Mengen, und zwar Rohplatin außer Platin hauptsächlich Palladium, Rhodium und Iridium, das Osmiridium, wie der Name sagt, größtenteils Osmium und Iridium.

Verhältnismäßig leicht gelingt es, Osmium und Ruthenium abzutrennen; sie sind dadurch ausgezeichnet, daß sie in flüchtige Sauerstoffverbindungen übergeführt und so durch Destillation entfernt werden können. Platin und Iridium liefern mit Salmiak schwer lösliche Verbindungen, aus denen man durch Glühen die Metalle erhält; fällt man jedoch die Lösung des Rohplatins mit Salmiak, so erhält der Niederschlag auch beträchtliche Mengen Rhodium und Palladium, und es sind komplizierte Methoden nötig, um die reinen Metalle zu gewinnen. Anderseits gelingt es auch nicht, Platin und Iridium auf diese Weise vollständig zu fällen, und die Mutterlauge der Salmiakfällung enthält demgemäß vorwiegend Palladium und Rhodium, daneben aber auch geringe Mengen Iridium und Platin, und erfordert ebenfalls eine komplizierte Aufarbeitung.

Ruthenium.

315. Dieses Metall kommt nur in sehr geringer Menge vor; es ist von stahlgrauer Farbe, hart, sehr spröde und sehr schwer schmelzbar (oberhalb 1800°). Durch Königswasser wird es auch in feinverteiltem Zustande nur äußerst schwer zu $RuCl_3$ gelöst, leicht dagegen, wenn es mit Platin legiert ist. Die Verbindung $RuCl_4$ ist nur in Doppelsalzen bekannt. In Pulverform an der Luft erhitzt, oxydiert es sich, ohne jedoch ein wohldefiniertes Oxyd zu geben. Ruthenium bildet ferner charakteristische Salze, in denen es als säurebildendes Element fungiert.

Kaliumruthenat K_2RuO_4 entsteht durch Schmelzen von Ru mit KOH und Salpeter. Es kristallisiert mit 1 Mol. Wasser in schwarzen, grünglänzenden

Prismen. In Wasser löst es sich mit dunkeloranger Farbe auf. Es erinnert in seinem Verhalten an Kaliummanganat; durch verdünnte Säuren wird es nämlich in überruthensaures Kalium $KRuO_4$ übergeführt, unter gleichzeitiger Abscheidung eines schwarzen Oxyds Ru_2O_5 (oder RuO_2?). Es kristallisiert in schwarzen, metallglänzenden Oktaedern, die sich in Wasser mit dunkelgrüner Farbe lösen. Eigentümlich ist ferner das Verhalten des Rutheniumtetroxyds RuO_4, das sich verflüchtigt, wenn Chlor in die konzentrierte Lösung von Kaliumruthenat geleitet wird. Durch Abkühlen kann man es zum Erstarren bringen; es bildet eine goldgelbe Kristallmasse, die bei 25·5° schmilzt und einen ozonartigen Geruch hat. Diesem Oxyd entspricht keine Säure. Man bedient sich desselben, um reines Ruthenium darzustellen.

Osmium.

Dieses Metall ist dem Ruthenium sehr ähnlich; es schmilzt erst bei 2500°. Man kennt die Chloride $OsCl_2$ und $OsCl_4$, sowie die Oxyde OsO, Os_2O_3, OsO_2 und OsO_4. Die große Ähnlichkeit mit dem Ruthenium tritt besonders bei den höchsten Oxyden hervor. So entsteht durch Schmelzen mit Kali und Salpeter osmiumsaures Kalium K_2OsO_4, das aus wäßriger Lösung mit $2H_2O$ in dunkelvioletten Oktaedern kristallisiert. Die charakteristische Verbindung des Osmiums ist das Osmiumtetroxyd OsO_4, das durch Glühen von feingepulvertem Osmium an der Luft oder durch Einwirkung von Chlor auf Osmium bei Gegenwart von Wasser entsteht. Es besitzt einen durchdringenden, chlorähnlichen Geruch und ist sehr giftig. Die wäßrige Lösung von OsO_4 (die zu Unrecht auch Osmiumsäure genannt wird) reagiert neutral. Sie wird in der Mikroskopie gebraucht, weil organische (d. h. reduzierend wirkende) Stoffe schwarzes Osmium aus ihr abscheiden. Es sind keine Salze bekannt, die sich von OsO_4 ableiten. Die Verbindung wird benutzt, um Osmium in reinem Zustande zu erhalten.

Rhodium.

Das Metall (Schmelzpunkt 1970°) hat, wenn es vorher geschmolzen war, das Aussehen von Aluminium und ist ebenso dehnbar wie Silber. In reinem Zustande wird es technisch aus dem schön kristallisierenden Chloropurpureorhodiumchlorid $Rh(NH_3)_5Cl_3$ erhalten; von Säuren und von Königswasser wird es nicht angegriffen. An der Luft erhitzt, verwandelt es sich in das Oxydul RhO. Es vermag beträchtliche Mengen Wasserstoff zu absorbieren. Das Oxyd Rh_2O_3 liefert Salze mit Säuren. Von Chloriden ist nur $RhCl_3$ bekannt, das man durch direkte Synthese als rotbraune Masse erhält; es bildet mit den Alkalichloriden lösliche Doppelsalze.

Iridium.

Dieses sehr spärlich vorkommende Metall wird aus Osmium-Iridium gewonnen, indem man Osmium durch Erhitzen im Sauerstoffstrom als Tetroxyd verflüchtigt. Es ist härter und schmilzt bei 2225°, also erheblich schwerer als Platin. Mit Platin legiert dient es zur Herstellung von Platintiegeln, Schalen, Destillierkesseln zur Schwefelsäurefabrikation usw. Durch Legierung mit Iridium wird Platin härter und widerstandsfähiger gegen chemische Einflüsse. Der die Einheit des Längenmaßes darstellende Normalstab besteht aus einer Legierung von 90% Platin und 10% Iridium. In reinem Zustande wird Iridium von Königswasser nicht angegriffen.

Iridium bildet zwei Chloride, $IrCl_3$ und $IrCl_4$; beide geben Doppelsalze mit den Alkalichloriden, z. B. $IrCl_3 \cdot 3KCl \cdot 3H_2O$ und $IrCl_4 \cdot 2KCl$; ersteres ist leicht, letzteres sehr schwer in Wasser löslich. $IrCl_4$ stellt eine schwarze Masse dar, die von Wasser mit sehr intensiv roter Farbe gelöst wird. Platinchloridlösung, die iridiumhaltig ist, zeigt daher eine viel dunklere Farbe als reine Platinlösung.

Palladium.

Das silberweiße Metall schmilzt bei 1549·2°, also niedriger als Platin. Es wird in fein verteiltem Zustand (Palladiumschwarz) beim Kochen mit starker Salzsäure, Schwefelsäure und Salpetersäure gelöst. Beim Erhitzen des Metalls an der Luft wird es anfangs oxydiert und läuft stahlblau an, bei höherer Temperatur wird die Oberfläche wieder metallisch glänzend. Die merkwürdigste Eigenschaft des Metalls ist, daß es beträchtliche Mengen Wasserstoff absorbieren kann. Frisch ausgeglühtes Palladiumblech absorbiert bei gewöhnlicher Temperatur Wasserstoff bis zum 370fachen seines Volums; verwendet man ausgeglühtes Palladiumblech als Kathode bei der elektrolytischen Wasserzersetzung, so vermag es sogar bis zum 960fachen seines Volums Wasserstoff aufzunehmen. Es behält hierbei sein metallisches Aussehen. Im Vakuum erhitzt, gibt es allen Wasserstoff wieder ab.

Palladiumwasserstoff wirkt stark reduzierend. Chlor und Jod werden durch denselben zu HCl und HJ, Ferri- zu Ferrosalzen reduziert.

Palladium bildet zwei Reihen von Verbindungen; Oxydulverbindungen PdX_2 und Oxydverbindungen PdX_4. Von der ersten Reihe ist Palladiumjodür PdJ_2 charakteristisch, das aus den Lösungen der Oxydulsalze durch Kaliumjodid als schwarze unlösliche Masse gefällt wird. Man bedient sich dieser Reaktion zuweilen, um Jod von den andren Halogenen zu trennen, da deren Palladiumverbindungen leicht löslich sind. — Palladiumchlorid $PdCl_4$ entsteht beim Lösen des Metalles in Königswasser. Es bildet mit KCl oder NH_4Cl die schwerlöslichen Doppelsalze K_2PdCl_6 und $(NH_4)_2PdCl_6$. Beim Verdampfen seiner Lösung dissoziiert $PdCl_4$ in Chlorür und Chlor.

Platin.

316. Platin ist das wichtigste und in größter Menge vorkommende Metall aus der Platingruppe. Es schmilzt bei ca. 1755°, ist äußerst geschmeidig und läßt sich zu sehr feinem Draht ausziehen, sowie zu dünnstem Blech walzen. Da Platin bei Rotglut weich wird, ist es auch schweißbar.

Platin findet die mannigfachsten Anwendungen. Unter diesen sind zu nennen: die Darstellung von Geräten für chemische Laboratorien; die Anwendung in der Schwefelsäureindustrie, in der elektrischen Industrie, in der Bijouterie für Brillantfassungen, für elektrische Öfen, für Explosionsmotoren, in der Glühlampenindustrie, in der Zahntechnik usf. Letztere verbraucht etwa $^1/_3$ des Gesamtkonsums. Es nimmt — besonders in feiner Verteilung — Sauerstoff aus der Luft auf, worauf man zurückführt, daß zahlreiche Oxydationen bei Gegenwart von Platin besonders leicht verlaufen. Wird aus Platinlösungen das Platin durch Reduktionsmittel abgeschieden, so erhält man ein äußerst fein zerteiltes sammetschwarzes Pulver, Platinschwarz oder Platinmohr. Beim Erhitzen von Ammoniumplatinichlorid $(NH_4)_2PtCl_6$ bleibt das Metall als graue, locker zusammenhängende Masse: Platinschwamm, zurück. Bei Rotglut ist Platin für Wasserstoff leicht durchdringlich, während andre Gase nicht hindurchgehen. Wahrscheinlich beruht dies auf der Bildung einer Verbindung oder auf der Löslichkeit des Wasserstoffes in Platin. Von schmelzenden Hydroxyden, Cyaniden und Sulfiden der Alkalimetalle wird Platin angegriffen; diese Metalle dürfen daher in Platintiegeln nicht erhitzt werden; ebensowenig dürfen Blei und andre Schwermetalle darin geschmolzen werden, weil sie mit Platin leicht schmelzbare Legierungen eingehen.

Platin bildet Verbindungen von dem Typus PtX_2, Oxydul- und PtX_4, Oxydverbindungen. Die bekannteste Verbindung des Platins ist die Platinichlorwasserstoffsäure H_2PtCl_6, die beim Lösen von Platin in Königswasser entsteht. Nach dem Verdampfen der Lösung erhält man die Säure in der Form von großen, rotbraunen, sehr hygroskopischen Prismen. In ihrer wäßrigen Lösung befindet sich das Anion $PtCl_6''$, das bei der Elektrolyse nach der Anode wandert; auch fällt Silbernitrat aus der Lösung nicht AgCl aus, wie es der Fall sein müßte, wenn freie Chlorionen in der Flüssigkeit wären, sondern die Verbindung Ag_2PtCl_6. Sehr charakteristisch für die Platinichlorwasserstoffsäure sind das K- und das NH_4-Salz, welche in Wasser sehr schwer, in Alkohol nicht löslich sind und beim Eindampfen der wäßrigen Lösung in schönen, kleinen goldgelben Oktaedern zurückbleiben. Man bedient sich des Platinchlorids häufig, um aus einem Gemenge von Kalium- und Natriumsalzen das Kalium quantitativ zu bestimmen, da Na_2PtCl_6 leicht löslich ist, auch in Alkohol.

Von den übrigen Platinverbindungen mögen noch folgende angeführt werden. Versetzt man eine Platinichloridlösung mit Alkalilauge und danach mit Essigsäure, so fällt Platinihydroxyd $Pt(OH)_4$ aus, das sowohl in starken Säuren wie in Alkalien löslich ist. Man muß ihm deshalb neben basischen auch saure Eigenschaften zuschreiben (Platinsäure). Platinsaure Salze entstehen auch, wenn Platin mit Alkali geschmolzen wird. — Platinchlorür $PtCl_2$ entsteht durch Erhitzen von H_2PtCl_6 auf 200° und bereits in kleiner Menge, wenn die Lösung von H_2PtCl_6 stark konzentriert wird. Es bildet ein grünes, in Wasser unlösliches Pulver. Mit den Chloriden der Alkalimetalle gibt es leicht lösliche Doppelsalze, wie $PtCl_2 \cdot 2\,NaCl$. — Bariumplatinocyanid $BaPtCy_4 \cdot 4\,H_2O$

ist dadurch bekannter geworden, daß es zum Sichtbarmachen der Röntgenstrahlen verwendet wird. Für alle diese Doppelsalze ist ihre schöne Farbe und ihr starker Dichroismus charakteristisch.

Über den metallischen Zustand und über die Verbindungen der Metalle untereinander.

317. Die Eigenschaften der Metalloide in physikalischer Hinsicht zeigen große Verschiedenheiten; den Metallen dagegen sind eine Reihe von physikalischen Eigenschaften gemeinsam. Mit Ausnahme des Quecksilbers sind alle bei gewöhnlicher Temperatur fest; alle sind charakterisiert durch den eigentümlichen Metallglanz, der mit ihrem hohen Reflektionsvermögen und ihrer Undurchsichtigkeit zusammenhängt; weiter sind alle gute Leiter der Wärme und der Elektrizität. Die moderne Physik hat gelehrt, daß manche Eigentümlichkeiten der Metalle dadurch zu erklären sind, daß man in ihnen frei bewegliche und nur zum geringen Teil an die Atome gebundene Elektronen annimmt, während in Nichtleitern die Elektronen größtenteils gebunden vorkommen. Dadurch ist z. B. die Proportionalität zwischen Wärmeleitung und Elektrizitätsleitung zu erklären usw.

Eine Eigentümlichkeit die manche Metalle zeigen und von Cohen durch die dilatometrische Methode (70) entdeckt wurde, ist, daß sie Gemenge von zwei oder mehr allotrope Zustände darstellen, die in metastabilem Gleichgewicht sind, welches sich mit der Temperatur verschiebt. Dadurch erklärt es sich, daß die physikalischen Konstanten (spez. Gew., Leitvermögen u. s. f.) von verschiedenen Experimentatoren so verschieden angegeben werden, obwohl sie zwar alle chemisch reines Material in Händen hatten, aber die Vorgeschichte desselben außer Betracht gelassen haben und deshalb allotrope Gemenge von unbekannter Zusammensetzung für ihre Messungen benutzt haben.

In chemischer Hinsicht unterscheiden sich die Metalle von den Metalloiden vornehmlich dadurch, daß ihre Oxyde basischer Natur sind, während die Oxyde der letzteren säurebildend sind. Aber noch in anderem Sinne existiert ein charakteristischer Unterschied: nämlich in den Verbindungen, welche die Metalloide resp. die Metalle untereinander eingehen.

Die Verbindungen der Metalloide untereinander sind in ihren Eigenschaften völlig verschieden von den Elementen selbst; man denke z. B. an Wasser, Phosphorsäure, Chlorsilicium usw. Auch ist dies der Fall bei den Verbindungen, in denen Metalloide und Metalle enthalten sind, wie den Salzen und den Oxyden der Metalle. Dagegen haben die Verbindungen der Metalle unter sich noch alle Eigentümlichkeiten des metallischen Zustandes behalten.

Bevor wir die weiteren Eigenschaften der Verbindungen von Metallen unter sich betrachten, müssen wir angeben, wie man solche Verbindungen erhalten und nachweisen kann. Was den ersten Punkt betrifft, existiert dafür nur eine Methode, nämlich das Zusammenschmelzen der Metalle. Es gelingt dabei nur in seltenen Fällen, Verbindungen wirklich zu isolieren, weil ihre physikalischen Eigenschaften sich zu wenig von denen der Komponenten abheben. Man ist also auf indirekte, namentlich physikalisch-chemische, Untersuchungsmethoden angewiesen und es ist vornehmlich Tammann gewesen, der die Untersuchung von zahlreichen binären Metallmischungen in mustergültiger Weise durchgeführt hat.

Als wichtigstes Hilfsmittel ist die Bestimmung der Schmelzkurve anzusehen; wir haben in **237** auseinandergesetzt, daß eventuell darin vorkommende Maxima das Vorkommen von Verbindungen beweisen, deren Zusammensetzung durch die Lage des Maximums gegeben ist (Fig. 58); fehlen diese Maxima, und hat also die Schmelzkurve die Form von Fig. 57, so sind keine Verbindungen vorhanden,

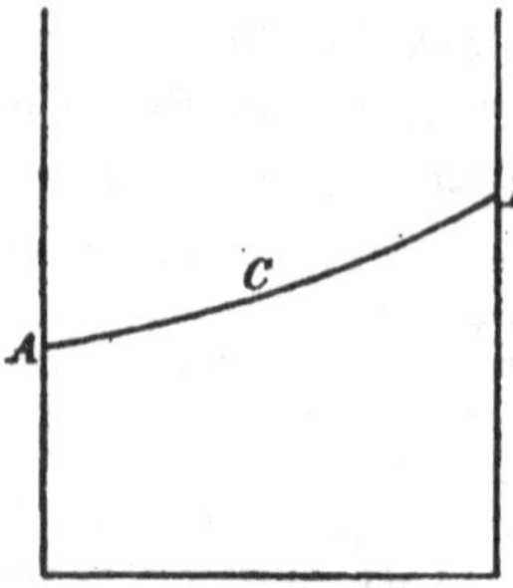

Fig. 75.

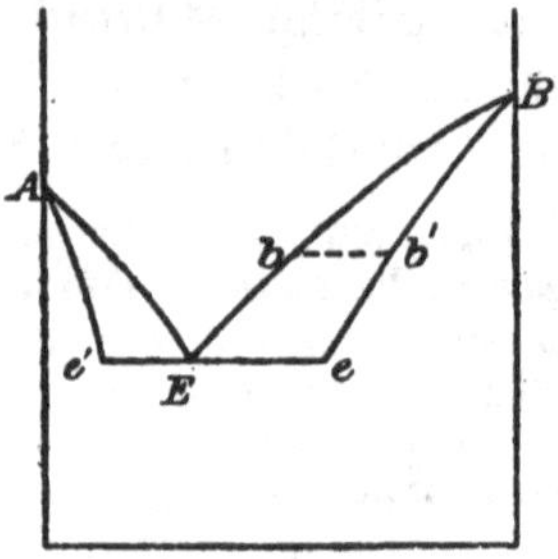

Fig. 76.

man hat es also mit einem einfachen Gemisch zu tun. Aus diesen Untersuchungen hat sich aber ergeben, daß außer einem Gemenge oder einer Verbindung noch ein dritter Fall existiert, in welchem sich Mischkristalle (feste Lösungen) bilden (**260**). Ob dieser Fall vorliegt, läßt sich auch aus der Schmelzkurve erkennen. Wenn Mischkristalle der beiden Metalle in jedem Verhältnis möglich sind, zeigt die Schmelzkurve keinen eutektischen Punkt; aus jeder Mischung setzen sich dann Kristalle von einer bestimmten Zusammensetzung ab, welche sich zugleich mit der Zusammensetzung der Schmelze ändert. Die Schmelzkurve hat dann zwischen den Schmelzpunkten der beiden reinen Metalle einen unterbrochenen Verlauf, wie *ACB* in Fig. 75. Sind Mischkristalle der beiden Metalle nur innerhalb gewisser Grenzen möglich, so bekommt man ein Schmelzdiagramm wie in Fig. 76. Es existiert dann wohl ein eutektischer Punkt *E*; es kristallisieren dann aber in diesem Punkt nicht die reinen Komponenten *A* und *B* aus, sondern Mischkristalle von *A* gemengt mit *B* von der Zusammensetzung *e'* und Mischkristalle von *B* mit *A* von der Zusammensetzung *e*; auch entlang den Schmelzkurven *AE* und *BE* kristallisieren nicht die reinen Komponenten aus, sondern Mischkristalle, deren Zusammensetzung durch Punkte der Kurven *Ae'* und *Be* gegeben wird. So gehören z. B. zum Schmelzpunkt *b* Mischkristalle von der Zusammensetzung *b'*. In dieser Weise ist es also möglich, durch Bestimmung der Schmelzkurven zu entscheiden, welcher der drei Fälle: einfache Mischung, Mischkristalle oder Verbindung, vorliegt. Auf die verwickelteren Fälle, bei denen sowohl Mischkristalle wie Verbindungen auftreten, gehen wir hier nicht weiter ein.

Die Resultate, welche in dieser Weise erhalten worden sind, können noch auf anderen Wegen erhärtet werden. Von diesen mögen noch zwei kurz erwähnt werden. In erster Linie die mikroskopische Untersuchung. Zu diesem Zwecke wird die Metallfläche einer Legierung poliert und dann angeätzt, sei es durch Eintauchen in verdünnte Säuren, durch Joddampf oder auf andere Weise. Hierdurch kann das kristallinische Gefüge unter dem Mikroskop bei auffallendem Licht beobachtet werden und dabei zeigt sich oft, daß Kristalle vorkommen, welche von denen der reinen Komponenten verschieden sind, also den Verbindungen oder den Mischkristallen zukommen.

Zweitens durch das elektrische Leitvermögen. Le Chatelier hat gefunden, daß das Leitvermögen einer Reihe von Legierungen aus zwei Metallen, die aus zwei Kristallarten bestehen (welche entweder die reinen Komponenten oder Verbindungen von ihnen sein können), sich proportional mit der Zusammensetzung ändert. Bildet aber ein Metall mit einem anderen eine Reihe von Mischkristallen, so wird sein Leitvermögen durch den Zusatz des anderen Metalls stark herabgesetzt, und zwar wirken die ersten Zusätze stärker als die folgenden.

Tammann hat nun aus diesen Untersuchungen folgende mehr allgemeinen Resultate für die Bildung von Verbindungen zwischen Metallen abgeleitet:

1. Die Elemente einer natürlichen Gruppe im engeren Sinne bilden untereinander keine Verbindungen. So geben Cu, Ag, Au oder Zn, Cd, Hg unter sich keine Verbindungen.

2. Ein beliebiges Element bildet entweder mit allen Elementen einer natürlichen Gruppe im engeren Sinne Verbindungen, oder es

geht mit keinem der Gruppenglieder eine Verbindung ein. So verbinden sich Cu, Ag, Au alle drei mit Zn, Cd, Al, Sn, dagegen nicht mit Tl, Bi, Fe, Ni. Allerdings gibt es von diesen beiden Regeln einige Ausnahmen.

3. Bei den Verbindungen der Metalle untereinander treten Formeln, welche den Valenzen der Metalle entsprechen, wie sie im periodischen System zum Ausdruck kommen (und welche man Salzvalenzen nennen könnte), nur relativ selten auf. Man kennt z. B. die Verbindungen $Zn_{12}Na$, Cd_2Na, $HgNa_3$, Hg_2Na_5 und noch mehrere andere zwischen Na und Hg; $NaCd_5$, $FeZn_7$, $NiZn_3$, $NiCd_4$, $AuSb_2$ usw., die in Widerspruch mit den Salzvalenzen stehen.

4. Die Formeln der Verbindungen von Metallen einer natürlichen Gruppe im engeren Sinne mit einem fremden Element sind durchaus nicht immer untereinander analog. Beispiele davon sind u. a.: $AlCu_3$, $AlAg_3$, $AlAu_2$; Cu_4Sn, Ag_4Sn, $AuSn$; $Zn_{12}Na$, Cd_2Na, $HgNa_3$.

Man kann also sagen, daß das individuelle Verhalten der Metalle bei ihren Verbindungen untereinander viel deutlicher zum Ausdruck kommt wie bei der Salzbildung, weil bei jenen ein viel größerer Reichtum von Formen auftritt und auch die Metalle einer selben Gruppe untereinander erhebliche Differenzen aufweisen.

Metallammoniakverbindungen. Werners Erweiterung des Valenzbegriffs.

318. Mehrere Metalle, namentlich aber die Metalle der achten Gruppe des periodischen Systems, liefern mit Ammoniak und Säureresten komplexe Verbindungen. Derartige Verbindungen sind schon von Berzelius dargestellt worden. Auch andre Forscher, unter denen namentlich Jörgensen hervorzuheben ist, haben sich im 19. Jahrhundert mit diesen Verbindungen beschäftigt. Von Werner und seinen Schülern ist in den letzten Jahren dieses Gebiet so viel erweitert worden, daß zurzeit bereits über 1700 Verbindungen vom allgemeinen Typus $MX_p(Am)_q$ bekannt sind, in welchem M ein Metallatom, X Säurereste und Am Ammoniak oder organische Basen (auch Wassermoleküle) vorstellt. Es ist weiter hauptsächlich Werners Verdienst, sich auch mit der theoretischen Durchforschung dieser Verbindungen befaßt zu haben. Er ist dabei zu Resultaten von allgemeinerer Bedeutung für den Bau der anorganischen Verbindungen, insbesondere der komplexen Salze, gelangt, worauf hier näher eingegangen werden soll.

Über die Darstellungsweise dieser Metallammoniakverbindungen läßt sich wenig Allgemeines sagen. Es ist begreiflich, daß zur Isolierung einer so großen Anzahl komplexer Verbindungen die Bestandteile derselben auf die verschiedenste Weise miteinander in Beziehung gebracht werden müssen, um aufeinander einzuwirken.

Zur Erlangung eines Einblicks in die Natur der betreffenden Verbindungen betrachten wir zunächst das Trinitrotriamminkobalt $Co(NH_3)_3(NO_2)_3$, das erhalten werden kann durch Vermischen von kalten Lösungen von Kobaltchlorid, Chlorammonium und Natriumnitrit und Behandlung der Mischung mit einem Luftstrom. Die Verbindung scheidet sich dann als schwer lösliches Kristallpulver ab, das sich aus heißem essigsäurehaltigem Wasser umkristallisieren läßt, ohne salpetrige Säure abzugeben. Das Pulver wird durch verdünnte Mineralsäuren in der Kälte nicht angegriffen. Die Leitfähigkeit seiner wäßrigen Lösung für den elektrischen Strom ist nahezu null. Offenbar hat also der Stoff nicht die Eigenschaften eines gewöhnlichen Nitrits; die Gruppen NO_2 müssen also andersartig im Molekül gebunden sein. Auch das Ammoniak ist anders gebunden als in den Ammoniumsalzen. Dies geht bereits daraus hervor, daß die Verbindung ein Nichtelektrolyt ist, ferner daraus, daß sogar bei Einwirkung von konzentrierten Säuren kein Ammoniak abgespalten wird. Die NH_3-Gruppen sind nicht durch die im Molekül vorhandenen Säuregruppen gebunden, denn durch energische Reaktionen kann man die letzteren durch andre Gruppen ersetzen, ohne daß die Ammoniakmoleküle losgelöst werden. Die Annahme einer aktiven Beteiligung der Säurereste an der Kettung der Ammoniakmoleküle ist daher ausgeschlossen. Für die Beurteilung der Bindungsweise der Ammoniake ist ferner von Wichtigkeit, daß die Ammoniakmoleküle einzeln durch andre Moleküle ersetzt werden können. Daraus geht hervor, daß jedes einzelne Ammoniakmolekül unabhängig von dem andren gebunden sein muß. Es kann deshalb wohl kaum anders sein, als daß die NH_3-Moleküle direkt an das Metallatom gebunden sind. Aber auch für die Säurereste nimmt dies WERNER zur Erklärung ihres abweichenden Verhaltens an. Dieses Prinzip, wonach die besonderen Eigenschaften der Gruppen in Verbindungen $MX_p(NH_3)_q$ dadurch erklärt werden, daß diese Gruppen in direkter Bindung mit dem Metall stehen, hat sich für die Klassifikation dieser Verbindungen von großer Tragweite erwiesen. Mit der Annahme dieses Prinzips muß aber eine Erweiterung des Valenzbegriffs einhergehen. Das Kobalt z. B. ist in seinen Salzen und Oxyden höchstens dreiwertig. Nimmt man aber direkte Bindung der drei NH_3- und der drei NO_2-Gruppen an Metall an, so muß Kobalt als sechswertig betrachtet werden. Da diese, am Metallatom neu auftretenden

Valenzen vorderhand den gewöhnlichen nicht gleichgestellt werden können, so erscheint es angezeigt, ihnen einen besonderen Namen zu geben. Zum Unterschied von den gewöhnlichen Valenzen, die man zweckmäßig als Hauptvalenzen bezeichnet, kann man sie Nebenvalenzen nennen.

319. Verbindungen vom Typus des Trinitrotriamminkobalts, also von der allgemeinen Formel $MX_3(NH_3)_3$, haben die Eigenschaft, sich mit noch mehr Ammoniakmolekülen vereinigen zu können. Man kennt Verbindungen von den Typen $MX_3(NH_3)_4$, $MX_3(NH_3)_5$ und $MX_3(NH_3)_6$. Dieser Zutritt von Ammoniak veranlaßt aber eine merkwürdige Änderung in der Funktion der Säurereste, denn für jedes Molekül NH_3, das mehr aufgenommen wird, geht je einer der Säurereste in den ionogenen Zustand über. Vergleicht man die molekulare Leitfähigkeit λ in $^1/_{512}$ normalen Lösungen bei 25° von

	$Co(NH_3)_6X_3$,	$Co(NH_3)_5X_3$,	$Co(NH_3)_4X_3$,	$Co(NH_3)_3X_3$,
λ	402	245	117	7

mit denen der Salze

	Na_3PO_4,	$MgCl_2$,	$NaCl$,
λ	370	249	125

so ergibt sich, daß das erste von diesen komplexen Salzen ein quartärer, das zweite ein ternärer, das dritte ein binärer und das vierte überhaupt kein Elektrolyt mehr sein muß. Damit stehen die chemischen Eigenschaften dieser Verbindungen durchaus in Übereinstimmung. Von einer Verbindung $Co(NH_3)_4Cl_3$, früher Praseokobaltichlorid genannt, ist nur ein Chloratom direkt durch Silbernitrat fällbar; von $Co(NH_3)_5Cl_3$ zwei, während von $Co(NH_3)_6Cl_3$, Hexamminkobaltchlorid, alle drei Chloratome in wäßriger Lösung ionisiert anzunehmen sind, da alle drei sofort mit Silbersalzlösung reagieren. Dies läßt sich so erklären, daß die zutretenden Ammoniakmoleküle die Säurereste aus ihrer unmittelbaren Bindung mit dem Metallatom verdrängen und selbst in diese direkte Bindung mit dem Metallatom treten. Um dies auszudrücken, nennt Werner die Ammoniakmoleküle, welche in dieser Weise gebunden sind, Ammin, und kommt für den Ausdruck der Konstitution der obengenannten Verbindungen zu folgenden Formeln und Namen:

$M(NH_3)_3X_3$,	Triacidotriamminverbindungen	$[M(NH_3)_3X_3]$,
$M(NH_3)_4X_3$,	Diacidotetramminsalze	$[M(NH_3)_4X_2]X$,
$M(NH_3)_5X_3$,	Acidopentamminsalze	$[M(NH_3)_5X]X_2$,
$M(NH_3)_6X_3$,	Hexamminsalze	$[M(NH_3)_6]X_3$,

wobei die zwischen den Klammern [ ] stehenden Atome oder Gruppen in direkter Bindung mit dem Metallatom angenommen werden. Die ionogenen Gruppen X, außerhalb der Klammern stehend, sind in indirekter Bindung mit dem Komplex, und zwar, nach Werners Annahme, ohne daß sie an ein bestimmtes Elementaratom desselben gekettet sind.

Vergleicht man die Zusammensetzung der verschiedenen Metallammoniake, so findet man, daß die Komplexbildung nicht unbeschränkt erfolgt, sondern daß sie nach Anlagerung einer bestimmten Anzahl von Ammoniakmolekülen zum Abschluß kommt. Im besonderen läßt sich eine Grenze in bezug auf die Zahl der Gruppen, welche direkt mit einem als Zentrum eines komplexen Radikals wirkenden Atom verbunden sein können, feststellen. Dabei ist auffällig, daß diese Grenze bei vielen Elementen gleich ist. Am häufigsten tritt die Grenzzahl sechs auf. Man kann sich deshalb der Überzeugung nicht verschließen, daß dieser Grenzzahl eine für die Charakterisierung der Elementaratome wichtige Bedeutung zukommt. Werner nennt sie Koordinationszahl. Er versteht darunter somit diejenige Zahl, welche angibt, wieviel Einzelgruppen im Maximum mit einem Elementaratom in direkter Bindung stehen können. Wie bereits erwähnt, hat die Koordinationszahl bei den meisten Elementen den Wert 6, bei einigen wenigen Elementen, Bor, Kohlenstoff und Stickstoff, ist sie gleich 4.

320. Die für die Metallammoniake abgeleitete Konstitution ermöglicht es, eine Reihe von Isomerieerscheinungen, die diesen Verbindungen eigentümlich sind, in sehr einfacher Weise zu deuten Man kennt z. B. zwei isomere Verbindungen $Pt(NH_3)_4 \cdot SO_4(OH)_2$. Die eine verhält sich als starke Base, zieht wie Alkalilaugen Kohlendioxyd aus der Luft an und fällt Metalloxyde aus ihren Salzen, zeigt aber in wäßriger Lösung keine Reaktionen auf Sulfationen, gibt also mit Bariumsalzen keinen Niederschlag von Bariumsulfat. Die zweite Verbindung ist ein vollkommen neutrales Salz und verhält sich wie ein normales Sulfat, d. h. scheidet mit Bariumsalzen sofort Bariumsulfat ab. Aus diesen, Reaktionen ist zu schließen, daß die erste Verbindung nur OH-Ionen, die zweite hingegen nur Sulfationen abdissoziiert. Die Isomerie findet in folgenden Koordinationsformeln ihren Ausdruck:

$$\left[O_2S{<}^{O}_{O}{>}Pt(NH_3)_4\right](OH)_2 \quad \text{und} \quad \left[{}^{HO}_{HO}{>}Pt(NH_3)_4\right]SO_4 .$$

Sulfatotetramminplatinhydroxyd — Dihydroxylotetramminplatinsulfat

321. Die Untersuchungen über Metallammoniakverbindungen

sind von großer Wichtigkeit gewesen für die Kenntnis vom Bau vieler **Komplexsalze**, da sich die letzteren durch stufenweisen Ersatz der Ammoniakgruppen durch andre Moleküle darstellen ließen. Ein schönes Beispiel hierfür liefert das Kaliumkobaltnitrit (**312**), das durch die nachstehende Reihe von Ammoniakverbindungen mit Hexamminkobaltichlorid verknüpft wird:

1. $\left[Co(NH_3)_6\right]Cl_3$ ⟶ 2. $\left[Co\begin{matrix}NO_2\\(NH_3)_5\end{matrix}\right]Cl_2$ ⟶ 3. $\left[Co\begin{matrix}(NO_2)_2\\(NH_3)_4\end{matrix}\right]Cl$ ⟶

Hexamminkobaltichlorid — Nitritopentamminkobaltichlorid — Dinitritotetramminkobaltichlorid

4. $\left[Co\begin{matrix}(NO_2)_3\\(NH_3)_3\end{matrix}\right]$ ⟶ 5. $\left[Co\begin{matrix}(NO_2)_4\\(NH_3)_2\end{matrix}\right]K$ ⟶ 6. $\left[Co\begin{matrix}(NO_2)_5\\(NH_3)\end{matrix}\right]K_2$ ⟶

Trinitritotriamminkobalt — K-tetranitritodiamminkobaltrit — (unbekannt)

7. $[Co(NO_2)_6]K_3$.

Kaliumkobaltinitrit

In allen diesen Verbindungen ist keiner der NO_2-Reste ionisierbar. Durch die Existenz solcher Übergangsreihen kommt deutlich zum Ausdruck, daß konstitutionelle Beziehungen zwischen den Metall-

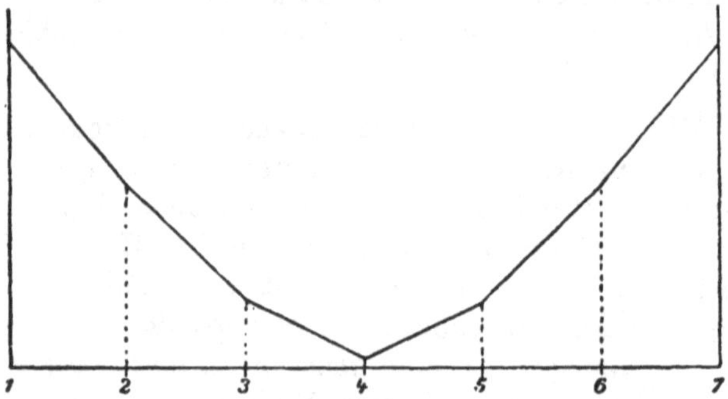

Fig. 77.

ammoniaken und den Komplexsalzen bestehen müssen. Dieselben sind dahin zu formulieren, daß die analytisch nicht direkt nachweisbaren Gruppen, ebenso wie die von ihnen verdrängten Ammoniakmoleküle, in direkter Bindung mit dem zentralen Metallatom stehen.

Die fortgesetzte Substitution von NH_3 durch eine negative Gruppe oder ein Element hat zur Folge, daß die Valenz des Kations stufenweise niedriger wird. Während es in der obigen Reihe in 1 dreiwertig ist, wird es bei 4 nullwertig, d. h. das Molekül ist zum Nichtleiter geworden. Wird nun in 5, 6 und 7 die Substitution weiter getrieben, so wird dadurch das in Klammern [ ] stehende Komplex zum Anion und seine negative Ladung steigt von eins auf drei. Wenn also das molekulare Leitvermögen graphisch dargestellt wird für gleiche Konzentrationen, so bekommt man eine Kurve, wie sie Fig. 77 zeigt.

Man hat zahlreiche analoge Übergänge von Metallammoniakverbindungen zu Komplexsalzen gefunden, z. B. von $[Pt(NH_3)_6]Cl_2$ zu $[PtCl_6]K_2$; von $[Pt(NH_3)_4]Cl_2$ zu $[PtCl_4]K_2$ usw.

322. Ferner sind Beziehungen gefunden worden zwischen Metallammoniaken und Hydraten. Zunächst war es auffällig, daß bei einer großen Anzahl von Metallsalzen, die mit Ammoniak Hexamminsalze geben, vorwiegend Hydrate mit 6 Molekülen Wasser auftreten, so bei den Salzen von Kobalt, Chrom, Nickel usw. Anderseits beobachtete bereits JÖRGENSEN, daß sich von den Hexamminsalzen durch Austausch von einem oder zwei Molekülen Ammoniak gegen Wasser Verbindungen ableiten, die in ihrem Verhalten den Hexamminsalzen entsprechen. Dies geht z. B. daraus hervor, daß die molekulare Leitfähigkeit λ in wäßriger Lösung durch diesen Austausch wenig beeinflußt wird:

$$\begin{array}{cccc} & \left[Co(NH_3)_6\right]Br_3, & \left[Co\begin{matrix}(NH_3)_5\\ H_2O\end{matrix}\right]Br_3, & \left[Co\begin{matrix}(NH_3)_4\\ (H_2O)_2\end{matrix}\right]Br_3. \\ \lambda & 402 & 390 & 380 \end{array}$$

Dann aber namentlich daraus, daß beim Austritt eines jeden Wassermoleküls ein Säurerest seine ionogenen Eigenschaften verliert, gerade so wie oben für den Austritt von je einem Ammoniakmolekül aus den Hexamminsalzen mitgeteilt wurde:

$$\underset{\text{Aquopentammin-chromchlorid}}{\left[Cr\begin{matrix}H_2O\\ (NH_3)_5\end{matrix}\right]Cl_3} \longrightarrow \underset{\text{Chloropentammin-chromchlorid}}{\left[Cr\begin{matrix}Cl\\ (NH_3)_5\end{matrix}\right]Cl_2} + H_2O.$$

Der Zutritt von Wasser hat das Umgekehrte zur Folge. Von dem Trichlorotriamminkobalt z. B. kennt man Hydrate mit 1, 2 und 3 Molekülen Wasser. Da von den drei Chloratomen im Trihydrat alle drei, im Dihydrat zwei, im Monohydrat eines und in der wasserfreien Verbindung keines ionogenen Charakter haben, ist man berechtigt, denselben folgende Konstitution zuzuschreiben:

$$[Cl_3Co(NH_3)_3] \quad \left[Co\begin{matrix}Cl_2\\ (H_2O)\\ (NH_3)_3\end{matrix}\right]Cl, \quad \left[Co\begin{matrix}Cl\\ (H_2O)_2\\ (NH_3)_3\end{matrix}\right]Cl_2 \quad \text{und} \quad \left[Co\begin{matrix}(H_2O)_3\\ (NH_3)_3\end{matrix}\right]Cl_3.$$

Eine nahezu vollständige Übergangsreihe zwischen Metallammoniak und Hydrat (kristallwasserhaltiges Salz) findet sich beim Chrom:

$[Cr(NH_3)_6]Cl_3$, $\left[Cr{H_2O \atop (NH_3)_5}\right]Cl_3$, $\left[Cr{(H_2O)_2 \atop (NH_3)_4}\right]Cl_3$, $\left[Cr{(H_2O)_3 \atop (NH_3)_3}\right]Cl_3$,

$\left[Cr{(H_2O)_4 \atop (NH_3)_2}\right]Cl_3$, $\left[Cr{(H_2O)_5 \atop NH_3}\right]Cl_3$, $\left[Cr(H_2O)_6\right]Cl_3$.

fehlt blaues Hexahydrat

Alle diese Verbindungen enthalten drei Chloratome in ionogener Bindung; denn Silbernitrat fällt, auch aus frisch bereiteten Lösungen der Salze, sofort sämtliches Chlor als Chlorsilber aus. Die Funktion des Wassers in diesen Verbindungen entspricht vollkommen derjenigen des Wassers in den Aquosalzen der Kobaltammoniake, d. h. beim Austritt eines jeden Wassermoleküls büßt ein Chloratom seinen Ionencharakter ein.

323. Man kennt von Chromchlorid zwei Hexahydrate $CrCl_3 \cdot 6H_2O$, ein blaues und ein grünes. Das blaue Hexahydrat enthält drei ionisierbare Chloratome; nach seinem ganzen Verhalten muß es als $[Cr(OH_2)_6]Cl_3$, Hexaquochromchlorid aufgefaßt werden. Durch Verlust von zwei Wassermolekülen geht es in Dichlorotetraquochromchlorid $[Cl_2Cr(OH_2)_4]Cl$ über, das nur noch ein ionisierbares Chloratom enthält.

Kristallisiert man dieses Dichlorotetraquochlorid aus Wasser, so addiert es zwei Moleküle desselben und geht in das grüne Hydrat $[Cl_2Cr(OH_2)_4]Cl + 2H_2O$ über, welches also mit dem blauen Hydrat isomer ist. Dieses grüne Hydrat enthält auch nur ein durch Silbernitrat direkt fällbares Chloratom. Es sei noch hervorgehoben, daß man das grüne Hydrat in das blaue umwandeln, also eine Verschiebung der die Isomerie bedingenden Wassermoleküle bewerkstelligen kann.

Da die Isomerie auf verschiedener Bindungsweise von Wasser beruhen muß, hat sie Werner Hydratisomerie genannt.

324. Verschiedene Fälle von Isomerie, welche bei Metallammoniakverbindungen beobachtet sind, lassen sich am besten durch Stereoisomerie (siehe „Org. Ch.“ *48*) deuten. Man kennt z. B. zwei Reihen von Verbindungen $Pt{(NH_3)_2 \atop X_4}$, Platindiamminverbindungen, die schon seit 1870 bekannt sind. Die späteren Forschungen haben dann ergeben, daß eine analoge Isomerie nur bei Verbindungen vom Typus $M{A_2 \atop B_4}$ vorkommt. Dies läßt sich durch die Annahme erklären, daß die sechs Gruppen oktaedrisch um das Zentralatom angeordnet sind, wobei vom genannten Typus nur zwei Isomere möglich sind, während von Verbindungen $M^{A_5}_{B}$ Isomere nicht möglich und auch in Wirklichkeit nicht aufgefunden worden sind. Siehe „Org. Ch.“ *196*.

Werner hat auch mehrkernige Metallammoniake entdeckt, d. h. solche, deren Moleküle mehrere miteinander verbundene Metallatome enthalten, die weder durch Ionisation noch durch spontane Hydrolyse eine Trennung erfahren, doch kann hier nicht näher darauf eingegangen werden.

Auch optisch aktive Derivate von Kobalt, Chrom und Eisen vom Typus $M^{A_2}_{B_4}$ sind erhalten worden durch die Trennungsmethode, welche in der „Org. Ch.“ *195* in zweiter Linie angegeben ist. Über die Erklärung dieser Aktivität siehe auch dort.

Register.

Die Zahlen bezeichnen Seiten.

Internationale Atomgewichte für 1917.

Zeichen	Element	Gewicht	Zeichen	Element	Gewicht
Ag	Silber	107·88	N	Stickstoff	14·01
Al	Aluminium .	27·1	Na	Natrium	23·00
Ar	Argon	39·88	Nb	Niobium	93·5
As	Arsen .	74·96	Nd	Neodym	144·3
Au	Gold	197·2	Ne	Neon	20·2
B	Bor	11·0	Ni	Nickel .	58·68
Ba	Barium	137·37	Nt	Niton (Emanation) .	222·4
Be	Beryllium	9·1			
Bi	Wismut .	208·0	O	Sauerstoff	16·00
Br	Brom . .	79·92	Os	Osmium .	190·9
C	Kohlenstoff .	12·005	P	Phosphor	31·04
Ca	Calcium .	40·07	Pb	Blei .	207·20
Cd	Cadmium	112·40	Pd	Palladium .	106·7
Ce	Cerium	140·25	Pr	Praseodym	140·9
Cl	Chlor .	35·46	Pt	Platin	195·2
Co	Kobalt	58·97	Ra	Radium .	226·0
Cr	Chrom	52·0	Rb	Rubidium	85·45
Cs	Cäsium	132·81	Rh	Rhodium	102·9
Cu	Kupfer	63·57	Ru	Ruthenium .	101·7
Dy	Dysprosium	162·5	S	Schwefel	32·06
Er	Erbium	167·7	Sb	Antimon	120·2
Eu	Europium	152·0	Sc	Scandium	44·1
F	Fluor .	19·0	Se	Selen	79·2
Fe	Eisen .	55·84	Si	Silicium	28·3
Ga	Gallium .	69·9	Sm	Samarium	150·4
Gd	Gadolinium .	157·3	Sn	Zinn .	118·7
Ge	Germanium .	72·5	Sr	Strontium	87·63
H	Wasserstoff .	1·008	Ta	Tantal	181·5
He	Helium .	4·00	Tb	Terbium	159·2
Hg	Quecksilber	200·6	Te	Tellur	127·5
Ho	Holmium	163·5	Th	Thor .	232·4
In	Indium	114·8	Ti	Titan	48·1
Ir	Iridium	193·1	Tl	Thallium	204·0
J	Jod	126·92	Tu	Thulium	168·5
K	Kalium	39·10	U	Uran .	238·2
Kr	Krypton .	82·92	V	Vanadium	51·0
La	Lanthan .	139·0	W	Wolfram	184·0
Li	Lithium .	6·94	X	Xenon	130·2
Lu	Lutetium	175·00	Y	Yttrium	88·7
Mg	Magnesium	24·32	Yb	Ytterbium	173·5
Mn	Mangan	54·93	Zn	Zink .	65·37
Mo	Molybdän	96·0	Zr	Zirkonium .	90·6

FSC
www.fsc.org
MIX
Papier | Fördert gute Waldnutzung
FSC® C083411

Kolibri 360 GmbH
Ferdinand-Jühlke-Straße 7
99095 Erfurt, Deutschland
produktsicherheit@kolibri360.de